Wörterbuch der Druckluft- und

Christiane Hearne

Wörterbuch der Druckluft- und Filtertechnik

Deutsch-Englisch und Englisch-Deutsch

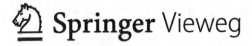

Christiane Hearne
Mögglingen, Deutschland

ISBN 978-3-658-03292-0   ISBN 978-3-658-03293-7 (eBook)
DOI 10.1007/978-3-658-03293-7

Die Deutsche Nationalbibliothek verzeichnet diese Publikation in der Deutschen Nationalbibliografie; detaillierte bibliografische Daten sind im Internet über http://dnb.d-nb.de abrufbar.

Springer Vieweg
© Springer Fachmedien Wiesbaden 2014

Lektorat: Imke Zander

Gedruckt auf säurefreiem und chlorfrei gebleichtem Papier.

Springer Vieweg ist eine Marke von Springer DE. Springer DE ist Teil der Fachverlagsgruppe Springer Science+Business Media
www.springer-vieweg.de

Vorwort

Dieses Fachwörterbuch enthält zahlreiche Begriffserläuterungen je nach fachlichem Kontext sowie viele Anwendungsbeispiele. Es ist in Deutsch – Englisch und Englisch – Deutsch verfasst und stellt annähernd 12 000 Fachbegriffe aus der industriellen Druckluft- und Filtertechnik dar. Das Besondere sind vollständige ausformulierte Beispielsätze bei ausgesuchten Fachbegriffen. Das fördert zusätzlich das Verständnis und hilft den richtigen sprachlichen Ausdruck zu finden. Außerdem werden gebräuchliche Wortkombinationen, Abgrenzungen gegen ähnliche Begriffe und Hinweise auf Abweichungen im amerikanischen Englisch angeführt.

Dieser aus der Praxis gewachsene Wissensfundus der erfahrenen technischen Übersetzerin Christiane Hearne wurde dem Verlag von ihrer Tochter Lizzy Johnson zur Veröffentlichung zugänglich gemacht.

Wiesbaden, im Frühjahr 2014

Abkürzungen

GB   = britisches Englisch

US   = amerikanisches Englisch.

Verwendet wurde britisches Englisch, amerikanische Schreibweisen sind gesondert angegeben.

el.   = elektrisch

m.   = Maskulinum (masculine noun, der)

f.   = Femininum (feminine noun, die)

n.   = Neutrum (neuter noun, das)

pl.   = Plural (die)

e.g.   = z. B.

Fachwörterbuch

Deutsch – Englisch

ab Lager	from stock
	– erhältlich ab Lager: available from stock
ab Werk eingestellt	factory-set
Abbaubarkeit, *f.*	biologisch: degradability, biodegradability
abbauen	reduce (e.g. reduce pressure to normal)
	– let off (e.g. let off steam)
	– release (*siehe* abblasen) clear (e.g. filter)
	– biologisch: biodegrade
Abbaugeschwindigkeit, *f.*	degradation rate (e.g. biofilter)
Abbauprodukt, *n.*	degradation product
Abbauprozess, *m.*	biologisch: degradation process
Abblasdruck, *m.*	bleed-off pressure
abblasen	blow off, release, vent, let off, allow to escape
	– Gerät bläst permanent ab: device keeps blowing off air
	– reinigen: blow-clean (e.g. sensors)
abbrechen	einen Vorgang: interrupt, stop
abbremsen	brake, slow down
abdampfen	evaporate
Abdampfrückstand, *m.*	evaporation residue
Abdeckkappe, *f.*	cover, cap
Abdeckmaterial, *n.*	cover material
Abdeckung, *f.*	cover, covering, guard, panel
abdichten	seal, seal off, make tight
Abdichtungsstoff, *m.*	sealing material
Abdruckwasser, *n.*	Plastikherstellung: mould water
	– Plural: mould waters
Abfahren, *n.*	Anlage: shutdown
Abfallanalytik, *f.*	solid waste analysis
abfallarm	minimum wastage (e.g. maximum cost efficiency and minimum wastage), minimized waste
Abfallart, *f.*	type of waste
– Abfallartenkatalog, *m.*	waste type catalogue
abfallen	drop (e.g. pressure), decline, decrease
	– Alarmrelais: drop-out, de-energize (spannungsfrei machen)
abfallfrei, nahezu abfallfrei	with hardly any waste residues
Abfallprodukt, *n.*	waste product, by-product

Abfallschlüssel, *m.*	waste disposal key (e.g. waste disposal key number)
Abfallverriegelung, *f.*	Relais: dropout lock
abfangen	z. B. Leitung abfangen: support, prop, underprop, stay
abfiltrierbar	filterable, suitable for filtration
	– abfiltrierbare Stoffe: filterable substance
abfiltrieren	filter, filter off
abfließen	run off, flow out, drain off, discharge
abfließendes Wasser, *n.*	water being discharged, outflowing water, discharge water
Abfließgeschwindigkeit, *f.*, Abfluss-geschwindigkeit, *f.*	flow rate, discharge rate
Abflussleitung, *f.*	discharge line, discharge pipe
Abflussquerschnitt, *m.*	discharge cross-section
Abflussrohr, *n.*	Abwasser: wastewater pipe
abführen	discharge, let off, flow out, deliver
abführende Rohrleitung, *f.*	outgoing pipe
Abführleistung, *f.*	discharge capacity
Abfüllschaufel, *f.*	scoop
Abfüllstation, *f.*	filling station
Abgabe, *f.*	release (e.g. gas)
Abgabeleistung, *f.*	output rate
Abgang, *m.*	Stromkreis: outgoing circuit
Abgangsleitung, *f.*	outgoing pipe
Abgas, *n.*	waste gas
	– Kfz: exhaust gas, exhaust fumes
Abgasbehandlung, *f.*	waste gas treatment
Abgasbestandteile, *m. pl.*	waste gas constituents
Abgasdichte, *f.*	waste gas density
Abgasfahnenmodell (Gauss), *n.*	Gauss waste gas plume model
Abgasfahnenüberhöhung, *f.*	plume rise
Abgasfeuchte, *f.*	waste gas humidity
Abgasfilter, *m.*	waste gas filter (e.g. process waste gas filter)
	– Kfz: exhaust filter
Abgaskanal, *m.*	waste gas duct, waste gas flue
Abgasmenge, *f.*	waste gas quantity
Abgasreinigung, *f.*	waste gas purification
– Abgasreinigungsanlage, *f.*	waste gas purification plant
Abgasstrom, *m.*	waste gas flow
Abgasvolumenstrom, *m.*	waste gas volume flow
abgeben	transfer, hand over
abgedichtet	sealed
abgelagerte Verschmutzung, *f.*	dirt deposit
abgenommen	approved, with official approval
abgenommene Nutzluft, *f.*	service air withdrawn
abgerundeter Eingang, *m.*	curved inlet
abgeschiedener Schmutz, *m.*	dirt removed, removed dirt
abgeschirmtes Kabel, *n.*	screened/shielded cable (e.g. "Only use shielded cables with a high screening performance.")
abgeschirmtes Messgerät, *n.*	screened measuring instrument
abgetrennte Schadstoffmenge, *f.*	separated pollutant quantity
abgewandelt	modified
	– verbessert: enhanced, upgraded
abgreifen	pick off (e.g. pick off the signal from a conductor)

Abhängigkeit, in Abhängigkeit von	depending on, as a function of, dependent on (e.g. "The dew point is dependent on the amount of moisture in the air."), in relation to
Abhilfe, selbsttätige, *f.*	automatic countermeasures, corrective measures, remedial measures
Abisolierung, *f.*	insulation stripping
	– abisolierter Leiter: bared conductor
abklemmen, elektrisch	disconnect, isolate electrically
	– Stecker ziehen: pull out the plug
Abklingkurve, *f.*	regressive curve
abknicken	Schlauch: kink
	– allgemein: buckle, buckling
Abkühlbereich, *m.*	cooling region
abkühlen	cool, cool down, lowering of temperature
Abkühlgeschwindigkeit, *f.*	cooling rate
Abkühlphase, *f.*	cooling phase
Abkühlstrecke, *f.*	cooling stretch, cooling section
Abkühlung, *f.*	cooling, cooling down, lowering of temperature
Abkühlverhalten, *n.*	cooling behaviour
Abkühlzeit, *f.*	cooling period, cooling-down period
ablagern	settle, deposit
Ablagerung, *f.*	deposit, sediment
	– Vorgang: formation of deposits, deposition, sedimentation
	– Verkalkung in z. B. Rohren oder Kesseln: scale
Ablassarmatur, *f.*	discharge valve, outlet valve
ablassen	discharge
Ablasshahn, *m.*	drain cock
Ablassleitung, *f.*	discharge pipe, outlet pipe
Ablassmembrane, *f.*	discharge diaphragm, outlet diaphragm
Ablassöffnung, *f.*	discharge opening, outlet
Ablassquerschnitt, *m.*	outlet cross-section
Ablassschraube, *f.*	outlet screw, discharge screw, drain screw
Ablassstelle, *f.*	draining point, outlet point
Ablasstakt, *m.*	discharge cycle
Ablassventil, *n.*	outlet valve, discharge valve
Ablassvolumen, *n.*	discharge volume
Ablassvorgang, *m.*	discharge procedure
Ablauf, *m.*	outlet; Vorgang: discharge procedure
– Ablauf in die Kanalisation	wastewater drain, wastewater connection
– Ablauf in Filtersack	opening
– Wasserablauf	water outlet
Ablaufdiagrammm, *n.*	sequence diagram, function diagram
ablaufen	Wasser: flow out, run off, flow off
Ablaufleitung, *f.*	outlet pipe, outlet line, discharge pipe
Ablaufmedium, *n.*	discharged fluid, outgoing fluid
Ablaufquerschnitt, *m.*	outlet cross-section
Ablaufrinne, Auslaufrinne, *f.*	transfer channel (z. B. zum Filtersack)
Ablaufrohr, *n.*	discharge pipe
Ablaufschlauch, *m.*	discharge hose
Ablaufsieb, *n.*	drainage screen
Ablaufsteuerung, *f.*	sequence control
Ablaufventil, *n.*	discharge valve

Ablaufwasser, *n.*	discharge water
Ablaufwert, *m.*	discharge value
ableiten	discharge, drain, release
	– Elektrostatik: discharge to earth
Ableiter, *m.*	drainage device, discharge system, drain
– automatischer Ableiter, *m.*	automatic drain (system)
– Kondensatableiter, *m.*	condensate drain
ableitfähig	Flüssigkeit: suitable for discharge
Ableitleistung, *f.*	discharge performance
Ableitmenge, *f.*	discharge quantity
Ableitstelle, *f.*	von Kondensat im Druckluftnetz: drainage point
Ableittechnik, *f.*	für Kondensat: condensate drainage technology
Ableitung nach Anfallmenge	quantity-related discharge
Ableitungs- und Aufbereitungs-systeme, *n. pl.*	discharge & treatment systems
Ableitungssystem, *n.*	discharge system
Ableitvorgang, *m.*	discharge procedure
Ableitwert, *m.*	discharge value
ablenken	divert, deflect
ablesbar, gut ablesbar	easily readable
Ablesefehler, *m.* durch eine Person	misreading
Ablesegenauigkeit, *f.*	(visual) reading accuracy
Ablieferungsbeleg, *m.*	delivery receipt
Ablösung, zeitliche, *f.*	phasing out
Abluft, *f.*	waste air, exhaust air (e.g. compressor exhaust air)
Abluftfilteranlage, *f.*	waste-air filtering system, exhaust-air filtering system/facility
Abluftfiltermatte, *f.*	waste-air filter mat
Abluftinhaltsstoffe, *m. pl.*	waste air constituents
Abluftkamin, *m.*	exhaust air flue
Abluftkanal, *m.*	waste air duct, exhaust air duct
Abluftleitung, *f.*	waste air pipe, *siehe* Abluftkanal
Abluftmessung, *f.*	waste air measurement
Abluftpfad, *m.*	waste air channel
Abluftreinigung, *f.*	– biologische: biological waste air purification, waste air cleaning
	– katalytische: catalytic waste air purification
Abluftreinigungsanlage, *f.*	waste air purification plant (system, facility, unit)
Abluftreinigungsmaßnahmen, *f. pl.*	waste air cleaning measures
Abluftreinigungstechnik, *f.*	waste air cleaning technique
Abluftreinigungsverfahren, *n.*	waste air purification method
Abluftstrang, *m.*	waste air tract
Abluftstrom, *m.*	waste air flow
Abluftventil, *n.*	waste air valve, exhaust air valve
Abluftventilator, *m.*	exhaust fan (used in artificial draught)
Abluftverbrennung, *f.*	exhaust air combustion
Abmauerung, *f.*	protective building measures, walled-off area
Abmessung, *f.*	dimension, measurement, size
Abnahme, *f.*	acceptance, acceptance inspection
	– Lieferung: taking delivery
	– Kauf: purchase

Abnahmeleistung, *f.*	z. B. von Druckluft: withdrawal rate
	– Verbrauch: consumption
Abnahmemenge, *f.*	Verkauf: sales quantity
	– industrieller Prozess: output volume, output rate, flow volume
Abnahmeprüfung, *f.*	Gerät/Maschine: acceptance test, acceptance inspection
	– Abnahmebestimmungen: acceptance regulations
	– abnahmepflichtig: requiring official acceptance (test/inspection)
Abnahmeprüfzeugnis, *n.*	acceptance test certificate
	– Bericht: inspection report
Abnahmestelle, *f.*	Druckluft: point of use, *siehe* Abnehmer
abnehmen	pick up (e.g. pick up a signal from a sensor)
Abnehmer, *m.*	z. B. von Druckluft: point of use, user point, service air point, discharge point
	– Abnehmer/Käufer: purchaser
Abnutzungszuschlag, *m.*	wear allowance
Abpackanlage, automatische, *f.*	automatic packaging machine
Abpumpmaßnahme, *f.*	pumping measure
Abreinigungsverfahren, *n.*	Filter: reactivation method, reactivation technique
Abreinigungsvorrichtung, *f.*	cleaning device
abreißen	tear off
Abrieb des Adsorptionsmittels, Abrieb des Trocknungsmittels, *m.*	desiccant abrasion, abraded desiccant matter
Abrieb, *m.*	abraded matter
	– Vorgang: abrasion (process)
abriebfest	abrasion resistant (e.g. abrasion-resistant coating), resistant to/against abrasion
Abriebfestigkeit, *f.*	abrasion resistance
abriebfrei	abrasion-free
abriebsarm	*siehe* abriebfest
abrunden	round off
abs. (absolut)	abs. (absolute, e.g. pressure), e.g. bar absolute, bar(a)
absaufen	drown, choke (e.g. filter)
Absauganlage, *f.*	*siehe* Absaugeinrichtung
Absaugeinrichtung, *f.*	Luft: extraction system (e.g. to eliminate and control workplace fume and dust emissions), extractor system (Note: "exhaust system" is commonly used for automobiles.)
absaugen	suck off, remove by suction, suction withdrawal (e.g. remove by skimming or suction withdrawal), extract (e.g. extract fumes)
Absauggebläse, *n.*	extraction fan (to extract foul air, fumes, suspended particles, etc., from a working area)
Absaughaube, *f.*	extraction hood, fume hood
Absaugpumpe, *f.*	suction pump
	– für Schmutzwasser: sludge pump
Absaugschlauch, *m.*	suction hose
Absaugung, lokale, *f.*	Abluft: local extractor system
Absaugvorrichtung, *f.*	zum Absaugen von z. B. Trockenmittel: vacuum device
Abschaltdiode, *f.*	turn-off diode
Abschaltdruck (z. B. des Kompressors), *m.*	cut-out pressure, shut-off pressure

abschalten	switch off, turn off
	– herunterfahren, abfahren: shut down
	– Temperaturbegrenzung: cut out
Abschaltkreis, *m.*	cut-off circuit
Abschalttemperatur, *f.*	cut-out temperature
Abschaltung, *f.*	Temperaturbegrenzung: cut-out (e.g. overtemperature cut-out)
Abschaltverzögerung, *f.*	cut-out delay
	– Abfallverzögerung (Relais): dropout delay
Abscheidebehälter, *m.*	separation container
Abscheideeffizienz, *f.*	separation efficiency, *siehe* Abscheideleistung
Abscheideelement, *n.*	separating element/unit
Abscheidegrad, *m.*	z. B. des Filters: separation efficiency (e.g. separation efficiency of 90 %), retention rate (e.g. retention rate at 0.01 micron to …x micron); filtration efficiency (e.g. filtration efficiency down to approx. 1 micron)
	– Abscheidegradtest: separation efficiency test
Abscheideleistung,	separation efficiency (*siehe* Abscheidegrad), separation per-
Abscheidleistung, *f.*	formance, retention capacity (e.g. dust retention capacity)
abscheiden	separate (e.g. "Condensate separates from the vapour in the refrigeration dryer."), separate out, remove, filter out
	– bei Tauchbeschichtung: deposit (paint particles)
Abscheider, *m.*	separator
	– Abscheider für Wasser und Lösemittel: water/solvent separator
Abscheiderate, *f.*	separation efficiency
Abscheideraum, *m.*	separation area, separation space
Abscheiderleistung, maximale, *f.*	peak separator performance
Abscheidung, *f.*	separation, removal, precipitation, sedimentation, depositi-on, *siehe* Aerosolabscheidung, Kondensatabscheidung, Staubabscheidung, Ölabscheidung, Ausfällung
Abschirmung, *f.*	Kabel: shield, shielding, screen
Abschlammung, *f.*	desludging, sludge removal
Abschlämmventil, *n.*	desludging valve
abschließende Prüfung, *f.*	final test
Abschlussorgan, *n.*	shut-off device
Abschmiererscheinungen, *f. pl.*	Druckindustrie: smear defects
abschrauben	unscrew, disconnect
Abschwächung, *f.*	reduction
	– Licht: attenuation
absenken	(to) lower, reduce the level
Absenkungskategorie, *f.*	lowering category (z. B. Drucktaupunkt)
absetzbare Stoffe, *m. pl.*	sediment matter, settleable matter
Absetzbecken, *n.*	settling tank, settling basin
	– Öl-Wasser-Trennung: separator tank
Absetzbehälter, *m.*	*siehe* Absetzbecken
Absetzeinrichtungen, *f. pl.*	settling installations
absetzen	– am Boden: settle, (to) sediment, deposit
	– auf der Oberfläche: collect at the surface, gather at the surface
	– Kabelisolierung: strip (e.g. strip the end), bare (e.g. bare the wire), cut back

A

Absetzlänge, *f.*	Kabelisolierung: stripping length
Absetzzeit, *f.*	settling time (z. B. Verunreinigungen)
absichern	mit Sicherung: protect by fuses
	– gegen mögliche Wirkung: provide with means against
Absicherung der Netzspannung, *f.*	mains fuse protection
Absicherung, *f.*	el.: fuse protection, protection by fuses
	– empfohlene: recommended fuse protection
	– interne: internal fuse protection, internal fusing
Absinkgeschwindigkeit, *f.*	Flüssigkeit: (level) lowering rate
	– Ableitung: discharge rate
Absolutdruck, *m.*	absolute pressure (gauge pressure + atmospheric pressure)
absolute Temperatur, *f.*	absolute temperature (e.g. Kelvin absolute temperature scale)
Absorbatdurchfluss, *m.*	absorbate flow
Absorbatkreislauf, *m.*	absorbate circuit
Absorptionsmittel, *n.*	absorbent, absorbing agent, absorbing material
Absorptionstrockner, *m.*	absorption dryer, deliquescent dryer (These dryers use the natural absorption properties of, say, common salt (sodium chloride). The compressed air passes through hard, moisture-absorbing salt tablets and the salt water forming at the bottom of the unit is drained away.), *siehe* Adsorptionstrockner
abspalten	separate (z. B. Ölpartikel), split off
abspeichern	store (z. B. Datei)
Absperrarmatur, *f.*	shutoff valve, shutoff device
	– Absperreinheit: shutoff unit
	– Absperrelement: shutoff element
	– Absperrventil: shutoff valve, isolation valve, stop valve
	– Absperrarmatur mit elektrisch betätigtem Antrieb: electrically operated shutoff valve
absperren	shut off (z. B. Rohr), isolate
	– einen Anlagenbereich absperren: close off
Absperrklappe, *f.*	shutoff damper, shut-off damper (simple device to stop air passage)
Absperrorgan, *n.*	shutoff device (z. B. für Rohre)
Absperrventil, *n.*	*siehe* Absperrarmatur
Absperrvorrichtung, *f.*	*siehe* Absperrorgan
Abstimmarbeiten, *f. pl.*	adjustment tasks
abstimmbar, auf den Prozess abstimmbar	process-adaptable
Abstimmung, *f.*	adaptation, adjustment
– in Abstimmung mit	– in agreement with, in consultation with
ABS-Trägerrohr (ABS = Akrylnitril-Butadien-Styrol), *n.*	ABS shell (ABS = acrylonitrile-butadiene styrene)
abtasten	scan, scanning
abtauen	defrost, thaw (off), cause to melt
Abtauvorgang, *m.*	melting process
Abteufpumpe, *f.*	sinking pump
abtöten	Bakterien: destroy
abtrennen	separate off, separate out (z. B. gewisse Bestandteile)
Abtrennung, *f.*	separation

abtropfen	drain (z. B. Filter auf Trocknungsgestell)
Abtropfgitter, *n.*	drainage rack
	– Abtropfvorrichtung: drainage facility
	– Abtropfzeit: drainage period
Abverkauf, *m.*	selling off
Abwärme, *f.*	waste heat
Abwärmenutzung, *f.*	*siehe* Abwärmeverwertung
Abwärmerückgewinnung, *f.*	waste heat recovery
Abwärmespeicherung, *f.*	waste heat storage (e.g. waste heat storage using heat exchangers)
Abwärmeverwertung, *f.*	waste heat utilization
Abwasser- und Indirekteinleiter-Kataster, *n.*	register of effluents and indirect discharges
Abwasser, *n.*	wastewater, effluent (z. B. von einer Fabrik)
	– Abwässer: wastewaters, effluents
	– gereinigtes Abwasser: purified wastewater, cleaned wastewater
	– industrielle Abwässer: industrial effluents
	– Abwasser aus Haushalt und Industrie: domestic and industrial wastewater
	– in der Kanalisation: sewage, *siehe* Abwasserkanal
Abwasseranschluss, *m.*	wastewater connection
Abwasseraufbereitung, *f.*	wastewater treatment
Abwasserbehälter, *m.*	wastewater tank
Abwasserbehandlungsanlage, *f.*	wastewater treatment facility, wastewater treatment installation, wastewater treatment plant
Abwasserbelastung, *f.*	wastewater loading
Abwassereinleitung, *f.*	discharge of wastewater, effluent discharge (in die Kanalisation)
Abwasserfiltration, *f.*	wastewater filtration
Abwasser-Flockengemisch, *n.*	wastewater/floc mixture
abwasserfrei	wastewater-free (e.g. wastewater-free manufacturing), without producing wastewater
Abwasserkanal, *m.*	sewer
Abwassernetz, *n.*	sewer system, sewage network
Abwasserprobe, *f.*	wastewater sample
Abwasserreinigung, *f.*	treatment/purification of wastewater (e.g. ozone wastewater purification)
Abwasserreinigungsanlage, biologische, *f.*	biological wastewater treatment facility
abwasserseitiger Anschluss, *m.*	connection to the wastewater system
Abwassertechnik, *f.*	wastewater engineering
Abwasseruntersuchung, *f.*	wastewater analysis
Abwasserverordnung, *f.*	wastewater ordinance
Abwasserwerte, *m. pl.*	effluent discharge values
Abwasserzuführung, *f.*	wastewater inlet
	– Vorgang: wastewater feed, wastewater inflow
Abwasserzusammensetzung, *f.*	wastewater composition
Abwehrmaßnahme, *f.*	countermeasure, preventive measure
abweichend	different, differing (from)
abweichender Betriebszustand, *m.*	abnormal operating conditions

Abweichung, *f.*	variation, deviation, non-conformance (with)
Abweichung der Messergebnisse, *f.*	deviation from measurements
Abweichungen vom Anwendungs- bereich, *f. pl.*	use for applications other than stipulated
abweisende Materialien, *n. pl.*	repellent materials
Abwendung gefährlicher Zustände, *f.*	guard against dangerous conditions
Abwicklung, technische, *f.*	technical realization, techn. implementation
abziehen	unplug, pull out, pull, take off, detach
Abzweig, *m.*	Rohr: branch, branch off
Abzweigdose, Verbindungsdose, *f.*	el.: junction box
abzweigen	branch off, divert (umlenken)
Abzweigrohr, *n.*	branch pipe
Achsenkreuz, *n.*	axis of coordinates
achtfach	(increase) by a factor of 8, 8-fold
Achtung, *f.*	caution, note, important note, "please note", important
Acrylnitril Butadien Styrol, *n.*	acrylonitrile butadiene styrene
AD 2000 Merkblätter (AD = Arbeits- gruppe Druckbehälter)	AD 2000 Merkblätter (instruction sheets issued by the Working Group on Pressure Vessels)
ADA (Druckluftbedarfsermittlung)	ADA (air demand analysis)
Adapter, *m.*	adapter (oder "adaptor")
Adapteranschluss, *m.*	adapter connection
Adapterblock, *m.*	adapter block
Adapter-Eingang, *m.*	adapter inlet (point)
Adapterplatte, *f.*	adapter plate
Adapterset, *n.*	adapter set
Additive, *n. pl.*	additives
Ader, *f.*	– Kabel: wire, strand, core (e.g. new harmonised cable core colours for power cables) – Leiter: conductor
Aderendhülse, *f.*	el.: wire end ferrule
Adhäsionskraft, *f.*	adhesion force
adiabatisch	adiabatic (without heat transfer into or out of the system)
ADM (Außendienstmitarbeiter), *m.*	field staff, field staff member, field engineer, representative, field service personnel – Verkaufsteam im Außendienst: field sales team
ADNR	ADNR (EU agreement for the transport of dangerous goods on inland waterways)
ADR	ADR (EU agreement for the transport of dangerous goods by road)
Adsorbat, *n.*	adsorbate
Adsorbens, Adsorptionsmittel, *n.*	adsorbent, adsorption agent
Adsorbensmischung, *f.*	adsorbent mixture
Adsorber, *m.*	adsorber
Adsorberkartusche, *f.*	adsorber cartridge
adsorbierbar	adsorbable
Adsorbierbarkeit, *f.*	adsorbability
adsorbieren	adsorb
adsorbierend	adsorptive
Adsorption, *f.*	adsorption (e.g. adsorption on the carbon surface)
Adsorptionsbehälter, *m.*	adsorption vessel, adsorption container Hochdruckadsorptionstrockner: desiccant tower (auch: adsorption tower)

Adsorptionsbett, *n.*	adsorption bed
Adsorptionseinheit, *f.*	adsorption unit
Adsorptionsfähigkeit, *f.*	adsorption capacity
Adsorptionsfilter, *m.*	adsorption filter
– Adsorptionsfilter-Prinzip, *n.*	– adsorption filter technique/principle
Adsorptionsgeschwindigkeit, *f.*	adsorption velocity, adsorption rate
Adsorptionsisotherm, *f.*	adsorption isotherm (relationship between amount of substance adsorbed and its pressure or concentration at a constant temperature)
Adsorptionskammer, *f.*	adsorption chamber, drying chamber
Adsorptionskapazität für Öl, *f.*	oil-adsorption capacity
Adsorptionsleistung, *f.*	adsorption performance
Adsorptionsmittel, *n.*	adsorbent, adsorption agent
	– Trockenmittel des Adsorptionstrockners: desiccant, desiccant material
Adsorptionsmittelbehälter, *m.*	adsorbent tank (z. B. bei Sauerstofftherapie)
	– Adsorptionstrockner: desiccant tower
	– Aktivkohlefilter: adsorption vessel
Adsorptionstrockner, *m.*	adsorption dryer (e.g. heatless desiccant compressed air dryer; cold-regenerated adsorption dryer), *siehe* kaltregeneriert
	Note: Adsorption dryers remove water vapour from compressed air. The water vapour adheres to the <u>surface</u> of an adsorbent (e.g. desiccant beads). This adsorbent can be regenerated many times. Water removal from adsorbent is possible using various methods: heatless regeneration (pressure swing adsorption), heat regeneration (thermal swing adsorption), blower regeneration, vacuum regeneration.
Adsorptionstrocknerbehälter, *m.*	adsorption dryer vessel
Adsorptionstrocknung, *f.*	adsorption drying
Adsorptionsverhalten, *n.*	adsorption behaviour (z. B. von Aktivkohle)
adsorptiv gebunden	adsorptively bound, adsorbed
adsorptiv wirkend	adsorptive-acting
Adsorptiv, *n.*	adsorptive, adsorbed material, adsorbate
Adsorptivkonzentration, *f.*	adsorptive concentration
Aer medicalis	Aer medicalis (Luft für medizinische Anwendung, ein Arzneimittel mit höheren Ansprüchen an Qualität und Reinheit im Vergleich zu „Druckluft für Beatmungszwecke" nach DIN)
aerob	aerobic (with oxygen required for respiration)
Aerosol- und Dampfanteil, *m.*	aerosol and vapour content/concentration
Aerosolabscheidung, *f.*	aerosol separation
Aerosolbildung, *f.*	aerosol formation
Aerosole, *n. pl.*	aerosols (e.g. oil aerosols, oil mists)
	– ölfreie: non-oil aerosols
Aerosolfiltermatte, *f.*	aerosol filter mat
aerostatisch gelagert	with aerostatic bearings
aerostatische Führungen, *f. pl.*	aerostatic guides
aerostatische Lager, *n. pl.*	aerostatic bearings (die zwei Lagerflächen werden durch eine dünne Druckluftschicht getrennt)

A

After-Sales-Service, *m.*	after sales service
Aggregat, *n.*	set (innerhalb der Anlage), unit
aggressiv, angreifend	aggressive
	– korrodierend: corrosive
	– belästigend: offensive (e.g. offensive odour)
aggressive Medien, *n. pl.*	aggressive fluids/media
aggressives Kondensat, *n.*	aggressive condensate
	– besonders aggressives Kondensat: highly aggressive condensate
Aggressivität, *f.*	aggressiveness
agiles Fertigungssystem, *n.*	agile production system (Bearbeitungszentrum)
akkreditiertes Labor, *n.*	accredited (officially recognized) laboratory
Akku, *m.*	storage battery
	– aufladbarer Akku: rechargeable battery
Akkubetrieb, *m.*	powered by battery
Akquisitionsdaten, *n. pl.*	sales leads
Aktennotiz, *f.*	memo, memorandum
aktiv trocknend	actively drying
Aktivekohle-Adsorber, Aktive-kohleadsorber, *m.*	activated carbon adsorber
Aktivekohleeinheit, *f.*	activated carbon unit
Aktivierung, katalytische, *f.*	catalytic activation
Aktivkohle, *f.*	activated carbon
	– granulierte Aktivkohle: granulated activated carbon (GAC)
	– Pulveraktivkohle: powdered activated carbon (PAC)
Aktivkohle-Adsorption, *f.*	activated carbon adsorption, adsorption on activated carbon
Aktivkohleanlage, *f.*	activated carbon (filter) system, activated carbon plant
Aktivkohlebeladung, *f.*	activated carbon loading
Aktivkohlebett, *n.*	activated carbon bed
Aktivkohlefass, *n.*	activated carbon drum
Aktivkohlefilter, *m.*	activated carbon filter
Aktivkohle-Filtermatte, *f.*	activated carbon filter mat
Aktivkohlefiltration, *f.*	activated carbon filtration
Aktivkohlefüllung, *f.*	activated carbon packing, activated carbon fill
Aktivkohlegranulat, *n.*	activated carbon granulate
Aktivkohlekartusche, Aktivkohle-Kartusche, *f.*	activated carbon cartridge
Aktivkohlematte, *f.*	activated carbon mat
Aktivkohlematten-Paket, *n.*	layer of activated carbon mats
Aktivkohlepatrone, *f.*	activated carbon cartridge
Aktivkohleporen, *f. pl.*	activated carbon pores
Aktivkohleregenerierungsanlage, *f.*	activated carbon regeneration plant
Aktivkohleschüttung, *f.*	Filter: activated carbon packing
Aktivkohlestaub, *m.*	activated carbon dust
Aktivkohlestufe, *f.*	activated carbon stage
Aktivkoks, *m.*	activated coke (e.g. powdery or grainy activated coke)
	– Aktivkoksfilter: activated coke filter
Aktualisierung, *f.*	update
	– Produkt: upgrade

Aktuator, *m.*	actuator
aktuell	up-to-date, current, updated, topical ("actual" means „tatsächlich")
aktueller Zustand, *m.*	current state (e.g. current state of the plant)
akustisch wahrnehmbar	can be heard by the human ear, audible
akustische Impedanz, *f.*	acoustic impedence
akustischer Warnmelder, *m.*	acoustic alarm
akustisches Signal, *n.*	audible signal
	– akustisches Warnsignal: audible alarm signal
akute Lebensgefahr, *f.*	immediate danger to life
Alarmanzeige, *f.*	alarm display
Alarmausgang, *m.*	el.: alarm output
Alarmbetriebsanzeige, *f.*	alarm mode LED (display), alarm status display
alarmfrei machen	clear the alarm
alarmfrei werden, selbstständig	automatically revert to normal operating conditions and thus clear the alarm
Alarmfunktion, *f.*	alarm function
Alarmkontakt, *m.*	alarm contact
Alarmkreis, Alarmschaltkreis, Alarmstromkreis, *m.*	alarm circuit
Alarmmelder, *m.*	alarm signalling device, alarm indicator
Alarmmeldung, *f.*	alarm signal (is triggered/activated), alarm message (is relayed/transmitted)
Alarmmodus aktiv, *m.*	alarm mode activated
Alarmmodus, Alarmzustand, Alarmfall, *m.*	alarm mode, alarm state
Alarmphase, *f.*	alarm phase
Alarmprogrammierung, *f.*	alarm programming (US programing)
Alarmpunkt, *f.*	Messgerät: alarm point
Alarmrelais, *n.*	alarm relay
Alarmsensor, *m.*	alarm sensor
Alarm-Signalausgang, *m.*	alarm signal output
Alarmverhalten, *f.*	alarm response (Reaktion), alarm behaviour
Al-GK	GK Al (cast aluminium)
alkalisch	alkaline, *siehe* basisch
alkalisches Material, *n.*	alkaline material
Alkalität, *f.*	alkalinity
Alkan, *n.*	alkane
	– homologe Reihe der Alkane: homologous series of alkanes
alkoholbeständiger Schaum, *m.*	alcohol-resistant foam (fire foam)
alle 20 sec.	every 20 secs. (seconds)
allermodernst	advanced, sophisticated, cutting-edge (technology), latest
allgemein anerkannte Regeln der Technik, *f. pl.*	generally accepted rules of engineering practice
allgemein anerkannte Sicherheitsregel, *f.*	generally accepted safety rules
allgemeine bauaufsichtliche Zulassung (abZ), *f.*	national technical approval (e.g. issued by the Deutsches Institut für Bautechnik ("German Institute of Construction Engineering")),
	– auch: general technical approval

A

allgemeine Bestimmungen, *f. pl.*	general provisions (z. B. einer EG-Richtlinie)
allgemeine Funktionsbeschreibung, *f.*	functional overview
allgemeiner Gerichtsstand, *m.*	general place of jurisdiction
allgemeine Sicherheits-bestimmungen, *f. pl.*	general safety regulations
allgemeine Überprüfung, *f.*	general inspection (z. B. einer Anlage)
Allgemeine Verkaufs-, Lieferungs- und Zahlungsbedingungen, *f. pl.*	General Terms of Sale, Delivery and Payment
Allpassfilter, *m.*	Signalverarbeitung: all-pass filter
allpolig	all-pole
Allround-Fertigung, *f.*	all-round production
Allroundsensor, *m.*	all-round sensor
allseitig	on all sides
Alternative, *f.*	alternative, other possibility, possible approach
Alterungstest, *m.*	ageing test
Altlasten, *f. pl.*	old contaminations, waste legacy of the past
Altöl, *n.*	waste oil, spent oil
	– Altölaufbereitung: waste oil processing
	– Altölentsorgung: waste oil disposal
	– Altölverordnung: waste oil ordinance
Alu-Guss-Behälter, *m.*	cast aluminium container
Alu-Kopf, *m.*	aluminium head
Aluminiumdruckguss, *m.*	die-cast aluminium
Aluminium-Filterserie, *f.*	aluminium filter series
Aluminiumgehäuse, *n.*	aluminium housing
Aluminiumguss, *m.*	aluminium casting, cast aluminium
Aluminiumhydrosilikat, *n.*	aluminium hydrosilicate
Aluminium-Kokillenguss, *m.*	chill cast aluminium
Aluminiumlamellen, *f. pl.*	aluminium fins (e.g. aftercooler: copper tube with aluminium fins)
Aluminiumoxid ((Al_2O_3) reine weiße Tonerde, durch Kalzinierung gewonnen), *n.*	aluminium oxide (Al_2O)
	– aktiviertes A.: activated alumina (highly porous, granular form of aluminium oxide having preferential adsorptive capacity for moisture and odour contained in gases and some liquids. Can be regenerated by heat, and the cycle of adsorption and reactivation can be repeated many times. Used, e.g. in adsorption dryers).
	– Aluminiumoxid-Sensor: aluminium oxide sensor
	– offenporiger Aluminiumoxid-Sensor: open-pored aluminium oxide sensor
Aluminium-Sandguss, *m.*	sand-cast aluminium
Aluminiumsilikat, *n.*	aluminium silicate
Aluprofilrohr, *n.*	sectional aluminium pipe
Alu-Stranggussprofil, *n.*	continuously cast aluminium profile
am schlechtesten, schlimmstens	worst-case ... (e.g. worst-case scenario)
AMDEC (Analyse des modes de défaillance, de leurs effets et de leur criticité)	*siehe* FMECA
Ammoniak, *n.*	ammonia
Ammoniakbildung, *f.*	ammonia formation
Amortisationszeit, *f.*	payback period

Amortisierung, *f.*	payback, payback of investment, recoup the costs
amtlich zugelassen	officially approved
amtliches Prüfzeichen, *n.*	official mark of conformity
An- und Abfahrten, *f. pl.*	start-ups and shutdowns (e.g. start-up and shutdown cycles)
An- und Abfahrt-Kosten, *pl.*	travel expenses to and from (the site, the factory, the plant, etc.)
An- und Einbauten, *m. pl.*	attached and built-in components
anaerobe Abwasseraufbereitung, *f.*	anaerobic wastewater treatment
anaerobe Zone, *f.*	anaerobic zone
anaerober Filter, *m.*	anaerobic filter
Analogausgang, *m.*	analogue output, US: analog output (note: the spelling "analog" is meanwhile also acceptable in GB)
Analog-Digital-Converter, Analog-Digital-Wandler, *m.*	analog-digital converter
Analogeingang, *m.*	analog input, analogue input
Analysator, *m.*	analyzer
Analysegas, *n.*	analysis gas
Analysegerät, *n.*	analytical instrument/device/analyzer – Analysegeräte: analytical equipment
Analysemessgas, *n.*	analytical measurement gas
Analysenbefund, *m.*	analytical findings, result of analysis
Analysenfilter, *m.*	analysis filter
Analysengerät, *n.*	analyzer
Analysenleitung, *f.*	analytical measurement line, sampling line
Analysenservice, *m.*	analysis service (e.g. wastewater analysis service)
analytische Untersuchung, *f.*	der Substanzen: chemical analysis
anbacken	stick on, adhere to
Anbau, *m.*	attachment (to), add-on unit
Anbauzeichnung, *f.*	attachment drawing
Anbieter, *m.*	supplier
Anbohrschelle, *f.*	Rohr: tapping sleeve
Anbringen der CE Kennzeichnung	fix CE mark(ing)
Änderung vorbehalten	subject to change without prior notice
Änderungsanzeige, *f.*	notification of changes
Andrehmoment, *n.*	tightening torque (z. B. für Schraube)
Anemometer, *n.*	anemometer (for measuring flow velocity, e.g. by means of a rotating vane anemometer)
anerkannte fachtechnische Regeln, *f. pl.*	recognized technical rules, (universally) approved rules of engineering practice
anerkannte sicherheitstechnische Regeln, *f. pl.*	approved safety rules of engineering practice
Aneroidbarometer, *n.*	aneroid barometer (with vacuum chamber to record movements of a diaphragm under varying atmospheric pressure)
Anfahren und Abbremsen, *n.*	Lager: start and stop motions
Anfahren, *n.*	start, start-up (e.g. compressor start-up)
Anfahrfehler, *m.*	Kompressor: start-up error
Anfahrklappe, *f.*	start-up valve
Anfahrschutz, *m.*	start-up protection
Anfall, *m.*	Menge: output

anfallen	accumulate, produce
anfallende Kondensatmenge, *f.*	condensate quantity produced, actual condensate quantity produced
anfallende Schadstoffmenge, *f.*	incoming pollution load
anfällig	susceptible (to), prone (to), affected (by)
Anfallmenge, *f.*	Kondensat: condensate quantity/rate, amount of condensate
Anfallstelle, *f.*	Kondensat: collecting point, point of accumulation
Anfangsdifferenzdruck, *m.*	initial differential pressure
Anfangsdosierung, *f.*	initial dosage, first dosage
Anfangsdruckverlust, *m.*	initial pressure loss
Anfangswerte, *m. pl.*	initial values – Messung: initial readings
Anfasen, *n.*	chamfering (z. B. von Metallrohrenden, nicht bei Plastik-rohren!)
anfeuchten	humidify, moisten – angefeuchtet: moistened
anflanschen	flange-mount, flange (to), fixing/mounting using a flange
Anforderungen, *f. pl.*	requirements, required conditions, specifications
Anforderungen an den Werk-stoff, *f. pl.*	requirements for the material, material specifications – Belastung: demands on the material
Anforderungsbeschreibung, *f.*	description of requirements
Anforderungsblatt, *n.*	request form (z. B. für Bestellung)
Anforderungskatalog, *m.*	requirements catalogue (e.g. "When selecting a suitable product, a requirements catalogue should first be pre-pared.")
Anforderungsprofil, *n.*	profile of requirements, requirements profile
Anfrage, auf Anfrage	upon enquiry, on enquiry (e.g. price on enquiry) – auf Wunsch: on request
Anfragen-Datenbank, *f.*	enquiry data bank
anfrieren	freeze, freeze up
Angaben, *f. pl.*	details, particulars, specifications, data, data and descriptions
angebaut	attached, mounted (on), ...-mounted, built-on, directly connected
angeben	specify, state
Angebot, *n.*	offer – Angebot abgeben: submit an offer – Preise: quotation – Erarbeitung: processing time (e.g. offer processing time)
Angebotsbibliothek, *f.*	offer library
Angebotspaket, *n.*	product package
Angebotsphase, *f.*	offer phase
Angebotsspektrum, *n.*	product spectrum
angegebene Leistung, *f.*	stated capacity, declared capacity
angelagerte Feuchtigkeit, *f.*	adsorbed moisture
angepasst	adapted
angepasst an Anlagenbedingungen	Filter: matched to the system
angepasste Betriebsweise, *f.*	flexible operation
angepasste elektronische Steuerung, *f.*	adaptive electronic control system
angereichert mit Feuchtigkeit	moisture-laden

angesaugte Luft, *f.*	intake air, aspirated air
angeschraubtes Netzteil, *n.*	screw-on power supply unit
angeschweißt	welded-on
angeströmte Filteroberfläche, *f.*	contact surface of the filter
angewandte EG-Richtlinien, *f. pl.*	EC Directives applied
Angleichzeit, *f.*	adaptation period/time (z. B. eines Sensors, Zeitraum für das Erreichen des Feuchtegleichgewichts, vom Feuchtenormal abhängig)
angrenzend	adjacent
anhaftende Flüssigkeit, *f.*	adherent liquid
Anhaftung von Staub, *f.*	adherence of dust
Anhaftung, *f.*	incrustation (e.g. incrustation of pipes), adherence, sticking
Anhaltswerte, *m. pl.*	reference values
Anhang, *m.*	generell: appendix (e.g. appendix to a document)
	– Anlage (zu Brief): enclosure
	– EG-Richtlinie: Annex
anheben	Qualität: improve, upgrade
Animpfen, *n.*	Biofilter: enrichment (culture enrichment)
Anionenaustauscher, *m.*	anion exchanger
Ankerstange (Filter), *f.*	anchor road
anklemmen	connect, attach, clamp on (e.g. clamp on ultrasonic flowmeter)
Anlage, *f.*	facility, plant, system, installation
	– Kompressor: station, system
– Anlage stilllegen/stillsetzen	shut down a plant
Anlagegruppe, *f.*	plant group
Anlagenarchitektur, *f.*	equipment architecture
Anlagenaufbau, *m.*	plant structure, plant configuration, plant layout
Anlagenausfall, *m.*	plant breakdown, plant failure
Anlagenauslegung, *f.*	plant layout, plant parameters
Anlagenbau, *m.*	plant engineering
Anlagenbauer, *m.*	plant manufacturer, plant supplier
anlagenbedingt	plant-specific
Anlagenbetreiber, *m.*	plant operator
Anlagenbetrieb, *m.*	plant operation, equipment operation
Anlagendefekt, *m.*	plant defect
	– Funktionsfehler: malfunction
Anlagenhersteller, *m.*	*siehe* Anlagenbauer
Anlagenparameter, *m.*	plant parameters
Anlagenschema, *n.*	plant configuration
Anlagensteuerung, *f.*	plant control
Anlagenstillstand, *m.*	plant standstill
Anlagenstopp, *m.*	plant stoppage
Anlagentechnik, *f.*	plant technology
Anlagenteile, *m. pl.*	plant elements
Anlagenverfügbarkeit, *f.*	plant availability
anlagern	bond (onto, z. B. Atom), become attached, attach (itself), accumulate (on), settle, stick (to), be retained, become adsorbed
Anlagerung, *f.*	attachment, retention, adsorption, accumulation (e.g. of molecules on an activated carbon surface)

Anlauf, *m.*, Anlaufen, *n.*	Verdichter: start up, start, start running, start working
Anlaufentlastung, *f.*	Ventil: start-up relief
Anlaufmoment, *n.*	starting torque
Anlaufstrom, *m.*	starting current
anlegen	Druck: apply
Anleitung, *f.*	instructions
Anlieferung, *f.*	delivery
anliegende Spannung, *f.*	voltage applied
Anmeldung, *f.*	registration (z. B. bei der Behörde)
Anmerkung, *f.*	comment, note
annähernd, *f.*	approximate, close to
	– annähernd gleichviel: more or less the same
Annäherungsformel, *f.*	approximation
Anode, *f.*	anode (positiv in Bezug auf Kathode)
anodisch oxidiert	anodized, anodic oxidation coating
	– Anodisierung: anodic oxidation, anodizing
Anordnung, *f.*	arrangement, installation, layout, configuration
	– hängende Anordnung: suspended arrangement
anorganisch	inorganic
anorganische Chemie, *f.*	inorganic chemistry
anorganische Salze, *n. pl.*	inorganic salts
anorganische Stoffe, *m. pl.*	inorganic substances
anorganische Verbindung, *f.*	inorganic compound
Anpassung, *f.*	adaptation, adjustment
Anpresskraft, *f.*	contact force, pressure (acting against)
anreichern	z. B. mit Feuchtigkeit/Wasser: take up, absorb, attract (moisture)
Anreicherung, *f.*	accumulation, enrichment (e.g. selective enrichment of substances to increase the capacity)
	– Adsorption: concentration (of … on a surface)
Anreihtechnik, *f.*	modular system, modular technique
ansammeln	collect, accumulate
Ansammlung, *f.*	deposits, accumulated matter
Ansaugbedingungen, *f. pl.*	intake conditions, suction conditions
Ansaugbereich, *m.*	Luft: air intake, air-intake area
Ansaugdruck, *m.*	intake pressure, inlet pressure, suction pressure (z. B. Pumpe)
ansaugen	draw in, take in, suck in, pump (in, up, off)
Ansaugfilter, *m.*	Kompressor: intake filter (installed to separate solids or suspended particles in the air before they enter the compressor's air intake)
Ansaugklappensteuerung, *f.*	Kompressor: intake valve control
Ansauglanze, *f.*	suction tube
Ansaugleistung, *f.*	Kompressor: intake capacity
Ansaugleitung, *f.*	intake line
Ansaugluft, Eingangsluft, *f.*	intake air
Ansaugstutzen, *m.*	intake connection, suction connection
Ansaugtemperatur, *f.*	intake temperature
Ansaugung, *f.*	suction intake
Ansaugventil, *n.*	suction intake valve (controlling the flow of air)
Ansaugvolumen, *n.*	Kompressor: intake volume

Ansaugvorgang, *m.*	Membranpumpe: suction process
Anschauungsmaterial, *n.*	presentation material, demo material
Anschauungsmodell, *n.*	display model, demo(nstration) model
Anschlag, *m.*	catch, limit stop, end stop
anschlagen	Hebezeug: attach, fit
anschließbare Verdichterleistung, *f.*	installable compressor capacity
anschließen, anbringen	connect, fit, join, attach
Anschluss, *m.*	connection
	– Rohrgröße: pipesize
– Anschluss, elektrischer, *m.*	electrical connection
	– Einrichtung: electrical installation
Anschlussadapter, *m.*	connecting adapter
	– Zulaufadapter: inlet adapter
Anschlussbedingungen, *f. pl.*	elektrisch: supply conditions, terminal conditions
Anschlussbelegung, *f.*	Klemmen: terminal assignment
	– allgemein: connection details
anschlussbereit	ready for connection
Anschlussdaten, *n. pl.*	input data (z. B. in m³/min)
Anschlussdraht, *m.*	el.: connection wire
Anschlusseinheit, *f.*	mounting kit
Anschlusselement, *n.*	connector
Anschlussfehler, *m.*	installation error
anschlussfertig verdrahtet	fully wired ready for connection
Anschluss-Fittings, *n. pl.*	connection fittings
Anschlussfläche, *f.*	Sensor: connection area
Anschlussflansch, *m.*	connecting flange
Anschlussformteil, *n.*	Schnittpunkt von Rohrende/Verbraucher: outlet connector
Anschlussgewinde, *n.*	connection thread, thread connection, threaded connection
Anschlusskabel, *n.*	connecting cable, connection cable
	– festes Anschlusskabel: permanent cable connection
Anschlusskasten, *m.*	terminal box, connection box
Anschlussklemme, *f.*	el.: terminal
Anschlussklemmleiste, *f.*	terminal strip
Anschlusskopf, *m.*	connecting head
Anschlussleistung, *f.*	Verdichter: input performance
	– elektrisch: connected load, installed load
Anschlussleitung, *f.*	elektrisch: connecting cable, power cable, power lead
	– Rohr: connecting pipe
Anschlussmaß, *n.*	fitting dimension, connection size
Anschlussmöglichkeit, *f.*	provision for connection
Anschlussplan, *m.*	elektrisch: terminal diagram, wiring diagram
Anschlussschema, *n.*	– allgemein/Rohre: connection diagram
Anschlussquerschnitt, *m.*	cross-section for connection
Anschlussschema, *n.*	elektrisch: *siehe* Anschlussplan
Anschlussschlauch, *m.*	connecting hose
anschlussseitig	on the connection side, at the connection end
Anschluss-Set, *n.*	connection set, connection kit, installation set
– Anschluss-Set für Parallelschaltung	connection set for parallel system (oder "connection kit")
Anschlussskizze, *f.*	*siehe* Anschlussplan
Anschlussspannung, *f.*	supply voltage
Anschlussstück, *n.*	connection part, connection piece

Anschlussstutzen, *m.*	connector, connection adapter
Anschlusstechnik, *f.*	connection system
Anschlusstülle, *f.*	connector, connector fitting
Anschlussverbindung, *f.*	connection point
Anschlusswert, *m.*	elektrisch: connected load, installed load
Anschlusszubehör, n.	connection accessories
	– Satz: connection kit
anschrauben	screw on
	– wieder anschrauben: screw back
Anschraubteile, *n. pl.*	screw-on parts
anschwellend, stark	sudden powerful increase, surge, surge-wise, abrupt change
ANSI	ANSI (American National Standards Institute)
Anspannung, *f.*	mechanisch: tension (e.g. tension of a stretched wire)
ansprechen	z. B. Thermostat: activate
Ansprechpartner, *m.*	contact, contact person, point of contact (Kontaktstelle)
Ansprechtemperatur, *f.*	response temperature
Ansprechzeit, *f.*	response time
anspringen	z. B. Verdichter: start up
Anspruch, *m.*	Recht: entitlement
– Anspruch auf Beseitigung von Sachmängeln	entitlement to remedy of defects
– Anspruch auf Gewährleistung	warranty entitlement
anspruchsvoll	demanding, exacting, sophisticated, high standard, quality-conscious, high quality
ansteigen	Flüssigkeit: rise
ansteigender Füllstand, *m.*	rising fill level
Ansteuerelement, *n.*	activating element
Ansteuergröße, *f.*	control quantity
ansteuern	control, activate, trigger
Ansteuerung Tankpumpe, *f.*	tank pump control
anstoßen	Moleküle: impact
anströmend	inflowing
	auftreffend: oncoming
Anströmfläche, *f.*	inflow area, contact surface
Anströmung, *f.*	incoming flow
	– auftreffend: oncoming flow (e.g. alignment of the turbine blades to the oncoming flow)
	– verteilend: flow distribution
Anströmungsrichtung, *f.*	flow direction
anthropogen	anthropogenic
Antrieb, elektrischer, *m.*	electric drive
Antriebsbereich, *m.*	Membranpumpe: drive area
Antriebsenergie, *f.*	driving power
Antriebsluft, *f.*	propelling air, air as a driving force
Antriebsmotor, *m.*	drive motor
Antriebssteuerung, *f.*	drive control (e.g. fully integrated electrical drive control)
Antriebsverlust, *m.*	loss of power
Anweisung, *f.*	instruction, direction
Anwender, *m.*	user, operator, customer, end user
Anwenderforderung, *f.*	customer's specification
anwenderfreundlich	user-friendly, operator-friendly

Anwenderindustrien, *f. pl.*	application industries
Anwendung, *f.*	application, use
Anwendungsbeispiel, *n.*	example of application, application example
Anwendungsbereich, *m.*	area of application, scope of application, range of application
Anwendungsgebiet, *n.*	
Anwendungsbeschreibung, *f.*	description of application
anwendungsbezogen	application-oriented, application-related, process-related
Anwendungserfahrung, *f.*	experience in practice
Anwendungsfall, *m.*	specific application, type of application
anwendungsoptimiert	application-optimized
anwendungsorientiert	*siehe* anwendungsbezogen
anwendungsspezifisch	application-specific, *siehe* anwendungsbezogen
Anwendungsstelle, *f.*	application area
	– Heizer: heat application area
Anwendungstemperatur, *f.*	z. B. für Farbschicht/Leim: application temperature
Anwesenheit, *f.*	presence (e.g. of hydrocarbons)
Anzahl, *f.*	quantity (Abkürzung: Qty.), number
Anzeige- und Bedienungs-elemente, *n. pl.*	display and operating elements
Anzeige, *f.*	digital: display
	– Skalenscheibe/Ziffernblatt: dial
	– behördliche Anzeigen: public authority notifications
	– Messinstrument: reading, readout, display
Anzeigebereich, *m.*	display range
Anzeigeelektronik, *f.*	electronic display
Anzeigefehler, *m.*	Messinstrument: reading error
Anzeigegenauigkeit, *f.*	Messinstrument: reading accuracy
Anzeigegerät, *n.*	indicating device, display unit
Anzeigemodus, *m.*	display mode
anzeigen	LED: indicate, display, show
Anzeigenzustand, *m.*	display state
Anzeigetafel, *f.*	display panel
anziehen	– Relais: pick up
	– Schraube: tighten, screw down
	– fest anziehen: screw down firmly, screw down tightly, *siehe* festschrauben
Anzugsverriegelung, *f.*	Relais: pickup lock
Anzugsverzögerung, *f.*	Relais: pickup delay
Applikationsgeräte, *n. pl.*	Lackierung: paint spraying equipment
Arbeitsablauf, *m.*	work sequence, sequence of operations
Arbeitsbelastung, *f.*	work load
Arbeitsblatt, *n.*	worksheet
Arbeitsdrehzahl, *f.*	z. B. Werkzeugmaschine: working speed
Arbeitsdruck, *m.*	working pressure
Arbeitsergebnisse, *n. pl.*	work results
Arbeitsgemeinschaft Druck-behälter (AD)	German Working Group on Pressure Vessels
Arbeitsgruppe, *f.*	working group
Arbeitshygiene, *f.*	occupational hygiene
arbeitsintensiv	work intensive, manpower intensive

Arbeitskontakt, *m.*	contact element, make contact element, NO contact (normally open contact)
Arbeitskosten, *pl.*	Personal: labour costs (US labor costs)
Arbeitsleitung, *f.*	working line
Arbeitsmittel, *n. pl.*	zur Installation: tools and materials
Arbeitsniveau, *n.*	Tank: working level
arbeitsplatzbezogen	workplace-related
Arbeitsplatzexposition, *f.*	occupational exposure, exposure of employees whilst at work
Arbeitsprinzip, *n.*	operating principle
Arbeitsprozess, *m.*	operational process, work process
Arbeitspunkt, *m.*	operating point
Arbeitsqualität, *f.*	workmanship, quality of the work
Arbeitsraum, *m.*	working area
Arbeitsschritte, *m. pl.*	step-by-step procedure
Arbeitsschutzausrüstung, *f.*	Personal: protective outfit
	– generell: protective equipment
Arbeitssicherheit, *f.*	occupational safety, labour safety
Arbeitsstrom, *m.*	working current
	– Arbeitsstrom-Alarmgerät: open-circuit alarm device
Arbeitsstunden, *f. pl.*	Maschine: operating hours
	– Personal: working hours
Arbeitstage, *m. pl.*	working days
Arbeitsthermostat, *m.*	working thermostat
Arbeitsventil, *n.*	working valve
Arbeitszeit, *f.*	Maschine/Gerät: operating time
Arbeitszustand, *m.*	operating conditions
Arbeitweise, *f.*	working method, method of operation, mode of operation
Argon, *n.*	argon
Argumentationsbedarf, *m.*	need for argumentation
Armaflex	Armaflex (Isolierung)
Armaturen, *f. pl.*	fittings, valves and fittings
Amortisationszeit, *f.*	payback period, return on investment
aromatische Amine, *n. pl.*	aromatic amines
arretieren	lock in position, hold in position, retain, stop
Arretierung, *f.*	locking element, retention system, catch
Art.-Nr., *f.*	article No.
Artikelbezeichnung, *f.*	part designation
Asbestfeinstaub, *m.*	fine asbestos dust
Aseptik-Rohrverbindung, *f.*	aseptic pipe connection
ASME	ASME (American Society of Mechanical Engineers)
	– ASME-Regelwerk: ASME Code (e.g. built to ASME CODE)
Asphaltindustrie, *f.*	asphalt industry
asymmetrisch	asymmetrical
asynchrone Steuerung, *f.*	asynchronous control
Atemgerät, *n.*	respirator
siehe Atemluftgeräte	
Atemluft, *f.*	breathing air, air one breathes, respiratory air, inhaled air
Atemluftanwendungen, *f. pl.*	breathing air applications
Atemluftaufbereitungssystem, *n.*	breathing air treatment system
Atemlufterzeugung, *f.*	generation of breathing air

Atemlufterzeugungsanlage, *f.*	breathing air generator
Atemluftfilter, *m.*	breathing air filter, respiratory filter (e.g. disinfectable respiratory filter)
Atemluftgeräte, *n. pl.*	respiratory equipment, breathing air equipment
Atemluftqualität, *f.*	breathing air standard, breathing air quality
Atemluftsystem, *n.*	breathing air system
	– mobiles: mobile breathing air system
Atemlufttechnik, medizinische, *f.*	breathing air systems for medical applications
Atemlufttrocknung, *f.*	drying of breathing air
Atemluftversorgung, *f.*	breathing air supply
Atemluftversorgungsstation, *f.*	breathing air station, respiratory air station
Atemmaske, *f.*	respiratory mask
Atemschutz, *m.*	respiratory protection
Atemschutzausrüstung, *f.*	outfit for respiratory protection, respiratory protection outfit
Atemschutz-Filtergerät, *n.*	respiratory filter, respiratory filter apparatus
Atemschutzgerät, *n.*	breathing apparatus
	– Maske: respiratory mask, mask for respiratory protection
Atemschutzvollmaske, *f.*	full safety mask for respiratory protection
Atemwege, *m. pl.*	respiratory tract
Atemwegserkrankung, *f.*	disease of the respiratory tract
ATEX-Kennzeichnung, *f.*	ATEX marking (The term ATEX is derived from the title of the 94/9/EC directive: *Appareils destinés à être utilisés en Atmosphères Explosibles*)
ATEX-Variante, *f.*	ATEX version
ATEX-zertifiziert	ATEX certified (e.g. ATEX certified flow and level switches)
ATEX-Zulassung, *f.*	ATEX approval, ATEX certification
Äthan, *n.*	ethane
Äthylbenzol, *n.*	ethylbenzene
Atmosphäre, *f.*	atmosphere
Atmosphärendruck, *m.*	atmospheric pressure
atmosphärisch entspannt	expanded to atmospheric pressure (z. B. Spülluft), atmospherically expanded
atmosphärische Entspannung, *f.*	expansion to atmospheric pressure
atmosphärische Luft, *f.*	atmospheric air
atmosphärischer Druck, *m.*, entspannen auf atmosphärischen Druck	expand to atmospheric pressure
atmosphärischer Taupunkt, *m.*	atmospheric dewpoint (auch: atmospheric dew point)
Atmungsprobleme, *n. pl.*	breathing problems
ATV (Abwassertechnische Vereinigung)	Sewage Engineering Association
ätzend	caustic, corrosive
auf Anfrage	upon enquiry
	– auf Wunsch/Verlangen: on request
auf dem Weg	Rohrleitung: along the line
auf den mm genau	with mm precision, to the nearest mm
auf Display nicht gezeichnet	not marked on display
auf eigene Kosten	at his/her/their own expense
auf Kante	edge-to-edge
auf Lösungsmittlebasis	solvent-based
auf Wasserbasis	water-based

aufarbeiten	treat, process, reprocess (recycling)
Aufbau, *m.*	structure, arrangement, layout (Anordnung), configuration, design
	– von Schichten: build-up of layers
aufbauen, zusammenfügen	assemble
aufbereiten	treat, process
Aufbereitung, *f.*	treatment (z. B. von Wasser, Kondensat)
– Aufbereitung vor Ort, *f.*	on-site treatment
Aufbereitungsgerät, *n.*	treatment unit/installation/facility
Aufbereitungskette, *f.*	treatment chain
Aufbereitungsleistung, *f.*	Wasserreinigung: cleaning performance
Aufbereitungsstufe, *f.*	treatment stage, stage of treatment
Aufbereitungssystem, *n.*	treatment system
	– betriebsinternes Aufbereitungssystem: in-plant treatment system, on-site treatment system
Aufbereitungstechnik, *f.*	treatment techniques, treatment technology
aufbewahren	keep, preserve
aufblähen	expand, become distended, become inflated, swell
aufblasen	inflate (z. B. Filtersack)
Aufblasphase, *f.*	Blasformen: blow-up phase
aufblühen	blister, start blistering
aufbrauchen	Ware im Lager: clear
aufbrechen, brechen	Moleküle: break up (e.g. "The hydrocarbon molecules are broken up to produce mixtures of smaller hydrocarbons.")
aufeinander abgestimmte Technik, *f.*	harmonized/compatible technology
Aufenthaltsdauer, Verweilzeit, *f.*	dwell time, detention time (e.g. hydraulic detention time), retention time
Auffächern, *n.*	Papier: separation
Auffangbecken, *n.*	receiving tank, *siehe* Auffangbehälter, Auffangtank
Auffangbehälter, *m.*	collector, receiving tank
	– für Öl: oil collector
Auffangbereich, *m.*	receiving space, receiving area
auffangen	collect, catch, trap (z. B. Schmutzpartikel), receive
Auffangglas, *n.*	collecting jar, sample jar (für Probenahme)
Auffangtank, *m.*	collecting tank, receiving tank
Auffangvolumen, *n.*	holding capacity, storage volume
Auffangwanne, *f.*	Überlauf: spill basin
auffinden	locate, track down
auffüllen	top up, replenish
Auffüllgeschwindigkeit, *f.*	filling rate
Auffüllvorgang, *m.*	filling procedure
Aufgaben, *f. pl.*	tasks, duties, responsibilities
Aufgabenstellung, *f.*	Bericht: terms of reference
	generell: task, task involved, application, application requirements
Aufgabenteilung, *f.*	division of responsibilities
aufgebrochene Moleküle, *n. pl.*	broken down molecules (but: break up molecules into atoms)
aufgewirbelter Staub, *m.*	swirling dust
aufhängen	suspend
aufheben	Fehlermeldung: clear

Aufheizphase, *f.*	heating-up phase
Aufheizung, *f.*	heating up, temperature rise
Aufheizzeit, *f.*	heating-up time
aufkleben	stick on
Aufkleber, *m.*	sticker, label
	– Typenschild: type plate
Aufkonzentration, *f.*	concentration (of substances), accumulation
aufkonzentrieren	become concentrated, accumulate (z. B. Verunreinigungen)
Aufladung, elektrostatische, *f.*	electrostatic charge
Auflagefläche, *f.*	contact surface, contact area
	– Lager: bearing area
Auflagen, Vorgaben, *f. pl.*	specifications
	– strenge: strict specifications
auflegen	place
Aufleitungs- und Aufbereitungs-systeme, *n. pl.*	discharge and treatment systems
aufleuchten	light up, flash
Auflistung, *f.*	listing, list
auflockern	loosen, loosen up
auflösen	chem. Verbindung: break up, *siehe* aufspalten
	– in Flüssigkeit: dissolve
Auflösung, *f.*	Display: resolution
Aufnahme, *f.*	durch Filter: adsorption
Aufnahme, Verbindungsstelle, *f.*	connection point
	– Aufnahmebuchse: socket (Steckdose)
	– Steckverbindung: receiving jack
aufnahmefähig	z. B. Adsorptionsfilter: adsorptive, adsorbing
Aufnahmefähigkeit, Aufnahme-kapazität, *f.*	von Feuchtigkeit in der Luft: moisture-carrying capacity
	– von Feuchtigkeit in Feststoffen: moisture-retention capacity
	– Filter: working capacity (e.g. "The working capacity of the filter is about 150 ml.")
	– Rückhaltefähigkeit: retention capacity
Aufnahmekopf, *m.*	connecting head
Aufnahmeleistung, *f.*	input, power input
Aufnahmeplatte, *f.*	mounting plate, receiving plate
	– Elementaufnahme: element seating
Aufnahmevermögen für Öl, *n.*	oil-binding capacity
aufnehmen	absorb (z. B. Wasserdampf in der Luft), take up, retain
	– auf der Oberfläche: adsorb (z. B. Öl auf Aktivkohlefilter)
	– Verdichterbetrieb: cut in
Aufprallabscheidung, *f.*	Filtration: inertial impact separation
Aufprallwirkung, *f.*	impact effect
aufquellen	swell (up)
aufrufen	call, call up, activate
aufrüsten	increase, step up, upgrade
Aufsaugmasse, *f.*	absorption material
aufschäumen	foam, foam up, become foamy
Aufschlämmung, *f.*	suspension
Aufschlüsseln von Verbrauchsmengen	breakdown of consumption quantities, breakdown of quantities consumed
aufschwimmen	float (on surface/top), rise to the surface

Aufsicht, *f.*	supervision
Aufsichtsamt, *n.*	supervisory authority
aufspalten	Emulsion: split up
	– Moleküle: break down
Aufspaltung, *f.*	Emulsion: splitting
Aufspannvorrichtung, *f.*	clamping system, clamping device
	– Aufspannplatte: clamping plate
Aufspleißen, *n.*	Textil: splitting (of threads)
aufspritzen	splash on
	– aufsprühen: spray on
aufstecken	fit on, push on, plug onto
	– wieder aufstecken: refit
Aufsteckmontage, *f.*	push fitting
Aufsteigvolumen, *n.*	upflow volume
Aufstellbereich, *m.*	installation area, area of installation, place of installation
aufstellen	install, mount, arrange, position, erect (z. B. eine große Maschine)
	– Aufstellort wählen: siting
Aufstellort, Aufstellungsort, *m.*	installation site, place of installation
	– Wahl des Aufstellungsortes: siting
Aufstellung, *f.*	positioning (z. B. senkrecht oder waagerecht), siting, erection (größere Anlage), *siehe* aufstellen
Aufstiegsgeschwindigkeit, *f.*	rising velocity, upward velocity
auftauen	thaw out (z. B. Ventile, Rohre)
Auftrag, *m.*, im Auftrag von	on behalf of Mr X
	– Briefende: Robert Smith for X company
Auftrag, *m.*	order
Auftragsabwicklung, Auftrags-bearbeitung, *f.*	processing of orders, sales order processing
Auftragsbestätigung, *f.*	acknowledgment of order (vom Lieferanten gesandt), confirmation of order (vom Käufer gesandt)
Auftragseingabe, Auftragserfassung, *f.*	order entry
Auftragsnr., *f.*	order No.
Auftragspapiere, *n. pl.*	order documentation
Auftreten, *n.*	occurrence, presence
Auftriebskraft, *f.*	buoyant force, buoyancy
Auftriebswirkung, *f.*	buoyancy effect
Aufwand, *m.*	expenditure, work involved, time and effort involved, measures required
Aufwand-Ergebnis-Verhältnis, *f.*	expenditure/results ratio
	– Kosten-Nutzung-Rechnung: cost/benefit analysis
aufwändig	expensive, elaborate, complicated, costly, complex, difficult, demanding
Aufwand-Nutzen-Verhältnis, *f.*	cost-benefit ratio
Aufzählung, *f.*	listing
aufzeichnen	record (e.g. instruments for measuring and recording temperature)
Aufzeichnungsintervall, *n.*	Logger: recording interval
Augenblickswert, *m.*	instantaneous value
Augenkontakt, *m.*	Chemikalie: contact with the eye
Augenreizung, *f.*	eye irritation
augenscheinliche Beschädigung, *f.*	visible damage

Augenschutz, *m.*	eye protection
– Augenschutz benutzen	wear eye protection, use eye protection
Augenverletzung, *f.*	eye injury
AU-Membrane, *f.*	AU diaphragm
aus Stahl	made of steel
ausbauen, entfernen	remove, dismount, dismantle
ausbauen, weiter entwickeln	develop further, extend one's lead, expand
Ausbauraum, *m.*	handling space for removal/installation
ausbessern	Lack: touch up, remedy coating defects
Ausbeulen, *n.*	buckling
Ausbeute, *f.*	yield, output
Ausbildung, *f.*	vocational training, professional qualification
ausblasen	Rohr: blow through
Ausblaseschalldämpfer, *m.*	blow-off silencer
Ausblasventil, *n.*	blow-off valve
ausblenden	remove, delete
Ausblühung, *f.*	efflorescence
Ausbohrmaschine, *f.*	boring machine (for producing holes in a workpiece)
ausbrechen	break off
Ausbreitung des Schadens, *f.*	Verunreinigung: spreading of the contamination
Ausbreitung von Luftverun-reinigungen, *f.*	dispersion of pollutants in the atmosphere, dispersion of air pollutants
Ausbreitung, *f.*	propagation (z. B. von Vibrationen), spread
Ausbreitungsberechnung, *f.*	dispersion modelling (e.g. of a plume)
Ausbreitungsbetrachtungen, *f. pl.*	dispersion studies
Ausbringungsrate, *f.*	Werkzeugmaschine: output volume
ausdehnen	expand
Ausdehnung, *f.*	expansion
Ausdrückvorgang, *m.*	Membranpumpe: discharge process
Ausdünstung, *f.*	evaporation, vapour formation
Ausfall der Stromversorgung	breakdown in the electricity supply, power failure
Ausfall, *m.*	failure, *siehe* Betriebsstörung
	– Anlagenausfall: plant failure
ausfallanfällig	prone to failure
Ausfallauswirkungsanalyse, *f.*	failure mode & effects analysis (FMEA)
Ausfalldauer, Ausfallzeit, *f.*	downtime (Zeit in der Maschine oder Anlage nicht läuft/produziert)
Ausfalleffekt- und Ausfallkritizitäts-analyse, *f.*	failure mode, effects and criticality analysis (FMECA)
ausfallen	fail, break down
	– Flüssigkeit: separate out, settle
ausfällen	precipitate
Ausfällung, *f.*	precipitation
Ausfallursache, *f.*	cause of failure
Ausfallzeit, *f.*	downtime (z. B. einer Maschine)
ausfiltern, ausfiltrieren	filter, filter out, retain, trap, remove by filtering
ausflocken	flocculate, bind by flocculation
Ausflussquerschnitt, *m.*	outlet cross-section
ausfrieren	freeze, freeze out, become frozen
Ausführung CC, *f.*	CC finish (Mantelrohr)
Ausführung, *f.*	design, model, design type, type of construction, version, arrangement (Anordnung), configuration

ausfüllen	Formular: fill in
Ausgang, *m.*	outlet
	– elektrischer Ausgang: output, *siehe* z. B. Analogausgang
Ausgangsabsperreinrichtung, *f.*	Druckluftstrom: downstream isolation valve
Ausgangsbereich, *m.*	outlet area
Ausgangsdruck, *m.*	Kompressor: outlet pressure
Ausgangsdrucktaupunkt, *m.*	outlet pressure dewpoint
Ausgangsfilter, *m.*	outlet filter
Ausgangskennlinie, *f.*	output characteristic
Ausgangskontakt, *m.*	output contact
	– potenzialfreier: potential-free output contact
Ausgangskopf, *m.*	outlet head
Ausgangsleitung, *f.*	outlet line
Ausgangslösung, *f.*	initial solution
Ausgangsmaterial, *n.*	raw material, stock, input material
Ausgangsrelais, *n.*	output relay
	– Kopplung auf ein Ausgangsrelais: coupling with an output relay
Ausgangsrohrleitung, *f.*	outlet pipe
Ausgangsseite, *f.*	outlet side
	– ausgangsseitig: on the outlet side
Ausgangsspannung, *f.*	el.: output voltage
	– ungeregelt: unregulated
Ausgangsstellung, *f.*	el.: Relais: neutral position, de-energized position
Ausgangsstoff, *m.*	initial substance, starting material
	– Rohstoff: raw material
Ausgangstaupunkt, *m.*	outlet dewpoint
Ausgangstemperatur, *f.*	outlet temperature
Ausgangsventil, *n.*	outlet valve, discharge valve
Ausgangswert, *m.*	initial value
ausgefaulter Klärschlamm, *m.*	digested sewage sludge
ausgehend	emanating (e.g. odours emanating from)
ausgelegt für den Bereich	rated for use in area (z. B. II 2G Eex ib IIB T4)
ausgeprägt	distinct, marked
ausgereift	proven, reliable, mature, fully developed, sound
Ausgewogenheit, *f.*	balance
Ausgießring, *m.*	Labor: pouring ring
Ausgleich, *m.*	ausgeglichener Zustand: equilibrium
	– Bestreben nach Ausgleich: tendency towards an equilibrium
– Ausgleich der relativen Feuchte, *m.*	equilibration of relative humidity
ausgleichen	compensate (for), make up (for)
	– zunichte machen: cancel
Ausgleichsfutter, *n.*	Werkzeugmaschine: compensating chuck
Ausgleichskammer, *f.*	Lager: compensation chamber, pressure compensating chamber
aushärten	Plastik: cure
Aushärtezeit, *f.*	setting period (z. B. von Klebstoff)
	– Plastik, Gummi, Zement: curing period
ausklinken	disengage
auskondensieren	condense out, condense to liquid

auskristallisieren	crystallize, crystallize out
Auslass, *m.*	outlet
Auslassfilter, *m.*	outlet filter
Auslassöffnung, *f.*	outlet opening
Auslassquerschnitt, *m.*	outlet cross-section
Auslasstemperatur, *f.*	outlet temperature
Auslassventil, *n.*	outlet valve, discharge valve, exhaust valve
auslasten	utilize the capacity, fully utilize the capacity
Auslastung, *f.*	capacity utilization
	– Verdichter: throughput capacity, loading
	– voll ausgelastet: working to full capacity
	– geringe Auslastung (z. B. des Trockners): low-load conditions (e.g. under/at low-load conditions)
Auslastungsanalyse, *f.*	capacity utilization analysis (GB auch: utilisation)
Auslastungsfaktor, *m.*	capacity utilization factor (e.g. capacity utilization factor of 85 %), utilization factor
Auslauf, *m.*	outflow
auslaufen	undicht: leak, leak out
Auslaufleitung, *f.*	discharge pipe
Auslaufquerschnitt, *m.*	outlet cross-section, cross-section of discharge
Auslaufrinne, *f.*	outlet channel
Auslaufrohr, *n.*	discharge pipe
Auslaufschlauch, *m.*	discharge hose
auslaufsicher	leak-proof, spill-proof
Auslaufstrecke, *f.*	outlet section
auslaugbeständig	non-leachable
Auslaugbeständigkeit, *f.*	resistance against leaching
auslegen	dimension, design, lay out, rate
Auslegung und Dimensionierung, *f.*	einer Anlage: layout and dimensioning
Auslegung und Konstruktion, *f.*	design and construction
Auslegung, *f.*	dimensioning, design, layout
	– elektrisch: rating
Auslegungsbestimmungen, *f. pl.*	design requirements, design specifications
Auslegungsdaten, *n. pl.*	design data, dimensioning data, layout data
Auslegungsdruck, Berechnungsdruck, *m.*	design pressure
Auslegungsphase, *f.*	planning phase, design phase
Auslegungsprogramm, *n.*	zur Bestimmung der Baugröße: dimensioning program (computer-based)
Auslegungstemperatur, *f.*	design temperature
Auslesung, *f.*	Daten: readout (z. B. von internem Speicher an zentrales System)
Auslieferung, *f.*	delivery, shipment
auslösen	trigger, activate
Ausnahmegenehmigung, *f.*	special permit
Ausnutzung, *f.*	utilization, exploitation
auspacken	unpack
ausrichten	align
	– selbstausrichtend: self-aligning (z. B. Lager)
Ausrichtung, *f.*	alignment
ausrüsten	fit out, fit, provide, equip
Ausrüster, *m.*	equipment supplier

Ausrüstung von Starkstromanlagen mit elektronischen Betriebsmitteln (DIN VDE 0160)	Electronic Equipment used in Electrical Power Installations
Ausrüstung, *f.*	equipment
	elektrische: electrical equipment
Ausschaltdruck, *m.*	cut-out pressure, shut-off pressure, switch-off pressure
Ausschalten der Anlage, *n.*	shutdown of the plant
Ausschaltpunkt, Ausschaltzeitpunkt, *m.*	switch-off point
Ausschaltverzögerung, *f.*	dropout delay, OFF delay
ausscheiden	filter out, remove
ausschieben	clear, push out
ausschleusen	drain, remove
ausschließen	Haftung: exclude, rule out, dismiss
Ausschluss, *m.*, unter Ausschluss von Luft	in the absence of air, under the exclusion of air
Ausschnittverstärkung, *f.*	Druckbehälter: cutout reinforcement
ausschrauben	unscrew
Ausschreibung, *f.*	tender, bid (submitted by bidder)
	– Ausschreibungsunterlagen: tender documents
Ausschub, *m.*	Rohr: clearance
Ausschuss, *m.*	wastage, rejects, scrap
	– Produktionsausschuss: production rejects
	– Ausschussrate: reject rate, spoilage rate (besonders für Nahrungsmittel)
Außenanbringung, *f.*	exterior mounting
Außenaufstellung, *f.*	outdoor installation
Außenbereich, *m.*	outdoors, outdoor location, outdoor area
Außendienst, *m.*	field service, field units, field staff (e.g. field service technician)
Außendienstgebiet, *n.*	field service area
Außendienstmanagement-System, *n.*	field service management system
Außendienst-Team, *n.*	field service team
Außendienst-Verkaufsteam, *n.*	field sales team, *siehe* ADM
Außendurchmesser, *m.*	outside diameter, external diameter
	– Rohr: outside diameter (O.D.), external diameter
Außengewinde, *n.*	external thread, male thread
Außengewindeanschluss, *m.*	external thread connection
Außenleiter, *m.*	Kabel: outer conductor, external conductor
außenliegend	exterior
Außenluft, *f.*	outdoor air
außenluftgekühlt	externally ventilated
	– Lok: with aftercooler
Außenmaß, *n.*	external dimension
Außenradius, *m.*	outer radius
Außensechskantschlüssel, *m.*	hexagon socket wrench
Außentemperatur, *f.*	outside temperature
	– Gehäuseaußentemperatur: outside temperature of housing
außer Betrieb setzen	shut down, stop operation
	– der Anlage: shut down a plant
	– Vorgang: shutdown procedure

Außerbetriebnahme, *f.*	shutdown (e.g. short-time shutdown; shutdown for maintenance or repair)
äußere Einflüsse, *m. pl.*	external influences/factors
äußerer Schaden, *m.*	external damage
außergerichtlich	extrajudicial, out of court
	– außergerichtliche Einigung: out-of-court settlement
außermittig	off centre
aussondern	Filter: retain, catch, trap
aussortieren	reject, discard
Aussparung, *f.*	opening, cutout, hole
ausspülen	rinse, wash out
Ausstattung von Druckluftanlagen, *f.*	equipment for compressed air systems
Ausstattung, *f.*	equipment, outfit
aussteigen	Programm: exit
	– Schaltsystem: cut out
Ausstellung, *f.*	exhibition, trade fair
ausströmen	Luft/Gas: flow out, escape, be released, be discharged, be expelled
ausströmendes Wasser, *n.*	discharged water
Ausströmrichtung, *f.*	discharge direction
Ausströmung, *f.*	discharge, outflow
austauschbar	replaceable
Austauschbaugruppe, *f.*	replacement assembly
austauschen	replace, renew
	– Management: change of management
Austauschfilter, *m.*	replacement filter, spare filter
– Austauschfilter-Set, *n.*	replacement filter set
Austauschintervall, *n.*	replacement interval
Austauschteil, *n.*	replacement part
Austenit, *m.*	austenite
Austrag (Ausbringung), *m.*	removal, discharge
austragen	discharge (via), remove (e.g. remove contaminants from the water), release, transport, migrate
Austragen der Restfeuchte, *n.*	reduce the residual moisture
Austragspumpe, *f.*	discharge pump
austreten	flow out, discharge, exit, emerge
Austritts-DTP (Drucktaupunkt), *m.*	outlet PDP (pressure dewpoint)
Austrittskopf, *m.*	outlet head
Austrittsleitung, *f.*	outlet line
Austrittsöffnung, *f.*	outlet, outlet opening
Austrittsquerschnitt, *m.*	outlet cross-section
Austrittsrohr, *n.*	discharge pipe, outlet pipe
	– verstopftes: blocked outlet pipe
Austrittsschleuse, *f.*	outlet dirt collector
Austrittsseite, *f.*	Filter: exit side
Austrittstemperatur, *f.*	outlet temperature
Auswahl, *f.*	selection
Auswahlkriterien, *n. pl.*	selection criteria
auswaschen (entfernen)	wash away
auswechseln	replace, renew
Auswerteelektronik mit Anzeige, *f.*	evaluation electronics & display unit
auswerten	evaluate, *siehe* beurteilen

Auswert-Platine, *f.*	evaluation PCB, weighting PCB
Auswertschaltung, *f.*	evaluation circuit, weighting circuit
Auswertung, *f.*	evaluation (z. B. Signal)
	– graphische A.: graphical evaluation
	– tabellarische: tabular evaluation
Auswertungsfunktion, *f.*	z. B. für elektronische Steuerung: evaluation function
Auswertungssoftware, *f.*	evaluation software
autark, unabhängig	independent
Autoklav, *m.*	autoclave
Automatik, *f.*	Schalter: automatic system
Automatikbetrieb, *m.*	automatic operation/mode
Automatik-Modus, *m.*	automatic mode
automatische Überwachung, *f.*	automatic monitoring
automatische Verschweißung, *f.*	automatic welding
Automatisierungsgrad, *m.*	degree of automation
Automobilbau, *m.*	automotive engineering
Automobilbauteile, *n. pl.*	vehicle components
Automobilindustrie, *f.*	automotive industry
Automobilmechatronik, *f.*	automotive mechatronics
autorisierter Kundendienst, *m.*	service agency authorized by the manufacturer, authorized service agency
autorisiertes Fachpersonal, *n.*	authorized technical personnel/staff
Autozulieferer, *m.*	supplier to the automotive industry, automotive parts supplier
Axialkolbenmaschine, *f.*	axial piston machine
Axiallager, *n.*	thrust bearing
Axialturboverdichter, *m.*	axial turbo compressor
Axialverdichter, *m.*	axial compressor, axial-flow compressor

b/h/t (Breite, Höhe, Tiefe)	w/h/d (width, height, depth)
Bagatellgrenze (z. B. TA Luft), *f.*	insignificance limit
Bahnanwendung, *f.*	railway application, rail vehicle application
Bahneinheit, *f.*	rail vehicle unit
Bahngeschwindigkeit, *f.*	path velocity
Bahngesellschaft, *f.*	railway company, railway operator
Bahnsektor, *m.*	railway sector
Bajonettverschluss, *m.*	bayonet lock
bakterienfrei, steril	sterile
Bakterienpopulation, *f.*	bacteria population
Bakterienstamm, *m.*	bacteria colony
Bakteriophagen, *m. pl.*	bacteriophages
Balkendiagramm, *n.*	bar chart, bar diagram, bar graph
Bargraph, *f.*	
Bandbreite, *f.*	bandwidth, range, scope, spectrum
Bandfilter, *m.*	belt filter (for the filtration of liquids)
bar (a)	bar (a), (a = absolute)
bar (ü), bar ü	bar(g), barg (bar gauge)
Bargraph, *f.*	bar graph
barometrische Rückführung, *f.*	Ventil: barometric feedback
Base, *f.*	Chemie: base (z. B. weak/strong base)
basisch, alkalisch	alkaline, basic
basische Wirkung, *f.*	alkaline effect, *siehe* Lauge
Basisgehäuse, *n.*	basic housing
Basismodell, *n.*	standard model
Basistyp, *m.*	basic type
Basisversion, *f.*	standard version
Basiswert, *m.*	basic value
Batchversuch, *m.*	batch test
Battenfeld-Blasformanlage, *f.*	Battenfeld blow moulding machine
Batterie aufladen	recharge the battery
Batterienetz, *n.*	battery network
Bauanforderungen, *f. pl.*	Gerät: requirements for construction
	– grundsätzliche: standard requirements for construction
Bauart, *f.*	type, type of construction

bauartbedingt, bauartlich bedingt	for constructional reasons
bauartbedingte Eigenschaften, *f. pl.*	construction characteristics (z. B. des Verdichters)
Bauartprüfung, *f.*	type test
	– bauartgeprüft: type-tested
Bauartzulassung, *f.*	type approval
	– Bescheinigung: conformity certificate
bauaufsichtliche Zulassung, *f.*	approval by the supervisory authority, type approval, *siehe* allgemeine bauaufsichtliche Zulassung
Bauaufsichtsbehörde, *f.*	construction supervisory authority
Baueinheit, *f.*	unit, constructional unit
	– Modul: modular unit
Bauelement, *n.*	component
Bauform, *f.*	design, type of construction
	– besondere B.: special design
Baugröße, *f.*	size
	– Baugrößenabstufung: range of sizes, spectrum of sizes
	– Baugrößenübersicht: size overview
	– Membrantrockner: module size
Baugruppe der Steuerung, *f.*	control system module
Baugruppe Netzteil, *f.*	power supply assembly, power supply unit (PSU)
Baugruppe, *f.*	assembly, module
	– Grundbaugruppe: basic module
	– kleine: subassembly
Bauhöhe, *f.*	overall height, design height
Baujahr, *n.*	year of manufacture
Baukastenlösung, *f.*	modular system
Baukastensystem, *n.*	
Baukompressor, *m.*	construction work compressor
Baulänge, *f.*	overall length, design length
bauliche Maßnahmen, *f. pl.*	constructional measures
bauliche Veränderung, *f.*	constructional modification, design modification
baulicher Aufwand, *m.*, bauliche Änderungen, *f.pl.*	constructional changes, constructional modifications
	– bauliche Anpassungen: constructional adaptations
Baumaß, *n.*	space requirements, constructional dimensions
baumustergeprüft	prototype-tested, type-tested
Baumusterprüfung, *f.*	prototype test, type test
Baumusterprüfzeichen, *n.*	prototype certification, *siehe* Prüfzeichen
Bauprodukt, *n.*	product, model
Bauraum, *m.*	installation space
Baureihe, *f.*	(type) series
	– Produktgruppe: product group/line
Bausatz, *m.*	kit
bauseitig, bauseits	on the part of the customer, by the customer, to be provided/carried out by the customer
	– bauseitig vorhanden: existing/available at the customer's plant, existing on site
bauseitiger Anschluss, *m.*	connections (to be) provided by the customer
Baustahl, *m.*	constructional steel
Baustoff, *m.*	material, construction material
Bautechnik, *f.*	construction engineering

Bauteil, *n.*	component, part, constructional/plant component, construction element
	– elektronisches Bauteil: electronic component
	– hochwertiges Bauteil: high-quality component
Bauteilkennzeichen, *n.*	component mark, component ID
Bauteilprüfung, *f.*	component testing
Bauteiltoleranzen, *f. pl.*	component tolerances
Bautyp, *m.*	type
Bauweise, *f.*	design, (type of) construction
Be- und Entlüftung, *f.*	Luft: air intake and venting, intake and release of air
Be- und Entlüftungsleitung, *f.*	line for air intake and venting
beachten	observe, comply with, adhere to
Beachtung, *f.*, unter Beachtung	in accordance with, in compliance with
Beanspruchung, *f.*	mechanische: mechanical load(ing), mechanical stress
	– hohe Beanspruchung: heavy load(ing)
	– thermische Beanspruchung, Wärmebelastung: thermal load, thermal stress
beanstanden	Produktprüfung: reject
Bearbeiter, *m.*	person dealing with (a transaction, etc.), handling (a particular case), person in charge, person responsible, contact person
Bearbeitung, *f.*	Geschäftsvorgang: processing (e.g. order processing)
	– Werkzeugmaschine: machining
	– industrielle Verarbeitung: processing (e.g. processing industry)
Bearbeitungszeit, *f.*	processing time
Bearbeitungszentrum, *n.*	Werkzeugmaschinen: machining centre
Beatmungsgerät, *n.*	breathing apparatus, respirator
beaufschlagen	Druckluft: apply, supply, pressurize, admit pressure, subject to pressure, charge (e.g. pipework charged with compressed air for a leak detection test)
	– Filter: load
beauftragter Prüfer, *m.*	*siehe* Sachkundiger
Beauftragung, Bestellung, *f.*	order, order placement
Bedarf, *m.*, bei Bedarf	if required, if the need arises, where required
bedarfsabhängig	depending on requirements
	– bedarfsangepasst: adapted to requirements, adaptable (e.g. adaptable heating and cooling)
bedarfsgerecht	as required
	– nach speziellen Kundenwünschen: customized, tailored to requirements, adapted to requirements, matched to requirements, as and when required, in response to actual demand
Bedarfsmenge, *f.*	amount required, volume required
bedarfsorientiert	Verbrauch: consumption-linked
bedarfsspezifisch	according to specific requirements
bedecken	cover
Bedenklichkeitsschwelle, *f.*	critical threshold
Bedienaufwand, *m.*	operator attendance
Bedienebene, *f.*	operator control level
	– Vor-Ort-Bedienebene: local operator control level

Bedienelement, *n.*	control element, operating element, operator panel (Bedienfeld)
bedienen	operate, control
Bediener von Werkzeug-maschinen, *m.*	machine tool operator
Bediener, *m.*	operator
	– Bedienpersonal/Bedienungspersonal: operating personnel
bedienerfrei	without operator attendance
bedienerfreundlich	operator-friendly
Bedienerfreundlichkeit, *f.*	operator friendliness, ease of operation
bedienergeführt	operator-controlled
Bedienerseite, *f.*	operator's side
Bedienfeld, *n.*	control panel, operator panel
Bedienschalter, *m.*	control switch
Bedientafel, *f.*	operator panel
Bedienungs- und Signal-funktionen, *f. pl.*	control and signal functions
Bedienungsanleitung beachten	read manual carefully, observe the operating instructions
	– Hinweis: note, take notice
	– Warnung: caution
Bedienungsanleitung, *f.*	operating instructions
	– Handbuch: operating manual
Bedienungstafel, *f.*	control panel
beenden	stop, terminate, deactivate (z. B. elektronisches System)
Befahrbarkeit, *f.*	Filter: passability
befestigen	fix, mount, attach, fasten, secure
Befestigung, *f.*	fixing (point), attachment, mounting
	– Filterelement: holding system, mounting system
Befestigungsanker, *m.*	fastening anchor
Befestigungsband, *n.*	Filter: holding strap
Befestigungselement, *n.*	fastening element
Befestigungsfüße, *m. pl.*	mounting feet
Befestigungsgriff, *m.*	fixing bracket
Befestigungsloch, *f.*	mounting hole
Befestigungsmaterial, *f.*	fixing material, fixing accessories
Befestigungsschelle, *f.*	mounting clamp
Befestigungsschraube, *f.*	fixing screw, fastening screw
Befestigungstülle, *f.*	connector (e.g. hose connector)
befeuchten	moisten, humidify, wet
Befeuchtung, *f.*	moistening, wetting
befugtes Fachpersonal, *n.*	(suitably qualified and) authorized personnel
befüllbereit, befüllfertig	ready for filling, ready-to-fill
	– nachfüllbereit: ready for refilling
Befüllmenge, *f.*	filling quantity
Befüllstation, *f.*	filling station, filling point
Befüllung, *f.*	filling
Begleitheizung, *f.*	trace heating, trace heating system, *siehe* Rohrbegleitheizung
Begriff, *m.*	term, designation
begünstigen	Korrosion: conducive to (e.g. corrosion)

Begutachtung, *f.*	Schaden: assessment, appraisal (Bewertung)
	– verfahrenstechnische Begutachtung: process-related evaluation
Behälter, *m.*	container, vessel, tank, drum
	– kleiner Behälter: jar, bottle
	– Druckbehälter (allgemein): pressure vessel
	– Druckluftbehälter (nach Kompressor): receiver, air receiver, compressed air receiver
	– Gehäuse: housing (e.g. filter housing)
	– Hochdruck-Adsorptionstrockner: tower
Behälterbaugruppe, *f.*	set of containers
Behälterdeckel, *m.*	container lid (Kondensator etc.)
	– Filter: lid
Behälterentlüftung, *f.*	tank venting (system)
Behälter-Füllvolumen, *n.*	container filling volume (Öl-Wasser-Trenner etc.), tank volume
	– Fassungsvermögen: capacity
Behälterkorpus, *m.*	container body
Behältermantel, *m.*	Druckbehälter: vessel shell (pressure vessel shell)
Behältervolumen, *n.*	tank capacity, container capacity, vessel volume (z. B. eines Druckbehälters)
Behälterwandung, *f.*	Druckbehälter: vessel wall
Behälterwechsel, *m.*	Ölauffangbehälter: oil collector replacement
Behandlung, *f.*	treatment, processing
beheben	correct, remedy, clear (a fault)
beheizbar	heatable, can be heated
behindern	Strömung: impede, obstruct
Behörde, *f.*	public authority
	– regional: local authority
behördliche Kontrolle, *f.*	local authority inspection
behördliche Vorschriften, *f. pl.*	public authority regulations
bei Alarm	in the case of alarm
beidseitig	on both sides
beigeliefert	supplied with the unit
beigestellt	separate, separately provided
beiläufig entstandener Schaden, *m.*	incidental damage
Beipackzettel, *m.*	package leaflet, enclosed leaflet, instruction leaflet
Beispielrechnung, *f.*	calculation example
Beladefähigkeit, *f.*	*siehe* Beladekapazität
Beladekapazität, *f.*	loading capacity (e.g. filter loading)
beladenes Gewebe (mit Aktivkohle), *n.*	fabric-based activated carbon
Beladung, *f.*	load, loading (e.g. filter loading)
beladungsabhängig	load-related, load-dependent
	– beladungsabhängige Steuerung: load-dependent control (instead of time cycle control)
Beladungsgrad, *m.*	Trockner: extent of loading
Beladungszeit, *f.*	loading period
Belag, *m.*	fester Belag auf der Oberfläche, z. B. Kesselstein: encrustation, scale
	– Ablagerung: deposits (e.g. deposits inside the pipes)
	– Belagbildung: formation of deposits (z. B. auf Sensor)

Belastbarkeit, *f.*	strength, stressability, stress-bearing capacity
	– mechanische B.: mechanical strength
belasten	load
	– übermäßig: strain, place a strain (z. B. auf Rohre)
belastet	Filter: loaded (e.g. loaded column), charged
	– stark verschmutzt: fouled
belastete Druckluft, *f.*	contaminated compressed air, polluted compressed air
belastete Fläche, *f.*	loaded area
Belastung am Arbeitsplatz, *f.*	exposure in the workplace, workplace exposure, occupational health risk
Belastung, *f.*	Filter, Adsorptionstrockner etc.: load, loading
	– Verschmutzung: pollution, pollution load
	– mechanische Belastung: mechanical load (Vorgang: mech. loading)
	– unterschiedliche Belastung: varying loads
Belastungsgrenze, *f.*	load limit
Belastungsmodell, *n.*	load model
Belastungspfad, *m.*	Verschmutzung: pathway of pollutants
Belastungsprobe, *f.*	load test
	– bis zum Bruch: proving test
Belebungsbecken, *n.*	Abwasser: aeration tank
belegen	el.: Klemmen: assign
	– Verbindung: fit
Belegung, *f.*	el.: Klemmen: assignment
beliebig	as desired, variable, (freely) selectable, as and when desired/required, at any time
beliebige Einbaulage, *f.*	selectable installation position, variable installation position
belüfteter Raum, *m.*	ventilated room
	– gut belüftet: well ventilated
Belüftung, *f.*	ventilation, air intake, airing
	– künstliche Belüftung: artificial ventilation
	– Abwasserbehandlung: aeration
Belüftungsbecken, *n.*	Abwasserbehandlung: aeration tank
Belüftungsfeld, *n.*	aeration field
Belüftungsfilter, *m.*	ventilation filter
Bemerkung, *f.*	comment
Bemessungsleistung, *f.*	rated output, rated power
benannte Stelle, *f.*	notified body (e.g. ID number of notified body (NB)), designated body
Benennung der Bauteile, *f.*	designation of components
benetzen	to wet, to moisten
Benetzung, *f.*	wetting
Benetzungsmittel, *n.*	wetting agent
Bentonit, *n.*	bentonite, bentonite material
Bentonitspaltung, *f.*	Emulsionsspaltung: bentonite-based splitting, using bentonite as a splitting agent
Bentonitverfahren, *n.*	bentonite method
Benutzer, *m.*	operator, attending personnel, user (z. B. Software)
benutzerfreundlich	user-friendly, convenient and easy
Benutzerhandbuch, *n.*	instruction manual

B

Benzin, *n.*	chemischer Begriff: benzine
	– als Treibstoff: petrol (UK), gasoline (US), fuel
Benzinabscheider, *m.*	gasoline separator, fuel separator
Benzinfilter, *m.*	fuel filter
benzingetränkt	petrol-soaked, gasoline-soaked, fuel-soaked
Benzol, *n.*	benzene
	– kommerziell: benzole
beproben	(to) sample
Beprobung, *f.*	sampling
Beprobungseinrichtungen, *f. pl.*	sampling equipment
Beprobungshahn, *m.*	sampling cock
bequem	easy to handle, convenient
Berater, *m.*	adviser, consultant, specialist
	– beratender Ingenieur: consulting engineer
	– Kundendienst: customer service engineer
Beratung durch den Fachhandel, *f.*	advice by specialists in the trade
Beratung, *f.*	consultation, advice, analysis of the customer's specific requirements/operating conditions
Berechnungsbeispiel, *n.*	calculation example
Berechnungsbeiwert, *m.*	design coefficient
Berechnungsdruck, *m.*	*siehe* Auslegungsdruck
Berechnungsformel, *f.*	formula for calculating, calculation formula, mathematical formula
Berechnungsgrundlage, *f.*	basis for calculation, calculation basis
Berechnungsprogramm, *n.*	Software: calculation program
Berechnungstemperatur, *f.*	design temperature
Berechnungsüberdruck, *m.*	design pressure
Berechtigung, *f.*	entitlement, authorization
Bereich der Drucklufterzeugung, *m.*	field of compressed air technology
Bereich, *m.*	range (e.g. 5 – 10 µm range), sector, field, area
Bereichsunterschreitung, *f.*	undershooting of the range, underrange
bereits montiert	pre-fitted, pre-assembled
Bereitschaft, Gerät befindet sich in Bereitschaft	stand-by operation, stand-by state, on stand-by
Bereitstellung zum Versand	readiness for shipment
Bericht in Kurzform	summarized report
Berstdruck, *m.*	burst pressure, bursting pressure
berstende Anlagenteile, *n. pl.*	bursting plant components
Berstfestigkeit, *f.*	burst strength
Berstgefahr, *f.*	risk of bursting
Bersttest, *m.*	burst test
Berufsausbildung, *f.*	vocational training
Berufsgruppe, *f.*	occupational group
beruhigt	Strömung, Zufluss: calm, steady, smooth, non-turbulent
Beruhigungsbehälter, *m.*	settling tank
Beruhigungsraum, *m.*	calming zone (Kondensatzufuhr etc.), calming space
Ruhezone, *f.*	
Beruhigungsstrecke, *f.*	calming section
Beruhigungszeit, *f.*	resting, settling period
berührbare Kleinspannung, *f.*	el.: accessible extra-low voltage (parts)
berührungsloses Messen, *n.*	non-contact measurement

Berührungsschutz, *m.*

gegen z. B. Hitze: touch protection, protection against accidental contact (e.g. guard rail preventing accidental contact)

gegen el. Schlag: shock protection

Besandungsanlage, *f.*	Eisenbahn: sanding equipment, sander
Beschädigung des Behälters, *f.*	damage to the container
Beschaffenheit, *f.*	quality
Beschaffenheitsmerkmal, *n.*	product characteristic, characteristic of state (DIN 4000)
beschaltet	el.: wired, connected
	nicht beschaltet: unwired, not connected
Beschaltung, *f.*	el.: wiring, cabling, (*siehe* Stromkreis)
Bescheinigung, *f.*	certificate
beschichten	(to) coat
Beschichtung, *f.*	coat, coating
beschichtungsfrei	free from coating
Beschichtungsmasse, *f.*	coating compound
Beschichtungspulver, *n.*	coating powder
	– Beschichtungsprüfung: coating test
Beschichtungsstärke, f.	coating thickness
Beschickung, f.	feeding, charging
Beschickungsgut, n.	Druckbehälter: gas or liquid fed into the vessel, fluid fed into the vessel
beschlagen	Fenster: mist up, US auch: fog up
	– beschlagene Fensterscheiben: misted-up window panes
Beschleunigung, *f.*	acceleration
Beschreibung der Funktionsweise, *f.*	functional description
beschriften	label, mark, print (drucken)
	– beschriftet: labelled
Beschriftung, *f.*	labelling, marking
Beseitigung, *f.*	Fehler: remedy, clearance, repair
– Beseitigung von Sachmängeln, *f.*	remedy of defects
Besprechungsprotokoll, *n.*	minutes (of a meeting)
besser	better, superior, enhanced, improved
Beständigkeit, *f.*	stability, durability (Haltbarkeit), endurance, resistance (e.g. resistance against chemical attack)
– Beständigkeit gegen Kompressoröl, *f.*	resistance against compressor oil
– Beständigkeit gegenüber UV-Strahlung, *f.*	resistance to UV radiation
– Beständigkeit gegenüber UV-Strahlen, *f.*	resistance to UV rays
Bestandsaufnahmeprotokoll, *n.*	log of current conditions
Bestandteil, *m.*	constituent, component
	– frei von aggressiven Bestandteilen: free from aggressive substances
Bestandteile der Service-Unit, *m. pl.*	service unit components
beste verfügbare Technik, *f.*	best available technology
Bestell- und Lieferumfang, *m.*	scope of order and delivery
Bestellbezeichnung, *f.*	order designation
Besteller, *m.*	customer, purchaser
Bestell-Nr., *f.*	order reference (order ref.), order ref. number, ordering No., catalogue No. (US: catalog No.), part No.

B

Bestellung, *f.*	order (for)
bestimmen	specify, define, determine
Bestimmung des Wirkungsgrads, *f.*	efficiency assessment (e.g. filtration efficiency)
Bestimmungen, *f. pl.*	regulations, stipulations
	– freiwillige: voluntary regulations (e.g. voluntary code of conduct)
	– gesetzliche: legal regulations, legal provisions
	– nationale: national regulations
	– vorgeschriebene: mandatory regulations
Bestimmungen über die Einleitung von Abwässern, *f. pl.*	legal regulations for wastewater discharge
bestimmungsgemäße Verwendung, *f.*	*siehe* bestimmungsgemäßer Gebrauch
bestimmungsgemäßer Gebrauch, *m.*	intended application, to be used as prescribed, normal use, used according to the intended purpose, correct application
Bestimmungszweck, *m.*	intended application, intended purpose
bestücken	fit, insert, equip, provide, mount
Bestückung, *f.*	mounting (e.g. mounting of components on printed circuit board)
Besuchsbericht, *m.*	visit report
Besuchsplan, *m.*	visiting schedule
	– Vertreter: customer call schedule
betätigen	activate, operate, control, trigger (auslösen)
	– Ventil manuell betätigen: open or close, operate
	– Schalter: press, actuate
Betätigung, *f.*	operation, control, actuation
Betätigungsventil, *n.*	control valve
Betauung, *f.*	wetting (e.g. with water vapour)
Betonrohr, *n.*	concrete pipe
Betrachtung, Worst-case-Betrachtung, *f.*	worst-case assumption
betreiben	operate, run, use
Betreiber, *m.*	user (z. B. eines Messgeräts), operator
	– Anlagenbetreiber: plant operator
Betreibergesellschaft, *f.*	operating company
	– Verkehrsunternehmen: transport operator
Betreuung, *f.*	support (for), customer support (account management), support service, customer support service, customer service, after sales service
Betreuung der Hauptkunden, *f.*	key account management
Betreuungspersonal, *n.*	service personnel
Betrieb des Anwenders, *m.*	operator's works, operator's facilities, (on the) operator's premises
Betrieb, *m.*	operation
	– im Betrieb: in operation
	– außer Betrieb: shut down, out of service, not operating
betriebliche Sonderspannungen, *f. pl.*	special operating voltages
betriebliche Weiterbildung, *f.*	corporate training (measures/schemes), in-house training programmes
Betriebs- und Arbeitsmittel, *n. pl.*	Labor: laboratory equipment and material
Betriebsanlage, *f.*	operational facilities, operational plant

Betriebsanleitung, *f.*	instructions for installation and operation, operating instructions
	– Handbuch: operating manual
Betriebsanzeige, *f.*	indication/display of operating status
Betriebsart, *f.*	operating mode
Betriebsbedingungen, *f. pl.*	operating conditions, operating parameters
betriebsbereit, betriebsfertig	ready for operation, on stream, available
Betriebsbereitschaft, *f.*	readiness for operation, readiness for service, availability, working order
	– Verdichter befindet sich in Bereitschaft: compressor is in stand-by operation
Betriebsbuch, *n.*	operating log (log book)
Betriebsdaten, *n. pl.*	operating data, working data, operating parameters
Betriebsdauer, *f.*	operating period
Betriebsdruck, *m.*	operating pressure, working pressure
	– max. Betriebsdruck: max. operating pressure
	– max. zulässiger: max. permissible pressure, max. allowable pressure
	– unter Betriebsdruck setzen: pressurize to operating pressure
Betriebseffizienz, *f.*	operational efficiency
Betriebseinheit, *f.*,	operating unit
Betriebsteil, *n.*	
Betriebseinrichtungen, *f. pl.*	operating facilities
Betriebserde, *f.*	operational earth, functional earth
Betriebsergebnis, *n.*	operating result, production result
Betriebsfehler, *m.*	operating error
Betriebsführung, *f.*	plant management
Betriebsgenehmigung, *f.*	operating permit (z. B. für einen Abfallverbrennungsofen), licence (z. B. für eine Firma)
Betriebshandbuch, *n.*	operating manual
Betriebskosten, *pl.*	operating costs, running costs
	– Betriebskostenanalyse: operating cost analysis
	– Betriebskostenvergleich: operating cost comparison
Betriebsleiter, *m.*	works manager, plant manager
Betriebsleuchte, *f.*	operating light
Betriebsluft, *f.*	in-plant air (network)
betriebsmäßig geerdet	operationally earthed
Betriebsmittel, *n. pl.*	operating equipment, expendables (zum Verbrauch), operating input, operating resources
	– elektrische Betriebsmittel: electrical equipment (apparatus)
	– elektronische B.: electronic equipment
	– externe B.: external equipment
Betriebsmodus, *m.*	operating mode
Betriebsparameter, *m. pl.*	operating parameters
Betriebspause, *f.*	shutdown, stoppage, non-required time (Zeitraum in dem der Betreiber das Gerät/die Maschine nicht benötigt)
	– Produktionspause: production pause
Betriebspersonal, *n.*	operating personnel, operator
Betriebsphase, *f.*	operating phase

B

Betriebspunkt, *m.*	working point
betriebsrelevant	operationally relevant, relevant for operation
Betriebsschalter, *m.*	operating switch
	– Betriebsartenschalter: function selector switch
betriebssicher	safe to operate, reliable, dependable, robust
betriebssichere Konstruktion, *f.*	designed for safe and dependable operation
Betriebssicherheit, *f.*	operational reliability, safety of operation, operational safety and reliability (e.g. safety and reliability of high pressure filters), functional safety
	– höchste Betriebssicherheit: maximum operational reliability
Betriebssicherheitsverordnung (BetrSichV), *f.*	Deutschland: Operational Safety Ordinance
Betriebsspannung, *f.*	operating voltage
– Betriebsspannung anlegen	apply operating voltage
– Betriebsspannung liegt an	operating voltage is being applied (power is on)
Betriebsspannungsänderung, *f.*	operating voltage change, change of operating voltage
Betriebsspannungsbereich, *m.*	operating voltage range
Betriebsspannungstoleranz, *f.*	operating voltage tolerance
Betriebsstoff, *m.*	operating material
	– Verbrennungmotor: fuel
Betriebsstörung, *f.*	operational disturbance/problem, operational malfunction, malfunction, malfunctioning, failure
Betriebsstrom, *m.*	operating current
Betriebsstunde, *f.*	operating hour, hour run
	– Leerlauf: hour run idling
	– Betriebsstunden (BSt., Bh): operating hours, op.h
Betriebsstundenzähler, *m.*	hours-run meter, elapsed-hours meter
Betriebstage, *m. pl.*	operating days
Betriebstemperatur, *f.*	operating temperature
	– zulässige Betriebstemperatur: permissible operating temperature, allowable operating temperature
	– Betriebstemperaturregler: temp. control, temp. controller
Betriebsüberdruck, *m.*	*siehe* Betriebsdruck
	– zulässiger Betriebsüberdruck: permissible operating pressure, allowable operating pressure
Betriebsunterbrechung, *f.*	disruption to operations, standstill period
Betriebsverhältnisse, kritische, *n. pl.*	(under) critical operating conditions
Betriebsvolumen, *n.*	operating volume
Betriebsvolumenstrom, *m.*	operating flow rate
Betriebswasser, *n.*	service water
Betriebsweise, *f.*	operating method, type of operation
Betriebswerte, *m. pl.*	operating data
betriebswirtschaftlich	in terms of business economics
betriebswirtschaftliche Entscheidungen, *f. pl.*	business management decisions
Betriebswirtschaftlichkeit, *f.*	economic efficiency, operational efficiency, *siehe* Wirtschaftlichkeit
Betriebszustand, *m.*	operating state
	– Arbeitsweise: mode of operation

Betriebszustandsüberwachung, *f.*	monitoring of operating states
Betriebszyklus, *m.*	operating cycle, cycle of operation
Betttiefe, Betthöhe, *f.*	bed depth (e.g. filter bed depth)
Beule, *f.*	dent (Delle), bump
beurteilen	assess
	– auswerten: evaluate
Beutelfilter, *m.*	bag filter
bevorraten	to stock, build up of stocks
	– lagern: keep in stock
bevorzugte Anwendungen, *f. pl.*	preferred applications
bewähren	prove satisfactory/successful
bewährt	field-proven, proven, successful, tried-and-tested, well proven, well established
bewährte Technik, *f.*	proven technology
bewegliche Teile, *n. pl.*	moving parts
Beweglichkeit, *f.*	movement
	– ungehinderte B.: free movement
Bewegungsdiagramm, *n.*	motion diagram
Bewegungsenergie, *f.*	kinetic energy
Bewegungsrichtung, *f.*	direction of movement
	– Moleküle: direction of migration
Bewegungssteuerung, *f.*	motion control
Beweisschuld, *f.*	obligation to furnish the necessary proof
Bewertung, *f.*	assessment, *siehe* Auswertung
Bewuchs, biologischer, *m.*	z. B. Pilze, Schimmel: growth of microorganisms
Bezeichnung, Bedeutung, *f.*	designation
Beziehungsmanagement, *n.*	customer relationship management (CRM)
bezogen auf	related to
Bezugsachse, *f.*	axis of reference, reference axis
Bezugsgröße, *f.*	reference quantity, reference value
Bezugsparameter, *m.*	reference parameter
Bezugspotenzial, *n.*	reference potential
Bezugspreis, *m.*	delivery price
	Zeitschrift: subscription price
Bezugspunkt, *m.*	reference point
BGB (Bürgerliches Gesetzbuch), *n.*	German Civil Code
B-Grad Module, *n. pl.*	B-grade modules
Biegeschenkel, *m.*	Rohr: bending section
biegesteif	inflexible, rigid, flexurally rigid
Bikorona-Bandelektrode, *f.*	bicorona band electrode
Bild, *n.*	Abbildung: Fig. (Plural: Figs.)
	– allgemein: picture, illustration
Bildschirmanzeige, *f.*	screen display
Bildsymbol, *n.*	pictorial symbol, icon
Bildung, *f.*	formation, build-up (e.g. of explosive atmosphere)
Bildungsmaßnahmen, *f. pl.*	Personal: employee development measures
Bildunterschrift, *f.,* Bilduntertitel, *m.*	caption
Bilgenwasser, *n.*	bilge water
	– Bilgenwasserpumpe: bilge water pump
	– Bilgenwasserreinigung: bilge water purification (e.g. on-board ship)

B

BimSchG (Bundesimmissions-schutzgesetz), *n.*	offizielle Übersetzung: Federal Immission Control Act (German national legislation on air pollution control), Zitat aus der Website des Bundesumweltministeriums: *"Emissions are generally defined as the release of substances or energy from a source into the environment. The Federal Immission Control Act defines emissions as air pollution, noise or odour originating from an installation. Immission relates to the effects of emissions on the environment. With regard to air pollution control, this means the effect of air pollutants on plants, animals, human beings and the atmosphere."*
BimSchV (Bundesimmissionsschutz-verordnung), *f.*	Federal Immission Control Ordinance (German national legislation on air pollution control)
Binärausgang, *m.*	binary output
binäres Signal (Zweipunktsignal), *n.*	binary signal
Bindegewebe, *n.*	Filter: cloth (e.g. impregnated activated carbon cloth), binding fabric
Bindung, *f.*	connection, bond
Bioabfall, *m.*	biodegradable waste
Biobrennstoffe, *m. pl.*	biofuels
Biofilter, *m.*	biofilter, biological filter
Biofilterversuchsanlage, *f.*	pilot biofilter facility
Biogas, *n.*	biogas
biologisch abbaubar	biodegradable, biologically degradable
biopharmazeutische Anwendung, *f.*	biopharmaceutical application
Biotechnik, *f.*	biotechnology
Biotrickling-Filteranlage, *f.*	biotrickling filter system
Biowäscher, *m.*	bioscrubber
bis minus 30°C	down to minus 30 °C
	steigend: up to max. …
bisher, bisherig	to date, so far, previous, up to now (but not any longer)
Bitumen-Ersatz, *m.*	bitumen substitute
Blähton, *m.*	porous clay
Blasdorngeometrie, *f.*	Blasformen: blow-core geometry
Blasdruck, *m.*	blowing pressure
Blasenbildung, *f.*	Lackierung: blistering
Blasenwurf, *m.*	
Blasformanlage, *f.*	blow moulding machine
Blasformen, *n.*	Plastik: blow moulding
	– z. B. von Folienhalbzeug: sheet blow moulding
Blasformprozess, *m.*	blow moulding process, blow moulding operations
Blasformteil, Blasteil, *n.*	blow moulding, blow moulded part (e.g. 3D blow moulded part, 3D part, seamless 3D part)
	– 3D-Blasformteil: 3D blow moulded part
blasgeformter Hohlkörper, *m.*	blow moulded hollow body
Blasluft, *f.*	blow air
	– tiefkalte Blasluft: deep-cold blow air, blow air at very low temperatures
Blasnadel, *f.*	blow needle
Blasverfahren, 3D-Blasverfahren, *n.*	3D blow moulding, 3D blow moulding process, 3D blow moulding technology

Blaugel-Trockner (Blaugel = Trockenmittel, ein Kieselgel), *m.* — blue-gel dryer

Bleche, *n. pl.* — sheet steel, sheet metal

Blende, *f.* — cover(ing), screen, cover strip
 – Drossel/Ventil: restrictor

blind — blank

Blindflansch, *m.* — blank flange

Blindscheibe, *f.* — blanking disk, blanking cover

Blinddeckel, *m.*

Blindstopfen, *m.* — blanking plug, filler plug

blinkend — flashing (e.g. flashing LED), blinking (e.g. blinking cursor)

Blinkfrequenz, *f.* — flashing frequency
Blinktakt/rhythmus: rate of flashing

Blitz, *m.* — el.: flash
 – Blitzröhre: flash tube
 – Gewitter: lightning

Blitzschutz, *m.* — lightning protection

Blockaktivkohlefilter, *m.* — activated carbon block filter

Blockbatterie, *f.* — monobloc battery

Blockbauweise, *f.* — block design, block-type construction

blockieren — to block, to lock (arretieren)

Blockventil, *n.* — valve block

Bodenansicht, *f.* — side view, side elevation

Bodenaufstellung, *f.* — floor installation

Bodenbelag, *m.* — floor covering, floor finish
 – Bodenfläche: floor

Bodenbereich, *m.* — eines Gerätes: bottom area

Bodenfreiheit, *f.* — floor clearance

Bodenhalterung, *f.* — floor mounting, floor mounting bracket

Bodenkolonnenwäscher, *m.* — tray scrubber (mit Zwischenböden im Inneren der Kolonne), tray column scrubber

Bodenmontage, *f.* — floor mounting

Bodenniveau, *n.* — floor level

Bodenplatte, *f.* — eines Gerätes: base plate, bottom plate

Bogen, Rohrbogen, *m.* — pipe bend, quarter bend

bogenförmig ausgeprägt — curvilinear

Bohreinheit, *f.* — drilling unit (auch für Zahnarzt!)

Bohrinsel, *f.* — drilling rig

Bohrmaschine, *f.* — drilling machine (Vollbohren)

Bohrmilch, *f.* — drilling lubricant

Bohrplattform, *f.* — drilling platform

Bohrspindel, *f.* — drilling spindle

Bohrung, *f.* — bore (z. B. eines Lagers), borehole (e.g. water well borehole)
 – Shuttle-Ventil: orifice

Bohrungsdurchmesser, *m.* — bore diameter (diameter = straight line through the centre of a circle)

Borosilikat, *n.* — borosilicate (e.g. borosilicate fibre glass filter)
Borosilikatglas: borosilicate glass

Branche, *f.* — sector of industry, line of business, specific industry, branch of industry, trade sector

branchenabhängig — branch specific, branch dependent

B

Brancheninformation, *f.*	Industrie und Gewerbe: trade information
branchenüblich	usual in the trade
Brandbekämpfung, *f.*	fire fighting
Brandbekämpfungsmaßnahmen, *f. pl.*	fire-fighting action/measures
Brandbeständigkeit, *f.*	fire resistance
Brandfall, *m.*	fire, in the event of fire
Brandgase, *n. pl.*	fire gases
Brandgefahr, *f.*	risk of fire, fire risk
Brandklasse, *f.*	fire class
Brandschutz, *m.*	fire protection
Brandschutzabschottung, *f.*	fireproofing arrangement
brandschutztechnische Maß-nahmen, *f. pl.*	fire protection measures
Brandschutzzone, *f.*	fire protection zone
Brandverhalten, *n.*	behaviour in fire
Brauch- und Abwassernetz, *n.*	kurz: sewer system (industrial water and sewage network)
Brauchluft, *f.*	service air
Brauchwasser, *n.*	industrial water, process water
Brauchwassernetz, *n.*	industrial water network, industrial water system
Braunkohle, *f.*	lignite
Braunkohlekraftwerk, *n.*	lignite-fired power station
breit	broad, extensive, widespread, far-reaching
breitbandig	broad range (e.g. broad-range splitting agent), broad-spectrum (e.g. broad-spectrum biocide)
Breitbandnetzteil, *n.*	el.: wide-band power supply unit
Breitenförderung, *f.*	Personal: general development scheme
Bremsbacke, *f.*	brake shoe
Bremsenhersteller, *m.*	brake manufacturer
Bremsnetz, Bremssystem, *n.*	brake system
Bremsventil, *n.*	braking valve
Bremsvorrichtung, *f.*	brake equipment
brennbar	flammable (e.g. flammable refrigerant),
	– brennbares Gas: flammable gas
	– brennbarer Staub: flammable dust
Brenngas, *n.*	fuel gas (z. B. für Gas-Chromatograph)
Brettschneider Verschluss, *m.*	Brettschneider seal (self-sealing cover seal)
Britische Norm, *f.*	British Standard (B.S.)
Bromwasserstoff, *m.*	hydrogen bromide
Brownsche Molekularbewegung, *f.*	Brownian molecular movement
Bruch, *m.*	fracture, breakage
bruchsicher	protected against breakage, safe against breakage, unbreakable
Bruchverhalten, *n.*	fracture behaviour (z. B. von Rohren)
Brückengleichrichter, *m.*	bridge rectifier
Brüdengebläse, *n.*	vapour compressor (for the compression of water vapour), US: vapor compressor)
Brüdenleitung, *f.*	vapour pipe
Brüdenluft, *f.*	vapour air
Brühe, *f.*	Kondensat: mixture, fluid
Bruttopreisliste, *f.*	gross-price list
Bruttowärmeleistung, *f.*	gross thermal output

BSB (biochemischer Sauerstoffbedarf)	BOD (biochemical oxygen demand)
Bügelschraube, *f.*	U-bolt
Built-in-Version, *f.*	built-in version
Bundbuchse, *f.*	flange sleeve
Bündel, *n.*	bundle (z. B. von Hohlfasermembranen)
Bundesanzeiger, *m.*	Federal Gazette
Bundesgesundheitsamt, *n.*	in Germany: Federal Health Office, Germany's Federal Health Office
Bundesländer (deutsche), *n. pl.*	German federal states (EU auch: Laender)
Bundesverband Tankstelle und Gewerbliche Autowäsche Deutschland e.V. (BTG), *m.*	German association of filling station and commercial vehicle wash operators
bündig	flush (with), level (with)
	– rechtsbündig: right-aligned
Bürde, *f.*	el.: burden (e.g. in ohm)
Bürgerliches Gesetzbuch (BGB), *n.*	German Civil Code
Butadin, *n.*	butadine (z. B. 1-3 butadine)
Butan, *n.*	butane
	– butanfrei: butane-free
BVS-Zulassung, *f.*	BVS approval
bygepasst	as a bypass, in form of a bypass
Bypassbildung, Bypassströmung, *f.*	formation of a bypass flow
Bypass-Hahn, *m.*	bypass valve
Bypass-Leitung, *f.*	bypass line/pipe
Bypass-Regler, *m.*	bypass controller

Carbonstahl, C-Stahl, *m.*	carbon steel
CAS-Nummer, *f.*	CAS No. (für Chemikalien)
Catalytic Converter, *m.*	catalytic converter
CCD-Kamera, *f.*	CCD camera (CCD = charge-coupled device (ladungsgekoppeltes Bauelement))
CE-geprüft	CE certified
CE–Kennzeichnung, CE-Zeichen, *n.*	CE mark, CE marking, CE conformity mark
cfm	cfm (cubic feet per minute)
Charakterisierung, chemische, *f.*	chemical characterization
Chargennummer, *f.*	batch number
chargenweise	batchwise, in measured quantities (z. B. Pumpvorgang)
Checkliste, *f.*	check list
Chemiebetrieb, *m.*	chemical works, chemical plant
Chemiefaserelemente, *n. pl.*	synthetic fibre elements (z. B. von Filtern)
Chemielager, *n.*	chemical goods warehouse
Chemierohstoffe, *m. pl.*	chemical raw materials
Chemietechnik, *f.*	chemical engineering
Chemikaliengemisch, *n.*	chemical mixture
chemikalienresistent	*siehe* chemisch beständig
chemisch beständig	chemically resistant, resistant to chemical attack, resistant to chemicals
chemisch und mechanisch hochbeständig	chemically and mechanically highly resistant
chemisch und thermisch hochbeständig	chemically and thermally highly resistant
chemisch vernickelt	chemically nickelized
chemische Analyse, *f.*	chemical analysis
chemische Beständigkeit, *f.*	chemical resistance, resistance to chemical attack (chemical stability = resistance to change, i.e., not easily decomposed or modified chemically)
chemische Beständigkeitsliste, *f.*	Chemical Resistance List
chemische Industrie, *f.*	chemical industry
chemische Spaltung, *f.*	chemical splitting
chemische Technik, *f.*	chemical engineering
chemische Verbindung, *f.*	Stoff: chemical compound – chemische Verbindung eingehen: enter into a chemical combination

chemische Zusammensetzung, *f.*	chemical composition
chemisches Trennverfahren, *n.*	chemical separation method
chemisch-physikalisch	chemicophysical
Chemisorption, *f.*	chemisorption
chlorbeständig	chlorine resistant, chlorine-proof
Chlorkohlenwasserstoffe (CKW), *m. pl.*	chlorinated hydrocarbons (CHCs)
Chlorwasserstoff, *m.*	hydrogen chloride
chromatieren	Oberflächenschutz: chromate
	– vollständig chromatiert: fully chromated
	– voll verchromt: fully chromed
	– verchromen: chromium plating
Chromatierung, *f.*	chromating
Chromatograf, *m.*	chromatograph
CNC-Werkzeugmaschine, *f.*	CNC machine tool, CNC machine
CNG-Ausführung, *f.*	CNG version
Coating, Coatingschicht, Coat-Schicht, *f.*	coating, coat (e.g. a coat of paint)
Colibakterien (Escherichia coli), *n. pl.*	escherichia coli, E. coli bacteria
Colikeimzahl, *f.*	coli bacterial count
computergestützt	computer-aided
ComVac	ComVac (International Trade Fair for Compressed Air and Vacuum Technology)
Contracting-Kontrolle, *f.*	energy contracting monitoring
Controlling, *n.*	controlling (e.g. monitoring and controlling)
copräzipitiert (mitgefällt)	coprecipitated
Coriolis-Kraft, *f.*	Coriolis force (compound centrifugal force)
Coriolisprinzip, *n.*	Coriolis principle
Corona-Entladung, *f.*	el.: corona discharge
Cpdp (°C Drucktaupunkt)	°Cpdp = °C pressure dewpoint
Cross-Flow-Anlage, *f.*	cross flow plant (type of filtration where the flow moves tangentially across the filter surface, also known as "tangential flow filtration")
CSA/UL-Zulassung, *f.*	CSA/UL approval
CSB (chemischer Sauerstoffbedarf)	COD (chemical oxygen demand)
Cyanacrylat, *n.*	cyanoacrylate

Da (Außendurchmesser)	outer diameter, outer dia.
dahinterliegend	at the rear
Dämmeigenschaft, *f.*	insulating qualities, insulation properties
	– Dämmungsgrad: degree of insulation
Dämmmantel, *m.*	insulation jacket
Dämmung, *f.*	insulation
Dampfaktivierung, *f.*	Aktivkohle: steam activation
Dampfdruck, *m.*	vapour pressure
Dampfdruckerhitzer, *m.*	autoclave
Dampfdruckgefälle, *n.*	vapour-pressure gradient, vapour-pressure difference
Dampfdruckthermometer, *n.*	vapour pressure thermometer
Dampfdruckwert, *m.*	vapour pressure value
dampfdurchlässig	steam-permeable (e.g. steam-permeable membrane)
Dampferzeuger, *m.*	steam generator
Dampffilter, *m.*	steam filter
dampfförmig	vaporous
Dampfgeschwindigkeit, *f.*	steam velocity
Dampfkondensat, *f.*	steam condensate
Dampfnässe, *f.*	steam wetness, steam wetness fraction
Dampfsterilisation, *f.*	steam sterilization
Dampfstrahler, *m.*	steam jet cleaner
Dämpfung, *f.*	z. B. Ventile: damping (of valves)
Dämpfungsbeiwert, *m.*	damping coefficient
Dämpfungsmaterial, *n.*	silencer material
Dampfversorgung, *f.*	steam supply
Darcy'sches Gesetz (Filtergesetz), *n.*	Darcy's law
darstellen	depict, show, represent
Darstellung, *f.*	representation, presentation, explanation, description, account, interpretation
Datenarchivierung, *f.*	data archival
Datenaufzeichnung, *f.*	data recording, data record
Datenausgabe, *f.*	data output
Datenaustausch, *m.*	data exchange, exchange of data
Datenbank, *f.*	databank, database (Datenkategorien eines Systems)
Datenblatt, *n.*	data sheet
Dateneingabe, *f.*	data input
Datenerfassungsbogen, *m.*	data record sheet

Datenerhebungsblatt, *n.*	data survey sheet
Datenkabel, *n.*	data cable
Datenlogger, *m.*	data logger
Datenschutz, *m.*	data protection
Datenschutzerklärung, *f.*	data protection declaration
Datentechnologie, *f.*	data systems technology
Datenumwandlung, *f.*	data conversion
Dauer, auf D., *f.*	on a long-term basis, permanently
Dauerbetrieb, *m.*	continuous operation, continuous running, non-stop operation
Dauereinsatz, *m.*	Sensor: continuous measurement
Dauerentwässerung, *f.*	continuous draining
Dauerfett-geschmiertes Lager, *n.*	greased-for-life bearing
dauerhaft glatt	permanently smooth (z. B. Oberfläche)
dauerhafte Mischung, *f.*	Emulsion: stable mixture
Dauerhaftigkeit, *f.*	Material: durability
Dauerlicht, *n.*	continuous light (Gegenteil: flashing light), permanently lit up
Dauerschmierfett, *n.*	permanent grease (permanent grease lubrication)
Dauertemperaturbeständigkeit, *f.*	continuous temperature resistance
Dauertest, *m.*	continuous test
Daumenregel, nach der	by rule of thumb
DC/DC-Wandler Gleichstrom-Wandler, selten: GS/GS-Wandler), *m.*	DC/DC converter – gemeinsamer: common DC/DC converter
Deckelbauweise unter Druckluft, *f.*	Tunnelbau: cut-and-cover method with excavation under compressed air
Deckelektrode, *f.*	cover electrode
Deckschichtbildung, *f.*	surface deposits (z. B. auf Flüssigkeit)
defekt	defective, faulty – defekter Motor: faulty motor
Defekte am Produkt, *m. pl.*	defects on the product
defektes Gerät, *n.*	defective device
deformationsgesteuerte Messung, *f.*	Rheometer: strain controlled measurement
degressive Anströmflächen, *f. pl.*	tapering inflow areas (eines Filters)
Dehngrenze, *f.*	yield strength (z. B. Rp 1.0 bei Metall), yield point
Dehnschlauch, *m.*	expandable hose
Dehnung, *f.*	deformierend: strain, *siehe* Spannung
Dehnungsbogen, *m.*	Rohr: expansion bend (z. B. "U-bend")
Dehnungsmessstreifen, *m.*	strain gauge
Dekontaminationsanlage, *f.*	Personal: workforce decontamination system
Delrin®	Delrin® (Handelsname)
Demister, Entnebler, *m.*	demister
Demisterpaket, *n.*	demister package (to reduce moisture carryover)
Demo-Modell, *n.*	demonstration model
demontieren	dismantle, detach, remove, disassemble (auseinander-nehmen), undo
demulgierfähig	demulsifiable (readily separated from water, de-emulsifiable) – schlecht d.: poorly demulsifiable
demulgierfähiger Ölgehalt, *m.*	demulsifiable oil content
Demulgierfähigkeit, *f.*	demulsifying ability

Demulgierverhalten, *n.*	demulsifying properties, demulsifying characteristics
Dentalanwendung, *f.*	dental application
Dental-Luftlagerturbine, *f.*	air bearing turbine (im Zahnarztbohrer)
Dentalmedizin, *f.*	dentistry
Dentaltechnik, *f.*	dental technology
Deponie, *f.*	landfill
	– deponiefähig: suitable for (landfill) disposal, suitable for waste disposal
	– Deponierung: landfill disposal
Design-Schale, *f.*	design shell
Desinfektionsmittel, *n.*	disinfectant
Desorbat, *n.*	desorbate
desorbieren	desorb
Desorption, *f.*	desorption (Umkehrung von Adsorption)
Destillat, *n.*	distillate
Destillation, *f.*	distillation
Destillationsrückstand, *m.*	distillation residue
Destillieranlage, *f.*	distillation plant
Destilliergerät, *n.*	distillation unit
Detaillösungen, innovative, *f. pl.*	innovative details
Detailplanung, *f.*	detail planning
Detektionsempfindlichkeit, *f.*	detection sensitivity
Detektorheizung, *f.*	detector heating
Deutsches Institut für Bautechnik (DIBt), *n.*	German Institute of Construction Engineering
Dextran, *n.*	dextran (a polyglucose)
dezentral	decentralized, local
dezentrale Druckluftaufbereitung, *f.*	decentralized compressed air treatment
dezentraler Verbraucher, *m.*	Druckluft: point of use, user point, end-use point
Diagnose, *f.*	diagnosis, diagnosting (e.g. network diagnosting)
dicht	leakproof, tight, impermeable (undurchlässig), sealed
	– Behälter: leaktight
	– dichtes Material (im Sinne von massiv, *siehe* Dichte): dense
	– dichte Schichten: dense layers
Dichte, *f.*	density
Dichtfläche, *f.*	sealing surface, sealing face (z. B. am Flansch)
Dichtigkeit prüfen, Dichtheit prüfen	check for leaks, check for leaktight condition, carry out leak test, check for tightness
Dichtigkeit, *f.*	impermeability, thightness
Dichtigkeitsprüfung, Leckage-prüfung, *f.*	leak test, seal-tight test
Dichtmasse, *f.*	sealing compound, sealant
	– Dichtmittel: sealing material, sealant
Dichtring, *m.*	sealing ring, gasket (z. B. für Kompressoren, Pumpen)
Dichtscheibe, Dichtungsscheibe, *f.*	sealing washer
Dichtschicht, *f.*	sealing layer, sealing coat
Dichtstopfen, *m.*	blanking plug
Dichtstreifen, *m.*, Dichtungsband, *n.*	sealing strip
Dichtung, *f.*	seal, gasket
Dichtungsdurchmesser, mittlerer, *m.*	Druckbehälter: mean sealing diameter

Dichtungselemente, *n. pl.*	sealing elements
Dichtungsmaterial, *n.,* Dicht- werkstoff, *m.*	sealing material, sealant
Dichtungsmembrane, *f.*	sealing diaphragm
Dichtungsreibung, *f.*	sealing friction
Dichtungsring, Dichtring, *m.*	gasket, O-ring gasket
Dichtungssatz, *m,* Dichtungsset, *n.*	set of seals, set of gaskets (z. B. für Motorzylinder)
Dichtungsverschleiß, *m.*	seal wear
Dichtungswerkstoff, *m.*	sealing material
dickflüssig	viscous, thick, semiliquid
dickwandig	thick-walled
Dielektrikum, *n.*	dielectric
Dielektrizitätskonstante, *f.*	dielectric constant
dienen	serve (to), is designed (to)
Dienstleister, *m.,* Dienstleistungs- unternehmen, *n.*	service provider, service company
	– Entsorger: disposal firm (approved disp. firm, specialist disposal firm, waste disposal firm
Dienstleistungsangebot, *n.*	(customer) service programme
dieselhydraulischer Triebwagen, *m.*	diesel hydraulic railcar
Dieselkraftstoff, *m.*	diesel fuel
Dieselmotor, *m.*	diesel engine
Dieselpartikelfilter, *m.*	diesel particle filter, diesel particulate filter
differentielle optische Absorptions- Spektroskopie (DOAS), *f.*	differential optical absorption spectroscopy
Differenzdruck, *m.*	differential pressure (e.g. differential pressure across the filter), pressure differential (Druckunterschied)
	– Differenzdruckanzeige: differential pressure indication
Differenzdruckanzeiger, *m.*	*siehe* Differenzdruckindikator
Differenzdruckindikator, *m.*	differential pressure indicator (e.g. pop-up indicator)
	– skalierter D.: graduated
Differenzdruckkontrolle, *f.*	differential-pressure control
	– elektrische Differenzdruckkontrolle: electrical differential-pressure control
Differenzdruckmanometer, *n.*	differential pressure gauge
Differenzdruckmesser, *m.*	differential pressure meter (e.g. pocket-sized differential pressure meter)
Differenzdruckmessung, *f.*	measuring of differential pressure
	– permanent: differential pressure monitoring
Differenzdruckschalter, *m.*	differential pressure switch
Differenzialabgleich, *m.*	differential balance
Differenzialkolben, *m.*	differential piston, *siehe* Stufenkolben
diffundieren	diffuse
Diffuser, Diffusor, *m.*	diffuser
Diffusion, *f.*	diffusion
Diffusionsausgleich, *m.*	diffusion equilibration
Diffusionsgeschwindigkeit, *f.*	diffusion rate, diffusion velocity
Diffusionsgeschwindigkeitsskala, *f.*	diffusion rate scale
Diffusionsgrenzschicht, *f.*	diffusion boundary layer
Diffusionskoeffizient, *m.*	diffusion coefficient
Diffusionsprinzip, *n.*	principle of diffusion
Diffusionsrichtung, *f.*	diffusion direction, direction of diffusion

Diffusionswiderstand, *m.*	diffusion resistance
Diffusorzylinder, *m.*	diffuser cylinder
Digitalanzeige, *f.*	digital display, digital readout
Digitaleingang, *m.*	digital input
Digitalmessgerät, *n.*	digital measuring instrument
Dimensionierung, *f.*	dimensioning
Dimensionierungsprogramm, *n.*	dimensioning program
Dimensionsfenster, *n.*	dimension window
DIN (Deutsche Industrienorm)	German DIN standard, German industrial standard DIN xxx
	– DIN-ähnlich: similar to DIN
	– DIN-Anschluss: DIN connection
	– DIN-Stecker: DIN plug
DIN-Norm, *f.*	DIN standard
Dioxin, *n.*	dioxin
Dipol, *m.*	dipole (e.g. dipolar nature of water molecules)
DIP-Schalter (Fädelschalter), *m.*	DIP switch
Dipseal-Lack, *m.*	dipseal coating, dipseal impregnation
Direktanlauf, *m.*	Motor: direct start-up (e.g. direct start-up with mechanical relief valve)
Direktantrieb, *m.*	Verdichter: direct drive, gearless drive
direktgesteuert	directly controlled (z. B. Ventil)
diskontinuierlich	discontinuous, intermittent
diskontinuierliche Arbeitsweise, *f.*	discontinuous operation, intermittent operation
dispergiert	dispersed
	– fein dispergiert: finely dispersed
Dispergierung, *f.*	dispersion
disperses Kondensat, *n.*	dispersed condensate (e.g. condensate contaminated with free and dispersed, non-emulsified oil particles; condensate contaminated with finely dispersed oil particles)
Dispersionsgrad, *m.*	degree of dispersion
dispersiv	dispersive
Display, *n.*	display, display panel (Anzeigetafel)
Display-Technologien, modernste, *f. pl.*	state-of-the-art display technologies
Distanzblech, *n.*	distance plate
Distanzring, *m.*	distance ring, spacer ring
Distributor, *m.*	distributor
DL-Anlage (Druckluftanlage), *f.*	compressed air system
DL-Aufbereitung, *f.*	compressed air treatment
DL-Station (Druckluftstation), *f.*	compressor station
Domdeckel, *m.*	dome lid
	– Domdeckelöffnung: dome lid opening
Doppelbartschlüssel, *m.*	two-way key
Doppelfilter, *m.*	dual filter, double filter
doppelgängiges Gewinde, *n.*	two-start thread, double threaded
Doppelkolbenpumpe, *f.*	double-piston pump
doppellagiger Filter, *m.*	double-layer filter
Doppelnippel, *m.*	Rohr: double nipple
doppelseitige Leiterplatte, *f.*	double-sided circuit board
doppelsphärisch	double spherical (e.g. spindle with double spherical bearings)

D

doppelte Filterkontrolle, *f.*	double checking of filter
Doppeltülle, *f.*	double connector (z. B. für Schlaucharmatur)
doppelwandig	double-walled (z. B. Kabel)
Doppelwellenmischer, *m.*	double shaft mixer
Dosenbarometer, *n.*	aneroid barometer
Dosiereinrichtung, *f.*, Dosierwerk, *n.*, Dosiereinheit, *f.*	metering apparatus, metering/ dosing equipment, metering unit, dosing device
Dosiereinstellung, *f.*	dosage setting, metering setting
Dosieren, Dosierung, *f.*	dosing, metering
Dosierer, *m.*	*siehe* Dosiereinrichtung
Dosiererhöhung, *f.*	dosage increase
Dosiermenge, *f.*	metering quantity, dosage
Dosiermotor, *m.*	metering motor
Dosierpumpe, *f.*	metering pump
Dosierschnecke, *f.*	dosing screw conveyor
Dosiertakt, *m.*	metering cycle, dosing cycle
dosierte Menge, *f.*	measured amount
Dosiervorgang, *m.*	metering procedure, metering action
dotierte Aktivkohle, *f.*	doped activated carbon (chemically doped, i.e. modified, activated carbon)
Dotierung, *f.*	doping, *siehe* dotierte Aktivkohle
Drägerröhrchen, *n.*	Dräger tube
Drahtbrücke, *f.*	el.: wire jumper
Drahtgewebefilter, *m.*	wire mesh filter
Drainageschicht, *f.*	drainage layer
Drallachse, *f.*	gyro vector axis
Dralleinsatz, *f.*	spin insert (z. B. für Wassertrenner)
Draufsicht, *f.*	top view, plan view
Dreh- und Frästeile, *n. pl.*	turned and milled components
Drehantrieb, *m.*	rotary actuator (a component that helps to convert pneumatic energy in mechanical energy)
drehbar	movable, turnable, rotatable
Drehbewegung, *f.*	rotation, rotary motion (z. B. einer Spindel)
drehen	turn, spin, rotate, revolve
Drehfeldmessgerät, *n.*	phase-rotation indicator
Drehfilter, *m.*	rotary filter
Drehgeschwindigkeit, *f.*	rotational speed
	– Gyroskop: rotation rate
Drehknopf, *m.*	knob (z. B. am Regler)
Drehkolbengebläse, *n.*	rotary piston blower (volumetrically operating oil-free compressor with compression taking place in downstream piping)
Drehkolbenverdichter, *m.*	rotary piston compressor
Drehmaschine, *f.*, Drehbank, *f.*	lathe, turning machine
Drehmoment, *n.*	torque
	– Drehmomentänderung: change in torque
Drehmomentschlüssel, *m.*	torque wrench
Drehrichtung, *f.*	direction of rotation
	– Drehrichtungsänderung: change in the direction of rotation
Drehschieberpumpe, *f.*	rotary vane pump

Drehschieberverdichter, *m.*	rotary vane compressor
Drehspindel, *f.*	lathe spindle
Drehstrom, *m.*	el.: three-phase current
Drehstromnetz, *n.*	el.: three-phase system, three-phase mains
Drehteil, *n.*	Drehmaschine: turned component
Drehtisch, *m.*	rotary table (Werkzeugmaschinen)
Drehvorrichtung, *f.*	rotary holder (optische Messung)
	– hoch präzise: high-precision rotary holder
Drehzahl, *f.*	speed of rotation, speed (z. B. des Elektromotors), rotational speed
Drehzahlmessung, *f.*	speed measurement, rotational speed measurement
Drehzahlregelbereich, *m.*	speed control range
Drehzahlregelung, *f.*	speed regulation (e.g. motor speed regulation)
Drehzentrum, *n.*	Werkzeugmaschinen: turning centre
dreiadrig	Kabel: three-core
dreidimensional, 3-dimensional	three-dimensional, 3-dimensional, 3D
dreidimensionales Messgerät,	3D measuring device, 3D measuring instrument,
3D-Messgerät, *n.*	Plural: 3D measuring equipment
Dreier-Membrane-Set, *n.*	3-part membrane set
dreifach LED Anzeige, *f.*	triple LED (display)
Dreikammerventil, *n.*	three-chamber valve
dreistellige Zahl, *f.*	Display: three-digit figure
dreistufig	three-stage, 3-stage
Drei-Wege-Ventil, *n.*	three-way valve
Dreizonenfilter, *m.*	three-zone filter
dringend empfohlen	urgently recommended
	– nachdrücklich empfohlen: strongly recommended
Drossel, *f.*	throttle (z. B. Ventil)
	– einstellbare Drossel: adjustable throttle
Drosselklappe, *f.*, Stellklappe, *f.*	Rohr: butterfly valve (bewegliche Klappe zum Verändern des Querschnittes von Rohrleitungen)
	– Motor: butterfly valve
drosseln	throttle down, reduce throttle
Drosselventil, *n.*	throttle valve, reducing valve
	Motor: butterfly valve
Druck abbauen	reduce pressure, release p., let off p.
druck- und viskositätsunabhängig	irrespective of pressure and viscosity
Druck, *m.*	pressure
Druck, *m.*, unter Druck	pressurized, under pressure
Druckabfall, *m.*	Druckluft: pressure drop, loss of pressure
druckabhängig	pressure-dependent, pressure-responsive
Druckableiter, *m.*	pressure drain (Kondensat)
Druckanzeiger, *m.*	Druckluft: pressure indicator, pressure gauge
Druckaufbau, *m.*	Druckluft: pressure increase, pressure buildup (or build-up), built-up pressure
Druckaufbauphase, *f.*	Druckluft: pressure-buildup phase
	Adsorptionstrockner: re-pressurization phase
Druckaufbauventil, *n.*	pressure buildup valve
druckaufnehmend	Druckluft: pressurized, under pressure
Druckaufnehmer, *m.*	pressure sensor (registers pressure and converts signal)
	– induktiver D.: inductive pressure sensor

Druckausgleich, *m.* — Druckluft: pressure compensation

Druckband, *n.* — pressure band
- Druckbandregelung: pressure band control (to prevent simultaneous start-up and switching off of several compressors in a pressure band)

druckbeaufschlagt — Druckluft: pressure-operated (Zylinder)

Druckbeaufschlagung, *f.* — Druckluft: pressure load, pressurization (unter Überdruck setzen)

Druckbegrenzungsventil, *n.* — *siehe* Druckentlastungsventil

Druckbehälter, *m.* — pressure vessel, Kompressor: receiver

Druckbehälterabnahme, *f.* — pressure-vessel acceptance (test)

Druckbehälterdeckel, *m.* — pressure vessel lid

Druckbehälterprüfung, *f.* — pressure-vessel test

Druckbehälterverordnung, *f.* — TÜV-Übersetzung: German Pressure Vessel Ordinance
- EU-Richtlinie : Pressure Vessels Directive (z. B. 87/404/EEC)

Druckbelastung, *f.* — pressure load(ing)

Druckbereich, *m.* — pressure range

druckbeständig — pressure-resistant
- Druckbeständigkeit: pressure resistance

druckdicht — pressure-tight, pressure tight
- druckdichte Verbindung: pressure-tight joint

Druckdichtung, *f.* — pressure seal

Druckdifferenz, *f.* — pressure difference

Druckeinstellung, *f.* — pressure adjustment, pressure setting

drücken — Druckknopf, Taste: push, press
- herunterdrücken: depress

Druckenergie, *f.* — pressure energy

druckentlasten — depressurize, relieve from pressure
- Ventil: open for pressure relief

druckentlastet — relieved (from pressure)

Druckentlastungskammer (DEK), *f.* — pressure relief chamber (PRC)

Druckentlastungslüftung, *f.* — pressure relief vent

Druckentlastungsventil, *n.* — pressure relief valve (e.g. to protect closed-circuit water heating systems)
- Sicherheitsdruckentlastungsventil: safety relief valve

Druckentspannung, *f.* — pressure relief (Druck vermindern), pressure release (Druck ablassen, z. B. durch "pressure relief valve or vent"), depressurization

Druckentspannungsöffnung, *f.* — pressure relief opening

Druckerei, *f.* — printing works, Firma: printing-house

Druckereianlage, *f.* — printing plant

Druckereimaschine, *f.* — printing machine, printing press

Druckerhöhungsstation, *f.* — pressure boosting station

Druckerzeuger, *m.* — pressure generator, compressor

Druckfeder, *f.* — pressure spring, compression spring (offene spiralförmige Feder, die beim Zusammenpressen Druck ausübt)

druckfest — pressure-proof, pressure-resistant

druckfester Schlauch, *m.* — pressure-resistant hose

Druckfilter, *m.* — pressure filter

druckfrei — pressureless (e.g. in a pressureless state), unpressurized

D

Druckgas, *n.*	compressed gas
Druckgasanlage, *f.*	compressed gas station
Druckgasnetz, *n.*	compressed gas network
Druckgastechnik, *f.*	compressed gas technology
Druckgasverdichter, *m.*	gas compressor
	– Anlage: compressed gas system
druckgeeignet	suitable for pressurized systems
Druckgefälle, *n.*	pressure gradient, pressure difference
druckgeprüft	pressure tested
Druckgerät, *n.*	pressure device (z. B. nach DRG 97/23/EG)
Druckgeräterichtlinie (DGRL), *f.*	EU: Pressure Equipment Directive (97/23/EC)
druckgesteuert	pressure-controlled
druckgesteuertes Ventil, *n.*	pressure-controlled valve
Druckgießen, *f.*	diecasting
druckgleich	with equal/same pressure
Druckgradient, *m.*	pressure gradient
Druckguss, *m.*, Druckgießen, *n.*	diecasting, pressure diecasting
Druckhalteventil, *n.*	pressure maintaining valve
Druckkammer, *f.*	pressure chamber (z. B. in Druckmesser)
Druckkammerfilter, *m.*	pressure chamber filter
Druckklasse, *f.*	pressure class (z. B. für Rohre)
Druckkompensation, *f.*	pressure loss compensation
Druckkorrekturfaktoren (DKF), *m. pl.*	pressure correction factors (PCF)
druckkorrigiert	pressure-adjusted
Druckkraft, *f.*	compressive force
Druckleitung, *f.*	pressure line
	– Druckluft: compressed air line
	– Rohr: pressure pipe
drucklos	unpressurized (e.g. unpressurized hydraulic system), without the use of pressure, pressureless, without applying pressure
	– druckloser Zustand: pressureless state, not under pressure, depressurized state
drucklos machen	depressurize, ensure that (the device) is in a pressureless state, ensure that… not under pressure, *siehe* druckfrei
	– Leitung drucklos machen: depressurize the line
druckloses Netz, *n.*	unpressurized network (e.g. unpressurized telecommunication network)
druckloses System, *f.*	pressureless system, zero-pressure system
Druckluft- und Gasaufbereitung, *f.*	compressed air and gas treatment
Druckluft, *f.*	compressed air
	– durch Druckluft geschützt: compressed air protection (e.g. creating a compressed-air atmosphere to exclude water)
Druckluftabgang, *m.*	compressed air outlet
Druckluftabnahme, *f.*	compressed air withdrawal, compressed air being used
	– Ort: point of compressed air withdrawal
Druckluft-Anlage des Betreibers, *f.*	compressed-air system at operator's facility
Druckluftanlage, *f.*	compressed air system, compressor station (e.g. central compressor station), compressed air plant, compressed air facilities, compressed air plant and equipment

Druckluftanschluss, *m.*	compressed air connection
Druckluftanteil, *m.*	compressed air volume, compressed air quantity, compressed air percentage
Druckluftantrieb, *m.*	compressed air drive
Druckluftanwender, *m.*	compressed air user
Druckluftanwendung, *f.*	compressed air application
Druckluftaufbereitung, *f.*	compressed air treatment
Druckluftaufbereitungsanlage, *f.*	compressed air treatment plant
Druckluft-Ausstrittstemperatur, *f.*	compressed air outlet temperature
Druckluft-Austritt, *m.*	compressed air outlet
	– Vorgang: release/escape of compressed air
Druckluftbedarf, *m.*	compressed air demand, compressed air requirement, compressed air rate required
Druckluftbehälter, *m.*	compressed air receiver, compressed air vessel, *siehe* Druckbehälter
druckluftbetrieben, druckluftbetätigt	compressed air operated (z. B. Pumpen), operated by compressed air, pneumatically operated (e.g. pneumatically operated valves), pneumatic (e.g. pneumatic drill), air-operated, air-driven, on the basis of compressed air power, powered by compressed air
druckluftbetriebener Motor, *m.*	pneumatic motor
Druckluftbranche, *f.*	compressed air sector
Druckluftbremse, *f.*	air brake
Druckluft-Bremsservo, *m.*	Kfz (Bremskraftverstärker zum Verstärken der Kraft, die auf das hydraulische Bremssystem wirkt): pneumatic brake booster
Druckluft-Controlling, *n.*	compressed air controlling
Druckluftdurchflussmenge, *f.*	compressed air throughput
Druckluftdüse, *f.*	compressed air nozzle
	– Luftstrom: compressed air jet
Drucklufteinrichtungen, *f. pl.*	compressed air systems
Drucklufteinspritzung, *f.*	Kfz: pneumatic injection
Drucklufteintritt, *m.*	compressed air inlet
	– Drucklufteintrittsbedingungen: compressed air inlet conditions
Drucklufteintrittstemperatur, Druckluft-Eintrittstemperatur, *f.*	compressed air inlet temperature
Druckluft-Eistrockner, *m.*	compressed air ice dryer
Druckluft-Endtemperatur, *f.*	final compressed air temperature
Druckluftenergie, *f.*	air power
Druckluftentspannung, *f.*	compressed air expansion
Druckluftentwässerer, *m.*	compressed-air dewatering system
Drucklufterzeuger, *m.*	air compressor, compressor
Drucklufterzeuger und -aufbereiter, *m.*	compressed air production and treatment systems/technology
Drucklufterzeugung, *f*, Druckluftherstellung, *f.*	compressed air production, production of compressed air, compressed air generation, air compression
Druckluftfachhandel, Druckluft-handel, *f.*	dealers of compressed air systems, distributors of compressed air systems (Vertragshändler)
Druckluftfeuchte, Druckluft-Feuchte, *f.*	compressed air humidity

D

Druckluftfeuchte, relative, *f.*	relative humidity of the compressed air
Druckluftfilter, *m.*	compressed air filter
Druckluftfiltration, *f.*	compressed air filtration
Druckluftflasche, *f.*	compressed air cylinder
Druckluftfördereinrichtungen, *f. pl.*	air-operated conveying systems, *siehe* pneumatische Fördereinrichtungen
Druckluft-Fremdkraftbremsanlage, *f.*	air-operated power brake system
Druckluftführung, *f.*	compressed air routing
Druckluftgerätehersteller, *m.*	manufacturer of compressed air products
Druckluft-Grau, *n.*	compressed air grey (RAL 7001)
Drucklufthärten, *n.*	Metall: air blast quenching
Druckluftheizer, *m.*	compressed air heater (e.g. in-line compressed air heater)
Druckluft-Heizgerät, *n.*	*siehe* Druckluftheizer
Druckluftinjektion, *f.*	compressed-air injection
Druckluftkabine, *f.*	pressurized cabin
Druckluftkältetrockner, Kälte-Drucklufttrockner, *m.*	compressed air refrigeration dryer, refrigerated compressed air dryer, refrigerated air dryer
Druckluftkammer, *f.*	compressed air chamber
Druckluftkessel, *m.*	compressed air receiver, air receiver, receiver (vessel that stores compressed air between air compressor and distributing system), compressed air vessel
Druckluftkette, *f.*	compressed-air supply chain
Druckluftkissen, *n.*	compressed air cushion
Druckluftkondensat, *n.*	compressed air condensate
Druckluft-Kondensattechnik, *f.*	compressed air condensate technology
Druckluftkühlsystem, *n.*	compressed air cooling system
Druckluftleitung, *f.*	compressed air pipework, compressed air line – Rohr: compressed air pipe (piping/pipework)
Druckluftleitungsbau, *m.*	compressed air piping, compressed air piping system
Druckluftmeißel, *m.*	pneumatic hammer
Druckluft-Membrantrockner, *m.*	compressed air membrane dryer
Druckluftmenge, *f.*	compressed air quantity, compressed air volume
Druckluftmessgerät, *n.*	compressed air gauge
Druckluftnetz, *n.*	compressed air network – Rohrnetz: piping, pipework
Druckluftniethammer, *m.*	pneumatic riveter
Druckluftnietung, *f.*	pneumatic riveting
Druckluftpumpe, *f.*	compressed air pump
Druckluftqualitätsklasse, *f.*	compressed air quality class
Druckluftregelung, *f.*	compressed air control
Druckluft-Rohrleitungssystem, *n.*	compressed air pipe system
Druckluftschlauch, *m.*	compressed air hose
Druckluftschrauber, *m.*	pneumatic screw driver
druckluftseitig	on the compressed air side (of the system)
Druckluftsenkkasten, *m.*	Bauwesen: pneumatic caisson
Druckluftspeicherkraftwerk, *n.*	compressed air storage power plant – adiabatisches: adiabatic compressed air storage power plant
Druckluftspezialist, *m.*	compressed air specialist
Druckluftstation, *f.*	compressor station
Druckluftsteuerung, *f.*	pneumatic control

Druckluftstoß, *m.*	compressed air impact
Druckluftstrom, *m.*	flow of compressed air
Druckluftsystem, *n.*	compressed air system
Druckluftsystem-Spezialist, *m.*	compressed air system specialist
Drucklufttechnik, *f.*	compressed air technology, compressed air engineering/systems
Drucklufttemperatur, *f.*	compressed air temperature
Druckluft-Tiefkühlanlage, *m.*, Druckluft-Tiefkühlsystem, *n.*	compressed air deep-cooling system, deep-cooling system
Drucklufttransport, *m.*	compressed-air transport
Drucklufttrockner, *m.*	compressed air dryer
Drucklufttrocknung, *f.*	compressed air drying, drying of compressed air
Drucklufttrocknungsverfahren, *n.*	method of compressed air drying
druckluftunterstützt	compressed air assisted
Druckluftverbrauch, *m.*	compressed air consumption
Druckluftverbraucher, *m.*	point of use, compressed air user point, point of consumption
Druckluftverdichter, *m.*	air compressor
Druckluftverlust, *m.*	loss of compressed air
	– durch undichte Stellen: compressed air leak/leakage, air leak
Druckluftverlust-Volumenstrom, *m.*	rate of compressed air loss
Druckluftverrohrung, *f.*	compressed air pipe system, compressed air pipework,
Druckluftversorgung, *f.*	compressed air supply
	– zentrale: central compressed air supply, supplied by central compressed air system
Druckluftversorgungssystem, *n.*	compressed air supply system
Druckluftverteilung, *f.*	compressed air distribution
	– Sanierung der Druckluftverteilung: refurbishment of the compressed air distribution system
Druckluft-Verteilungsnetz, *n.*	compressed air distribution system
Druckluft-Verteilungsrohre, *n. pl.*	compressed air distribution pipes
	– Filterschlauchreinigung: compressed air injectors
Druckluft-Volumenstrom, *m.*	compressed air flow rate, volume flow rate of compressed air, volumetric flow of compressed air
Druckluftvortrieb, *m.*	Tunnelbau: compressed-air drive (e.g. compressed-air drive with shields), compressed-air driving
Druckluftwerkzeug, *n.*	compressed air tool, pneumatic tool (drill, hammer, riveter, etc.), compressed air power tool
Druckluftzufuhr, Druckluftzuführung, *f.*	compressed air supply
	– Zufuhrstelle: compressed air inlet
Druckluftzuleitung, *f.*	compressed air feed line
Druckluftzusammensetzung, *f.*	composition of compressed air
Druckluftzylinder, *m.*	compressed air cylinder
Druckmanometer, *n.*	pressure gauge
Druckmengen-Schreiber, *m.*	pressure quantity logger
Druckminderer, *m.*	pressure reducer
	– Ventil: pressure reducing valve
Druckniveau, *n.*	pressure level
Druckpolster, *n.*	pressure cushion (Unterschied zwischen verfügbarem und benötigtem Druck)

Druckpotenzial, *n.*	pressure potential
Druckprüfung, *f.*	pressure test
Druckpumpe, *f.*	pressure pump
Druckreduzierung, *f.*	pressure reduction
Druckreduzierventil, *n.*	pressure reducing valve
Druckregelung, *f.*	pressure control
Druckregelventil, *n.*	pressure control valve
Druckregler, *m.*	pressure regulator
	– Druckreglerbaugruppe: pressure regulator assembly
Druckring, *m.*	clamping ring, thrust ring
Druckrohrleitung, *f.*	pressure pipe, pressure piping
Druckschalter, *m.*	pressure switch
Druckschlag, *m.*	pressure impact, *siehe* Druckstoß
Druckschlauch, *m.*	pressure hose
Druckschraube, *f.*	clamping bolt
Druckschwankung, *f.*	pressure variation
Druckseite, *f.*	(on the) pressure side
druckseitig	*siehe* Druckseite
druckstabil	pressure-proof, pressure-resistant
Druckstabilität, *f.*	pressure resistance
Druckstoß, *m.*	pressure surge
	– Wasser: water hammer
	– Wirkung: pressure impact
Druckstufe, *f.*	pressure stage (z. B. bei mehrstufigem Kompressor)
Drucksystem, *n.*	compressed-air system, air system
Drucktaupunkt (DTP), *m.*	pressure dewpoint (PDP, auch: pressure dew point), (Temperatur, bei der die Feuchtigkeit in der Druckluft zu kondensieren beginnt.)
drucktaupunktabhängige Steuerung, *f.*	pressure dewpoint linked control
Drucktaupunktabsenkung, *f.*, Drucktaupunktunterdrückung, *f.*	(pressure) dewpoint suppression (e.g. "XYZ is a unique dewpoint suppression system that constantly lowers the dewpoint of the compressed air."), PDP suppression
	– generell auch: lowering of the pressure dewpoint
Drucktaupunktabsenkungstabelle, *f.*	PDP suppression table
Drucktaupunktanstieg, *m.*	rise in the pressure dewpoint
Drucktaupunktforderung, *f.*	stipulated pressure dewpoint, required pressure dew point
Drucktaupunktfühler, *m.*	pressure dewpoint sensor
Drucktaupunkt-Messgerät, DTP-Messgerät, Drucktaupunktmessgerät, *n.*	pressure dewpoint meter (auch: pressure dew point meter)
	– stationäres: stationary pressure dewpoint meter
	– mobiles: portable pressure dewpoint meter
Drucktaupunktsensor, *m.*	*siehe* Drucktaupunktfühler
Drucktaupunkttabelle, *f.*	pressure dewpoint table
Drucktaupunktüberwachung, *f.*	pressure dewpoint monitoring
Drucktaupunktunterschreitung, *f.*	cooling below dewpoint, temperature drop below dewpoint
drucktragend	pressure-bearing
Drucküberschreitung, *f.*	übermäßiger/überhoher Druck: excessive pressure, overpressure, excess pressure
Drucküberwachung, *f.*	pressure monitoring
druckunabhängig	independent of pressure
Druckunterschreitung, *f.*	inadequate pressure, drop below required pressure

druckverflüssigtes Gas, *n.*	pressure-liquefied gas (becomes liquid under pressure), liquefied gas
Druckverhältnis, *n.*	pressure ratio (z. B. des Verdichters)
Druckverlust, *m.*	pressure loss, pressure drop (Druckabfall), loss of pressure
Druckwechselbeanspruchung, *f.*	cyclic pressure loading
Druckwechselverfahren, *n.*	pressure swing adsorption method (e.g. "The desiccant dryer operates on the principle of pressure swing adsorption (PSA).")
Druckwelle, *f.*	pressure wave
Druckzylinder, *m.*	pressure cylinder
DTP-Absenkung, *f.*	*siehe* Drucktaupunktabsenkung
DTP-Eintritt, *m.*	inlet pressure dewpoint, pressure dewpoint at inlet
DTP-Kennlinie, *f.*	characteristic PDP curve
DTP-Messgerät, *n.*	PDP meter
Dübel, *m.*	Wanddübel: wall plug
	– Pflock, Stift (zum Zusammenfügen von 2 Teilen): dowel
duktiles Bruchverhalten, *n.*	ductile fracture behaviour
dünnwandig	Rohr: thin-walled
Duopressostat, *m.*	dual pressure control
	– Duopressostat sekundär: dual pressure control secondary
Duplexfilter, *m.*	duplex filter
Duplex-Kreiselpumpe, *f.*	duplex centrifugal pump
durch Kennwort vor unbefugtem Zugriff geschützt	protected by password against unauthorized access
Durchblasen (von Luft im Gegenstrom), *n.*	forced-air countercurrent
durchblättern	Display: scroll through
durchbrennen	Sicherung: to blow, to fuse
Durchbruch, *m.*	breakthrough (z. B. der Membrane)
	– Filter: filter breakthrough
Durchbruchskurve, *f.*	Filter: breakthrough curve
durchdacht (z. B. konstruiert)	well-designed, carefully designed, sophisticated, with attention to detail
Durchdringungsgeschwindigkeit, *f.*	velocity of penetration, penetration velocity
durchfeuchtet	wetted
durchfließen	flow through, pass through
Durchfluss, *m.*, Durchflussleistung, *f.*	throughput, flow rate, flow (through), throughput capacity
	– maximale Durchsatzleistung: peak throughput
Durchfluss- und Verbrauchsmessung, *f.*	Druckluft: flow rate and consumption measurement, measurement of flow rates and compressed air consumption
Durchflussfähigkeit, *f.*	throughput capacity
Durchflussformel, *f.*	flow equation
Durchflussgeschwindigkeit, *f.*	flow velocity
Durchflussmedium, *n.*	fluid flowing through (water separator, filter, etc.)
Durchflussmenge, *f.*	Druckluft: flow rate, rate of flow, throughput rate, throughput quantity, compressed air throughput
Durchflussmessgerät, *n.*, Flowmeter, *m.*	flowmeter (mass flow meter measured in ccm or volumetric flow meter measured in LPM)
Durchflussmessung, *f.*	flow rate measurement

Durchflussrate, *f.*	flow rate, throughput rate
Durchflussrechner, *m.*	flow rate calculator
Durchflussrichtung, *f.*	direction of flow, flow direction
Durchflussstrecke, *f.*	flow path
Durchflussverengung, *f.*	flow constriction
Durchflussverhalten, *n.*	flow rate characteristics
Durchflussvolumen, *n.*	throughput volume
Durchflusswert, *m.*	Ventil: flow coefficient
Durchflusswiderstand, *m.*	flow resistance
Durchflusszähler, Durchfluss-messer, *m.*,	*siehe* Durchflussmessgerät
Durchflusszeit, *f.*	passage time
durchführen	Kabel usw.: insert, guide through, thread, lead through
Durchführung, *f.*	procedure, action, operation, implementation, carrying out
	– Rohr: passage point
Durchführungstülle, *f.*	grommet
durchgängige Dokumentation, *f.*	continuous documentation
Durchgangsbohrung, *f.*	hole, through-hole, bore
	– zentrierte D.: centred bore
durchgeleitete Stoffe, *m. pl.*	Filter: substances passing through the filter
durchgeschaltet, weitergeschaltet	relayed
durchgezogene Linie, *f.*	continuous line
durchhängen	Rohrleitung: sag, sagging parts
Durchlassfähigkeit, *f.*	Filter: permeability, *siehe* Durchlässigkeit
durchlässig	permeable
	– undurchlässig: impermeable
Durchlässigkeit, *f.*	Filter: permeability
	– geringe: low/poor permeabiltiy
	– verminderte: reduced permeability
Durchlässigkeitsbeiwert, *m.*	permeability coefficient
durchlaufen	pass through, flow through
Durchlaufleistung, *f.*	throughput capacity
Durchlaufzeit, Verweilzeit, *f.*	dwell time (z. B. im Filter)
	– Auftrag: turnaround time
	– Produktion: throughput time
Durchlichtmelder, *m.*	transmitted-light detector
Durchlüftung, *f.*	through-ventilation
Durchlüftungsrohre, *n. pl.*	aeration pipes
Durchmesser, *m.*	diameter, dia.
Durchmesserverhältnis, *n.*	diameter ratio, ratio of diameters
Durchsatzleistung, *f.*	*siehe* Durchfluss
Durchsatzmenge, *f.*	*siehe* Durchflussmenge
durchsichtig	transparent
Durchsichtigkeit, *f.*	transparency
durchsprudeln	bubble, bubbling, form bubbles
durchspülen	flush, rinse, made to flow through, convey through
	– mit Druckluft durchspülen (abführen): purge
durchstecken	push on, push through
Durchströmfläche, *f.*	flow-through area, flow area
Durchströmgeschwindigkeit, *f.*	flow-through rate (e.g. filter flow-through rate), flow rate
Durchströmung, *f.*	flow (through), passage (e.g. passage of air through …)

D

Durchströmungsrichtung, *f.*	direction of flow
Duroplast, *m.*	Duroplast, thermosetting plastic (fibre-reinforced resin plastic)
Düse, *f.*	nozzle, jet
	– Düsenausgang: nozzle outlet
	– Düsendurchmesser: nozzle diameter
	– Düsenquerbohrung: nozzle bore
	– Düsenstrahl: jet (a jet is also an outlet or nozzle)
DVGW (Deutsche Vereinigung des Gas- und Wasserfaches)	German Technical & Scientific Association for Gas and Water (their own translation!)
dynamische Verdichtung, *f.*	dynamic compression (e.g. dynamic compression ratio)
dynamischer Verdichter, *m.*	dynamic compressor
dynamisches Verhalten, *n.*	dynamic performance

EAK-Code, *m.*	EAK Code
E-Antrieb (elektrischer Antrieb), *m.*	electric drive
eben	level, even, plane
	– eben verschieben: level displacement, level movement
ebene Platte, *f.*	flat plate (z. B. zur Spannungsberechnung)
Ebenheit, *f.*	levelness, evenness, planeness, flatness
Echtzeit-Messsystem, *n.*	real-time measuring system
Echtzeitmessung, *f.*	real-time measurement
Eckpunkt, *m.*	Kurve, Dreieck: vertex (highest point)
Eckventil, *n.*	angle valve
ED (Einschaltdauer)	running time (RT), operating time, ON-time
Edelgas, *n.*	noble gas, rare gas, inert gas
Edelgleitsitz, *m.*	slide fit
Edelmetall, *n.*	precious metal, noble metal
Edelschubsitz, *m.*	push fit
Edelstahl, *m.*	stainless steel (rostfrei), high-grade steel
Edelstahlausführung, *f.*	stainless steel version, stainless steel design
Edelstahlgeflecht, *n.*	stainless steel mesh
	– Schutzgeflecht um z. B. Kabel oder Schlauch: stainless steel braiding
Edelstahlgehäuse, *n.*	stainless steel housing
Edelstahlguss, *m.*	cast stainless steel, stainless steel casting, high-grade steel casting
Edelstahlkopf, *m.*	stainless steel head
Edelstahlplatten, *f. pl.*	Wärmetauscher: stainless steel plates
Edelstahl-Platten-Wärmetauscher, *m.*	stainless steel plate heat exchanger (z. B. ein Wärmetauscher mit 30 Platten), plate heat exchanger made of stainless steel
Edelstahlring, *m.*	stainless steel ring
Edelstahlrohr, *n.*	stainless steel pipe
Edelstahl-Schweißkonstruktion, *f.*	stainless steel welded construction (z. B. Container)
Edelstahlsieb, *n.*	stainless steel sieve, stainless steel screen
Edelstahl-Wärmetauscher, *m.*	stainless steel heat exchanger
EDV-Abteilung, *f.*	computer department
	– EDV-Schulung: computer course
effektiv	effective (wirksam), actual (tatsächlich)
effektive Jahres-Kondensatmenge, *f.*	actual annual condensate quantity

effektiver Verbrauch, *m.*	actual consumption
effizient	efficient
	– äußerst: highly efficient
EG, *f.*	EC (European Community)
EG-Konformitätserklärung, *f.*	EC Declaration of Conformity (auch: CE Declaration of Conformity)
EG-Maschinenrichtlinie, *f.*	EC Machinery Directive (z. B. Machinery Directive 89/392/EEC, Annex II)
	– ebenfalls: EC Directive on Machinery
EG-Richtlinie, *f.*	EC Directive
Eichgas, *n.*	calibration gas
Eichung, *f.*	calibration
	– eichen: calibrate
Eigenbau, *m.*	self-built, build one's own…
Eigenentwicklung, *f.*	company-developed, inhouse development. inhouse product development
Eigengeruch, *m.*	specific odour
Eigengewicht, *n.*	own weight, dead weight
	– Nettogewicht: net weight
Eigenluftkühlung, *f.*	self-cooling
eigenmächtige Umbauten, *m. pl.*	unauthorized modifications
Eigenschaft, *f.*	property, characteristic
eigensicher	el.: intrinsically safe
Eigensicherheit, *f.*	intrinsic safety
eigenständig	independent
Eigentumsrecht, *n.*	property right
Eigentumsvorbehalt, *m.*	reservation of ownership
Eigenüberwachung, *f.*	self-monitoring
	– Eigenüberwachungsfunktion: self-monitoring function
Eigenwasserversorgung, *f.*	private water supply
Eignungsfeststellung, *f.*, Eignungstest, *m.*	suitability test
eignungsgeprüft	tested for efficiency, performance tested
Eignungsprüfung, *f.*	performance test, efficiency test
EIN/AUS	ON/OFF
	– Ein-Aus-Schalter: on-off switch
Einarbeitungszeit, *f.*	Personal: period of familiarization
einatmen	to breathe in
Einbaueinschub, *m.*	preassembled unit
einbauen	incorporate, build in, integrate, install
einbaufähig	integratable (Gegenteil: standalone)
Einbauhöhe, *f.*	installation height, mounting height, height required for installation
Einbaukomponenten, elektrische, *f. pl.*	built-in electrical units
Einbaulage, *f.*	installation position, mounting position
Einbaumaße, *n. pl.*	mounting dimensions, installation dimensions
Einbaurichtung, *f.*	direction of installation
Einbausituation, *f.*	installation arrangement
Einbaustelle, *f.*	place/point of installation
Einbauten, *m. pl.*	built-in components

einbinden	incorporate
	– Öl: encapsulate
	– Flocken: bind (past tense: bound)
Einbrennofen, *m.*	Pulverbeschichtung: curing oven
Einbrenntemperatur, *f.*	stoving temperature
einbringen	add, feed
eindämmen	reduce, discourage (e.g. growth of microorganisms)
eindichten	seal off
Eindicken, *n.*	thickening
Eindickungen, *f. pl.*	thickened matter, thickened substances
eindringen	penetrate (into), enter (into)
eindrücken	push in
	– Nadel: depress, hold down
eindüsen	nozzle injection
Eindüsung, *f.*	atomization
	– durch Düse: injection
EINECS Nummer, *f.*	EINECS No. (European Inventory of Existing Commercial Chemical Substances)
einfach zu reinigen	easy-to-clean
einfach zu wechseln	easy-to-replace
einfache Fahrlässigkeit, *f.*	ordinary negligence
einfache, unbefeuerte Druckbehälter, *m. pl.* (Richtlinie)	Simple Pressure Vessels Directive 87/404/EEC ("unfired" wird nicht in der Überschrift erwähnt, aber im Text.)
einfacher	simpler, simplified
einfacher Edelstahl, *m.*	plain stainless steel, plain high-grade steel
einfacher Filter, *m.*	standard filter
Einfachfilter, *m.*	single filter
Einfahren, *n.*	run in, perform a run-in
Einfahrphase, *f.*	start-up phase, run-in phase
einfallendes Licht, *n.*	incoming light, incident light
einfangen	trap, filter
Einflussfaktor, *m.*	factor of influence, influencing factor
Einflussfaktoren der Leistung, *m. pl.*	factors influencing performance
Einflussgröße, *f.*	*siehe* Einflussfaktor
einfrieren	freeze, freeze up
Einfrierschutz, *m.*	frost protection
Einfülldom, *m.*	filler dome (e.g. filler dome on tank top)
einfüllen	fill (with), feed in
Einfüllöffnung, *f.*	filler opening
Einfüllstutzen, *m.*	filler neck
Eingabegerät, *n.*	input device
Eingang, *m.*	an Gerät usw.: inlet
	– elektrisch: input
Eingangsabsperreinrichtung (Ventil), *f.*	Druckluftstrom: upstream isolation valve
Eingangsbedingungen, *f. pl.*	inlet conditions
	– Eingangsbereich: inlet zone
Eingangsbelastung, *f.*	inlet load (z. B. Staubbelastung der Druckluft)
Eingangsdruck der Luft, *m.*	inlet air pressure
Eingangsdrucktaupunkt, *m.*	inlet pressure dewpoint, inlet PDP
Eingangsgewinde, *n.*	inlet thread

E

Eingangskabel, *n.*	input cable
Eingangskonzentration, *f.*	inlet concentration (e.g. oil inlet concentration), input concentration
Eingangskopf, *m.*	inlet head
Eingangsleitung, *f.*	inlet line, inlet pipe
Eingangsluft, *f.*	intake air, inlet air
	– verschmutzte Eingangsluft: polluted intake air
Eingangsprüfung (gelieferter Teile), *f.*	receiving inspection, on-receipt inspection
Eingangsseite, *f.*	inlet side
	– eingangsseitig: on the inlet side
Eingangssignal, *n.*	el.: input signal
Eingangsspannung, *f.*	el.: input voltage
Eingangsspannungstoleranz, *f.*	el.: input voltage tolerance
Eingangstemperatur, *f.*	inlet temperature
Eingangsüberdruck, *m.*	inlet gauge pressure (of … bar)
Eingangsvolumenstrom, *m.*	inlet flow rate, volumetric inlet flow, volumetric flow at inlet
Eingangswert, *m.*	inlet value
eingebaut	built-in, integral, integrated, incorporated
eingeben	in den Computer: to enter, to keyboard
eingedickt	thickened
eingefroren	frozen (z. B. Rohr)
eingegossene Membran, *f.*	cast-in membrane
eingesetzter Filter, *m.*	filter installed
eingesponnen	spun as in a cocoon (Öltröpfchen)
eingrenzen	Fehler: locate (cause of fault)
Eingriff Dritter, *m.*	interference by third parties
Eingriff, *m.*	interference (with), tampering, intervention, by operator: action
	– unerlaubter Eingriff: unauthorized interference
Eingriffsöffnung, *f.*	access opening
einhalten	conform to, comply with, meet, observe
Einhaltung, *f.*	Vorschriften usw.: compliance (with), conformity, observance
einhängen	hang (on its), attach (by), suspend
Einhausung des Arbeitsbereiches, *f.*	enclosure of the work area
Einheit, *f.*	unit
einheitliche Beladung, einheitliche Belastung, *f.*	uniform loading
einheitliche Standards, *m. pl.*	joint standards
einheitliches System, *n.*	integral system (z. B. Filter u. Kondensatableiter)
Einheitsblatt, *n.*	standard sheet (z. B. des VDMA)
einkapseln	encapsulate
Einkapselungsprozess, *m.*	encapsulating process (z. B. Flocken)
Einkaufskonditionen, *f. pl.*	purchasing conditions
Einkesselvariante, Einkesselversion, *f.*	single-tank design
Einkleben, *f.*	glue in place, glue in
Einlage, *f.*	eingelegtes Stück: insert
einlagern	store, put into storage
	– Aktivekohle in Gewebe: incorporate
	– Schmutz: accumulate dirt

einlagiger Filter, *m.*	single-layer filter
Einlassfilter, *m.*	inlet filter
Einlauf, *m.*	inlet (z. B. von Filter)
Einlaufkonus, *m.*	inlet cone
Einlauföffnung, *f.*	inlet opening
Einlaufphase, *f.*	start-up phase, running-in phase/period
Einlaufrohr, *n.*	inlet pipe
Einlaufstrecke, *f.*	inlet section
Einlaufstutzen, *m.*	inlet piece, inlet connection
Einlaufverlängerung, *f.*	inlet extension
Einlaufzeit, *f.*	running-in period, start-up time
	– zum Anwärmen: warm-up time
Einlegering, *m.*	fitted ring
einleiten	Flüssigkeiten: discharge, feed (in), supply
	– Vorgang einleiten: initiate, trigger, start, set off
Einleiten von Abwasser (in die Kanalisation), *n.*	discharge of wastewater into sewer system, effluent discharge into sewer system
einleitfähig	dischargeable, suitable for discharge into sewer system
	– nicht einleitfähig: non-dischargeable (e.g. non-dischargeable wastewater)
Einleitungsgenehmigung (von der zuständigen Behörde), *f.*	wastewater discharge permit, local authority permit for the discharge of effluent (into the sewer system)
Einleitungsgrenzwerte, gesetzliche, *m. pl.*	legal limits for wastewater discharge (into sewer systems)
Einleitungsvorschriften, *f. pl.*	legal regulations for wastewater discharge
Einmalfilter, *m.*	disposable filter
einpassen	fit, refit (z. B. Zuganker)
einpflegen	Daten: feed into (e.g. feed into an archive, feed into SAP)
Einplatinen-Technik, *f.*	single-board technology
Einpressgewinde, *n.*	thread insert
Einpunktmessung, *f.*	single-position measurement
Einpunkt-Niveauregelung, *f.*	single-position level control
einrasten	snap into place, click into place, lock home, lock in position, lock into place, engage, snap on
Einrichtprozess, *m.*	setting-up process
Einrichtungen, *f. pl.*	equipment, systems, installations
– Einrichtungen der Drucklufttechnik, *f. pl.*	compressed air equipment
Einrüstung, *f.*	scaffolding
Einsatz, *m.*	application, use, operation
	– Filtereinsatz: filter insert (filter element)
	– Filterpatrone: filter cartridge
	– Einsatzstück: insert
Einsatzbedingungen, *f. pl.*	operating conditions, field service conditions
Einsatzbereich, *m.*	area of application, field of application
	– Einsatzbereich bis maximal xxx: application range up to maximal xxx
einsatzbereit	ready for use
Einsatzbereitschaft, *f.*	operational availability
Einsatzbeschränkungen, *f. pl.*	restrictions on use

Einsatzdauer, *f.*	running period (e.g. 5-year running period)
Einsatzfall, *m.*	specific/particular application
Einsatzgebiet, *n.*	area of application
Einsatzgrenze, *f.*	application limit, limit of application, operational limit
Einsatzhinweise, *m. pl.*	notes concerning application
Einsatzkriterien, *n. pl.*	operational criteria
Einsatzmöglichkeiten, *f. pl.*	scope of application, range of application
Einsatzort, *m.*	place of installation/operation, *siehe* Entnahmestelle
Einsatzparameter, *m. pl.*	operational parameters
Einsatztemperatur, Betriebs-temperatur, *f.*	operating temperature, working temperature
Einsatzzeit, *f.*	insgesamt: service life
Einschaltdauer, *f.*	operating time, ON-time
	– Kompressor: running time (RT)
Einschaltdruck, *m.*	cut-in pressure (z. B. des Kompressors)
einschalten	switch on, turn on, start, activate
	– sich einschalten: switch on automatically (e.g. "The heating will be switched on automatically.")
Einschaltleistung, *f.*	el.: making-capacity (largest current which switchgear can make without damage)
Einschaltpunkt, *m.*	turn-on point
Einschaltstrom, *m.*	– Schaltgerät: making-current (max. peak of current at the time of closing the switch)
	– Einschaltstoßstrom: peak making-current
	– Motor, Trafo: starting current
Einschalttemperatur, *f.*	cut-in temperature, switch-on temperature
Einschaltverzögerung, *f.*	Relais: pickup delay, ON delay
Einschaltzeitmessung, *f.*	Verdichter: running time measurement
einschichtiger Betrieb, *m.*	single-shift operation
einschlägig	relevant, appropriate
	– einschlägige Bestimmungen: applicable regulations
	– einschlägige Normen: applicable standards
einschleifiger Regelkreis, *m.*	single loop control (system)
Einschluss, *m.*	enclosure
	– Ölflocken: encapsulation
Einschnürung, *f.*	Rohr: constriction
Einschraubdrosseldüse, *f.*	screw-in throttle
einschrauben	screw in
Einschraubfilterkerze, *f.*	screw-in filter candle
Einschraubgewinde, *n.*	screw-in thread, internal thread
Einschraubheizung, *f.*	screw-in heating system
Einschraubmodul, *n.*	screw-in module
Einschraubtiefe, *f.*	screw-in depth, engagement length
Einschraubtülle, *f.*	screw-in connector
Einschraubverbindung, *f.*	threaded connection
Einschraubzapfen, *m.*	Rohr: screwed pin
Einschubeinheit, *f.*	preassembled unit
einschwimmen	float into position
einsetzen	install, insert, place, fit
	– wiedereinsetzen: re-install, fit back, put back
	– einsetzbar: suitable for, can be used for, with potential application

Einsparpotenzial, *n.*	saving potential (e.g. energy saving potential), potential saving(s)
Einsparung, prozentuale, *f.*	saving percentage (e.g. purge-air saving percentage)
Einsparungsmaßnahmen, *f. pl.*	Energie: energy saving measures
Einspeisung, *f.*	supply, feed-in
	– Einspeisungspunkt: feed-in point
Einsteckbefestiger, *m.*	push-in fastener
einstecken	Stecker: plug in
Einstellarbeiten, *f. pl.*	setting tasks
einstellbar	selectable, adjustable, variable
einstellbarer Alarmwert, *m.*	adjustable alarm setting
Einstellbereich, *m.*	setting range
einstellen	set, adjust
	– Lösung einstellen: standardize
Einstellmöglichkeiten, *f. pl.*	setting options
Einstellung, *f.*	setting, adjustment
Einstellwert, *m.*	setting, set value, setting value
Einstich, *m.*	Rohr: undercut (Auslaufrille)
einstufig	single-stage
einstufige Filtration, *f.*	single-stage filtration
einstufiger Wasseraktivkohlefilter, *m.*	single-stage activated carbon water filter
einstufiges Reinigungsverfahren, *n.*	single-stage purification (z. B. von Abwasser)
Eintrag, *m.*	Schmutz: penetration (into), intake
	Partikel: carryover (e.g. carryover particles in the flow)
eintretende Druckluft, *f.*	incoming compressed air
Eintrittsbohrung, *f.*	inlet bore
Eintrittsdruck, *m.*	inlet pressure
Eintrittsdrucktaupunkt, Eintritts-DTP, *m.*	inlet pressure dewpoint, inlet PDP
Eintrittsebene, *f.*	inlet level
Eintrittsfilter, *m.*	inlet filter
Eintrittsöffnung, *f.*	inlet opening
Eintrittsparameter, *m.*	inlet parameters
Eintrittsseite, *f.*	inlet side
	– Filter: entrance side
Eintrittstemperatur, Eingangstemperatur, *f.*	inlet temperature
einwandfrei	correct, faultless, proper, perfect, trouble-free, defect-free, free from defects (e.g. free from defects in materials and workmanship), fully functioning
einwandfreier Betrieb, *m.*	smooth operation, trouble-free operation
Einweg-Adsorptionstrockner, *m.*	one-way adsorption dryer
Einwegfilter, *m.*	disposable filter
Einwegkartusche, *f.*	one-way cartridge
Einwegoverall, *m.*	disposable overall
Einweisung, *f.*	instructions, training
	Einweisung vor Ort: on-site instructions (e.g. "The installation includes on-site instructions.")
	– Bedienanleitung: operating instructions
Einweisung, nach kurzer	after a short instruction
Einwirkung, *f.*	impact, effect

Einzel- und Gesamtsysteme, *n. pl.*	individual and overall systems
Einzelanwendungen, *f. pl.*	individual applications
Einzelbeatmung, *f.*	Gerät: single respirator
	– Versorgung: single respiratory air supply
Einzelgenehmigungsverfahren, *n.*	individual approval procedure
Einzelgerät, *n.*	single device/unit
Einzelionen, *n. pl.*	single ions
Einzelknotenpunkt, *m.*	Rohrsystem: single end connection
Einzelmodul, *n.*	single module, individual module
einzeln betreiben	operated separately
Einzelteil, *n.*	part, component, component part (e.g. "Each individual component part is tested separately.")
	– Teilefertigung: component manufacture
Einzelteilliste, *f.*	list of parts, parts list
	– Ersatzteilliste: parts list
Einzelteilvorräte, *m. pl.*	stock of parts
Einzelunternehmen, *n.*	individual company/enterprise
Einzug (Einbeulung), *m.*	indentation
Eisbildung, *f.*	formation of ice, ice formation
Eisbrei, *m.*	ice mash
Eisen- und Stahlindustrie, *f.*	iron and steel industry
Eisenbahn-Kesselwagen, *m.*	railway tank waggon
Eiserzeuger, *m.*	ice generator, freezer
eisfreier Betrieb, *m.*	ice-free operation
Eisglätte, *f.*	Straße/Schiene: black-ice conditions
eiskalt	ice-cold
Eiskondensationsreaktor, *m.*	ice-condenser reactor
Eiskondensator, *m.*	ice condenser
Eiskristalle, *m. pl.*	ice crystals
Eiskühlung, *f.*	ice cooling, ice refrigeration
Eislast, *f.*	ice load
Eismühle, *f.*	ice crusher
Eispunkt, *m.*	freezing point, ice point
Eisstücke, *n. pl.*	broken/crushed ice
Eistrockner, *m.*	ice dryer
Eis-Wasser-Gemisch, *n.*	sludge (weicher Schlamm oder Schnee)
Elastizitätsmodul, *n.*	modulus of elasticity, Young's modulus
Elastomerdichtung, *f.*	elastomer seal
elektrisch gespeist	supplied with electricity
elektrische Anlagen und Betriebsmittel, *n. pl.*	electrical plant and equipment
elektrische Anlagen, *f. pl.*	electrical installations/plant
elektrische Betriebsmittel für explosionsgefährdete Bereiche, *m. pl.*	Electrical Apparatus for Use in Explosive Atmospheres (europäische Norm), *siehe* Ex-Zulassung (ATEX)
elektrische Daten, *n. pl.*	electrical data
elektrische Elemente, *n. pl.*	electrical elements, electrical parts
elektrische Installation, *f.*	electrical installation
	– Verdrahtung: wiring, wiring up
elektrische Leistung, *f.*	rating (kW)
elektrische Leitfähigkeit, *f.*	electrical conductivity
	– durchgängige: continuous electrical conductivity

E

elektrische Leitung, *f.*, elektrischer Leiter, *m.*	electrical conductor
elektrische Spannung, *f.*	electrical voltage
elektrische Steuerung, *f.*	electrical control
elektrischer Anschluss, *m.*	electrical power supply
elektrischer Durchgang, *m.*	electrical continuity
elektrisches Feld, *n.*	electrical field
elektrisches Signal, *n.*	electrical signal
Elektro- und Elektronikindustrie, *f.*	electrical and electronics industry
Elektroanschluss, Elektro-Anschluss, *m.*	electrical connection
Elektrode, *f.*	electrode (e.g. upper and lower electrode)
Elektrodenkarton, *m.*	electrode shell
Elektroerosionsmaschine, *f.*	electroerosion machine
Elektrofachkraft, *f.*, Elektro-Fachpersonal, *n.*, Elektroinstallateur, *m.*	(qualified) electrician, electrical fitter (skilled man) – Elektroingenieur: electrical engineer
Elektrofilter, *m.* (Elektro-abscheider, *m.*)	electrostatic precipitator, ESP (plant for the removal of particles from air or gas used, e.g. in a power station), electrostatic air filter
Elektrofilterstaub, *m.*	dust from electrostatic precipitators
Elektrokabel, *n.*	electric cable
elektromagnetische Störung, *f.*	electromagnetic interference (EMI)
elektromagnetische Verträglichkeit (EMV), *f.*	electromagnetic compatibilty (EMC) – Directive 89/336/EEC: Electromagnetic Compatibility (EMC)
Elektromagnetventil, *n.*	electronic solenoid valve
Elektroneneinfangdetektor (ECD), *m.*	electron capture detector (ECD)
Elektronik, *f.*	electronic system, electronics
Elektronik-Bauteile, *n. pl.*	electronic components
Elektronikeinheit, *f.*	electronic unit
Elektronikgehäuse, *n.*	housing of electronic system
Elektronikmodul, *n.*	electronic module
Elektronik-Platine, *f.*	electronic printed circuit board (pcb)
elektronisch kapazitiv	electronic capacitive (system)
elektronisch niveaugeregelter Kondensatableiter, *m.*	electronically level-controlled condensate drain
elektronische Kopplung, *f.*	electronic coupling
elektronische Regelung, *f.*	electronic system, electronic control – geschlossene Regelung: closed-loop control, automatic control
elektronische Schaltung, *f.*	electronic switching system
elektronische Steuerung, *f.*	electronic control
Elektroplan, *m.*	electrical installation schematic, electrical schematic
elektropoliert	electropolished (electrolytic polishing)
Elektroschwingverdichter, *m.*	piston compressor with electromagnetically driven piston
Elektrostatikanlage, *f.*	Lackieren: electrostatic coating system
elektrostatisch aufgeladen	electrostatically charged
elektrostatische Anziehung, *f.*	electrostatic attraction
elektrostatische Potenziale, *n. pl.*	electrostatic potentials
Elektrosteuerung, *f.*	electrical control (system)

Elektrotauchlackieren, *n.*	electrodipping, electro-dip coating
	– kathodisches Elektrotauchlackieren: cathode electrodipping, cathodic dip coating
Elektrotechnik, *f.*	electrical engineering
elektrotechnische Regeln/Vorschriften, *f. pl.*	electrotechnical regulations (DIN/VDE/IEC/CEE), e.g. "European harmonization of electrotechnical regulations"
Elementaufnahme, *f.,* Elementsitz, *m.*	Filter: element seat
Elementbefestigung, *f.*	element installation, element mounting
Element-Endkappe, obere, *f.*	Filter: upper end cap of (filter) element
Elementkopf, *m.*	Filter: element head
ELINCS	ELINCS (European List of Notified Chemical Substances)
E-Lok, *f.*	electric locomotive
eloxieren	anodize
	– eloxiert: anodized
eloxiert, vollständig	fully anodized
Emissionsbelastung, *f.*	emission loading
emissionsfrei	free of emissions
Emissionsgrenzwert, *m.*	emission limit, emission limit value
Emissionshandel, Emissionsrechtehandel, *m.*	emissions trading (e.g. EU Emissions Trading System for CO_2 emissions)
Emissionsquelle, *f.*	source of emission
Emissionszertifikate, *n. pl.*	emissions certificates (e.g. trading of emissions certificates also known as "carbon credits")
emittierte Stäube, *m. pl.*	particulate emissions, dust emissions
E-Modul, Elastizitätsmodul, *n.*	modulus of elasticity, Young's modulus
empfangene Geräusche, *n. pl.*	received noise
Empfänger, *m.*	Person: recipient
	– Gerät: receiver
empfindlich	sensitive to, (easily) affected by
Empfindlichkeit, elektronische, *f.*	electronic sensitivity
empfohlen	recommended
empfohlene Installation, *f.*	recommended installation
Emulgiereffekt, *m.*	emulsifying effect
emulgieren	emulsify
emulgierfähig	emulsifiable
emulgiertes Kondensat, *n.*	emulsified condensate
Emulgierung, Emulsionsbildung, *f.*	emulsification
Emulgierverhalten, *n.*	emulsifying action, emulsifying power
Emulsionsaufbereitung, *f.*	treatment of emulsions, emulsion treatment
emulsionsbildende Substanzen, *f. pl.*	emulsifying substances
Emulsionsfähigkeit, *f.*	emulsibility
emulsionsfördernd	emulsion-promoting
emulsionsfrei	free from emulsion residues
Emulsionsgrad, *m.*	degree of emulsification
Emulsionspumpe, *f.*	emulsion pump
Emulsionsspaltanlage, *f.*	emulsion splitting plant
Emulsionsspaltung, *f.*	emulsion splitting
	– Emulsionstrennung: emulsion separation
Emulsionstrennanlage, *f.*	emulsion separation plant/system
EMV	EMC (electromagnetic compatibility)

EMV- und Niederspannungs-richtlinie, *f.*	EMC Directive and Low Voltage Directive
EMV-Richtlinie, *f.*	EMC Directive (2004/108/EC)
EN (Europäische Norm)	EN (European Standard)
Endabnahmestelle, *f.*	Druckluftverbraucher: point of use, user point, end-use point, terminal point
Endabnehmer, *m.*	*siehe* Endkunde
Endabschlussgarnitur, *f.*	Kabel: terminating set (e.g. four-wire terminating set)
Enddruck, *m.*	final pressure, discharge pressure (e.g. "The discharge pressure is the total gas pressure at the compressor's discharge port.")
Endkappe, *f.*	end cap (z. B. für Filter) – metallische: metal end cap
Endkontrolle, *f.*	final inspection and test(ing)
Endkunde, *m.*	ultimate buyer, end user, ultimate user, ultimate customer
Endkundenbereich, *m.*	end user section
Endleistung, *f.*	final performance (z. B. des Trockners)
Endmontage, *f.*	final assembly
Endphase der Katalyse, *f.*	final catalytic phase
Endstellentrockner, *m.*	point-of-use dryer – Endstellentrockung: point-of-use drying (Gegenteil: central drying)
Endtemperatur, *f.*	final/ultimate temperature
Endvolumen, *n.*	final volume
Endwert, *m.*	final value – Messung: upper range value
energetisch effizient	energy-efficient
energetisch günstiges Verhältnis, *n.*	favourable energy ratio
energetische Effizienz, *f.*	energy efficiency
Energetisierung, *f.*	energizing
Energieagentur, *f.*	energy agency (e.g. "Energy Agency of North Rhine-Westphalia")
Energieaufnahme, *f.*	energy absorption – Verbrauch: energy consumption – Pumpe: power input
Energieaufwand, *m.*	energy expenditure, energy input
energieaufwendig	energy-intensive
Energieausbeute, *f.*	gain in energy
Energieausnutzung, *f.*	energy utilization
Energiebedarf, *m.*	energy demand, energy consumption, energy requirement(s)
Energiebilanz, *f.*	energy balance
Energiebilanzierung, *f.*	energy auditing, energy audit
Energiecontracting, *n.*	energy contracting
Energieeffizienz, *f.*	energy efficiency
Energieeinsatz, *m.*	energy input
Energieeinsparungen, *f. pl.*	energy savings, energy conservation
Energieerzeugung, *f.*	power generation (e.g. offshore wind power generation; solar power generation; fossil power generation), electricity generation
energiefressend	energy wasting

energiefreundlich, energiesparend	energy efficient, energy saving
Energiegewinnung, *f.*	energy generation, power generation
	– Energiegewinnungsanlage: energy generation plant
Energiekosten, *pl.*	energy costs, power costs
Energiekostenanalyse, *f.*	energy cost analysis
Energieleitung, *f.*	energy line
Energienutzung, *f.*	energy utilization
energieoptimiert	energy-optimized
Energiespeicherung, *f.*	energy storage (e.g. by providing a constant temperature energy reservoir)
Energieträger, *m.*	energy carrier (e.g. hydrogen, compressed air, fuel, etc.)
Energieumwandlung, *f.*	energy conversion
Energieverbrauch, *m.*	energy consumption, power consumption
Energieverschwendung, *f.*	waste of energy, wasting of energy
Energieversorgung, *f.*	energy supply (supplies)
	– Strom: power supply
Energieversorgungsanlagen, *f. pl.*	energy supply facilities (e.g. zero carbon energy supply facilities)
Energieversorgungsleitung, *f.*	Strom: power supply line
Energieversorgungsstörung, *f.*	Strom: power supply disturbance
	– Stromnetzstörung: power cut
Energieversorgungsunternehmen, *n.*	utility company (electricity, gas)
eng beieinander	closely spaced
enge Anordnung von Bauteilen, *f.*	high-density packaging of components (on printed circuit boards), high-density component packaging
enge Fertigungstoleranzen, *f. pl.*	tight production tolerances
engmaschig	Filter: fine-meshed
Engpass, *m.*	Produktion: bottleneck, production bottleneck, capacity problem
	– Verengung: narrowing
	– Rohr: pipe constriction
Engstelle, *f.*	bottleneck, *siehe* Einschnürung
Enteisung, *f.*	de-icing, defrosting
entfallen	omit, exclude, discount, drop, not applicable (nicht zutreffend), discontinue, not available (nicht verfügbar)
Entfernung, *f.*	distance (e.g. distance from the sea)
entfetten	degrease
Entfettung, *f.*	degreasing (z. B. vor Pulverbeschichtung)
Entfettungsmittel, *n.*	degreasing agent
entfeuchten	dehumidify
Entfeuchtung, *f.*	dehumidification
entflammbar	flammable
	– Entflammbarkeit: flammability
	– leicht entflammbar: easily flammable
Entformen, *n.*	demoulding
	– Entformungstemperatur: demoulding temperature
Entgasungsbehälter, *m.*	degassing tank
Entgasungsstrecke, *f.*	degassing line
entgegen der Strömung	contrary to the flow (e.g. when using a reverse pulse filter cleaner)
entgiften	detoxify

entgraten	deburr, deburring (z. B. vor Schweißen)
Enthalpie, *f.*	enthalpy
enthalten	Luft: contain, carry
	verschmutzt: polluted (with)
Enthärtung, *f.*	Wasser: softening
entkalken	z. B. Rohr: defur (defurring), decalcify
Entkeimung, *f.*	sterilization
entkoppeln	decouple, disconnect, isolate
Entkoppelwiderstand, *m.*	el.: decoupling resistor
Entladestation, *f.*	unloading station
Entladungseinrichtung, *f.*	unloading equipment (z. B. für Eisenbahnwagon)
entlangführen	Spülluft: flow, convey, make to flow, channel
entlasten	Druck: relieve, remove pressure, ease pressure
	– entladen, ablassen: discharge
	– Last: unload
	– Rohrinstallation: place less stress (on)
Entlastung des Bedienpersonals, *f.*	reduced operator attendance
Entlastungskammer, *f.*	relief chamber
	– Druckentlastungskammer: pressure relief chamber
	– Hochdruckentlastungskammer: high-pressure relief chamber (HP relief chamber)
Entlastungsluft, *f.*	relief air
Entlastungsventil, *n.*	relief valve
entleeren	empty, drain, discharge, evacuate
Entleerung, *f.*	drainage (z. B. des Rohrsystems)
Entleerungstutzen, *m.*	drain nipple, drainage connection, drainage stub
Entleerungsventil, *n.*	discharge valve
entlüften	release air, expel air, vent (z. B. Leitung, Abflussrohr, Anlage)
	– Bremsen: bleed
	– Vakuum: evacuate
	– gut entlüftet: well vented (e.g. a well vented engine room)
Entlüftung, *f.*	venting, *siehe* entlüften
Entlüftungsbohrung, *f.*	Ventil: vent hole
Entlüftungsleitung, *f.*	venting line
Entlüftungsschraube, *f.*	vent screw
Entlüftungssystem (Luftablass), *n.*	venting system
Entlüftungsventil, *n.*	vent valve
Entnahme, *f.*	removal (z. B. Filterelement), withdrawal (z. B. Druckluft)
Entnahmebecken, *n.*	withdrawal tank
Entnahmerost, *m.*	discharge grid (of a filter)
Entnahmestelle, *f.*	Druckluft: point of use
	– Druckluftbehälter: withdrawal point
entnehmen	extract
	– Probe entnehmen: sample
Entöler, *m.*	oil separator
Entöler-Patrone, *f.*	oil separation cartridge
Entölung, *f.*	oil removal, oil separation (e.g. oil/water separation, air/oil separation)
	– Druckluftentölung: removal of oil from compressed air

entriegeln	release (resetting), unlock, unlatch
Entropie, *f.*	entropy
Entsäuerung, *f.*	deacidification
entscheidender Wert, *m.*	critical value
Entschwefelungsfilter, *m.*	desulphurization filter (e.g. flue gas desulphurization filter, line desulphurization filter)
entsorgen lassen	arrange for disposal by specialist company
Entsorgung, *f.*	disposal, waste disposal, removal
	– externe Entsorgung: external disposal
Entsorgung vor Ort, *f.*	on-site disposal (waste disposal)
Entsorgungsfirma, Entsorgungs-fachfirma, *f.*	specialist disposal company (e.g. arrange for collection by a specialist disposal company)
Entsorgungspflichtiger, *m.*	party responsible for disposal
entspannen	Luft: expand
	– Druck: relieve, reduce
	– Oberflächenspannung reduzieren: reduce surface tension (e.g. low-surface-tension condensate)
entspannt	Luft: expanded
	– Druck: relieved
entspannte Luft	expanded air
entspanntes Wasser, *n.*	low-surface-tension water (mit Benetzungsmittel behandeltes Wasser)
Entspannung, *f.*	Luft: expansion
	– Druck: pressure relief (Druckentlastung)
Entspannungsgeräusch, *n.*	air-expansion noise
Entspannungskälte, *f.*	temperature drop of expanded air
entsprechend geschultes Fach-personal, *n.*	suitably trained technical personnel
Entstabilisierung, *f.*	destabilization
Entstaubung, *f.*	dust removal, dust collection
Entstaubungsanlage, *f.*	dust removal system, dust removal installation
Entstehen, *n.*	form, formation (z. B. von Gasmischungen)
Entstörung, *f.*	el.: interference suppression
entwässern	drain, draining
Entwässerung, *f.*	drainage, draining (z. B. von Kesseln)
	– Filterkuchen: dewatering
	– gemeinsame Entwässerung: joint drainage
Entwässerungsanlage, *f.*	drainage facility, drainage system
Entwässerungsgesetz, Landent-wässerungsgesetz, *n.*	Land Drainage Act
	– Wasserhaushaltsgesetz: Water Resources Act
Entwässerungsgrad, hoher, *m.*	Filter: low water content
Entwässerungsventil, *n.*	drainage valve
Entwässerungsverordnung, Entwässerungssatzung, *f.*	drainage ordinance (e.g. sewerage and drainage ordinance)
entweichen	Luft: escape, release
	– Flüssigkeit/Luft durch undichte Stelle: leak, leak out
Entwicklung, *f.*	development, design
Entwicklungsabteilung, *f.*	design & development department
entwicklungsseitig	on the design side, on the design engineer's side
entziehen	withdraw, extract, remove
entzinkungsbeständig	dezincification resistant

Entzündbarkeit, *f.*	flammability, ignitability
entzündlich, leicht	readily flammable
	– hochentzündlich: highly flammable
Entzündung explosionsfähiger Atmosphäre, *f.*	ignition of potentially explosive atmosphere
Epoxidharz, *n.*	epoxy resin
EPS (geschäumtes Polystyrol), *n.*	EPS (expanded polystyrene)
Erdalkalien, *n. pl.*	alkaline earth
Erdanschluss, *m.*	el.: earth connection
Erde, *f.*	el.: PE (protective earth)
erden	el.: earth (GB), ground (US)
Erdgas, *n.*	natural gas
	– komprimiertes/verdichtetes: compressed natural gas (CNG)
	– verflüssigtes: liquefied natural gas (LNG)
Erdgasförderstation, *f.*	natural gas production station
Erdgasförderungsanlagen, *f. pl.*	natural gas production facilities
Erdgasfundstelle, *f.*	site of natural gas deposit
Erdklemme, *f.*	el.: earth terminal
Erdöl, *n.*	petroleum, oil
	– Rohöl: crude oil, crude,
	– Mineralöl: mineral oil
Erdölanlagen, *f. pl.*	crude oil installations
Erdölförderung, *f.*	oil production
Erdöl-Konzern, *m.*	oil corporation
Erdöllager (Lagerung), *n.*	storage tank farm, oil storage facilities
Erdölraffinerie, *f.*	oil refinery
Erdölverarbeitung, *f.*	oil refining
Erdschleife, *f.*	el.: earth loop, ground loop
Erdung, *f.*	el.: earthing, earthing system, grounding, grounding system
	– GND = ground
Erdungsanschluss, *m.*	el.: earth connection, ground connection
	– Klemme: earth terminal
Erdungspotenzial, *n.*	el.: earthing potential
Erdungspunkt, *m.*	el.: earthable point, earthing point
Erdverlegung, *f.*	underground laying, underground installation
Ereignisspeicher, *m.*	event storage
Erfahrungsvorsprung, *m.*	leading position based on experience
Erfahrungswert, *m.*	empirical value
erfassen	measure, sense, meter, register, detect, record, cover, determine
Erfassung, *f.*	detection, record, measurement, collection
	– während der Fertigung z. B. durch Sensor: in-process measurement
	– *siehe* Partikelerfassung
Erfolgsprodukt, *n.*	very successful product, winner
Erfrierung, *f.*	frost injury
	Hände/Füße: frostbite
Ergänzungsgerät, *n.*	supplementary device
	– Ergänzungsteil: accessory part
	– Ergänzungs-Set: supplementary set

Ergiebigkeit, *f.*	yield
erhabene Nähte, *f. pl.*	Schweißen: raised seams
Erhitzer, *m.*	heater
Erhitzungsgeschwindigkeit, *f.*	heating rate
erhöhter Druck, *m.*	increased pressure, greater pressure
erhöhter Füllstand, *m.*	raised level
	– Flüssigkeit: raised liquid level
Erholzeit, *f.*	recovery time
Erläuterungen, zugehörige, *f. pl.*	corresponding explanations
erlöschen	Vertrag, Genehmigung, Garantie usw.: expire, lapse, become invalid, does no longer apply, become null and void
	– Licht, LED: go out
	– von selbst erlöschen: go out automatically, stop automatically
ermitteln	determine
Ermittlung, *f.*	determination, calculation, analysis
Ermüdungsbruch, *m.*	fatigue fracture
Ermüdungsnachweis, *m.*	fatigue analysis
Ermüdungsprüfung, *f.*	fatigue test
erneuerbare Energien, *f. pl.*	renewables, renewable energies
erneute Inbetriebnahme, *f.*	back into operation, putting the xxx back into operation, (renewed) start-up
erneute Kondensation, *f.*	aftercondensation, renewed condensate formation
Erodierfilter, *m.*	EDM filter (for electrodischarge machining)
erprobt	proven, tried and tested
	– in der Praxis erprobt: field proven, field-tested
erprobtes Verfahren, *n.*	proven technique, proven method
erreichbarer Drucktaupunkt, *m.*	attainable pressure dewpoint
Erreichen des Füllstandes, *n.*	reaching the max. permissible level
Errichter einer elektrischen Anlage, *m.*	installer of electrical plant
Ersatzfilter, *m.*	replacement filter, spare filter
Ersatzfilterelement, *n.*	replacement filter element
Ersatzfilterset, *n.*	replacement filter set, spare filter set
Ersatzpumpe, *f.*	reserve pumpe
Ersatzteil, *n.*	replacement part, spare part
Ersatzteilbevorratung, *f.*	adequate stock of spare parts/replacement parts
Ersatzteil-Kit, *n.*	spare parts kit
Ersatzteilliste, *f.*	spare parts list, list of spare parts
Ersatzteil-Nummer, *f.*	part number
Ersatzteil-Set, *n.*	spare parts set, set of spare parts
erschöpft	Trockenmittel: exhausted (e.g. exhausted desiccant)
Erschöpfung, *f.*	Filter: exhaustion (e.g. impending exhaustion of the filter)
erschütterungsempfindlich	sensitive to vibration, affected by vibration
erschütterungsfrei	free from vibration
Erschütterungsschutz, *m.*	vibration protection
	– Widerstandsfähigkeit gegen E.: vibration resistance
ersetzen	replace, renew (e.g. renew a pipe)
Erstausrüster, *m.*	launch customer (der erste Kunde in einer bestimmten Branche oder für ein bestimmtes Produkt)
Erstbefüllen, *n.*	first filling
Erstbenutzung, *f.*	first-time use

Erstbetrieb, *m.*	start-up procedure, commissioning (Inbetriebnahme z. B. einer Maschine oder Produktionsanlage), first putting into operation, *siehe* Erstinbetriebnahme
Erste Hilfe, *f.*	First Aid
	– Erste-Hilfe-Maßnahmen: first-aid measures
Ersthelfer, *m.*	first aid giver
Erstickungsgefahr, *f.*	danger of suffocation
Erstinbetriebnahme, *f.*	initial start-up, put into operation for the first time, first start-up
	– neue Anlage: commissioning (e.g. by commissioning engineer)
Erstinstallation, *f.*	first installation
erstmalige Prüfung, *f.*	initial test, original test
Erstprodukt, *n.*	first-off product (e.g. from initial concept to first-off product)
Erteilen, *n.*, Erteilung, *f.*	grant, bestow, confer, award, assign
Ertragsentwicklung, *f.*	wirtschaftlich: development of earnings
Ertragsrückgang, *m.*	wirtschaftlich: drop in earnings
Ertragszahlen, *f. pl.*	figures on earnings
erwärmen	heat, warm up
erweiterbar	can be extended, with extension option, upgradable
	– (Kapazität) erweiterbar durch Filtermodul: can be increased through filter module
Erweiterung, *f.*	Rohr: enlargement
Erweiterung, modulare, *f.*	modular extension
erzeugen	Druckluft: produce, generate
Erzeuger, *m.*	Druckluft: compressor
	– allgemein: generating unit/plant, unit producing xxx, source
Erzeugnisnummer, *f.*	product number
erzielbarer Restölgehalt, *m.*	attainable oil residue
erzielter Preis, *m.*	price paid
ESA-Steuerung, *f.*	ESA control (Energy Saving Automat)
ESC-Taste, *f.*	Gerät: ESC button
	– Computer: ESC key
E-Set (Ersatzteil-Set), *n.*	set of spare parts, spare parts set
Ester, *n.*	ester
Esterglykol, *n.*	ester glycol
esterhaltiges Öl, *n.*	ester-containing oil
Etagenfilter, *m.*	multi-layer filter
Ethan, *n.*	ethane
Ethylalkohol, *m.*	ethyl alcohol (ethanol)
Ethylen, Äthylen, *n.*	ethylene
Ethylene-Propylen-Dien-Kautschuk (EPDM), *m.*	ethylene-propylene-diene-monomer (EPDM), ethylene-propylene-diene-rubber
Etikettendrucker, *m.*	label printer
EU (Europäische Union), *f.*	EU (European Union)
Euro, *m.*	Euro, plural: Euros (e.g. price in Euros), Klein- oder Groß-schreibung nach Wahl

E

Europäische Normen, *f. pl.*	European standards
	– harmonisierte Europäische Normen: harmonized European standards
Europäische technische Zulassung (ETA), *f.*	European technical approval
Europäisches Arzneibuch, *n.*	European Pharmacopeia
EU-Studie, *f.*	EU study
eventuell	possibly, perhaps, if necessary
EWC	EWC (European Waste Catalogue), (Klassifizierungssystem für Abfallstoffe)
EWG, *f.*	EEC (European Economic Community)
exakt dosiert	exactly/precisely metered
Ex-Ausführung, *f.*	explosion-proof model/version, hazardous-duty design, device for operation in hazardous areas, explosion-protected device
	– Plural: explosion-proof equipment
Ex-Bereich, Ex-Schutz-Bereich, Ex-Schutzbereich, *m.*	hazardous area, area with (potentially) explosive atmosphere, explosion protection area
Exfiltration, *f.*	exfiltration
exfiltrieren	exfiltrate
Ex-Geräte, *n. pl.*	explosion-proof equipment, devices for operation in hazardous areas (e.g. certified for safe operation in hazardous areas), *siehe* Ex-Zulassung
Ex-geschützt	explosion protected (e.g. explosion-protected equipment and systems)
	Ex-geschützes Material: explosion-proof material (e.g. fireproof and explosion-proof material), *siehe* Ex-Ausführung, Ex-Bereich
	– explosionssicher: explosion proof
Ex-Kennzeichnung, *f.*	Ex marking
Exklusiv-Vertriebsrechte, *n. pl.*	exclusive right(s) of sale
exotherm	exothermic
Expansionsgefälle, *n.*	Membrantrockner: expansion gradient
Expansionsgeräusch, *n.*	expansion noise
Expansionsknall, *m.*	loud bang due to expansion
Expansionsturbine, *f.*	expansion turbine
Expansionsventil, *n.*	expansion valve
Expansionsvolumen, *n.*	expansion volume (z. B. im Adsorptionstrockner)
explosibler Staub, *m.*	explosive dust
explosionsfähig	(potentially) explosive
explosionsfähige Atmosphäre, explosivfähige Atmosphäre, *f.*	(potentially) explosive atmosphere
Explosionsgefahr, *f.*	explosion hazard
explosionsgefährdeter Bereich, *m.*	hazardous area, hazardous location, area with potentially explosive atmosphere
explosionsgefährliche Stoffe, *m. pl.*	potentially explosive substances
Explosionsgrenze, *f.*	explosion limit
Explosionsgruppe, *f.*	explosion group
Explosionsklasse, *f.*	explosion protection class
Exposition der Arbeitnehmer, *f.*	occupational exposure

Expositionsbegrenzung, *f.*	exposure limit
	– Expositionsweg : exposure path
Expositionsdauer, *f.*	exposure time
Ex-Schutz, *m.*	explosion protection, Ex protection
Ex-Schutzklasse, *f.*	Ex protection class
externe Absicherung, *f.*	external fusing, external fuse protection
externe Pumpe, *f.*	external pump
externe Verarbeitung, *f.*	Signal: external processing
Extruderleistung, *f.*	extruder performance
Extrudieren, *n.*	extrusion moulding
Extrusionsanlage, *f.*	extrusion moulding machine/plant
Ex-Version, *f.*	Ex-version, Ex version, EX version
Ex-Zubehör, *n.*	explosion-proof accessories
Ex-Zulassung, *f.*	approval for hazardous areas, *siehe* ATEX-Zulassung

– ATEX 95 *Equipment* Directive 94/9/EC (Equipment and protective systems intended for use in potentially explosive atmospheres)
– ATEX 137 *Workplace* Directive 99/92/EC, Minimum requirements for improving the safety and health protection of workers potentially at risk from explosive atmospheres.

The name ATEX is derived from the title of the 94/9/EC Directive: *Appareils destinés à être utilisés en **At**mosphères **Ex**plosibles*

F

Fabrikationsfehler, *m.*	manufacturing defect
Fachabteilung, *f.*	specialist department, technical department
Facharbeiter, *m.*	skilled worker
Fachauditor, *m.*	specialist auditor
Fachbegriff, *m.*	technical term
Fachbericht, *m.*	technical report/article
Fachbetrieb, *m.*, Fachfirma, *f.*	specialist firm, specialist company
	– zugelassener F.: approved specialist company
Fachfirma vom Hersteller autorisiert (legitimiert, anerkannt), *f.*	specialist firm/company authorized by the manufacturer
fachgerecht	correct, workmanlike, skilled, technically qualified
fachgerecht entsorgt	correctly disposed of (e.g. correctly disposed of in line with national and EU legislation)
fachgerechte Isolierung, *f.*	suitable insulation
fachgerechtes Arbeiten (Arbeitsabläufe), *n.*	correct work procedures
Fachhandel, *m.*	specialized trade
Fachhändler, *m.*	specialist dealer
Fachkenntnisse, *f. pl.*	specialist knowledge
Fachkompetenz, *f.*	technical competence (ebenso: technical competency), technical know-how
	– mangelnde: lack of professionalism, unprofessional
Fachkraft, *f.*	suitably qualified person
Fachleute, *pl.*	(suitably) qualified persons, specialists, *siehe* Fachpersonal
Fachmann, *m.*	specialist
	– beratender Ingenieur: consulting engineer
	– Fachberater: technical adviser
Fachpersonal, *n.*	qualified personnel, technical personnel, technical staff
	– befugtes Fachpersonal: authorized and (suitably) qualified personnel
	el.: qualified electrician
Fachpresse, *f.*	trade press, trade publications, technical journals, technical press
	– Fachzeitschrift: trade journal, technical journal
fachtechnische Regeln, *f. pl.*	technical rules (in a particular field)
Fachwerkstätte, autorisierte, *f.*	authorized service workshop
Fähigkeiten und Eigenschaften, *f. pl.*	characteristics and properties (z. B. von Material)

fahrbarer Kompressor, *m.*	mobile compressor (z. B. Baukompressor)
fahren	Anlage: run, operate
Fahrtwind, *m.*	relative wind (Luftstrom bei Bewegung)
Fahrverbot, *n.*	prohibition of motor traffic
Fahrweise, *f.*	Gerät: operation (z. B. kontinuierlich oder intermittierend)
Fahrzeug-Druckluftbremse, *f.*	air brake, pneumatic brake, compressed air brake
Fahrzeuginstrumentierung, *f.*	vehicle instrumentation
Fail-Safe-Betrieb/Modus, *m.*	fail-safe operation/mode
Fail-Safe-Prinzip, *n.*	fail-safe principle
Fail-Safe-Schaltung, *f.*	el.: fail-safe circuit
Fäkalbakterien, *n. pl.*	fecal bacteria
fallend verlegt	installed/layed with a downward slope
fallender Druck, *m.*	falling pressure
Fallhammer, *m.*	drop hammer
Fällung, *f.*	precipitation
Fällungsmittel, *n.*	precipitant, precipitating agent
Fällungs-pH-Wert, *m.*	precipitation pH
Falschinstallation, *f.*	wrong installation
Falschluft, *f.*	false air (infiltrated air, leakage air)
	– Falschluftanteil: false-air content
Faltenfilter, *m.*	pleated filter
Faltenschlauch, Wellschlauch, *m.*	corrugated hose
Falttor, *n.*	folding gate
	– pneumatisches Falttor: pneumatically operated folding gate
Farb- und Druckindustrie, *f.*	paint and printing industry
	– Farbenhersteller: paint manufacturer
Farbanstrich, *m.*	coat of paint, paint coating, paint finish
Farbe auf Lösemittelbasis, *f.*	solvent-based paint
Farbe auf Wasserbasis, *f.*	water-based paint
Farbfehler, *m.*	colour defect
Farbkennung, *f.*	colour identification
farblich unterlegt	with coloured background (US colored)
Farbnebel, *m.*	paint mist
Farbpigment, *n.*	paint pigment
Farbspritzanlage, Lackieranlage, *f.*	paint-spraying shop, paint-spraying facility
Farbspritzpistole, *f.*	paint spray gun
Färbung, *f.*	coloration (or: colouration)
Farbversorgung, *f.*	paint supply system
Farbwechseldisplay, *n.*	colour change display
Faserbündel, *n.*	fibre bundle, bundle of fibres
Faserbündeltechnologie, *f.*	fibre bundle technology
Faserhygrometer, *n.*	fibre hygrometer
faseriger Staub, *m.*	fibrous dust
Fasermaterial, *n.*	fibre material
Fass, *n.*	drum (e.g. lubricant drum)
	– Fasslager: drum store
Fasspumpe, *f.*	drum pump
Fassung, *f.*	Linse: mount
Fassungsvermögen, *n.*	(holding) capacity
fäulnisfest	rot-proof

FCKW (Fluorchlorkohlenwasser-
stoffe)

CFCs (chlorofluorocarbons)
- FCKW-frei: without CFCs

FDR-Einheit (Filter, Druckregler,
Wandhalter etc.), *f.*

FPR unit (filter, pressure regulator, wall bracket etc.)

Feder, *f.*   spring (z. B. eines Ventils)

Federbügel, *m.*   spring clip

Federdruck, *m.*   spring pressure

Federführungssteller, *m.*   spring guide disc

Federkraft, *m.*   spring force, spring tension

Federlager, *n.*   spring bearing

Federring, *m.*   spring washer

Federschenkel, *m.*   Rohr: expansion section

Federung, *f.*   resilience
- Druckluftfederung: air ride suspension (Fahrzeug)
- Fahrzeug: suspension
- Federungskomfort: suspension comfort (Fahrzeug)
- harte Federung: stiff suspension

Fehlanwendung, *f.*   incorrect application

Fehlbedienung, *f.*   operating error, handling error, maloperation (e.g. minor incident made worse by maloperation)

Fehleinschätzung, *f.*   Berechnung: estimation error

Fehler, *m.*   error, fault
- Messfehler: measuring error

Fehlerabweichung, *f.*   error range

Fehleranalyse, *f.*   fault diagnosis

Fehleranfälligkeit, *f.*   likelihood of errors
- Fehlerwahrscheinlichkeit: error probability

Fehlerauswertung, *f.*   fault evaluation (z. B. durch SPC)

Fehlerbehebung, Fehlerbeseitigung, *f.* troubleshooting, fault clearing

Fehlerbild, *n.*   indicated error

Fehlererkennung, *f.*   fault identification

fehlerfrei   free from defects, faultless, perfect, sound
- fehlerfreier Betrieb: trouble-free operation

fehlerhafte Installation, *f.*   faulty installation

fehlerhafte Zustände, *m. pl.*   faulty conditions

fehlerlos   *siehe* fehlerfrei

Fehlermeldung, *f.*   error/fault signal, error/fault message
- Fehleranzeige: fault display

Fehlerquelle, *f.*   trouble spot, source of trouble, cause (of problem), source of error (measurement)

Fehlerquote, *f.*   error rate

Fehlerstrom, *m.*   fault current, *siehe* FI-Schutzschalter

Fehlersuche, *f.*   fault diagnosis, locating a fault, troubleshooting (Suche u. Beseitigung)
- elektrische Fehlersuche: electrical fault diagnosis

Fehlfunktion, Fehlerfunktion, *f.*   malfunction

Fehlinstallation, *f.*   incorrect installation

Fehlinterpretation, *f.*   misinterpretation (e.g. misinterpretation of measurements)
Signal: signal misinterpretation

Fehlkonstruktion, *f.*   faulty design
- Konstruktionsfehler: design error
- Konstruktionsmangel: design deficiency

F

Fehlmeldung, *f.*	erroneous signal (e.g. transmit an erroneous signal, deactivate an erroneous signal), false alarm
Fehlstellen, *f. pl.*	defects (z. B. in Kunststoffteilen)
feindispers	finely dispersed
Feindrainageschicht aus Nadelfilz, *f.*	needlefelt layer for fine drainage
Feineinstellung, *f.*	precision adjustment
feinemulgiert	finely emulsified
Feinfilter, *m.*	fine filter (ebenso: finefilter), *siehe* Filtrierstufen
Feinfilterpatrone, *f.*	fine filter cartridge
Feinfiltersack, *m.*	fine filter bag
Feinfiltration, *f.*	fine filtration
Feingewinde, *n.*	fine thread
Feinmechanik, *f.*	precision mechanics
Feinmontage (Optik), *f.*	precision mounting
feinnervig	finely tuned
feinporig	fine-pored
Feinreinigung, *f.*	fine purification (system/process), fine cleaning
Feinrost, *m.*	fine rust
Feinschleifverfahren, *n.*	precision grinding method
Feinsicherung, *f.*	fine-wire fuse
feinst	minute (droplets), extremely fine, ultrafine (e.g. ultrafine particles)
feinst dispergiert	very finely dispersed
Feinstabscheidung, *f.*	extremely fine separation
Feinstaub, *m.*	fine dust
	– Trennmittel: fines
Feinstaubfilter, *m.*	fine dust filter
feinste Tröpfchen, *n. pl.*	ultrafine droplets (z. B. bei Tintenstrahldruckern)
Feinstfilter, *m.*	super fine filter (a microfilter, e.g. 0.5 micron pleated super fine filter), *siehe* Filtrierstufen
Feinstfiltration, *f.*	super fine filtration
Feinzerstäubung, *f.*	fine spray
Felduntersuchung, *f.*	field test
Fernanzeige, *f.*	remote display, remote indication,
Fernbedienung, *f.*	remote control
ferngesteuert	remote control (e.g. condensate discharge by remote control)
ferngesteuert ableiten	discharge by remote control
ferngesteuerte Instandhaltung, *f.*	remote maintenance (e.g. remote maintenance services, remote maintenance of equipment)
Fernmeldekabel, *n.*	telecommunications cable
Fernmeldetechnik, *f.*	telecommunications technology/technique
Fernsignalisierung, *f.*	remote signalling
Fernsteuerbarkeit, *f.*	remote controllability
Fernsteuerung, *f.*	remote control
Fernüberwachung, *f.*	remote monitoring, telemonitoring
Ferrit, *n.*	ferrite
Ferritkern, *m.*	ferrite core
Ferritperlen, *f. pl.*	ferrite beads (gegen el. Störungen)
fertig konfektioniert	ready terminated (Kabelenden, e.g. 1m long ready terminated self regulating heating cable)

Fertigbearbeitung (Produktion), *f.*	product finishing
Fertigteil, *f.*	Produktion: finished part, finished product
Fertigung und Verarbeitung, *f. pl.*	manufacturing and processing (sectors)
Fertigung, *f.*	production, shop floor
	– Anlagen: production facilities
	– industrielle Produktion: industrial production
Fertigungsablauf, *m.*	production process, production sequence
Fertigungsanlage, *f.*	*siehe* Produktionsanlage
Fertigungsautomation, Fertigungs- automatisierung, *f.*	production automation
Fertigungscharge, *f.*	production batch
Fertigungsfehler, *m.*	production defect
Fertigungshalle, *f.*	production hall
Fertigungsprogramm, *n.*	production programme (US program)
Fertigungsqualität, *f.*	manufacturing quality, product quality
Fertigungsstraße, *f.*	production line
Fertigungsstufe, *f.*	stage of production
Fertigungstoleranz, *f.*	manufacturing tolerance
Fertigungsvorgaben, *f. pl.*	production specifications
Fertigungszentrum, *n.*	production centre
	– Werkzeugmaschinen: machining centre
fest eingestellt	preset, fixed (setting)
	– fest eingestellte Temperatur: fixed temperature (e.g. at a fixed temperature)
fest verrohrt	firmly fixed piping
Festanschluss, *m.*	permanent connection, non-detachable connection
Festbettkatalysator, *m.*	fixed bed catalyst
feste Kohlenstoffe, *m. pl.*	solid carbons (z. B. Kohle, Koks, Diamanten)
feste Stoffe, *siehe* Festkörper	solid substances, solids
feste und flüssige Abfälle, *m. pl.*	solid and liquid waste
feste Verunreinigung, *f.*	solid contaminants
Festeinbau-Gerät, *n.*	permanently installed device, permanently mounted device
	– stationäres Gerät: stationary device
Festfressen, *n.*	Ventilblock: seize (up), jamming
festigen	strengthen, fortify, reinforce (verstärken)
Festigkeitsbedingung, *f.*	strength requirement (z. B. für Druckbehälterverschluss)
Festigkeitserfordernisse, *f. pl.*	strength requirements
Festigkeitskennwert, *m.*	strength characteristic
Festigkeitsnachweis, *m.*	strength analysis, strength verification
Festigkeitsprüfung, *f.*	strength test
Festkörper, *m.*	solid(s), solid matter. *siehe* Feststoffe
festkörperreiche Lacke, *m. pl.*	high-solids paints (ca. 25 % Feststoffe)
festkorrodieren	become stuck due to corrosion
festlegen	stipulate, determine, specify
festschrauben	tighten, screw down, *siehe* festziehen
Feststoffabscheider, *m.*	solids separator (e.g. gas-solids separator)
Feststoffanteil, *m.*	solids content, solids percentage
Feststoffe, *m. pl.*, Festkörper, *m.*	solids (e.g. cyclone unit for liquid/solids separation), solid matter, solids content, solid particles, solid substances
	– feste Verunreinigung: solid contaminants
Feststofffilter, *m.*	solids filter

Feststofffiltration, *f.*	solids filtration, particle filtration
Feststoffgehalt, *m.*	*siehe* Feststoffanteil
feststoffhaltig	solids-containing
Feststoffpartikel, *n.*	solid particle
	– Staub, Asche: particulate, solid particle
Feststoffverunreinigungen, *f. pl.*	solid matter pollutants, solid contaminants, solid particle contamination (e.g. solid particle contamination in hydraulic and lubrication oils)
	– in der Luft : particulate air pollutants, particulates
festziehen	tighten, screw down, screw down tightly/firmly, drive home, secure, draw up (the nuts)
Fett, *n.*	fat
	– pflanzliches: vegetable fat
	– tierisches: animal fat
	– Schmierfett: grease
Fettabscheider, *m.*	grease separator
Fettfilter, *m.*	grease filter
feuchte Atmosphäre, *f.*	humid atmosphere (z. B. Klima)
feuchte Druckluft, *f.*	moist compressed air
feuchte Luft, *f.*	moist air, moisture-laden air, humid air
Feuchte- und Taupunkt-Messgerät, *n.*	humidity and dewpoint meter
Feuchte, *f.*	Atmosphäre: humidity
	– hohe Feuchte: high degree of humidity
	– mit Feuchte beladen: moisture-laden (z. B. Druckluft)
	siehe „Feuchte, relative"
	siehe Anmerkung "Feuchtigkeit"
Feuchte, relative (RF), *f.*	relative humidity (RH)
	– relative Luftfeuchte: relative air humidity
	– relative atmosphärische Feuchte: relative atmospheric humidity
Feuchteaufnahme, *f.*	moisture absorption
Feuchteaufnahmefähigkeit, *f.*	moisture-carrying capacity
Feuchteausdehnung, *f.*	moisture expansion
Feuchteaustausch, *m.*	Membrantrockner: moisture transfer
Feuchteempfindlichkeit, *f.*	moisture sensitivity, sensitivity to moisture
Feuchtegefälle, *n.*	moisture gradient
Feuchtegehalt, *m.*	Druckluft: moisture content
	Atmosphäre: humidity, degree of humidity
feuchtegesättigt	saturated, moisture-saturated
Feuchtegrad, *m.*, Feuchtebilanz, *f.*	degree of humidity, humidity level
Feuchteindikator, *m.*	moisture indicator (e.g. colour-change moisture indicator), humidity indicator
Feuchtemessung, *f.*	measurement of humidity, humidity measurement
Feuchtenest, *n.*	moisture pocket, pocket of moisture
feuchter Lappen, *m.*	damp cloth
Feuchteregulierung, *f.*	moisture control
feuchtes Trockenmittel, *n.*	damp drying agent/desiccant
Feuchtesensor, *m.*	humidity sensor
Feuchteüberwachung, *f.*	humidity monitoring
Feuchteunterschied, *m.*	humidity difference
Feuchtewert, *m.*	humidity value

Feuchtigkeit, *f. Anmerkung:* "humidity" ist ein abstrakter Begriff z. B. zu Messzwecken; "moisture" bezieht sich auf Flüssigkeit.

moisture (water diffused as vapour or condensed), humidity (1. amount of moisture in the air; 2. dampness)

Feuchtigkeitsaustausch, *m.* — Membrantrockner: moisture transfer

Feuchtigkeitsbelastung, *f.* — moisture load, moisture loading

Feuchtigkeitsdurchbruch, *m.* — moisture breakthrough

Feuchtigkeitseinfluss, *m.* — influence/effect of moisture

Feuchtigkeitsgehalt, *m.* — moisture content, *siehe* Feuchtegehalt
- Feuchtigkeitsgehalt reduzieren: reduce the moisture content

Feuchtigkeitsindikator, *m.* — moisture indicator (e.g. colour-change moisture indicator), humidity indicator

Feuchtigkeitskompensation, *f.* — moisture compensation (z. B. für Messgerät)

Feuchtigkeitsmesser, *m.*, Feuchtigkeitsmessgerät, *n.*, Feuchtemessgerät, *n.* — moisture meter, hygrometer

Feuchtigkeitsmessung, *f.* — humidity measurement, moisture measurement
Anmerkung: Beides wird in der Praxis verwendet, aber "humidity" ist ein Messbegriff, wogegen "moisture" auch die Substanz bezeichnet.

feuchtigkeitsreduzierend — moisture-reducing

Feuchtigkeitsschutz, *m.* — protection against moisture

Feuchtigkeitsüberwachung, *f.* — humidity monitoring (e.g. portable devices for temperature and humidity monitoring)

Feuchtmasse, *f.* — humid mass

Feuergefahr, *f.* — fire hazard

feuergefährliche Stoffe, *m. pl.* — inflammable materials

Feuerlöscher, *m.* — fire extinguisher

Feuersperre, *f.* — fire barrier

Feuerung, *f.* — firing, *siehe* Hochofen

Feuerwehr, *f.* — fire service

Feuerwiderstandsfähigkeit, *f.* — fire resistance

Filmkondensation, *f.* — film condensation

Filter anderer Fabrikate, *n. pl.* — other filter brands, filters from other manfacturers

Filter, *m./n.* — filter
(Normalerweise „der" Filter, besonders wenn es sich um materielle Trennung handelt, z. B. der Wasserfilter. In bestimmten technischen Bereichen wird parallel des öfteren „das" Filter verwendet, z. B. das/der Lichtfilter, das/der Frequenzfilter.)

Filterableiter, *m.* — filter drain

Filteranlage, *f.* — filtration plant (e.g. for the removal of suspended solids), filter system
mobile Filteranlage: mobile filtration plant (e.g. containerised plant)

Filteranordnung, *f.* — filter arrangement, filter configuration

Filteraufbau, *m.* — filter structure

Filteraufnahme, *f.*	Installation: filter seat
Filterausnutzung, *f.*	filter utilization
Filteraustausch, *m.*	filter replacement
Filterauswahltabelle, *f.*	filter selection table
Filterbaugröße, *f.*	filter size
Filterbaugruppe, *f.*	filter assembly, filter module
Filterbeaufschlagung, *f.*	filter load(ing)
Filterbehälter, *m.*	filter container, filter housing
Filterbeheizung, *f.*	filter heating, filter heating system
Filterbelag, *m.*	filter deposit
Filterbelastung, *f.*	filter load/loading
Filterbereich, *m.*	filter area, filter section
Filterbeständigkeit, *f.*	filtration consistency
Filterbett, *n.*	filter bed
Filterbox, *f.*	filter box
Filterdeckel, *m.*	filter cover
Filterdurchbruch, *m.*	filter breakthrough
Filterdurchmesser, *m.*	filter diameter
Filtereinbau, *m.*	filter installation
Filtereinheit, *f.*	filter unit
Filtereinlauf, *m.*, Filtereinlass-öffnung, *f.*	filter inlet
Filtereinsatz, *m.*	filter insert (e.g. filter insert for solvent filter)
Filtereinsteckkerze, *f.*	filter candle insert
Filterelement, *n.*	filter element
	– Filterelement zum Aufstecken: push-on filter element
	– Filterelement zum Einschrauben: screw-in filter element
	– verschmutztes Filterelement: fouled filter element
Filterelementwechsel, *m.*	filter element replacement
Filterergebnis, *n.*	filtration result, filter efficiency
Filterfabrikat, *n.*	filter product, filter make
Filterfeinheit, *f.*	filter fineness, filtration grade, *siehe* Filtrierstufen, Poren-größe
	– Filterfeinheitbereich: filter fineness range
filterfest	having mechanical filtering stability
Filterfläche, *f.*	filter area, filter surface, filter surface area, filtration surface
Filterflächenbelastung, *f.*	filter area load
filtergängig	filter-penetrating (passing through the filter)
Filtergehäuse, *n.*	filter housing
Filtergehäuseunterteil, *n.*	filter housing bottom
Filtergerät, *n.*	filter device
Filtergeschwindigkeit, *f.*	filtering rate
Filtergewebe, *n.*	filter fabric (e.g. nylon filter fabric; textile mesh), filter cloth
Filterglocke, *f.*	filter bell
Filterhalter, *m.*	filter holder
Filterhalterung, *f.*	*siehe* Filterhalter
Filterheizer, *m.*	filter heater
Filterinnenwand, *f.*	inner wall of the filter
Filterkammer, *f.*	filter chamber
Filterkerze, *f.*	filter candle (e.g. ceramic filter candle)
Filterkies, *m.*	filter gravel

Filterkissen, *n.*	filter pad
Filterklasse, *f.*	filter class
	– Partikelfilterklassen nach DIN EN: particle filter classes according to DIN EN:
	1. Grobstaubfilter: coarse dust filter (> 10 μm) Filterklasse: filter class G1–G4
	2. Feinstaubfilter: fine dust filter (> 1 to 10 μm) Filterklasse: filter class F5–F9
	3. Schwebstofffilter: particulate air filter (< 1 μm) Filterklasse H10–U17
Filterkontrolle, *f.*	filter inspection, filter check/checking
	– doppelte Filterkontrolle: double checking of filter
Filterkonzept, *n.*	filter concept, filter system
Filterkopf, *m.*	filter head
Filterkorb, *m.*	filter basket
Filterkuchen, *m.*	filter cake
Filterlage, *f.*	filter layer (e.g. multilayer filter)
	– Ort: filter location
Filterlaufzeit, *f.*	filter run, filter run time (e.g. length of filter run)
Filterleistung, *f.*	filter performance
	– maximale: peak filter performance
	– Reinigungsleistung: cleaning efficiency, filter efficiency
	– Filterleistungsfähigkeit/vermögen: filtration capacity
Filterlinie, *f.*	Produkt: filter line
filterlos	unfiltered
Filtermanagement, *n.*	filter management
Filtermaske, *f.*	filter mask
Filtermasse, *f.*	filter mass
Filtermaterial, *n.*	filter material, filtration material (z. B. Aktivkohle), *siehe* Filtergewebe
Filtermaterialoberfläche, *f.*	filter material surface
Filtermatte, *f.*	filter mat
Filtermedium, *n.*	filter medium (Plural: filter media), filter material
Filtermenge, *f.*	filter intake
Filteroberfläche, *f.*	filter surface
Filterpapier, *n.*	filter paper
Filterpatrone, *f.*	filter cartridge
Filterplagiat, *n.*	imitation filter
Filterplatte, *f.*	filter plate
Filterpresse, *f.*	filter press
Filterprogramm, *n.*	filter product range, filter programme, US: filter program
Filterquerschnitt, *m.*	filter cross-section
Filterreihe, *f.*	filter series
Filterrest, *m.*	*siehe* Filterrückstand
Filterrohr, *n.*	filter pipe, perforated pipe
Filterrückspülung, *f.*	filter backwashing
Filterrückstand, *m.*	filter residues
	– Filterkuchen: filter cake
Filtersack, *m.*	filter bag
	– Filtersackaufnahme: filter bag seat
Filtersack-Befestigung, *f.*	fixing of filter bag, filter bag attachment (e.g. filter bag attachment ring)

F

Filtersättigung, *f.*	filter saturation
Filtersatz, *m.*, Filter-Set, *n.*	filter set
Filterscheibe, *f.*	filter disk
Filterschicht, *f.*	filter layer
Filterschlamm, *m.*	filter sludge
Filterschlauch, *m.*	filter bag
Filterschüttung, *f.*	filter bulk
Filtersegment, *n.*	filter segment
Filtersieb, *n.*	filter screen
Filtersitz, *m.*	filter seat
Filterspülung, *f.*	filter rinsing
Filterstandzeit, *f.*	filter lifetime, filter service life
	– Überwachung: filter lifetime monitoring, monitoring of the useful life of the filter
Filterstandzeitfaktor, *m.*	filter lifetime coefficient
Filterstaub, *m.*	filter dust
Filterstaubverladung, *f.*	filter dust removal
Filterstrecke, *f.*	filtration path
Filterstufe, *f.*	Filtrationsstufe: filtration stage
	– Klassifizierung: filter grade, *siehe* Filtrierstufen
Filtertechnik, *f.*	filter technology/technique
Filtertiegel, *m.*	filter crucible (e.g. in a laboratory)
Filtertopf, *m.*	filter bowl
Filtertrichter, *m.*	filter funnel
Filtertrocknung, *f.*	filter drying
Filtertrommel, *f.*	filter drum
Filtertuch, *n.*	filter cloth
Filtertyp, *m.*	filter type
Filterüberwachung, *f.*	filter monitoring
	– Kontrolle: filter check
Filterüberwachungssensor, *m.*	filter monitoring sensor
Filterungseigenschaften, *f. pl.*	filtering characteristics
Filterunterteil, *n.*	filter bottom, lower section of filter
	– Filterunterteil der 1. Stufe: bottom of the 1st stage filter
Filterverblockung, *f.*	filter clogging
Filterverbrauch, *m.*	filter consumption
Filterverbrauchsanzeige, *f.*	filter condition display
Filterverfahren, *n.*	filter method
Filterverschmutzung, *f.*	filter fouling, filter dirt accumulation
	– Verstopfung: filter clogging
Filtervlies, *n.*	filter fleece (e.g. non-perishable filter fleece)
Filtervolumen, *n.*	filter volume
	– Filtervolumen erschöpft: no more filter volume available
Filtervolumenbelastung, *f.*	filter volume load
Filterwechsel, *m.*	filter replacement, filter change
	– Öl- und Filterwechsel: oil and filter change
Filterwiderstand, *m.*	filter resistance
Filterwirkung, *f.*	filter efficiency
Filter-Zeitmanagement, *n.*	filter time management
Filterzusammensetzung, *f.*	filter composition
Filterzyklus, *m.*	filtration cycle, filtering cycle

Filtrat, *n*.	filtrate
	– Filtratmenge: filtrate quantity
Filtration, *f*.	filtration, straining (ohne Druck z. B. durch ein Sieb)
Filtrations- und Leistungsstufen, *f. pl.*	filtration and performance levels
Filtrationsdauer, *f*.	filtration time, filtration period
Filtrationsfeinheit, *f*.	degree of filtration, filtration fineness (e.g. a filtration fineness down to 1 micron)
Filtrationsgeschwindigkeit, *f*.	filtration rate
Filtrationsgrad, *m*.	degree of filtration (in Bezug auf filtrierbare Partikelgröße)
Filtrationsleistung, *f*.	filtration performance
Filtrationsstelle, *f*.	filtration point
Filtrationsstufe, *f*.	filtration stage, *siehe* Filtrierstufen
Filtrationsverfahren, *n*.	filtration method, filtration process
filtrierbar	filterable
	– gut filtrierbar, *siehe* filtrierfähig
Filtrierbarkeit, *f*.	filterability
Filtrieren, *n*.	filtering, filtration
filtrierfähig, gut filtrierfähig	can be readily/easily filtered, easy to filter
Filtrierstufen, *f. pl.*	filtration grades: A = activated carbon filter, C = coarse filter, F = fine filter, G = general purpose filter, N = nanofilter, S = super fine filter
Filz, *m*.	felt
firmeneigen	in-house, company's own
Firmengruppe, *f*.	group
firmenintern	in-house, at X company
FI-Schutzschalter, Fehlerstrom-Schutzschalter, *m*. (FI = Fehlerstrom, I = Strom) Wikipedia: „Ein **Fehlerstromschutzschalter**, **FI-Schutzschalter** oder **FI-Schalter**, neue Bezeichnung **RCD** (*Residual Current Device*), ist eine Schutzeinrichtung in Stromnetzen. In Europa werden Fehlerstromschutzschalter normalerweise zusätzlich zu den Überstromschutzeinrichtungen im Sicherungskasten installiert."	residual current device (RCD), auch: residual-current circuit breaker (RCCB), RC circuit breaker
fixieren	fix, fasten
fixiert in Einbaulage	fixed in (installation) position
Fixierung, dauerhafte, *f*.	permanent mounting/installation
Fixpunkt, Festpunkt, *m*.	reference point, point of reference
	– Rohr: fixing point
FKM (faserverstärkter Kunststoff)	FRP (fibre-reinforced plastic)
FKW (Fluorkohlenwasserstoffe)	FCs(fluorocarbons)
	– FKW frei: without FCs (fluorocarbons)
Flachbandheizung, *f*.	trace heating, trace heaters
Flachbandkabel, *n*.	ribbon cable
Flachbürste, *f*.	flat brush
Flachdichtung, *f*.	flat gasket
Flächenanteil, *m*.	areal proportion

F

Flächenfilter, *m.*	single-level filter
Flächenlast, *f.*	area load
Flächenpressung, *f.*	compressive load per unit area (z. B. bei Druckbehältertest)
Flachkopfschraube, *f.*	flat head screw (z. B. Senkschraube)
Flachrohrreihe, *f.*	flat-tube row
Flachrohr-Wärmetauscher, *m.*	flat-tube heat exchanger
Flachschlauch, *m.*	flat hose, flat hose pipe
Flachschlauchfilter, *m.*	flat bag filter
Flachschlauch-Filterelement, *n.*	flat-bag filter element
Flachschlauchreihe, *f.*	Filter: flat bag row
Flachzange, *f.*	flat-nose pliers
Flammenrückschlagsicherung, *f.*	flashback arrester, flame arrester
Flammpunkt, *m.*	flash point
Flansch- und Verschraubungs-verbindungen, *f. pl.*	flanged and screwed connections
Flansch, *m.*	flange
Flanschanschluss, *m*	flanged connection
Flanschdichtung, *f.*	flange seal, flange gasket
	– glatter Flansch: plain flange
Flanscheinlauf, *m.*	flanged inlet
Flanschfilter, *m.*	flange filter, flanged filter
Flanschfläche, *f.*	flange face
Flanschgehäuse, *n.*	flange housing
Flanschkopf, *m.*	flanged head
Flanschverbindung, *f.*	flange joint (a joint between pipes made by bolting together two flanged ends), flanged connection
Flasche, *f.*	bottle
	– Gasflasche: gas cylinder, gas bottle
Flaschenzug, *m.*	pulley block, block and tackle
Fliehkraft, *f.*	centrifugal force
Fliehkraftverdichter, *m.*	centrifugal compressor
Fließbettkatalysator, *m.*	fluid bed catalyst, fluidized bed catalyst
Fließbettkühler, *m.*	fluid bed cooler
Fließbettwäscher, *m.*	fluid bed scrubber (e.g. circulating fluid bed scrubber)
Fließbild, *n.*	flowchart (flow chart), flow diagram
Fließeigenschaften, *f. pl.*	flow characteristics
fließfähig	pourable (z. B. Puder, Granulat)
Fließrichtung, *f.*	direction of flow
Fließverhalten, *n.*	flow behaviour, flow characteristics
Fließviskosität, *f.*	flow viscosity
flocken	Spaltung: flocculate
Flocken, *f. pl.*	Spaltung: flocs
Flockenaufnahmevermögen, *n.*	floc retention capacity
Flockenbild, *n.*	floc pattern
Flockenbildung, *f.*	flocculation, floc formation
Flockenrückstand, *m.*	floc residue
Flocken-Wasser-Gemisch, *n.*	floc-water mixture
Flockung, *f.*	*siehe* Flockenbildung
Flockungsmittel, *n.*	flocculant, flocculating agent
Flockungstechnologie, *f.*	flocculant technology
Flotation, *f.*	flotation

F

Flowsensor, *m.*	flowsensor (z. B. FS109 flowsensor), flow sensor
Flucht, in einer Flucht, *f.*	in line, aligned, in alignment
flüchtig	z. B. Gas: volatile
flüchtige Anteile, *m. pl.*	percentage of volatiles, proportion of volatiles
flüchtige Stoffe, *m. pl.*	volatile substances, volatiles
flüchtiger Speicher, *m.*	volatile memory, volatile storage
Flüchtigkeit, *f.*	volatility (z. B. eines Gases)
Flügelpumpe, *f.*	vane pump
Flügelradanemometer, *n.*	vane anemometer
Flügelradverdichter, *m.*	vane compressor
Flugkraftstoff, *m.*	aviation fuel
Flugrost, *m.*	film rust (verursacht "rust film")
Flugstaub, *m.*	flue dust
Fluidgruppe, *f.*	fluid group
Fluidisieren, *n.*	fluidization
Fluidkreislauf, *m.*	fluid circuit (e.g. pneumatic and hydraulic fluid circuit)
Fluidschaltschrank, *m.*	fluid switch cabinet
Fluidtechnik, *f.*	fluid power
Fluidteilchen, *n.*	fluid particle
Fluorkautschuk (FPM), *m.*	fluorinated rubber (FPM)
Fluorokieselsäure, *f.*	fluorosilicic acid, sand acid
Fluorphosgen, *n.*	fluorophosgene
Fluorwasserstoff, *m.*	hydrogen fluoride
Flurförderfahrzeug, *n.*	industrial truck (z. B. zum Heben/Transportieren von Maschinen)
flüssige Schwebeteilchen, *n. pl.*	suspended liquid particles
flüssige und gasförmige Medien, *n. pl.*	liquid and gaseous media
flüssiges Kondensat, *n.*	liquid condensate
Flüssiggasbranche, *f.*	liquefied gas sector
Flüssiggasfüllanlagen, *f. pl.*	liquefied gas filling plants
Flüssiggaskompressor, *m.*	liquefied gas compressor
Flüssiggas-Lieferant, *m.*	liquefied gas supplier
Flüssigkeitsabscheider, *m.*	liquid separator
Flüssigkeitsfilter, *m.*	liquid filter
Flüssigkeitskühlung, *f.*	liquid cooling, cooling of liquid
Flüssigkeitsoberfläche, *f.*	surface of the liquid
Flüssigkeitsringverdichter, *m.*	liquid-piston compressor (ein Rotationsverdichter)
Flüssigkeitssammler, *m.*	liquid collector
Flüssigkeitssäule, *f.*	liquid column
Flüssigkeitstank, *m.*	liquid tank
Flüssigkeitstrennung, *f.*	liquid separation (e.g. gas/liquid separation, solids/liquid separation)
Flüssigkeitstropfen, *m.*	liquid droplet
Flüssigkeitsventil, *n.*	liquid valve
Flusssäure (wässrige Lösung von Fluorwasserstoff), *f.*	hydrofluoric acid (aqueous solution of h.a.)
Fluxleistung, *f.*	Filtration: flux performance
Folgeauftrag, *m.*	follow-up order – Folgegeschäft: follow-up business
Folgekosten, *pl.*	follow-up costs, consequential costs

Folgen unsachgemäßen Gebrauchs, *f. pl.*	consequences of incorrect use
Folgeschaden, *m.*	consequential damage, further damage
Folie, *f.*	film (thin sheet or layer, e.g. plastic for packaging), foil (e.g. aluminium foil, self-adhesive foil), *siehe* Foliensatz
Foliensatz, *m.*	set of transparencies (e.g transparencies for overhead projector)
Förderanlage, *f.*, Fördersystem, *n.*	conveyor, conveying system
Förderdruck, *m.*	discharge pressure
Förderhöhe, *f.*	Pumpe: delivery head
Förderkette, *f.*	conveyor system (e.g. continuous loop conveyor system)
Förderleistung, *f.*	Membrantrockner: throughput (capacity)
	– Verdichter, Pumpe: delivery rate
Fördermenge, *f.*	*siehe* Förderleistung
fördern	convey, deliver, supply, transport, discharge (Pumpe)
Förderpumpe, *f.*	feed pump
Förderschnecke, *f.*	conveying screw, feed screw
Fördersystem, *n.*	conveying system
Fördertechnik, *f.*	conveying systems, conveying engineering (e.g. pneumatic conveying engineering), materials-handling technology (innerbetrieblich, e.g. overhead, slewing and mobile cranes, conveyor bridges)
Forderungskatalog, *m.*	catalogue of requirements, specifications
	– Forderungsprofil: profile of requirements
form- und materialoptimiert	optimized in terms of shape and material
Formel, *f.*	formula
Formenbauer, *m.*	Gussformen: mould maker
Formgebung, *f.*	Plastik: moulding
formgepresst	form-pressed (e.g. form-pressed glassfibre, form-pressed activated carbon)
Formhaltigkeit, f.	form-keeping, form retention
Formkohle, *f.*	formed carbon
Formmessgerät, *n.*	form measuring instrument (e.g. high-precision form measuring instrument)
formschlüssig	Rohr: form fitting
Formspritzen, *n.*	open mould spraying (z. B. für PUR)
formstabil	dimensionally stable
Formstabilität, *f.*	dimensional stability
	– unter Wärme: thermostability
Formstoff, *m.*	moulded material (US molded)
	– Herstellung: material for moulding
Formteil, Formstück, *n.*	moulding, moulded part
	– Rohr: fitting, connection element, *siehe* Formteilmuffe
Formteilmuffe, *f.*	Rohr: coupling
	– Schweißmuffe: weld coupling
Formwerkzeug, *n.*	moulding tool (e.g. injection moulding tool)
Forschungseinrichtung, *f.*	research institution
fortlaufend verbessern	continually improve
Fortpflanzung von Vibrationen, *f.*	propagation of vibrations
fortschrittlich	Produkt: technically advanced, state-of-the-art, modern, sophisticated
	– führend: leading, pioneering, *siehe* „modernste Technik"

F

fossile Brennstoffe, *m. pl.*	fossil fuels
Fotoindustrie, *f.*	photographic industry
Fraktion (Destillat), *f.*	fraction
Fraktions-Abscheidegrad, *m.*	fractional efficiency
Fräsen, *n.*	milling, milling operation
Fräskopf, *m.*	milling head
Fräsmaschine, *f.*	Werkzeugmaschine: milling machine, miller
	– CNC-Fräsmaschine: CNC milling machine
Frässpindel, *f.*	milling spindle
Frästeil, *n.*	milled component
frei	free, unobstructed (z. B. Abfluss)
frei ablaufen	flow freely (to), run off freely, free flow (to)
frei anfallend	Kondensat: entrained
frei aufschwimmendes Öl, *n.*	free oil floating on the surface
	– Öl-Wasser-Trenner: free tramp oil (Free tramp oil or tramp oil is oil that is free-floating on the surface, e.g. of a tank. It usually stems from leaky hydraulic systems, gear boxes, spindles etc. and from certain lubrication systems for machine tools. Example: "Two forms of oil may be found in the water: free oil and emulsified oil.")
	– zum Abschöpfen: tramp oil skimmer
frei beweglich	freely movable, flexible
frei blasendes Magnetventil, *n.*	free-blowing solenoid valve
frei programmierbar	user-programmable, programmable
frei verfügbarer Porenraum, *m.*	Filter: freely available pore space
frei von aggressiven Stoffen	free from aggressive substances
frei wählbar	freely selectable
frei werden	release, be released
	– frei werdend: released (z. B. Öldämpfe)
freibekommen	unblock, remove obstruction (z. B. in Abflussleitung)
freibleibend	Angebot: subject to confirmation, not binding
freie Beschaltung, *f.*	freely assigned inputs/outputs
freie Lüftung, *f.*	free air circulation
freie Luftzufuhr, *f.*	free air delivery (FAD)
freier Anschluss, *m.*	unused connection
	– Einlass: unused inlet point
freier Durchgang, *m.*	free passage (z. B. in einem Rohr)
freies Öl, *n.*	free oil, free oil particles, tramp oil, *siehe* frei aufschwimmendes Öl
Freiflugkolbenverdichter, *m.*	free-piston compressor
Freigabe, *f.*	release
	– Stromkreis: enabling
Freigabesignal, *n.*	el.: enable signal, enabling signal (z. B. für Anlagensteuerung)
freigeben, entsperren	release, free
	– Sperre aufheben: deblock
	– Stromkreis: enable
freigesetzte Teilchen, *n. pl.*	released particles
Freilaufdiode, *f.*	free-wheeling diode
Freileitung, *f.*	outdoor line, exposed line (z. B. für Druckluft)

Freisetzung, *f.*	release (e.g. release of dust)
	Gas, Luft: release
	– Flüssigkeit, Schüttgut: spillage, spilling
freistehend	free standing
Freistrahlzentrifuge, *f.*	free jet centrifuge
Fremdenergie, *f.*	external energy, external energy input
Fremdentsorgung, *f.*	disposal by a specialist company
Fremdfilter, *m.*	non-original filter, filter of a different make, different make of filter
Fremdflüssigkeit, *f.*	foreign liquid, foreign liquid or substances
fremdgesteuert	by external control, externally controlled
Fremdkeime, *m. pl.*	impurities
	– krankheitserregend: pathogens, germs
Fremdkörper, *m.*, Fremdstoffe, *m. pl.*	foreign matter
	– frei von Fremdkörpern: free from foreign matter
Frequenzumrichter, *m.*	frequency converter (e.g. frequency converter for variable speed compressor)
Frischöl-Tropfenschmierung, *f.*	fresh oil drip-feed lubrication
Frischwasser, *n.*	fresh water, clean water
	– Frischwasserbefüllung: fresh water filling
	– Frischwasserverbrauch: fresh water consumption
Fritte, *f.*	Glas- oder Keramikfilter: fritted filter
Frittenwaschflasche, *f.*	fritted wash-bottle
Frontblende, *f.*	front cover, front panel
Frontdisplay, *n.*	front display
Fronthaube, *f.*	front cover
Frontplatine, f.	front PCB, front-panel PCB
Frontplatte, Fronttafel, *f.*	front panel (z. B. für Steuerung)
Frostbedingungen, unter, *f. pl.*	under frost conditions, conditions of frost, (when) exposed to frost
Frostbereich, *m.*	frost-exposed area
frostbeständig	resistant to frost, *siehe* frostfrei
frostfrei	frost-protected, frost-proof, frost-free
	– frostfreie Aufstellung: frost-protected installation
frostfreier Raum, *m.*	frost-free room
Frostgefahr, *f.*	danger of frost
frostgefährdeter Bereich, *m.*	area where there is a danger of frost, area where frost is likely to occur, ... may be exposed to frost
frostgeschützt	frost-protected, frost-proof, *siehe* frostfrei
Frostgrenze, *f.*	Gefrierpunkt: freezing point
	– im Boden: frost line
Frostschaden, *m.*	frost damage, damage due to frost, damage due to freezing outside temperatures (Außenbereich)
Frostschutzheizung, *f.*	frost-protection heating
Frostschutzmittel, *n.*	antifreeze (z. B. für Kraftfahrzeug)
Frühwarnsystem, *n.*	early warning system
	– frühzeitige Warnung: early warning (alarm)
frühzeitig	early, (well) in time
Fühler, *m.*	sensor
	– Führungselement: guide element
Fühlerrohr, *n.*	sensor tube

Fühlerrohrplatte, *f.*	sensor tube plate
führen	guide, lead
führende Hersteller, *m. pl.*	leading companies, primary companies
Führung, *f.*	aerostatische: aerostatic guide
Führungsabweichung, *f.*	Werkzeugmaschine: path deviation
Führungsbahn, *f.*	Werkzeugmaschine: slideway
Führungsgröße, *f.*	reference variable
Führungshülse, *f.*	guide bush
Führungskante, *f.*	guide edge (z. B. von Gehäuse)
Führungsnute, *f.*	guiding groove
Führungsrohr, *n.*	guide pipe (z. B. für Ventil)
Führungsstift, *m.*	guide pin
Fülldruck, *m.*	filling pressure
Füllgewicht, *n.*	filling weight
Füllhöhe, *f.*	filling level, fill height (e.g. using a fill height detector to ensure that cans are properly filled)
Füllkörper, *m.*	packing
Füllkörperkolonne, *f.*	packed column
Füllkörpersäule, *f.*	*siehe* Füllkörperkolonne
Füllkörperschütthöhe, *f.*	packing depth
Füllkörperwäscher, *m.*	packed scrubber (e.g. packed tower scrubber)
Füllkörperwechsel, *m.*	column packing replacement
Füllmenge, *f.*	fill quantity (fill qty.), amount
Full-Service Partner, *m.*	full-service partner
Full-Service-Leister, *m.*	full-service provider
Füllstand, *m.*, Füllstandsniveau, *n.*	filling level
	– Flüssigkeit: liquid level
Füllstandsanzeiger, *m.*	level indicator
	– Flüssigkeit: liquid level indicator
Füllstandsmesser, *m.*	fluid level gauge
Füllstandsmessung, kapazitive, *f.*	capacitive level measurement, capacitive measurement of the filling level
Füllstandssenor, *m.*	filling level sensor, level sensor
Füllstandsüberwachung, *f.*	liquid level monitoring
Füllvolumen, *n.*	holding capacity (e.g. water-holding capacity of a tank), filling capacity
	– Füllmenge: fill quantity
funkferngesteuert	radio remote controlled (e.g. control of vehicle trajectory by commands transmitted over a radio link)
Funksignal, *n.*	radio signal
Funktion, *f.*	function, performance, functional characteristics
Funktionalität, *f.*	functionality (insbesondere Funktionsprinzip oder Funktionsvielfalt von Software oder eines elektronischen Geräts)
Funktionsablauf, *m.*	sequence of functions, operational sequence
Funktionsausfall, *m.*	functional failure
Funktionsbereich, *m.*	functional range (z. B. von Sensoren)
Funktionsbeschreibung, *f.*	functional description
	– elektrische Funktionsbeschreibung: description of electrical functions
funktionsbezogen	function-related, functionally oriented
Funktionsbild, *n.*	functional diagram, function diagram

F

Funktionseinheit, *f.*	functional unit
funktionsfähig, voll	fully functional
Funktionsfähigkeit, *f.*	operativeness, (smooth) functioning, functioning correctly
Funktionsfeld, *n.*	function field
Funktionsgarantie, *f.*	functional guarantee
funktionsgeprüft	performance tested
Funktionskontrolle, *f.*	*siehe* Funktionsprüfung
Funktionsmodell, *n.*	functional model
Funktionsplay, *n.*, Funktions-anzeige, *f.*	function display (e.g. full function display, touchscreen multi-function display)
Funktionsprinzip, *n.*	operating principle, functional principle
Funktionsprüfung, *f.*	performance test (z. B. des Kompressors), functional test
Funktionsschema, *n.*	*siehe* Funktionsbild
Funktionsschritt, *m.*	functional step (e.g. a sequence of functional steps)
funktionssicher	reliable (functioning), operationally reliable, reliable in operation, functionally safe
Funktionssicherheit, *f.*	im Sinne von Sicherheit: functional safety
	– gefährdete Funktionssicherheit: danger to functional safety
	– im Sinne von Zuverlässigkeit: functional reliability, operational reliability
Funktionssicherung, *f.*	ensuring functional safety, functional reliability
Funktionsskizze, *f.*	functional diagram, functional sketch
Funktionsstörung, *f.*	malfunction
Funktionstaste, *f.*	function button (e.g. multi-function button, freely pro-grammable function button)
funktionstechnische Kontrolle, *f.*	functional check
Funktionstest, *m.*	*siehe* Funktionsprüfung
Funktionstüchtigkeit, *f.*	functional efficiency, functionality (*siehe* Funktionalität), working order, correct functioning
	– voll funktionstüchtig: fully functional
Funktionsüberwachung, *f.*	monitoring of performance/functions
funktionsunfähig	unable to function, fail to function, ineffective
Funktionsweise, *f.*	function, method of functioning, mode of operation
Funktionszustand, *m.*, im normalen Funktionszustand	normal operating conditions, operating under normal conditions
Furan, *n.*	furan
Füße, *m. pl.*	feet (z. B. einer Maschine)
Fußschutz, *m.*	protective footwear
Fußventil, *n.*	foot valve

G2 (Rohrgröße)	G2 (pipe size)
Gabelschlüssel, *m.*	open-ended spanner
Gabelstapler, *m.*	fork lifter, fork-lift truck
galvanisch getrennt	el.: metallically separated, electrically isolated
galvanisch miteinander verbunden	el.: metallically interconnected
galvanisch verzinken	galvanize
galvanische Industrie, *f.*	electroplating industry
galvanische Trennung, *f.*	el.: isolation, electrical isolation, metallic isolation
galvanisches Bad, *n.*	electroplating bath
gängig	popular, in demand, common, usual, standard, normal
Gängigkeit, *f.*	Verriegelung: smoothness
Ganzmetallgehäuse, *n.*	all-metal housing
Garantie von 24 Monaten	2-year guarantee
Garantie, *f.*	guarantee, warranty (e.g. goods under warranty/ guarantee)
Anmerkung: Zwischen "guarantee/warranty" besteht kein klarer Unterschied nach dem Gesetz, besonders in der herstellenden Industrie. Eine "warranty" oder "extended warranty" kann aber auch eine Zusatzleistung gegen Bezahlung sein, z. B. für Reparaturen über einen bestimmten Zeitraum.)	
Garantieansprüche, *m. pl.*	rights under the guarantee, guarantee claims
Garantieausschluss, *m.*	guarantee exclusion
Garantiebedingungen, *f. pl.*	guarantee conditions
Garantieleistungen, *f. pl.*	performances (rendered) under the guarantee
Gasaktivkohlefilter, *m.*	activated carbon gas filter
Gasanalysegerät, *n.*	gas analyzer
Gasanalytik, Gasanalyse, *f.*	gas analysis
Gasanteile, *m. pl.*	gaseous components
gasberührt	in contact with (the) gas
Gasbrenner, *m.*	gas burner
Gaschromatograf, *m.*	gas chromatograph (GC)
Gaschromatografie, *f.*	gas chromatography
gaschromatografische Analyse, *f.*	gras chromatographic analysis
Gas-Dampfgemisch, *n.*	gas vapour mixture

Gasentwicklung, *f.*	gas generation, gas formation
Gasfernleitung, *f.*	gas pipeline
Gasfeuchte, relative, *f.*	relative gas humidity
Gasflasche, *f.*	gas cylinder
Gasförderanlagen, *f. pl.*	gas production facilities
gasförmig	gaseous
gasförmige Emissionen, *f. pl.*	gaseous emissions
gasförmige Immissionen, Messen von …	VDI Richtlinie 2451: measurement of gaseous immissions (gaseous air pollution measurement)
gasförmige Stoffe, *m. pl.*	gaseous substances
gasförmiger Stickstoff, *m.*	gaseous nitrogen
	– gasförmiger trockener Stickstoff: dry gaseous nitrogen
gasführend	gas-conducting
Gasgemisch, *n.*	gas mixture
Gasgenerator, *m.*	gas generator (producer)
Gasgeschwindigkeit, *f.*	gas velocity
Gasinnendrucktechnik, *f.*	internal gas pressure technique (z. B. in der Plastikverarbeitung)
Gaskanal, *m.*	gas duct
Gaskompressor, *m.*	gas compressor
Gaskonditionierung, *f.*	gas conditioning
Gaskonstante, *f.*	gas constant
Gaskühler, *m.*	gas cooler
	– Gaskühlung: gas cooling
Gasmaus, *f.*	Probenahme: gas mouse
Gasmeldeeinrichtungen, *f. pl.*	gas detector installations
Gasmenge, *f.*	gas volume
	– Fluss: gas rate (m^3/h)
Gasmengenzähler, *m.*	gas meter
Gasmessgerät, *n.*	gas measuring instrument
	– tragbares: portable gas measuring instrument
Gasmischpumpe, *f.*	gas mixing pump
Gasphase, *f.*	gas phase, in gaseous form
Gasprobenehmer, *m.*	gas sampler
Gasprüfgerät, *n.*	gas analyzer
Gasrohr, *n.*	gas pipe
Gassättigung, *f.*	gas saturation
Gasschweißen, *n.*	gas welding
Gasstrom, *m.*	gas flow
Gastrennung, *f.*	gas separation
Gasverdichter, *m.*	gas compressor
Gasverladestation, *f.*	gas loading station
Gasverteilung, *f.*	gas distribution
Gaswarngerät, *n.*	gas alarm device, gas alarm system
Gaswäscher, *m.*	gas scrubber
Gaszusammensetzung, *f.*	gas composition (e.g. real time gas composition measurements)
GC	GC (gas chromatography)
Gebäudeleittechnik, *f.*	building services control system
Gebäudemanagement, *n.*	facility management
Gebäudetechnik, *f.*	building services

Gebinde, *n.*	drum (e.g. 20-litre drum for powder), container, barrel
Gebläse, *n.*	blower
Gebläseluft, *f.*	blower air
Gebläselufttrocknung, *f.*	blower air drying
Gebläsetrocknung, *f.*	blower drying
Gebrauchsanweisung, *f.*	instructions for use, directions for use
Gebrauchsdruckluft, *f.*	compressed service air
Gebrauchstauglichkeit, *f.*	serviceability
gebraucht, verbraucht	Filter: spent, old, fouled
gebrauchte Aktivkohle, *f.*	European Waste Code: spent activated carbon
gebunden	bound, bonded
	– chemisch gebunden: chemically bound (e.g. chemically bound molecules), chemically bonded (e.g. chemically bonded sand for moulding)
	– absorbiert: absorbed
	– adsorbiert: adsorbed
gebundene Ölpartikel, *n. pl.*	bound oil particles (e.g. bentonite-bound oil)
geerdet	earthed, grounded
Gefahr durch nicht sachgemäßen Transport, *f.*	danger due to incorrect transport
Gefahr durch Stromschlag, *f.*	risk of electric shock
Gefahr für Augen und Atmung, *f.*	danger to eyes and breathing
Gefahr für die Gesundheit, *f.*	danger to health
Gefahr für Leib und Leben, *f.*	danger to life and limb
gefährdete Funktionssicherheit, *f.*	danger to functional safety
gefährdeter Bereich, *m.*	hazardous area
Gefährdung, *f.*	hazard (e.g. health hazard), danger
– Gefährdung für Menschen und Material, *f.*	danger to persons or property
– Gefährdung von Personen, *f.*	danger to persons, hazard to persons
Gefährdungsabschätzung, *f.*	hazard estimation
Gefährdungsbeurteilung, *f.*	hazard assessment
Gefährdungspotenzial, *n.*	hazard potential
Gefährdungsschwelle, *f.*	danger threshold
Gefahrenbezeichnung, *f.*	danger designation
Gefahrengut, *n.*	dangerous goods (Transportklassifizierung)
Gefahrenklasse, *f.*	danger class (e.g. fire danger class)
Gefahrenklassifizierung, *f.*	danger classification
Gefahrenquelle, *f.*	source of danger
Gefahrenstelle, *f.*	(potential) hazard point, safety hazard point
Gefahrensymbol, *n.*	danger symbol, danger sign
	– allgemeines Gefahrensymbol: general danger symbol, general hazard symbol
Gefahrfall, *m.*	in the event of danger
	– Verhalten im Gefahrfall: procedure in the event of danger
Gefahrgutbeförderungsgesetz, *n.*	Law on the Transport of Dangerous Goods
gefährlicher Stoff, *m.*	hazardous substance
Gefahrstoffe, *m. pl.*	hazardous substances, hazardous materials
Gefahrstoffgruppe, *f.*	hazardous substance group
Gefahrstoffkataster, *m.*	hazardous substances register

G

Gefahrstoffmerkmale, *n. pl.*	characteristics of hazardous substances
Gefahrstoffverordnung, *f.*, (GefStoffV)	Hazardous Substances Ordinance (Germany) – allgemein: regulations concerning hazardous materials
Gefahrübergang, *m.*	Recht: passage of risk
Gefälle, mit G. zufließen	flow in from a higher position (head) – im freien Gefälle fließen: flow by gravity
Gefälle, *n.*	slope, gradient, head (Druckhöhe) – Leitung, nach oben: upward slope, rising slope; nach unten: downward slope, falling slope,
gefaltetes Filterelement, *n.*	pleated filter element (ebenso: corrugated/ convoluted filter element)
Gefäß, *n.*	vessel, basin, container, tank
gefrieren	freeze, freeze up, turn to ice
Gefrierpunkt, *m.*	freezing point
gegebenenfalls, ggf.	where appropriate, if necessary/required, possibly, if nec.
gegen zufälliges Öffnen gesichert	secured against accidental opening
Gegendruck, *m.*	counterpressure – Luft, Druckluft: back pressure
Gegendruckventil, *n.*	back pressure valve
gegenhalten	resist, push against, hold in position – Drehung: lock against rotation
Gegenkopplung, *f.*	negative feedback
Gegenleistung, *f.*	counterperformance, performance in return
Gegenmaßnahmen, *f. pl.*	countermeasures – zur Störungsbehebung: remedial action
Gegenmutter, *f.*	lock nut
Gegenstrom, *m.*	countercurrent (e.g. move/flow in a countercurrent direction), counterflow
Gegenstromchromatographie, *f.*	countercurrent chromatography (CCC) (Trennungsmethode)
Gegenstrominjektionsverfahren, *n.*	countercurrent injection method
Gegenstromreinigung, *f.*	countercurrent cleaning
Gegenstromsäule, *f.*	countercurrent column
Gegenstromverfahren, *n.*	countercurrent system
Gegenstück, *n.*	counterpart (e.g. male or female parts)
gegenüber	opposite
Gegenuhrzeigersinn, *m.*	anticlockwise, counterclockwise (direction)
Gehalt, *m.*	content, concentration – Gehalt in der Trockenmasse: dry matter concentrations
Gehäuse, *n.*	housing, casing, box, enclosure (z. B. für Platine)
Gehäuseabdeckung, *f.*	housing cover
Gehäuseausführung, *f.*	housing design, type of housing, housing construction
Gehäuseboden, *m.*	housing bottom
Gehäusedeckel, *m.*	housing lid, housing top
Gehäuseentlüftungsleitung, *f.*	venting line to the housing
Gehäuseklemme, *f.*	el.: housing terminal
Gehäusekonstruktion, *f.*	*siehe* Gehäuseausführung
Gehäusekörper, *m.*	housing body (z. B. Filter)
Gehäusematerial, *n.*	housing material
Gehäuseoberteil, *n.*	housing top
Gehäuse-Schraubverbindung, *f.*	screwed housing connection

Gehäusetemperatur, *f.*	temperature at the housing
Gehäuseunterteil, *n.*	housing bottom
Gehäuseversion, *f.*	housing version
Gehäusewandung, *f.*	housing walls
Gehäusewerkstoff, *m.*	*siehe* Gehäusematerial
Gehörschutzkapseln, *f. pl.*	ear muffs
Gehörschutzstöpsel, *m. pl.*	ear plugs
Gehörschutzwatte, *f.*	fibre-based ear plugs
gehört nicht zum Lieferumfang	not included in delivery
GE-Hypothese (Gestaltungs-änderungs-Energie-Hypothese), *f.*	Von Mises theory (to estimate the yield of ductile materi-als), weitere Bezeichnungen: maximum distortion energy criterion, octahedral shear stress theory, Maxwell-Huber-Hencky-von Mises theory, Von Mises criterion
gekapselt, komplett	fully encapsulated (e.g. fully encapsulated heating car-tridge)
gekapselte Einheit, *f.*	el.: encapsulated unit – druckdichte gekapselte Einheit: pressure-tight encapsu-lated unit
gekippte Lage, *f.*	tilted position
geleeartig	jelly-like
gelöste Kohlenstoffe, *m. pl.*	dissolved organic carbon (DOC)
gelöste organische Stoffe, *m. pl.*	dissolved organic substances
gelöste Schwermetalle, *n. pl.*	dissolved heavy metals
gelöste Stoffe, *m. pl.*	dissolved substances
gelöster Ölanteil, *m.*	dissolved oil, dissolved oil fraction
geltende Vorschriften, *f. pl.*	valid regulations
Geltendmachung, *f.*	Garantie: put forward claims
Geltungsdauer, *f.*	Garantie: validity (period)
gemäßigtes Klima, *n.*	temperate climate/zone
Genauigkeit, *f.*	accuracy (z. B. eines Messgerätes), precision – Genauigkeitsgrad: degree of accuracy
Genauigkeitsspindel, *f.*	precision spindle
Genauigkeitsverlust, *m.*	loss of accuracy
genehmigte Anlage, *f.*	authorized facility
Genehmigung, f.	approval, licence (US license), permit – Betriebsgenehmigung: operating permit – Einleitungsgenehmigung: discharge licence (e.g. wastewater discharge licence)
Genehmigungsantrag, *m.*	permit application
genehmigungspflichtig	requires a permit/approval, must not be operated without a permit, is subject to official approval
Genehmigungsverfahren, *n.*	approval procedure (e.g. project approval procedure), permitting – Bauart-Genehmigungsverfahren: type approval procedure
Generalinspektion, *f.*	general checkup
Generalüberholung, *f.*	general overhaul
Generator, *m.*	generator (z. B. zur Stickstoffherstellung)
geometrisch aufwendig	geometrically complex
geotextil-bewehrt	geotextile-reinforced
gepresste Rohrverbindung, *f.*	press-fitted pipe joint

G

Gerade-Einschraubtülle, *f.*	straight screw-in connector
	– als Gegenstück: mating screw-in connector
Gerät, *n.*	device, unit, instrument
	– Mehrzahl: equipment, apparatus
	– elektrisches Gerät: electrical device
Geräteabbildung, *f.*	device representation
Geräteabstimmung, *f.*	tuning, setting (of a device)
Geräteauswahl, *f.*	device selection
Gerätebelastung, *f.*	el.: device load/loading,
Gerätefunktion, *f.*	device function, device performance
Geräteinformation, *f.*	device information
geräteintern	internal … of/for the device
geräteinterne Erde, *f.*	internal earth connection (e.g. "The internal earth connection may be riveted or soldered.")
Gerätekalibrierung, *f.*	device calibration
Gerätekombination, *f.*	system combination
Gerätepreis, *m.*	device price
Gerätespezifikation, *f.*	device specifications
Gerätestecker, *m.*	(device) plug, plug connector
Gerätetechnik, *f.*	equipment technology
	– Druckgerätetechnology: pressure equipment technology
Gerätetyp, *m.*	type of device, model
Gerätezustand, *m.*	device status
geräuscharm	low-noise, quiet
	– geräuscharme Funktion: quiet operation
Geräuschdämpfung, *f.*	noise damping
Geräuschdämpfungskammer, *f.*	noise reduction chamber
Geräuschentwicklung, *f.*	noise generation, noise level (Geräuschpegel)
geräuschfrei	noise-free, noiseless, soundless, absolutely quiet
geräuschlos	*siehe* geräuschfrei
Geräuschpegel, *m.*	noise level
gerillt	grooved
gerippt	ribbed
Geruch, *m.*	odour, smell
	– Gestank: stench, disagreeable odour, offensive odour
Geruchsabschluss, Geruchsverschluss, *m.*	Rohrleitung: siphon
Geruchsbekämpfung, *f.*	odour control, elimination of disagreeable odours
Geruchsbeladung, *f.*	odour loading
Geruchsbelästigung, *f.*	nuisance due to offensive odour, odour nuisance (e.g. cause an odour nuisance to the neighbourhood)
Geruchsbewertung, *f.*	assessment of odour
Geruchseindruck, *m.*	smelling sensation
Geruchseinheit (GE), *f.*	odour unit (OU)
Geruchsemissionen, *f. pl.*	odour emissions
geruchsfreie Luft, *f.*	odour-free air
Geruchsminderung, *f.*	odour reduction
Geruchsschwelle, *f.*	odour threshold
Geruchsstoff, *m.*	odorous substance, odorant
Geruchsträger, *m.*	odour carrier
Gesamtanlage, *f.*	total/complete plant, total/complete system

Gesamtaufstellung, *f.*	full listing, overview
Gesamtbereich, *m.*	total area, total field
Gesamtbetriebskosten, *pl.*	total operating costs
Gesamtbeurteilung, *f.*	overall assessment
Gesamtdurchflussmenge, *f.*	total throughput (z. B. von Druckluft)
Gesamterscheinung, *f.*	overall appearance
Gesamtfilterstrecke, *f.*	total filtration path
Gesamtjahreskapazität, *f.*	total annual capacity
Gesamtkreislaufführung, *f.*	closed (circulation) system
Gesamtlösung, *f.*	comprehensive solution
Gesamtmasse, *f.*	total mass
Gesamt-Membranfläche, *f.*	Membrantrockner: total membrane area
Gesamtmenge, *f.*	total amount
Gesamtölgehalt, *m.*	total oil content
Gesamtquerschnitt, *m.*	total cross-section
Gesamtstaub, *m.*	total dust
	– Gesamtstaub in der Abluft: total dust concentration in the waste air
Gesamtstaubbelastung, *f.*	total dust load
Gesamtstaubmenge, *f.*	total dust quantity
Gesamtverbrauch, *m.*	total consumption
Gesamtwassermenge, *f.*	total water quantity
Gesamtwirkungsgrad, *m.*	total efficiency
gesättigt	saturated
	– gesättigte Druckluft: saturated compressed air
	– gesättigt mit Feuchtigkeit: moisture-saturated
Geschäfts- und Lieferbedingungen, *f. pl.*	terms and conditions of trade and delivery
geschaltetes Relais, *n.*	switched relay
geschlitzte Kappe, *f.*	slotted cap (e.g. slotted cap mounted over sensor)
geschlossen, in sich geschlossen	self-contained (e.g. self-contained assembly/component)
geschlossener Filter, *m.*	closed filter
geschlossener Kreislauf, *m.*	closed circuit
geschlossener Regelkreis, *m.*	el.: closed loop control
geschlossenes System, *n.*	closed system
Geschmacks- und Geruchs-neutralität, *f.*	neutrality of taste and odour, taste and odour neutrality
geschultes Fachpersonal, *n.*	trained technical personnel, qualified technical personnel
geschultes Personal, *n.*	trained personnel
geschweißte Naht, *f.*	welded seam, weld
geschwindigkeitsgleich	Probenahme: at an equal rate (e.g. sampling with partial extraction of the volumetric flow at an equal rate)
Geschwindigkeitsregelsystem, *n.*	Bahn: speed control system
gesetzeskonform	in compliance with legal requirements in compliance with legal regulations; in line with legal regulations, as required by legislation
Gesetzgebung, gültige, *f.*	current legislation, valid legislation (e.g. licence granted under valid legislation)
gesetzlich vorgeschrieben	statutory, legally stipulated
	– verpflichtend: mandatory
gesetzlich vorgeschriebene Grenz-werte, *m. pl.*	statutory limit values

G

gesetzlich zulässiger Grenzwert, *m.*	statutory limit
gesetzliche Bestimmungen, *f. pl.*	statutory requirements, legal regulations, legal provisions (e.g. legal provisions governing hazardous waste)
gesetzliche MwSt, *f.*	statutory value-added tax (VAT)
gesetzliche Vorgaben, *f. pl.*	legal requirements (comply with, adhere to, fulfil, observe, meet)
	– gesetzliche Vorschriften: legal regulations
Gesichtsvollmaske, *f.*	full safety mask
gesinterte Filterkerze, *f.*	sintered filter candle
gesteckte Rohrverbindung, *f.*	push-fitted pipe joint
Gestell, *n.*	rack
gestört	not functioning correctly, not working correctly, malfunctioning, disturbed, not in order, out of order
gestörter Kondensatabfluss, *m.*	disturbed condensate discharge
gestrahlt	sandblasted (z. B. Gehäuse)
gestrichelte Linie, *f.*	gepunktet oder kurze Striche: dotted line; lange Striche: broken/dashed line
gesundheitliche Auswirkung, *f.*	impact/effect on health
Gesundheitsgefahr, *f.*	health hazard, hazard to health, health risk
gesundheitsgefährdend	hazardous to health, *siehe* gesundheitsschädigend
gesundheitsschädigend, gesundheitsschädlich	harmful to health, damaging to health
	– gesundheitsschädigende Wirkung: harmful/adverse effects on health
getestet, 100 %	100 % tested (e.g. "Filter products are 100 % tested.")
Getränkehersteller, *m.*	beverages manufacturer
Getränkeherstellung, *f.*	beverages production
Getränkeindustrie, *f.*	beverages industry (e.g. food and beverages industry)
getränktes Papier, *n.*	impregnated paper
Getreibemotor, *m.*	el. geared motor
Getriebedrehzahl, *f.*	gear speed
Getriebegehäuse, *n.*	gearbox (e.g. air compressor gearbox)
Getriebeöl, *n.*	gear oil
Getriebeübersetzung, *f.*	gear ratio
Getriebewirkungsgrad, *m.*	transmission efficiency
Gewährleistung übernehmen, *f.*	provide a warranty
Gewährleistung, *f.*	warranty (Zusicherung, dass die Ware einem vorgegebenen Standard entspricht), guarantee, *siehe* Garantie
	– gesetzliche G.: statutory warranty
Gewährleistungsanspruch, *m.*	claims under the guarantee, guarantee/warranty claims
Gewährleistungsbedingungen, *f. pl.*	guarantee/warranty conditions
Gewährleistungsdauer, *f.*, Gewährleistungszeitraum, *m.*	guarantee/warranty period
gewaltsame Beschädigung, *f.*	forceful damage (to), damaged by force
Gewässer, *n.*	Plural: water bodies, bodies of water, waters
	– Oberflächengewässer: surface waters
gewässerbelastend	water-polluting (e.g. water-polluting lubricants, affecting/impairing water quality)
Gewässerschaden, *m.*	damage to waters
Gewebe, *n.*	fabric (z. B. für Filter)
Gewebefilter, *m.*	fabric filter
Gewebeschlauch, *m.*	fabric hose (e.g. braided fabric hose, steel fabric hose)

Gewerbefilteranlage, *f.*	fabric filter system
Gewichts- und Maßangaben, *f. pl.*	weight and dimension data
Gewichtsprozent, *n.*	percentage by weight, percent by weight
Gewinde, *n.*	thread
Gewindeanschluss, *m.*	threaded connection, threaded end
Gewindeausführung, *f.*	thread parameters
	– Gewindetyp: thread type
Gewindeausgang, *m.*	threaded outlet
Gewindebuchse, *f.*	Mechanik: threaded bush (z. B. für Ventile)
Gewindeeingang, *m.*	threaded inlet
Gewindefilter, *m.*	screwed filter (e.g. inline screwed filter)
Gewindeloch, n, Gewindebohrung, *f.*	tapped hole, threaded hole
Gewindeschneider, *m.*	thread cutter
	– Gewindeschneiden: thread cutting, threading operation
Gewindestange, *f.*	threaded rod (z. B. für Zuganker)
Gewindestutzen, *m.*	threaded connection, thread connection
	– Kabelverschraubung: threaded gland
Gewindeverbindung, *f.*	threaded/screwed connection, threaded/screwed joint
gezielt	systematic, strategic, targeted
GF (Gasfeuchte)	GH (gas humidity)
Gießharz, *n.*	cast resin, casting resin
	– gießharzisoliert: resin-encapsulated
giftig	toxic, poisonous
Giftigkeit, *f.*	toxicity
Giftstoff, *m.*	toxic substance, toxicant
Gittereinsatz, *m.*	wire screen
Gitterrost, Gitterraster, *m.*	grid
Glanz, *m.*	glossiness
Glasfasern, *f. pl.*	glass fibres
	– gewebte: woven glass fibres
glasfaserverstärkt	glass-fibre reinforced
Glasfaservlies, *n.*	glass-fibre fleece (e.g. used as filter material)
Glasgarn, *n.*	glass-fibre yarn
glasklar	crystal clear, absolutely clear
Glasperlen, mit Glasperlen ge-strahlt, *f. pl.*	glass-bead blasted (e.g. glass-bead blasted finish)
Glastemperatur, *f.*	glass temperature
Glaswanne, *f.*	glass tank, glass trough
gleichbleibend	steady, unvarying, constant, consistent
gleichförmig	uniform, balanced, *siehe* gleichmäßig
Gleichgewicht, thermodynamisches, *n.*	thermodynamic equilibrium
Gleichgewichtskonzentration, *f.*	equilibrium concentration (z. B. von Wasserdampf)
	– Gleichgewichtszustand: equilibrium (state)
	– Vorgang: equalization of concentration
Gleichlaufsteuerung, *f.*	synchronous control
gleichmäßig	even, smooth, uniform, homogeneous
gleichmäßige Durchströmung, *f.*	even flow
Gleichrichter, *m.*	el.: rectifier
Gleichspannung, Gleichstrom-spannung, *f.*	el.: direct voltage, d.c. voltage
Gleichspannungsversorgung, *f.*	el.: direct voltage supply

G

Gleichstrom, *m.*	direct current (d.c.)
Gleichung, *f.*	Mathematik: equation
	– Formel: formula
gleichwertige Rohrlänge, *f.*	equivalent pipe length (to include components such as valves and fittings into the calculation)
Gleitbefestigung, *f.*	sliding support
gleitfest	slip resistant
Gleitringdichtung, *f.*	mechanical seal
Glimmlampe, *f.*	glow lamp
Glimmtemperatur, *f.*	smouldering temperature (z. B. von Staub)
Governance, *f.*	governance (auf der politischen Bühne: Regierungsführung, Regierungsgestaltung)
	– corporate governance (Industrie u. Finanzsektor: Unternehmensführung, z. B. good corporate governance (verantwortungsvolle Unternehmensführung)
Graben, *m.*	Rohrverlegung: trench
Grafik, *f.*	graph (diagram showing the relation between certain sets of numbers or quantities using a series of dots or lines with reference to a set of axes), graphical representation chart (1. a graph, table or sheet of information, 2. a map (e.g. of the sea)
Grafikdisplay, *n.*, Grafikanzeige, *f.*	graphic display
grafische Datendarstellung, *f.*	graphical data representation
Granulat, *n.*	granulate
Granulat-Lufttrockner, *m.*	granulate air-dryer
granulierte Aktivkohle, *f.*	granulated activated carbon (GAC)
Graphitteilchen, *n. pl.*	graphite particles
gratfrei	without burrs
Grauguss, *m.*	grey iron
	– Graugussteil: grey-iron casting
Grenzfläche Öl-Wasser, *f.*	oil-water interface
grenzflächenaktiv	anaerober Filter: surface-active
Grenzfrequenz, *f.*	frequency limit
Grenzkonzentrationen, *f. pl.*	max. permissible concentrations
Grenzschicht, *f.*	boundary layer
Grenztemperatur, *f.*	limit temperature
Grenzwert, *m.*	limit, limit value (e.g. water quality limit values)
	– eingestellter Grenzwert: set limit, set limit value
	– gesetzlicher Grenzwert: legal limit, legal limit value
	– zulässige Grenzwerte: permitted/permissible parameters
Grenzwerteinstellung, *f.*	limit value setting (e.g. upper and lower limit value setting)
Grenzwertgebereinrichtung, *f.*	limit monitor
Grenzwertmeldung, *f.*	limit value signal
Grenzwertüberschreitung, *f.*	exceeding of limit values
Grenzzustand, *m.*	limit state
Griffbügel, *m.*	handle
grobe Beschaffenheit, *f.*	coarse nature
grobe Partikel, *n. pl.*	coarse particles
gröbere Stufe, *f.*	Filter: next coarser grade
Grobfilter, *m.*	coarse filter
Grobfiltration, *f.*	coarse filtration

Grobfraktionen, *f. pl.*	Grobgut: coarse fractions
grobkörnig	coarse-grained
grobmaschig	wide meshed, wide-mesh …
Grobpartikel, *n. pl.*	coarse particles
Grobschmutz, *m.*, grober Schmutz, *m.*	coarse dirt
Grobstaubfilter, *m.*	coarse dust filter
gröbste Schmutzpartikel, *n. pl.*	coarsest dirt particles
Grobvlies, *n.*	coarse fleece (e.g. coarse filter fleece)
groß dimensioniert	large, generously dimensioned
Größe, *f.*	size, quantity (e.g. measurable quantity), factor, variable, magnitude
Großfilteranlage, *f.*	large-scale filter system
großflächig	large-surface …, large-area …
Großgewässerbereich, *m.*	area near large surface waters
Großkühler, *m.*	high-capacity cooler
Großkunde, *m.*	key account, key account customer, major account, major customer
Großserienfertigung, *f.*	large batch production
Größtkorn, *n.*	maximum grain size
Großverdichter, *m.*	high-capacity compressor, large compressor
großvolumig	large-volume
großvolumiger Filter, *m.*	large-volume filter
Grundablass, *m.*	bottom outlet
Grundanforderungen, *f. pl.*	basic requirements, prerequisites
Grundeinstellung, *f.*	basic setting
Grundfläche, *f.*	Gerät/Maschine: base area
	– Bodenfläche: floor area (required)
Grundgerät, *n.*	standard device
Grundierung, *f.*	Farbe: primary coating, primer
Grundlagen, physikalische, *f. pl.*	physical fundamentals (e.g. mathematical and physical fundamentals)
Grundlagenforschung, *f.*	basic research
Grundlast, *f.*	base load (e.g. base load compressor)
Grundplatte, *f.*	baseplate
Grundrahmen, *m.*	base frame (e.g. heavy-duty steel base frame), main frame, supporting frame
Grundreinigung, *f.*	general cleaning
grundsätzlich	as a rule, fundamentally, in principle, basically
Grundschmierung, *f.*	basic lube, basic lubrication, basic lube oil
Grundtyp, *m.*	basic type
GSE-Filter, *m.* (Gesteinsschicht-Elektrofilter)	rock-layer electrofilter (RLE, e.g. for rough filtering at the water inlet)
gültig ab	valid as from, as from
	– Bestimmung: effective as from
Gummileitung, *f.*	rubber-insulated cable (e.g. silicone rubber insulated cable)
Gurtrohrzange, *f.*	strap wrench
Guss, aus einem Guss, *m.*	monobloc casting, single casting
Gussrohr, *n.*	cast-iron pipe
gut sichtbar	well visible, easily visible
gut und stramm	z. B. Filtersackbefestigung: firm and tight
Gutachten, *n.*	expert opinion, report
Gütezeichen, *n.*	quality mark

G

H1-Öl	H1 oil
Haarhygrometer, *m.*	hair hygrometer
Haarriss, *m.*	hairline crack
haften, kleben	adhere, stick, bon
Haftfestigkeit, *f.*	adhesiveness, bonding strength
Haftreibung, *f.*	static friction, stiction (Stiction is a form of friction characterizing resistance at the start of movement. It is a frequently found valve problem in the process industry.)
Haftung, *f.*	technisch: adhesion
	– rechtlich: liability
	– Haftungsanspruch: liability claim
	– Haftungsbeschränkung: limitation of liability
Haftung ausgeschlossen, *f.*	liability excluded
Haftzugfestigkeit, *f.*	adhesive tensile strength
Hahn, *m.*	Wasserhahn: tap
Haken und Öse	hook and eye
halbfest	Material: semi-solid
halbhermetisch	semi-hermetic
Halbleiterindustrie, *f.*	semiconductor industry
Halbzeug, *n.*	semi-finished products, semi-finishes
halogenfrei	halogen-free
haltbar	durable
Haltbarkeit, *f.*	durability
	– Lagerfähigkeit: storage life, shelf life
Haltbarkeitsdatum, *n.*	use-by date, best before end …, expiry date, shelf life
Haltbarkeitsgarantie, *f.*	durability guarantee (e.g. 2-year durability guarantee)
Halteband, *n.*	holding strap
Haltebügel, *m.*	Installation: fixing clamps
Halter, *m.*	holder (e.g. filter holder)
Halterung, Haltevorrichtung, *f.*	mounting elements, fastener, fixing system, holding device
Haltestift, *m.*	fixing pin
Haltevermögen für Feuchtigkeit, *n.*	capacity for retaining moisture, moisture retention capacity
Haltewinkel, *m.*	fixing bracket, mounting bracket
Hand, aus einer Hand, *f.*	from one source, from a single source
Hand, per Hand	by hand, manual

Handablass, *m.*	manual drain, manual outlet valve, hand-operated discharge system
	Ableiter: manual drain, *siehe* Handablassventil
Handablassventil, *n.*	manual outlet valve, manual drain valve
Handabsperrventil	hand-operated shut-off valve
3/2-Wege-Handabsperrventil, *n.*	3/2-Wege-Handabsperrventil: hand-operated 3/2-way shutoff valve
handbetätigt	hand-operated, manually operated
Handbuch, *n.*	manual
Handelsgüte, *f.*	commercial grade
Handelsname, *m.*	trade name
Handelsprofi, *m.*	sales pro, sales professional
handelsüblich	commercially available, standard, customary, standard type
	– aus handelsüblichen Gründen: for reasons of standard commercial practice
handelsüblicher Trichter, *m.*	standard funnel
Handentleeren, *n.*	manual drainage, manual draining
handfest	hand-tight, by hand only
Handfeuerlöscher, *m.*	portable fire extinguisher
Handgerät, *n.*	hand-held appliance
Handhabung, einfache Handhabung, *f.*	easy to use, simple handling
Handkolben, *m.*	hand piston
Händler, *m.*	Plural: dealers and distributors
	– autorisierter Händler: authorized dealer
Händlerschulung, *f.*	dealer training
Handlungsbedarf, *m.*	need for action
Handmessgerät, *n.*	hand-held measuring instrument
Handöffnung, *f.*	handhole (z. B. für Kontrolle)
	– Handlochdeckel: handhole lid
Handpumpe, *f.*	hand pump, hand-operated pump
Handschuhkasten, *m.*	Labor: glove box
Handventil, *n.*	manual valve, manually actuated valve
Handverstellung, *f.*	manual adjustment
hängende Last, *f.*	suspended load
Hannovermesse, *f.*	Hannover Trade Fair
hardcoatiert	hard coated, protected by hard coating
harmonisierte Normen, *f. pl.*	EU: harmonized standards
Harmonisiertes Zoll-System, *n.*	Harmonized Customs System (Harmonized Commodity Description and Coding System of the World Customs Organization)
Harnstoff, *m.*	urea
Hart-Coat, *n.*	hard coat
	– Hart-Coat-Beschichtung: hard-coat surface (e.g. non-stick hard-coat surface)
	– Hart-Coat-Schicht: hard coating (e.g. scratch resistant hard coating on plastic)
	– Hart-Coat-Schutz: hard-coat protection
	– galvanisch aufgetragen: electroplated
Härter, *m.*	hardener
	– Härtemittel: hardening agent
	– Härterkomponente: curing component (z. B. für Plastik, Farben, Klebstoff)

Hartfaser, *f.*	hard fibre
Hartmetall, *n.*	hard metal (e.g. hard-metal tipped tool)
hartnäckige Verschmutzung, *f.*	stubborn dirt
Härtungsmittel, *n.*	Plastikherstellung: curing agent, curing component
hartverchromt	hard chrome plated
Harz, *n.*	resin
	– gehärtetes Harz: cured resin
Harzdämpfe, *m. pl.*	resin vapours
Harzlösung, *f.*	resin solution
Harzrückspülbehälter, *m.*	resin backwash tank
Haube gegen Verschmutzungen, *f.*	dirt-protection cover
Haube, *f.*	hood (e.g. air extraction hood and spray booth)
Haubenabsaugevorrichtung, *f.*	hood exhauster
Haubenaufdruck, *m.*	cover marking
Haubendichtung, *f.*	cover seal
Haubenoberteil, *n.*	top of cover
Haubenunterteil, *n.*	bottom of cover
Hauptalarm, *m.*	main alarm (e.g. adjustable pre-alarm and main alarm levels of a measuring instrument)
Hauptanschluss, *m.*	Strom: mains connection
Hauptanwendungen, *f. pl.*	main applications
Hauptfilterkartusche, *f.*	main filter cartridge
Hauptfilterstufe, *f.*	main filter stage
Hauptgruppe, *f.*	main category, main group
Hauptkunde, *m.*	key account
Hauptleitung, *f.*	main pipe, main line
Hauptluftstrom, *m.*	main air flow
Hauptplatine, *f.*	main board, main PCB
Hauptschalter, *m.*	master switch, mains switch
	– elektrischer Hauptschalter: electrical master switch
Hauptspannung, *f.*	el.: primary voltage
	– mechanisch: main stress
Hauptspeicher, *m.*	main memory
Hauptstrom, *m.*	Luft: main (volumetric) flow
Hauptstromfilter, *m.*	main flow filter
Hauptventilblock, *m.*	main valve block
Hauptzugventilator, *m.*	main draught fan
Hausgebrauch, für den Hausgebrauch, *m.*	for domestic use
Haushaltsfilter, *m.*	domestic filter
Haushaltsspülmittel, mildes, *n.*	mild detergent
Haustechnik, *f.*	building services (e.g. electricity supply, water supply, wastewater drainage), building services plant & systems, building services installations
	– Haustechniksteuerung: building services control
	– Haustechnikplanung: building services design
	siehe Gebäudetechnik
HDTV-CCD-Kamera, *f.*	HDTV CCD camera
Heatless-Adsorptionstrockner, *m.*	heatless adsorption dryer
	– mit Trockenmittel: heatless desiccant dryer
Hebebühne, *f.*	lifting platform

H

Hebegerät, Hebezeug, *n.*	lifting tackle, hoisting/lifting gear, hoist, hoisting device, lifting equipment
Hebegurt, *m.*	lifting strap
Hebel, *m.*	lever
	– Hebelschalter: lever switch
Hebelarm, *m.*	lever arm
Hebelöse, *f.*	lifting lug
Hebevorrichtung, *f.*, Hebewerkzeug, *n.*	*siehe* Hebegerät
heftige Reaktion, *f.*	Chemie: vigorous reaction
heftiger Stoss, *m.*	strong impact
Heißdampf, *m.*	superheated steam (with temperature above boiling point of water)
Heißdampfstrahler, *m.*	hot-steam jet cleaner
Heißgas, *n.*	hot gas
Heißgas-Bypassregler, *m.*	hot-gas bypass regulator
Heißluftdesorption, *f.*	hot-air desorption
Heißluftgebläse, *n.*	hot-air blower
Heißluftstrom, *m.*	hot-air flow, flow of hot air
Heißpunkt, *m.*	hot spot
Heiz- und Isolierelemente, *n. pl.*	heating and insulating elements
Heizanlage, *f.*	heating system
Heizband, *n.*	heating tape, trace heating tape
	– Begleitheizung: trace heating system
Heizelement, *n.*	heating element
Heizgerät, *n.*	heater, heating system
Heizleistung, *f.*	abgegebene: heat output, wattage
Heizöl, *n.*	heating oil, fuel oil
Heizpatrone, *f.*	heating cartridge
	– Hochleistungsheizpatrone: high performance heating cartridge
Heizspirale, *f.*	heating spiral
Heizspule, *f.*	heating coil
Heizstab, *m.*	heating rod, heating element
	– integrierter Heizstab: integrated heating element
Heizstableistung, *f.*	heating element power
Heiztechnikhersteller, *m.*	heating systems manufacturer
Heizung, *f.*	heating (system), heater, heating unit
Heizungsanschluss, *m.*	heating connection
	– an der Klemmleiste: heating terminal
Heizungsindustrie, *f.*	heating industry (e.g. underfloor heating industry; wood pellet heating industry; solar heating industry)
Heizungsluft, trockene, *f.*	dry heating air
Heizungsmodul, *n.*	heating module
Heizungsrelais, *n.*	heating relay
Heizungssensorik, *f.*	sensor system for heating (installations)
Heizwendelschweißformteile, *n. pl.*	resistance weld fittings
Heizwendelschweißmuffen, *f. pl.*	resistance weld couplings
Heizwendel-Schweißtechnik, *f.*	resistance welding
Heizwendel-Schweißverbindung, *f.*	resistance weld
Helligkeit, *f.*	Display: brightness
Heptadekan, Heptadecan, *n.*	heptadecane

herausdrehen	remove by turning
	– Schraube: unscrew
herausgucken	stick out (z. B. Niveaumelder)
heraushebeln	lever off
herausnehmen	remove
	– herausnehmbar: removable (e.g. easily removable)
herausschrauben	unscrew (and remove)
Herbizid, *n.*, Unkrautbekämpfungs-mittel, *n.*	herbicide, weedkiller
Herstelldatum, *n.*	date of manufacture
Herstellerangaben, *f. pl.*	manufacturer's data (e.g. manufacturer's data sheet)
Herstellerbescheinigung, *f.*	manufacturer's certificate
Herstellererklärung, *f.*	manufacturer's declaration (e.g. manufacturer's declaration of conformity)
Herstellergarantie erlischt, f.	manufacturer's warranty will no longer be valid, manufacturer's warranty is invalidated
Herstellerhaftung, *f.*	manufacturer's liability
herstellerseitig geprüft	works tested
Herstellerservice, *m.*	manufacturer's service
Herstellerwerk, *n.*	manufacturing facility, manufacturing plant
Herstell-Nr., *f.*	production No.
Herstellungsdatum, *n.*	production date
Herstellungsort, *m.*	place of manufacture
Herstellungstoleranz, *f.*	manufacturing tolerance
Herstellungsverfahren, *n.*	production technique
Herunterfahren, *n.*	Vorgang: shut-down procedure
herunterkühlen	cool down
heterogener Katalysator, *m.*	heterogeneous catalyst (*siehe* homogener Katalysator)
Hexadekan, *n.*	hexadecane
HGB (Handelsgesetzbuch), *n.*	German Commercial Code
Hightech-Material, *n.*	high-tech material
Hilfseinrichtung, *f.*	auxiliary equipment
Hilfsenergie, *f.*	auxiliary energy, auxiliary power
Hilfsmembrane, *f.*	auxiliary membrane
Hilfspumpe	auxiliary pump, *siehe* Zusatzpumpe
Hilfsstoff, *m.*	auxiliary material/substance, auxiliary agent
Hindernis, *n.*	obstruction (z. B. in einem Rohr)
hinter, nach	Fließvorgang: downstream
hintereinanderliegend	successively arranged, arranged in tandem
Hinweis, *m.*	note (e.g. safety pictogram)
	– Bedienungsanleitung: notes and rules
	– Sicherheitshinweise: safety rules, safety notes, safety warnings, safety information, safety instructions
Hinweise des Herstellers, *m. pl.*	manufacturer's instructions, manufacturer's information
Hinweisschild, *n.*	indicating label, marker (showing the position of something)
Hitzdraht-Durchflussmesser, *m.*	hot-wire flowmeter
hitzebeständig	heat-resistant, resistant to heat
Hitzestau, *m.*	heat accumulation, hot spot
hoch ausgelastet	working to (more or less) full capacity, with high capacity utilization

H

hochaktive Aktivkohle, *f.*	highly activated carbon
hochbeansprucht	highly stressed
hochbeständig	highly resistant
	– chemisch hochbeständig: chemically highly resistant
Hochdruck, *m.*	high pressure
Hochdruck-Adsorptionstrockner, *m.*	high-pressure adsorption dryer
Hochdruckanwendung, *f.*	high pressure application
Hochdruckbereich, *m.*	high pressure range
Hochdruckdampf, *m.*	high-pressure steam, HP steam
Hochdruck-Druckluftsystem, *n.*	high-pressure compressed air system
Hochdruckeinsatz, *m.*	*siehe* Hochdruckanwendung
Hochdruckentlastungskammer, *f.*	high-pressure relief chamber, HP relief chamber
Hochdruckfilter, *m.*	high pressure filter (e.g. in-line high pressure filter, built-in high pressure filter)
Hochdruck-Flüssigkeits-chromatografie, *f.*	high-pressure liquid chromatography
Hochdruckmanometer, *m.*	high pressure gauge
Hochdruckpumpe, *f.*	high pressure pump
Hochdruckreiniger, *m.*	high pressure cleaner
Hochdruckreinigung, *f.*	high pressure cleaning
Hochdruckschalter, *m.*	high pressure switch
Hochdruckseite (HD-Seite), *f.*	high-pressure side, HP side
Hochdruckspülung, *f.*	high pressure flushing
Hochdrucksystem, *n.*	high pressure system
Hochdrucktrockner, *m.*	high pressure dryer
	– Hochdrucktrocknung: high pressure drying
Hochdruckvariante, *f.*	high pressure variant
Hochdruckverdichter, *m.*	high pressure compressor
Hochdruck-Wasserabscheider, *m.*	high pressure water separator
hocheffizient	highly efficient
hochentwickelt	advanced, sophisticated, incorporating the latest technology
hochexplosiv	highly explosive
hochfahren, PC	booting
hochfahren, Produktion	raise, step up, increase
hochfest	high-strength
hochfester Stahl, *m.*	high-strength steel
Hochfeuchteeinsatz, *m.*	high humidity application
hochgenau	high-precision
hochklappen	lift up, open up
Hochlaufen, *f.*	running up, PC: booting
Hochleistungsbeschichtung, *f.*	high-tech coating
Hochleistungs-Borsilikat-Glasfasergewebe, *n.*	high-capacity boron silicate glass-fibre fabric
Hochleistungsdruckluftfilter, *m.*	high-performance compressed air filter
Hochleistungsfilter, *m.*	high-efficiency filter
Hochleistungs-Flüssigkeits-chromatografie, *f.*	high-performance liquid chromatography
Hochleistungsheizpatrone, *f.*	high-performance heating cartridge
Hochleistungsschmierfett, *n.*	heavy-duty lubricating grease (e.g. for grease-packed spindle to reduce friction and wear)
Hochleistungstrockner, *m.*	high-efficiency dryer

hochmodern	*siehe* hochentwickelt
Hochofen, *m.*	furnace (e.g. state-of-the-art furnaces)
hochpräzis	highly accurate, high-precision
hochreaktiv	chem.: highly reactive
hochreine Luft, *f.*	high-purity air, highly purified air
hochreines Wasser, *n.*	high-purity water (e.g. for materials testing)
hochselektiv	highly selective
hochselektive Membrane, *f.*	high-selective membrane
hochsensibel	highly sensitive
Hochspannungsbereich, *m.*	el.: high-voltage area
Hochspannungsentladung, *f.*	el.: high-voltage discharge
Hochspannungsleitung, *f.*	el.: high-voltage line
Hochspannungsröhre, *f.*	el.: high-voltage tube
Hochspannungsspule, *f.*	el.: high-voltage coil
Höchstbelastung, *f.*	peak load(ing), peak conditions
höchste DTP-Absenkung, *f.*	maximum PDP lowering/PDP suppression (Dryers remove water vapour from the air and this lowers its dewpoint, i.e., the temperature at which the moisture in the air will start to condense.)
Höchstgrenze, *f.*	Verschmutzung: max. permissible concentration, max. permissible limit
Höchstleistung, *f.*	peak performance
höchstzulässig	maximum permissible
hochtemperaturbeständig	high-temperature resistant, resistant to high temperatures
Hochtemperaturfilter, *m.*	high-temperature filter
Hochtemperaturgas, *n.*	high-temperature gas
Hochtemperatur-Staubfilter, *m.*	high-temperature dust filter
hochtourige Laborzentrifuge, *f.*	high-speed laboratory centrifuge
hochviskos	highly viscous (e.g. highly viscous liquids)
hochwertig	high-quality, top quality, high-tech, sophisticated, exclusive, excellent, perfect, superior
hochwirksam	highly effective, high-efficiency (e.g. high-efficiency water separators)
hohe elektrische Spannung, *f.*	el.: high voltage
hohe technische Qualität, *f.*	(to a) high technical standard
höhengleich	at the same level
höhenverstellbar	adjustable for height, vertically adjustable
höhere Gewalt, *f.*	force majeure
höherwertig	superior
Hohlfaserfilter, *m.*	hollow-fibre filter
Hohlfasermembranen, *f. pl.*	hollow-fibre membranes
Hohlfasern, *f. pl.*	hollow fibres
Hohlkörper, *m.*	Formteil: hollow part, hollow article, hollow body
Hohlraum, *m.*	cavity – Filterpore: void
Hohlzylinder, *m.*	hollow cylinder
Holzkiste, *f.*	Versand: wooden crate
homogener Katalysator, *m.*	homogeneous catalyst
Homogenität, *f.*	homogeneity
hörbar	audible
horizontal eingebaut	horizontally installed

H

Horizontal-Trockenelektrofilter, *m.*	horizontal-type dry electrostatic precipitator
Hosenrohr, *n.*	Y-branch, wye branch
HP-Entlastungskammer, Hochdruck-entlastungskammer, *f.*	HP relief chamber (high-pressure relief chamber)
HP-Ventil, *n.*	HP valve
Hub- und Transportmittel, *n. pl.*	lifting and transport equipment
Hub, *m.*, Hublänge, *f.*	Kolben: stroke, travel
	Ventil: lift, valve lift
Hubbühne, *f.*	lifting platform
Hubhöhe, *f.*	Membranventil: (short/long) diaphragm travel
Hubkolbenverdichter, *m.*	reciprocating piston compressor, piston compressor
Hubvolumen, *n.*	Kompressor: displacement volume (Theoretical volume of a compressor, <u>not</u> to be used for calculating the size of compressor required.)
Hubvolumenstrom, *m.*	Kompressor: volumetric flow capacity
Hubwagen, *m.*	lift truck
Hülle, *f.*	cover, enclosure, sleeve, envelope
Hüllrohr, *n.*	jacket pipe
Hülse, *f.*	sleeve (autom. Schweißen)
Hybridlager, *n.*	hybrid bearings
Hydraulikantrieb, *m.*	hydraulic drive
Hydraulikfilter, *m.*	hydraulic filter
Hydraulikflüssigkeit, *f.*	hydraulic fluid/liquid (usually based on mineral oil or water)
Hydraulikleitung, *f.*	hydraulic line
Hydraulikölkessel, *m.*	hydraulic oil reservoir
Hydraulikschlauch, *m.*	hydraulic hose
Hydraulikzylinder, *m.*	hydraulic cylinder
hydraulisch angetrieben	hydraulically operated (e.g. hydraulically operated control valve)
hydraulische Anwendung, *f.*	hydraulic application
hydraulische Leitfähigkeit, *f.*	hydraulic conductivity
hydraulischer Antrieb, *m.*	hydrostatic drive
hydraulischer Druck, *m.*	(at a) hydraulic pressure
hydraulischer Rohrvortrieb unter Druckluft, *m.*	pipe jacking under compressed air
hydraulischer Stoß, *m.*	hydraulic shock, hydraulic impact
hydraulisches Gefälle, *n.*	hydraulic gradient, *siehe* Druckgefälle
hydrodynamische Schmierung, *f.*	hydrodynamic lubrication
hydrophil	hydrophilic (water-attracting)
hydrophob	hydrophobic (water-repellent)
hydropneumatisch	hydropneumatic
Hydropumpe, *f.*	hydrostatic pump
Hydroxydflocken, *f. pl.*	hydroxide flocs
hygienisch unbedenklich	hygienically safe, hygienic safety
Hygrometer, m.	hygrometer
hygroskopisch	hygroscopic (water-absorbing)
	– stark hygroskopisch: strongly hygroscopic (e.g. desiccant), extremely hygroscopic
Hypochlorsäure, *f.*	hypochloric acid
Hysterese, *f.*	hysteresis (lagging behind or retardation of an effect)

I (Strom, Stromstärke)	I (current), z. B.: I max.
I/O-Platine, *f.*	I/O board (input/output board)
IBC	Intermediate Bulk Container (IBC, plural IBCs)
ICAO/IATA	ICAO/IATA (agreement for the transport of dangerous goods by air)
im Freien	outdoors, outside
IMDG	IMDG (EU agreement for the transport of dangerous goods by seagoing vessels)
Immersionsversuch, *m.*	immersion test
Impinger-Kolonne, *f.*	impinger column (measurement of air or gas)
imprägnieren	impregnate
Imprägnierung, *f.*	impregnation
impulsartiger Abrieb, *m.*	pulsation-driven abrasion
Impulsausgang, *m.*	Messgerät: pulse output (e.g. independent pulse output signals)
Impulsklappe, *f.*	pulse damper
in EXCEL	under EXCEL
in Form von	in the form of (e.g. carbon dioxide)
in Reihe betreiben	operate in series
Inaugenscheinnahme, *f.*	visual inspection
Inbetriebnahme, *f.*	putting into operation, putting into service (in the EU this means the first use of products by an end user), startup (e.g. plant startup and shutdown procedures)
	– Erstinbetriebnahme: commissioning, initial startup
Inbetriebnahmeprotokoll, *n.*	commissioning log book
Inbusschlüssel, *m.*	Allan key, hexagon socket screw key
Indikatorfilter, *m.*	indicator filter
Indikatorröhrchen, *n.*	indicator tube
Indikatorstift, *m.*	indicator pin (autom. Schweißen)
Indirekteinleitung, *f.*	indirect discharge (e.g. indirect discharge of treated wastewater into unsaturated soil; indirect clean-water discharge)
indirektes Messverfahren, *n.*	indirect measuring method
induktive Last, *f.*	el.: inductive load
induktiver Durchflussmesser, *m.*	inductive flowmeter
Induktivität, *f.*	el.: inductance
Industrieabfälle, *m. pl.*	industrial waste

Industrieabwasser, *n.*	industrial wastewater, industrial effluent (e.g. sewage and industrial effluent)
Industrieanlage, *f.*	industrial plant
	– Ausrüstung: industrial equipment
Industrieanwendungen, *f. pl.*	industrial applications
Industrieelektronik, *f.*	industrial electronics
Industriegift, *n.*	industrial toxicant
industriell hergestellt	factory produced, manufactured
industrielle Absaugvorrichtung, *f.*	industrial vacuum device
industrielle Fertigung, *f.*	manufacturing, manufacturing industry
Industriestandard, *m.*	industrial standard (e.g. industrial standard pumps)
Industrietechnik, *f.*	industrial engineering
ineinander gestülpt	interstacked
ineinander löslich	mutually soluble
Inenn (Nennstrom, I = int. Symbol für Strom)	el.: Inom
inert spülen	inert rinsing
inertes Filtermaterial, *n.*	inert filter material
Inertgas, *n.*	inert gas, inactive gas
	– Inertgasversorgung: inert gas supply
Inertisierung, *f.*	inerting (e.g. nitrogen foam inerting)
Infiltrat, *n.*	(the) infiltrate
Infiltration, *f.*	infiltration
Infiltrationsleitung, *f.*	infiltration piping
infiltrieren, wieder	re-infiltrate
Informationsmaterial, *n.*	information material
Informationstiefe, *f.*	depth of information
Infrarotkamera, *f.*	infrared camera
Ingenieurleistung, *f.*	engineering (service)
Inhalt, *m.*	allgemein: contents
	Behälter: content, volume, capacity (Fassungsvermögen)
Inhaltsstoff, *m.*	constituent (e.g. chemical constituents of a substance), component
Inhomogenität, *f.*	inhomogeneity
Injektorlanze, *f.*	injection pipe (groundwater remediation), injection lance (e.g. for spraying through a nozzle)
inkrementale Wegmessung, *f.*	incremental position measurement
Inkrustation, *f.*	encrustation, scale
Inline-Filtersystem, *n.*	in-line filter system
Inline-Messung, *f.*	in-line measurement
Inline-Photometrie, *f.*	in-line photometry
Inline-Prozessphotometer, *m.*	in-line process photometer
Innenansicht, *f.*	interior view
Innenauskleidung, *f.*	inner lining
Innenbereich, *m.*	Gebäude: indoors, interior area, inside
Innendienst, *m.*	in-house services
Innendruck, *m.*	internal pressure (z. B. im Druckbehälter)
innendruckbeansprucht	under internal pressure
Innendruckbelastung, *f.*	Druckbehälter: internal pressure load
Innendruckkraft, *m.*	Druckbehälter: internal pressure force
Innendurchmesser (di), *m.*	internal diameter, inside diameter (inside dia., I.D. (oder i.d.))

Innengewinde, f.	internal thread (e.g. p.t. ½" internal thread), female thread
Innenkühlung, f.	internal cooling
	– Innenluftkühlung: internal air cooling
Innenleben, f.	Maschine, Apparat: inner workings
innenliegend	interior, inside
Innenluftspülung, f.	(supply of) internal rinsing air
Innenmaß, f.	internal dimension
Innenradius, m.	inner radius
Innenraumeinbau, m.	indoor installation
Innenraumfilter, m.	Kabine: cabin air filter
Innenraumluftqualität, f.	indoor air quality
Innenreinigung, f.	internal cleaning (z. B. eines Containers)
Innenteile, n. pl.	internal parts
Innentrocknung, f.	internal drying
Innenwand, f.	inner wall (z. B. eines Rohres)
	– Innenwandungsfläche (Rohr): inner wall surface
Innenwiderstand, m.	internal resistance
innere Bindung, f.	inner bond
innere Energie, f.	internal energy (z. B. von Gas)
innere Entladung, f.	el.: internal discharge
innere Prüfung, f.	internal test (z. B. Druckprüfung)
Inspektions- und Wartungs-vertrag, m.	inspection and maintenance contract
Inspektionsöffnung, f.	inspection window
Installateur, Klempner, m.	plumber
	– Rohr: pipe fitter
Installation im Außenbereich, f.	outdoor installation, installation outdoors
Installations- u. Betriebsanleitung, f.	instructions for installation and operation
Installationsbeispiel, n.	installation example
Installationsdiagramm, n.	installation diagram
Installationsmaterial, n.	installation material
Installationsort, m.	place of installation
Installationsset, n.	installation set
Installationsvariante, f.	installation option
installierte Verdichterleistung, f.	installed compressor capacity
Instandhaltung, f.	maintenance, upkeep
	– Sanierung: renovation
Instandsetzen, n.	repair, overhaul
	– Instandsetzungsarbeiten: repair work
	– fehlerbehebende Wartung: corrective maintenance
Institut für Energie- und Umwelt-technik, n.	Institute of Energy and Environmental Technology
Instrumentenluft, f.	instrument air
Integrationsfähigkeit, f.	ease of integration, integration capacity
integratives Konzept, n.	integrative concept
integrierbar	can be integrated, suitable for integration
	– gut integrierbar: easily integrated
integrierte Schaltung (IS), f.	integrated circuit (IC)
Integritätstest, m.	Filter: integrity test
intelligente Steuerung, f.	intelligent control
intermittierend	intermittent

intermittierender Betrieb, *m.*	intermittent operation
intern	internal, in-house
	– nur für internen Gebrauch: for internal use ony
interne Spannungsversorgung, *f.*	internal power supply
internes System, *n.*	in-house system
Intervallbetrieb, *m.*	Kompressor: interval operation
Intervallschmierung, *f.*	interval lubrication
Investitionskosten, *pl.*	investment costs, up-front costs, capital outlay costs
Investitionsrentabilität, *f.*	return on investment
Ionenaustauscher, *m.*	ion exchanger
Ionenaustausch-Verfahren, *n.*	ion exchange method
Ionenchromatografie, *f.*	ion chromatography
Ionenstrom, *m.*	ion current
	– Gesamtionenstrom: total ion current (TIC)
IP-Schutzgrad, *m.*	degree of IP protection, IP protection class (IP = International protection)
(Bei elektrischen Geräten definiert der IP-Schutzgrad den Schutz gegen Fremdkörper sowie das Eindringen von Wasser.)	
IR-Bereich, *m.*	IR range (infrared)
Irrtümer vorbehalten	errors and omissions excepted (E&OE)
IR-spektrografische Bestimmung, *f.*	determination by IR-spectroscopy
ISO, z. B. nach ISO 9001 gefertigt	manufactured to ISO 9001 (standards)
Isocyanat, *n.*	isocyanate (hochreaktive Verbindung zur Herstellung von z. B. Polyurethan)
isokinetische Messung, *f.*	isokinetic sampling (collecting of airborne particulate matter for the purpose of measurement)
isokinetische Probenahme, *f.*	isokinetic sampling
Isoliermasse, *f.*	insulating compound, insulating paste
Isoliermatte, *f.*	insulating mat
Isolierschalen, *f. pl.*	insulation shells, insulating shells
Isolierschicht, *f.*	insulating layer
Isolierstoff, *m.*	insulating material, insulant
Isolierung, *f.*	insulation (z. B. gegen zu hohe/niedrige Temperaturen)
isotherm (nicht isothermisch)	isothermal (During isothermal compression the temperature remains constant.)
Ist-Temperatur, *f.*	actual temperature
Ist-Zustand, *m.*	actual condition

Jahresbetriebskosten, *pl.*	annual operating costs
Jahresdurchschnitt, *m.*	annual average
	– jahresdurchschnittlich: average annual
Jahresdurchschnitts-Kondensat-menge, *f.*	average annual condensate quantity
Jahresdurchschnittswerte, *m. pl.*	annual mean values
Jahreskondensatmenge, *f.*	annual condensate quantity
jahreszeitlich	seasonal, season-related
jahreszeitliche Schwankung, *f.*	seasonal variation
justieren	adjust, align, *siehe* kalibrieren
Justierschraube, *f.*	adjustment screw, set screw
Justierung, *f.*	adjustment
	– neue Justierung: readjustment
Just-in-time-Belieferung, *f.*	just-in time delivery

Kabel, *n.*	cable
Kabelabschluss, *m.*	cable termination
	types of cable termination:
	– stripped, with wire end ferrules
	– stripped, with ends tin-soldered
	– ends prepared by crimping (prior to soldering)
	– ends with receptacles for tabs
	– special hifi connector
	– ends with right-angle receptacles
	– semi-strip (fan-out protection)
	– tin-soldered end with ring terminal
Kabelanschluss, *m.*	cable connection
Kabelausführung, *f.*	cable type
Kabelbinder, *m.*	cable binder, cable banding
Kabelbruch, *m.*	cable break
Kabeldurchführung, *f.*	Stutzen: cable gland (z. B. PG9)
	– allgemein: cable fitting, *siehe* auch Kabeleinführung
Kabeldurchmesser, *m.*	cable diameter
Kabeleinführung, *f.*	cable entry
Kabelführung, *f.*	cable routing
Kabelgarnitur, *f.*	cable fittings
Kabelkanal, *m.*	cable duct
Kabelmantel, *m.*	cable jacket, cable sheath
Kabelmesser, *m.*	cable stripping knife
Kabelquerschnitt, *m.*	cable cross-section
Kabelschirm, *m.*, Kabelabschirmung, *f.*	cable shield
Kabelstecker, *m.*	cable plug
Kabeltrasse, *f.*	cable route
Kabelverlegung, *f.*	cable installation, cable laying
Kabelverschraubung, *f.*	cable fitting
	– Stutzen: screwed cable gland (z. B. PG 11)
Kalandrieren, *n.*	calendering (z. B. Gummiverarbeitung)
kalibrieren	calibrate
Kalibriergerät, *n.*	calibration device
Kalibrierlabor, *n.*	calibration laboratory (e.g. accredited calibration laboratory, test & calibration laboratory)
Kalibrierverfahren, *n.*	calibration method

Kaliumhydroxid, *n.*	potassium hydroxide
Kalkablagerung, *f.*	furring up (e.g. blocked and furred up pipes), calcification, *siehe* Verkrustung
Kalkfilter, *m.*	anti-scale filter
Kalkmilch, *f.*	milk of lime (suspension of slaked lime in water used for flue gas treatment)
Kalkulationsprogramm, *n.*	spreadsheet program – Kalkulationstabelle: spreadsheet
kalorimetrisch	calorimetric (Wärmemengenmessung)
kalorimetrische Messung, *f.*	calorimetric measurement
kalte Druckluft, *f.*	low-temperature compressed air
Kälteaggregat, *n.*	refrigerating unit
Kälteanlage, *f.*	cooling system, cooling plant, refrigerating plant
Kälteanlagen u. Wärmepumpen, *f. pl.,* harmonisierte Normen, EN 378 1-4	Refrigerating Systems and Heat Pumps, EN 378 1 to 4 – sicherheitstechnische und umweltrelevante Anforderungen: safety and environmental requirements
Kältebeständigkeit, *f.*	cold resistance, low-temperature resistance
Kältedrucklufttrockner, Kälte-Drucklufttrockner, *m.*	refrigerated compressed air dryer (compressed air refrigeration dryer)
Kälteenergie, *f.*	low-temperature energy, cooling energy
kältegetrocknet	refrigeration-dried
Kälteisolierung, *f.*	low-temperature insulation (z. B. für Rohre)
Kältekompressor, *m.*	refrigeration compressor
Kältekreis, Kältekreislauf, *m.*	refrigeration circuit, cooling circuit – primärer: primary refrigeration circuit – sekundärer: secondary refrigeration circuit
Kälteleistung, *f.*	– Gerät: refrigeration performance – Kälteenergie: cooling energy – Kälteleistung zurückgewinnen: recover cooling energy
Kältelufttrocknungsanlage, *f.*	refrigeration dryer plant
Kältemaschine, *f.*	refrigerating machine
Kältemittel, *n.*	refrigerant
Kältemittel/Luft-Wärmetauscher, *m.*	refrigerant/air heat exchanger
Kältemittelaustritt, *m.*	leakage of refrigerant
Kältemitteldampf, *m.*	refrigerant vapour
Kältemittelheißgas, *n.*	refrigerant hot gas
Kältemittelkondensator, *m.*	refrigerant condenser
Kältemittelkreislauf, *m.*	refrigerant circuit, *siehe* Kältekreis
kältemittelseitig	on the refrigerant side
Kältemittelstand, *m.*	refrigerant level
Kältemitteltrockner, *m.*	refrigerant dryer (e.g. integrated refrigerant dryer and filtration system)
Kältemittelverdichter, *m.*	refrigerant compressor
Kältemittelverflüssiger, *m.*	refrigerant condenser
kältespeichernde Wirkung, *f.*	cold-storage effect
Kältetechnik, *f.*	refrigeration engineering, cryo-engineering (z. B. mit Flüssigstickstoff)
kältetechnische Anwendung, *f.*	refrigeration application
Kältetestkammer, *f.*	low-temperature test chamber
Kältetrockner, *m.*	refrigeration dryer (e.g. to dry the ring main air), refrigerated dryer

Kältetrocknerleistung, *f.*	refrigeration dryer performance
Kältetrocknung, *f.*	refrigeration drying
Kälteverlust, *m.*	temperature rise
Kaltgaspolieren, *n.*	cold gas polishing (z. B. von Lackschichten)
Kaltleitertemperaturfühler, *m.*	PTC thermistor detector (PTC = positive temperature coefficient)
Kaltluft, *f.*	cold air, low-temperature air
Kaltluftventil, *n.* ka	cold-air valve
Kaltluftvolumenstrom, *m.*	volumetric flow of cold air, cold air flow rate
kaltregeneriert	cold-regenerated (e.g. cold-regenerated adsorption dryer), heatless regenerated
Kaltregenierung, *f.*	Adsorptionstrockner: cold/heatless regeneration
Kaltstartverhalten, *n.*	Verdichter: cold-start performance
kaltverzinkt	cold galvanized
Kamin, *m.*	chimney (for smoke or flue gas), chimney stack (a projecting structure, e.g. above a roof)
Kammerfilter, *m.*	chamber filter (e.g. single chamber filter or multi-chamber filter)
Kammerfilterpresse, *f.*	chamber press, chamber filter press
Kanalisation, *f.*	sewer system, sewerage system
	– öffentliche Kanalisation: public sewer system
Kanalnetz, Abwassernetz, *n.*	sewer network
Kanalverlegung, *f.ka*	duct laying (z. B. für Rohre)
	– Rohrverlegung: pipe laying
Kanalwahltaste, *f.*	channel selector button
Kanister, *m.*	container, can
	– Öl: oil collector
Kapazitätsauslastung, *f.*	capacity utilization
kapazitiv arbeitender Sensor, *m.*	capacitive sensor
kapazitive Niveauerfassung, *f.*	capacitive level measurement
kapazitive Sonde, *f.*	capacitive sensor, capacitive level sensor
kapazitive Überwachungselektronik, *f.*	el.: capacitive electronic monitoring system
Kapazitivverhalten, *f.*	capactive characteristics
kapillare Ansaugung, *f.*	capillary absorption
Kapillarmembrane, *f.*	capillary membrane
Kapillarröhrchen, *n.*	capillary tube
Kapillarwasser, *n.*	capillary water
Kapillarwirkung, *f.*	capillary action
Kappe, *f.*	cap
	– Filterkappe: filter cap
Kapsel, *f.*	enclosure (e.g. of a large heat storage container)
Kapselung, *f.*	enclosure
	– Verguss: encapsulation
Kapselverdichter, *m.*	enclosed compressor (ein Rotationsverdichter, gekapselt)
Karbonschicht, *m.*	carbon layer
Karosseriewerkstätte, *f.*	body repair shop
Kartusche, *f.*	cartridge
	– Filter: filter cartridge
Kartuschenaustritt, *m.*	cartridge outlet
Kartuschentechnologie, *f.*	cartridge technology
Kaskadenschaltung, *f.*	el.: cascade control system (to control the on/off timing of several compressors)

K

Katalysator, *m.*	catalyst
	– Katalysatorwaschkolonne: catalyst scrubber
	– Automobil: catalytic converter
Katalysatorbett, *n.*	catalyst bed
Katalysatorgranulat, *n.*	catalyst granulate
Katalysator-Reaktor, *m.*	catalytic reactor
Katalyse, *f.*	catalysis
Katalysesystem, *n.*	catalytic system
Katalysetechnik, *f.*	catalyst technology
katalysieren	catalyze, act as catalyst
Katalytik-Reaktor, *m.*	catalytic reactor
katalytisch aktiv	catalytically active
katalytisch arbeitend	catalytically operating (e.g. catalytically operating burner)
katalytisch oxidiert	catalytically oxidized
katalytische Anlage, *f.*	catalytic plant
katalytische Druckluftaufbereitung, *f.*	catalytic compressed air treatment
katalytische Oxidation, *f.*	catalytic oxidation
katalytische Verbrennung, *f.*	catalytic combustion
katalytischer Konverter, *m.*	catalytic converter
katalytisches System, *n.*	catalytic system
Kathode, *f.*	cathode (negativ in Bezug auf Anode)
kathodisch	cathodic
Kationenaustauscher, *m.*	cation exchanger
kausale Zusammenhänge, *m. pl.*	causal relationships
Kautschuk, *m.*	rubber
ke-Faktor, *m.*	Druckbehälterberechnung: Ke factor
Kegelfeder, *f.*	conical spring
Kegelgewinde, *n.*	tapered thread
Kegelsitz, *m.*	bevel seat, taper seat
Kegelventil, *n.*	cone valve, plug valve (mit konischem Sitz)
Keime, *m. pl.*	germs (esp. with reference to disease), bacteria
	– Keimübertragung: transfer of germs
keimfrei	sterile
Keimzahl, *f.*	bacterial count (e.g. in a given water sample)
kein Überdruck	atmospheric pressure
Kelvin (Temperatureinheit)	Kelvin, Kelvin scale, degree Kelvin (ohne ° (Gradzeichen) geschrieben!)
	– Symbol: K
Kennbuchstabe, *m.*	identification letter
Kenndaten, *n. pl.*	characteristic data
Kennlinie, *f.*	characteristic, characteristic curve/line
Kennnummer, *f.*	identification number, ID number
Kennwerte, *m. pl.*	characteristics, characteristic values
kennzeichnen	mark, designate
Kennzeichnung, *f.*	marking (e.g. CE marking), labelling (z. B. von Chemikalien), identification, identification marking
	– Kennzeichnung von Hinweisen: safety labelling (dies ist der Begriff in der Übersetzung von DIN 4844), marking of safety warnings
Kennzeichnung von elektrischen Betriebsmitteln (DIN 40719), *f.*	Marking of Electrical Equipment

kennzeichnungspflichtig	subject to CE marking
	– Chemikalien: labelling duty
Kennzeichnungsverfahren, *n.*	marking system, marking technique
Kennziffer, *f.*	ref. number
Keramikfilter, *m.*	ceramic filter (e.g. non-fibrous porous ceramic filter)
keramische Faser, *f.*	ceramic fibre
keramische Trägerschicht, *f.*	ceramic carrier (layer)
keramischer Sensor, *m.*	ceramic sensor (e.g. piezoelectric ceramic sensor)
keramischer Werkstoff, *m.*	ceramic material
Kerbschlagzähigkeit, *f.*	notched impact strength
Kernrohr, *n.*	core pipe, core tube
Kerzenfilter, *m.*	candle filter
Kerzenfiltersieb, *n.*	candle filter mesh
Kerzensieb, *n.*	Filter: candle mesh
	– Kerzensiebeinsatz: candle mesh insert
Kessel, Druckluftkessel, *m.*	receiver, air receiver, compressed-air receiver
Kesseldruck, *m.*	Adsorptionstrockner: chamber pressure
Kesselentwässerung, *f.*	receiver drainage
Kesselkompressor, *m.*	tank compressor (e.g. heavy duty tank compressor)
Kesselsteinbildung, *f.*	scale formation, furring up (z. B. Rohre)
Kettenabreinigung, *f.*	Industriefilter: chain curtain cleaning
Kettenrohrzange, *f.*	chain pipe wrench
Kiesbettfilter, *m.*	gravel bed filter
Kieselfluorwasserstoffsäure, *f.*	fluorosilicic acid
Kieselgel, Kieselsäuregel, *n.*	silica gel
Kieselsäure, *f.*	silicic acid
Kiesfilter, *m.*	gravel filter, gravel packed filter
Kilowattstunde, *f.*	kilowatt-hour (Symbol: kWh, Energieeinheit)
Klappankerventil, *n.*	pivoted-armature valve (eine Magnetventilart)
Klappe, *f.*	flap, gate, lid, door
Kläranlage, *f.*	sewage treatment plant, sewage works, sewage treatment works
Klärschlamm, *m.*	sewage sludge
Klarsichtdeckel, *m.*	transparent cover
Klarwasserpumpe, *f.*	clear water pump
Klarwasser-Sammelwanne, *f.*, Klarwassertank, *m.*	clear-water receiving tank, clear-water tank
Klasse, *f.*	class (z. B. DIN ISO 85731.1)
Klassieren, *n.*	grading, classifying
Klassifikation, *f.*	classification
Klassifizierung, Verpackung und Kennzeichnung von Chemikalien (EG Richtlinie), *f.*	Classification, Packaging and Labelling of Chemicals (EC Directive)
klassische Schadstoffe, *m. pl.*	conventional pollutants
Klebedichtung, *f.*	bonded seal
Klebefähigkeit, *f.*	adhesive strength
Klebefolie, *f.*	adhesive foil
	– Klebestreifen: adhesive tape
Klebeschild, *n.*	sticker

Klebstoff, Kleber, *m.*	adhesive, glue, bonding agent
Kleidung und Schuhwerk, erforderliche	appropriate clothing and footwear
Kleinkompressor, Kleinverdichter, *m.*	small capacity compressor
Kleinspannung, *f.*	el.: extra-low voltage
	– berührbare Kleinspannungsteile: accessible extra-low voltage parts
	– Kleinspannungsbereich: extra-low voltage range
kleinst	minute, minimal, very small
Kleinstbohrer, *m.*	small hole drill
kleinsträumig	small-scale local … (z. B. Luftverwirbelung)
Kleintransformator, *m.*	small transformer
Klemmbock-Stecker, *m.*	clamp connector
Klemme, *f.*	el.: terminal
	– Klemmenanschluss: terminal connection
	– Klemmenbelegung: terminal assignment
Klemme, Klemmschelle, Rohrschelle, *f.*	clamp (with movable jaws),
	– Klammer: clip (e.g. paper clip, clipboard)
klemmen	– Klemmschraube: clamping screw, clamp
Klemmenblock, Klemmblock, *m.*	jam, become stuck
Klemmenkasten, *m.*	el.: terminal block
Klemmenleistenbelegung, *f.*	el.: terminal box, terminal housing
Klemmenleistung, *f.*	el.: terminal strip assignment
Klemmenstecker, *m.*	el.: terminal power
Klemmfeder, *f.*	el.: terminal connector
Klemmleiste, Klemmenleiste, *f.*	clamping spring
Klemmring, *m.*	el.: terminal strip
Klemmschiene, *f.*	clamping ring
Klemmverbindung, *f.*	el.: terminal rail
	clamp connection, clamped joint (z. B. am Rohr), clamping joint
Klettverschluss, *m.*	Velcro fastener
Klick-Montage, *f.*	click mounting (e.g. tool free click mounting)
Klimaanlage, Klimatechnik, *f.*	air-conditioning system, AC system, air conditioning plant
Klimabedingungen, *f. pl.*	climate conditions
Klimaeinflüsse, *m. pl.*	climatic influences
Klimafestigkeit, *f.*	climate proofness, resistance to climatic changes
Klimakammer, *f.*	climatic chamber (z. B. im Labor)
Klimakarte, *f.*	climate map
Klima-Prüfanlage, *f.*	climatic testing facility (e.g. "The climatic testing facility includes a walk-in chamber.")
Klimaschrank, *m.*	climatic cabinet
klimatisierter Raum, *m.*	air-conditioned room
Klimatisierung, *f.*	Labor: climate control
	– Raumklima (Gebäude): air conditioning
Klimatreiber, *m.*	climate forcer (e.g. methane, carbon dioxide)
	– kurzlebige Klimatreiber: short-lived climate forcers
Klimazone, *f.*	climate zone, climatic zone
Klopfung, *f.*	rapping (e.g. for electrostatic precipitator), *siehe* Plattenklopfung

Knickschutz, *m.*	Kabel: anti-kink system
Knickschutzhülle, *f.*	anti-kink sleeve
Knotenpunkt, *m.*	Rohr: junction
Koaleszenzfilter, *m.*	coalescing filter, coalescent filter (to remove particles and moisture from the air supply)
	– Koaleszenz-Feinfilter: coalescing fine filter
Koaleszenzmatte, *f.*	coalescent mat
Koaleszenzseffekt, *m.*	coalescence effect
koaleszieren	coalesce (come together and form one whole, e.g., droplets)
	– koaliert: coalesced, coalescent
koalierende Wirkung, *f.*	coalescence effect
Kodierung, integrierte, *f.*	integrated coding
Koffer, *m.*	z. B. für Messgerät: carrying case
Kohäsionskraft, *f.*	cohesive force
Kohlebürste, *f.*	carbon brush
	– Kohlebürstenset: set of carbon brushes
Kohlefaser, *f.*	carbon fibre
Kohlendioxid, *n.*	carbon dioxide (CO_2)
Kohlendioxidrückgewinnung, CO_2-Rückgewinnung, *f.*	carbon dioxide recovery, CO_2 recovery
Kohlenmonoxid, *n.*	carbon monoxide
Kohlensäure, *f.*	carbonic acid
Kohlenstoff, *m.*	carbon
Kohlenstoffatom, *n.*	carbon atom
Kohlenstoffatomkette, *f.*	carbon chain
	– beliebig lange Kohlenstoffatomketten: carbon chains of variable length
kohlenstoffhaltig	carbonaceous, carbon containing
Kohlenstoffkette, *f.*	carbon chain
Kohlenstoffverbindung, *f.*	carbon compound
Kohlenwasserstoff, KW, *m.*	hydrocarbon, HC (Plural: HCs)
	– Kohlenwasserstoffkonzentration: hydrocarbon concentration
	– Kohlenwasserstoffverbindung: hydrocarbon compound
	– unverbrannte Kohlenwasserstoffe: unburned hydrocarbons (UHCs)
Kohlenwasserstoffanteil, prozentualer, *m.*	percentage of hydrocarbons
Kohlenwasserstoffgehalt, *m.*, Kohlenwasserstoffkonzentration, *f.*	hydrocarbon concentration, hydrocarbon content
kohlenwasserstoffhaltig	hydrocarbon containing (e.g. hydrocarbon-containing gas mixtures/lubricants)
Kohlestaub, *m.*	carbon dust
Kohlewechsel, *m.*	Filter: carbon replacement
Kokillenguss, *m.*	Alu: chill cast aluminium
Kokon, *m.*	cocoon
Kolben, *m.*	piston
	– magnetischer Kolben: magnetic piston
Kolbenmembranpumpe, *f.*	reciprocating diaphragm pump
Kolbenpumpe, *f.*	piston pump

K

Kolbenrückgang, *m.*	return stroke of the piston, piston backstroke
Kolbenventil, *n.*	piston valve
Kolbenverdichter, Kolben-kompressor, *m.*	piston compressor
	– einstufiger: single-stage piston compressor
	– zweistufiger: two-stage piston compressor
Kolbenverdrängung, *f.*	piston displacement, piston capacity
kolloid	colloid, colloidal
	– kolloidal verteilt: colloidally dispersed
	– kolloidales Teilchen: colloidal particle
Kolmation, *f.* (Verringerung der Filterdurchlässigkeit)	colmation (material accumulation within filter, silting up)
Kombiinstrumente, *n. pl.*	instrument cluster
Kombinationsfilter, *m.*	combination filter
Kombi-Ventilblock, *m.*	combined valve block
Kombi-Wärmetauscher, *m.*	combined heat exchanger
Kommunikationskabel, *n.*	communications cable, data cable
kompakte Bauform, *f.*	compact design
Kompaktfilter, *m.*	compact filter
Kompaktgerät, *n.*	compact device
komplett	complete(ly), throughout
komplett ausgerüstet	fully equipped
komplett gekapselt	fully encapsulated
komplett verdrahtet	fully wired (e.g. supplied fully wired)
komplett verrohrt	(supplied) complete with piping
Komplettanbieter (alles aus einer Hand), *m.*	single source supplier
Komplettanlage, *f.*	complete system (e.g. complete compressed air system)
komplettes Programm, *n.*	complete product range
Komplettfilter, *m.*	complete filter unit
Komplettlösung, *f.*	comprehensive solution/system, package
Komplettmontage, *f.*	complete assembly (im Werk), complete installation (beim Kunden)
Komplettsystem, *n.*	*siehe* Komplettanlage
Komponenten, *f. pl.*	components, parts, constituent parts, elements
Kompressions-Kälteanlage, *f.*	compression cooling plant, compression cooling system
Kompressionsvolumen, *n.*	compression volume
Kompressorabrieb, *m.*	abraded matter from compressors
Kompressor-Austrittstemperatur, *f.*	compressor outlet temperature
Kompressorbauart, *f.*	type of compressor
Kompressorbelüftung, *f.*	compressor ventilation
Kompressorenhersteller, *m.*	compressor manufacturer
Kompressorenklasse, *f.*	compressor type, type of compressor, compressor category
Kompressoren-Verleih-unternehmen, *n.*	compressor hiring company
Kompressorgleichlauf-Steuerung, *f.*	compressor-synchronized control
Kompressorkessel, *m.*	compressed-air receiver
Kompressorkondensat, *n.*	compressor condensate
Kompressorlaufzeit, *f.*	compressor running time/period

Kompressorleistung, *f.*	compressor capacity (in kW), compressor performance (air delivered)
	– max. Kompressorleistung: peak compressor performance
Kompressorlieferant, *m.*	compressor supplier
Kompressoröl, Kompressor-schmieröl, *n.*	compressor oil, compressor lube oil
Kompressorstation, *f.*	compressor station
Kompressorstufe, Verdichterstufe, *f.*	compressor stage
Kompressorverschleiß, *m.*	wear on the compressor
komprimieren	compress, squeeze
komprimiert	compressed
komprimierte Luft, *f.*	compressed air
komprimierter Zustand, *m.*	compressed state
Kondensat, *n.*	condensate
Kondensat führende Zuleitung, *f.*	condensate feed pipe
Kondensatabfluss, *m.*	condensate discharge
Kondensatablassleitung, *f.*	in den Kondensatableiter: condensate feed pipe
Kondensatablassmagnetventil, zeit-gesteuertes, *n.*	time-controlled solenoid valve for the discharge of condensate
Kondensatablassstelle, *f.*	condensate outlet, condensate discharge point
Kondensatablasszeit, *f.*	condensate discharge time
Kondensatablauf, *m.*	condensate discharge, condensate outlet
Kondensatablaufleitung, *f.*	condensate discharge line/pipe
	siehe Kondensatablassleitung
Kondensatableiter, *m.*	condensate drain
	– Kondenstopf: condensate trap (very simple drainage device)
Kondensatableitung, *f.*	condensate drainage, condensate discharge
	– Überbegriff: condensate management
Kondensatabscheider, *m.*	condensate separator
Kondensatabscheidung, *f.*	condensate separation, condensate separation system
Kondensatanfall, *m.*	condensate formation, condensate load, condensate quantity
Kondensatanfallmenge (KM), *f.*	condensate quantity, condensate quantity produced
	– maximale: peak condensate quantity
Kondensatanfallstelle, *f.*	condensate source
Kondensataufbereitung, *f.*	condensate treatment, treatment of condensate
Kondensataufbereitungsgeräte, *n. pl.*	equipment for condensate treatment
Kondensataufbereitungssystem, *n.*	condensate treatment system
Kondensatauffangraum, *m.*	condensate collection space
Kondensatausgang, *m.*	condensate outlet
Kondensataustritt, *m.*	condensate outlet, condensate outflow
Kondensatbildung, *f.*	condensate formation
Kondensateingang, Kondensateinlass, Kondensateintritt, *m.*	condensate inlet
	– multipler: multiple condensate inlet
	– Kondensat tritt ein: condensate flows into…, condensate enters
Kondensateintrag, *m.*	incoming condensate, condensate inflow, entrained condensate, condensate carryover
Kondensatentspannung, *f.*	condensate pressure relief
	– im Sinne von Beruhigung: calming of the condensate

K

Kondensaterkennung, *f.*	condensate detection
kondensatfrei	free of condensate (e.g. "The compressed air line and systems must be kept free of condensate.")
Kondensatfüllstand, *m.*	condensate level
Kondensatinhaltsstoffe, *m. pl.*	condensate constituents
Kondensatleiter-Steuerung, *f.*	condensate drain control
Kondensat-Luft-Gemisch, *n.*	condensate-air mixture
Kondensatmanagementsystem, *n.*	condensate management system
Kondensatmassenstrom, *m.*	condensate mass flow
Kondensatmenge im Jahres-durchschnitt	average annual condensate quantity
Kondensatmengen, *f. pl.*	condensate volume (e.g. in m³), condensate quantity, amount of condensate (e.g. amount of condensate collected) – Kondensatmenge in l/h: condensate rate in l/h, *siehe* Kondensatanfallmenge
Kondensatmengen-Rechenscheibe, *f.*	condensate calculating disc
Kondensatniveau, *n.*	condensate level
Kondensator, *m.*	elektrisch: capacitor (z. B. eines Sensors) – oberflächenaktiver K.: surface-active capacitor (e.g. surface-active conductive layer) – Dampf: condenser
Kondensatreste, *m. pl.*	residual condensate
Kondensatsammelbehälter, *m.*	condensate container
Kondensatsammelleitung, *f.*	condensate collecting line
Kondensatsammelraum, *m.*	condensate collection space, *siehe* Kondensatsammel-behälter
Kondensatschwall, *m.*	condensate surge
Kondensatstau, *m.*	condensate build-up, condensate accumulation
Kondensatsteigleitung, *f.*	rising condensate pipe
Kondensatstelle, *f.*	Anfallstelle: condensate source
Kondensattechnik, *f.*	condensate technology, condensate management
Kondensattechnikgeräte, *n. pl.*	condensate systems
Kondensattechnik-Produkte, *n. pl.*	condensate technology products
Kondensattrenner, *m.*	condensate separator
Kondensattröpfchen, *n.*	condensate droplet
Kondensatüberflutung, *f.*	condensate flooding
Kondensatüberwachung, *f.*	condensate monitoring (condensate monitoring system)
Kondensat- und Ölanteile, *m. pl.*	Rückstände: condensate and oil residues – Ölanteil: oil concentration (e.g. oil concentration limits), oil residues
Kondensatverdampfer, *m.*	condensate evaporator
Kondensat-Vereisung, *f.*	condensate ice formation
Kondensatverteiler, *m.*	condensate manifold (for multiple condensate connections), flow splitter (e.g. multiple filter units with optional flow splitter)
Kondensatverunreinigung, *f.*	condensate contamination
Kondensatviskosität, *f.*	condensate viscosity
Kondensatwarner, *m.*	moisture indicator
Kondensatzuführung, *f.*	condensate feed, condensate inflow

Kondensatzulauf, *m.*	condensate inlet, condensate feed
	– multipler/mehrfacher: multiple condensate inlet
kondensieren	condense, result in condensate
Kondensieren, *n.*	condense, condensing
Kondensor, *m.*	condenser
Kondenswasser, *n.*	condensation water, condensing water
konditioniertes Rohgas, *n.*	pretreated crude gas
konfektioniert	el.: Kabel, Heizband: terminated
Konfigurationsfehler, *m.*	configuration error
Konformität, *f.*	conformity
	– K. bestätigen: certify conformity
Konformitätsaussage, *f.*	statement of conformity
Konformitätsbescheinigung, *f.*	certificate of conformity
Konformitätszeichen, *n.*	mark of conformity
	EG-Konformitätszeichen: CE mark of conformity
konische Form, *f.*	conical shape
	– konisch geformt: conically shaped
konische Verschraubung, *f.*	conical screw fitting
Konsistenz, *f.*	consistency (z. B. von Öl)
Konsole, *f.*	console (e.g. control console)
	– Befestigungselement: mounting plate, mounting bracket, support
Konstantdrehzahl, *f.*	constant speed (e.g. constant-speed compressor)
konstante Qualität, *f.*	reliable quality, unvarying quality
konstruiert und gefertigt	designed and manufactured
Konstrukteur, *m.*	design engineer
Konstruktion, *f.*	Entwurf: design
	– Bauweise, Ausführung: construction (e.g. a rugged construction)
Konstruktionsabteilung, *f.*	design department
Konstruktionskonzept, *n.*	design concept
Konstruktionsmerkmale, *n. pl.*	design features, design details, constructional characteristics
Konstruktionsprinzip, *n.*	design principle
Konstruktionsprogramm, *n.*	Computer: design program
Konstruktionsregel, *n.*	design rule
konstruktive Änderung, *f.*	design modification
konstruktive Angaben, *f. pl.*	design details
konstruktive Umbaumaßnahmen, *f. pl.*	constructional alterations
konstruktiver Aufbau, *m.*	constructional design
konstruktives Merkmal, *n.*	*siehe* Konstruktionsmerkmale
Kontakt, *m.*	contact, contact element (z. B. eines Relais)
Kontaktausgang, *m.*	contact output
Kontaktbelastung, *f.*	el.: contact loading
	Kontaktbelastbarkeit: contact rating
Kontaktbelegung, *f.*	el.: contact assignment
Kontaktblech, *n.*	contact plate
Kontakter, *m.*	el.: contactor
Kontakterosion, *f.*	contact erosion
Kontaktfeder, *f.*	contact spring
Kontaktfläche, *f.*	contact area
	– Kontaktoberfläche: contact surface

Kontaktschutzrelais, *n.*	el.: contact protection relay
Kontaktwasseraufbereitung, *f.*	contact water treatment
Kontaktzeit, *f.*	contact time (z. B. im Filter), contact period
	– verlängerte K.: increased contact time, increase in contact time
Kontermutter, *f.*	lock nut
kontern	lock (with a nut), *siehe* gegenhalten
Kontinentalklima, *n.*	continental climate
kontinuierlich	continuous, consistent
	– kontinuierlich abgezweigt, z. B. Luftstrom: continuously diverted
	– kontinuierlich aufgezeichnet: continuously recorded
kontinuierliche Entwässerung, *f.*	continuous draining
kontinuierlicher Betrieb, *m.*	continuous operation
	– kontinuierlich betrieben, kontinuierlich arbeitend: continuously operated (z. B. Trockner)
kontinuierliches Gefälle, *n.*	continuous (downward) slope (without a sag in the line)
Kontraktionsbeiwert, *m.*	contraction coefficient (zur Berechnung von Verengungsstellen)
Kontrolle, *f.*	inspection, check
kontrollierte Atmosphäre, *f.*	controlled atmosphere
Kontrolllampe, Kontrollleuchte, *f.*	signal lamp, pilot lamp, pilot light
Kontroll-LED, *f.*	signal LED, pilot LED
Kontrollparameter, *m. pl.*	monitoring parameters
Kontur, *f.*	contour, outline
Konverter, katalytischer, *m.*	catalytic converter
Konzentrat, *n.*	concentrate
	– ölhaltiges Konzentrat: oily concentrate
Konzentrationsausgleich Wasserdampf, *m.*	equalization of water vapour concentration
Konzentrationsgefälle, *n.*	concentration gradient
Konzentrationsmaximum, *n.*	*siehe* Konzentrationsspitze
Konzentrationspolarisation, *f.*	concentration polarization
Konzentrationsspitze, *f.*	concentration peak
Konzentrationsunterschied, *m.*	difference in concentration
Konzern, *m.*	group (of companies)
Koordinatenmessmaschine, *f.*	coordinate measuring machine (CMM)
Kopf, *m.*	head (z. B. von Membrane), top, top section
Kopfhörer, *m.*	headphones (z. B. für Leckage-Suchgerät)
	– offener K.: open headphones
	– geschlossener Kopfhörer: closed headphones
kopfüber	upside down
Koppelelement, *n.*	coupling element
Koppelpaket, *n.*	coupling package
Koppelverdampfer, *m.*	coupled evaporator
Kopplung, *f.*	coupling (z. B. zur Signalübertragung)
Korbsiebfilter, *m.*	basket filter
Korngröße, *f.*	grain size
Korngrößenverteilung, *f.*	grain size distribution
körnige Aktivkohle, *f.*	granular activated carbon, grainy activated carbon
Kornklasse, *f.*	grain size category

Kornkohle, *f.*	granular activated carbon, granulated activated carbon
Körnung, *f.*	granularity, grain, grain size, grain type, grain shape
Korona-Ausbildung, *f.*	corona formation
Körperschallsonde, *f.*	structure-borne noise probe, probe for structure-borne noise
Körperschutzausrüstung, *f.*	protective clothing, protective clothing & equipment
Korrekturfaktor, Korrektureffizient, *m.*	Berechnung: correction factor, correction coefficient
korrodierend	corroding (e.g. corroding metals and alloys), corrosive, *siehe* nicht korrodierend
korrodierte Oberfläche, *f.*	Metall: pitted surface
korrosionsanfällig	corrodible, susceptible to corrosion
Korrosionsanfälligkeit, *f.*	corrodibility
korrosionsbeständig	corrosion-resistant, resistant to corrosion, non-corroding (e.g. non-oxidizing and non-corroding screws), corrosion-free (e.g. corrosion-free stainless steel)
Korrosionsbeständigkeit, *f.*	corrosion resistance, resistance to corrosion, resistance against corrosion, non-corrodibility
	– höchste K.: maximum resistance to corrosion
korrosionsfest	*siehe* korrosionsbeständig
korrosionsfrei	*siehe* korrosionsbeständig
Korrosionsfreiheit, *f.*	*siehe* Korrosionsbeständigkeit
Korrosionsgeschwindigkeit, *f.*	rate of corrosion
Korrosionsschutz, *m.*	corrosion protection
	– Korrosionsschutzschicht: corrosion protection layer
Korrosionsschutztechnologie, *f.*	corrosion protection technology, corrosion protection system
Korrosionswirkung, *f.*	corrosion effect
Korrosionszuschlag, *m.*	corrosion allowance
Kosten- und Energieeinsparung, *f.*	cost and energy savings
Kostenermittlung, *f.*	cost determination
Kostenfaktor, *m.*	cost factor
kostenintensiv	cost-intensive
Kosten-Nutzen-Relation, *f.*	cost/benefit ratio
Kostenstelleanalyse, Kostenstellen-analyse, *f.*	cost unit analysis
Kostenzuordnung, *f.*	cost allocation
Kraftanschluss, *m.*	power connection
Kraftaufwand, *m.*	energy expenditure
Krafteinleitung, *f.*	force transmission
Kraftmessung, *f.*	force measurement
Kraftrückführung, *f.*	force feedback
kraftschlüssig	Befestigung: friction locked
Kraftstoffbehälter, Kraftstofftank, *m.*	fuel tank
Kraftstofffilter, *m.*	fuel filter
Kraftstofftemperierung, *f.*	fuel tempering (regulate to a desired temperature)
Kraftübertragung, *f.*	power transmission
Kraft-Wärme-Kopplung, *f.*	combined heat & power generation (z. B. in einem Block-heizkraftwerk)
krankheitserregend	pathogenic (e.g. pathogenic micro-organisms)
Krankheitserreger, *m.*	pathogens (disease-producing micro-organisms or substances)

K

krebserregend, krebserzeugend	carcinogenic
krebserregende Luftschadstoffe, *m. pl.*	carcinogenic air pollutants
Kreisel, *m.*, Kreiselgerät, *n.*	gyroscope, gyroscopic device
Kreiselpumpe, *f.*	centrifugal pump (e.g. vertical centrifugal pump, horizontal centrifugal pump)
Kreiseltechnik, *f.*	Messtechnik: gyroscopic systems
Kreiselverdichter, *m.*	centrifugal compressor
Kreislauf, geschlossener, *m.*	Wasser/Ventilation: closed circuit
Kreislauf, im K. wieder zuführen	recirculate
	– im Kreislauf geführt: recirculated
Kreislaufkühlung, *f.*	closed-circuit cooling
Kreislaufwirtschafts- und Abfallgesetz, *n.*	legislation on recycling and waste
Kreuzschlitz-Schraubendreher, *m.*	crosstip screwdriver
kristallin ausfällen	crystallize
Kristallisationswärme, *f.*	heat of crystallization
kritische Betriebsbedingungen, *f. pl.*	critical operating conditions
	– schwere B.: severe operating conditions
Krümmerhalterung, *f.*	elbow mounting
Krümmung, *f.*	bend (z. B. Rohrkrümmung), curvature
KTL-Beschichtung (KTL = Kathodisches Elektrotauchlackieren), *f.*	CDC coating (CDC = cathodic dip coating)
KTL-Verfahren, *n.*	CDC technique
KTW-Empfehlungen, *f. pl.* (KTW = Kunststoffe und Trinkwasser)	KTW recommendations (for plastics and drinking water)
Kubikfuß, *m.*	cubic feet (cf)
	– Kubikfuß/Minute: cubic feet/minute, cfm
Kugelfläche, *f.*	Lager: spherical seat
Kugelform, kugelige Form, *f.*	spherical form
Kugelhahn, *m.*	*siehe* Kugelventil
Kugelradius, *m.*	Lager: sphere radius
Kugelrotor, *m.*	conditioning rotor
Kugelrotor-Umlaufverfahren (KUV)	conditioning rotor-recycle process (as employed by Lühr)
Kugelventil, *n.*	ball valve
Kühlbedarf, *m.*	cooling requirements
kühlen	cool, cool down
Kühler, *m.*	cooler (e.g. water cooler), cooling apparatus, refrigerator
Kühler-Leckage-Wasser, *n.*	cooler leakage water
Kühlgas, *n.*	cooling gas
Kühlgerät, *n.*	cooling device
Kühlhaus, *n.*	cold store
Kühlkanal, *m.*	cooling channel
Kühlkreislauf, *m.*	cooling circuit
Kühlleistung, *f.*	cooling performance
Kühlluftanforderungen, *f. pl.*	cooling air requirements
Kühlluftführung, geschlossene, *f.*	closed cooling air circuit (loop)
Kühlluftrückführung, *f.*	cooling air recirculation
Kühllufttemperatur, *f.*	cooling air temperature
Kühlmedium, *n.*	cooling medium, *siehe* Kühlmittel
Kühlmittel, *n.*	coolant, cooling agent, cooling fluid, cooling medium (refrigerant, chilled water, etc.), Plural: media

Kühlmittelzuführung, *f.*	coolant supply
Kühlprozess, *m.*	cooling process
Kühlrohr, *n.*	cooling tube (e.g. of flat tube heat exchanger)
Kühlschlange, *f.*	cooling coil
Kühlschmiermittel, *n.*, Kühlschmierstoff, *m.*	cooling lubricant
Kühlschmierung, *f.*	cooling lubrication
Kühltechnik, *f.*	cooling technology
Kühltrockner, *m.*	cooling dryer
Kühlwasser, *n.*	cooling water
Kühlwasserablauf, Kühlwasseraustritt, *m.*	cooling water outlet
Kühlwasserausfall, *m.*	cooling water shutoff
Kühlwasserdruck, *m.*	cooling water pressure
Kühlwassereintritt, *m.*	cooling water inlet
Kühlwasser-Eintrittsdruck, *m.*	cooling water inlet pressure
Kühlwasser-Eintrittstemperatur, *f.*	cooling water inlet temperature
Kühlwasserkreislauf, *m.*	cooling water circuit
	– Prozess: cooling water circulation
Kühlwasserleitung, *f.*	cooling water line/piping
Kühlwasserleitung, *f.*	cooling water line
Kühlwasserregler, *m.*	cooling water regulator
Kühlwasser-Rückkühlsystem, *n.*	cooling water recooling system (multi-pass system)
Kühlwasserrücklauf, *m.*	cooling water recirculation, cooling water return (flow)
Kühlwasserrücklaufleitung, *f.*	cooling water return line, cooling water return pipe
Kühlwassersystem, *n.*	cooling water system
Kühlwasserüberdruck, *m.*	cooling water pressure, *siehe* Überdruck
Kühlwasserversorgung, *f.*	cooling water supply
Kühlwasserzulauf, *m.*	cooling water inlet
Kühlwasserzuleitung, *f.*	cooling water supply, cooling water feed line
Kühlzeit, *f.*	cooling time
	– Kühlzeitreduzierung: cooling time reduction
Kundenapplikation, *f.*	customer application
Kundenbetreuer, *m.*	representative, field engineer
Kundenbetreuung, *f.*	*siehe* Kundendienst
Kundenbindung, *f.*	customer loyalty (e.g. building/retaining/keeping/managing customer loyalty)
	– close ties with customer
Kundendienst, Kundenservice, *m.*	customer service, customer service team, support service, after sales service
	– autorisierter Kundendienst: authorized service agency
kundennahe Betreuung, *f.*	hands-on customer service
Kundenschulung, *f.*	customer training
kundenseits, kundenseitig	by the customer, on the part of the customer
	– betreiberseits: by the plant operator, operator's duty
kundenspezifisch	customer-specific, customized, tailored to the customer's requirements
Kunststoffbeschichtung, *f.*	plastic coating
Kunststoffbeutel, *m.*	plastic bag
Kunststoff-Druckluftrohr, *n.*	plastic compressed-air pipe
Kunststoff-Druckluftrohrsystem, *n.*	plastic pipe system for compressed air applications

K

Kunststoffgehäuse, *n.*	plastic housing
Kunststoffgewinde, *n.*	plastic thread(s)
Kunststoffgranulat, *n.*	plastic granulate
Kunststoffindustrie, *f.*	plastics industry
	– herstellende: plastics manufacturing industry (e.g. primary plastics manufacturing industry)
	– verarbeitende: plastics processing industry
Kunststoffkappe, *f.*	plastic cap
Kunststoffrohr, *n.*	plastic pipe
Kunststoff-Rohrleitungssystem, Kunststoff-Rohrsystem, *n.*	plastic pipe system
Kunststoffspritzguss, *m.*	plastic injection moulding
Kunststoffspritzteil, *n.*	injection-moulded part
Kunststoffspritzwerkzeug, *n.*	injection moulding tool
Kunststofftechnik, *f.*	plastics engineering
Kunststoffteil, *n.*	plastic part, plastic piece
Kunststoffverarbeitung, *f.*	plastics processing
Kupfer, *n.*	copper
Kupferleitung, *f.,*	copper pipe, copper piping, *siehe* Kupferröhre
Kupferrohr, *n.*	*siehe* Kupferleitung
Kupferröhre, *f.*	copper tube
Kupfer-Wärmetauscher, *m.*	copper heat exchanger
Kupplungsleistung, *f.*	Kompressor: shaft horsepower
Kurbelgehäuse, *n.*	crankcase (e.g. compressor crankcase)
Kurbelwellenschleifmaschine, *f.*	crankshaft grinding machine
kurvenreich	Rohre: with many bends, meandering (e.g. "Meandering pipe arrangements should be avoided.")
Kurzbetriebsanleitung, *f.*	summarized operating instructions
kurzfristig, kurzzeitig	short-time (e.g. short-time test), at short notice (e.g. delivery at short notice)
kurzfristige Schwankungen, *f. pl.*	short-time fluctuations
kurzkettig	chem. Verbindung: short-chain (e.g. short-chain compounds), with short chain(s)
Kurzlaufmodus (Kurzzeitbetrieb), *m.*	short-time mode
Kurzschluss, *m.*	el.: short circuit, short circuiting
	– hydraulischer Kurzschluss: hydraulic short circuit
Kurzschlussströmung, *f.*	short-circuiting current (occurring, e.g., due to droplet transfer during welding)
Kurztest, *m.*	short-time test
Kurzzeichen, *n.*	symbol, ID symbol, identification symbol
kurzzeitige max. Kondensatmenge, *f.*	peak period condensate quantity
kurzzeitige Stromspitze, *f.*	short-time current peak
kurzzeitige Überlastung, *f.*	short-time overloading
KW-Analyse, Kohlenwasserstoff-Analyse, *f.*	HC analysis, hydrocarbon analysis
KW-Gehalt, *m.*	HC concentration

L, Liter, *m.*	L, ltr, litre
l/d	ltrs/d (litres/day), L/d, l/d
l/min	ltrs/min, L/min, l/min
Labor, *n.*	laboratory
Laboranalyse, *f.*	laboratory analysis
Laboranordnung, *f.*	laboratory setup
Laborant, *m.*	laboratory technician
Laborauswertung, *f.*	laboratory analysis, results of the laboratory analysis
Laboreinrichtung, *f.*	laboratory equipment
Laborfilter, *m.*	laboratory filter
Laborkolben, *m.*	laboratory flask
Labormaßstab, *m.*	laboratory scale (e.g. laboratory scale test)
Laborprobe, *f.*	laboratory sample
Laborservice, *m.*	laboratory service
Laborsieb, *n.*	laboratory sieve
Labor- und Analysentechnik, *f.*	laboratory and analytical systems
Laborwaage, *f.*	laboratory balance, laboratory scales
Laborzertifikat liegt vor	laboratory certified
LABS-frei	free of LABS (linear alkyl benzene sulfonate)
Labyrinthdichtung, *f.*	labyrinth seal
Labyrinthfilter, *m.*	labyrinth filter
Labyrinthkolbenverdichter, *m.*	labyrinth piston compressor
Labyrinthverdichter, *m.*	labyrinth compressor
Lack, *m.*	allgemein: paint, coating
	– Drahtlack: wire enamel
	– Einbrennlack: stove enamel
	– auf Ölbasis: varnish
	– harte, glänzende Oberschicht auf der Basis von Harzen und evtl. Zusatzstoffen (z. B. Pigmenten) mit Trocknung durch Verdampfen von Lösungsmitteln oder Oxidation: lacquer (wichtigste Gruppe: Zelluloselacke)
Lacke und Kunststoffe, *m. pl.*	paints and plastics
Lackfilm, *m.*	enamel coating, enamel finish
Lackieren, *n.*	coating, paint coating
Lackiererei, *f.*	paint-spraying shop
Lackierergebnis, *n.*	spraying result
Lackierfehler, *m.*	coating defect

lackiert	coated, enamel coated, with enamel finish, *siehe* Lack, *siehe* Pulverbeschichtung
	– komplett lackiert: fully coated, fully enamelled, fully powder coated
Lackiertechnik, *f.*	coating technology (e.g. powder coating technology)
lackiertes Stahlblech, *n.*	coated sheet steel (e.g. zinc coated sheet steel)
Lackierung, *f.*	coating (e.g. precision coating of instruments)
	– Vorgang: paint spraying
Lackierung, in der Luft zerstäubende	air atomized paint spraying
lackisolierter Draht, *m.*	enamel-insulated wire, enamelled wire
Lackkomposition, *f.*	paint formulation (e.g. silicone paint formulation)
Lackpulver, *n.*	paint powder
Lackrate, *f.*	*siehe* Leckagerate
Lackschicht, *f.*	coating layer
Lackteilchen, *n.*	paint particle
Lacküberzug, *m.*	coating, coat of paint
Ladeluftkühler, *m.*	charge air cooler
Ladung, *f.*	el. charge (positive or negative)
LAGA-Code (Abfallbehandlung), *m.*	LAGA Code
Lageänderung, *f.*	change in position, positional change
lagenweise	in layers
Lager (Maschine usw.), *n.*,	bearing, bearing arrangement
Lagerung, *f.*	– Lager mit Dauerschmierung: greased-for-life bearing, permanently lubricated bearing
Lager (Waren), *n.*	warehouse, stores
	– Lagerbestand: stocks, stock
	– Lagerstabilität: storage stability
	– Lagerung: storage, storing
	– Lagervorschriften: storage requirements
Lagerausführung, *f.*	bearing design
Lagerbehälter, *m.*	storage tank
Lagerelement, *n.*	bearing element
lagerfähig	storable, stable in storage
Lagerfähigkeit, Haltbarkeit, *f.*	storage life, shelf life, expiry date
Lagerfläche, *f.*	bearing surface/face
Lagerhaltung, *f.*	warehousing, stock keeping (e.g. stock keeping and inventory), *siehe* Lager (Waren)
Lagerluft, *f.*	bearing air
Lagerspalte, *f.*	bearing gap, (e.g. air bearing gap)
Lagerstandzeit, *f.*	bearing lifetime
Lagertemperatur, *f.*	storage temperature
Lagerverschleiß, *m.*	bearing wear
lageunabhängig	irrespective of position
Lagrange-Ausbreitungsmodell, *n.*	Langrange dispersion model
Lamellenmotor, *m.*	vane motor
Lamellenverdichter, *m.*	*siehe* Vielzellen-Rotationsverdichter
laminare Strömung, *f.*	laminar flow
laminares Fließen, *n.*	*siehe* laminare Strömung
Lampe, *f.*	lamp, light
	– Lampenausfall: lamp failure
länderspezifisch	country-specific, relevant national …

Länge, auf Länge schneiden, *f.*	cut to length
Längenabstufungen, *f. pl.*	length variations
Längenänderung, *f.*	change in length
Längenausdehnungskoeffizient, *m.*	linear expansion coefficient (z. B. von Metallen)
Längenmessgerät, *n.*	linear measuring instrument
langfristig verfügbar	with long-term availability
langlebig	Gerät: long service life, long lifetime
	– haltbar: durable
Langloch, *n.*	elongated hole, oblong hole
Langnippel, *m.*	long nipple
Langsamfilter, *m.*	slow filter
Längskraft, *f.*	longitudinal force
Längsnaht, *f.*	longitudinal seam
längsnahtgeschweißt	longitudinally welded
Längsrichtung, *f.*	longitudinal direction
Längsschieberventil, *n.*	sliding spool valve
Längsschnitt, *m.*	longitudinal section
langzeitbeständig	having long-term stability
Langzeitfestigkeit, *f.*	endurance strength
Langzeitgefährdungspotenzial, *n.*	long-term hazard potential
Langzeitmessung, *f.*	long-time measurement
Langzeitprüfung, *f.*	long-duration test, long-time test
Langzeitschaden, *m.*	long-term damage
Langzeitspeicher, *m.*	long-time memory (e.g. digital long-time memory)
langzeitstabil	with long-time stability, durable (haltbar)
Langzeitstabilität, *f.*	long-time stability
Lärmbelästigung, *f.*	noise nuisance
Lärmpegel, *m.*	noise level
Laseranlage, *f.*	laser system
Laserbeschriftung, *f.*	laser labelling
Laserschneidanlage, *f.*	laser cutting system, laser cutter, laser cutting machine
Laserschweißanlage, *f.*	laser welding system, laser welding device
lastabhängig	load-related (z. B. Kompressor)
Lastabtrag, *m.*	load transfer
Lastangriff, *m.*	load application
Lastbetrieb, *m.*	operation under load (e.g. compressor operation under load), on-load operation, on-load running
Lastenheft, *n.*	specifications, list of specifications
lastenverteilend	load-distributing
Lastfall, *m.*	Lastberechnung: load case
lastfreier Betrieb, *m.*	no-load operation
Lastgrenze, *f.*	load limit
Lastkollektiv, *n.*	load spectrum
Lastlauf, *m.*	*siehe* Lastbetrieb
Lastminderung, *f.*	load reduction
Lastschwankungen, *f. pl.*	load variations
Lastschwerpunkt, *m.*	load centre
Lastsituation, *f.*	z. B. Trockner: load conditions (e.g. constant pressure dewpoint regardless of load conditions), load situation
Lastspielzahl, *f.*	number of load cycles
	– Betriebslastspielzahl: operating load cycle number

L

Laststunde, *f.*	Verdichter: on-load hour
Lastverteilung, *f.*	load distribution
Lastwechsel, *m.*	load change, load variation
	Adsorptionstrockner: load changeover
Lastwechselschaltung, *f.*	alternating load switchover
Lastwechselzahl, zulässige	Druckbehälterprüfung: permissible loadings, allowable loadings
Lastzyklus, *m.*	load cycle
laufende Nummer, lfd. Nr., *f.*	serial number
laufender Kompressor, *m.*	running compressor, compressor in operation
laufendes Projekt, *n.*	ongoing project
Läuferlager, *n.*	runner bearing
laufleise	quiet(ly) running
Laufleistung, *f.*	Verdichter: running performance
Laufrad, *n.*	Verdichter: impeller
Laufruhe, *f.*	running smoothness
Laufwagen, *m.*	carriage, *siehe* Schlittenbewegung
Laufzeit, *f.*	running time, operating time, run time (e.g. compressor run time)
Laufzyklus, *m.*	operating cycle
Lauge, *f.*	Chemie: lye (alkaline solution)
	eingestellte Lauge: standard base
Lavaldüse, *f.*	Laval nozzle
LCD-Anzeige	LCD display (liquid crystal display)
LC-MS screening	LC-MS screening (liquid chromatographic/mass spectroscopic screening)
Lebensdauer, *f.*	lifetime, service life
Lebensdauerkurve, *f.*	lifetime curve
Lebensdauerschmierung, *f.*	lifetime lubrication
Lebenserwartung, *f.*	life expectancy, service life expectancy, expected lifetime
lebensgefährliche Verletzung, *f.*	life threatening injury
Lebensmittelindustrie, *f.*	food processing industry, food industry
Lebensmitteltechnik, *f.*	food technology
lebensmittelverträglich	food compatible
Lebenszykluskosten, *pl.*	life cycle costs
Leckage beseitigen	eliminate a leak, remove the cause of the leakage
Leckage, *f.*	leak, leakage
leckageanfällig	susceptible to leaks
Leckageanfälligkeit, *f.*	susceptibility to leaks
leckagebedingt	due to leakage
Leckagebehebung, *f.*	leak elimination
Leckagebildung, *f.*	formation of leaks
Leckage-Detektor, *m.*, Leckage-Suchgerät, *n.*, Leakdetektor, *m.*	leak detector
	– mobiler L.: portable leak detector
leckagefrei	leakproof, leaktight (e.g. leaktight design, leaktight seal), without leakage loss
Leckageluft, *f.*	leakage air
Leckagemenge, *f.*	leakage volume, leakage quantity
Leckageortung, *f.*	locate leaks, leak localization
Leckagepotenzial, *n.*	leakage potential
Leckageprüfung, *f.*	leak test, leak checking

Leckagerate, *f.*	leakage rate (e.g. valve leakage rate)
Leckageschließung, *f.*	*siehe* Leckagebehebung
leckagesicher	leakproof
	– dauerhaft l.: permanently leakproof
Leckagesicherheit, *f.*	leak integrity
Leckageverlust, *m.*	leakage loss (z. B. Druckluft)
Leckagevolumen, *n.*	leakage volume
Leckstelle, *f.*	leakage point
Leckstromverlust, *m.*	*siehe* Leckageverlust
Lecksuche, *f.*	leak testing, test for leaks
Leckverlust, *m.*	*siehe* Leckageverlust
Leckwasser, *n.*	leakage water
LED leuchtet grün	LED is lit up green
LED-Anzeige, *f.*	LED display
Leergewicht, *n.*	weight empty
Leerlastableiter, *m.*	no-load condensate drain
Leerlastableitung (LA), *f.*	no-load discharge
Leerlastbetrieb, *m.*	no-load operation
Leerlastventil, *f.*	no-load valve
Leerlauf, *m.*, Nulllast, *f.*	no-load operation, idling
Leerlaufentlastung, *f.*	no-load compensation
Leerlaufphase, *f.*	no-load phase
Leerlaufregelung, *f.*	no-load control (z. B. Verdichter)
Leerlaufspannung, *f.*	el. Motor: no-load voltage
Leerlaufzeit, *f.*	no-load period
Leerpumpen, *n.*	empty by pumping
Leerrohr, *n.*	hollow tube, hollow conduit (z. B. zur Aufnahme von Kabeln und/oder Rohren)
Leerspannung, Leerlaufspannung, *f.*	el.: no-load voltage
legen	auf PE-Leiter legen: connect to PE conductor
legierter Stahl, *m.*	alloyed steel
Legierung, *f.*	alloy
	– seewasserbeständige: seawater-resistant alloy
Lehrdorn, *m.*	gauge plug
	– Lehrring: gauge ring
Lehrgang, *m.*	course, seminar
leicht	Gewicht: light, lightweight
leicht angezogen	Schraube: finger-tight
leicht fettig	slightly greasy
leicht geöffnet	slightly open
leicht trennbar	easily separable
leicht zu reinigen	easy to clean
leichte Partikel, *n. pl.*	lightweight particles
leichten Atemschutz tragen, *m.*	wear light respiratory protection (half face, no respirator)
leichtflüchtige organische Verbindungen, *f. pl.*	volatile organic compounds (VOCs)
Leichtflüssigkeitsabscheider, *m.*	low-viscosity fluid separator
Leichtmetall, *n.*	light metal
	– Leichtmetalllegierung: light alloy
Leichtstoffabscheider, *m.*	light-solids remover

Leistung, *f.*	performance, capacity, output, power (z. B. in kW)
	– abgegebene Leistung: output power, output, power output
	– aufgenommene Leistung (el.): input power (e.g. nominal input power in W), input
	– Druckluft: power (e.g. compressed air power, compressed air power tools)
	– max. verfügbare Leistung (el.): max. available power
	– elektrische Leistung: power, rating (e.g. heat exchanger rating in kW)
	– max./min. Leistung: max./min. output (z. B. des Trockners, Kompressors)
	– Leistung in Watt: wattage
Leistungs- und Klimadaten, *f.*	performance and climate data (bezogen auf Verdichterleistung)
Leistungsabfall, *m.*	loss of efficiency (z. B. des Kompressors)
leistungsabhängige Absicherung, *f.*	fuse protection according to power requirements
Leistungsabstufung, *f.*	performance gradation
Leistungsabweichung, *f.*	Verdichter: performance deviation
Leistungsanforderungen, *f. pl.*	performance specifications
Leistungsangaben, *f. pl.*	performance data, performance figures, *siehe* Leistungsanforderungen
Leistungsaufnahme, *f.*	el.: power input , power absorbed, input power, *siehe* Leistung
Leistungsauslastung, *f.*	capacity utilization
	– Leistungsauslastung während des Betriebs: throughput capacity during operation, *siehe* Durchfluss
Leistungsbedarf, *m.*	Elektrizität: power requirement(s), power required, power demand
Leistungsbeeinträchtigung, *f.*	impaired/reduced performance
Leistungsbereich, *m.*	Anwendung: field of application, scope of application
	– Gerät: performance category, performance range
Leistungsbeschreibung, *f.*	description of performance (e.g. dryer performance), performance specifications
Leistungsbewertung, *f.*	performance assessment
Leistungscharakteristik, *f.*	performance characteristics
Leistungsdaten, *n. pl.*	performance data (e.g. compressor performance data), performance parameters
leistungsfähig	efficient, powerful, strong, capable
	– leistungsfähiger: superior, more efficient
Leistungsfähigkeit, *f.*	capacity (e.g. output capacity), efficiency (e.g. cooling efficiency)
	– elektrische L.: electrical capacity
Leistungsfaktor, *m.*	performance factor
Leistungsgrenze, *f.*	performance limit, capacity limit (Compressor capacity is the full rated volumetric flow of air/gas compressed and delivered under specified conditions.)
Leistungsgröße, *f.*	Verdichter: compressor rating (in HP)
Leistungskategorie, *f.*	performance category
Leistungskennwerte, *m. pl.*, Leistungskennziffern, *f. pl.*	performance characteristics

Leistungsklasse, *f.*	performance class
	– kleine Leistungsklasse: low performance class
Leistungskorrekturfaktor, *m.*	performance correction factor
Leistungskurve, *f.*	performance curve
Leistungsmaßstab, *m.*	performance criterion
Leistungsmerkmal, *n.*	performance characteristic
Leistungsmessung, *f.*	Filter: efficiency measurement
Leistungsminderung, *f.*	performance reduction, reduction in performance
Leistungspaket, *n.*	performance package
Leistungsparameter, *m. pl.*	performance parameters
Leistungsprofil, *n.*	performance profile
Leistungsprüfung, *f.*	performance test
Leistungsregelung, *f.*	Verdichter: load regulation
Leistungsreserve, *f.*	reserve capacity, spare capacity
Leistungsspektrum, *n.*	performance spectrum
Leistungsstaffelung, *f.*	performance scale
leistungsstark	highly efficient, powerful, high capacity
Leistungssteigerung, *f.*	increase in efficiency, increase in performance
	– starke Leistungssteigerung: boost in performance, marked increase in performance
Leistungssteuerung, *f.*	el. power control, power control system
Leistungstabelle, *f.*	performance table
Leistungstest, *m.*, Leistungsprüfung, *f.*	performance test (e.g. cooling performance test), capacity test (e.g. compressor capacity test)
Leistungsvergleich, *m.*	comparison of performance characteristics
Leistungsvermögen, *n.*	capacity
	– Betrieb: operational capacity
Leistungsverzeichnis, *n.*	bill of quantitites, *siehe* Pflichtenheft
Leistungswert, *m.*	performance value (e.g. "The measured performance values of the compressor compared very favourably with the data of equivalent machines on the market.")
Leistungszuordnung, *f.*	performance classification (e.g. classification according to climate zones)
leiten	channel, convey, direct (towards), conduct (auch elektrisch)
leitend	el.: conductive
leitender Belag, *m.*	el.: conductive coating
Leiter (L), *m.*	el.: conductor, phase live (L)
Leiterplatte, *f.*	printed circuit board (PCB), circuit board, board
	– bestückte Leiterplatte: printed board assembly
Leiterplattenproduktion, *f.*	printed circuit board manufacturing, PCB manufacturing
Leitertechnik, 2-Leitertechnik, *f.*	2-conductor configuration, 2-conductor arrangement
leitfähig	el.: conductive, electroconductive
Leitfähigkeitsmessung, *f.*	el.: conductivity measurement(s)
Leitfähigkeitssensor, *m.*	el.: conductivity sensor
Leitmesse, *f.*	major trade fair
Leitstand, *m.*, Leitstelle, *n.*, Leitwarte, *f.*	control desk, control room
	– zentral: control centre
Leitung, *f.*	Rohr: pipe, line
	– Rohrleitungen: piping, pipework
	– el. Kabel: cable, lead

Leitungsabschnitt, *m.*	line section
	– Rohr: pipe section, pipework section (e.g. replace a faulty pipework section)
Leitungsführung, *f.*	el.: cabling, wiring
	– Trasse: routing
Leitungsnetz, *n.*	Rohre: pipe network, pipe system, piping
	– Versorgungsnetz: supply network
Leitungsplanung, *f.*	pipework design
Leitungsquerschnitt, *m.*	Kabel: cable cross-section, lead cross-section
	– Rohr: pipe cross-section
	– Schlauch: hose cross-section
Leitungssack, *m.*	im Rohr: pocket, air pocket (when air gets trapped), *siehe* Luftblase
Leitungssystem, *n.*	Rohre: piping system, pipe system
Leitungsverlegung, *f.*	Rohre: pipe laying, pipe installation
Leitungswasser, *n.*	tap water
Leitwert, *m.*	conductivity value (e.g. referring to electrical conductivity of water)
letzte Ölanteile, *m. pl.*	residual oil concentration
Leuchtdiode, *f.*	LED (light-emitting diode)
leuchten	z. B. LED: light up, shine
Leuchten, *n.*	konstantes: constant light (LED usw.)
	pulsierendes: flashing light (LED usw.)
leuchtet permanent	LED: shines permanently
Leuchttaster, *m.*	illuminated pushbutton
	– Leuchttaste (Druckknopf): illuminated button
Lichtbänder, *n. pl.*	am Rand: perimeter lighting
lichtbeständig	resistant to light, non-fading
lichte Weite, *f.*	Rohr: inside diameter
lichtempfindlich	sensitive to light, light-sensitive
lichter Abstand, *m.*	clearance
Lichtquelle, *f.*	light source
Lichtschranke, *f.*	light barrier, photoelectric barrier
Lichtwellenkabel, *n.*	fibre-optics cable
Lieferant, *m.*	supplier
	– Dienstleistung: provider
Lieferbarkeit, *f.*	availability
Lieferbedingungen, *f. pl.*	terms of delivery
Lieferleistung, *f.*	– Verdichter: compressor performance (e.g. running/ operating at peak performance), capacity (full rated flow of air compressed and delivered under specified conditions in cfm), output capacity, delivery rate (e.g. calculate required delivery rate in l/m)
	– Trockner: performance (e.g. enhanced dryer performance), capacity (e.g. drying capacity, output capacity)
Liefermenge, *f.*	– Kondensat: condensate quantity, flow rate (rate in litres or gallons per minute, cubic metres or cubic feet per second, or other quantity per time unit)
	– Kompressor: delivery rate (*siehe* Lieferleistung)
Lieferprogramm, *n.*	product portfolio

Liefertermin, *m.*	delivery date
	– Lieferzeit: delivery time
Lieferumfang, *m.*	scope of delivery, delivery scope
	– im Lieferumfang enthalten: supplied with the unit, included in delivery
	– nicht im Lieferumfang enthalten: must be ordered separately, not included in delivery
Lieferzeit, *f.*	delivery time
liegen bei	enclosed (e.g. see enclosed documents), supplied with the unit
liegendes Ventil, *n.*	horizontal valve
liegt vor	is available
Linearmaßstab, *m.*	Werkzeugmaschine: linear encoder
Linearmotor, m.	linear motor
Linse, *f.*	Optik: lens
	– Linsenfläche: lens face
Linsenschraube, *f.*	pan-head screw, fillister-head screw (Kopfseiten höher als pan-head screw)
	– Linsenblechschraube: pan-head tapping screw
Lippendichtung, *f.*	lip seal
Listenpreis, m.	list price
Liter, *m.*, L	Plural: litres, ltrs., l., L.
Liter/Minute	LPM (litres per minute)
Litzenquerschnitt, *m.*	el.: litz wire cross-section
Lizenzgeber, *m.*	licensor, grantor of a licence
Lizenznehmer, *m.*	licensee
LKW, *m.*	lorry (GB), truck
	LKW-Reinigungsanlage, innen: truck cleaning facility (e.g. tank truck cleaning facility)
Lochband, *n.*	perforated strap
Lochplatte, *f.*	perforated plate
Lochquerschnitt, *m.*	hole cross-section
Lockerung, *f.*, Lockerwerden, *n.*	loosening, working loose, becoming loose
Loggeranschluss, *m.*	logger connection
Logikplatine, *f.*	logic PCB (printed circuit board)
logische Steuerung, *f.*	logic control (e.g. programmable logic control (PLC))
Lohnarbeit, *f.*	outsourcing (subcontract work to another company)
Lokalisierung von Leckagen, *f.*	leak localization, localization of leaks
lösbare Verbindung, *f.*	detachable connection (Gegenteil: permanent)
	– lösbare Kabelverbindung: detachable cable connection
Löschanforderung, *f.*	fire-extinguishing requirements
löschen	Programm: delete
	Anzeige: cancel (a signal)
	Feuer: extinguish
Löschmittel, *n.*	fire-extinguishing agent
	– Löschvorgang: fire-extinguishing procedure
Lösemittel, *n.*	solvent
	– organisch: organic solvent
	– halogeniert: halogenated solvent
Lösemittelanteil, *m.*	solvent content
Lösemittelbeladung, *f.*	solvent loading

L

Lösemitteldämpfe, *m. pl.*	solvent vapour
Lösemittelentsorgung, *f.*	solvent disposal
lösemittelhaltig	solvent containing
Lösemittelrückstände, *m. pl.*	solvent residues
lösen	detach
	– Schrauben: undo, loosen
	– Band: untie
	– Bremsen: release
	– sich ablösen: detach, become detached
Losgröße, *f.*	batch size
löslich	soluble
Löslichkeit, *f.*	solubility
	– Löslichkeit in Wasser: solubility in water
Lösung, *f.*	solution
Lösungsmittel, *n.*	solvent
lösungsmittelbeständig	fast to solvent, solvent-resistant
lösungsmittellöslich	solvent soluble
lösungsorientiert	solution-oriented (e.g. solution-oriented approach)
Lot, im Lot, *n.*	truly vertical, plumb (e.g. drop a plumb line)
löten	solder
	– gelötete Verbindung: soldered joint
Lötschlacke, *f.*	solder residues
Lötseite, *f.*	soldering side
Low-selective-Membrane, *f.*	low-selective membrane
L-Ringfass, *n.*	L-ring drum
L-Stecker, *m.*	L-plug
	– L-Schnellstecker: instant L-plug
Lückengrad, *m.*	Filter: void fraction
Luft fördern, *f.*	Kompressor: deliver air
Luft, in der L.	airborne (e.g. airborne pollution)
Luft/Kältemittel-Wärmetauscher, *m.*	refrigerant/air heat exchanger
Luftabschluss, unter, *m.*	in the absence of air
Luftaktivkohlefilter, *m.*	activated carbon air filter
Luftaktivkohlefilteranlage, *f.*	activated carbon air filter system
Luftanschluss, *m.*	air connection
Luftaufbereitung, *f.*	air treatment (system)
	– Filtration: air filtering system
Luftausgleichsleitung, Entlüftungsleitung, *f.*	venting line
Luftaustausch, *m.*	air replacement
	– durch Entlüftungsleitung: venting
Luftaustritt, *m.*	air outlet, outflow of air, escape of air
Luftaustrittsleitung, *f.*	air outlet duct
Luftaustrittsöffnung, *f.*	*siehe* Luftaustritt
Luftaustrittstemperatur, *f.*	air outlet temperature
Luftbedarf, *m.*	air requirement, air demand
	– Luftverbrauch: air consumption
Luftbefeuchter, *m.*	air humidifier
Luftbestandteile, *m. pl.*	air constituents (e.g. ambient air constituents)

Luftblase, *f.*	air bubble
	– Lackierung: blister
	– Lufteinschluss: 1. air pocket (z. B. in Wasserrohrleitung oder Tank); 2. airlock (bubble of air blocking the flow in a pipe)
	– Luftpore: air void
luftdicht	airtight
Luftdruck, *m.*	air pressure (AP)
– Luftdruck, atmosphärischer, *m.*	atmospheric air pressure
Luftdurchsatz, *m.*	air throughput
Lufteinschluss, *m.*	*siehe* Luftblase
Lufteintrittstemperatur, *f.*	air inlet temperature
Luftentöler, *m.*, Luftent- ölelement, *n.*	air/oil separator
Luftentölung, *f.*	air/oil separation
Lüfter, *m.*	fan
Lüftermotor, *m.*	fan motor (z. B. Wärmetauscher)
Lufterwärmung, *f.*	heating (of) the air
Luftfeuchtigkeit, *f.*	air humidity, humidity of (the) air
	– relative L.: relative humidity, relative air humidity (actual mass of vapour in the air compared to the mass of vapour in saturated air at the same temperature, measured in %)
	– relative atmosphärische L.: relative atmospheric humidity
	siehe Anmerkung zu Feuchtigkeit
Luftfilter, *m.*	air filter
	– Luftfilter Reduzierer: air-filter reducer
Luftfiltertasche, *f.*	air filter bag
Luftführung, *f.*	air line, air duct, routing of air flow, air passage
luftgebundene Schadstoffe, *m. pl.*	airborne pollutants
luftgekühlter Verdichter, *m.*	air-cooled compressor
luftgelagert	with air bearing
luftgelagerter Tisch, *m.*	air-cushioned table
Luftgeschwindigkeit, *f.*	air velocity, velocity of the air
luftgetragen	airborne (e.g. airborne residual oil)
luftgetragene Schadstoffe, *m. pl.*	*siehe* luftgebundene Schadstoffe
Luftgewicht, *n.*	air weight
Luftgüte, *f.*	air quality, quality of the air
Luftgütemanagement, *n.*	air quality management
Lufthygiene, *f.*	air hygiene, air quality
lufthygienisches Messnetz, *n.*	air quality monitoring network
Luftinhaltsstoffe, *m. pl.*	air constituents
Luft-Kältemittel-Wärme- tauscher, *m.*	air/refrigerant heat exchanger, auch: air-to-refrigerant heat exchanger
Luftkreislauf, *m.*	air circuit
Luftkühlsystem, *n.*	air-cooling system (e.g. finned air-cooling system)
Luftkühlung, *f.*	air cooling
Luftlager, *n.*	air bearing, air-lubricated bearing
Luftlagerspalt, *m.*	air bearing gap
Luftlagerturbine, *f.*	air-bearing turbine

L

Luftlagerung, *f.*	air cushioning
Luftleistung, *f.*	air output (e.g. compressed air output)
Luftleitung, *f.*	air line, air pipe
Luftliefermenge, *f.*	air supply rate, air discharge rate
Luftloch, *n.*	vent opening
Luft-Luft-Wärmetauscher, *m.*	air/air heat exchanger, auch: air-to-air heat exchanger
Luftmasse, *f.*	air mass (air with similar properties of temperature and moisture across a large area)
Luftmassenstrom, *m.*	air mass flow
Luftmenge, f.	air quantity, amount/quantity of air
	– bei Angabe in m³ auch: air volume
	– Durchflussmenge: air rate (m³/h)
Luftpfad, *m.*	air pathway, air passage
Luftqualität, *f.*	air quality
Luftreibung, *f.*	air friction
Luftreinhaltung, *f.*	air pollution control
	– Anlage zur Luftreinhaltung: plant for air pollution control
Luftreinigung, *f.*	cleaning/purification of air
Luftsauerstoff, *m.*	atmospheric oxygen
	– Luft als Sauerstoffquelle: air as an oxygen source
Luftschadstoff, *m.*	air pollutant, airborne pollutant
Luftschallsonde, *f.*	airborne noise probe, air probe
Luftschleuse, *f.*	airlock (a chamber with controlled pressure to enable movement between areas that do not have the same air pressure), zweite Bedeutung *siehe* Luftblase
luftseitig	(on the) air side
Luftspalte, *f.*	air gap
Luftspeicherdruck, *m.*	air storage pressure
Luftspeicherkraftwerk, *n.*	compressed-air power plant
Luftspülung, *f.*	air rinsing
Luftstau, *m.*	im Rohr: air pocket
Luftstickstoff, *m.*	atmospheric nitrogen
Luftstrom, *m.*	flow of air, air flow
	– aus einer Düse: jet of air
Luftstromverlauf, *m.*	air flow path
Lufttemperatur, *f.*	air temperature, temperature of the air
Lufttrockner-Anwendungen, *f. pl.*	air dryer applications
Lufttrocknung, *f.*	Trocknung der Luft: drying of air
	– Lufttrocknung von z. B. Lebensmitteln: air drying
Lufttrocknungssystem, *n.*	air-drying system
Luftüberschuss, *m.*	excess air
Lüftung, *f.*	ventilation
Lüftungseinrichtung, *f.*	ventilation system
Lüftungskanal, *m.*	ventilation duct
Lüftungsrohre, *n. pl.*	ventilation pipework
Lüftungsschacht, *m.*	ventilation shaft
Lüftungsverhältnisse, *n. pl.*	ventilation conditions
Luftventil, *n.*	air valve
Luftverbrauch, *m.*	air consumption

Luftverdichterkondensat, *n.*	air compressor condensate
Luftverdichterleistung, installierte, *f.*	installed air-compressor capacity
Luftverdichterstation, *f.*	air-compressor station, air-compressor system
Luftverdichtung, *f.*	compression of air
Luftverschmutzung, *f.*	air pollution
Luftverteilerplatte, *f.*	Trockner: air distribution screen
Luftverteilungssystem, *n.*	air distribution system
luftverunreinigende Stoffe, *m. pl.*	air pollutants
Luftverwirbelung, *f.*	air turbulence
Luftvolumenstrom, *m.*	air flow rate, volumetric air flow (rate)
Luftwäscher, *m.*	gas scrubber (e.g. flue gas scrubber)
Luftzerlegung, *f.*	chemisch: air separation
Luftzerlegungsanlage, *f.*	Stickstofferzeugung: air separation system
Luftzone, *f.*	air zone
Luftzufuhr-Adapter, *m.*	air inlet adapter
Luftzuleitung, *f.*	air duct, air feed duct
Lunker, *m.*	Plastik: bubble
	– nadelförmig: pinhole
	– Gussstück: piping

L

mA	mA (milliampere)
Machbarkeit, technische, *f.*	technical feasibility
Machbarkeitsstudie, *f.*	feasibility study
Mach-Zahl, *f.*	Mach number (ratio of the speed of a body in relation to the speed of sound when a body travels through a medium)
Magnetabscheider, *m.*	magnetic separator
Magnetfilter, *m.*	magnetic filter
Magnetkern, *m.*	magnet core
Magnetmembrane, *f.*	solenoid diaphragm (e.g. solenoid diaphragm metering pump)
Magnetmembranventil, *n.*	solenoid diaphragm valve
magnetodynamischer Analysator, *m.*	magnetodynamic analyzer
Magnetrührer, *m.*	magnetic stirrer
Magnetrührstab, *m.*	Labor: magnetic stirring rod
Magnetschalter, *m.*	solenoid switch, electromagnetic switch
Magnetsensor, *m.*	magnetic sensor
Magnetspule, *f.*	solenoid, solenoid coil (erzeugt magnetisches Feld)
Magnetventil, *n.*	solenoid valve
Magnetventilblock, *m.*	Regeln: solenoid valve block
Magnetventilspule, *f.*	valve solenoid (A solenoid is a current-carrying coil.)
Magnetverschluss, *m.*	Ventil: electromagnetic closing element
mahlen	grind
Mahlgut, *n.*	ground material
Makroflocken, *f. pl.*	macro flocs
MAK-Wert, *m.*	MAC value (maximum allowable concentration in the workplace)
Mammutpumpe, *f.* (Druckluftheber)	mammoth pump, airlift pump (for raising water by means of compressed air)
Managementwerkzeug, *n.*	management tool
Mangan, *n.*	manganese
Mangel, *m.*	Produkt: defect
Mängelbehebung, *f.*	remedy of defects, rectification
Mängelbericht, *m.*	defect report
Mängelbeseitigung, *f.*	*siehe* Mängelbehebung
mängelfrei	free from defects (e.g. free from defects in materials and workmanship), free of defects (beides möglich!)

mangelhaft	defective
Mängelhaftung, *f.*	defect liability
Mängelliste, *f.*	list of defects
mangelnd	lacking, inadequate, insufficient
mangelnde Wartung, *f.*	lack of maintenance
manipulationssicher	protected against manipulation
Mannloch, *n.*	manhole, inspection opening
mannloser Betrieb, *m.*	unattended operation, operation without manpower
Manometer, *n.*	pressure gauge, manometer
Manometer-Strichmarken, *f. pl.*	pressure gauge gradations
manometrische Druckhöhe, *f.*	manometric head
Manschettendichtung, *f.*	U packing (ring)
Mantel, zylindrischer, *m.*	Druckbehälter: cylindrical shell
Manteldurchmesser, *m.*	Kabel: sheath diameter, US: jacket diameter
Mantelfilter, *m.*	mantle filter (e.g. ceramic mantle filter)
Mantelrohr, *n.*	jacket pipe
Mantelsieb, *n.*	Filter: mantle mesh (e.g. mantle mesh insert), mantle element
	– Feinheit: mesh size
manuelle Auslegung, *f.*	manual dimensioning
manuelle Entwässerung, *f.*	manual drainage
manueller Ablass, *m.*	manual outlet
manueller Kondensatableiter, *m.*	manual condensate drain
manuelles Ableiten, *n.*	*siehe* manuelle Entwässerung
Markenartikel, *m.*	branded product
	– hochwertiges: high-quality branded product
Markenname, *m.*	brand name
Markenrecht, *n.*	trademark right
	– allgemein: trademark law
Marktanteil, *m.*	market share
Markteinführung, *f.*	market launch, launch on the market
marktfähig	marketable
Marktpräsenz, hohe, f.	well established on the market
Marktuntersuchung, *f.*	market survey, market analysis
Maschendichte, *f.*	Filter: mesh density
Maschenweite, *f.*	Filter: mesh size
maschinelle Bearbeitung, *f.*	machining
Maschinen und Anlagen, *f. pl.*	machines and equipment
Maschinenausstoß, *m.*	machine output
Maschinenbau, *m.*	Fach: mechanical engineering
	– Maschinenbauindustrie: mechanical engineering industry
	– Maschinenbauingenieur: mechanical engineer
Maschinenbelastung, *f.*	machine load, machine loading
Maschinenhalle, *f.*	production hall
Maschinenkapazität, *f.*	machine capacity
Maschinenlaufzeit, *f.*	machine running time
Maschinenöl, *n.*	machine oil (e.g. light machine oil)
Maschinenpark, *m.*	machinery, plant
Maschinenraum, *m.*	Werkzeugmaschinen: machining area
Maschinentechnik, *f.*	machine engineering

Maschinentransport, *m.*	machine transport
Maschinenüberflutung, *f.*	flooding of the machine
Maß, nach Maß, *n.*	tailored to requirements, customized
Maßbeständigkeit, *f.*	dimensional stability
	– unter Hitzeeinwirkung: thermostability
Masse, *f.*	allgemein: mass
	el.: Erdung: frame, earth, ground, grounding, earth connection
Masseanschluss, *m.*	el.: Klemme: frame terminal
Massebefestigung, *f.*	el.: Erdung: frame connection, ground connection
Masse-Gehäuse, *n.*	el.: earthed housing (e.g. splash proof, earthed housing)
Maßeinheit, *f.*	unit of measurement
Massekonzentration, *f.*	mass concentration (per unit volume)
Massenanteil, *m.*	percentage by weight
Massenfertigung, *f.*	mass production
Massenproduktion, *f.*	*siehe* Massenfertigung
Massenschluss, *m.*	el.: short-circuit to frame
Massenspektrometer, *n.*	mass spectrometer
Massenstrommessgerät, *n.*	mass flow meter (z. B. zur Druckluftmessung)
	– thermisches M.: thermal mass flow meter (e.g. in-line mass flow meter)
Massenstrommessung, *f.*	mass flow measurement
Massenübertragung, *f.*	Filter: mass transfer (e.g. mass transfer in an immobile polydisperse filter bed)
Masseschraube, *f.*	el.: earthing screw
Masseübergangszone, *f.*	Filter: mass transfer zone (The mass transfer zone is that part of the adsorber bed where the humidity from the air is taken up by the filter.)
Masseverschraubung, *f.*	el.: earth connection
Maßgabe, nach Maßgabe des Kunden, *f.*	according to customer specifications, customized
maßgebliche Temperatur, *f.*	prevailing temperature (z. B. bei Druckbehälterprüfung)
maßgenau	accurate to size, true to size, fitting exactly
Maßgenauigkeit, *f.*	dimensional accuracy
maßgerecht	true to size. *siehe* maßgenau
maßgeschneidert	customized, tailored to (the customer's specific requirements), according to requirements
	– maßgeschneiderte Anwendungen: customized applications
Maßhaltigkeit (Formbeständigkeit), *f.*	dimensional stability
Maßhaltigkeitsprüfung, *f.*	dimensional stability test
Massiveis, *n.*	solid ice
Maßskizze, *f.*	dimensioned sketch
maßstabsgerecht	true to scale
Maßzeichnung, *f.*	dimensioned drawing
materialabhängig	depending on material, material-dependent
Materialanforderungen, *f. pl.*	material requirements
Materialbescheinigung, *f.*	material certificate (e.g. manufacturer's material certificate; TÜV material certificate, etc.)

M

Materialbeständigkeit, *f.*	material stability (e.g. material stability at high temperatures)
	– chemische Beständigkeit: chemical resistance of the material
	– gegen Säuren: material resistance to acids
	– gegen Lösungsmittel: solvent resistance
Materialbruchfestigkeit, *f.*	ultimate material strength (The stress at which the material actually fails or breaks.)
Materialermüdung, *f.*	material fatigue
Materialfaktor, *m.*	material factor
Materialgewicht, *n.*	material weight
Materialkombination, *f.*	material combination
materialschädigend	damaging to the material (e.g. influences potentially damaging to the material)
Materialstruktur, *f.*	material structure
Materialverstärkung, *f.*	material reinforcement
Materialwirtschaft, *f.*	materials management
Maulschlüssel, *m.*	open-end spanner
max. (maximum)	max. (maximum)
max. Kältetrocknerleistung, *f.*	peak refrigeration dryer performance
max. Kompressorleistung, *f.*	peak compressor performance
maximal auftretende Kondensatmenge, *f.*	peak condensate quantity
maximal zulässiger Betriebsdruck, *m.*	maximum allowable/permissible operating pressure
maximale Leistung, *f.*	peak performance
MBE (Messbereichsendwert)	upper range limit
Mechanik, *f.*	mechanics, mechanical system
	– Teile: mechanical parts
mechanikfrei	non-mechanical, without moving parts
mechanisch belastbar	able to withstand mechanical loading, mechanically stable, mechanically resistant (e.g. chemically and mechanically resistant)
mechanisch bewegt	mechanically moving
	– mechanisch bewegte Teile: mechanically moving parts
mechanisch spannungsfrei	without mechanical stress
mechanisch stabil	mechanically stable
mechanisch stärker beanspruchte Teile, *n. pl.*	mechanical parts subject to greater wear and tear
mechanisch unbelastet	not under mechanical load
mechanisch wirkend	mechanically acting
mechanische Beschädigung, *f.*	mechanical damage
mechanische Einwirkung, *f.*	mechanical effect, mechanical impact, mechanical action
mechanische Lebensdauer, *f.*	mechanical endurance
mechanische Lüftung, *f.*	mechanical ventilation
mechanische Spannung, *f.*	mechanical stress
mechanische Stabilität, *f.*	mechanical stability
mechanische Staubabscheidung, *f.*	mechanical dust separation, mechanical dust removal
mechanisch-hydraulischer Umformer, *m.*	Signal: hydro-mechanical converter
Mechanismus, *m.*	mechanism
MEDBAC	MEDBAC (medical breathing air control)

Medien mit Feststoffanteilen, *n. pl.*	fluids containing solids
medienberührt	in contact with the fluid
medienführende Leitung, *f.*	fluid-carrying line
Medientemperatur, *f.*	media temperature
Medikamentenkonfektionierung, *f.*	medicine packaging
Medium, *n.*	medium (e.g. cooling medium, fluid (flüssig oder gasförmig))
	– explosive Medien: explosive fluids
Mediumtemperatur, *f.*	temperature of the medium
medizinische Druckluft, *f.*	medical compressed air
medizinische Geräte, *n. pl.*	medical equipment
Medizintechnik, *f.*	medical technology
	– Geräte: medical equipment
Megapascal (MPA)	megapascal (Mpa)
Mehrbedarf, *m.*	additional requirements, additional demand
mehrfach verfiltert	multiple filtered
Mehrfachadapter, *m.*	multiple adapter
Mehrfachknotenpunkt, *m.*	multiple end connection (*siehe* Verteilerdose)
Mehrfachprobennahme, *f.*	multiple sampling
Mehrkammermessgaskühler, *m.*	multi-chamber measuring gas cooler
Mehrkomponentenkleber, *m.*	multicomponent adhesive
Mehrkomponentenlack, *m.*	multicomponent paint
Mehrpreis, *m.*	extra charge, extra price
mehrschichtig	multi-layered
Mehrstab-Heizpatrone, *f.*	multiple element heating cartridge
mehrstufige Filtration, *f.*	multistage filtration
mehrstufiger Kompressor, mehrstufiger Verdichter, *m.*	multistage compressor (e.g. axial flow multistage compressor; single and multistage compressors; multistage axial compressor)
mehrstufiges Verfahren, *n.*	multistage process
Mehrverbrauch, *m.*	extra consumption
Mehrwegschalter, *m.*	multiway switch
Meldeausgang, *m.*	signal output
Meldekontakt, *m.*	signalling contact
	– Warnung: alarm contact
melden	el.: signal
Melderelais, *n.*	el.: signalling relay
	– Warnung: alarm relay
Meldung, *f.*	el.: signal (e.g. transmit a signal), indication, message
	– Meldung durch den Kunden: notification by the customer
	– Meldung, potenzialfreie: potential-free signal
	– potenzialfreie Meldungsübertragung: potential-free signal transmission
Membranaufnahme, *f.*	Ventil: diaphragm seat
Membrandeckel, *m.*	Ventil: diaphragm cap
Membrandichtung, *f.*	diaphragm seal
Membran-Drucklufttrockner, *m.*	compressed-air membrane dryer
Membrane, *f.* (auch Membran)	Drucklufttrocknung: membrane (z. B. Polysulfonmembran)
	– Kondensatableiter, Ventil: diaphragm

M

Membranelement, *n.*	Trockner: membrane element
Membranfaser, *f.*	membrane fibre
Membranfilter, *m.*	membrane filter
Membranfiltration, *f.*	membrane filtration
Membranfläche, *f.*	Trockner: membrane area
	Ventil: diaphragm area
Membrangleichgewicht, *n.*	membrane equilibrium
Membranhub, *m.*	Ventil: diaphragm travel
Membrankolbenventil, *n.*	diaphragm piston valve
Membrankolbenverdichter, *m.*	diaphragm compressor
Membranmodul, *n.*	Trockner: membrane module
Membranoberfläche, *f.*	Trockner: membrane surface
Membranpumpe, *f.*	diaphragm pump
Membranschicht, *f.*	Trockner: membrane layer
Membran-Set, *n.*	Ventil: diaphragm set
Membransitz, *m.*	Ventil: diaphragm seat
Membrantrockner, *m.*	membrane dryer
	Membrantrockner-Modul: membrane dryer module
Membrantrocknung, *f.*	membrane drying
Membrantyp, *m.*	Ventil: diaphragm type
Membranventil, *n.*	diaphragm valve
Membranverdichter, *m.*	diaphragm compressor (e.g. oil free diaphragm compressor)
Membranverschleiß, *m.*	Trockner: wear on the membrane
Membranwandung, *f.*	Trockner: membrane wall
Memory-Controller, *m.*	memory controller
mengenangepasst	adapted to the actual amount, quantity-related
Merkmal, *n.*	characteristic, special feature
Mess- und Regelinstrumente, *n. pl.*	measurement & control instruments (e.g. industrial measurement & control instruments)
Mess- und Regeltechnik, *f.*	measurement & control equipment
Mess- und Steuerungseinrichtungen, *f. pl.*	*siehe* Mess- und Regeltechnik
Mess-, Steuerungs- und Regeltechnik (MST-Technik), *f.*	measurement and control technology, instrumentation and control technology
Messanordnung, *f.*	measuring set-up
Messapparat, *m.*	measuring apparatus, measuring device
Messarmatur, *f.*	measuring valve
messbar	nicht messbar: not measurable, unmeasurable
	– kaum messbar: barely detectable
Messbarkeit, *f.*	measurability
Messbereich, *m.*	Gerät: measuring range
	Gebiet: measuring area
Messbereichsendwert, *m.*	upper value of measuring range
Messcontainer, *m.*	measuring container
Messdaten, *n. pl.*	measuring data
Messdatenanalyse, *f.*	measuring data analysis, analysis of measuring data
Messdatenerhebung, *f.*	collection/acquisition of measuring data
	gezielte: strategic collection of measuring data
Messdatenverarbeitung, *f.*	processing of measuring data
Messdauer, *f.*	measuring period

Messdom, *m.*	measuring dome
Messe, *f.*	trade fair
	– Messegesellschaft: trade fair organizers, trade fair company
	– Messehalle: trade fair hall
	– Messestand: trade fair stand
	– Fachmesse: trade fair, specialist trade fair
Messebene, *f.*	measurement plane
Messeffekt, *m.*	measuring effect
Messeingang, *m.*	measurement input
Messeinheit, *f.*	Spaltmittel: metering unit, *siehe* Dosiereinheit, Dosierer
	– Messung: measuring unit (e.g. mobile measuring unit on rollers)
Messeinrichtung, *f.*	measuring device, measuring equipment
Messempfindlichkeit, *f.*	measuring sensitivity
Messen von Partikeln, *n.*	particulate matter measurement
Messerfassung, Messwerterfassung, *f.*	measurement acquisition
Messergebnis, *n.*	measurement result
Messerspitze, *f.*	point/tip of a knife, just a very small amount
Messfahrzeug, *n.*	measuring van, measuring vehicle, test van
Messfehler, *m.*	measuring error, faulty measurement
Messfenster, *n.*	measuring window (of instrument)
Messfilter, *m.*	measurement filter
Messfühler, Messsensor, *m.*	sensor (e.g. liquid level sensor; moisture detecting sensor; low-level sensor)
Messgasaufbereitung, *f.*	measuring gas treatment
Messgaskühler, *m.*	measuring gas cooler
Messgaspumpe, *f.*	measuring gas pump
Messgenauigkeit, *f.*	measurement accuracy (e.g. basic measurement accuracy)
Messgerät, *n.*	measuring instrument, measuring device, meter (for measuring and recording of units, e.g. gas meter)
	– Messgeräte: measuring equipment
	– optisches Messgerät: optical measuring instrument
Messgerätekalibrierung, *f.*	calibration of measuring instruments
Messgrenze, *f.*	measurement limit (e.g. upper and lower measurement limit)
Messgröße, *f.*	measured quantity, quantity to be measured
Messing, *n.*	brass
Messingtülle, *f.*	brass connector
Messinstallation, *f.*	measuring set-up
Messinstrument, *n.*	*siehe* Messgerät
Messkammer, *f.*	measuring chamber
Messkanal, *m.*	Messgerät: measuring channel
Messkette, *f.*	measuring chain
Messkopf, *m.*	Sensor: measuring head (e.g. multi-functional measuring head; sensing head)
	– optischer Messkopf: optical head, optical measuring head
Messkurve, *f.*	measurement curve, measured curve
Messküvette, *f.*	measuring cuvette
Messluft, *f.*	measurement air

M

Messmaschine, 3D, *f.*	3D measuring machine
Messmedium, *n.*	measured medium (e.g. residual oil content)
Messnetz zur Luftanalyse, *n.*	Umweltschutz: air quality monitoring network
Messplatz, *m.*	measuring point
Messplatzaufbau, *m.*	test setup
Messpol, *m.*	measuring pole
Messpräzision, *f.*	measurement precision
Messprinzip, *n.*	measuring principle
Messprotokoll, *n.*	measurement log, test log
Messpunkt, *m.*	measuring point
Messquerschnitt, *m.*	measuring cross-section
Messraum, *n.*	Produktion: measuring room
Messreihe, *f.*	series of measurements
Messringverschraubung, *f.*	threaded lock nut
Messschaltung, *f.*	measuring circuit
Mess-Sensorik, *f.*	measuring sensor system
Messsicherheit, *f.*	measuring accuracy
Messsignal, *n.*	measuring signal
Messsignalausgang, *m.*	measuring signal output
Messskala, *f.*	measuring scale, graduated scale (z. B. am Instrument)
Messsonde, *f.*	measuring probe (z. B. Flowmeter)
	– stabförmige M.: rod-shaped measuring probe
Messstabilität, *f.*	measuring stability
Messstation, *f.*	measuring station
Messstelle, *f.*	Luftverschmutzung: measuring station, *siehe* Messpunkt
Messstrecke, *f.*	measuring section (z. B. Luftstrommessung)
Messstreckenrohr, *n.*	measuring section pipe
Messsystem, *n.*	measuring system, measurement system, *siehe* Messgerät
Messtechnik, *f.*	measurement technology, measurement technique
messtechnisch erfassen	measure, record by measurement
messtechnische Überwachung, *f.*	instrumented monitoring
Messtisch, *m.*	measuring table
	– luftgelagerter Messtisch: air-cushioned measuring table
Messungenauigkeit, *f.*	measurement inaccuracy
Messvarianz, *f.*	measurement variance
Messverfahren, *n.*	measuring method, method of measurement, measuring procedure, *siehe* Messtechnik
Messvolumenstrom, *m.*	measuring flow rate
Messvorgang, *m.*	measuring operation, measuring process
	– Messablauf im Einzelnen: measuring procedure
Messwagen, *m.*	*siehe* Messfahrzeug
Messwert, *m.*	measured value, measuring value, meter reading
Messwertanzeige, *f.*	measured value display (e.g. digital or quasi-analogue display of measured values), measured-value display
	– angezeigte Messwerte: readings, indicated measured values
Messwertaufnehmer, *m.*	measuring sensor
Messwertfehler, *m.*	measured value error
Messwertregistrierung, *f.*	recording of measured values

Messwertübertragung, *f.*	measured-data transfer
Messwertverfälschung, *f.*	measuring inaccuracy
Messwertverzerrung, *f.*	measured value distortion
Messzeit, *f.*	measurement time, measuring time, measurement period
Messzeitpunkt, *m.*	time of measurement, measurement time
Messzelle, *f.*	measuring cell
Messzellengehäuse, *n.*	measuring cell housing
Messzylinder, *m.*	measuring cylinder
	– mit Einteilungen: graduated cylinder
metallaggressiv	metal-attacking
metallblank	bright metal
metallfrei	metal free, without the use of metals
metallisch blank putzen	polish until metallic bright (e.g. metallic bright surface finish)
metallische Anschraubteile, *n. pl.*	metal screw-on parts
metallische Komponenten, *f. pl.*	metal parts
metallische Partikel, *n. pl.*	metal particles
metallischer Anschluss, *m.*	metal connection
metallischer Kontakt, *m.*	metallic contact, metal-to-metal contact
metallischer Staub, *m.*	metal dust
Metallmantel, *m.*	metal jacket
Metalloxyd, Metalloxid, *n.*	metal oxide
Metallverarbeitung, *f.*	metal processing (e.g. scrap metal processing; liquid metal processing), metal working (e.g. metal working tools),
	– metallverarbeitende Industrie: metal processing industry (e.g. steel processing), metal working industry (e.g. sheet metal working industry)
Meterware, *f.*	goods supplied/sold by the metre
Methan, *n.*	methane
Methanol, *n.*	methanol, methyl alcohol
Me-too-Produkt, *n.*	me-too product
metrologischer Bereich, *m.*	measurement/instrumentation sector (Metrology is the science of measuring.)
mg/l, mg/L	mg/L, mg/l (milligrams per litre, also defined as parts per million (ppm))
Microvia-Technik, *f.*	microvia techniques
Miete, *f.*	für Maschine: hire charge
Mikrochip, *m.*	microchip
Mikrocontroller, Mikroregler, *m.*	microcontroller
mikrodispers	microdisperse
Mikrodüse, *f.*	micronozzle
Mikroelektronik, *f.*	microelectronics
Mikrofilter, *m.*	microfilter
Mikrometer-Bereich, µm-Bereich, *m.*	µm-range
Mikroorganismen, lebendige, *m. pl.*	active micro-organisms (auch: microorganisms)
mikropartikulär	microparticulate
Mikroplatten-Zentrifuge, *f.*	microplate centrifuge (e.g. in a laboratory)
mikroporös	microporous
mikroprozessorgesteuert	microprocessor-controlled
Mikrozentrifuge, *f.*	Labor: microcentrifuge
milchige Phase, *f.*	Flüssigkeit: milky phase

M

Milieu, *n.*	environment
	– saures: acidic
millimetergenau	down to the millimetre, with millimetre precision
min. (minimum)	min. (1. minimum, 2. minute)
min/max-Speicher, *m.*	min/max memory
Minderpreis, *m.*	reduced price, special price
Mindestanforderung, *f.*	minimum requirement
Mindestdruckventil, *n.*	minimum pressure valve (Internal pressure needs to build up before the minimum pressure valve opens.)
Mineralfasern, *f. pl.*	mineral fibres
mineralische Ablagerung, *f.*	mineral dust deposit
Mineralisierer, *m.*	mineralizer
Mineralkohlenwasserstoff-Gehalt, *m.*	mineral hydrocarbon content
Mineralöl, *n.*	mineral oil (e.g. compressor with mineral oil lubrication)
Mineralölbasis, auf M., *n.*	mineral-oil based
mineralölhaltig	mineral oil containing
Mineralölkohlenwasserstoffe, *m. pl.*	mineral oil hydrocarbons
Mineralölsteuer, *f.*	mineral oil tax
Miniaturisierung, *f.*	Nanotechnologie: miniaturization
Minimaldruck, *m.*	minimum pressure
minimaler DTP (Drucktaupunkt), *m.*	minimum PDP (pressure dewpoint)
Minimalmengenschmierung, *f.*	minimal lubrication
Minimierungsangebot, *n.*	minimization rule (to minimize adverse impacts)
Minimumpunkt, *m.*	lowest point (z. B. am Sensor)
Minuspol, *m.*	negative pole
Minustemperatur, *f.*	subzero temperature
Minute, Min., *f.*	minute, min. (Plural: mins)
Misch- und Dosieranlage, *f.*	mixing and dosing unit (z. B. in Lackiererei oder Spritzgussanlage)
mischbar	miscible
	– nicht mischbar: immiscible, not miscible, cannot be mixed
Mischbarkeit, *f.*	miscibility
Mischbettaustauscher, *m.*	mixed bed exchanger
Mischdüse, *f.*	mixer nozzle
Mischerantrieb, *m.*	mixer drive
Mischfilter, *m.*	mixed-media filter
Mischraum, *m.*	mixing zone
Mischsystem, *n.*	combined system
Mischtemperatur, *f.*	mixed temperature
Mischungsverhältnis, *n.*	mixing ratio
Missbrauch, *m.*	inappropriate use, wrong use
mit Adsorptionsmittel gefüllt	adsorbent-filled
mit Feuchtigkeit angereichert	moisture-laden
mitführen, mitreißen, mitnehmen	Partikel/Kondensat im Luft- oder Flüssigkeitsstrom: entrain (e.g. droplets entrained in the airstream), pick up, carry over (e.g. eliminate risk of condensate carry-over)
	– Abscheider für mitgerissene Flüssigkeiten: entrainment separator (e.g. multi-stage entrainment separator)
mitgeliefert	supplied with the unit
mitgerissenes Öl, *n.*	oil carryover, oil entrained in the compressed air

mitreißen	*siehe* mitführen
Mitte (Umschaltkontakt), *f.*	centre, centre position, neutral
mittelbar	indirect(ly)
	– mittelbarer Schaden: indirect damage
Mittelspannungseinfluss, *m.*	Materialtest: mean stress influence
Mittelstand, *m.*	– medium-sized enterprises
	– SMEs (small & medium-sized enterprises)
mittelständisches Unternehmen, *n.*	medium-sized company
Mittelstellung, *f.*	Kontakt: centre position
mittelträge (MT)	medium time lag (MT)
	– mittelträge Sicherung: medium time lag fuse
Mittelwert, *m.*	mean value
Mittenrauhwert, *m.*	maschinelle Bearbeitung: average roughness
mittig	central, (in/from a) central position, centric (zentrierend, e.g. customer-centric strategies)
	– mittig ausrichten: position centrally
mittlerer Ölgehalt, *m.*	mean oil content
Mix, im Mix, *m.*	as a mix
mobil einsetzbar	permitting mobile application
mobile Anlage zur Gasanalyse, *f.*	mobile system for gas analysis, portable system …
mobile Anwendung, *f.*	mobile application
mobile Druckluftanlage, *f.*	mobile compressed air system
mobile Einheit, *f.*	portable/mobile unit (e.g. portable flowmeter), auch: hand held (e.g. hand-held leak detector)
mobiler Einsatz, *m.*	mobile application
mobiler Flowmeter, *m.*	portable flowmeter
Modell, *n.*	model
Modellanlage, *f.*	model setup
Modellpalette, *f.*	model range
Modellrechnung, *f.*	model calculation
modernste Messverfahren, *n. pl.*	sophisticated measuring techniques
modernste Technik, *f.*	latest technology, state-of-the-art technology
	– allerneueste T.: cutting-edge technology
modulabhängig	depending on the module, module dependent
Modularität, *f.*	modularity
Modulausführung, *f.*	module design
Modulausgang, *m.*	module outlet
Modulbaugröße, *f.*	module size
Moduleingang, *m.*	module inlet
Modulgehäuse, *n.*	module housing
Modulkopf, *m.*	module head
Modulleistung, *f.*	module performance
Modulrohr, *n.*	Membrantrockner: module shell
Modulspektrum, *f.*	module range, module spectrum
Modultyp, *m.*	module type
Modus, *m.*	mode (im x Modus, under x mode)
möglich	possible, permissible, feasible
	– möglichst: preferably, preferred
mögliche Beladung, *f.*	Adsorptionstrockner: available loading capacity
mögliche Gefährdung, Personen- oder Sachschäden	possible danger, personal injury or damage to property

M

mögliche Gefährdung, schwere Personenschäden oder Tod	possible danger, serious personal injury or death
Mol	Chemie: mole
molares Volumen, *n.*	molecular volume
Molekularsieb, *n.*	molecular sieve
Molekularsieb-Patrone, *f.*	molecular sieve cartridge
Molekülkette, *f.*	molecular chain
Molgewicht, *n.*	mole weight (z. B. g/mole)
momentane Kondensatmenge, *f.*	momentary condensate quantity
momentaner Durchfluss, *m.*	momentary throughput
Monitoringprogramm, *n.*	monitoring programme (EDV: program)
Montage, *f.*	installation, mounting, fitting, assembly (Zusammenbau von Teilen)
	– Produktion: assembly, assembly line
Montageanleitung, *f.*	instructions for installation, installation instructions
Montagebügel, *m.*	mounting bracket (e.g. wall mounting bracket)
montagefreundlich	easy to install
Montagefreundlichkeit, *f.*	ease of installation
Montagegeräte, *n. pl.*	installation equipment
Montagekosten, *pl.*	installation cost
Montageleistungen, *f. pl.*	installation work
Montagelinie, *f.*	assembly line
Montagematerial, *n.*	installation material
Montageplatte, *f.*	mounting plate
Montagesystem, *n.*	installation system (z. B. Rohrleitung)
Montageumfeld, *n.*	installation environment
Montage- und Wartungshinweise, *m. pl.*	notes on installation and maintenance
Montageverguss, *m.*	assembly potting (using potting compounds such as expoxy resin)
Montagewerkzeug, *n.*	installation tools, tools for installation
Monteur, *m.*	Wartung: maintenance technician, service technician (e.g. field service technician), service engineer, maintenance engineer
	– Installation: installing technician
	– Rohrleitung: pipe fitter
montieren	install (z. B. großen Filter), mount, erect, set up, fit
	– zusammenbauen: assemble
Motor, *m.*	Verbrennungsmotor: engine
	– elektrischer Motor: motor
Motorabgabeleistung, *f.*	el.: motor output, motor power output
Motorblock, *m.*	Verbrennungsmotor: engine block
Motorenöl, *n.*	motor oil
	– Verbrennungsmotor: engine oil
	– 10er Motorenöl: 10-type motor oil
Motorklemmenkasten, *m.*	el.: motor terminal box
Motorkurzschluss, *m.*	el.: motor short circuit
	– Motorkurzschlussschutz: motor short circuit protection
Motorschlitten, *m.*	Elektromotor: motor carriage

Motorschmierstoff, *m.*	Kfz: engine lubricant
Motorschutzschalter, *m.*	el.: motor circuit-breaker
Motorspindel, *f.*	el.: motor spindle (z. B. Werkzeugmaschinen)
Motorwelle, *f.*	el.: motor shaft
Motorwicklung, *f.*	el.: motor windings (e.g. compressor motor windings)
Motorwippe, *f.*	Elektromotor: motor switch armature
Motorzuleitung, *f.*	el.: motor supply cable
MSR-Geräte (Mess-, Steuer- und Regelgeräte), *n. pl.*	I & C equipment (instrumentation and control equipment)
MTBF	MTBF (mean time between failures)
	– MTBF-Bestimmung: MTBF determination
Muffenrohr, *n.*	socket pipe
Mulde, *f.*	depression, trough
Müllverbrennung, *f.*	refuse incinceration
	– Hausmüllverbrennung: domestic refuse incineration
multifunktional	multifunctional
Multifunktionsventil, *n.*	multifunction valve
Mündung, *f.*	outlet
Muster, *n.*	specimen, sample
Musterexemplar, *n.*	type specimen
Mutter, *f.*	nut
mV Relais (Meldevervielfachungs- relais), *n.*	signal multiplication relay

M

n.e. (nicht erhältlich)	N/A (not available)
nach	according to, in accordance with, in conformity with, in compliance with, in line with
	– nach DIN: according to DIN
	– Fließvorgang: downstream
nach 48 Std., spätestens	within 48 hours at the latest
nach außen führen	el.: bring out
	– herausgeführt: brought out
nach Demisterprinzip funktionie-render Kondensatableiter, *m.*	demister type condensate separator
nach DIN ISO	according to DIN ISO (Abkürzung: acc.)
nach DIN x gefertigt	manufactured to DIN x
nach Entscheidung des Herstellers	as decided by the manufacturer, at the manufacturer's option (e.g. "The device will be repaired or replaced at the manufacturer's option free of charge.")
nach Maß	made-to-measure
Nachadsorption, *f.*	postadsorption
Nachanalyse, *f.*	verifying analysis
nacharbeiten	rework, refinish (e.g. refinish and respray car bodywork), remachine, correct
Nachbarkanal, *m.*	neighbouring channel, adjacent channel, adjacent duct
Nachbarschaftsbelästigung durch Gerüche, *f.*	odour nuisance in the neighbourhood
Nachbearbeitung, *f.*	Herstellung: finishing
Nachbehandlung, Nachbereitung, *f.*	aftertreatment (e.g. catalysts for exhaust aftertreatment), further treatment
Nachbesserung, *f.*	remedy of defects
nacheinander	sequential, *siehe* schrittweise
Nachfilter, *m.*	afterfilter
Nachfiltration, Nachfiltrierung, *f.*	afterfiltration
Nachfolgemodell, *n.*	replacement model, successor
nachfüllen	refill, top up
nachfüllen, ergänzen	fill up, replenish, refill, top up
nachgelagert, nachgeschaltet	downstream, succeeding, subsequent, next in line
nachgiebig	Material: pliable, soft, yielding, flexible, elastic
nachhaltig	Umwelt: sustainable, lasting

nachhaltige Effekte, *m. pl.*	Gesundheit: lasting effects
Nachkondensation, *f.*	aftercondensation
Nachkühleinrichtung, *f.*	aftercooling system (z. B. Formtechnik)
Nachkühler, *m.*	aftercooler
	– Nachkühlung: aftercooling
Nachreaktionsbehälter, *m.*	secondary reaction tank
nachregeln	adjust, re-adjust
Nachrüstaufwand, *m.*	retrofitting expenditure
nachrüstbar	retrofittable
nachrüsten	retrofit
Nachrüstungsbedarf, *m.*	demand for retrofitting
nächstgrößte	one size larger/bigger
nächstkleinerer Wert, *m.*	next lower value
nachträglich	Produktionsprozess: post-process, after processing
Nachtrocknen, *n.*	afterdrying, undergo afterdrying/further drying
Nachverdichter, *m.*	booster (compressor)
Nachverfolgbarkeit, *f.*	traceability
Nachvollziehbarkeit, *f.*	repeatability, verifiability
Nachweis, *m.*	proof, verification, analysis (*siehe* Ermüdungsnachweis), evidence, test
– Nachweis der Brauchbarkeit, *m.*	proof of operativeness
nachweisbar	measurable, detectable
	– kaum nachweisbar: barely detectable
Nachweisgrenze, *f.*	detection limit (down to non-detectable levels)
nachziehen	retighten, tighten up
Nadelfilz, *m.*	needlefelt, needle felt
Nadelfilzdrainage, *f.*	needlefelt drainage
	– Schicht: needlefelt drainage layer
Nadelventil, *n.*	needle valve
Nagler, *m.*	nail driver
Näherungsschalter, *m.*	el.: proximity switch
Nährstoff, *m.*	nutrient
Nährsubstanz, *f.*	substrate
Nahrungsmittel- und Getränke-industrie, *f.*	food and beverages industry
	– Nahrungs- und Genussmittelindustrie: food, beverages and tobacco industry
Nahrungsmittel, *n.*	food, foodstuff, food products
nahtlos	seamless, without seams, *siehe* geschweißte Naht
	– nahtlose Verbindung: seamless connection (e.g. "Special welding techniques enable seamless connections.")
	– nahtloses Rohr: seamless pipe
Nahverkehrszug, *m.*	local train
	– Regionalbahn: regional train
Namurschnittstelle, *f.*	Namur interface
Namurschnittstellenventil, *n.*	Namur interface valve
Nanofilter, *m.*	nano filter (oder: nanofilter)
	– Nano-Filterelement: nano filter element
Nanotechnologie, *f.*	nanotechnology
nass auf nass (z. B. Nass-auf-Nass-Lackierung)	wet on wet (e.g. wet-on-wet paint spraying)

Nassabsorber, *m.*	wet absorber (e.g. wet absorber followed by a dust filter)
Nassdampf, *m.*	wet steam
nasse Druckluft, *f.*	moist compressed air
Nasselektrofilter, *m.*	wet electrostatic precipitator, WESP (for saturated air streams)
Nassspritztechnik, *f.*	wet paint system (e.g. three-layer wet paint system), wet paint technique
	– in der Luft zerstäubende Nassspritztechnik: air-atomized wet paint system
	– elektrostatische Nassspritztechnik: electrostatic wet paint system
Nasswäsche, *f.*	wet scrubbing
Nasswäscher, *m.*	wet scrubber
Natriumkarbonat, *n.*	sodium carbonate
Natriumsulfat, *n.*	sodium sulphate
Natronlauge, *f.*	sodium hydroxide solution, caustic lye of soda
Naturwissenschaften, *f. pl.*	natural sciences
NBR	NBR (nitrile-butadiene rubber)
NC	el.: NC normally closed
Nebel, *m.*	Wetter: fog; Wasser: mist
Nebelbildung, *f.*	fog formation (atmospheric air), mist (e.g. rising mist, a misted up windscreen)
Nebelwaser, *n.*	aerosol water (e.g. aerosol water concentration in a filter), spray water
Nebeneffekt, *m.*	side effect
	– positiver Nebeneffekt: secondary benefit
Nebeneinrichtungen, *f. pl.*	ancillary facilities
Nebenprodukt, *n.*	by-product
nebenstehend	adjacent
Nebenstromfilter, *m.*	bypass flow filter, bypass filter
Nebenwirkung, *f.*	side effect
	– negative Nebenwirkung: harmful effect
neigen	tend to, can be affected by, are inclined to, are prone to, have propensity to (z. B. bei chemischer Reaktion)
Nennbedingungen, *f. pl.*	nominal conditions
Nennbetriebsbedingungen, *f. pl.*	nominal operating conditions, rated conditions
Nenndruck, *m.*	nominal pressure
Nennlänge, *f.*	z. B. Rohr: nominal length
Nennleistung, *f.*	el.: nominal power (e.g. range of compressors with nominal power from 4kW to 250kW), nominal output, nominal capacity, *siehe* Leistung
	– Bemessungsleistung (z. B. Elektromotor): rated output
	– Durchsatz-Nennleistung: nominal throughput (e.g. in l/h)
	– Nennkapazität (Gerät Anlage): nominal performance (e.g. nominal drying performance), nominal capacity
Nennleistungspunkt, *m.*	nominal performance value (z. B. eines Kompressors), nominal performance level
Nennrohrgröße, *f.*	nominal pipe size (NPS)
Nennvolumenstrom, *m.*	nominal volumetric flow

N

Nennweite (NW), für Rohre DN (z. B. Rohr DN 2000), *f.*
Rohr: nominal diameter (DN)
- allgemein: nominal width

Netz, *n.*
Strom: power (z. B. als Anzeige am Gerät), power supply, mains, electricity supply
- Druckluft: network (e.g. compressed air network; dry compressed air supplied at the inlet to the compressed air network)
- Druckluftsystem generell: compressed air system

Netzanschluss, *m.*
el.: mains connection, power supply connection

Netzanschluss, Spannungs-anschluss, *m.*
el.: mains connection

Netzanschlussleitung, *f.*
el.: connecting mains lead

Netzausfall, *m.*
el.: power failure, mains failure, mains outage (e.g. protracted mains outage)

Netzausgang (el. Versorgungs-netz), *m.*
mains output (e.g. mains output via a 3-core cable, mains output socket)

netzbar
wettable

Netzdruck, *m.*
network pressure

Netzeingang, *m.*
el.: mains input

Netzeingangsspannung, *f.*
el.: mains input voltage

Netzeinheit, *f.*
power unit

Netzfilter, *m.*
el.: mains filter

Netzgewebe, *n.*
netting (z. B. für Filter)

Netzkabel, *n.*
el.: mains cable

Netzkomponenten, *f. pl.*
network elements

Netzkonzept, *n.*
network concept, network layout

Netzlänge, *f.*
Rohre: pipe network length

Netzleitung, *f.*
el.: power cable, mains cable

Netzmittel, *n.*
wetting agent

Netzschalter, *m.*
el.: mains switch
- am Gerät: power switch

Netzsicherung, *f.*
el.: mains fuse

Netzspannung, *f.*
el.: mains voltage, supply voltage
- Gerät von Netzspannung trennen: disconnect device from mains electricity supply
- Netzspannung führend: live; carrying mains voltage
- Netzspannung liegt an: Mains voltage is being applied.

Netzspannungsausgang, *m.*
el.: mains voltage output

Netzspannungseingang, *m.*
el.: mains voltage input

Netzstecker, Gerätestecker, *m.*
el.: mains plug, power plug

Netzteil, *n.*
el.: power supply unit (PSU)
- Netzteilmodul: power unit module, power unit

Netzteilgehäuse, *n.*
el.: power unit housing

Netzteilkasten, *m.*
el.: mains box

Netzteilplatine, *f.*
el.: power supply PCB, PCB of the power supply unit
- integrierte Netzteilplatine: integrated power supply PCB

netzunabhängig
el.: independent from mains electricity

Netzunterbrechung, *f.*
el.: power supply disruption, power supply failure

Netzverbindung, *f.*
el.: mains connection

Netzversorgung, *f.*
el.: power supply, power supply system

neu lackieren	recoat
Neuanlage, *f.*	new plant, new facility
neubefüllen	refill
Neuerung, *f.*	innovation
neueste Technologie, *f.*	cutting edge technology, leading edge technology, state-of-the-art technology (e.g. "The device combines state-of-the-art technology and elegant design.")
Neukalibrierung, *f.*	re-calibration
neuralgischer Punkt, *m.*	sensitive point, critical point
neutraler pH-Bereich, *m.*	neutral pH range
Neutralleiter, *m.*	el.: neutral conductor (N)
Neuvorstellung, *f.*	Produkt: launch
NHN (Normalhöhennull), frühere Bezeichnung N.N. (Normalnull)	MSL (mean sea level)
nicht aggressiv	non-aggressive
nicht anwendbar, nicht zutreffend	not applicable (n.a.)
nicht autorisiert	unauthorized
nicht belasteter Bereich, *m.*	Verschmutzung: non-polluted area
nicht bestimmungsgemäß	(for purposes) other than the intended application
	– nicht bestimmungsgemäßer Gebrauch: used for purposes other than the intended application
nicht chloriert	non-chlorinated
nicht durchführbar	impracticable
nicht eingetragen	not listed
nicht erkennbare Ursache, *f.*	unidentifiable cause
nicht fasernd	non-lint (e.g. non-lint cloth)
nicht gebunden	free (z. B. Öltröpfchen)
nicht gefährliches Produkt, *n.*	non-hazardous product
nicht korrodierend	non-corroding, non-corrosive
nicht kritische Anwendung, *f.*	non-critical application
nicht lieferbar	not available, cannot be supplied
nicht mehr enthalten	Preisliste: dropped
nicht tragbar	non-portable
nicht trennbar	non-separable
nicht Zutreffendes durchstreichen	delete where not applicable
Nichtbeachtung, *f.*, Nichtbeachten, *n.*	non-observance
	– bei Nichtbeachtung: in the event of non-observance
Nicht-Druckluftkondensat, *n.*	condensate not stemming from compressed air systems
Nichteisenmetall, *n.*	non-ferrous metal
Nichteisenmetallindustrie, *f.*	non-ferrous metal industry
nicht-elektrisches Bauelement, *n.*	non-electrical component
nicht-emulgiert	non-emulsified
	– nicht-emulgierend: non-emulsifying
Nichterfüllung des Vertrags, *f.*	nonperformance of contract
Nicht-Fachmann, m.	layperson, non-expert
nichtisoliert	uninsulated (e.g. uninsulated electrical wiring)
Nichtlinearität, *f.*	non-linearity
nicht-molekular	non-molecular
nicht-original Bauteile, *n. pl.*	non-original components, components from third-party suppliers
nichtrostend	*siehe* rostfrei

N

Nicht-Standard-Anwendung, *f.*	non-standard application
nichtzerstörende Materialprüfung, *f.*	nondestructive materials testing
Nieder- und Unterdruckbereiche, *m. pl.*	low-pressure and vacuum conditions
Niederdruck, *m.*	low pressure
Niederdruckbereich, *m.*	low-pressure range (e.g. "The measuring instrument is not suitable for use in the low-pressure range.")
Niederdruckmanometer, *n.*	low-pressure gauge
Niederdruckpumpe, *f.*	low-pressure pump
Niederdruckschalter, *m.*	low-pressure switch
Niederdruckseite, *f.*	low-pressure side
Niederdruck-Version, f.	low pressure model, low pressure device
niederhalten	hold down
Niederhalter, *m.*	holding-down appliance, hold-down jack
niederohmig	el.: (with) low resistance
niederschlagen	condense (e.g. steam condensing in the form of droplets), deposit (e,g. dirt particles), settle (down)
Niederschlagselektrode, *f.*	precipitation electrode (Elektrofilter)
Niederspannungsbereich, *m.*	el.: low-voltage area
Niederspannungsrichtlinie, *f.*	el.: Low Voltage Directive (2006/95/EC), EC Directive relating to low voltage
Niedertemperatur, *f.*	low temperature
	– Niedertemperaturgerät: low-temperature device
niedriger Druck, *m.*, Kondensatableiter für niedrigen Druck, *m.*	low-pressure condensate drain
niedrigselektive Membrane, *f.*	low-selective membrane, low-selectivity membrane (Nat. Inst. of Standards, USA)
Nietanschluss, *m.*	riveted connection, riveted joint
nieten	rivet
	– genietet: riveted
Nitril-Kautschuk (NBR), *m.*	nitrile rubber (NBR)
nitrogenes Gas, *n.*	nitrogenous gas
Nitrosamin, *n.*	nitrosamine
nitroses Gas, *n.*	nitrous gas
niveauabhängig	z. B. Flüssigkeit: level-dependent, in relation to level
Niveauanzeiger, *m.*	*siehe* Niveaumelder
Niveauerfassung, Niveaumessung, *f.*	level measurement (system)
niveaugeregelt	level controlled
Niveaumelder, *m.*	level indicator
	– Sensor: level sensor
Niveaumeldung, *f.*	level signal
Niveau-Mess-Elektronik, *f.*	electronic level measurement (system)
Niveauregelkreis, *m.*	level control loop (system)
Niveauregelung, *f.*	level control
Niveauschalter, *m.*	liquid-level switch, level switch
Niveauschwimmer, *m.*	level float
Niveausensor, *m.*	level sensor
Niveausteuerung, *f.*	level control
Niveauüberwachung, *f.*	level monitoring
Niveauunterschied, *m.*	difference in level, level difference
Niveauwächter, *m.*	level monitor, level monitoring device

Niveauzustand, *m.*	level state
nivellieren	(to) level
Nivelliergerät, *n.*	level, levelling instrument
Nivellierung, *f.*	levelling (out)
NL/min (Normliter/min)	standard ltrs./min
Nm (Newtonmeter)	NM
Nm³/h (Normkubikmeter/h)	Durchflussmessung: Nm³/h (normal or standard cubic metres/h)
NN	MSL (mean sea level)
	– m über NN: m above MSL
NO	NO normally open
Nominalwert, *m.*	nominal value
nominell	nominal
Nomogramm, *n.*	nomogram
Nonan, *n.*	kettenförmiger Kohlenwasserstoff: nonane
Norm, *f.*	standard (e.g. international standards)
normal ausgelegt	normally dimensioned
normal entflammbar	normally flammable
Normalablauf, *m.*	normal operation, normal duty
Normal-Alarm, *m.*	standard alarm
Normalatmosphäre, *f.*	standard atmosphere
	– unter Normalatmosphäre: under standard atmospheric conditions
Normalbetrieb	normal operation, normal operating conditions, operation under normal conditions
Normalmodus, *m.*	Betrieb: normal mode of operation
Normalvolumen, *n.*	normal volume (Measured at normal temperature and pressure conditions defined as 0°C at 1 bar absolute pressure, used particularly in the US.), *siehe* Normvolumen
normative Verweisung, *f.*	standards reference
Normdichte, *f.*	standard density
Normdruck, *m.*	standard pressure
Norm-Kubikfuß pro Minute	standard cubic feet per minute (SCFM)
Normkubikmeter, *m.*	Durchflussmessung: normal or standard cubic metres/h (Nm³/h)
Normliter, *m.*	standard litre, US: standard liter
Normtemperatur, *f.*	standard temperature
Normvolumen, *n.*	standard volume (Measured at standard reference conditions defined as 20°C at 1 bar absolute pressure for compressor performance testing.)
Normvolumenstrom, *m.*	standard flow rate, standard volumetric flow
Normzustand, *m.*	standard state
Normzylinder, *m.*	standard cylinder
NOT-AUS-Schalter, *m.*	EMERGENCY STOP button, emergency stop switch
Notentwässerung, *f.*	emergency drainage
Notfall, *m.*	emergency (in the event of)
	– Notarzt: emergency doctor, doctor on emergency call
Notheizung, *f.*	standby heater
Notiz, *f.*	note, memo(randum)
Notlösung, *f.*	emergency measure, stopgap arrangement

N

Notruf 112, *m.*	emergency call number 112 (Europe wide for police, fire service, ambulance)
Notstromaggregat, *n.*	emergency generating set (for power supply)
Notstromversorgung, *f.*	emergency power supply, standby power supply
Novelle, *f.*	Gesetz: amendment
NPN-Ausgang, *m.*	el.: NPN output (open collector transistor)
NPT	Gewinde: NPT (US: National Pipe Taper)
	– NPT-Gewinde: NPT thread
Null-Fehler-Rate, *f.*	Produkt: zero defect rate
Nulllast, *f.*, Leerlauf, *m.*	no-load operation, idling (compressor)
Nullleiter (N), *m.*	el.: neutral (conductor)
Nulllufterzeugung, *f.*	zero air generation
Nullluftgenerator, m.	Gasanalyse: zero air generator
Nullpunkt, *m.*	zero point, zero
Nute, Nut, *f.*	groove, slot
Nutzbarkeit, *f.*	usability
Nutzenergie, *f.*	usable energy
Nutzer von Druckluft, *m.*	user of compressed air
nutzerorientiert	customer-oriented
Nutzfahrzeug, *n.*	commercial vehicle, goods vehicle
	– Bus/Straßenbahn: public service vehicle
Nutzlast, *f.*	working load
Nutzleistung, *f.*	z. B. Trockner: effective output
Nutzluft, *f.*	service air, usable air
Nutzluftabnahmemenge, *f.*	amount of service air withdrawn
Nutzluftausgang, *m.*	service air outlet
Nutzluftbedarf, *m.*	service air requirement
Nutzluftentnahme, *f.*	withdrawal of service air, service air withdrawal, service air withdrawn
	– geringe N.: low rate of service air withdrawal
Nutzluftstrom, *m.*	service air flow
Nutzungsberechtigung, *f.*	right of use
Nutzungsdauer, *f.*	service life, service period, useful life, period of useful life
Nutzungsgrad, *m.*	degree of utilization
Nutzvolumen, *n.*	service air volume, effective volume
Nutzvolumenstrom, Nutzluft-volumenstrom, *m.*	service air flow rate, volumetric flow of service air

O.C. Ausgang, *m.*	OC output (OC = operating curve)
oben, nach oben gerichtet	facing upwards
obere Sonde, *f.*	upper probe
Oberfläche, *f.*	surface, surface area
Oberflächenbearbeitung, *f.*	surface treatment
oberflächenbehandelt	surface-treated
Oberflächenbehandlung, *f.*	*siehe* Oberflächenbearbeitung
Oberflächenbeschaffenheit, *f.*	surface quality, surface finish
Oberflächenbeschichtung, *f.*	surface coating (e.g. surface coating to improve wear and fatigue resistance), surface layer
Oberflächenfehler, *m.*	surface flaw, surface defect
	Lackieren: surface imperfection
Oberflächenfilter, *m.*	surface filter (e.g. "A surface filter has a very thin cross-section.")
Oberflächen-Filterelement, *n.*	surface filter element
Oberflächenfiltration, *f.*	surface filtration
Oberflächengüte, *f.*	surface finish (z. B. bei maschineller Bearbeitung)
Oberflächenhomogenität, *f.*	surface homogeneity
Öberflächenöl-Abscheider, *m.*	surface oil remover, surface oil skimmer
Oberflächenqualität, *f.*	surface quality
Oberflächenrauheit, Oberflächen-rauigkeit, *f.*	surface roughness
Oberflächenrautiefe, *f.*	peak-to-valley height
Oberflächenschicht, *f.*	surface coating, surface coat, surface layer
Oberflächenschutz, *m.*	surface protection
Oberflächenspannung, *f.*	surface tension
Oberflächenstruktur, *f.*	surface texture
Oberflächentechnik, *f.*	surface technology
Oberflächentemperatur, *f.*	surface temperature
oberflächenverdichtet	Metallverarbeitung: surface compacted
Oberflächenverdunstung, *f.*	surface evaporation
Oberflächenvergrößerung, *f.*	surface increase, increasing the surface
Oberflächenvergütung, Oberflächen-veredelung, *f.*	surface finish, surface refinement
Oberflächenwasser, Oberflächenge-wässer, *n.*	surface water (Plural: surface waters)
Oberkante, *f.*	top edge, upper edge

OECD-Code	OECD Code
OEM	OEM (original equipment manufacturer)
	– Plural: OEMs
OEM-Ausführung, *f.*	OEM version, OEM design
OEM-Kunde, *m.*	OEM customer
OEM-Produkt, *n.*	OEM product
offener Filter, *m.*	open filter (gravity filter)
offenporig	open-pored
Offline-Abreinigung, *f.*	off-line cleaning
Öffner, *m.*	el.: break contact, break contact element
	– Öffnerfunktion: break function
Öffnungsdruck, *m.*	Ventil: opening pressure
Öffnungsquerschnitt, *m.*	opening cross-section
Öffnungszeit, *f.*	opening time (z. B. des Ventils)
Öffnungszyklus, *m.*	opening cycle
Offsetdruck, *m.*	offset, offset printing
Ohm, *n.*	ohm (unit of electric resistance)
ohmischer Widerstand, *m.*	ohmic resistance
ohne Bedienungsaufwand, *m.*	without requiring operator attendance/control
Oil-Control-Überwachungssystem	oil control monitoring system (residual oil monitoring)
	– Echtzeit-Messsystem Oil Control: oil control real-time measuring system
Öko-Audit, *n.* (Umweltbetriebsprüfung)	environmental audit, eco audit
Ökosystem, *n.*	ecological system
ökotoxilogisch	eco-toxilogical
Oktan, *n.*	octane
Okular, *n.*	eyepiece (autocollimator)
öl- und fettfrei	free from oil and grease
Öl- und Schmutzbestandteile, *m. pl.*	oil and dirt particles (e.g. "Oil and dirt particles will eventually foul the filter.")
öl- und wasserungesättigt	oil/water unsaturated
Öl/Wasser-Trennsystem, *n.*	oil/water separation system
Ölabfluss, *m.*	oil outlet, oil discharge
ölabgestimmt	oil-reacting (*siehe* wasserabgestimmt)
Ölablass, m.	oil outlet, oil discharge, oil discharge point
Ölablassventil, Ölablaufventil, *n.*	oil discharge valve
Ölablauffunktion, *f.*	oil discharge function
Ölablaufrohr, *n.*	oil discharge pipe
Ölabscheidepatrone, *f.*	oil separation cartridge
Ölabscheider, *m.*	oil separator
Ölabscheidevorrichtung, *f.*	oil separation facility
Ölabscheidung, *f.*	oil separation
Ölabsorption, *f.*	oil absorption
Ölabspaltung, *f.*	oil splitting
ölabweisend	oil-repellent
Öladsorption, *f.*	oil adsorption (z. B. angelagert an der Oberfläche von Aktivkohle)
Ölaerosole, *n. pl.*	oil aerosols
	– Restgehalt Ölaerosol: residual oil aerosol content

Ölanteile, *m. pl.*	oil content, oil concentration, oil fraction (e.g. volatile oil fraction of a substance; distillation to separate a mixture into fractions), oil part
	– restliche Ölanteile: oil residues, residual oil
	– Ölphase (z. B. in Form von Tröpfchen): oil phase (e.g. floating oil phase on the water surface)
	– Ölgehalt (z. B. der Druckluft): oil content
	– freie (ungelöste) Ölanteile: free oil, free oil particles, free oil residues, free oil parts
	– feinst dispergierte Ölanteile: finely dispersed oil particles
	siehe frei aufschwimmendes Öl
Ölauffangbehälter, Öllauffang-kanister, *m.*	oil collector, oil collection container
Ölauffangset, *n.*	oil collector set
Ölauflage, *f.*	oil layer
Ölaufnahme, *f.*	Filter: oil retention, *siehe* Öladsorption, Ölabsorption
Ölaufnahmevermögen, *n.*	oil retention capacity
Ölauftrag, *m.*	oil application, oiling
Ölauslauf, *m.*	oil outlet, oil discharge point, oil outlet line
Ölaustrag (z. B. des Kompressors), *m.*	oil discharge
Ölbehälter-Kontrolle, *f.*	checking of oil collector
Ölbehälter-Wechsel, *m.*	changing of oil collector
Ölbeladung, *f.*	z. B. Filter: oil load, oil loading
Ölbelag, *m.*	oil deposit, oil coating
Ölbelastung, *f.*	oil load (z. B. des Filters), oil contamination
Ölbestandteile, *m. pl.*	oil constituents
Ölbindemittel, *n.*	oil binder, oil binding agent
ölbindend	oil-binding
Öl-Bruchstücke, *n. pl.*	oil fragments
Öldampf, *m.*	oil vapour, oil mist
Öldampfabscheidung, *f.*	oil vapour separation
Öldampfadsorption, *f.*	oil vapour adsorption (e.g. on activated carbon filter)
Öldampfanteil, *m.*	oil vapour content
Öldampfbildung, *f.*	oil vapour formation
Öldampfgehalt, *m.*	oil vapour content/concentration
Öldampf-Restgehalt, *m.*	residual oil vapour
Öldifferenzdruck, *m.*	oil differential pressure
Öldifferenzdruckschalter, *m.*	oil-differential pressure switch
Öldruck, *m.*	oil pressure
Öldruckschalter, *m.*	oil pressure switch
Öldurchbruch, *m.*	Filter: oil breakthrough (e.g. safety feature against oil breakthrough)
Öldurchbruchsicherheit, *f.*	safety against oil breakthrough
	– vorbeugend: prevention of oil breakthrough
Öleingangskonzentration, *f.*	oil inlet concentration
öleingespritzt	oil-injected (e.g. oil-injected compressor)
öleinspritzgekühlt	cooled by oil injection, with oil injection cooling, oil injection cooled
Öleinspritzkühlung, *f.*	oil injection cooling (z. B. für Schraubenverdichter)
Öleintrag, *m.*	Kompressor: oil carryover (e.g. "A low carryover compressor that allows relatively little oil to get into the compressed air system.")
	– in Gewässer: oil contamination, oil pollution

O

Ölempfehlungsliste, *f.*	list of recommended oils
oleophil	oleophilic (ölbindend, ölaufnehmend), "oil-loving"
Öler, *m.*	oiler, lubricator
Olfaktometrie, *f.*	olfactometry
olfaktometrisch	olfactometric
Ölfang, *m.*	grease trap
ölfeste Farbe, *f.*	oil-resistant paint, paint resistant to oil
ölfester Anstrich, *m.*	oil-resistant coating
Ölfilm, *m.*	oil film, oil layer
Ölfilter, *m.*	oil filter, oil removal filter
Ölfleck, *m.*	oil stain
Ölförderpumpe, *f.*	oil feed pump
ölfrei	oil-free, free from oil
ölfrei gereinigt	oil-free purified
ölfreie Druckluft, *f.*	oil-free compressed air
ölfreier Kompressor, *m.*	oil-free compressor
	– ölfrei verdichtender Kompressor: oil-free operating compressor
ölfreies aggressives Kondensat, *n.*	oil-free, aggressive condensate
Ölgehalt, *m.*	oil content, oil concentration
	– in der Druckluft mitgerissen: oil carryover, oil entrained in the compressed air
ölgesättigt	oil-saturated
ölgeschmiert	oil-lubricated (e.g. oil-lubricated bearings, oil-lubricated compressor)
ölgeschwängert	oil-laden
ölgetränkt	oil-saturated, oil-impregnated
ölhaltig	oil-contaminated (z. B. Kondensat), oil-containing, oily
ölig	oily
Öl-in-Wasser-Emulsion, *f.*	oil-in-water emulsion
Ölkanister, *m.*	oil collector, oil can
Ölkohle, *f.*	Verdichter: carbonized oil
Öl-Lebensdauer, *f.*	oil lifetime
Ölmagnetventil, *n.*	oil solenoid valve
Ölmessstab, *m.*	oil dip stick (e.g. for engine oil)
Ölmischung, *f.*	oil mixture
Ölnebel, *m.*	oil mist, oil vapour (US: oil vapor)
	– Ölnebelgehalt: oil vapour content
	– Ölnebeladsorption: oil vapour adsorption (on activated carbon)
	– Ölnebelfilter: oil vapour filter
	– Ölnebelpartikel: oil mist particles
	– Ölnebelschmierung: oil mist lubrication
Ölpartikel, *n. pl.*	oil particles, *siehe* Ölteilchen
Ölphase, *f.*	oil phase (free oil)
Ölphasenabschöpfung, *f.*	oil skimming
Ölprüfindikator, *m.*	oil check indicator, oil indicator
Ölprüfung, *f.*	oil check
ölresistent	resistant to oil, oil-resistant
Ölrückhalt, *m.*, Ölzurückhaltung, *f.*	oil retention (z. B. von Filtern)
Ölschicht, *f.*	layer of oil

Ölsorte, *f.*	lube grade, lube oil grade (e.g. recommended lube oil grade)
Ölstandzeit, *f.*	oil lifetime
Ölsumpfheizung, *f.*	oil sump heating
öltauglich	Behälter: suitable for liquids containing oil
Ölteilchen, *n. pl.*	oil particles, oil parts (e.g. free oil parts)
öltragend	oil-carrying
Öltrennanlage, *f.*	oil separation facility (e.g. air/oil separation facility), oil separator
Öltröpfchen, *n.*	oil droplets (e.g. fine oil droplets)
	– feinste Öltröpfchen: ultrafine oil droplets
Ölüberlauf, *m.*	oil overflow, oil overflow system
Ölüberlaufkante, *f.*	oil overflow edge
Ölüberlaufring, *m.*	oil overflow ring
ölundurchlässig	oil-proof (kann nicht hinein, e.g. oil-proof gloves), oil-tight (kann nicht heraus, e.g. oil-tight couplings), impermeable to oil
Ölventil, *n.*	oil valve
Ölverbrauch, *m.*	oil consumption
Ölvorabscheidung, *f.*	oil preseparation
Öl-Wasser-Bindung, *f.*	oil-water bond
Öl-Wasser-Emulsion, *f.*	oil-water emulsion
Öl-Wasser-Gemisch, *n.*	oil-water mixture, oil/water mixture
Öl-Wasser-Trenner, *m.*	oil-water separator, oil/water separator
	– statischer Öl-Wasser-Trenner: static oil-water separator
Öl-Wasser-Trennsystem, *n.*	oil-water separation system
Öl-Wasser-Trennung, *f.*	oil-water separation, oil/water separation
Ölwechsel, *m.*	oil change, changing the oil
Ölwechselintervall, *n.*	oil-change interval
Online-Abreinigung, *f.*	on-line cleaning
Online-Geräte, *n. pl.*	on-line equipment
Open-Collector-Ausgang, *m.*	Signal: open-collector output
Operationsverstärker (OPV), *m.*	el.: operational amplifier (OPA)
Optik, *f.*	optics, optical system
Optikfenster, *n.*	inspection window
optimal	optimum, optimal, best possible
Optimierungspotenzial, *n.*	optimization potential
optional erhältlich, optional verfügbar	available as an option
optisch angezeigt	visually indicated
optisch erkennbar	visually detectable
optische Prüfung, *f.*	visual inspection
optische Rückmeldung, *f.*	visual feedback, visual signal
optische Überwachung, *f.*	visual checking
optische Warnung, *f.*	visual alarm (e.g. audible and visual alarm signals), visual warning (e.g. visual warning device)
optisch-elektronischer Regelkreis, *m.*	optoelectronic control loop
optischer Filter, *m.*	optical filter
optischer Vergleich, *m.*	visual comparison
optischer Warnmelder, *m.*	visual alarm
Optokoppler, eingebauter, *m.*	built-in optocoupler
Optokoppler-Ausgang, *m.*	optocoupler output
Opto-Relais, *n.*	opto-relay

O

Ordnung, wieder in Ordnung, *f.*	back to normal; function restored
ordnungsgemäß	correct, proper
	– ordnungsgemäßer Zustand: correct condition
ordnungsgemäß entsorgen	dispose of properly (e.g. "Hazardous waste must be properly disposed of.")
Organik, gelöste, *f.*	dissolved organics, dissolved organic matter
Organika, *n. pl.*	organic substance
Organikgehalt, *m.*	organic content
Organisationsablauf, *m.*	organizational procedure, organizational structure
Organisationsplan, *m.*	organization chart
organisch belastet	organically contaminated
organische Lösemittel, *n. pl.*	organic solvents
Originalprodukt, *n.*	original product
Originalverpackung, *f.*	original packaging
O-Ring, *m.*	O-ring
O-Ring-Aufnahme, *f.*	O-ring seat, O-ring seating
O-Ring-Dichtung, *f.*	O-ring seal
Orsat-Gerät, *n.*	Orsat analyzer (gas)
Ort der Messung, *m.*	point of measurement
orten	locate
örtliche behördliche Bestimmungen/Vorschriften, *f. pl.*	local authority regulations (e.g. in compliance with local authority regulations)
örtliche Gegebenheiten, *f. pl.*	local conditions
ortsabhängig	dependent on locality, dependent on place (of installation)
ortsfest	stationary
ortsunabhängige Messung, *f.*	Druckluftsystem: measurement at any point within the system
Ösen, *f. pl.*	hooks (and lugs)
Oszillator, *m.*	oscillator
oszillierende Masse, *f.*	oscillating mass
Oszillograf, *m.*	oscilloscope
Ovalrad-Durchflussmesser, *m.*	oval wheel flowmeter
over-designed	overdesigned (e.g. overdesigned extras)
Oxidation, *f.*	oxidation
oxidationsbeständig	resistant to oxidation
Oxidationshemmer, *m.*	anti-oxidant
Oxidationskatalysator, *m.*	oxidation catalyst
Oxidationsmittel, *n.*	oxidant, oxidizing agent
oxidative Zerstörung, *f.*	oxidative destruction
oxidieren, oxydieren	oxidize
Ozon, mit Ozon angereichert, *n.*	ozone-laden
Ozonabbau, *m.*	Atmosphäre: ozone depletion
Ozonanlage, *f.*	ozone plant, ozone system
Ozonausbeute, *f.*	ozone yield
Ozoneinwirkung, *f.*	ozone impact
Ozonerzeuger, Ozongenerator, *m.*	ozone generator
Ozonerzeugungsanlage, *f.*	ozone generating plant, ozone generator, ozonizer (e.g. aquarium ozonizer)
Ozonherstellung, *f.*	ozone generation, ozone production
Ozonisierung, *f.*	ozonation
Ozonzugabe, *f.*	ozone addition

p(ü)	barg, bar(g) (= bar gauge, defined as the pressure of a system as seen on a pressure gauge, not including atmospheric pressure)
PA (Polyamid), *n.*	PA (polyamide)
Palette, *f.*	pallet
Palladium, *n.*	palladium
PAN-Prüfgas, *n.*	PAN calibration gas
PAO	PAO (short for poly-alpha-olefine, i.e. synthesized petroleum oil)
	– PAO-Basis: PAO base
Papierbandfilter, *m.*	paper band filter (using rolls of filter paper for solids-liquid separation)
Papierfilter, *m.*	paper filter
Papierstärke, *f.*	paper gauge
Papierstreifen, *m.*	strip of paper
	– eingesetzt: paper liner
Parallelbetrieb, *m.*	operation in parallel, parallel operation/running
parallelgeschaltet	connected in parallel
Parallelinstallation, *f.*	parallel installation
Parallelschaltung, *f.*	parallel connection, connection in parallel
Parallelschaltungsköpfe, *m. pl.*	parallel system heads
Parallelverarbeitung, *f.*	parallel processing
Parallelverrohrung, *f.*	parallel piping
Parameterliste, *f.*	parameter list
Parameterspeicher, *m.*	parameter storage (e.g. EEPROM)
parametrieren	parameterize, assign parameters
Partialdampfdruck, *m.*	partial vapour pressure
Partialdampfdruckgefälle, *n.*	partial vapour-pressure gradient (pressure gradient of the partial vapour pressure)
Partialdruck, *m.*	partial pressure
Partialdruckgefälle, *n.*	partial pressure gradient
Partikelablagerungen, *f. pl.*	particle deposits
Partikelabscheidung, *f.*	particle separation
partikelbeladen	particle carrying, particle entraining, particle-laden
Partikelbeladung, *f.*	particle load, particle loading
Partikelbildung, *f.*	formation of particles
Partikeldichte, *f.*	particle density

Partikelerfassung, *f.*	Filter: particle collection
Partikelfilter, *m.*	particle filter, particle separation filter
	– Partikelfilter für Feinstäube: particle filter for fine dust removal
Partikelfiltration, *f.*	particle filtration
partikelförmig, partikulär	particulate
partikelförmige Emissionen, *f. pl.*	particulate emissions
partikelfrei	particle-free
	– Staub: free from dust particles
Partikelfreiheit, *f.*	Filtrierung: particle elimination
Partikelgehalt, *m.*	particle content, solid particle content (ISO-Bezeichnung)
	– Partikelgehalt in der Luft : particulate matter, particulates
Partikelgröße, *f.*	particle size
	– Aktivkohle: grain size
Partikelkonditionierung, *f.*	particle conditioning
Partikelmessung, *f.*	particulate matter measurement
Partikelrestgehalt, *m.*	residual particle content
Partikelrezirkulation, *f.*	particle recirculation
Partikelrückhalt, *m.*	Filter: particle retention, particle filtration
Partikelschutz, *m.*	protection against particles
Partikelsedimentation, *f.*	particle sedimentation
partnerschaftliche Kunden-beziehungen, *f. pl.*	mutually beneficial customer relations
passfähig	allowing easy fitting/positioning, easy to fit (z. B. Filter)
Passform, gute, *f.*	z. B. Filter: snug fit, correct fit
Passgenauigkeit, *f.*	accuracy of fitting
Passung, dichte, *f.*	Filter: snugly fitted, snugly in place
pastöse Masse, *f.*	paste-like substance, pasty substance
Patentrecht, *n.*	patent right
	– allgemein: patent law
Pause, *f.*	Maschine: period of rest, rest interval
	– Personal: break
PC-Anbindung, *f.*	PC link
PC-Schnittstelle, *f.*	PC interface
PDP-Steuerung, *f.*	PDP control (PDP = pressure dewpoint)
PE-Behälter, *m.*	PE container
PE-Beutel, PE-Sack, *m.*	Filter: PE bag (polyethylene)
Pegel, *m.*	gauge (for liquid level measurement)
Pegelzustand, *m.*	level state
PE-Klemme, *f.*	el.: PE terminal (PE = protective earth)
PE-Leiter, *m.*	el.: PE conductor
Peltierelement, *n.*	Peltier element
Pendelleitung, Luftpendelleitung, *f.*	Entlüftungsleitung: venting line
	Entlüftungsrohr: venting pipe
Pentadekan, Pentadecan, *n.*	pentadecane
Pentan, *n.*	pentane
Perchloräthylen, *n.*	perchloroethylene
perfekte Arbeit, *f.*	impeccable work
periodisch max. Kondensatmenge, *f.*	peak period condensate quantity
periodischer Spitzenwert, *m.*	periodic peak quantity

peripher	peripheral(ly)
Peripheriegeräte, *n. pl.*	peripheral equipment
perkolierende Infiltration, *f.*	percolating infiltration, infiltration by percolation
Perlen, wasserfeste, *f. pl.*	water-resistant beads (e.g. desiccant beads)
permanent weiterentwickelt	undergoing constant further development (e.g. "This product family is undergoing constant further development.")
permanente Überwachung, *f.*	continuous monitoring (e.g. unattended, cost-effective continuous monitoring); permanent monitoring (e.g. permanent monitoring system (PMS))
permeabel	permeable
Permeat-Anschluss, *m.*	permeate connection
Permeation, *f.*	permeation
Permeationspatrone, *f.*	permeation cartridge
Permeationsrate, *f.*	permeation rate
Persistenz in der Umwelt, *f.*	environmental persistence, persistence in the environment (e.g, toxins)
Personalaufwand, *m.*	personnel expenditure (e.g. operator attendance, operator attention, operator tasks, operator input)
Personalbestand, *m.*	workforce, personnel
Personalqualifikation, *f.*	personnel qualification
Personen- und Sachschäden, *m. pl.*	damage to persons or property
Personenschaden, gravierender, *m.*	serious personal injury
Personenverkehr, *m.*	public transport
Personenzug, *m.*	passenger train
persönliche Schutzausrüstung, *f.*	personal protective equipment
persönliche Schutzkleidung, *f.*	personal protective clothing (e.g. personal protective clothing and equipment)
PES	PES (polyester)
PE-Sammelschiene, *f.*	PE busbar
Pessimalabschätzung, *f.*	pessimistic estimate
PET-Anwendung, *f.*	PET application (PET = polyethylene terephthalate)
PET-Flaschen, *f. pl.*	PET bottles
petrochemische Industrie, *f.*	petrochemical industry, petrochemicals industry
Petrolkoks, *m.*	petroleum coke, still coke
PE-Verpackung, *f.*	PE packaging
Pfeiltaste, *f.*	arrow button
	– Tastatur: arrow key
Pferdestärke, PS, *f.*	horsepower, HP
Pflanzenschutzmittel, *n.*	pesticide
Pflege, *f.*	care and maintenance
Pflicht des Betreibers, *f.*	operator's duty
	– Sorgfaltspflicht des Betreibers: operator's duty of care
Pflichtenheft, *n.* (Leistungsbeschreibung)	performance specifications, *siehe* Leistungsverzeichnis
Pflichtverletzung, *f.*	violation of duty
PG-Verschraubung (Stutzen), *f.*	PG gland
pH-abhängig	pH dependent
pH-Absenkung, *f.*	pH lowering
pH-Änderung, *f.*	pH change, change in pH value
pH-Bereich, *m.*	pH range
pH-Bestimmung, *f.*	pH determination

P

pH-Diagramm, *n.*	pH chart
pH-Gradient, *m.*	pH gradient
pH-Puffer, *m.*	pH buffer
pH-Regulierung, *f.*	pH control
pH-Skala, *f.*	pH scale
pH-Sonde, *f.*	pH probe
pH-Wert, *m.*	pH value
pH-Wert-Anpassung, *f.*	pH value adjustment
Pharmaindustrie, pharmazeutische Industrie, *f.*	pharmaceutical industry, pharma industry
Pharmazeutika, *n. pl.,* Arzneimittel, *n. pl.*	pharmaceuticals
pharmazeutische Anwendungen, *f. pl.*	pharmaceutical applications
Phase, *f.*	el.: phase (z. B. L1, L2)
Phasenausfallüberwachung, *f.*	el.: phase failure monitoring
Phasenfolgerelais, *n.*	el.: phase sequence relay
Phasenfolgeüberwachung, *f.*	el.: phase sequence monitoring
Phasengrenzen, *f. pl.*	phase boundaries
Phasenspannung, *f.*	el.: phase voltage
Phasensymmetrie, *f.*	el.: phase symmetry
Phasentrennreaktor, *m.*	phase separation reactor (for cleaning contact water etc.)
Phasentrennung, *f.*	el.: phase separation
Phasenüberwachung, *f.*	el.: phase monitoring
	– Phasenüberwachungsrelais: phase monitoring relay
Phasenvergleich (Messung), *m.*	el.: phase comparison
Phosgen, *n.*	phosgene
Phosphorsäure, *f.*	phosphoric acid
Photodetektor, *m.*	photodetector
Photo-Ionisation, *f.*	photoionization
Photo-Ionisation-Detektor (PID), *m.*	photoionization detector, *siehe* PID-Sensor
Photometer, *n.*	photometer
physikalisch-chemisch	physico-chemical
physikalische Aufbereitung, *f.*	physical treatment
physikalische Technik, *f.*	physical engineering
Physikalisch-Technische Bundesanstalt (PTB), *f.*	offizielle Übersetzung: Federal Institute of Physics and Metrology
pickelfrei	Oberfläche: without pimples
PID-Sensor, *m.*	PID sensor (for photoionization detection = optical system using UV light for the ionization of vapours and gases and measurement of resulting charged electrodes)
Piezometer, *m.*	piezometer
Pilotanlage, *f.*	pilot plant, pilot facility
Pilotbohrung, *f.*	pilot bore, pilot hole,
pilotgesteuert	pilot-controlled
Pilotsitz, *m.*	Ventil: pilot seat
Pilotventil (Vorsteuerventil), *n.*	pilot valve
Pilze, *m. pl.*	fungi (Singular: fungus)
	– Pilzbefall: fungi attack
	– pilzfest: fungus-proof
Pistolenhandgriff, *m.*	pistol handle (e.g. paint spraying pistol)
Planetengetriebe, *n.*	planetary gear

Planlaufeigenschaften, *f. pl.*	Lager: eccentricity characteristics
Plastikrohr, *n.*	plastic pipe
Plastikschlauch, *m.*	plastic hose
Platine, *f.*	PCB, printed circuit board, circuit board, board
	– Platinenaufnahme: board holder
	– Platinenausfall: PCB failure
	– Platinenklemme: PCB terminal, board terminal
– Platine austauschen	replace PCB
Platte, *f.*	plate, board, sheet, slab, panel, pane
Plattenausschnitt, *m.*	Druckbehälter: plate cutout
Plattendicke, *f.*	plate thickness (z. B. des Druckbehälters)
Plattenelektrode, *f.*	el.: plate electrode
Plattenklopfung, *f.*	plate rapping
Plattenkondensator, *m.*	el.: plate capacitor
Plattenprofil, *n.*	Wärmetauscher: plate profile
Plattenwärmetauscher, *m.*	plate heat exchanger
	– gelöteter: brazed plate heat exchanger (z. B. dichtungsloser Plattenwärmetauscher aus Edelstahl, unter Vakuum hartgelötet mit Kupferlot)
Platte-Platte-System, *n.*	Rheometer: plate-plate system
Plattform, *f.*	platform
Platzbedarf, geringer, *m.*	space-saving (design), modest space requirements, minimal space requirements, *siehe* platzsparend
platzsparend	space-saving, compact, requiring very little installation space
plissiertes Element, *n.*	pleated element (filter element with folds)
Plombe, *f.*	lead seal, seal
Pluspol, *m.*	el.: positive pole
	– Batterie-Pluspol: positive terminal
PN (Nenndruck)	PN (nominal pressure)
Pneumatik, *f.*	pneumatics, pneumatic system
Pneumatikanbieter, *m.*	pneumatics supplier
Pneumatikanwendung, *f.*	pneumatic application
Pneumatikbauteile, *n. pl.*	pneumatic components
Pneumatikeinheit, *f.*	pneumatic unit
pneumatisch betätigt	pneumatically operated
pneumatisch geöffnet	pneumatically opened (z. B. Ventil)
pneumatisch gesteuert	pneumatically controlled
pneumatisch pilotgesteuert	pneumatically pilot-controlled (z. B. Ventil)
pneumatische Anlagen, *f. pl.*	pneumatic plant, pneumatic facilities, pneumatics
pneumatische Dichtung, *f.*	pneumatic seal
pneumatische Fördereinrichtungen, *f. pl.*	pneumatic conveyors, pneumatic conveying systems
pneumatische Förderung, *f.*	pneumatic conveying
pneumatische Pumpe, *f.*	pneumatic pump
pneumatische Schutzdichtung, *f.*	protective pneumatic seal (z. B. bei maschineller Bearbeitung)
pneumatische Steuerung, *f.*	pneumatic control
pneumatischer Antrieb, *m.*	pneumatic drive
	– pneumatisch angetrieben: pneumatically driven
pneumatischer Verstärker, *m.*	pneumatic amplifier

P

pneumatisches Ventil, *n.*	pneumatic valve
pneumo-mechanisch	pneumo-mechanical (partly by pneumatic, partly by mechanical means)
Point-of-use	point of use
	– als Adjektiv: point-of-use
Polarität, *f.*	polarity
Poliermaschine, *f.*	polishing machine
polig, z. B. 10-polig	el.: 10-pole
Polizeifilter, *m.*	monitor filter
Polung, *f.*	el.: poling
	– Polarisation: polarization
	– Polarität: polarity
Polyamid, *n.*	polyamide
Polyamin, *n.*	polyamine
Polyäthylen, *n.*	polythene (PE), polyethylene
Polybuten (PB), *n.*	polybutene (PB)
polycyclische Aromate, *m. pl.*	polycyclic aromatics
Polyelektrolyt, *m.*	polyelectrolyte
Polyester-Nadelfilz, *m.*	polyester needlefelt
Polyethersulfon, *n.*	polyether sulphone
Polyglykol, *n.*	polyglycol (polyethylene glycol), (polyglycol compressor lubricant)
Polyisocyanat, *n.*	polyisocyanate
Polykarbonat, *n.*	polycarbonate
Polymer, *n.*	polymer
Polymerisatbinder, *m.*	polymer binder
Polymerisation, *f.*	polymerization
Polymer-Öl-Flocken, *f. pl.*	polymer-oil flocs
Polymer-Öl-Komplex, *m.*	polymer oil complex
Polymerschicht, *f.*	polymer layer
Polymersensor, *m.*	polymer sensor
	– kapazitiver P.: capacitive polymer sensor
Polyolefin, *n.*	polyolefin (e.g. polyolefin primer)
Polyolgemisch, *n.*	polyol mixture
Polypropylen, *n.*	polypropylene
Polypropylen-Meltblown-Vliesstoff, *m.*	polypropylene meltblown fleece
Polypropylen-Platte, *f.*	polypropylene sheet
Polysulfon, *n.*	polysulphone
Polysulfon-Membran, *f.*	polysulphone membrane
Polytropenexponent, *m.*	polytropic exponent
Polyurea, *n.*	polyurea
Polyurethan, *n.*	polyurethane
POM (Polyoxymethylen), *n.*	POM (polyoxymethylene)
POM-Kopf, *m.*	POM head
Pop-up-Druckanzeiger, Pop-up-Indikator, *m.*	pop-up pressure indicator, pop-up indicator (pop-up raised = drying state, pop-up lowered = regenerating state)
Pore, *f.*	pore
	– Porengröße: pore size
Poren, grobe, *f. pl.*	coarse pores (z. B. des Filters)

Porengröße, *f.*	pore size
	– Porengrößeverteilung: pore size distribution
Porenraum, *m.*	pore space, pore volume (e.g. effective pore volume), voids (intercommunicating)
Porenstrukur, *f.*	pore structure
Porenverteilung, *f.*	pore distribution
Porenvolumen, *n.*	Aktivkohle: pore volume
Porenweite, *f.*	pore size, *siehe* Porosität
Porenziffer, *f.*	void ratio (porosity)
porös	porous
Porosität, *f.*	porosity
Porositätsprüfung, *f.*	porosity test/testing
Pos. (Posten, Position), *f.*	item (e.g. item on a list), pos. (position)
Positionierschlitten, *m.*	positioning carriage (z. B. im Lagerhaus)
Positioniervorgang, *m.*	positioning procedure
positiv geladen	el.: positively charged (e.g. electrolyte), positive
positiver Scheitel, *m.*	el.: positive peak
Postprozessor, *m.*	postprocessor
Potenzialänderung, *f.*	el.: change of potential (z. B. Sensormessung)
Potenzialausgleich (PA), *m.*	el.: equipotential bonding (Erdungsart)
potenzialfrei	el.: potential-free
potenzialfreie Meldung, *f.*	el.: potential-free signal
potenzialfreie Meldungs-übertragung, *f.*	el.: potential-free signal transmission
potenzialfreier Kontakt, *m.*	el.: potential-free contact
POU-Filter, *m.*	POU filter (point-of-use filter)
ppb-Bereich, *m.* (Teile pro Milliarde)	ppb range (parts per billion)
ppm-Bereich, *m.*(Teile pro Million)	ppm range (ppm = parts per million)
ppq-Bereich, *m.* (Teile pro Billiarde)	ppq range (parts per quadrillion)
ppt-Bereich, *m.* (Teile pro Billion)	ppt range (parts per trillion)
PP-Vorfilter, *m.*	PP prefilter
PQ-Regelung, *f.*	PQ control (electrohydraulic flow and pressure control)
praktischer Einsatz, *m.*	application in practice, application in the field, application in actual practice, application in service
Prallabscheider, *m.*	impaction separator (Luftstrom gegen feste Oberfläche)
	– impingement separator (Luftstrom gegen flüssige Oberfläche)
Prallblech, *n.*, Prallplatte, *f.*	baffle plate
Prallfläche, *f.*	baffle (area), deflector area
Prandtl Rohr, *n.*	Pitot tube (zur Messung von Strömungsgeschwindigkeit)
präpariert	z. B. Membrane: pretreated
Praxisbedingungen, *f. pl.*	field conditions (e.g. "The device has been tested under field conditions.")
praxisoriented	practice-oriented
Praxistest, *m.*	field test
Präzessionsachse, *f.*	precessional axis (axis of rotation sweeps out a cone)
Präzessionsgesetz, *n.*	law of precession
Präzisionsdrehtisch, *m.*	precision rotary table
Präzisionsmaschine, Präzisionswerk-zeugmaschine, *f.*	precision machine tool
Präzisionsteilefertiger, *m.*	manufacturer of precision parts

P

Preis-Leistungs-Verhältnis, *n.*	price/performance ratio, price-performance ratio
Preise drücken	(downward) pressure on prices, run down prices
Preisgestaltung, *f.*	price policy, price situation, pricing, to work out the price of
Preisgruppe, *f.*	price group, price category
preisgünstig, preiswert, preiswürdig	cost-effective, favourably priced, value for money (e.g. value-for money products), low-priced
Preisliste, *f.*	price list
Preisnotierung, *f.*	price quotation
Preisstellung, *f.*	terms of quotation, terms and conditions of quotation
Preisübersicht, *f.*	price overview
Preiszugeständnis, *n.*	price concession
prellfrei	bounce-free
Premium-Rohrleitungssystem, *n.*	first-class pipe system
Prepolymere, *n. pl.*	prepolymers
Pressluft, *f.* (veraltet für Druckluft)	compressed air, *siehe* Druckluft
	– mit Pressluft betrieben: pneumatically operated
Presslufthammer, *m.*	pneumatic hammer
Primärsignal, *n.*	primary signal
Prinzip, *n.*	principle
	– Arbeitsprinzip: operating principle
prinzipielle Darstellung, *f.*	schematic representation, a schematic
Prinzipskizze, *f.*	schematic sketch
Prismenwinkel, *m.*	prism angle
Private-Label-Ausführung, *f.*	private label model
Private-Label-Serie, *f.*	private label series
privates Schutzrecht, *n.*	private protective right
Probe, *f.*	sample
	– Probe entnehmen: to sample, take a sample
Probealarm, *m.*	practice alarm
Probeentnahme, *f.*	sample taking, sampling
Probeentnahmeort, *m.*	sampling place, sampling location, sampling point
Probeentnahmeventil, *n.*	sampling valve
Probegas, *n.*	sampling gas
Probegasleitung, *f.*	sample gas pipe
Probeglas, Probenahmeglas, *n.*	sample jar, sampling jar
Probehahn, Probeentnahmehahn, *m.*	sampling cock
Probekörper, *m.*	test object, sample, prototype
Probelauf, *m.*	test run
Probenahmeflasche, *f.*	sample bottle
Probenahmesonde, *f.*	sampling probe (e.g. isokinetic sampling probe)
Probenbearbeitung, *f.*	processing of samples, handling of samples
Probennadel, *f.*	sample needle
Probenverzeichnis, *n.*	Labor: sample list
Probeset, *n.*	test set
Problembereich, *m.*	trouble spot, source of trouble
Produkt- und Dienstleistungs-übersicht, *f.*	overview of products and services
Produktangaben, *f. pl.*	product information
Produktanpassung, *f.*	product adaptation
Produktbereich, *m.*	product area

Produktbeschreibung, *f.*	product description
Produktbezeichnung, *f.*	product designation
Produktcharakteristik, *f.*	product characteristic
Produkteinführung, *f.*	product launch
Produktfehler, *m.*	product defect, product error
Produktfeinbearbeitung, Produkt- endfertigung, *f.*	product finishing
Produktfinder, *m.*	product finder
Produktgruppe, *f.*	product group, product line
Produkthaftpflichtversicherung, *f.*	product liability insurance
Produkthaftung, *f.*	product liability
	– Produkthaftungsgesetz: product liability law
Produktions- und Vertriebs- standort, *m.*	production and sales facility/site
Produktionsablauf, *m.*	Vorgang: production process
	– Reihenfolge: production sequence
	– Zeitplanung: production schedule
Produktionsanlage, *f.*	production facility, production plant
Produktionsausfall, *m.*	loss of production, loss of output, production outage
Produktionsbereich, *m.*	production area
Produktionscharge, *f.*	production batch
Produktionshalle, *f.*	production shop, production hall
Produktionskette, *f.*	production chain
Produktionsleistung, *f.*	production capacity, production efficiency
Produktionsmedium, *n.*	production aid, Labor: production medium
Produktionsmenge, *f.*	output, production volume
Produktionspause, *f.*	production pause, pause in production, *siehe* Betriebspause
Produktionsplanung, *f.*	production planning
Produktionsprozess, *m.*	production process
Produktionsrate, *f.*	production rate
Produktionsschub, *m.*	leap/boost in productivity
Produktionsstätte, *f.*	place of production, factory
Produktionssteigerung, *f.*	increase in output, production increase
Produktionsstillstand, *m.*	production standstill, outage, outage time
Produktionsstörung, *f.*	production disturbance
Produktionsstückzahl, *f.*	production quantity
Produktionsstufe, *f.*	production stage
Produktionsunterbrechung, *f.*	temporary production stoppage
Produktkenntnisse, intensive, *f. pl.*	extensive product know-how
Produktkompetenzen, *f. pl.*	product competencies
Produktlieferant, *m.*	product supplier
Produktlinie, Produktreihe, *f.*	product line
Produktmanagement, *n.*	product management
Produktpalette, *f.*	product range, product spectrum, product portfolio, range of products
	siehe Produktlinie
Produktprogramm, *n.*	product programme (US program), product portfolio, *siehe* Produktpalette, Produktreihe
	– aus dem Programm nehmen: withdraw from product list
Produktschaden, *m.*	damage to production
Produktschulung, *f.*	product training

Produktsicherheit, *f.*	product safety
Produktsicherung, *f.*	product assurance
Produktspektrum, *n.*	product spectrum, *siehe* Produktpalette
	– komplettes: comprehensive p.s.
Produktstart, *m.*	product launch
Produkt-Umweltverträglichkeits-prüfung, *f.*	environmental impact test of products
Produkt-Umweltzertifikat, *n.*	environmental product certificate
Produktverfügbarkeit, *f.*	product availability
Produktvielfalt, *f.*	product variety
Produktweiterentwicklung, *f.*	product development
	– konsequente P.: systematic product development
produzierender Betrieb, *m.*	production plant
Programmierablauf, *m.*	programming procedure
Programmiermodus, *m.*	programming mode
Programmiersperre, *f.*	programming lockout
Programmnummerntabelle, *f.*	Messgerät: program number table
Programmtaste, *f.*	program button
Projektabwicklung, *f.*	project planning and implementation
Projektierung, *f.*	project planning
Projektleiter, *m.*	project manager
Propan, *f.*	propane
Propandiol, *f.*	propanediol
Propellerflügel, *m.*	propeller blade (z. B. des Rührwerks)
proportional zu	proportionate to
Proportionalmagnetventil, *n.*	proportional solenoid valve
Proportionalregelung (modulierende R.), *f.*	proportional control
Protokoll, *n.*	Test: test log
prozentuale Verteilung, *f.*	percentage distribution
prozentuale Werte, *m. pl.*	percentage values
prozessabhängig	process dependent, process related
	– prozessabhängige Gefahren: process-related hazards
Prozessabluft, *f.*	process waste air, process exhaust air
Prozessabwasser, *n.*	process wastewater
prozessbedingt	process-related, for reasons of process engineering
Prozessbedingungen, *f. pl.*	process conditions, process environment
Prozessbehälter, *m.*	process tank
Prozessflüssigkeit, *f.*	process liquid
Prozessführung, *f.*	process control (e.g. accurate and reliable process control)
Prozessgas, *n.*	process gas
Prozessgastrocknung, *f.*	process-gas drying
Prozessgas-Verdichter, *m.*	process gas compressor
prozessgeführt	process-controlled
Prozessgeschwindigkeit, *f.*	processing speed
Prozesskenntnis, *f.*	process know-how
Prozesskreislauf, *m.*	process circuit/circulation
Prozesskühlwasser, *n.*	process cooling water
Prozesslaufdiagramm, *n.*	process flow chart
Prozessleittechnik, *f.*	process control system, process control engineering
Prozessluft, *f.*	process air

Prozessluftventilator, *m.*	process air fan
Prozessorsteuerung, *f.*	processor control
Prozessparameter, *m. pl.*	process parameters
Prozesspumpe, *f.*	process pump
Prozessschema, *n.*	process flow chart (Ablaufdarstellung)
prozesssicher	with high process safety/reliability
Prozesssicherheit, *f.*	process safety, process reliability
Prozessstabilität, *f.*	process stability
Prozesssteuerung, *f.*	process control
Prozesstechnik (Verfahrenstechnik), *f.*	process engineering, process technology
prozesstechnische Maßnahmen, *f. pl.*	process engineering measures, process techniques
Prozessunterbrechung, *f.*	process interruption
Prozesswasser, *n.*	process water, industrial process water
Prozesswasseraufbereitung, *f.*	process water treatment
Prozesswasserkreislauf, *f.*	process water circuit
	– Prozesswasserkreislaufführung: process water circulation
Prozesswasserqualität, *f.*	process water quality
Prozesswasserreinigung, *f.*	process water purification
Prüfanlage, *f.*	testing facility, testing station
Prüfbescheid, *m.*, Prüfbescheinigung, *f.*	test certificate
Prüfdruck, *m.*	test pressure (z. B. für Druckbehältertest)
Prüfer, *m.*	test engineer, inspector
Prüfergebnisse, *n. pl.*	test results
Prüfgas (Eichgas), *n.*	calibration gas
Prüfgegenstand, *m.*	test item
Prüfplan, *m.*	inspection plan
	– Wareneingang: check plan
Prüfplombe, *f.*	test seal
Prüfprotokoll, *n.*	test log, test report
Prüfröhrchen, *n.*	test tube
Prüfstandard, *m.*	test standard
Prüfstelle, *f.*	testing agency (e.g. motor vehicle testing agency)
	– zuständig für Zulassung: approval body
Prüftisch, Prüfplatz, *m.*	test bench
Prüfüberdruck, *m.*	Druckbehälter: test pressure
Prüfung, *f.*	test, testing
– Prüfung im Herstellerwerk, *f.*	works test
– Prüfung in der Praxis, *f.*	field test
– Prüfung vor Ort, *f.*	on-site test
Prüfungsunterlagen, *f. pl.*	test documentation
Prüfzeichen, *n.*	mark of conformity
	– VDE-Prüfzeichen: VDE mark of conformity
prüfzeichenpflichtig	(for which) mark of conformity is legally required
Prüfzeichenverordnung, *f.*	mark-of-conformity regulations
Prüfzeit, *f.*	Ölprüfindikator: check duration, oil check period
Prüfzertifikat, *n.*	test certificate
PSA-System, *n.*	PSA system (PSA = pressure swing adsorption used, e.g. in oxygen therapy)
psig (Überdruck in psi)	psig (pounds per square inch gauge)
Psychrometer, *m.*	psychrometer (based on change in temperature)

P

PTB-geprüft	PTB-tested, tested by the German Federal Institute of Physics and Metrology (PTB), *siehe* Physikalisch-Technische Bundesanstalt
PTB-Zulassung (PTB = Physikalisch-Technische Bundesanstalt), *f.*	PTB approval
PTFE-Dichtung, *f.*	PTFE gasket (Polytetrafluoräthylen = polytetrafluoroethylene), PTFE seal
PTFE-Filter, *m.*	PTFE filter
Puffer, *m.*	buffer
	– Pufferkapazität, Puffervermögen: buffer capacity
Pufferbehälter, Sicherheitsbehälter, *m.*	buffer tank
Pulsationen des Druckluftstroms, *f. pl.*	pulsations in the compressed air flow
Pulsationsdämpfung, *f.*	Kolbenverdichter: pulsation damping
pulsierender Volumenstrom, *m.*	pulsating flow, pulsating volumetric flow
pulsierendes Leuchten, *n.*	flashing light
Pulveraktivkohle, *f.*	powdered activated carbon, activated carbon powder
Pulverbehälter, *m.*	powder container
pulverbeschichtet	powder coated
Pulverbeschichtung, Pulverspritzlackierung, *f.*	powder coating (Powder is sprayed onto an electrically grounded surface (electrostatic application) and the part is then cured under heat. The process requires no solvent and creates a finish that is tougher than conventional paint.)
Pulverbeschichtungsanlage, *f.*	powder coating plant/facility
Pulverdosierer, *m.*	powder metering apparatus
pulverförmig	powdery
pulverförmige Medien, *n. pl.*	powdery substances, powdery media
pulverförmiges Trennmittel, *n.*	Emulsion: splitting powder, emulsion splitting powder
pulverisieren	pulverize
Pulverkabine, *f.*	Pulverbeschichtung: powder booth
Pulverlackieranlage, *f.*	powder coating plant/facility
Pulverlackierung, *f.*	*siehe* Pulverbeschichtung
Pulversilo, *n.*	powder silo
Pulvertechnik, *f.*	powder technology
Pulververmischer, *m.*	powder mixer
pulvrig	*siehe* pulverförmig
Pumpe für flüssige Metalle, *f.*	liquid metal pump
pumpen	pump (pump out, pump up, pump into, pump in)
Pumpenanschluss, *m.*	pump connection
Pumpenansteuerung, *f.*	pump activation
Pumpenausgang, *m.*	pump outlet
Pumpenbefestigung, *f.*	pump mounting
Pumpeneingang, Pumpenzulauf, *m.*	pump inlet
Pumpenfreigabe, *f.*	pump release
Pumpengehäuse, *n.*	pump housing
Pumpenkonsole, *f.*	pump base
Pumpenkopf, *m.*	pump head
Pumpenschlauch, *m.*	pump hose

Pumpensteuerung, *f.*	pump control
Pumpenversagen, *n.*	pump failure
Pumpleistung, *f.*	pumping capacity
Pumpstation, *f.*	pumping station
Pumpversuch, *m.*	pumping test
punktgenau	with the greatest accuracy, with the greatest precision
	– punktgenau lokalisieren: pinpoint (e.g. pinpoint a leak)
	– Punktgenauigkeit: pinpoint accuracy
Punktsteuerung, *f.*	point-to-point control
PUR (Polyurethan (Schaumstoff))	PUR (polyurethane)
Purafil-Patrone, *f.*	Purafil cartridge
PUR-Rohstoff, *m.*	PUR raw material
PUR-Schaumstoff, *m.*	PUR foam
PUR-Spritzanlage, *f.*	PUR spraying equipment
PUR-Technik, *f.*	PUR technology
Push-Fit-Befestigung, *f.*	push-fit mounting, push-fit fixing, *siehe* Aufsteckmontage, *siehe* Edelschubsitz
Push-Fit-Design, *n.*	push-fit design
Push-Fit-Technik, *f.*	push-fit system, push-fit technique
PVC, *f.*	PVC (polyvinyl chloride)
PVC-hart	rigid PVC (unplasticized)
PVC-Rohr, *n.*	PVC pipe
Pyrex, *f.*	Pyrex (glass)

P

qmm	square mm
quadratisch steigen mit	increase proportional to the square
quadratisches Drehmoment, *n.*	square law torque
Qualität, *f.*	quality
	– schlechte Qualität: inferior quality, poor quality
	– gute/sehr gute Qualität: good quality, superior quality, excellent quality, top quality, (of a) high quality
Qualitätsanforderungen, *f. pl.*	quality requirements
Qualitätsbewusstsein, *n.*	quality awareness
Qualitätseinbuße, *f.*	quality deterioration
qualitätsgeprüft	quality tested
Qualitätsklasse, *f.*	quality class (e.g. according to DIN ISO)
Qualitätskontrolle, Qualitäts-lenkung, *f.*	quality control, quality inspection
	– Qualitätskontrolle und Prüfung: quality inspection and testing
Qualitätsmanagement, *n.*	quality management
Qualitätsmanagement-beauftragter, *m.*	quality management officer
Qualitätsnachweis, *m.*	quality assurance (e.g. EN 29001/DIN IOS 9001 Quality Assurance Systems)
Qualitätspolitik, *f.*	quality policy
Qualitätsprodukt, *n.*	quality assured product
	– von hoher Qualität: high-quality product
	– von höchster: top quality product
Qualitätprüfung, *f.*	quality inspection, quality test
Qualitätsregeln, *f. pl.*	quality standards
Qualitätsreklamation, *f.*	quality complaint, complaint about the quality
Qualitätsrichtlinie, *f.*	quality guideline
Qualitätsschub, *m.*	quality leap
Qualitätssicherung, *f.*	quality assurance, quality control
	– Qualitätssicherungsmaßnahmen: quality assurance measures, quality assurance procedures
Qualitätsstahl, *m.*	high-grade steel (e.g. HPC, blue steel), high-quality steel
Qualitätsüberwachung, *f.*	quality monitoring (e.g. air quality monitoring)
Qualitätsverbesserung, *f.*	quality improvement
	– verbesserte Qualität: improved quality, enhanced quality
Qualitätsverlust, *m.*	quality loss, loss of quality

Quantisierung, *f.*	quantization
Quarzwattefilter, *m.*	quartz wool filter
quarzwattegestopft	quartz-wool filled
Quarzwattepfropf, *m.*	quartz-wool plug
quasitrockene Chemisorption, *f.*	semi-dry chemisorption (e.g. of acid gases)
Quellenwiderstand, *m.*	source resistance
Quellluftsystem, *n.*	displacement ventilation
Quellton, *m.*	expansive clay
Quellung, *f.*	swelling (z. B. des Werkstoffs)
Quellungseigenschaften, *f. pl.*	swelling properties
Quellvorgang, *m.*	swelling process
Quenchkondensator, *m.*	quench condenser
Quenchkühler, *m.*	quench cooler (to achieve rapid cooling of hot gas, e.g. from a furnace)
Querabscheider, *m.*	transverse separator
Querbalken, *m.*	Display: horizontal bar (e.g. horizontal bar graph), cross bar
Querbohrung, *f.*	cross bore
querempfindlich	Gasanalyse: cross-sensitive
Querempfindlichkeit, *f.*	cross-sensitivity
Querkraft, *f.*	shear force, lateral force
querliegend	in a transverse position
Querschnitt, *m.*	cross section (e.g. discharge cross-section of a valve) – unveränderter Querschnitt: fixed cross section (z. B. einer Düse)
Querschnittsfläche, *f.*	Filter: cross-sectional area
Querschnittsöffnung, *f.*	cross-sectional opening
Querschnittsreduzierung, *f.*	cross-section reduction (z. B. eines Rohrs), *siehe* Querschnittsverjüngung
querschnittsverengend	reducing the cross-section area
Querschnittsverengung, *f.*	*siehe* Querschnittsverjüngung
Querschnittsverjüngung, *f.*	reduction in/of cross section, reduction in cross-section area, cross-sectional reduction, narrowing of cross-section, cross-sectional constriction
Querspange, *f.*	Rohr: cross pipe
quittieren	acknowledge (signals), react to

R&I-Schema (Rohrleitungs- und Instrumentierungsschema), *n*.	P&I diagram (piping & instrumentation diagram)
Rad, *n*.	wheel (z. B. zur Einstellung)
radial abdichtend	radial sealing (z. B. für Filtergehäuse)
Radial-Axiallager, *n*.	combined radial and thrust bearing
Radialgleitlager, *n*.	radial sleeve bearing
Radiallager, *n*.	radial bearing
	Radiallagerschale: radial bearing shell
Radialstromwäscher, *m*.	radial flow scrubber
Radialturboverdichter, *m*.	radial turbo compressor
Radialverdichter, *m*.	radial compressor
Radiowellenleiter, *m*.	radio waveguide
Radius des Zentrierschlags, *m*.	Optik: radius of the runout circle
Rahmen, *m*.	frame, framework
Rahmenanordnung, *f*.	frame arrangement
Rahmenkonstruktion, *f*.	frame design, frame construction
Rahmenvertrag, *m*.	basic agreement, framework agreement
RAL-Farbe, *f*., RAL-Ton, *m*.	RAL colour (RAL is a DIN committee defining colour standards.)
Randbedingungen, *f. pl.*	general conditions, boundary conditions
Rändelmutter, *f*.	knurled nut
Rändelschraube, *f*.	knurled screw
Randgängigkeit, *f*.	edge trend
randnaher Bereich, *m*.	peripheral region
Randströmung, *f*.	peripheral flow
Rangieranlagen, *f. pl.*	shunting systems, shunting facilities – Rangierausrüstung: shunting equipment
Rangierkupplung, *f*.	shunting coupling
Rangierlok, *f*.	shunting locomotive, shunting engine, US: switching locomotive
Rangierrobot, *m*.	shunting robot
Rapaport und Weinstock, Aerosolgenerator nach …	Rapaport-Weinstock generator
Raschig-Ringe, Raschidringe, *m. pl.*	chem. Technik: Raschig rings (hollow tubes with diameters more or less equal to length, used for packing within columns)

Rasterelektronenmikroskop (REM), *n.*	scanning electron microscope (SEM)
Rastertechnologie, *f.*	raster technology (e.g. raster graphics in ink-jet printing)
Rasthaken, *m.*	locking hook
Rat der Europäischen Gemeinschaften, *m.*	European Council
Rauchalarmweiterleitung, *f.*	smoke alarm relay
Rauchentstickung, *f.*	flue gas denitrification, nitrogen removal from flue gas
	– Rauchgasentstickungsanlage: flue gas nitrogen removal plant
Rauchgas, *n.*	flue gas
Rauchgasentschwefelungsanlage, *f.*	flue gas desulfurization (desulphurization) plant
Rauchgaskanal, *m.*	flue gas duct
Rauchgasmenge, *f.*	flue gas quantity
Rauchgasreinigung, *f.*	flue gas cleaning
Rauchgasreinigungsanlage, *f.*	flue-gas cleaning facility (plant, system)
Rauchgasrezirkulation, *f.*	flue gas recirculation
Rauchgasstrom, *m.*	flue gas flow
Rauchgaswäsche, *f.*	flue gas scrubbing
	– Rauchgaswäscher: flue gas scrubber
Rauchmelder, *m.*	smoke detector
Rauchrohr, *n.*	flue
Raum, auf engstem Raum, *m.*	with minimum space (requirements)
Raumabsaugung, *f.*	room-air extraction
Raumausdehnungskoeffizient, *m.*	volumetric expansion coefficient
Raumausnutzung, gute, *f.*	space saving, compact
Raumbedingungen, *f. pl.*	indoor conditions
Raumgeschwindigkeit, *f.*	velocity by volume
Raumhöhe, *f.*	room height
Raumklima, *n.*	indoor environment, indoor atmosphere, indoor climate
räumlich	spatial
räumliche Anordnung, *f.*	configuration (of individual elements)
räumliche Gegebenheiten, *f. pl.*	spatial conditions
Raumluftabsaugung, *f.*	*siehe* Raumabsaugung
Raumluftverschmutzung, *f.*	indoor air pollution
Raumtemperatur, *f.*	room temperature, ambient temperature
Raumverhältnisse, beengte, *n. pl.*	restricted spatial conditions, (very) little space available
Raureif, *m.*	hoar-frost, white frost
Rauschpegel, *m.*	noise level, background noise level
RC-Glied, *n.*	RC element, RC circuit (RC = resistance capacitance)
RC-Messgerät, *n.*	RC meter
Reaktant, *m.*	reactant
	– Reaktionspartner: co-reactant
Reaktionsbehälter, *m.*	reaction chamber, reaction tank
	– Fassungsvermögen des R.: reaction tank capacity
reaktionsfreudig, reaktionsfreundlich	reactive
	– sehr r.: highly reactive
Reaktionsgeschwindigkeit, *f.*	reaction rate
Reaktionskammer, *f.*	reaction chamber, *siehe* Reaktionsbehälter
Reaktionslack, *m.*	reaction lacquer (z. B. von Zwei-Komponenten-Lack)
reaktionsschnell	fast reacting

Reaktionsstufe, *f.*	reaction stage
Reaktionstrennmittel, *n.*	Emulsion: splitting agent (e.g. environmentally compatible bentonite)
Reaktionstrennmittelbehälter, *m.*	splitting agent container
Reaktionswärme, *f.*	reaction heat
Reaktionszeit, *f.*	reaction time
Reaktivierung, *f.*	Aktivkohle: regeneration
Reaktivität, *f.*	reactivity
real erreichbar	realizable, feasible, attainable
Realgasfaktor, *m.*	real gas factor (e.g. calculation of the real gas factor and the average molecular mass)
Realisierung, *f.*	implementation
Rechenscheibe, *f.*	calculating wheel
Recherche, *f.*	research, investigation, enquiry
rechnen, sich r.	pay for itself, worthwhile investment
Rechner, externer, *m.*	external computer
rechnerisch simulieren	simulate by computation
rechteckförmig	rectangular
Rechts- und Sicherheits-vorschriften, *f. pl.*	legal and safety regulations
rechtwinklilg	right-angled
rechtzeitig	(well) in time, in good time, in due time (e.g. "We will inform you in due time.")
recyclebar	recyclable
recyclefähiges Material, *n.*	material suitable for recycling, recyclable material
Recyclingmaterial, *n.*	recycled material (e.g. packaging made from recycled material)
Redundanz, *f.*	redundancy (Electronics: provision of extra equipment, such as valves, to maintain operation after component failure)
reduzieren	Rohr: reduce (e.g. reduce the pipe cross-section)
Reduziernippel, *m.*	reducing nipple
Reduzierstation, *f.*	Rohrleitung: reducing station (e.g. pressure reducing station)
Reduzierstück, *n.*	Rohr: reducer
Reedkontakt, *m.*	el.: reed contact
Referenzbedingungen, *f. pl.*	reference conditions (e.g. reference conditions in accordance with DIN …)
Referenzstufe, *f.*	reference level
Referenztemperatur, *f.*	reference temperature
Referenztrübung, *f.*	Wasseranalyse: reference cloudiness
Referenztrübungsset, *n.*	reference test kit (for checking water cloudiness)
Reflexionsschalldämpfer, *m.*	reflection silencer
Regel- und Sicherheits-einrichtungen, *f. pl.*	control and safety installations/equipment
Regel- und Steuereinrichtungen, *f. pl.*	control equipment, control system
Regelarbeitszeit, *f.*	normal working hours
Regelarmatur, *f.*	control valve
regelbar	adjustable, controllable
Regelbereich, *m.*	control range
	– Temperaturregelbereich: temperature control range

R

Regelcharakteristik, *f.*	control characteristic(s)
Regelelektronik, *f.*	electronic control system, control electronics
Regelgeräte, *n. pl.*	control equipment, control devices, control instruments
Regelkreis, *m.*	control loop
regellose Schüttung, *f.*	Filter: random packed bed, random bed
Regelmotor, regelbarer Motor, *m.*	el.: variable-speed motor
Regelphase, *f.*	control phase
	– Temperaturregelphase: temperature control phase
Regelung, *f.*	control, regulation, adjustment
	– über Regelkreis: closed-loop control, automatic control, *siehe* elektronische Regelung
Regelventil, *n.*	control valve
Regelwerk, *n.*	code of practice
Regeneration, Regenerierung, *f.*	regeneration
Regenerationsluft, *f.*	purge air, regeneration air, *siehe* Spülluft
Regenerationsluftanteil, *m.*	purge air percentage, regeneration air percentage
Regenerationsluftbedarf, *m.*	purge air/regeneration air requirement
Regenerationsluftdüse, *f.*	purge air nozzle, regeneration air nozzle
Regenerationsluftsteuerung, *f.*	purge air control, regeneration air control
Regenerationsluftverbrauch, *m.*	consumption of purge air/regeneration air
Regenerationsvorgang, *m.*	regeneration process
Regenerationszyklus, *m.*	regeneration cycle
regenerativ	regenerative (e.g. regenerative desiccant dryers)
regenerativ arbeitend	regeneratively acting, with regenerative capacity
Regenerierungsluft, *f.*	*siehe* Regenerationsluft
Regenerierungszeit, *f.*	regeneration period, regeneration time
regionale Behörde, *f.*	local authority
registrieren	register, record (z. B. mit Schreiber)
Regler, *m.*	el.: controller
	– Temperaturregler: temperature controller (e.g. solid state temperature controller)
regulierbar	adjustable, controllable
regulierbares Ventil, *n.*	controllable valve
Regulierschieber, *m.*	control gate
Regulierungsmaßnahmen, *f. pl.*	control measures
Reibbeiwert, *m.*	friction coefficient
reiben	cause friction, produce friction, rub, grate, rasp
Reibung, *f.*	friction
	– mechanische R.: mechanical friction
	– minimale R.: minimum of friction
Reibungselektrizität, *f.*	frictional electricity
reibungsfrei	frictionless, without friction
	– fast reibungsfrei: with minimal friction
Reibungsfreiheit, *f.*	absence of friction (e.g. absence of metal to metal contact; absence of friction between moving parts)
	– Luftlager: frictionless running
Reibungskraft, *f.*	frictional force
Reibungsverlust, m.	frictional loss
Reibungswärme, *f.*	frictional heat, friction heat
Reibungswiderstand, *m.*	frictional resistance
Reibungswinkel, *m.*	angle of friction

Reibwert, *m.*	friction factor
	– Reibbeiwert: coefficient of friction
Reichweite, *f.*	reach, range
Reihe, zwei in Reihe, *f.*	two in line (series operation), *siehe* Reihenschaltung
Reihenanordnung, *f.*	*siehe* Reihenschaltung
Reihenfilter, *m.*	in-series filter (e.g. cascade arrangement for heavy dirt loads)
Reihenschaltung, *f.*	connected in series (e.g. "The use of two filters in series allows easy filter change."), tandem arrangement, arrangement in tandem, successive arrangement, two in line
reihenweise Aufstellung, *f.*	side-by-side arrangement (kein Serienbetrieb!)
reines Öl, *n.*	pure oil
reines Wasser, *n.*	pure water, clean water
Reinfiltration, *f.*	reinfiltration
reinfiltrieren	reinfiltrate
Reingas, *n.*	clean gas, treated gas, purified gas, cleaned gas
Reingasraum, *m.*	clean gas chamber
Reingasverlauf, *m.*	clean gas flow
Reingaswerte, *m. pl.*	clean gas values
Reinhaltung der Luft, *f.*	air pollution prevention
Reinheit, *f.*	purity
Reinheitsanforderung, *f.*	purity requirements (e.g. breathing air purity requirements)
Reinheitsgrad, *m.*	purity level, cleanup level, degree of purity
Reinheitsklasse, *f.*	purity class (e.g. DIN purity class), purity level
Reinheitsstufe, *f.*	purification stage, purification level
Reinheitsüberwachung, *f.*	monitoring the purity (z. B. von Atemluft)
reinigbar, leicht	easy to clean, easily cleanable
Reiniger, *m.*	*siehe* Reinigungsmittel
Reinigung, *f.*	cleaning, purification, treatment, filtering
– Reinigung von Schadstoffen, *f.*	elimination of pollutants
Reinigungsanforderung, *f.*	cleaning requirements
Reinigungsarbeiten, *f. pl.*	cleaning work, cleaning tasks
Reinigungsbürste, *f.*	cleaning brush
Reinigungserfolg, *m.*	*siehe* Reinigungsleistung
Reinigungsergebnis, *n.*	cleanup result
Reinigungsgrad, *m.*	Filter: cleaning efficiency of … percent
Reinigungskammer, *f.*	cleaning chamber
Reinigungsleistung, *f.*	cleaning efficiency (e.g. of a filter), cleaning performance (e.g. enhanced cleaning performance and efficiency)
Reinigungsmittel, *n.*	cleaning agent, cleansing agent, cleanser
	– synthetisches Waschmittel: detergent
Reinigungsrückstände, *m. pl.*	cleaning residues
	– Filter: filtration residues
Reinigungsservice, *m.*	cleaning service
Reinigungsstufe, *f.*	cleaning stage
Reinigungstuch, *n.*	cleaning cloth
Reinigungsziel, *n.*	cleaning target (e.g. effective cleaning target)
Reinigungszusatz, *m.*	cleaning additive
Reinluft, *f.*	purified air, clean air. filtered air
Reinluftrohr, *n.*	clean-air pipe

R

Reinluftrückführung, *f.*	filtered air recirculation
Reinluftwert, *m.*	clean-air value
Reinölabscheidung, *f.*	separation of pure oil
Reinölphase, *f.*	pure oil phase
Reinraum, *m.*	cleanroom(z. B. zur Chip-Herstellung)
Reinraumbereich, *m.*	cleanroom area/section
Reinraumkammer, *f.*	cleanroom chamber
Reinraumproduktionsbereich, *m.*	cleanroom production shop
Reinraumstandard, *m.*	cleanroom standards
Reinraumtechnik, *f.*	cleanroom technology
Reinseite, *f.*	Filter: clean side
Reinstgas, *n.*	superpure gas
Reinstluft, *f.*	ultra-pure air, high-purity air
Reinstraum, *m.*	ultra-clean room
Reinstwasser, *n.*	high-purity water, ultra pure water
Reinstwasseranlage, *f.*	high-purity water plant
Reinwasser, *n.*	clean water
Reinwasserablauf, *m.*	clean-water discharge, clean water to be discharged
Reinwasserbehälter, *m.*	clean-water tank
Reißdehnung, *f.*	elongation at break
reißfest	tear-resistant
Reiz, *m.*	z. B. der Augen: irritation
	– reizt die Augen: irritating to the eyes, eye irritant
reizen	irritate, cause irritation
Reizwirkung, *f.*	irritant effect
Reklamation, *f.*	(customer's) complaint
	– berechtigte R.: justified/legitimate complaint
Reklamationsbearbeitung, *f.*	complaints processing, complaints processing procedure
rekuperativer Wärmetauscher, *m.*	recuperative heat exchanger
Relais, *n.*	relay
	– geschaltetes Relais: switched relay
Relaisausgang, *m.*	relay output
Relaisplatine, *f.*	relay board
Relaissteuerung, *f.*	relay control, relaying
relative Feuchte, r.F., *f.*	relative humidity (percentage humidity), RH
relative Luftfeuchte, *f.*	Atmosphäre: relative atmospheric humidity
relative Restfeuchte, *f.*	residual relative humidity
Relativgeschwindigkeit, *f.*	relative velocity
Reparaturarbeiten, *f. pl.*	repair work
Repetiermodus, *m.*	repeat mode
reproduzierbar	reproducible
Reserve, *f.*	spare capacity (z. B. Rohrnetz)
Reservebehälter, *m.*	Ölauffangbehälter: reserve collector
Reservevolumen, *n.*	spare volume
Resettaster, *m.*	reset button
resistiver Sensor, *m.*	resistive sensor
Resonanz, *f.*	resonance
	– Resonanzfrequenz: resonant frequency (a resonance at some particular frequency)
ressourcenschonend	resource conserving (e.g. resource conserving technology at an affordable price), resource friendly

Ressourcenschonung, *f.*	careful/optimized use of resources
Restanteil Öl, *m.*	residual oil content
Restdruck, *m.*	residual pressure
Restdruckventil, *n.*	residual pressure valve
Restfeuchte, *f.*	residual moisture, residual humidity
Restflüssigkeit, *f.*	remaining liquid, residual liquid
Restgas, *n.*	residual gas
	– Restluft: residual air
Restgefahr, *f.*	residual danger
Restgehalt, *m.*	residual concentration, residual content
Restkondensat, *n.*	remaining condensate, residual condensate
Restkonzentration, *f.*	residual concentration
Restmetall, *n.*	residual metal
Rest-Ölaerosolanteil, *m.*	residual oil aerosol content
Restöldampfgehalt, *m.*	residual oil vapour content
Restölgehalt, *m.*	residual oil content (e.g. residual oil content of the treated water; residual oil content in the filter cake; residual oil content of < 0.02 ppm), oil residue, *siehe* Öleintrag
	– Restölgehalt gesamt: total residual oil content
	– luftgetragener Restölgehalt: airborne residual oil content
Restölgehalt-Messsystem (z. B. OLGA), *n.*	residual oil monitoring system
Restpartikel, *n. pl.*	residual particles
Restprodukte, *n. pl.*	waste products
Reststaub, *m.*	residual dust
Reststoffe, *m. pl.*	residues, residue materials
Resttrübe, *f.*	residual cloudiness, residual turbidity
Restwanddicke, *f.*	residual wall thickness
Restwasser, *n.*	residual water
	– Restwassermenge: amount of residual water
Restwert, *m.*	residual value
Restzeit, *f.*	remaining time
	– Restzeitmeldung: residual time indication
Revisionsdeckel, *m.*	inspection lid
Reynoldszahl, *f.*	Reynolds number
richtig ausgelegt	suitably designed
Richtlinie PED 97/23/EG	PED 97/23/EC (Pressure Equipment Directive)
Richtlinie, *f.*	allgemein: guideline
	EG-Richtlinie: EC Directive
	– VDE-Richtlinie: VDE guideline
	– VDI-Richtlinie: VDI guideline
Richtlinienkonformität, *f.*	EU: conformity with the (EC) Directive
Richtpreis, *m.*	recommended price
	– unverbindlicher R.: manufacturer's recommended price
Richtungsänderung, *f.*	change of direction
richtungsweisend	innovative, future-oriented, advanced, forward-looking
Richtwert, *m.*	guide value
RID	RID (EU agreement on the transport of dangerous goods by rail)
Rieseldrainage, *f.*	trickle drainage, trickle drainage system
Rieselentgaser, *m.*	trickle degasser

R

rieselfähige Güter, *n. pl.*
Transport: loose bulk freight, loose cargo (e.g. grains or liquid)

Ringbund (Rohre im Ringbund), *m.*
pipe coils

Ringeingang, *m.*
Ringleitung: ring inlet

Ringfläche, *f.*
ring area

ringförmig an der Wand entlang
Ringrohrleitung: ring system along the wall

Ringleitung, Ringrohrleitung, *f.*
ring line, ring main, ring system, ring feeder, closed pipeline system

Ringspalt, *m.*
annular gap

Rinnensensor, *m.*
channel sensor

Rippenrohr, *n.*
finned tube
- Rippenrohrkühler: finned tube cooler

Rissbildung, *f.*
crack formation

Robotereinlegeverfahren, *n.*
Formtechnik: robot manipulation

robust
sturdy, rugged, robust, strongly built

Rohbenzin, *f.*
raw gasoline

Rohdichte, *f.*
unit weight (weight per unit volume of a material), specific weight

Rohgas, *n.*
crude gas, raw gas, untreated gas, impure gas
- saure Rohgaskomponenten: acid crude gas components

Rohgasraum, *m.*
crude gas chamber

Rohluft, *f.*
raw air
- Rohluftseite: raw air side

Rohöl, *n.*
crude oil

Rohr, *n.*
pipe
- Rohre: pipes, piping, pipework

Rohrabschnitt, *m.*
pipe section

Rohranschluss, *m.*
pipe connection

Rohraussendurchmesser, *m.*
outer pipe diameter, outside pipe diameter

Rohrbegleitheizung, *f.*
trace-heating system

Rohrbogen, *m.*
pipe bend

Rohrbrücke, *f.*
pipe bridge, pipeline bridge

Rohrbündel, *n.*
tube bundle

Rohrbündel-Wärmetauscher, (Röhrenwärmetauscher) *m.*
tubular heat exchanger

Rohrbürste, *f.*
pipe brush

Rohrclip, *m.*
pipe clip

Rohrdurchmesser, *m.*
pipe diameter

Rohrendenbearbeitung, *f.*
preparation of pipe ends (z. B. vor Schweißen)

Rohrfertigung, *f.*
pipe production

rohrförmig
tubular

Rohrgewinde (R oder G), *n.*
pipe thread (p.t.), (e.g. R ½")

Rohrhalter, *m.*
pipe mounting element

Rohrinnendurchmesser, *m.*
inside pipe diameter, inner pipe diameter

Rohrkanal, *m.*
pipe duct

Rohrleitung, *f.*
pipe, größere Strecke: pipeline
- Rohrleitungen: piping, pipework, ducting
- eingefrorene Rohrleitung: frozen pipe, frozen piping

Rohrleitungsabschnitt, *m.*
pipe section

Rohrleitungsanschluss, *m.*
pipe connection

Rohrleitungsbau, *m.*
pipe construction

Rohrleitungsdurchmesser, *m.*	pipe dia. (e.g. nominal pipe diameter (DN) or outside pipe diameter), *siehe* Nennweite
Rohrleitungsführung, *f.*	pipe layout, piping arrangement
Rohrleitungshalterung, *f.*	pipe bracket
Rohrleitungslänge, *f.*	piping length, length of piping
Rohrleitungsmaterial, *n.*	pipe material(s)
Rohrleitungsnetz, *n.*	pipe system, pipe network, pipework, *siehe* Verteilungsnetz, *siehe* Verrohrung
Rohrleitungsreduzierung, *f.*	reduced pipe section
Rohrleitungssystem, *n.*	*siehe* Rohrsystem
Rohrleitungsteile, *n. pl.*	pipe components
Rohrleitungsverlegung, *f.*	pipe laying, pipe installation
Rohrleitungswiderstand, *m.*	pipe system resistance
Rohrmaterial, *n.*	pipework material
Rohrmembran, *f.*	tube membrane, tubular membrane
	– Rohrmembranmodul: tube membrane module
Rohrmuffe, *f.*	pipe coupling
Rohrmutter, *f.*	pipe nut
Rohrnetz, *n.*	pipe system, *siehe* Rohrleitungsnetz
Rohrquerschnitt, *m.*	pipe cross-section
Rohrrahmen, *m.*	tubular frame
Rohrrauigkeitsfaktor, *m.*	pipe roughness factor
Rohrreibungsbeiwert, *m.*	*siehe* Rohrreibungszahl
Rohrreibungszahl, *f.*	pipe friction coefficient, pipe friction factor
Rohrschelle, *f.*	pipe clamp
Rohrschellenanordnung, *f.*	pipe clamp arrangement
Rohrschlüssel, *m.*	pipe spanner
Rohrschutzkappe, *f.*	pipe protecting cap
Rohrserie, *f.*	pipe series
Rohrströmung, *f.*	pipe flow
Rohrstutzen, *m.*	pipe connection, pipe socket (1. Enlarged pipe end fitting over another pipe of the same size to make a joint; 2. separate pipe fitting for joining two pipes together)
Rohrsystem, *n.*	pipe system (e.g. insulated pipe system; twin wall pipe system), piping, pipe network, *siehe* Verrohrung, Verteilungsnetz
Rohrverbindung, *f.*	pipe connection, pipe joint
Rohrverschraubung, *f.*	screwed pipe joint, screwed (pipe) connection
	– Verschraubungsstück: pipe fitting
Rohrversion, *f.*	z. B. Membrantrocknertyp: tube version, tube model
Rohrverteiler, *m.*	manifold
Rohrvortriebstechnik mit offenem Haubenschild unter Druckluft	Bauwesen: open bonnet shield pipe jacking under compressed air
Rohrwanddicke, *f.*	pipe wall thickness
Rohrzange, *f.*	pipe wrench
Rohteil, *n.*	maschinelle Bearbeitung: blank
Rohwasser, *n.*	untreated water, raw water
Rohwasserbehälter, *m.*	raw water tank
Rohwichte, *f.*	volume weight, dimensional weight
Rolle, *f.*	roller
	– Rollenhebel: roller lever

R

Rollendruckerei, *f.*	web printing plant
Rollendruckmaschine, f.	web printing press
Rollenware, *f.*	flexibles Rohr: reel
	– Kabel: reel, off the reel
Rollieren, *n.*	compressor alternation (to provide the supply of compressed air from alternating compressors)
Ronde, *f.*	round plate
	– Rondensieb: circular strainer
Rost, *m.*	rust
	– Rostboden (z. B. eines Biofilters). grate floor
Rostablagerung, *f.*	rust deposit
Rostbildung, *f.*	rust formation
rostfrei	rustproof, rustless, stainless
rostschützend	rust-inhibiting, rust-preventing, rust-protective (e.g. rust-protective coating) anti-rust (e.g. anti-rust treatment)
rot blinkend	flashing red (z. B. LED)
Rotationsfilter, *m.*	rotary filter (e.g. rotary vacuum filter)
rotationsgesintert	rotationally moulded (e.g. rotationally moulded plastic products)
Rotationsrheometer, *n.*	rotational rheometer
Rotationssinter-Anlage, *f.*	rotational moulding machine
Rotationssintern, *n.*	Plastik: rotational moulding, rotomoulding
Rotationsströmung, *f.*,	rotational flow
Rotationsformen, *n.*	
rotationssymmetrisch	rotationally symmetric
Rotationstisch, *m.*	rotary table (z. B. im optischen Gerätebau)
Rotationsverdichter, *m.*	rotary compressor
rotierendes System, *n.*	rotating system (z. B. zur Kalibrierung)
Rotor, *m.*	rotor
RP-Rohre, *n. pl.*	RP pipes (RP: reinforced plastic, polymer or polyester)
Rückdiffusion, *f.*	back-diffusion
Rückerwärmung, *f.*	reheating
Rückfluss,	backflow, return flow, reverse flow, reflux
Rückflussverhinderer, *m.*	Ventil: reverse flow check valve
ruckfrei	smooth, without jerking
	– ruckfreies Gleiten (Lager): stick-slip free movement, smooth movement
Rückführrohr, Rückführungsrohr, *n.*	feedback pipe, return pipe (e.g. a twin pipe containing a flow and return pipe within an outer casing)
	– Rückführleitung: feedback line, return line
Rückführung, *f.*	recirculation, feedback, return
Rückgewinnung von Produktionsstoffen, *f.*	recovery of production materials (e.g. from scrap)
Rückgriffsrecht, *n.*	right of recourse
Rückhaltevolumen, *n.*	Tank usw.: holding capacity
Rücklauf, *m.*	Kühlwasser: cooling-water return
	– im Kreislauf: cooling water circulation
Rücklaufdruck, *m.*	back pressure (resistance to a moving fluid)
Rücklauffilter, *m.*	return line filter
Rücklaufpumpe, *f.*	recirculating pump
Rückschlaggefahr, *f.*	danger of blowback (z. B. von Druckluft)

Rückschlagklappe, *f.*	swing check valve
Rückschlagventil, *n.*	non-return valve, check valve
Rückschlagventilblock, Rückschlag-Ventilblock, *m.*	non-return valve block
rückseitig, Rückseite, *f.*	rear, at the rear, from the rear
Rücksendung, *f.*	return shipment, return transport
rückspülbar	backwashable
Rückspüldauer, *f.*	backwash duration
Rückspüleinrichtung, *f.*	backwash system
Rückspülen, *n.*	*siehe* Rückspülung
Rückspülfilter, *m.*	backwash filter, reverse flush filter (weniger gebräuchlich)
Rückspülgeschwindigkeit, *f.*	backwashing rate
Rückspülung, *f.*	backwash, backflushing, backwashing
Rückspülventil, *n.*	backwash valve (e.g. pressurized backwash filter)
Rückspülvorgang, *m.*	backwashing/backflushing process, backwashing/backflushing action
Rückspülwasser, *n.*	backwashing water
Rückstände, *m. pl.*	*siehe* Reststoffe
Rückstands- und Abfallwirtschaftsgesetz, *n.*	law on residues and waste management
Rückstandsanalyse, *f.*	residue analysis
Rückstau, *m.*	backflow (e.g. backflow into the filter)
Rückstellfeder, *f.*	reset spring
Rückstelltaster, *m.*	reset button
Rückstreuung, *f.*	Laser: backscatter
Rückströmung, *f.*	backflow
Rückströmverlust, *m.*	backflow loss
Rücktransport, *m.*	return transport
Rückverfolgbarkeit, *f.*	traceability
rückverfolgen, nachverfolgen	trace (to), trace back (to)
Rückwand, Rückseite, *f.*	rear, rear panel
rückwärtige Klemmleiste, *f.*	el.: rear terminal strip
Rügepflicht, *f.*	duty to give notice of defects
Ruhe, *f.*	el.: potenzialfreier Umschaltkontakt: "off" position, de-energized – fail safe terminal: normally closed
Ruhe, *f.*	rest (z. B. Flüssigkeit) – Ruhebecken: stilling/resting pool, stilling basin
Ruhephase, *f.*	rest period
Ruhestrom, *m.*	el.: closed-circuit current
Ruhestromschaltung, *f.*	el.: closed-circuit connection, circuit on standby
Ruhezustand, *m.*	el.: off-position (z. B. "go into off-position"), allgemein: at rest
Rührwerk, *n.*	stirring device, stirrer
Rührwerkflügel, *m.*	stirrer blade
Rührwerksmotor, *m.*	stirrer motor
Rührwerkswelle, *f.*	stirrer shaft
rund um die Uhr	around the clock, 24/7
Runde, *f.*	cycle
Rundfilter, *m.*	circular filter – plissierter Rundfilter: pleated circular filter

Rundheitsmessgerät, *n.*	roundness measuring instrument
Rundlauf, *m.*	Lager: concentricity, true running
	– ruhiger Rundlauf: smooth running
Rundlaufeigenschaften, *f. pl.*	Lager: concentricity characteristics
Rundlaufgenauigkeit, *f.*	rotational accuracy
Rundschlauch, *m.*	round hose
Rundschnurring (Rundschnur-dichtung), *m.*	cord packing
Rundumleuchte, *f.*	warning beacon
Ruß, *m.*	soot
Rußfilter, *m.*, Rußpartikelfilter	soot filter (e.g. diesel soot filter)

sach- und fachgerecht	in a proper and competent manner
Sach- und Personenschaden	damage to persons and property
sachgemäße Anwendung, *f.*	correct application
Sachkunde, *f.*	know-how, expertise
sachkundige Person, *f.*	(suitably) qualified person, *siehe* Sachkundiger
Sachkundiger, Sachverständiger, *m.*	expert, specialist
	– beauftragter Sachkundiger: authorized expert
	– beauftragter Prüfer: authorized inspector (e.g. authorized inspector of boilers and pressure vessels)
Sachmängelhaftung, *f.*	liability for defects
Sachschaden, *m.*	material damage, damage to property
Sachverständiger, *m.*	*siehe* Sachkundiger
Sachwerte, *m. pl.*	material assets
Sackfilter, *m.*	bag filter
Sägemaschine, *f.*	sawing machine
Sägezahnprofil, *n.*	saw-tooth profile
Saisonbetrieb, *m.*	seasonal operation
Salpetersäure, *f.*	nitric acid
Salzsäure, *f.*	hydrochloric acid
Salzsprühtest, *m.*	salt spray test (a corrosion test)
	– Beständigkeit im Salzsprühtest: salt spray test resistance
Salzzerstäubungstest, *m.*	*siehe* Salzsprühtest
Sammel- und Zulaufleitung, *f.*	collecting and feed line
Sammelbecken, *n.*, Sammelbehälter, *m.*	(collecting) container, collecting tank
	– zur Öl-/Wassertrennung: separation container
Sammelbehälter für Abwasser, *m.*	wastewater receiving tank
Sammelbeutel, *m.*	collection bag
Sammelleitung, *f.*	Rohrleitung: collecting line
	– gemeinsame Sammelleitung: common collecting line
	– Kondensatsammelleitung: condensate collecting line
Sammelmeldung, *f.*	el.: group signal
	– Alarm-Sammelmeldung: centralized alarm
Sammelpackung, *f.*	bulk packaging
Sammelraum, *m.*	collecting space, collecting capacity
	– Sammelvolumen: collecting volume
Sammelrumpf, *m.*	collection hopper

Sammelstörung, *f.*	el.: group fault
	– Sammelmeldungsanzeige: group fault indication
Sammler, *m.*	collector
Sandbehälter, *m.*	sand tank (z. B. der Lokomotive)
Sandfilteranlage, *f.*	sand filter system
Sandstreuer, *m.*	Fahrzeug, Schienenfahrzeug: sand spreader
Sandwich-Bauweise, *f.*	sandwich construction
Sanierung, *f.*	renewal, refurbishment (e.g. refurbishment of an existing compressed air system)
SAP-Anwendung, *f.*	SAP application
Sattdampf, *m.*	saturated steam
Sattdampftemperatur, *f.*	saturated steam temperature
sättigen	saturate
Sättigung, *f.*	saturation
Sättigungsbeladung, *f.*	saturation concentration
Sättigungsdampfdruck, *m.*	*siehe* Sättigungsdruck des Wasserdampfes
Sättigungsdruck des Wasserdampfs, *m.*	saturation vapour pressure, saturated vapour pressure
Sättigungsdruck, *m.*	saturation pressure
sättigungsfähig	saturable
Sättigungsgrad, *m.*	degree of saturation
Sättigungsgrenze, *f.*	saturation limit, saturation point
Sättigungskurve, *f.*	saturation curve
Sättigungspunkt, *m.*	saturation point
sauberer Sitz, *m.*	snug fitting (z. B. O-Ring)
Sauberkeit, *f.*	purity (z. B. der Luft)
sauer	Lösung: acidic (e.g. acidic solution)
	– Kondensat: acidic fluid
Sauergas, *n.*	sour gas
Sauerstoffangebot, *n.*	(amount of) oxygen supplied, available oxygen
Sauerstoffanteil, *m.*	oxygen content
sauerstoffarm	low in oxygen, low-oxygen, with low oxygen content
Sauerstoffbedarf, *m.*	oxygen demand
Sauerstoffeintrag, *m.*	oxygen transfer
Sauerstofferzeugungsanlage, *f.*	oxygen generator
Sauerstoffflasche, *f.*	oxygen cylinder, oxygen flask
Sauerstoffgehalt, *m.*	oxygen content
sauerstoffhaltig	oxygen-containing, oxygen-rich
	– sauerstoffhaltige Verbindungen: oxygen-containing compounds
Sauerstoffverlust, *m.*	loss of oxygen, drop in oxygen level
Sauerstoffversorgung, *f.*	oxygen supply, oxygenation
Sauerstoffzehrung, *f.*	oxygen depletion
Saug- und Druckpumpe, *f.*	lift-and-force pump (for draining and transfer)
Sauganschluss, *m.*	suction line connection
Saugblasen, *n.*	vacuum-and-blow moulding (processes/forming/technology)
Saugblasmaschine, *f.*	vacuum-and-blow moulding machine
Saugdruck, *m.*	suction pressure (e.g. "The suction pressure at the compressor is 41 psig."), intake pressure
saugfähig	absorbent

Saugfilter, *m.*	suction filter
Saugfilterung, *f.*	suction filtration
Saugklappen, *f. pl.*	Verdichter: intake flaps
Saugleitung, *f.*	suction line
Sauglüfter, *m.*	suction fan
Saugpumpe, *f.*	suction pump
Saugrohr, *n.*	suction pipe
saugseitig	on the suction side
Saugstutzen, *m.*	suction port (z. B. eines Kompressor oder einer Pumpe)
	– Saugstutzentemperatur: suction port temperature
Saugzugventilator, *m.*	induced draught fan
Säulenrückspülung, *f.*	column backwashing
Säulenversuch, *m.*	column test
säurefest	acid resistant
Säuren und Laugen, *f. pl.*	acids and lyes
saurer Bereich, *m.*	pH-Wert: acidic range (basisch: alkaline)
saurer Regen, *m.*	acid rain
Säuretaupunktunterschreitung, *f.*	Rauchgas: cooling below the acid dew point, temperature drop below the acid dew point
SB-Waschcenter, *n.*	self-serve wash facility (e.g. 5 bay self-serve wash facility)
scfm	scfm (standard cubic feet per minute)
Schachtabdeckung, *f.*	Kanalisation: manhole cover
Schadensausdehnung, *f.*	spread of pollution, spatial extent of pollution
Schadensüberwachung, *f.*	damage monitoring
Schadgas, *n.*	polluting gas, *siehe* Rohgas
	– giftig oder schädlich: noxious gas
Schadgasaustritt, *n.*	escape/release/leakage of polluting gas
	– giftig oder schädlich: noxious gas leak
Schadgasdämpfe, *m. pl.*	polluting gas fumes, *siehe* Schadgasaustritt
schädliche Verunreinigungen, *f. pl.*	(pollution with) harmful substances
schädlicher Stoff, *m.*	harmful substance
	– gesundheitschädlich: harmful to health
schädliches Gas, *n.*	harmful gas, noxious gas (poisonous or harmful)
Schädlichkeit, *f.*	harmfulness, noxiousness
schadlos stellen	indemnify someone
Schadstoff, *m.*	pollutant, polluting substance/agent, contaminant, harmful substance/material, noxious substance/material
Schadstoffausbreitung, *f.*	spread of pollution
	– räumliche S.: size/extent of pollution
Schadstoffeintrag, *m.*	pollutant input, contaminant input
Schadstofffracht, *f.*	pollution load/amount/quantity
Schadstoffgehalt, *m.*	pollutant concentration, contaminant concentration, contaminant level
	– Schadstoffgehalte, maximale : maximum contaminant levels (MCLs)
Schadstoffkonzentration, *f.*	pollutant concentration
Schadstoffkonzentrationsverlauf, *m.*	pollutant concentration curve
Schadstoffquelle, *f.*	source of contamination/pollution, contamination source
	– keine: non-polluting (e.g. non-polluting source of energy)
Schadstoffreduktion, *f.*	*siehe* Schadstoffrückgang

S

Schadstoffrückgang, *m.*	decrease in pollution level, pollutant reduction, contaminant reduction
Schaftdurchmesser, *m.*	shaft diameter
Schale, *f.*	shell
	– Gefäss: bowl
Schallausbreitung, *f.*	sound propagation
schalldämmend	sound absorbing, sound insulating
Schalldämpfer, *m.*	silencer (z. B. am Trockner)
Schalldämpfereinsatz, *m.*	silencer insert
Schalldämpfer-Element, *n.*	silencer element
Schalldämpfer-Endkappe, *f.*	silencer cap
Schalldämpfer-Shuttle, *m.*	silencer shuttle
Schalldruckpegel, *m.*	sound pressure level
Schallemission, *f.*	sound emission (e.g. low-frequency sound emission), noise emission
schallgedämmt	sound-insulated (e.g. sound-insulated headphones of a leak detector), sound-proofed (e.g. sound-proofed rooms)
Schallgeschwindigkeit, *f.*	speed of sound, sound velocity
Schallhaube, *f.*	acoustic cover
Schallpegel, *m.*	sound level
Schallschutz tragen, *m.*	wear noise protection headset
Schallschutz, *m.*	noise control, noise protection, sound insulation, sound proofing, acoustic insulation
Schallschutzmaßnahmen, *f. pl.*	noise protection measures
Schallsignal, *n.*	acoustic signal, sound signal
Schallsonde, *f.*	acoustic probe (with acoustic tip for leak detection)
Schalt- und Steueranlagen, *f. pl.*	switching and control equipment
Schaltabstand, *m.*	Näherungsschalter/Sensor: switching distance (sensor with a fixed switching distance)
Schaltausgang, *m.*	switching output
Schaltbild, *n.*	*siehe* Schaltdiagramm
Schaltdiagramm, *n.*, Schaltplan, *m.*	circuit diagram, wiring diagram, electrical connection schematic
Schaltdifferenz, *f.*	Regler: differential gap, differential
schalten	el.: switch, activate (z. B. Kontakt), move switch to … position
	– Ventil: open/close
	– Ventil umschalten: reverse
Schalten des Relais, *n.*	switching of relay
Schalterstellung, *f.*	switch position
Schaltertyp, *m.*	switch type, type of switch
Schaltfeld, *n.*	switch panel (e.g. switch panels with circuit breakers), panel
Schaltfolge, *f.*	switching sequence (e.g. 5-position switching sequence)
Schaltfrequenz, *f.*	switching frequency (e.g. permissible switching frequency of the electric motor), switching rate
Schaltfunktion, *f.*	switching function
Schaltimpuls, *m.*	switching impulse
Schaltkasten, *m.*	switch box, switchbox
Schaltkontakt, *m.*	switching contact
Schaltkreis, *m.*	circuit, electric circuit
	– integrierter S.: integrated circuit

Schaltkreisprüfinstrument, *n.*	in-circuit tester (ICT)
Schaltleistung, *f.*	switching capacity (e.g. alternate current switching capacity at 125 or 250 V)
Schaltnetzteil, *n.*	switching unit (e.g. a switching unit providing up to 4 controlled output circuits)
Schaltplan, *m.*	*siehe* Schaltdiagramm
Schaltprozess, *m.*	switching operation, *siehe* Schaltvorgang
Schaltpunkt, *m.*	switching point (z. B. des Temperaturfühlers)
Schaltschema, *n.*	*siehe* Schaltdiagramm
Schaltschrank, *m.*	switch cabinet, control cabinet
	– Schaltschrankkühlung: switch cabinet cooling
Schaltsignal, *n.*	switching signal
Schaltspiel, *n.*	Ventil: switching cycle
Schaltstellung, *f.*	(switch) position
Schalttafel, *f.*	switchboard
Schalttemperatur, *f.*	switching temperature
Schaltung, *f.*	switching system
	– Stromkreis: circuit, circuitry
Schaltungsanordnung, *f.*	circuit arrangement, circuit layout (e.g. three-dimensional integrated circuit layout), circuit configuration
Schaltungsaufbau, *m.*	circuit design, *siehe* Schaltungsanordnung
Schaltverhalten, *f.*	switching performance
Schaltvermögen, *n.*	switching capacity
Schaltverstärker, *m.*	switching amplifier
Schaltverzögerung, *f.*	switching delay
Schaltvorgang, *m.*	switching operation
Schaltwarte, *f.*	control centre, control room
Schaltzeitgewinn, *m.*	switching time saving
Schaltzeitpunkt, *m.*	switching instant
Schaltzustand, *m.*	control state, control status
Schaltzyklus, *m.*	operating cycle
	– Schaltglied: switching cycle (e.g. power switching cycle)
Schaufel, *f.*	scoop (z. B. zum Nachfüllen von Spaltmittel), shovel
Schauglas, *n.*	inspection window
Schaumstoff, *m.*	foam plastic, foamed plastic (e.g. foamed plastic insulation such as expanded polystyrene), foam
Schaumstoffmantel, *m.*	foam cover (z. B. für Filter)
Scheibe, *f.*	disc
	– am Messgerät: window (glass, saphire)
Scheibenfilter, *m.*	disc filter (e.g. stacked disc filter)
Schelle, *f.*	clamp (e.g. hose clamp)
Schema, *n.*	schematic, diagram
	– Skizze: sketch
schematische Darstellung, *f.*	schematic representation/view/layout, (a) schematic
Scherfestigkeit, *f.*	shear strength
Scherspannung, *f.*	shear stress
Schicht fahren, *f.*	run a shift (e.g. 3-shift operation)
Schicht, feste, *f.*	solid layer
Schichtablösung, *f.*	layer becoming detached, layer not adhering properly
Schichtdicke, *f.*	layer thickness
	– geringe Schichtdicke: thinness of layer

S

Schichtgrenze, *f.*	Filter: layer boundary
Schichthöhe, *f.*	layer height, depth of the layer
	– Filterbett: bed thickness
schichtweise abgestufte Feinheit, *f.*	layers with different degrees of fineness
Schieber, *m.*	slide (e.g. slide valve)
Schiebeschalter, *m.*	el.: slide switch
Schienenfahrzeug, *n.*	rail vehicle
	– Schienenfahrzeugbau: rail vehicle engineering
Schienenfahrzeugbauer, *m.*	rail vehicle manufacturer
Schienenfahrzeugbereich, *m.*	rail vehicle sector
Schienenverkehrstechnik, *f.*	railway technology
Schiffshydraulik, *f.*	on-board hydraulics
Schlackenrest, *m.*	slag residue (z. B. nach Löten)
schlag- und abriebfest	impact and abrasion resistant
Schlag, elektrischer, *m.*	el.: electric shock
Schlag, Stoß, *m.*	impact, shock, strong blow, knock (against)
schlagartig	sudden, abrupt
schlagartig entweichend	suddenly escaping
schlagartig freiwerdende Energie, *f.*	abrupt/sudden release of energy
schlagartige Belastung, *f.*	abrupt loading
schlagartiger Druckaufbau, *m.*	sudden buildup of pressure
Schlagbeanspruchung, *f.*	impact load, impact, impact stress
Schlageinwirkung, *f.*	impact (resulting in)
schlagfest	impact-resistant, high-impact
schlagkräftig	strong, powerful, effective
Schlagzähigkeit, *f.*	impact strength
Schlamm, *m.*	sludge
	– Schlammfang: sludge trap
Schlammbehandlung, *f.*	sludge treatment
Schlämme, *m. pl.,* und	sludge and sediment
Sedimente, *n. pl.*	
Schlammentwässerung, *f.*	sludge dewatering
Schlammfaulung, *f.*	sludge digestion
Schlammpumpe, *f.*	sludge pump
Schlauch, *m.*	hose
Schlaucharmatur, *f.*	hose fitting
Schlauchfilter, *m.*	bag filter
Schlauchfolien-Extrusion, *f.*	Plastik: tubular film extrusion
Schlauchleitung, *f.*	hose pipe (e.g. hose pipe fittings; hose pipe connectors and adapters)
Schlauchmaß, *n.*	hose size
Schlauchpumpe, *f.*	hose pump
Schlauchpumpenabdeckung, *f.*	hose pump cover
Schlauchriss, *m.*	hose crack
Schlauchschelle, *f.*	hose clamp
Schlauchschneider, *m.*	hose cutter
Schlauchsteckanschluss, *m.,*	plug-in hose connector, plug-in hose
Schlauchsteckverbindung, *f.*	
Schlauchtülle, *f.*	hose connector
	– Schlauchtüllenanschluss: hose connection
Schlauchverbinder, *m.*	hose connector, hose coupling

Schlauchverbindung, *f.*	hose coupling (e.g. hose-to-hose coupling)
schlecht funktionierend	inefficient, malfunctioning
	– schlechte Effizienz: poor efficiency
Schleifmaschine, *f.*	grinding machine (e.g. precision grinding machine), grinder
Schleifmaschinenschlitten, *m.*	grinding machine carriage
Schleifspindel, *f.*	grinding spindle
Schleifstaub, *m.*	grinding dust
Schleifstift, *m.*	grinding pencil, abrasive pencil
Schleppströmung, *f.*	drag flow
Schleuderguss, *m.*	centrifugal moulding
Schlieren, *f. pl.*	smears
Schließbügel, *m.*	clamp (U-clamp)
Schließer, *m.*	el.: make contact, make contact element, NO contact (normally open contact)
Schließerfunktion, *f.*	el.: make function (closing function)
Schließkraft, *f.*	closing force (z. B. eines Ventils)
	– Auflagekraft eines Ventils: seating thrust
Schließzeit, *f.*	closing time (z. B. eines Ventils)
Schlittenbewegung, *f.*	carriage movement
Schlitzbrückenfilter, *m.*	slot bridging filter
Schlitzfilter, *m.*	slot filter
Schlupf, *m.*	Asynchronmotor: slip
	– Schlupfdrehzahl: slip speed
Schlüsselweite (SW), *f.*	spanner size
	– Schlüsselfläche: spanner area
Schmelzanlage, *f.*	smelting plant (to extract metal from ore)
	– Sekundärschmelzanlage: secondary melting plant (e.g. for scrap melting)
Schmelzbereich, *m.*	melting range
Schmelzhütte, *f.*	*siehe* Schmelzanlage
Schmelzpunkt, *m.*	melting point (m.p.)
Schmelzwärme, *f.*	heat of fusion
Schmiedestahl, *m.*	forged steel
Schmiedestück, Schmiedeteil, *n.*	forged piece
Schmierfilm, *m.*	lubricating film
	– unterbrochener S.: disrupted lubricating film
schmierige Verunreinigung, *f.*	smeary contamination, smeary stain/spot
Schmieröl, *n.*	lube oil, lubricating oil
Schmierölfilter, *m.*	lubricating oil filter
Schmierölsorte, *f.*	lube oil grade, lubricating oil grade
Schmierstoff, *m.*, Schmiermittel, *n.*	lubricant
	– Schmierstoff Luft: lubricating air (e.g. lubricating air for use with air tools)
Schmutz, *m.*	dirt, impurities, polluting matter
schmutzabweisend	dirt repellent
Schmutzanteil, *m.*	proportion of dirt, proportion of polluting matter
Schmutzauffangbehälter, Schmutzfang, Schmutzfänger, *m.*	dirt collector, dirt trap (e.g. self-cleaning dirt trap valve; solenoid valve with a dirt trap)
	– Schmutzauffangkammer: dirt retaining chamber
Schmutzauffangbereich, *m.*	dirt collection area

S

Schmutzaufnahmekapazität, *f.*	Filter: dirt retention capacity
Schmutzbelastung, *f.*	dirt load
schmutzempfindlich	easily affected by dirt, easily soiled, likely to suffer from dirt problems
Schmutzempfindlichkeit, *f.*	sensitivity to dirt (e.g. "The devices demonstrated a high sensitivity to dirt."), *siehe* Schmutztoleranz
Schmutzfalle, *f.*	dirt trap
Schmutzmenge, *f.*	Filter: dirt load
Schmutzpartikel, *n.*	dirt particle – große Schmutzpartikel: coarse dirt particles
Schmutzschicht, *f.*	layer of dirt
Schmutzschleuse, *f.*	*siehe* Austrittsschleuse
Schmutzsieb, *n.*	dirt strainer (z. B. für Pumpe, Rohrleitung)
Schmutztoleranz, *f.*	dirt tolerance (e.g. "The device offers superior dirt tolerance.")
schmutzunempfindlich	unaffected by dirt, immune to dirt
Schmutzwasser, *n.*	wastewater, effluent (in die Kanalisation eingeleitet)
Schnabelzange, *f.*	long-nose pliers
Schneckenförderer, *m.*	screw conveyor
Schneidanlage, *f.*	cutting installation
Schneidemulsion, *f.*	cutting emulsion
Schneidkopf, *m.*	cutting head (z.B eines Lasergeräts)
Schneidöl, *n.*	cutting oil (e.g. general purpose cutting oil)
Schneidschraube, *f.*	self-tapping screw (e.g. a range of self-tapping screws for fixing applications into plywood, soft plastics, composite boards, sheet metals, and hard woods)
schnell reagierender Temperatursensor, *m.*	fast-reacting temperature sensor
schnell wechselbar	quickly replaceable
Schnellentlüftungsventil, *n.*	fast-venting valve
Schnellfilter, *m.*	rapid filter
Schnellkupplung, *f.*	snap coupling
schnelllaufend	high-speed
schnellreagierend	fast-reacting (e.g. fast-reacting LCD display), quick-reacting
Schnellverbindung, *f.*	snap connection
Schnellzug, *m.*	high-speed railway
Schnittansicht, *f.*	cutaway view, sectional view
Schnittbild, *n.*	section (through), sectional view, cutaway
Schnittdarstellung, *f.*	sectional view
Schnittebene, *f.*	cutting plane (computer-aided design (CAD))
Schnittgeschwindigkeit, *f.*	maschinelle Bearbeitung: cutting speed
Schnittmodell, *n.*	sectional model
Schnittpunkt, *m.*	intersection, point of intersection
Schnittstelle, *f.*	interface
schonen	treat carefully, protect, provide extra protection, preserve, conserve
schonend	gentle, smooth, careful
schonender Einlauf, *m.*	smooth flow (into)
schonender mit der Umwelt umgehen	environmentally friendly approach (to reduce pollution etc.)

Schornstein, *m.*	chimney, chimney stack (projecting above roof level)
Schott, *n.*	partition, barrier
schräge Linie, *f.*	diagonal line
schräggestellt	inclined, tilted
Schrägklärer, *m.*	inclined clarifier
Schrägsitzventil, *n.*	inclined-seat valve, Y-valve
	– 2/2-Wege-Schrägsitzventil: 2/2-way inclined seat valve (ein Magnetventil)
Schrank, *m.*	el.: cabinet
	– Schrankabdeckung: cabinet cover
	– Schrankgestell: cabinet rack
	– Schrankrahmen: cabinet frame
Schraubdeckel, *m.*	screw-down cover
Schraube lösen	unscrew
Schraube, *f.*	screw
Schraubenanzugskraft, *f.*	tightening torque
Schraubendreher, Schrauber, *m.*	screwdriver
	– Druckluft: pneumatic screwdriver
Schraubengewinde, *n.*	screw thread
Schraubenkompressor, Schrauben- verdichter, *m.*	screw compressor
Schraubenmutter, *f.*	nut
Schraubenschlüssel, *m.*	spanner
	– verstellbar: wrench (with adjustable jaws)
Schraubenzieher, *m.*	*siehe* Schraubendreher
Schraubglas, *n.*	screw-cap jar
Schraubkappe, *f.*	screw cap
Schraubklemme, *f.*	el.: screw terminal, screw-type terminal
Schraubmuffe, *f.*	threaded coupling (e.g. threaded pipe coupling; screwed coupling")
Schraubsteckklemme, *f.*	el.: pluggable screw terminal
Schraubverbindung, *f.*	screwed connection
Schraubverschluss, *m.*	screw cap, screwed cap/plug
schrittweise	step by step, stepwise, *siehe* nacheinander
Schrumpf, *m.*	shrink fit
	– Kunststoffherstellung (z. B. Blasformen): shrinkage, *siehe* Schrumpfung
Schrumpfschlauch, *m.*	shrink-on tube
Schrumpfung, *f.*	shrinkage (z. B. von Plastikrohren), contraction
Schubspannung, *f.* (Synonym Scher- spannung = durch eine tangential angreifende Kraft erzeugte Spannung)	shear stress
Schubspannungshypothese, *f.*	(Tresca's) maximum shear stress theory (predicts yielding)
Schuko-Stecker, Schukostecker, *m.*	Schuko plug (grounding-type plug, earthing-pin plug)
	– anschlussfertig mit Schukostecker: ready for connection with Schuko plug
Schüttdichte, *f.*	bulk density (e.g. filter bulk density)
Schüttgut, *n.*	bulk goods (z. B. Kohle, Weizen usw.), bulk material
	– für Transport: bulk freight
Schütthöhe, *f.*	Filter: packing depth
Schüttmaterial, *n.*	Filter: fill, fill material

S

Schüttschichten, *f. pl.*	Filter: layers (arranged in layers)
Schüttschichtfilter, *m.*	granular bed filter
	– Kies: gravel bed filter
Schüttung, *f.*	packing (e.g. biofilters using activated carbon packing)
	– Filterbett: bed (e.g. granular bed), bed material
Schüttungsdichte, *f.*	Filter: packing density
Schüttvolumen, *n.*	bulk volume
Schütz, *n.*	el.: contactor
Schutzanforderungen, *f. pl.*	el.: requiring explosion protection, explosion protection requirements
Schutzanstrich, *m.*	protective coat(ing)
Schutzanzug, *m.*	protective suit, protective clothing
Schutzart, *f.*	protection standard (e.g. manufactured to protection standard IP 65)
Schutzatmosphäre, *f.*	protective atmosphere
Schutzausrüstung, *f.*	protective equipment
	– persönliche S.: personal protective outfit
Schutzbeschaltung, *f.*	el.: gegen Überspannung: suppressor circuit
Schutzbrille, *f.*	safety goggles, protective goggles
Schutzeinrichtung, *f.*	protective device, protective installation
Schutzerde, *f.*	el.: protective earth (PE)
Schutzfilter, *m.*	protective filter
Schutzgeflecht, *n.*	protective braiding (z. B. für Kabel)
Schutzgewebe, *n.*	protective fabric
Schutzgrad, *m.*	degree of protection, *siehe* IP-Schutzgrad
Schutzhandschuhe benutzen	wear protective gloves, use protective gloves
Schutzhaube, *f.*	top cover
Schutzkappe, *f.*	protective cap
Schutzklasse, *f.*	el.: class, protection class (z. B. IP 65)
Schutzkleidung, *f.*	protective clothing (e.g. protective clothing for chemical spills)
Schutzleiter (PE), *m.*	el.: protective earth (PE), protective earth conductor, earth ground (as against "chassis ground"). (With a 3-conductor line cord the chassis is connected to earth ground when plugged into a correctly wired AC outlet. With a 2-conductor line cord, the chassis is not connected to earth ground.)
Schutzmaske, *f.*	protective mask
Schutzmaßnahme, *f.*	protective measure, protective arrangement, precaution
Schutzplatte, *f.*	protective plate
Schutzrecht, *n.*	Patent: protective right, industrial (property) right
Schutzschalter, *m.*	el.: circuit breaker, protective circuit breaker
Schutzschicht, *f.*, Schutzmantel, *m.*	protective layer
Schutzstopfen, *m.*	protective plug
Schutzstrumpf, *m.*	protetive covering
schwach alkalisch	weakly alkaline
schwach ausgeprägt	not very distinct, vague
schwach emulgiert	slightly emulsified, with slight emulsification
schwach stabil	slightly stable
Schwäche, *f.*	weakness
	– Unzulänglichkeit: inadequacy
Schwachstelle, *f.*	weak point

Schwachstellenanalyse, *f.*	weak-point analysis
Schwall-Öl, *n.*	Kompressor: surge oil
schwallweise	subject to abrupt changes/surges
Schwanenhals, *m.*	Rohr: swan neck (e.g. swan-neck bend, swan-neck connection)
	– Schwanenhalsrohr: swan-neck pipe
schwankende Einsatz-bedingungen, *f. pl.*	varying (operating) conditions
Schwankung, *f.*	fluctuation, variation
Schwankungen in der Messung, *f. pl.*	measurement fluctuations
Schwarzöl, *n.*	black oil
Schwebe, in Schwebe halten, *f.*	keep in suspension (e.g. flocs in suspension)
Schwebekörper, *m.*	Messung: float
Schwebekörperdurchfluss-messgerät, *n.*	variable-area flowmeter (e.g. "A rotameter is the most widely used variable-area flowmeter.")
Schwebeteilchen, *n. pl.*	suspended particles
Schwebstaub, *m.*	suspended dust, suspended particulates, suspended particulate matter
Schwebstoff(e), *m. (pl.)*	suspended matter/solids
Schwebstoffanteil, *m.*	content of suspended matter/solids
	– prozentualer S: percentage of suspended matter/solids
schwebstoffbelastet	carrying suspended matter
Schwebstoffemissionsmessung, *f.*	particulate emission measurement
Schwebstofffilter, *m.*	particulate air filter
	HEPA: high efficiency particulate air filter
	ULPA: ultra low penetration air filter
	SULPA: super ultra low penetration air filter
Schwefeldioxid, *n.*	sulphur dioxide
schwefelige Säure, *f.*	sulphurous acid
Schwefelsäure, *f.*	sulphuric acid
Schwefelwasserstoff, *m.*	hydrogen sulphide
Schweißablauf, *m.*	welding process
Schweißanzeige, *f.*	welding indication, welding indicator
	– optische Schweißanzeige: visual welding indicator
Schweißelektrode, *f.*	welding electrode
schweißen	weld (gilt auch für Plastik)
	– geschweißt: welded
Schweißgerät, *n.*	welding tool
Schweißkonstruktion, *f.*	welded construction
Schweißnaht, *f.*	welded seam, weld, welded joint
Schweißnippel, *m.*	welding nipple
Schweißparameter, *m. pl.*	welding parameters
Schweißrückstand, *m.*	welding residue
Schweißschlacke, *f.*	welding slag
Schweißung, *f.*	welding operation, welding process
Schweißunterbrechung, *f.*	welding interruption
Schweißverbindung, *f.*	welded joint
Schwellbelastung, Schwell-beanspruchung, *f.*	pulsating load (a dynamic load in one direction only, e.g. in a pressure vessel)
schwellender Innendruck, *m.*	Druckbehälter: pulsating internal pressure
Schwellenwert, Schwellwert, *m.*	threshold value, threshold level

S

Schwenkantrieb, *m.*	rotary actuator (e.g. pneumatic rotary actuator)
schwenkbar	swivelling, movable
	– Kopf: pivoting head
	– Griff: hinged handle
Schwenkbereich, *m.*	movement range
schwer entflammbar	with low flammability
schwergängig	sluggish, stiff, tight
Schwerkraft, durch Schwerkraft bedingt, *f.*	gravity-driven
Schwerkraftabscheider, *m.*	gravity separator
Schwerkraftabscheidung, *f.*	gravity separation
Schwerkraftfilter, *m.*	gravity filter
Schwerkraftkammer, *f.*	gravity chamber
Schwerkraftseparationsbehälter, *m.*	gravity separation tank
Schwerkrafttrennung, *f.*	gravity separation, gravitational separation
Schwermetall, *n.*	heavy metal
Schwermetallfällung, *f.*	heavy metal precipitation
Schwermetallgehalt, *m.*	heavy metal content
Schwermetallverbindungen, *f. pl.*	heavy metal compounds
Schwerpunkt, *m.*	centre of gravity
Schwimmer, Schwimmkörper, *m.*	float, *siehe* Schwimmerableiter
Schwimmerableiter, *m.*	float drain, float-type drain
schwimmergesteuerter Ableiter, *m.*	float-controlled drain
Schwimmer-Kondensatableiter, *m.*	ball float trap (In a ball float trap, the ball rises in the presence of condensate and opens a valve for condensate drainage.)
Schwimmerschalter, *m.*	float switch, liquid-level switch
Schwimmersystem, *n.*	float system
schwingen	mechanisch: vibrate, oscillate, rock
Schwingfestigkeit, *f.*	dynamic strength, vibrostability
Schwingung, *f.*	vibration
schwingungsdämpfend	vibration damping
Schwingungsdämpfer, *m.*	vibration damper
Schwingungsdämpfungsplatten, *f. pl.*	vibration damping plates
schwingungsfrei	vibration-free (e.g. vibration-free support system)
schwingungsisoliert	vibration-isolated
Schwitzwasserbildung, *f.*	formation of condensation water
Schwitzwassertest, *m.*	condensation water test
Sechskantabstandsbolzen, *m.*	hexagonal spacing bolt
sechskantig	hexagonal
Sechskantmutter, *f.*	hexagon nut
Sechskantschraube, *f.*	hexagon-head screw
Sechskant-Stiftschlüssel, *m.*	hexagonal socket head wrench
Sechskantstutzen, *m.*	hexagonal connection
sechslagig	six-layer …
Sediment, *n.*	sediment
Sedimentabführung, *f.*	sediment removal
Sedimentationsbecken, *n.*	sedimentation basin
Sedimentationsrückstände, *m. pl.*	sedimentation residues
Sedimentfracht, *f.*	sediment load
seewasserbeständig	seawater-resistant

Segmentfarbe, *f.*	display: segment colour (e.g. six-segment colour)
Segmenttest, *m.*	segment test
sehr hoch	Konzentrationen: elevated
Seifenwasser, *n.*	soapy water
Seitenarm, *m.*	side arm (e.g. optical side arm), branch
Seitenblech, *n.*	side panel
Seitenkanalverdichter, *m.*	periphery compresspr
Seitenschneider, *m.*	side cutter (e.g. side cutter pliers used for cutting wire)
seitlich	at/on the side, lateral
seitliche Öffnung, *f.*	side opening
Sekundärentstaubung, *f.*	secondary dust control system
Sekundärfilter, *m.*	secondary filter
Sekundärstrom, *m.*	secondary current (e.g. dust measurement)
Sekunden, *f. pl.*	seconds, secs
Sekundenkleber, *m.*	instant-bonding adhesive (e.g. Loctite®)
selbst zentrierend	self-centring (e.g. self-centring chuck)
selbstansaugend	Pumpe: self-priming
selbstdichtender Verschluss, *m.*	self-sealing cover (z. B. Brettschneiderverschluss)
Selbsteinschätzung, *f.*	self-assessment
selbstentwickelt	self-developed, designed and built by …
Selbstentzündlichkeit, *f.*	self-ignition capacity
Selbstkontrolle, *f.*	self-monitoring
Selbstmontage, *f.*	installation/mounting by in-house personnel
selbstregulierend	self-regulating, self-adjusting
selbstreinigend	self-cleaning (e.g. self-cleaning filter)
	– Selbstreinigungsvermögen: self-cleaning capacity
selbstschneidend	Schraube: self-tapping
selbstsichernd	Schraubenmutter: self-locking
selbstständig arbeitend	operating independently
selbsttätig	automatic
Selbstüberwachung, *f.*	self-monitoring
	– Selbstüberwachungsprogramm: self-monitoring system
Selbstzündung, *f.*	self-ignition, spontaneous ignition
selektiv absichern	el.: selective fuse protection
selektive Adsorption an Aktivkohle, *f.*	selective adsorption on activated carbon (on the surface of activated carbon)
selektive katalytische Reduktion, *f.*	selective catalytic reduction (SCR)
Sendekapsel, *f.*	transmitting capsule (e.g. leak detector with ultrasound transmitting capsule)
senkrecht stehend	vertically positioned, in a vertical position
Senkrechtbohrmaschine, *f.*	vertical drilling machine
Senkschraube, *f.*	countersunk screw
sensibel	sensitive ("sensible" bedeutet „vernünftig"!)
Sensibilität, *f.*	sensitivity
	– Sensibilität gegen Öl und Schmutz: can be affected by oil or dirt
Sensorabstand, *m.*	sensor distance
Sensoranordnung, *f.*	sensor arrangement
Sensoreingang, *m.*	sensor input
Sensoreinheit, *f.*	sensor unit

S

Sensorempfindlichkeit, *f.*	sensor responsivity
	– Sensoreffizienz: sensor efficiency
Sensorik, *f.*	sensor system, sensor technology
Sensorkontaktierung, *f.*	sensor contact (arrangement)
Sensorkreis, *m.*	Regelkreis: sensor loop
Sensorplatine, *f.*	sensor PCB
Sensorrohr, *n.*	sensor tube
Sensorschaltpunkt, *m.*	sensor switching point
Sensorschutz, *m.*	sensor protection
Sensorsonde, *f.*	sensor probe
Sensorstirnfläche, *f.*	sensor face
Sensorsystem, *n.*	sensor system, *siehe* Sensorik
Sensortechnik, *f.*	sensor technology, sensor system
Sensorzelle, *f.*	sensor cell
separat bestellen	order separately
Separationsfilter, *m.*	separation filter
Separieren, *n.*	separate, separation
Sequenzbetrieb, *m.*	sequence operation (z. B. Kompressor)
Serie, *f.*	series
Serienfabrikat, Serienprodukt, *n.*	standard product
Serienfertigung, *f.*	series production (e.g. go into series production)
Seriengerät, *n.*	standard device
serienmäßig	standard (e.g. offered as standard)
	– serienmäßige Ausführung: standard design
Serienmontage, *f.*	serial assembly (e.g. serial assembly line)
Serien-Nr., Seriennummer, *f.*	serial No., serial number, series No. (of production series)
	– eingeschlagene Serien-Nr.: embossed serial No.
Serienproduktion, *f.*	*siehe* Serienfertigung
Serienteil, *n.*	standard part, stock part
Serienvorbereitung, *f.*	Fertigung: preparation of series production
Service Software, *f.*	service software
Service- und Wartungs-freundlichkeit, *f.*	easy service and maintenance
Serviceabteilung, *f.*	service centre, service department
Serviceeinsatz, *m.*	service visit
Serviceflansch, *m.*	Filter: service flange
Servicefreundlichkeit, *f.*	Gerät usw: ease of service
Serviceleistung, *f.*	service provision
Serviceleiter, *m.*	service manager
Servicenetz, *n.*	service network
Service-Organisation, Service-organisation, *f.*	service organization
Serviceplan, *m.*	service schedule
Servicetechniker, *m.*	service technician, service engineer (e.g. field service engineer)
Serviceunternehmen, *n.*	service provider
Servicezugänglichkeit, *f.*	service accessibility
servogesteuert	servo-controlled (e.g. valve)
servoluftgesteuertes Membran-ventil, *n.*	diaphragm valve with air servo control, air-servo control valve
Servopneumatik, *f.*	servo pneumatics

Shore-Härte, *f.*	Shore hardness
Shuttle-Ventil, *n.*	shuttle valve
Shuttle-Ventiltechnik, *f.*	shuttle valve technology
sicher	safe, reliable, dependable, secure
– sicher befestigt	firmly fixed
– sicher positioniert	securely positioned
sichere Messung, *f.*	reliable measurement
Sicherheit elektrischer Geräte für den Hausgebrauch und ähnliche Zwecke – DIN VDE 0700 T1	Safety of Electrical Devices for Household and Similar Use
Sicherheit von Maschinen – Anzeigen, Kennzeichnen und Bedienen (EN 61310-1 bis -2)	Safety of Machinery – Indication, marking and actuation
Sicherheit von Maschinen (EN 292)	Safety of Machinery
Sicherheits- und Gesundheitsanforderungen (z. B. der EC-Maschinenrichtlinie), *f. pl.*	health & safety requirements (e.g. of EC Machinery Directive)
Sicherheits- und Kontrollvorrichtungen, *f. pl.*	safety and control systems
Sicherheits-, Schutz- und Regeleinrichtungen, *f. pl.*	safety, protection and control systems
Sicherheitsabscheider, *m.*	safety separator
Sicherheitsabstand, *m.*	safety clearance
Sicherheitsanforderungen, *f. pl.*	safety requirements
Sicherheitsarmaturen, *f. pl.*	safety fittings (valves, sensors, gauges, etc.)
Sicherheitsbarriere, *f.*	safety barrier (z. B. in explosionsgefährdeten Bereichen)
Sicherheitsbeauftragter, *m.*	safety officer
Sicherheitsbedarf an Spülluft, *m.*	safety supply of purge air
Sicherheitsbeiwert, *m.*	safety factor, safety coefficient
Sicherheitsbestimmungen, *f. pl.*	safety code, safety regulations
	– allgemeine Sicherheitsbestimmungen: general safety regulations
Sicherheitsbolzen, *m.*	safety bolt
Sicherheitsdatenblatt, *n.*	safety data sheet
Sicherheitsdruckbegrenzer, *m.*	safety pressure limiter
Sicherheitsdruckschalter, *m.*	safety pressure switch
Sicherheitseinrichtung, *f.*	safety device, safety feature
	– Plural: safety installations, safety provisions, safety equipment
Sicherheitseinstellung, *f.*	safety setting
Sicherheitselektrode, *f.*	safety electrode
Sicherheitsfaktor, *m.*	safety factor
sicherheitsgerechtes Arbeiten, *n.*	work in conformity with correct safety procedures
Sicherheitsgründe, aus Sicherheitsgründen	for the sake of safety, for reason of safety
	– sicherheitshalber, vorsichtshalber: to be on the safe side
	– Schutz gegen absichtliche Störungen oder Angriffe: for security reasons
Sicherheitshinweis, *m.*	safety rule, safety information, safety note, safety warning, safety instructions
	– allgemeine Sicherheitshinweise: general safety rules
Sicherheitskette, *f.*	safety system (combination of various safety devices)

Sicherheitskleinspannung, *f.*	extra-low safety voltage
Sicherheitskonzept, *n.*	safety concept, safety system
Sicherheitsmangel, *m.*	safety defect
Sicherheitsmarge, *f.*	safety margin
Sicherheitsmaßnahmen, *f. pl.*	safety measures
	– technische Sicherheitsmaßnahmen: technical safety measures
Sicherheitspiktogramm, *n.*	safety pictogram
sicherheitsrelevant	relevant to safety
Sicherheitsrisiko, *n.*	safety hazard
Sicherheitsschaltung, *f.*	protective circuit (e.g. terminals for neutral and protective circuit conductors), fail-safe circuit
Sicherheitsschuhe, *m. pl.*	safety boots, hard-toed boots
Sicherheitsspanne, *f.*	*siehe* Sicherheitsmarge
Sicherheitssperre, *f.*	safety lockout
Sicherheitsstandard, *m.*	safety standard
Sicherheitsstufe, *f.*	gegen Zugang: safety barrier
Sicherheitstank, *m.*	safety tank
sicherheitstechnisch	safety-relevant, pertaining to safety (e.g. safety measures, safety requirements)
sicherheitstechnische Prüfung, *f.*	safety test, test for safety
Sicherheitstemperaturbegrenzer, *m.*	el.: safety temperature cut-out
Sicherheitstemperaturwächter, *m.*	el.: safety temperature monitor
Sicherheitsthermostat, *m.*	el.: safety thermostat
Sicherheitsventil, *n.*	safety valve, pressure-relief valve
Sicherheitsvorrichtung, *f.*	safety device, safety feature, safety system
Sicherheitsvorschrift, *f.*	safety rule
	– Sicherheitsvorschriften: safety rules, safety regulations, safety rules and regulations, safety requirements (e.g. health and safety requirements, electrical safety requirements)
Sicherheitswanne, *f.*	safety basin, safety trough
Sicherheitszuschlag, *m.*	safety allowance, (extra) safety margin
Sicherung, *f.*	el.: fuse, fusing
– Sicherung am Netzteilkasten, *f.*	el.: mains box fuse
– Sicherung Netzteil, *f.*	el.: power supply fuse
– Sicherung Steuerung	el.: control fuse
Sicherungsautomat, *m.*	el.: automatic circuit breaker, miniature circuit breaker
Sicherungsschalter, *m.*	el.: fuse switch
Sicherungsschraube, *f.*	Halteschraube: fixing screw, securing screw
	– zur zusätzlichen Sicherung: locking screw/bolt, safety screw
Sichtanzeige Verschweißung, *f.*	visual welding indicator
sichtbar installiert	visibly installed
Sichtermühle, *f.*	classifier mill
Sichtfenster für Zähler, *n.*	meter inspection window
Sichtkontrolle, *f.*	visual inspection, visual check
Sichtprüfung, Sicht-Funktions-kontrolle, *f.*	*siehe* Sichtkontrolle
Sickerbecken, *n.*	infiltration basin
Sickerwasser, *n.*	seepage water
	– Deponie: leachate

Sieb, *n.*	screen, sieve
Sieb, mit Sieb abgedeckt, *n.*	sieve-covered
Sieb-Brause, *f.*	rinsing screen
Siebeffekt, *m.*	sieve effect
Siebeinsatz, *m.*	sieve insert
Sieben, *n.*	screen, screening
	– Siebrohr: screen pipe
– Sieben und Schlämmen, *n.*	screening and elutriation
Siebensegmentanzeige, *f.*	seven segment display, 7 segment display
Siebfeines, *n.*	screen fines
Siebfilter, *m.*	screen filter (e.g. for filtering out suspended solids)
Siebgut, *n.*	screenings
Siebkornklasse, *f.*	sieve fraction
Siebscheibe, *f.*	screen disc (e.g. filter screen disc)
Siebschlüssel, *m.*	sieve key
Siedepunkt, *m.*	boiling point, boiling temperature
SI-Einheiten, *f. pl.*	SI Units (SI = Système International d'Unités)
Siffon, Siphon, *m.*	Geruchsabschluss: siphon (water seal, trap)
Signal bei Fehlfunktionen, *n.*	malfunction signal
Signal melden	(to) signal, transmit a signal
Signalanschluss, *m.*	signal connection, signal terminal
Signalaufbereitung, Signal-konditionierung, *f.*	signal conditioning (e.g. process control signal conditioning)
Signalausgang, *m.*	signal output
Signalauswertung, *f.*	signal evaluation
Signalbearbeitung, *f.*	signal processing
Signalbeschaltung, *f.*	signal circuit(s)
	Signalzuordnung: signal assignment
Signaleingang, *m.*	signal input
Signalfolge, *f.*	signal sequence
Signalgerät, *n.*	signalling device
Signalhorn, *n.*	Zug: sounding horn
Signallampe, *f.*	signal light
Signalpfad, *m.*	signal route
Signalton, *m.*	acoustic signal
Signalverarbeitung, *f.*	*siehe* Signalbearbeitung
Signalverwendung, freie, *f.*	free signal assignment
Signalweitergabe, *f.*	signal relay
Signalworte, *n. pl.*	ANSI: signal words
Silikagel, *n.*	silica gel
Silikagel-Patrone, *f.*	silica gel cartridge
Silikonfett, *n.*	silicone grease
silikonfrei	silicone-free, free of silicone (e.g. free of silicone, glue or odour-releasing material), ... does not contain any silicone
Silikonharz, *n.*	silicone resin
Silikonkautschuk, *m.*	silicone rubber
Silikonkitt, *m.*	silicone putty
Silikonlage, Silikonschicht, *f.*	silicone layer
Silizium, *n.*	silicon (without "e", e.g. Silicon Valley)
Silizium-Temperatursensor, *m.*	silicon temperature sensor
Sinkgeschwindigkeit, *f.*	settling velocity (e.g. of dust)

S

Sinkstoff, *m.*	sediment
sinnvolles Zubehör, *n.*	helpful accessories
Sinterbronze, *f.*	sintered bronze
Sinterfilter, Sintermetallfilter, *m.*	sinter filter (e.g. sinter filter made of stainless steel)
Sitzabmessungen, *f. pl.*	Membranventil: seat dimensions
Sitzventil, *n.*	seat valve (e.g. 2/2-way seat valve, two-port seat valve)
Skala, *f.*	Messgerät: scale (e.g. scale on measuring devices for direct reading)
	– Anzeige: dial (e.g. graduated disc on a measuring instrument, such as a manometer; graduated dial of pressure gauge)
Skalenabschnitt, *m.*	scale interval
Skaleneinteilung, *f.*	scale graduation
Skalenstrich, *m.*	graduation mark (The marks that define the scale intervals on a measuring instrument are known as graduation marks.)
Skalenverfärbung, *f.*	change in scale colour
Skalenwert, *m.*	scale value, scale reading
skalierte Anzeige, *f.*	graduated dial (z. B. eines Druckanzeigers)
skalierter Messwert, *m.*	scaled measurement, scaled measured value
Skalierung, *f.*	graduation, scale graduation, *siehe* Skala
SMD-Widerstand, *m.*	el.: SMD resistor
sofort einsatzbereit	ready for immediate use
solide	sturdy, robust, well-made
Solkane* (Kältemittel)	Solkane (trade name for widely used refrigerant)
Solltemperatur, *f.*	desired temperature, set temperature
	– eingestellte u. durch Controller geregelte Solltemperatur: setpoint temperature
Sollwert, *m.*	eingestellt: setpoint (value)
	– allgemein: desired value
Sollwertumschaltung, *f.*	setpoint changeover
Sonde, *f.*	probe
	– faseroptische Sonde: fibre optics probe
	– Messsonde: sensing probe, measuring probe
	– untere Sonde: lower probe
Sondenabdeckung, *f.*	probe cover
Sondenaufnahme, *f.*	probe installation, probe position
Sondenspitze, *f.*	tip of the probe, probe tip
Sondensystem, *n.*	sensor system (fitted with probes)
Sondenteil, *n.*	probe assembly (z. B. Flowmeter)
Sondenverschluss, *m.*	probe cap (at the tip of the probe)
Sonderabfall, *m.*	*siehe* Sondermüll
Sonderanfertigung, Sonder-ausführung, *f.*	special design, special construction, special model
Sonderanwendung, *f.*	special application
Sonderausrüstung, *f.*	accessory equipment
Sondergasverdichtung, *f.*	compression of special gases
Sondergerät, *n.*	special device, special installation
	– speziell angefertigtes Gerät: customized device
Sondergröße, *f.*	special size, individual size
Sonderlänge, *f.*	special length

Sondermüll, *m.*	hazardous waste
Sonderspannung, *f.*	special voltage
Sonderverdichter, *m.*	special compressor
Sonderversion, Sondervariante, *f.*	special version/variant/model/design
Sondervorschriften, *f. pl.*	special requirements, special stipulations
Sonderwünsche, *m. pl.*	special requests, special requirements
Sonderzubehör, *m.*	optional extras, extras, optional features
Sonneneinstrahlung, *f.*	exposure to sunlight, solar radiation
Sorbenzien, *n. pl.*	sorbents
Sorgfaltspflicht, *f.*	duty of care, duty to take care (e.g. "Negligence is the breach of a legal duty to take care.") – gesetzlich: Duty of Care Law
Sorption, *f.*	sorption (either by absorption or adsorption)
Sorptionseigenschaften, *f. pl.*	sorption properties
Sorptionsisotherme, *f.*	sorption isotherm
Sorptionsmittel, *n.*	sorbent, sorption agent
Sorptionsverfahren, *n.*	sorption method, sorption process
Sortiment, *n.*	product range
Spaltanlage, *f.*	splitting plant – Emulsionsspaltanlage: emulsion splitting plant
spalten	Emulsion: split, break down, demulsify
Spaltenboden, *m.*	Biofilter: slotted floor
Spalter, *m.*	*siehe* Spaltmittel
Spaltfähigkeit, Spaltleistung, *f.*	splitting efficiency
Spalthilfsmittel, *n.*	Emulsion: auxiliary splitting agent
Spalthöhe, *f.*	Lager: height of gap, gap height
Spaltkorrosion, *f.*	gap corrosion
Spaltmittel, *n.*	Emulsion: splitting agent (e.g. bentonite splitting agent; broad-spectrum splitting agent)
Spaltmittelbedarf, *m.*	splitting agent requirements
Spaltmittelbehälter, *m.*	splitting agent container
Spaltmittelbestimmung, *f.*	Quantität: determination of splitting agent requirements
Spaltmitteldosierer, *m.*	splitting agent metering device
Spaltmitteleinheit, *f.*	splitting agent unit (zur Dosierung)
Spaltmittelüberwachung, *f.*	monitoring of splitting agent
Spaltmittelverbrauch, *m.*	splitting agent consumption
Spaltmittelvorrat, *m.*	(available) splitting agent supply
Spaltmittelvorratsbehälter, *m.*	storage container for splitting agent
Spaltprodukt, *n.*	chemischer Vorgang: breakdown product
Spaltprozess, *m.*	Emulsion: splitting process
Spaltpulver, *n.*	Emulsion: splitting powder
Span, *m.*	maschinelle Bearbeitung: chip – Span für Span: chip by chip
Späneentfernung, *f.*	maschinelle Bearbeitung: chip evacuation (e.g. blowing chips out of a clamping device)
spanende Fertigung, *f.*	machining, machining operations
spanende Werkzeugmaschinen, *f. pl.*	metal cutting machine tools (e.g. numerically controlled metal cutting machine tools)
Spannband, *n.*, Spanngurt, *m.*	clamping strap (z. B. von Isolierschalen) – für Filtersack: holding strap
Spanngurtschlüssel, *m.*	band wrench

S

Spannhülse, *f.*	clamping sleeve
Spannring, *m.*	clamping ring
Spannung anlegen	el.: apply voltage
	– Spannung liegt an: power is on, in-circuit condition, voltage is being applied
Spannung AUS	el.: power OFF
Spannung, angeschlossene, *f.*	el.: installed voltage
Spannung, *f.*	mechanisch: stress (Plural: stresses, stress levels)
	deformierende Spannung: strain
	– elektrisch: voltage
	– in angegebenen Spannungen anschließen: adhere to stated voltages
Spannung, zulässige	mechanisch: permissible stress (e.g. permissible stress for carbon steel and alloy steel pipes)
Spannungsabgabe, *f.*	el.: voltage output
Spannungsänderung, *f.*	el.: voltage variation (e.g. sudden supply voltage variation)
	– Spannungsänderungsbereich: voltage variation range
Spannungsausfall, *m.*	power failure, supply failure
Spannungsausgang, *m.*	mains output (e.g. three-phase mains output; mains output voltage: 230VAC ± 1%; auxiliary mains output; 230V AC mains output)
Spannungsentladung, *f.*	el.: voltage discharge
Spannungsermittlung, *f.*	mechanisch: stress determination
spannungsfrei	el.: de-energized (e.g. "Disconnect the device from the power supply and ensure that it is in a pressureless and de-energized state."), in a de-energized condition, off circuit, off load
spannungsfreier Zustand, *m.*	el.: de-energized state, off-circuit state
Spannungsfrequenz, *f.*	el.: voltage frequency
spannungsführend	el.: live, energized
spannungsloser Gerätezustand, *m.*	el.: de-energized state of device, off-circuit state of device
Spannungsmesser, *m.*	el.: voltmeter
Spannungsquelleninnen-widerstand, *m.*	el.: internal resistance of voltage source
Spannungsregler, *m.*	el.: voltage regulator
Spannungsrelais, *n.*	el.: voltage relay
Spannungsschwingbreiten, *f. pl.*	stress amplitudes (z. B. bei Druckbehältertest)
Spannungsspitze, *f.*	el.: voltage peak
Spannungstrendmessung, *f.*	el.: voltage trend measurement
Spannungsüberschlag, *m.*	el.: voltage flashover
Spannungsvariante, *f.*	el.: voltage variant
Spannungsversorgung (Strom-versorgung), *f.*	el.: power supply, electricity supply
Spannungsversorgung unter-brechen, *f.*	el.: disconnect (device) from the power supply, unplug
Spannungsversorgungsleitung, *f.*	el.: power supply cable
Spannungswandlung, *f.*	el.: voltage transformation (e.g. from ac to dc using a trans-former), voltage conversion (to step down or step up volt-age, e.g. from 110 V to 240 V)
Spannungversorgung, permanente, *f.*	el.: permanent power supply
Spannvorrichtung, *f.*	allgemein: clamping device, clamping fixture

Spatel, *m.*	Labor: spatula
Spediteur, *m.*	forwarding agent, carrier
	LKW-Gütertransport: haulage company, road haulage company, haulage contractor
Speicher, *m.*	reservoir, *siehe* Speicherkessel
	– Zwischenspeicher: intermediate reservoir
Speicherkessel, *m.*	allgemein: storage vessel
	– für Druckluft: receiver, air receiver
	– Dampferzeugung: steam boiler
	– Warmwasserspeicher (Heizung): boiler
Speisedruck, *m.*	Druckluft: feed pressure
Speisewasser, *n.*	feed water
Speisewasseraufbereitung, *f.*	feed water treatment
Speisewasserregelung, *f.*	feed water control
Speisewasserversorgung, *f.*	feed water supply
sperren	shut off (e.g. valve)
Sperrluft, *f.*	air barrier (e.g. creation of an air barrier for a machine tool spindle)
Sperrventil, *f.*	shutoff valve
Spezialaktivkohle, *f.*	special activated carbon
Spezialfettung, *f.*	special grease
Spezial-Isolierung, *f.*	special insulation
Spezialist für Pneumatik, *m.*	pneumatics specialist
Spezialisten-Kompetenz, *f.*	specialist know-how
Spezialkondensatableiter, *m.*	special condensate drain
Spezialwerkzeug(e), *n./pl.*	special tool(s)
speziell entwickelt	specially developed, specially designed
	– Spezialentwicklung: special development, specially developed for this type of application
Spezifikation, *f.*	specification(s)
spezifische Filterbelastung, *f.*	specific filter load
spezifische Leistung, *f.*	specific output (z. B. des Drucklufttrockners)
	– el.: specific power
spezifisches Gewicht, *n.*	relative density (Ratio of the weight or mass of a given volume of a substance to that of another substance; also referred to as as "weight/volume"), specific gravity (weniger gebräuchlich)
Spiegel, *m.*	Flüssigkeit: level
Spiegelkanal, Spiegelgang, *m.*	Laser: mirror channel
Spiegelsystem, *n.*	Laser: mirror system
Spielraum, *m.*	clearance, play
Spindeldichtung, *f.*	Werkzeugmaschine: spindle seal
Spindelgehäuse, *n.*	spindle housing
Spindelkasten, *m.*	Werkzeugmaschine: headstock
Spindellager, *n.*	spindle bearing(s) (e.g. spindle bearing failure due to insufficient cooling)
Spindelspalte, *f.*	spindle gap
Spindelstandzeit, *f.*	spindle lifetime (e.g. spindle lifetime warranty; spindle lifetime lubrication)
Spiralkabel, *n.*	spiral cable
Spiralschlauch, *m.*	spiral hose

S

Spitzenbedarf, *m.*	peak demand
Spitzenkondensatmenge, *f.*	peak condensate quantity
Spitzenlast, Spitzenbelastung, *f.*	peak load
Spitzenlast-Kompressor, *m.*	peak load compressor
Spitzenleistung, *f.*	Kondensatableiter: peak throughput (z. B. in l/h)
Spitzenspannung, *f.*	el.: peak voltage, maximum voltage
Spitzenwert, *m.*	peak value
spitzer Winkel, *m.*	acute angle
Splitstrom, *m.*	split flow
Splitterbildung, *f.*	splinter formation
Splitterfestigkeit, *f.*	shatter resistance
spontane Entflammung, *f.*	spontaneous ignition
Sprengstoff, *m.*	explosive
Sprinkleranlage, *f.*	sprinkler system
	– Sprinklerdüse: sprinkler head
Spritzdruck, *m.*	Spritzgießen: injection moulding pressure
Spritzdüse, *f.*	spray nozzle (z. B. für Lackierung, PUR-Produktion)
Spritzgießverfahren, Spritzgießen, *n.*	Plastik: injection moulding (US: injection molding)
Spritzgussanlage, *f.*	injection moulding plant, injection moulding machine
Spritzgusskunststoff, *m.*	injection moulded plastic
Spritzlackierung, *f.*	Technik: spray painting
	– Vorgang: paint spraying (e.g. paint spraying equipment)
Spritzmaterial, *n.*	Kunststoffproduktion: injection moulding compound (e.g. thermoplastic injection moulding compound with glass fibre reinforcement)
Spritzwasser, *n.*	splash water
spritzwasserdicht, spritzwassergeschützt	splash-proof (e.g. splash-proof design)
Sprühabsorber, *m.*	spray absorber
Sprühdüse, *f.*	spray nozzle
Sprühlanze, *f.*	spraying lance
Sprühpistole, *f.*	spray gun
	– Kunststoffproduktion (Strangpresse): extrusion gun
Sprühstrahl, *m.*	sprayed jet
Sprühwäscher, *m.*	spray scrubber
SPS (speicherprogrammierte Steuerung, speicherprogrammiertes Steuerungssystem)	SPC (stored-program controller, z. B. SPC-specific functionalities), programmable control system
SPT	standard pressure and temperature (SPT)
Spüldampfrückstände, *m. pl.*	flushing steam residues
Spüldruck, *m.*	rinsing pressure (z. B. Blasformverfahren)
Spulenkern, *m.*	Magnetventil: coil core, solenoid core (A solenoid is a current-carrying coil.)
Spulen-Verschleißteilsatz, *m.*	set of wearing parts of exhaust coils (z. B. für Trocknerausgang)
Spülintervall, *n.*	rinsing interval
Spülluftbereitstellung, *f.*	availability of purge air, purge air supply
Spüllufteinstellung, *f.*	purge air setting
Spülluftführung, *f.*	pure air routing
Spülluftkanal, *m.*	purge air channel
Spülluftleitung, *f.*	purge air line

Spüllluftmenge, *f.*	purge air quantity/amount, purge air volume, purge air rate
	– zu große Spülluftmenge: excessive amount of purge air
Spüllluftmengeneinstellung, *f.*	purge air setting
Spülluftregelung PAC, *f.*	PAC purge air control
Spülluft, *f.*	purge air (z. B. Membrantrockner)
	– Adsorptionstrockner: regeneration air, purge air
	– Kunststoffproduktion: rinsing air (e.g. reverse rinsing method; deep-cooled rinsing air)
	– allgemein auch: flushing air
Spülluftanschluss, *m.*	Membrantrockner: purge-air connection
Spülluftanteil, *m.*	Membrantrockner: purge-air volume, purge-air rate (e.g. in l/s), purge-air quantity
	– prozentual: purge-air percentage
Spülluftaustritt, *m.*	purge-air outlet, purge-air discharge
Spülluftbedarf, *m.*	purge air demand, purge air requirement
	– prozentualer S.: percentage of purge air required
Spülluftdüse, *f.*	purge-air nozzle
Spüllufteinstellung, *f.*	purge-air setting
Spülluftmenge, *f.*	purge-air quantity, purge-air supply, purge-air rate
Spülluftschalter, einstellbar, *m.*	purge-air switch with different settings (e.g. rotary switch with different settings)
Spülluftschlauch, *m.*	purge-air hose
Spülluftsteuerung, *f.*	purge-air control, purge-air regulation
Spülluftstrom, *m.*	purge-air flow
Spülluftvariation, *f.*	purge-air variation
Spülluftventil, *n.*	purge-air valve
Spülluftverbrauch, *m.*	purge-air consumption
Spülluftverteilung, *f.*	purge-air distribution
Spülluftzufuhr, *f.*	purge-air supply
Spülluftzyklus, *m.*	purging cycle, purge air cycle
Spülmittel, *n.*	zur Reinigung: cleansing agent, cleaner
	– zur Spülung (nicht Membrantrockner!): rinsing agent, rinsing liquid, *siehe* Reinigungsmittel
Spülölfilter, *m.*	flushing oil filter
Spülpumpe, *f.*	flushing pump
Spülschmierung, *f.*	gravity lubrication
Spülstrom, *m.*	purge-air flow (z. B. Membrantrockner)
Spülstromanteil, *m.*	amount of purge-air flow, purge-air flow percentage, purge-air volume
Spülzone, *f.*	rinsing zone (e.g. surface treatment: rinse in demineralized water)
Spuren von Verunreinigung, *f. pl.*	trace contamination
Spurengas, *n.*	trace gas (e.g. trace atmospheric gas)
Spurenkranzschmierung, *f.*	wheel-flange lubrication (z. B. Straßenbahn)
stabile Emulsion, *f.*	stable emulsion
Stabilisationszeit, *f.*	stabilisation time
Stabilisator, *m.*	chem. Verbindung: stabilizing agent, stabilizer
Stabilisierungsbehälter, *m.*	stabilizing tank
Stabilität über die Zeit, *f.*	stability over time (e.g. measurement stability over time of a sensor)
Stadtgas, *n.*	town gas, city gas

S

Stadtwerke, *n. pl.*	municipal utilities, utility corporation
Stahlblech, *n.*	sheet steel
Stahlblechgehäuse, *n.*	sheet-steel housing
Stahlbürste, *f.*	wire brush
Stahlfass, *n.*	steel drum
Stahlflasche, *f.*	Luft/Gas: steel cylinder, steel bottle
Stahlgrundrahmen, *m.*	steel baseframe (e.g. heavy duty fabricated steel baseframe)
Stahlleitung, *f.*	steel pipes, steel piping
	– schwarze Stahlleitung: black steel pipes (e.g. galvanized black steel pipes), black steel piping
Stahlpalette, *f.*	steel pallet
Stahlrohr, *n.*	steel pipe
	– verzinkt: galvanized steel pipe
Stahlseil, *n.*	steel rope
Stahlwanne, *f.*	steel tank
Stammhaus, *n.*	parent company, headquarters
Stand der Technik, *m.*	state of the art (e.g. state-of-the-art technology)
Stand-alone Lösung, *f.*	stand-alone solution, stand-alone unit
Standard, m.	standard, standard feature, standard equipment
Standardausführung, *f.*	standard model, standard design
Standardbereich, *m.*	standard range
Standardbetriebsbedingungen, *f. pl.*	standard operating conditions (nicht nach Standard: non-standard operating conditions), normal operating conditions
Standardeinstellung, *f.*	standard setting
Standardfilter, *m.*	standard filter (e.g. standard filter for general applications), regular filter
Standardgestell, *n.*	standard rack
Standardgewebe, *n.*	standard fabric (e.g. of a filter)
standardmäßig	as standard
	– standardmäßig ausgerüstet: equipped as standard, provided as standard (e.g. fabricated from stainless steel as standard)
Standardprogramm, *n.*	standard product range, standard (product) programme, standard (product) portfolio
Standardsortiment, *n.*	standard range, standard product range
Standardversion, *f.*	standard version
Standardzubehör, *n.*	standard accessories
Standby-Betrieb, *m.*	standby operation (e.g. run on standby)
Standby-Modus, *m.*	standby mode
Standby-Spindel, *f.*	standby spindle
Ständer-Spindelstock, *m.*	Werkzeugmaschine: column spindle stock
Standfestigkeit, *f.*	stability
Standfläche, *f.*	floor area, floor space, footprint
	– Messe: stand site/area
Standgerät, *n.*	floor-standing unit
	– freistehend: free-standing unit (e.g. portable and free-standing units)
ständig	continuous (dauernd, ohne Unterbrechung), continual (dauernd, sehr häufig), permanent
ständige Überwachung, *f.*	permanent monitoring

ständige Weiterentwicklung, *f.*	continuous further development
Standort über NN, *m.*	location above MSL
Standschrank, *m.*	floor-standing cabinet
Standzeit, *f.*	lifetime (z. B. eines Filters, Granulat), service life (Plural: service life periods), useful life
	– im Sinne von Haltbarkeit: durability
	– im Sinne von Zähigkeit: endurance
	– Werkzeuge: tool life
	– Lagerschmierung: stability time
Stangenware (Rohre), *f.*	straight lengths (of pipe)
Stanzfräser, *m.*	die cutter (z. B. für Rohre)
Stapelbauweise, *f.*	Filter: stacked construction
stark aggressiv	highly aggressive
stark alkalisch	strongly alkaline, highly alkaline
stark ölhaltig	with a high oil content
stark verschmutzt	heavily polluted, with a high dirt load (z. B. Kondensat)
starke Erschütterung, *f.*	strong impact
starke Trocknung, *f.*	intensive drying
Starkstromkabel, *n.*	power cable
	– Starkstromanlage: (electrical) power installation, power system
starre Montage, *f.*	rigid installation
Start-Sensor, *m.*	start sensor
	– kapazitiver: capacitive start sensor
stationär	stationary (e.g. stationary measuring system)
stationäre Anlage, *f.*	stationary plant
	– stationäre Einheit: stationary unit
stationäre Strömung, *f.*	steady state flow
stationärer Einsatz, *m.*	stationary application
stationärer Verdichter, *m.*	stationary compressor
stationärer Zustand, *m.*	steady state
Stationsaufbau, *m.*, Stations-aufbauten, *m. pl.*	station setup, station configuration
statisch	static
statische Elektrizität, *f.*	static electricity
statische Entladung, *f.*	static discharge
statische Probenahme, *f.*	static sampling
statischer Druck, *m.*	static pressure
	– statischer Innendruck: static internal pressure
statischer Öl-Wasser-Trenner, *m.*	static oil/water separator
Stator, *m.*	stator
Staub, *m.*	dust, *siehe* Schwebstaub
	– trockener Staub: dry dust
Staubablagerung, *f.*	dust deposition
Staubabsauganlage, *f.*	dust extractor
Staubabscheidung, *f.*	dust removal, dust collection, dust separation (e.g. cyclonic dust separation), precipitation
	– Elektrofilter: electrostatic dust precipitation
Staubaustrag, *m.*	dust removal, dust discharge
Staubbekämpfung, *f.*	dust control
staubbeladen	dust-laden

S

Staubbeladung, *f.*	dust load
Staubbelastung, *f.*	*siehe* Staubbeladung
staubdicht	sealed against dust, sealed against dust penetration
Staubeinschluss, *m.*	Lackieren: dust inclusion
Staubentwicklung, *f.*	dust formation, dust occurrence
	– starke S.: heavy dust formation, heavy dust load
Staubfängerkammer, *f.*	dust trap (z. B. für Trockner)
Staubfangraum, *m.*	dust collection space
Staubfilter, *m.*	dust filter
	– Partikelfilter: particulate filter
	– abreinigbarer Staubfilter: cleanable dust filter
Staubfilteranlage, *f.*	dust filter system
staubförmig	dust-like, particulate
staubförmige Emissionen, *f. pl.*	particulate emissions
staubfrei	dust-free, clean
Staubfreisetzung, *f.*	release of dust
Staubgehaltsmessgeräte, *n. pl.*	dust concentration instruments
	– registrierende: dust concentration recorders
Staubgehaltsmessung, *f.*	dust concentration measurement
staubhaltig	dust-laden (z. B. Gas)
Staubinhaltsstoff, *m.*	dust constituent
Staubkappe, *f.*	dust cap
Staubkonzentrationen am Arbeitsplatz, *f. pl.*	workplace dust concentrations
Staubmaske, *f.*	dust mask
Staubmasse, *f.*	dust mass
Staubmessgerät, *n.*	dust measuring instrument/equipment
Staubmessung in strömenden Gasen, *f.*	measurement of particulate matter in flowing gases
Staubmessung, *f.*	dust measurement, particulate matter measurement
Staubniederschlag, *m.*	dust deposit
	Vorgang: dust deposition
Staubpartikel, *n.*	dust particle
Staubsaugeanlage, *f.*	vacuum cleaning plant (e.g. centralized vacuum cleaning plant)
Staubschichtdicke, *f.*	dust layer thickness
	– Filter angelagert: dust cake
Staubschutz, *m.*	dust protection
Staubschutzscheibe, *f.*	dust protection disk, dust guard
Staubtechnik, *f.*	dust technology
Staub- und Lärmschutz, *m.*	dust and noise protection, dust and noise control
Staubverhütung, *f.*	dust prevention
Staubwerte, *m. pl.*	dust values
Staudruck, *m.*	dynamic pressure, *siehe* Stauung
	Gegendruck: backpressure, back pressure (e.g. resistance to flow due to obstructions)
stauen, aufstauen	accumulate, hold back, build up
Staugefahr, *f.*	Luftführung: risk of backpressure
Stauung (Gegendruck), *f.*	backpressure (e.g. "The max. permissible backpressure is 10%."), pressure buildup (e.g. "Built-up backpressure affects the operational characteristics and flow capacity of safety valves.")

Steckanschluss, *m.*	el.: plug-in connection
	– Filterelement: push-fit connection
	– Klemmen: clamp-type terminal
steckbare Netzverbindung, *f.*	el.: plug-in mains connection, pluggable mains connection
Steckbrief, *m.*	Gerät: profile, brief specification
Steckbrücke, *f.*	el.: plug-in jumper
Steckdose, *f.*	el.: socket, connector socket, receptacle, socket outlet, female socket
Steckdüse, *f.*	plug-in nozzle
Stecker, *m.*	el.: plug, plug connector
– Stecker ziehen	unplug, pull out the plug
Steckerbuchse, *f.*	*siehe* Steckdose
steckerfertig	ready to plug in
	– steckerfertiges Gerät: plug-in device
Steckerkabel, *n.*	el.: plug cable (e.g. banana plug cable; jack plug cable; DIN plug cable)
Steckerleiste (Klemmen), *f.*	el.: (push-on) terminal strip
Steckerverbindung, *f.*	el.: plug connection (e.g. 20 pin plug connection)
Steckkabel, *n.*	el.: plug-in cable
Steckkontakt, *m.*	el.: plug-in connector, plug-in contact
Steckkupplung, *f.*	*siehe* Steckverbindung
stecklose Verbindung, *f.*	el.: plugless connection
Steckverbindergehäuse, Anschluss-gehäuse, *n.*	connector housing
Steckverbindung, *f.*	plug-and-socket connection, plug-in connection, plug-in connector
Steg, *m.*	rib (z.B im Filterkopf), bar, stay, bridge
stehend eingebaut	installed in a standing position (z. B. großer Filter)
stehende Luft, *f.*	non-moving air
	– abgestandene Luft: stale air
steif	rigid, inflexible
	Steifigkeit: rigidity, inflexibility
steigend verlegen	install/lay with an ascending slope
Steigkanal, *m.*	riser duct
Steigleitung, *f.*	riser pipe, riser, ascending pipe
Steigrichtung des Kondensats, *f.*	direction of rising condensate
Steigrohr, *n.*	*siehe* Steigleitung
Steigung, *f.*	nach oben: rising slope, ascending slope
	– nach unten: downward slope
Steinschlagschutz, *m.*	protection against stone impact/stones
Steinzeugrohr, *n.*	stoneware pipe (e.g. salt-glazed stoneware pipes)
Stellantrieb, pneumatischer, *m.*	pneumatic actuator
Stelle, *f.*	place, position
	– Stelle einer Zahl: digit position
stellen	set (e.g. "Set switch to x position.")
Stellfläche, *f.*	floor area, floor space, floor base
	– benötigte S.: floor area required
	– vibrationsfreie S.: vibration-free floor area
	– Labor: bench space
Stellfüße, *m. pl.*	feet (e.g. adjustable feet), große Vorrichtung: floor mounting system

S

Stellglied, pneumatisches, *n.*	pneumatic control element
stellig, 9-stellige Anzeige	digit, 9 digit display (e.g. "The instrument features a 9 digit display.")
Stellkraft, *f.*	actuating force (e.g. actuating force of compressed air)
Stellring, *m.*	set collar
Stellschieber, *m.*	control valve, *siehe* Steuerventil
Stempelung, *f.*	Produktion: inspection stamps
Stereostecker, *m.*	stereo plug
steril	sterile
Sterilfilter, *m.*	sterile filter
	– medizinischer: sterile medical filter
Sterilfiltration, *f.*	sterile filtration (e.g. for laboratory applications)
Sterilfunktion, *f.*	sterile function
Sterilität, *f.*	sterile conditions (z. B. für Nahrungsmittel)
Stern/Dreieck-Anlauf, *m.*	Verdichterelektromotor: star-delta starter
Sterngriff, *m.*	star grip
	– Sterngriffschraube: star grip screw
Sternsieb-Filterelement, *n.*	star-pleated filter element
stetiges Gefälle, *n.*	continuous slope
Steuer- und Regelelektronik, *f.*	control electronics
Steuer- und Sensoreinheit, *f.*	el.: control and sensor unit
Steuerblock, *m.*	control block
	– Ventile: valve block
Steuerdruck, *m.*	el.: control pressure
Steuerdruckluft, *f.*	compressed air for control functions
Steuereinheit, *f.*	el.: control unit
Steuerelektronik, *f.*	control electronics, electronic control, electronic control system
	– Gehäuse der Steuerelektronik: electronic control box
Steuerelement, *n.*	control element
Steuergaszufuhr, *f.*	control gas supply
Steuerkreis, *m.*	el.: control circuit
Steuerleitung, *f.*	control line
	– el.: control cable, control lead
Steuerluft, *f.*	control air
	– gereinigte Steuerluft: cleaned control air
Steuerluftanschluss, *m.*	control air connection
Steuerluftdeckel, *m.*	control air cover
Steuerluftdruck, *m.*	control air pressure
Steuerluftkanal, *m.*	control air channel
Steuerluftleitung, *f.*	control air line
Steuerluftrohr, *n.*	control air pipe
Steuerluftzufuhr, Steuerluft-zuführung, *f.*	control air supply, control air feed
Steuerluftzuleitung, *f.*	control air feed line
Steuermedium, *n.*	control medium
Steuermembran, *f.*	Ventil: control diaphragm
	– Steuermembran-Werkstoff: control diaphragm material
steuern und überwachen	monitor and control
Steuerorgane, *n. pl.*	control elements
Steuerplatine, *f.*	control PCB

Steuerprogramm, *n.*	control program
Steuerrelais, *n.*	control relay
Steuerschalter, *m.*	control switch
Steuersicherung, *f.*	control-circuit fuse
Steuerspannung, *f.*	control voltage
Steuerteil, *n.*	control element
Steuerung, *f.*	control, control system, (open-loop control, *siehe* Regelung)
	– pneumatische: pneumatic control
	– vollelektronische: fully electronic control
Steuerungen und Regelsysteme, *n. pl.*	control devices and systems (e.g. process control devices and systems; automated control devices and systems)
Steuerungsausrüstung, *f.*	control equipment
Steuerungsgehäuse, *n.*	control housing
Steuerungssystem, *n.*	control system, *siehe* Steuerung
	– einheitliches S.: unified control system
Steuerungstechnik, *f.*	control engineering, control techniques, control technology
Steuerventil, Stellventil, *n.*	control valve
	– pneumatisches S.: pneumatic control valve
	– elektropneumatisches S.: electro-pneumatic control valve
Steuerventileinheit, *f.*	control valve unit
Steuerventilleiste, *f.*	control valve bar
stichfest	spadable (e.g. filter cake; sludge), compact
Stichleitung, *f.*	feeder branch
Stichprobe, *f.*	sample
	– Zufallsstichprobe: random sample
Stickoxid, *n.*	nitrogen oxide
Stickstoff, *m.*	nitrogen
Stickstoffanteil, *m.*	nitrogen content
Stickstoffatmosphäre, *f.*	nitrogen atmosphere
Stickstoffaufkonzentrierung, *f.*	nitrogen extraction (e.g. using a low-selective membrane)
Stickstoffdioxid, *n.*	nitrogen dioxide
Stickstofferzeuger, *m.*	nitrogen producer
Stickstofferzeugungsanlage, *f.*	*siehe* Stickstoffgenerator
Stickstoffflasche, *f.*	nitrogen cylinder, nitrogen gas cylinder
Stickstoffgas, *n.*	nitrogen gas
Stickstoffgenerator, *m.*	nitrogen generator (e.g. compressed air based nitrogen generator)
Stickstoffgewinnung, *f.*	nitrogen extraction
Stickstoffherstellung, -produktion, *f.*	nitrogen production, production of nitrogen
Stickstoff-Membrane, *f.*	nitrogen membrane
Stickstoffmonoxid, *n.*	nitrogen monoxide
Stickstoffreinheit, *f.*	nitrogen purity
Stickstoffspülung, *f.*	nitrogen rinsing
Stickstofftechnik, *f.*	nitrogen technology
Stickstoff-Tiefkühlsystem, *n.*	nitrogen deep-cooling system
Stickstoffverbrauch, *m.*	nitrogen consumption
Stickstoffverflüssigung, *f.*	nitrogen liquefaction
Stickstoffzufuhr, *f.*	nitrogen (gas) supply
Stiftschraube, *f.*	stud bolt

S

Stillstand, *m.*	standstill (e.g. frequency response test with the machine at standstill), standstill phase/period, stoppage , shutdown – Stillstand am Wochenende: weekend break, standstill period over the weekend – längere Stillstandzeit: prolonged standstill period, protracted standstill period
Stöchiometrie, *f.*	stoichiometry (dealing with relative quantities of reactants/substances in chemical reactions)
Stoffabbau. *m.*	degradation, decomposition, *siehe* Abbaubarkeit, Zerfall
Stoffaustausch, *m.*	substance exchange
Stoffbestimmung an Partikeln, *f.*	chemical analysis of particulates
stoffbezogen	material-related
Stoffgemisch, *n.*	mixture of substances
Stoffliste, *f.*	list of substances
stoffschlüssig	continuity bonded (z. B. Rohrverbindung)
Stofftransport, *m.*	transport of material
Stofftrennung, *f.*	separation of substances
Stopfbuchse, *f.*	Nadelventil: stuffing box
Stopfen, *m.*	plug, stopper (e.g. bottle stopper)
störanfällig, störungsanfällig	susceptible to faults, susceptible to malfunction, likely trouble spot, vulnerable, sensitive (empfindlich(– electrical: susceptible to interference
Störanfälligkeit, *f.*	susceptibility to faults
Störbeeinflussung, *f.*	el.: interference
Storchschnabelzange, *f.*	gooseneck pliers
Stördienst, *m.*	troubleshooting service, troubleshooting tasks
Störfall, *m.*	malfunction, incident, fault
Störimpuls, *m.*	disturbing pulse, interfering pulse
Störmeldekontakt, *m.*	alarm contact (e.g. remote alarm contact)
Störmelde-Relais, *n.*	alarm relay, fault signal relay
Störmeldung, *f.*	fault signal, alarm (signal), fault indication
Störplan, *m.*	trouble shooting list
Störsicherheit, *f.*	el.: interference immunity, protection against interference
Störsignal, *n.*	*siehe* Störmeldung
Störstrahlung, *f.*	interference radiation
Störung beheben, *f.*	clear a fault, remedy a fault, troubleshooting – Softwareprogramm: debug
Störung in der Spannungs-versorgung, *f.*	fault in the power supply, power supply fault
Störung, *f.*	malfunction, disturbance (e.g. electrical supply disturbance), fault, trouble, failure to function – angezeigte Störung: indicated fault – elektrische Störung: electrical fault
Störungsanzeige, *f.*	fault indication (e.g. remote fault indication), fault display
Störungsaufklärung, *f.*	fault diagnosis, fault identification
Störungsbeseitigung, *f.*	troubleshooting (trouble-shooting), fault clearing, fault clearance, *siehe* Störung beheben
Störungsfilterung, *f.*	el.: interference filtration
störungsfrei	trouble-free (e.g. trouble-free operation/performance)
Störungsmeldung, *f.*	fault signal, fault indication, malfunction signal
störungssicher	not susceptible to faults, safe – *siehe* Relais: fail-safe relay

Störungsüberwachung, *f.*	fault monitoring
störungsunanfälliger	less susceptible to faults, more robust
Störungsursache, *f.*	cause of the fault/trouble
Stoß, *m.*	shock, sudden jolt, sudden impact
	– stoßartig: in an abrupt manner
	– stoßweise belastet: subject to sudden impact (load)
	– Zusammenstoß: collision
Stoßbeanspruchung, Stoßbelastung, *f.*	impact load(ing), shock load
stoßfest	shockproof, impact-resistant
straffen	pull tight, take up slack
Strahlpistole, Spritzpistole, *f.*	spray gun
Strahlung, *f.*	radiation
	– einfallende Strahlung: incident radiation
Strahlwäscher, *m.*	jet scrubber
Strangpresse, *f.*, Extruder, *m.*, Spritzmaschine, *f.*	Kunststoffproduktion: extruder, extruding machine
Straßenbahn, *f.*	tram, tramway, US: streetcar
Straßenfahrzeug, *n.*	road vehicle
Straßentankwagen, *m.*	tank truck, tank lorry, *siehe* Tanklastzug
Streckgrenze, *f.*	yield point
Streckspannung, *f.*	yield stress
Streubreite, *f.*	scatter band
	– Messstreubreite: measuring scatter band
Streueffekt, *m.*	Wasser: spray effect
Streuimpuls, *m.*	Sand (Straßenbahn): spreading pulse
Streulichtmessgerät, *n.*	nephelometer
Streulichtmessung, *f.*	nephelometry (scattered light measurement of particles measured in nephelometric turbidity units (NTU)
Streulichtphotometer, *m.*	*siehe* Streulichtmessgerät
Streuung, *f.*	scatter (z. B. durch Laser), scattering
	– Streuung an der Oberfläche: surface scattering
Strippanlage, *f.*	stripping plant (e.g. methane stripping plant; air stripping plant)
Strippbarkeit, *f.*	strippability
Strippgas, *n.*	stripping gas
Strippgebläse, *n.*	stripper fan
Strippleistung, *f.*	stripping efficiency, stripping capacity
Strom, *m.*	el.: current
Stromabnehmer, *m.*	el.: current collector (z. B. Schienenfahrzeug)
Stromanschluss, *m.*	mains connection, power connection
Stromart, *f.*	current type
Stromaufnahme, *f.*	current input (unit of current: ampere (A))
Stromausgang, *m.*	power output (e.g. 4 to 20 mA isolated output)
Strombedarf, *m.*	power demand, electricity demand
	– Verbrauch: electricity consumption
Strombegrenzungswiderstand, *m.*	current limiting resistor
Strombügel, *m.*	tram/streetcar: overhead current collector
strömendes Gas, *n.*	flowing gas
Stromerzeugung, *f.*	electricity generation
Stromerzeugungsaggregat, *n.*	generating set (e.g. diesel driven generating set; standby generating set)

S

Stromkreis, *m.*	electric circuit, circuit
Stromlaufplan, *m.*	circuit diagram, schematic diagram
stromlinienförmig	streamlined
stromlos	el.: de-energized (e.g. electrically de-energized solenoid valve)
stromlos schalten	disconnect from power supply, disconnect from the mains supply
Stromnetz, *n.*	mains (e.g. plugged into the mains), mains supply (Versorgung), mains network, power supply network
	– allgemeines Versorgungsnetz: grid, (e.g. interconnection of the European electricity grid), electricity supply network
Stromquelle, *f.*	power source
Stromquelleninnenwiderstand, *m.*	internal resistance of power source(s)
Stromschlaggefahr, *f.*	risk of electric shock
Stromsignal, *n.*	power signal
Stromstärke beim Anfahren, *f.*	start-up current, starting current
Stromstärke, *f.*	current intensity (amperage)
Stromteiler, *m.*	flow divider
Strömungseigenschaften, *f. pl.*	flow characteristics
strömungsfreundlich	streamlined, flow-optimized
Strömungsführung, *f.*,	flow route
Strömungsweg, *m.*	– gezielte Strömungsführung: systematic channelling
Strömungsgeschwindigkeit, *f.*	flow velocity, flow rate
strömungsgünstig	flow-promoting, with favourable flow conditions, *siehe* strömungsoptimiert
Strömungshindernis, *n.*	obstacle to flow
Strömungskanal, *m.*	flow channel
Strömungslehre, Strömungs-mechanik, *f.*	fluid mechanics
Strömungsleistung, *f.*	flow performance
strömungsoptimiert	flow-optimized
Strömungsprofil, *n.*	flow profile, flow pattern, *siehe* Strömungsverhältnisse
Strömungsquerschnitt, *m.*	flow cross-section (e.g. used to determine flow rate)
Strömungsrichtung umkehren, *f.*	reverse direction of flow
	– Formpressen: reverse rinsing
Strömungsrichtung, *f.*	direction of flow, flow direction
strömungstechnischer Wider-stand, *m.*	*siehe* Strömungswiderstand
strömungsungünstig	flow-impeding, flow-resisting, adverse effect on flow
Strömungsverhältnisse, *n. pl.*	flow conditions, flow situation, flow pattern (e.g. highly variable flow pattern)
Strömungsverlauf, *m.*	flow route, flow path
Strömungsverlust, *m.*	flow reduction, reduction in flow
Strömungsverteiler, *m.*	flow distributor
Strömungsverteilung, *f.*	flow distribution
Strömungswächter, *m.*	flow relay
Strömungswiderstand, *m.*	flow resistance, resistance to (fluid) flow
	– Hindernis: obstacle to flow
Stromunterbrechung, *f.*	power cut

Stromverbrauch, *m.*	power consumption, electricity consumption (e.g. gas and electricity consumption of households)
Stromversorgung, *f.*	power supply, electricity supply, power supply system
Stromversorgungskabel, *n.,* Strom-versorgungsleitung, *f.*	power supply cable
Stromversorgungsnetz, öffentliches, *n.*	public utility network, power supply grid
Stromversorgungsteil, *n.*	power supply unit, *siehe* Netzteil
Stromverteilertafel, *f.*	power distribution board
Stromzufuhr, *f.*	(electric) power supply, electricity supply
Strukturaufbau, *m.*	structural composition
Stück, *n.*	unit, quantity (qty)
	– Stückkosten: unit cost
	– Stückpreis: unit price
Stückliste, *f.*	parts list
Stufe, *f.*	Filter: stage
Stufenanzahl, *f.*	number of stages (e.g. multistage pump)
Stufenfilter, *m.*	multistage filter
Stufenfilterung, *f.*	staged filtration (e.g. "Staged filtration allows a stagewise increase in the filtration efficiency.")
stufenförmig	stepped
Stufenkolben, *m.*	stepped piston
stufenlos eingestellt	steplessly adjusted, steplessly variable (e.g. steplessly variable speed)
stufenlose Temperatureinstellung, *f.*	steplessly adjustable temperature control
stufenweise	stepwise, step by step
	– nach und nach: gradual
Stunde, *f.*	hour, hr (Plural: hrs)
Stundenleistung, *f.*	hourly capacity
	– Durchsatz: hourly throughput
Stütze, *f.*	support
Stutzen, *m.*	connection, fitting, socket, branch piece (for pipe branch connections), *siehe* Rohrstutzen
Stützgewebe, *n.*	reinforcing fabric, support fabric
Stützkonstruktion, *f.*	support(ing) structure
Stützkorb, *m.*	support cage
Stützkragen, *m.*	support(ing) collar
Stützpunkt, *m.*	location, base
Stützrohr, *n.*	support pipe, support tube
Stützzylinder, *m.*	support cylinder (z. B. für Filter)
Styropor, *n.*	polystyrene
Substrat, *n.*	substrate
subtropisches Klima, *f.*	subtropical climate
Suchwert, *m.*	look-up value
	– Tabellen-Suchwert: look-up value in table (relevant value in table)
Südost Asiatische Küsten-regionen, *f. pl.*	South-East Asian coastal regions
Summe organischer Stoffe, *f.*	total organic substances
Summenbestimmung, *f.*	cumulative determination
Summenformel, *f.*	Chemie: molecular formula

S

Summer, *m.*	buzzer
	– Summerfunktion: buzzer function
Superfinefilter, *m.*	superfine filter
Süßwasser, *n.*	fresh water
SW	*siehe* Schlüsselweite
symmetrisch angeordnet	symmetrically arranged
	– in einer Linie ausgerichtet: in alignment
Synthetiköl, Synthetik-Öl, *n.*	synthetic oil
synthetische Fasern, *f. pl.*	synthetic fibres
synthetische Luft, *f.*	synthetic air
Systemanbieter, *m.*	system supplier
Systemausfall, *m.*	system failure
Systemauslegung, *f.*	system design
Systemauswahl, *f.*	system selection
Systemauswertung, *f.*	system evaluation
systembedingt	inherent in the system, system-inherent
	– systembedingt anfallender Staub: process-related dust
Systemdruck, *m.*	system pressure
	– unter Systemdruck setzen: admit system pressure (to)
Systemhersteller, Systemlieferant, *m.*	system manufacturer, system supplier
Systemlösung, *f.*	system solution
Systemproblem, *n.*	problem inherent in the system
Systemschaden, *m.*	damage to the system
Systemüberwachung, *f.*	system monitoring
Systemumgebung, *f.*	system environment
Systemvariante, *f.*	system variant
Systemzustand, *m.*	system status

TA Abfall (Technische Anleitung Abfall)	technical instruction on waste
TA Luft (Technische Anleitung zur Reinhaltung der Luft)	technical instructions on air quality control
tabellarische Übersicht, f.	tabular overview
Tablettieren, n.	Pharmaproduktion: tabletting
tagwasserdicht	raintight
Takt, m.	cycle
takten	operate in the switching mode, Ventil: keeps opening
Taktgeber, m.	pulse generator
Taktintervall, m.	cycle interval
Taktsteuerung, f.	sequential control
Taktstraße, f.	Werkzeugmaschine: machining line
Taktzeit, f.	cycle time
Tandemölauffangbehälter, m.	tandem oil collector
Tandem-Version, f.	tandem version
Tandemwechsel, m.	Filter: tandem filter replacement (two-stage process)
Tankbefestigung, f.	tank mounting
Tankkonsole, f.	tank console
Tanklastzug, m.	tanker (also for ship!), road tanker, tank truck
Tankpumpe, f.	tank pump
Tankzulauf, m.	tank inlet, intake point of the tank
Tastatur, f.	keyboard, keypad (z. B. für Messgerät)
Taste, f., Taster (Druckknopf), m.	button, pushbutton – Taste auf: button upwards – Taste ab: button downwards
Tasterbetätigung der Ausgänge, f.	pushbutton control of outputs
Tauchbecken, n.	dipping tank (z. B. zur Imprägnierung)
Tauchheizkörper, m.	immersion heater, immersion heater element
Tauchkolben, m.	plunger
Tauchlack, m.	dipping paint (e.g. quick drying dipping paint)
Tauchlackierung, kathodische, f.	cathodic dip-coating
Tauchlänge, f.	Tauchheizkörper: immersible length
Tauchlöten, n.	dip-solder
Tauchmotorpumpe, f.	submersible motor pump, siehe Tauchpumpe
Tauchpumpe, f.	submersible pump, immersion pump
Tauchrohr, n.	immersible pipe, immersed pipe

Taupunkt (TP), *m.*	dewpoint (DP), dew point (The dewpoint is defined as the temperature at which the air, when cooled, will just become saturated.), *siehe* auch Drucktaupunkt
taupunktabhängige Umschaltung, *f.*	Adsorptionstrockner: dewpoint dependent switching
Taupunktkorrosion, *f.*	dewpoint corrosion, dew point corrosion
Taupunktmesser, *m.*, Taupunktmess- gerät, *n.*, Taupunkt-Messgerät	dewpoint meter (auch: dew point meter)
Taupunktmesssystem, *n.*	dewpoint measuring system
Taupunktmessung, *f.*	dewpoint measurement, auch: dew point measurement
Taupunkt-Spiegelverfahren, *n.*	dewpoint mirror method
Taupunkttabelle, *f.*	dewpoint table
Taupunkttemperatur, *f.*	dewpoint temperature, dew point temperature
Taupunktunterschreitung, *f.*	cooling below dewpoint, temperature drop below dewpoint (Condensation occurs when the temperature drops below the dewpoint.)
TE	TE (toxicity equivalent)
Technik, *f.*	technology, technique, method
technisch ausgereift	technically matured, technically fully developed and per- fected
technisch führende Anwendung, *f.*	cutting edge application
technisch nicht realisierbar	technically not feasible
technisch ölfrei	technically oil free (e.g. "Instrument air must be free of dirt particles and technically oil free.")
technisch verbessert	technically enhanced
technische Änderungen und Irrtümer vorbehalten	subject to technical changes without prior notice; errors excepted
technische Anlagen, *f. pl.*	technical facilities
technische Daten, *n. pl.*	technical data
technische Merkmale, *n. pl.*	technical characteristics, technical features
technische Norm, *f.*	technical standard
technische Vorschriften, *f. pl.*	technical regulations
technischer Dienst, *m.*	technical service
technisches Gas, *n.*	industrial gas
Technologieführer, *m.*	technology leader (e.g. global technology leader; speciality supplier and technology leader)
Technologiepartner, *m.*	technology partner
technologische Kompetenz, *f.*	technological know-how
Teerrückstände, *m. pl.*	tar residues
Teflonband, *n.*	teflon tape (oder: Teflon tape)
Teilbeladung, *f.*	partial (load(ing))
Teilbereich, *m.*	part, section, area
Teilchendichte, *f.*	particle density
Teilchengröße, *f.*	particle size
Teilchensedimentation, *f.*	particle sedimentation
Teilchenzahl, *f.*	particle concentration, particle count
teildurchlässig	partially permeable (e.g. partially permeable membrane)
Teileaustausch, *m.*	replacement, component replacement
	– Verschleißteile: replacement of wearing parts
Teilefertigung, externe, *f.*	external component manufacture
	– Teilelieferant: component supplier (e.g. automotive component supplier)

Teileliste, *f.*	parts list
teilemulgiert	partly emulsified
Teilequalität, *f.*	quality of the parts
Teillast, *f.*	partial load, part-load,
	– el. auch: underload (e.g. underload and no load on squirrel cage motors)
Teillastbetrieb, *m.*	partial load operation
Teilluftstrom, *m.*	partial air flow
Teilmenge, *f.*	subset
Teilstrom, *m.*	partial flow
Teilstromabgang, *m.*	partial-flow outlet
Teilstromaufbereitung, *f.*	partial-flow treatment
teilstromausblasend	with a partial-flow outlet
Teilstrombedarf, *m.*	partial-flow requirement
Teilstromeinstellung, *f.*	partial-flow setting
Teilvolumenstrom, *m.*	part of the volumetric flow
Teilzeichnung, Einzelteilzeichnung, *f.*	component drawing, detail drawing
Teleskopstange, *f.*	telescopic rod
	– ausziehbare Stange: extendable rod
Temperaturabfall, *m.*	temperature drop
temperaturabhängig beschaltet	wired-up for temperature-dependent operation
Temperaturabhängigkeit, *f.*	temperature dependence, as a function of temperature
Temperaturanzeige, *f.*	temperature display, temperature indication
	am Austritt: temperature indicator at outlet, outlet temperature indicator
	– Temperaturanzeiger: temperature indicator
Temperaturbegrenzer, *m.*	thermal cut-out
	– Temperaturbegrenzung: thermal cut-out function
Temperaturbereich, *m.*	temperature range
Temperaturbereichsgrenze, *f.*	temperature range limit (upper and lower), *siehe* Temperatureinsatzgrenze
temperaturbeständig	temperature resistant
Temperaturbeständigkeit, *f.*	temperature resistance
Temperaturdifferenz, *f.*	temperature difference
Temperatureinsatzbereich, *m.*	suitable for application in the temperature range from … to …
Temperatureinsatzgrenze, *f.*	operational temperature limit, temperature range limit (e.g. calibrated temperature range limit)
Temperatureinstellung, *f.*	temperature setting, temperature control
	– Temperaturregelung durch z. B. Wasserkühlung: temperature regulation
Temperatureinwirkung, *f.*	temperature effect
temperaturempfindlich	temperature sensitive (e.g. pressure and temperature sensitive paints)
	– hitzeempfindlich: heat sensitive
Temperaturerfassung, *f.*	temperature measurement/determination (e.g. surface temperature measurement), *siehe* Temperaturmessung
Temperaturfühler, *m.*	temperature sensor
Temperaturgefälle, *n.*	temperature gradient (e.g. "The temperature gradient in a metal rod is the rate of change of temperature along the rod.")

T

Temperaturgradient, *m.*	*siehe* Temperaturgefälle
Temperaturgrenze, *f.*	temperature limit
Temperaturklasse, *f.*	temperature class
temperaturkompensiert	temperature compensated
Temperaturkontrolle, *f.*	temperature check
Temperaturkreis, *m.*	temperature loop
Temperaturleitfähigkeit, *f.*	thermal conductivity
Temperaturmesser, *m.*	temperature meter (e.g. relative humidity and temperature meter), thermometer
Temperaturmessfühler, *m.*	temperature sensor
Temperaturmessung, *f.*	temperature measurement
Temperaturniveau, *n.*	temperature level
Temperaturprofil, *n.*	temperature profile
Temperaturpunkt, *m.*	temperature point (e.g. temperature point at which a material changes from solid to liquid)
Temperaturregelung, *f.*	temperature control, *siehe* Temperatureinstellung
Temperaturregler, Thermostat, *m.*	thermostat
	– Gerät: temperature controller
temperaturreguliertes Rohr, *n.*	temperature-regulated pipe
Temperatur-Schaltpunkt, *m.*	temperature switching point
Temperaturschwankung, *f.*	temperature variation, temperature change, change of temperature, temperature fluctuation (e.g. natural day/night temperature fluctuation)
Temperatursensor, *m.*	temperature sensor
Temperaturskala, *f.*	temperature scale
Temperatursteuereinheit, *f.*	temperature control unit
Temperatursteuerung, *f.*	temperature control (e.g. by means of a thermostat)
Temperaturüberschreitung, *f.*	exceeding of temperature, excess temperature
Temperaturüberwachung, *f.*	temperature monitoring
temperaturunabhängig	temperature independent (e.g. temperature-independent operation)
Temperaturunterschied, *m.*	temperature difference
Temperaturverlauf, *m.*	temperature curve, temperature development
Temperaturverteilung, *f.*	temperature distribution
Temperaturwächter, *m.*	temperature monitor
Temperatur-Zeit-Kurve, *f.*	time-temperature curve
Temperiereinheit, *f.*	tempering unit (e.g. for destillation)
temperieren	stabilize temperature
temporäre Messung, *f.*	temporary measurement
Tensid (grenzflächenaktiver Stoff), *n.*	surfactant, surface-active agent
Terzbandfilter, *m.*	Audiofrequenzen: third octave band filter
Test- und Ausbildungswerkstatt, *f.*	test and training facility
Test, *m.*	test, testing
	– Funktionskontrolle, Leistungsprüfung: performance test
Testablauf, *m.*	test procedure
Testanlage, *f.*	test facility
	– Anlage in der Erprobung: *siehe* Pilotanlage
Testanschluss, *m.*	test connection
Testbetrieb, *m.*	test mode, test operation (e.g. dry-run test operation)
Testgerät, *n.*	test device, Plural: test equipment
Testglas, *n.*	test jar (z. B. für Flüssigkeit)

Testhahn, *m.*	sampling cock
	– Testhahn abzapfen: sampling (z. B. Wasserqualität)
Testkammer, *f.*	test chamber
Testknopf, Testtaster, *m.*	test button
Testlauf, *m.*	test run
	– Testlaufzeit: test run period
Testprotokoll, *n.*	test log
Testreihe, *f.*	test series
Testschalter, m.	test switch
Teststand, *m.*	test facility, test bench (z. B. für Motor)
Testzweck, *m.*	test purpose
Tetrafluorethan, *n.*	tetrafluoroethane
Textilgewebe, *n.*	textile fabric
Textilmaschine, *f.*	textile machine
	– Textilmaschinen: textile machinery/machines
thermisch bedingt	thermally induced
thermisch beständig	temperature resistant (e.g. temperature resistant cables), thermostable (hinsichtlich Verformung/Zersetzung)
thermisch hoch belastbar, thermisch hoch beständig	has a high thermostability, suitable for high thermal loads, designed for high thermal loads
thermisch resistent	*siehe* thermisch beständig
thermische Abgasreinigungsanlage, *f.*	thermal waste-gas cleaning facility
thermische Beanspruchung, *f.*	thermal stress
thermische Behandlung, *f.*	thermal treatment
thermische Beständigkeit, *f.*	temperature resistance (high/low temperature resistance), thermostability (hinsichtlich Verformung/Zersetzung), thermal stability
thermische Isolierung, *f.*	thermal insulation
thermische Masse, *f.*	thermal mass
thermische Nachverbrennungs-anlage, *f.*	thermal aftercombustion plant
thermische Zersetzung, *f.*	thermal decomposition
thermischer Konverter, *m.*	thermal converter
thermischer Prozess, *m.*	thermal process
Thermodynamik, *f.*	thermodynamics (First law of thermodynamics: The amount of work done by or on a system equals the amount of energy transferred to the system or from it.)
Thermoelement, *n.*	Temperaturfühler: thermocouple
Thermoformen, *n.*	Plastik: thermoforming
Thermoisolation, *f.*	mit Isoliermaterial: thermal insulation
Thermoplaste, *m. pl.*	thermoplastics
Thermoschalter, *m.*	thermostatic switch
Thermostat, *m.*	thermostat
Thermostat-Heizung, *f.*	thermostat heating, thermostatically controlled heating
thermostatische Heizung, *f.*	*siehe* Thermostat-Heizung
Tiefenfilter, *m.*	depth filter (e.g. pleated depth filter cartridge, multi-layer depth filter)
Tiefenfilterbett, *n.*	depth filter bed
Tiefenfilterelement, *n.*	depth filter element
Tiefenfiltration, *f.*	Filter: depth filtration, deep-bed filtration
Tiefenwirkung, *f.*	Filter: depth effect

tiefkalte Druckluft, *f.*	deep-cooled compressed air, *siehe* kalte Druckluft
tiefkalte Luft, *f.*	deep-cooled air
tiefkalte Spülluft, *f.*	deep-cooled rinsing air
tiefkalte trockene Druckluft, *f.*	deep-cooled, dry compressed air, dry compressed air at very low temperatures
tiefkalter Stickstoff, *m.*	low-temperature nitrogen, deep-cooled nitrogen
Tiefkühlanlage, Tieftemperatur-anlage, *f.*	deep-cooling plant
Tiefkühlsystem, *n.*	deep-cooling system (e.g. compressed air deep-cooling system), deep-cooling plant
Tiefkühlung, *f.*	deep cooling, deep-cooling process, low temperature cooling (e.g. flexible low-temperature cooling from lab-scale to full-scale production)
tiefster Drucktaupunkt, *m.*	lowest pressure dewpoint
Tiefsttemperatur, *f.*	very low temperature (e.g. at very low temperatures constantly down to below x °C)
Tieftemperaturtest, *m.*	low-temperature test
tieftrocken	super dry (e.g. super-dry air)
Tiefziehblech, *n.*	deep-drawn sheet metal
Tiegelofen, *m.*	crucible furnace (for melting metals, also used in laboratories)
Tischzentrifuge, *f.*	Labor: bench top centrifuge
Titan, *n.*	titanium
TOC-Wert, *m.*	TOC value (total organic carbon value)
tof	tof (time of flight), (z. B. von Ionen)
Toleranz, *f.*	tolerance
Toleranzbereich, *m.*	tolerance range (e.g. thermal tolerance range), tolerance zone
Toleranzgrenze, *f.*	tolerance limit
tonähnlich	clay-like
Tonerde, *f.*	1. alumina (Al_2O_3), 2. bentonite ($Al_2O_34SiO_2H_2O$, type of clay used as a bond, consisting essentially of montmorillonite, a hydrous silicate of alumina (e.g. alumina-based adsorbent technology)) – natürliche Tonerde: natural clay
tonerdehaltig	aluminiferous
Tonerde-Mineral, *n.*	alumina mineral
Tonne	tonne (1000 kg or 2204.6 pounds) *Anmerkung:* Der Begriff "metric tonne" ist nicht im technischen Gebrauch. – "Long ton" (GB) is 2240 lb. – "Short ton" (US) is 2000 lb.
Tonteilchen, *n.*	alumina particles
tonverarbeitende Industrie, *f.*	clay-processing industry
Totalausfall, *m.*	total failure, standstill, breakdown
Totaloxidation, *f.*	total oxidation
Totraum, *m.*	Filter: dead space
Tower Pop-up, *n.*	pop-up indicator (on the tower)
toxikologisch unbedenklich	toxicologically safe, toxicological safety
Tracergasfreisetzung, *f.*	tracer gas release
Trafokasten, *m.*	transformer box

träge	slow to react, sluggish (response), inert
träge Sicherung, *f.*	el.: time-lag fuse, slow-blowing fuse, delay-action fuse
tragend	Last: load-bearing, structural, load-carrying
Trägergas, *n.*	carrier gas
Trägergewebe, *n.*	Filter: carrier cloth
Trägerkonstruktion, *f.*	carrier structure
Trägermaterial, *n.*	carrier material, *siehe* Trägersubstanz
Trägerschicht, *f.*	carrier layer
Trägersubstanz, *f.*	carrier material (e.g. for aerobic degradation by microorganisms)
Tragfähigkeit, *f.*	load-carrying capacity (z. B. eines Lagers), load capacity, load rating
Traggestell, *n.*	transportable rack (z. B. Atemluftsystem)
Trägheit, *f.*	inertia (z. B. Messinstrument)
	– Trägheitswirkung: inertia effect
Tragkraft, *f.*	bearing capacity, load-bearing capacity,
	– Gewinde: carrying capacity
Tragluft, *f.*	support air
Tragschale, *f.*	Rohr: support shell
Transfermaschine, *f.*	transfer machine
	– Transferstraße: transfer line (production)
Transformation (Umspannung), *f.*	el.: transformation
Transformator, *m.*	el.: transformer
Transfusionsfilter, *m.*	Medizin: transfusion filter
Transient, *m.*	el.: transient (a transient (short surge of voltage or current))
transiente Spannung (Ausgleichsspannung), *f.*	el.: transient voltage
Translationstisch, *m.*	optischer Gerätebau: translation table
transmembran	transmembrane
Transparentabdeckung, *f.*	transparent cover(ing)
Transparentstopfen, *m.*	transparent plug
Transportgüter, *n. pl.*	transported goods
Transportkarren, *m.*	trolley
Transportkoffer, Transport-Koffer, *m.*	carrying case (z. B. für Messgerät)
Transportluft, Förderluft, *f.*	conveying air (e.g. conveying air duct in a pneumatic system)
Transportmedium, *n.*	transport medium
Transportöse, *f.*	eyebolt, ring bolt
Transportpalette, *f.*	transport pallet
Transportschaden, *m.*	transport damage, damage in transit
Transportschlitten, *m.*	transport carriage
Transportsicherung festsetzen, *f.*	tightening of shipping braces
Transporttemperatur, *f.*	transport temperature
Trapezgewinde, *n.*	acme thread
Trassenführung, *f.*	routing
Traverse, *f.*	cross-bar
TRB (Technische Regeln für Druckbehälter)	TRB (Technical Rules for Pressure Vessels)
Treibachse, *f.*	drive shaft
Treibhausgas, *n.*	greenhouse gas (e.g. carbon dioxide, methane)
Treibhausgas-Emissionen, *f. pl.*	greenhouse gas emissions

T

Treibhausgas-Emissionsrechte, *n. pl.*	greenhouse gas emissions allowances
Treibmittel, *n.*	Plastikproduktion: blowing agent, foamer
Trendkurve, *f.*	trend curve (e.g. mathematical trend curve)
trennaktive Schicht, *f.*	Membrantrockner: active separating layer
trennbar	separable
Trennbarkeit, *f.*	separability
Trennbecken, *n.*, Trennbehälter, *m.*	separation tank, separation container
Trenneffekt, *m.*	separation effect
trennen	separate
	el.: disconnect (e.g. "Switch off and disconnect from mains supply before replacing the fuse.")
	– stabile Emulsion: split
Trennergebnis, *n.*	separation result (e.g. poor separation result), separation quality, *siehe* Trennleistung
Trennfähigkeit, *f.*	separability, separation efficiency
Trenngerät, *n.*	separator, separating device
Trenngrenze, *f.*	separation boundary
Trennleistung, Trennwirkung, *f.*	separation efficiency
	– Emulsion: splitting efficiency
Trennmittel, *n.*	Emulsion: splitting agent, *siehe* Spaltmittel
Trennmittel-Rückstand, *m.*	splitting agent residue
Trennprozess, *m.*	Emulsion: splitting process
Trennschaltverstärker, *m.*	el.: isolation amplifier (e.g. isolation amplifier for intrinsically safe application), isolating amplifier
Trennstromfläche, *f.*	diverted flow area
Trennsystem, *n.*	separation system, separation facility (e.g. compressor with highly efficient air/oil separation facility)
Trenntechnik, *f.*	separation technique
Trennung, *f.*	Öl/Wasser oder Schmutzpartikel: separation
	– Emulsion: splitting
	– el.: isolation
Trennverfahren, *n.*	separation method
	– Ablauf: separation process
triboelektrisches Verfahren, *n.*	triboelectric method, triboelectric measurement (dust concentration measurement involving friction)
Trichloräthylen, *n.*	trichloroethylene
Trichter, *m.*	funnel
	– für Abwasser: funnel-shaped effluent conduit
Triebfahrzeug, *n.*	Bahn: traction vehicle
Trinkwasserentkeimung, *f.*	drinking water treatment, drinking water disinfection
Trinkwasserfilter, *m.*	drinking water filter
	für den Hausgebrauch: domestic water filter
Trinkwassergüte, *f.*	drinking water quality
Trinkwasserverordnung, *f.*	drinking water ordinance
Trippeltrapp, *n.* (Spitzname für Kondensattopf der einfachsten Art)	trickle trap
Trittbrettabsenkung, *f.*	Bahn: footboard lowering
trocken betreiben	operate under dry conditions
trocken lagern	keep in a dry place
trocken laufender Kompressor, *m.*	dry-running compressor
Trockenbearbeitung, *f.*	Werkzeugmaschine: dry machining

Trockeneis-Strahlanlage, *f.*	dry ice spraying facility
Trockenelektrofilter, *m.*	dry electrostatic precipitator, DESP (to remove dust particles from hot process exhausts)
Trockenentstaubung, *f.*	dry-process dust removal
trockener Stickstoff, *m.*	dry nitrogen
trockenfahren	Adsorptionstrockner: drying of desiccant
Trockenfilter, *m.*	dry filter, dry filter unit (*siehe* auch Trockenelektrofilter)
Trockenlaufschutz, *m.*	dry-running protection
Trockenlaufverdichter, *m.*	non-lubricated compressor
trockenlegen	drain, dewater
Trockenlöscher, *m.*	dry hydrator (used for flue gas treatment)
Trockenluft, *f.*	dry air
Trockenluftteilstrom, *m.*	partial flow of expanded dry air
Trockenmittel, *n.*	drying agent, desiccant
Trockenmittelbehälter, *m.*	Adsorptionstrockner: desiccant tower (e.g. twin desiccant tower dryer), desiccant chamber
Trockenmittelbett, *n.*	Adsorptionstrockner: desiccant bed
Trockenmitteltrockner, *m.*, Trockner mit Trockenmittel, *m.*, Trocken-mittelgerät, *n.*	desiccant-type dryer
Trockenperlen, *f. pl.*	dry pellets
Trockenpunkterfassung, *f.*	Destillation: dry point detection
trockenschaltender Kontakt, *m.*	el.: dry-circuit contact
Trockenschrank, *m.*	drying cabinet (e.g. filtered air drying cabinet in a laboratory)
Trockensorption, *f.*	dry sorption (e.g. flue gas cleaning
Trockenständer, *m.*	drying rack (e.g. for filter cake, filter bags)
Trockenvorgang, *m.*	drying process
Trockner, *m.*	dryer
Trocknerausgang, *m.*	dryer outlet
Trocknerdefekt, *m.*	dryer malfunction, dryer fault
Trocknereingang, *m.*	dryer inlet
Trocknereinheit, *f.*	drying unit
Trocknerleistung, *f.*	dryer performance (z. B. Kältetrocknerleistung), *siehe* Trocknungsleistung
Trocknerlösung, herkömmliche, *f.*	conventional dryer installation/solution
Trocknermodul, *n.*	dryer module
Trocknerreihe, *f.*	dryer series
	– allgemein: range of dryers
Trocknerschrank, *m.*	drying cabinet
Trocknertechnologie, *f.*	dryer technology
Trocknungsanlage, *f.*	drying system
Trocknungseinheit, *f.*	drying unit
Trocknungsenergie, *f.*	drying energy
Trocknungsergebnis, *n.*	drying result, drying efficiency
Trocknungsgestell, *n.*	*siehe* Trockenständer
Trocknungsgrad, *m.*	drying level, degree of drying
Trocknungskreislauf, *m.*	drying circuit

T

Trocknungsleistung, *f.*	drying capacity (z. B. m³/min)
	– drying efficiency (e.g. with residual moisture content of …%)
	– allgemein: drying performance (e.g. drying performance class B; outstanding drying performance; efficient drying performance)
Trocknungsmittel, *n.*	drying agent
	– Adsorptionstrockner: desiccant
Trocknungsprinzip, n.	drying principle
Trocknungsprozess, *m.*, Trocknungs-verfahren, *n.*	drying process, drying method
Trocknungszeit, *f.*	drying time
Trockungsluft, *f.*	drying air
T-Rohr, *n.*	T-branch, T-piece, Tee
Trommeladsorptionstrockner, *m.*	rotary adsorption dryer (including a corrugated paper drum impregnated with silica gel)
Trommelkühler, *m.*	drum cooler
Tröpfchen, *n.*	droplet
Tröpfchenabscheidung, *f.*	droplet separation
Tröpfchen-Fänger, *m.*	drip catcher, droplet catcher
tropfen	drip, trickle
Tropfenabscheider, *m.*	droplet separator (e.g. high-efficiency droplet separator)
Tropfenagglomeration, *f.*	droplet agglomeration
Tropfenbeschuss, *m.*	water droplet bombardment ("drop attack")
Tropffilter, *m.*	trickling filter
Tropfkörperanlage, *f.*	trickling filter plant
Tropfwanne, *f.*	drip pan
Tropfwasser, *n.*	drip water
Trouble-Meldung, *f.*	trouble signal
Trübe, *f.*	turbidity, cloudiness
trübes Wasser, *n.*	cloudy water (also: turbid water, e.g. turbid flood water)
Trübung, *f.*	Wasser/Wasserprobe: cloudiness, turbidity
Trübungsgrad, *m.*	Wasserprobe: degree of cloudiness, degree of turbidity
Trübungskontrolle, *f.*	cloudiness check, turbidity check
Trübungsmessgerät, *n.*, Trübungs-messer, *m.*	turbidimeter (turbidity meter), *siehe* Trübungswächter
Trübungsmessung, *f.*	turbidity measurement, auch: cloudiness measurement ("Cloudiness" is also a meteorological term.)
Trübungsset, *n.*	cloudiness reference set (for visual comparison)
Trübungswächter, *m.*	turbidimeter (turbidity meter), (allows simple and precise measurement of the turbidity of water samples)
T-Stück, *n.*	Rohr: T-piece, tee, T-piece connector, tee piece, T-branch
TT-Stück, *n.*	TT-piece, fourway branch
Tuchfilter, *m.*	fabric filter
Tülle, *f.*	*siehe* Befestigungstülle
Turbokompressor, Turbo-verdichter, *m.*	turbo compressor (e.g. "Inside a turbo compressor is a rotating element referred to as impeller.")
Turbolader, *m.*	turbocharger (a centrifugal compressor type used, e.g., in automotive engineering to increase engine performance)
turbulente Strömung, *f.*	turbulent flow

Turbulenz, *f.*	turbulence
	– turbulenzfrei: turbulence-free
Türverriegelung, *f.*	door lock
TÜV (Technischer Überwachungs-verein), *m.*	TÜV (German Technical Inspectorate)
TÜV-geprüft	TÜV tested
	– mit Zertifikat: TÜV certified
TÜV-Praxistest, *m.*	TÜV field test
TÜV-Test, *m.*	TÜV test (test by the German Technical Inspectorate), TÜV test certification
TÜV-Test-Bescheinigung, *f.*	TÜV test certificate
TÜV-zugelassen	TÜV approved
TÜV-Zulassung, *f.*	TÜV approval
T-Verzweigung, *f.*	T-branch, *siehe* T-Stück
Typ, *m.*	type, model
typenabhängig	type-dependent
Typenbezeichnung, *f.*	type designation
typenbezogen	type-related
Typenklasse, *f.*	type category
Typenschild, *n.*	type plate
	– el. Auslegung: rating plate
Typenschildangaben, *f. pl.*	type plate specifications
Typenspektrum, *n.*	type spectrum

T

U max	U max (voltage, U is the formula sign for voltage)
U/min (Umdrehungen/Minute)	rev/min (oder r.p.m (revolutions per minute))
über atmosphärischem Druck, *m.*	pressure above atmospheric, gauge pressure
überansprucht, überbeansprucht	overloaded, overstressed
überarbeiten	Entwurf, Konzept: revise
	– Gegenstand überarbeiten: rework, retouch, (to) perfect, work over
überarbeiteter Serviceplan, *m.*	revised service schedule
Überbelastung, *f.*	overloading
Überblasen, *n.*	blow-by effect (leading to cylinder pressure loss)
Überblick, *m.*	overview
Überdimensionierung, *f.*	overdimensioning, oversizing
Überdruck, Ü, ü, pü (angezeigter Druck), *m.*	barg (bar gauge = The pressure of a system indicated on a pressure gauge, which does not include atmospheric pressure. For example: "Most compressed air systems operate at a pressure of around 7 barg."), bar(g), bar gauge, gauge pressure).
	– alternativ: psig (pounds per square inch gauge)
	– overpressure (Gauge pressure is sometimes also referred to as overpressure, but this is equally a term for pressure above atmospheric or for indicating pressure increase over the set pressure.)
	– übermäßiger/überhoher Druck: excessive pressure, excess pressure
Überdruckanstieg, *m.*	overpressure accumulation (permissible pressure increase after valve opening, normally stated in %)
Überdruckbereich, *m.*	pressure range
Überdrucksicherung, *f.*	Analysegerät: maintaining of overpressure
Überdruckventil, *n.*	pressure relief valve, safety valve
übereinander angeordnet	arranged in a vertical line
Übereinstimmung, *f.*	agreement (e.g. measurement agreement)
überfahren	Trockner/Filter: dryer/filter overrun, oil and water droplets overrunning (crossing) the filter/dryer barrier
überflüssige Energie, *f.*	surplus energy
überfluten	flood
	– überflutet: flooded, submerged, covered (e.g. covered with condensate)

Überflutung, *f.*	flooding
Überfüllschutz, *m.*	*siehe* Überfüllsicherung
Überfüllsicherung, *f.*	overflow protection
Übergabe, *f.*	handover
Übergang, *m.*	transition (e.g. transition to other materials; transition piece for a pipe), changeover (e.g. changeover to a different system)
Übergangsschicht, *f.*	transition bed
Übergangsstück, *n.*	Rohr: transition piece
übergeordnet	el.: high-level (e.g. higher-level controls)
überhitzen	overheat
Überhitzung, *f.*	overheating
Überhitzungsschutz, *m.*	overheating protection (e.g. short-circuit and overheating protection)
	– eingebauter Überhitzungsschutz: built-in overheating protection
	– Temperaturbegrenzer: thermal cut-out
überhöhte Kosten, *pl.*	excessive costs
überladen	overload
Überlänge, *f.*	extra length
überlappen	overlap
Überlast, *f.*	overload (e.g. danger of electrical overload)
	– Überlastung: overloading
Überlastbereich, *m.*	overload range
Überlastbetrieb, *m.*	overload operation
überlastet	overloaded
Überlastmeldung, *f.*	overload signal
Überlastschalter, *m.*	el.: cutout
Überlastschutz, *m.*	overload protection
überlastsicher	overload-proof
Überlaufen der Aktivkohle, *n.*	Filtration: overrun of activated carbon
Überlaufgefahr, *f.*	danger of overflow
Überlaufleitung (z. B. von einem Tank in einen anderen), *f.*	overflow line, overflow pipe
Überlaufmenge, *f.*	overflow volume
Überlaufrohr, *n.*	*siehe* Überlaufleitung
Überlaufschutz, *m.*	*siehe* Überfüllsicherung
überlaufsicher	overflow proof, spillage proof, overflow protected
Überlaufsicherheitssystem, *n.,* Überlaufsicherheitsvorrichtung, *f.*	overflow protection system, overflow safety system (e.g. dual-solenoid overflow safety system; anti-overflow safety device), spillage protection
Überlaufsicherung (z. B. für Ölauffangbehälter), *f.*	
Überlauf-Sicherheitstank, *m.*	overflow safety tank
Überlauftank, *m.*	overflow tank
übermäßiger Druck, *m.*	excessive pressure, excess pressure
Überprüfung, *f.*	check(ing), inspection
übersättigt	oversaturated (e.g. oversaturated compressed air; oversaturated filter), supersaturated (e.g. gas-supersaturated fluid)
Übersättigung, *f.*	supersaturation, *siehe* übersättigt
Überschaltkabel, *n.*	switchover cable
Überschreitung, *f.*	Messung: overshooting, over-range, above display range

überschüssiger Wasserdampf, *m*.	excess water vapour (When the air becomes saturated, excess water vapour will turn into condensation.), surplus water vapour (US: vapor)
überschüssiges Wasser, *n*.	excess water
Überschusswasser, *n*.	*siehe* überschüssiges Wasser
Übersetzungsverhältnis, *n*.	Getriebe: transmission ratio
Überspannung, *f*.	el.: overvoltage
	– Überspannungspeak: overvoltage peak
überspülen	flush
Überstand, *m*.	projection
überstimmen, übersteuern	Programm: override, manual overriding (e.g. "The operator may also carry out manual overriding of functions.")
Überstrom, *m*.	el.: overcurrent
überströmen	Druckluft: flow across s.th., flow over s.th.
Überströmgeschwindigkeit, *f*., Überströmungsgeschwindigkeit, *f*.	flow rate, flow velocity
Überströmschlauch, Überlaufschlauch, *m*.	overflow hose
Überstromschutzeinrichtung, *f*.	el.: overcurrent protection (system), overcurrent protective device (e.g. overcurrent protective device for the distribution circuit)
übertragen	transmit, transfer (e.g. heat transfer)
Übertragung, *f*.	transmission (Daten, Radiowellen, Elektrizität usw.)
	– Übertragungsleitung: transmission line
Übertragungsglied, *n*.	mechanisch: transfer element
Überwachung, *f*.	monitoring
	– durch Person: supervision, surveillance
Überwachung, vollautomatische, *f*.	fully automatic monitoring
Überwachungs- und Alarmschaltkreis, *m*.	alarm/monitoring circuit
Überwachungs- und Alarmsteuerung, *f*.	alarm/monitoring control
Überwachungseinheit, zentrale, *f*.	central monitoring unit, central monitoring station
Überwachungseinrichtung, *f*.	monitoring system
Überwachungselektronik, kapazitive, *f*.	capacitive electronic monitoring system/device
Überwachungsmaßnahmen, *f. pl*.	monitoring measures
Überwachungsnummer, *f*.	checklist number
Überwachungsschaltkreis, *m*.	el.: monitoring circuit
Überwachungsstelle, zugelassene, *f*.	authorized supervisory body
Überwachungssystem, *n*.	monitoring system
Überwurfmuffe, *f*.	union socket, *siehe* Rohrstutzen
Überwurfmutter, *f*.	union nut
Überwurfverschraubung, *f*.	Rohr: union joint (e.g. union joint independent of bracket support)
üblich	usual, customary, normal, conventional
Uhrzeigersinn, im, *m*.	clockwise
	– gegen den Uhrzeigersinn: anti-clockwise, counterclockwise
ultradünn	ultra-thin (e.g. ultra-thin membrane layer)
Ultrafiltrat, *n*.	ultrafiltrate

U

Ultrafiltration, *f.*	ultrafiltration
Ultrafiltrationsanlage, *f.*	ultrafiltration unit, ultrafiltration system (e.g. hollow fibre ultrafiltration system; crossflow ceramic ultrafiltration system), ultrafiltration plant (e.g. ultrafiltration plant with a capacity of 6000 m³/h for the treatment of drinking water), ultrafiltration facility
ultrafiltrieren	(to) ultrafilter
Ultrapräzisionsbearbeitung, *f.*	Werkzeugmaschine: ultra-precision machining
Ultrapräzisionsluftlager, *n.*	ultra-precision air bearings
Ultraschall, *m.*	ultrasound
	– ultraschallgestützt: ultrasound-supported
Ultraschallbad, *n.*	Reinigung: ultrasonic bath
Ultraschallprüfung	ultrasonic testing (e.g. of material)
Ultraschallreinigung, *f.*	ultrasonic cleaning
Ultraschallsensor, *m.*	ultrasound sensor
ultraviolette Strahlen/Lichtanteile, *m. pl.*	ultraviolet rays, ultraviolet radiation
Umdrehungen/min, *f. pl.*	rpm (revolutions per minute)
Umfangsgeschwindigkeit, *f.*	peripheral speed (e.g. a grinding wheel with a peripheral speed of 6 to 10 feet per second)
Umfeld, *n.*	surroundings, environment (e.g. process environment)
Umformtechnik, *f.*	forming technology
Umführung, *f.*	*siehe* Umgehung
umgebende Luft, *f.*	ambient air, surrounding air
Umgebungsbedingungen, *f. pl.*	ambient conditions (hinsichtlich Umgebungstemperatur, Druck usw.)
	– Betriebsbedingungen: operating conditions
	– allgemeine Bedingungen vor Ort: local conditions, environmental conditions
Umgebungsdruck, *m.*	ambient pressure
Umgebungsgeräusch, *n.*	ambient noise (e.g. suppression of ambient noise)
Umgebungsluft, *f.*	ambient air
	– atmosphärische Umgebungsluft: atmospheric ambient air
Umgebungs-Luftdruck, *m.*	ambient air pressure
umgebungsluftunabhängig	independent of the ambient air
	– umgebungsluftunabhängiges Atemschutzgerät: respiratory mask independent of the ambient air
Umgebungstemperatur, *f.*	ambient temperature (max. or min.)
Umgehung, *f.*	bypass
	Verb: to bypass
umgekehrte Reihenfolge, *f.*	reverse order (e.g. reassemble in reverse order)
umgekehrter Filter, *m.*	inverted filter
Umgestaltung, *f.*	redesign
Umhausung, *f.* (Denglisch: Umhousing)	covering, housing
Umkehrbarkeit, *f.*	reversibility
Umkehrosmosefilter, *m.*	reverse osmosis filter
Umkehrosmosemodul, *n.*	reverse osmosis module (hyperfiltration)
Umkehrprozess, *m.*	reversal process

Umkehrspülung, *f.*	reverse rinsing (z. B. Blasformen), reverse rinsing procedure/method
Umlauf, *m.*	circulation, recycling
	– Luftlager: runout (e.g. axial and radial runout)
Umlaufgeschwindigkeit, *f.*	speed of rotation, rotational speed (e.g. in rpm)
Umlaufkühler, *m.*	closed-circuit cooler
Umlaufwasser, *n.*	circulating water
Umlaufwasserpumpe, *f.*	circulating water pump
Umleitung, Umlenkung, *f.*	diversion, routing, redirecting, directional change
umlenken	deflect
Umlenkkammer, *f.*	baffle chamber
Umluftkühlung, *f.*	circulating air cooling (e.g. forced circulating air cooling; re-circulating air cooling)
Umluftreinigung, *f.*	purification of ambient air
ummanteln	encase, enclose, sheathe, wrap, envelop
Ummantelung, *f.*	enclosure, casing, envelope
	– metallische Ummantelung: metal casing (z. B. Heizstab)
	– zur Isolierung: wrapping
	– Kabel: jacket (e.g. braided cable jacket), sheath (e.g. "Split the cable sheath and remove the sheath exposing the wires."), sheathing (e.g. "Use a cable stripper to remove the cable sheathing.")
Umölung, *f.*	change to a different lube oil
Umpumpzeit, *f.*	pumping time, transfer time
Umrechnung, *f.*	conversion
Umrechnungsfaktor, *m.*	conversion factor (when converting to a different unit of measurement such as "atmosphere (normal) to centimetre mercury (cmHg)"
	– für anderen Betriebsdruck: pressure corrective factor
umrüsten	convert, change over
	– nachrüsten: retrofit
Umrüstung, *f.*	changeover
	– Werkzeugmaschine: resetting, retooling
umschalten	el.: change over, switch over (z. B. von einer Adsorptionskammer zur anderen)
	– Ventil: 1. energize (e.g. "To energize the valve, turn the switch to 'open' position"); 2. de-energize (e.g. "The controller de-energizes the valve as a result of which it moves from its powered open state to its closed state."); actuate, reverse (z. B. Membranpumpe)
Umschalter, *m.*	el.: changeover switch (a switch with 2 types of contact, i.e. for contact making and contact breaking)
Umschaltkontakt, *m.*	el.: changeover contact
Umschaltung, *f.*	changeover, switchover (from one system to another), switching, *siehe* umschalten
Umschaltzeitpunkt, *m.*	el.: switchover time
Umschaltzyklus, *m.*	el. und allgemein: changeover cycle, el.: switchover cycle (z. B. Adsorptionstrockner)
Umspannstation, *f.*	el.: transformer station
umspülen	flow around
Umwälzpumpe, *f.*	circulating pump

U

Umwälzung, *f.*	circulation
Umwälzvolumen, *n.*	circulation volume
umwandeln	convert (z. B. Signal oder chemische Substanz), transform
Umwandlung, *f.*	transformation, conversion
umweltangepasst	environmentally adapted (e.g. environmentally adapted products and services)
Umweltauswirkung, *f.*	environmental impact (e.g. environmental impact assessment), effect on the environment
Umweltbedingungen, *f. pl.*	Umgebungsbedingungen: ambient conditions (e.g. on the shop floor)
	– allgemein: environmental conditions
Umweltbehörde, *f.*	environmental authority
	– zuständige: env. authority for the area, responsible env. authority
umweltbelastend	environmentally harmful, environmentally damaging
umweltbelastender Stoff, *m.*	pollutant, contaminant, environmentally harmful substance
Umweltbelastung, *f.*	environmental pollution, pollution of the environment
Umweltbiotechnologie, *f.*	environmental biotechnology
Umweltbundesamt, *n.*	Deutschland: The Federal Environment Agency
umweltfreundlich	environmentally friendly, environmentally compatible, non-polluting, environmentally sound, environmentally beneficial
umweltfreundliches Messgerät, *n.*	environmentally friendly measuring instrument
umweltgefährdend	environmentally hazardous, hazardous to the environment
umweltgerecht	*siehe* umweltverträglich
Umweltgesetzgebung, *f.*	environmental legislation
Umweltmanagementsystem, *n.*	environmental management system
umweltneutral	environmentally neutral (e.g. environmentally neutral refrigerants)
umweltorientierte Technologie, *f.*	environment-oriented technology
umweltschonend	*siehe* umweltverträglich
Umweltschutz, *m.*	environmental protection
Umweltschutzauflagen, *f. pl.*	environmental regulations, environmental requirements, *siehe* Umweltgesetzgebung
Umweltschutzgutachten, *n.*	*siehe* Umweltverträglichkeitsprüfung
Umweltsiegel, *n.*	Environmental Seal (serves as an official confirmation of approval)
Umweltsünde, *f.*	offence against the environment (e.g. "The company was fined for an offence against the environment.")
Umwelttechnik, *f.*	environmental engineering
umwelttechnische Sicherheitsanforderungen, *f. pl.*	environmental safety requirements (e.g. "The product must meet stringent EU environmental safety requirements.")
umweltverantwortlich	environmentally responsible
Umweltverschmutzung, *f.*	environmental pollution
umweltverträglich	environmentally compatible, ecologically compatible, environmentally sound, environmentally acceptable, harmless to the environment, environmentally friendly
	– nachhaltig: environmentally sustainable
Umweltverträglichkeit, *f.*	environmental compatibility

Umweltverträglichkeitsprüfung (UVP), *f.*	Environmental Impact Assessment (EIA), (EIA report, expertise)
Umweltvorschriften, gesetzliche, *f. pl.*	antipollution legislation, antipollution regulations
Umweltvorsorge, *f.*	preventive environmental protection
unabhängig von	irrespective of, independent of, unaffected by, regardless of
unabhängige Stromversorgung, *f.*	independent power supply
unbedenkliches Maß, *n.*	harmless level
unbefugtes Betätigen, *n.*	tampering, unauthorized activation, unauthorized interference
undefinierter Zustand, *m.*	undefined state
undicht	leaky, not tight, leaking
undichte Stelle, *f.*	leakage point
undichtes Ventil, *n.*	leaking valve
Undichtigkeit, *f.*	leak, leakage point
undurchlässig	impervious, watertight, leakproof
uneffektiv	ineffective
uneingeschränkte Haftung, *f.*	unrestricted liability
uneingeschränkte Verfügbarkeit, *f.*	permanent availability
unempfindlich	immune to, impervious (undurchlässig)
	– unempfindlich gegenüber Verschmutzung: unaffected by dirt
unempfindlich, chemisch	chemically resistant (e.g. chemically resistant diaphragm pump), resistant to chemicals (e.g. "The material is scratch and wear resistant, frost resistant, resistant to chemicals, anti-slip and easy to maintain.")
Unfallverhütungsvorschriften (UVV), *f. pl.*	accident prevention regulations
	– einschlägige: applicable
unflexibel	non-flexible (z. B. Material)
ungeeignet	unsuitable, unfit, inappropriate
ungefähre Angaben, *f. pl.*	approximations, approximate data
ungefährlich	harmless, safe, non-hazardous
ungehindert	unobstructed, without any obstruction, free, unimpeded
ungelöst	chem.: undissolved
ungeplanter Wartungseinsatz, *m.*	unscheduled maintenance work
ungepolt	el.: non-polarized
ungereinigt	Luft/Wasser: untreated
ungesättigter Dampf, *m.*	unsaturated steam
ungestört	Luft-/Wasserströmung: unimpeded, smooth, *siehe* ungehindert
ungiftig	non-toxic
Ungleichgewicht, *n.*	imbalance
Universalfilter, *m.*	general purpose filter (G), universal filter, *siehe* Filtrierstufen
Universalfiltration, *f.*	general filtration
universell einsetzbar	suitable for universal application
unkompliziert bedienbar	easy to use, easy to operate (e.g. easy-to-use welding tool)
unkomprimierte Luft, *f.*	uncompressed air, atmospheric air
unkorrodierbar	non-corrodible
unlöslich	Chemie: insoluble
Unlöslichkeit	Chemie: insolubility
unmischbar	immiscible

U

unmittelbar drohende Gefährdung, Personen- oder Sachschäden	immediate hazard, damage to persons or property
unmittelbar drohende Gefährdung, schwere Personenschäden oder Tod	immediate hazard, serious personal injury or death
unpolar	non-polar (e.g. non-polar hydrocarbons), apolar
Unregelmäßigkeit, *f.*	irregularity
	– Unregelmäßigkeiten im Betriebsverhalten: irregular operation
unrund laufen	run out of true
unsachgemäß	incorrect, improper, inexpert, inappropriate
	– bei unsachgemäßer Behandlung: in case of improper use or treatment
	– unsachgemäße Behandlung: incorrect use, incorrect treatment, misuse, improper use, incorrect use or treatment
	– unsachgemäßer Gebrauch: improper use
	– unsachgemäße Handhabung: improper handling (e.g. improper handling of heavy loads), incorrect handling
	– unsachgemäße Installation: incorrect installation
	– Recht: improper or incorrect use (e.g. "The seller shall not be held liable for improper or incorrect use of the device.")
Unschärfe, *f.*	imprecision, lack of precision
Unsicherheiten in den Funktionen, *f. pl.*	functional unreliability
unsteril	non-sterile (e.g. non-sterile production area)
unstetiger Regler, *m.*	el.: discontinuous action controller
unten, von unten	from below
unter (inneren) Überdruck setzen	pressurize
unter Betriebsdruck setzen	Druckluft: pressurize to operating pressure
unter Druck setzen	put under pressure, pressurize, admit pressure
unter Druck stehende Anlagen, *f. pl.*	pressurized plant and systems
unter Druck stehendes Kondensat, *n.*	pressurized condensate
unter Druck, *m.*	under pressure, pressurized, under pressure conditions
unter Spannung (stehen), *f.*	el.: live, energized
unter Überdruck stehen, *m.*	under pressure, pressurized
Unterbelastung, *f.*	underloading, underload, low load (e.g. operate at low load)
Unterbrechung, *f.*	Störung: disruption
unterbrechungsfreie Stromversorgung, *f.*	uninterrupted power supply
Unterdruck, m.	vacuum, partial vacuum (e.g. "A light bulb contains a partial vacuum."), negative pressure, underpressure (e.g. of a filter)
	– leichter Unterdruck: slight vacuum (e.g. "The ink cartridge needs a slight vacuum inside to prevent leaking.")
Unterdruckbereich, *m.*	im Unterdruckbereich: under vacuum conditions (e.g. "The device operates under vacuum conditions.")
Unterdruckhaltegeräte, *n. pl.*	vacuum installations

Unterdruck-Handpumpe, *f.*	vacuum hand pump (e.g. vacuum hand pump with pressure gauge and connecting hose)
	– Unterdruck-Schlauchpumpe: vacuum hose pump
Unterdruckherstellung, *f.*	vacuum creation
Unterdruckmanometer, *n.*	vacuum gauge
Unterdrucksystem, *n.*	vacuum system (low-pressure system)
Untergrund, *m.*	Lackierung: undersurface
	– Aufstellung: floor (area)
Unterkante, *f.*	bottom edge
Unterlagen, *f. pl.*	documentation
Unterlast, *f.*	underload, low load, insufficient load
	– Unterlastbereich: underload range, *siehe* Unterbelastung
Unterlegblech, *n.*	shim (z. B. zur Nivellierung), *siehe* Unterlegscheibe
Unterlegscheibe, Unterlagsscheibe, *f.*	washer
Unterlieferant, *m.*	subcontracted supplier
untersättigt	undersaturated, subsaturated
unterscheiden zwischen	distinguish between
unterschreiten	drop below (z. B. Temperatur/Druck), fall below, undershoot
Unterschreiten des Grenzwertes, *n.*	undershooting of the limit value, value falls below the limit, *siehe* Bereichsunterschreitung
Unterschreitung, *f.*	Messung: undershooting, under range (e.g. over-range or under-range condition), below display range
	siehe Taupunktunterschreitung
Unterseite, *f.*	bottom, underside
Unterspannung (zu niedrige), *f.*	el.: undervoltage
Unterstützung, *f.*	z. B. durch Hersteller: technical support, after sales service
unterweisen	instruct
	– unterwiesen in allen Arbeiten: instructed in all relevant tasks and procedures
untrennbar	Emulsion: non-separable, cannot be separated
	– allgemein: inseparable
ununterbrochen	constant, continuous
ununterbrochener Betrieb, *m.*	continuous operation
unverdrahteter Kontakt, *m.*	unwired contact
unverfälscht	Signal: unconverted
unvermeidlich	inevitable, unavoidable
unversehrt	intact
unverträglicher Stoff, *m.*	incompatible substance
Unverträglichkeit, *f.*	incompatibility
unwirksam	ineffective
	– unwirksam machen: make inoperative
unzerstörbar	indestructible
unzulässig	non-permissible, unacceptable, unauthorized
unzulässige Manipulation, *f.*	unauthorized manipulation
unzuverlässig	unreliable
Upm (Undrehungen/Minute)	rpm (revolutions/minute)
U-Rohr-Manometer, *n.*	U-tube manometer (differential pressure measurement)
Ursachenanalyse, *f.*	analysis of the cause, diagnosis
US-Prüfung, *f.*	US test(ing), ultrasonic test

U

UV-Absorption, *f.*   UV absorption, ultraviolet absorption
UV-Beständigkeit, *f.*   UV resistance
UV-Entkeimung, *f.*   UV sterilization
UV-Oxidation, *f.*   UV oxidation
UV-Strahlung (Ultraviolett-   UV radiation
Strahlung), *f.*   – UV-Licht: UV light

V

Vac-Bereich, *m.*	Vac area
Vakuumableiter, *m.*	vacuum condensate drain, vacuum drain
Vakuumanlage, *f.*	vacuum plant, vacuum installation
Vakuumausführung, *f.*	vacuum-type, vacuum-type design
Vakuumbooster (Unterdruck- verstärker), *m.*	vacuum booster
Vakuumdestillat, *n.*	vacuum distillate (nicht destillate!)
vakuumdicht	vacuum-tight
Vakuumfilter, *m.*	vacuum filter
vakuumisoliert	vacuum-insulated
Vakuummesser, *m.*	vacuum gauge
Vakuumprüfung, *f.*	vacuum test
Vakuumpumpe, *f.*	vacuum pump (e.g. "Vacuum pumps operate at an intake pressure below atmospheric and discharge to atmospheric pressure or above.")
Vakuumschmelzen, *n.*	vacuum melting
Vakuumstripper, *m.*	vacuum stripper, vacuum stripping unit
Vakuum-Ventil-Steuerung, *f.*	vacuum valve control
Vakuumverdampfung, *f.*	vacuum evaporation
validieren	validate
Validierung, *f.*	validation
variabel montierbar	can be mounted in different positions
Variante, *f.*	version, model variant (alternative design)
Variationsmöglichkeit, *f.*	variation option
Vario-Technik, *f.*	vario technology
Varistor, *m.*	varistor, VDR (voltage-dependent resistor)
VCL-Öle, *n. pl.*	VCL oils
VDA-Wechseltest (VD = Verband der Automobilindustrie), *m.*	VDA alternating test
VDC (Volt Gleichspannung)	VDC oder Vdc (volt direct current)
Vdc-Bereich, *m.*	Vdc area
VDI (Verein deutscher Ingenieure)	Association of Engineers, German Association of Engineers
VDL-Öl, *n.*	VDL oil
VDMA (Verband deutscher Maschi- nen- und Anlagenbauer e.V.)	VDMA (Association of German machine and plant manu- facturers (German Engineering Federation))
Ventil, *n.*	valve
Ventilanbauteile, *n. pl.*	valve mounting parts

Ventilansteuerung, *f.*	valve control
Ventilantrieb, *m.*	valve actuator
Ventilator, *m.*	fan
Ventilatorring, *m.*	fan ring (of a cooling tower)
Ventilatorschutz, *m.*	fan guard
Ventilbefestigung, *f.*	valve mounting
Ventilbetätigung, *f.*	valve actuation (e.g. variable valve actuation system)
Ventilbetrieb, *m.*	valve operation (e.g. automatic valve operation; three-way valve operation)
Ventilblock, *m.*	valve block
	– Kombi-Ventilblock: combined valve block
Ventildeckel, *m.*	valve cap
Ventildurchgang, *m.*	valve passage
Ventileinheit, *f.*	valve unit
Ventilgehäuse, *n.*	valve box
Ventilhub, *m.*	valve lift
Ventilkern, *m.*	valve core
Ventilmembrane, *f.*	valve diaphragm
Ventilöffnungszeit, *f.*	valve opening period, valve opening time
Ventilpackung, *f.*	valve packing
ventilseitig	on the valve side
Ventilsitz, *m.*	valve seat
	– Ventilsitzdurchmesser: valve-seat diameter
Ventilspule, *f.*	valve coil, Magnetventil: solenoid valve coil
Ventilstecker, *m.*	valve connector
Ventilstellung, *f.*	valve position
Ventilsteuerung, *f.*	valve control, *siehe* Ventilansteuerung
Ventilstößel, *m.*	valve plunger
Ventiltechnik, *f.*	valve technology
Venturi-Düse, *f.*	venturi nozzle
Venturirohr, *n.*	venturi tube
Venturiwäscher, *m.*	venturi scrubber
Ver- und Entsorgungsleitungen, *f. pl.*	utility lines (including gas and water pipes, cable ducts, pipes, sewers, etc.)
	– öffentliche …: public utility lines
Verarbeitung, *f.*	processing (auch Signale), workmanship, construction
Verarbeitungsverfahren, *n.*	processing method
veraschen	incinerate
Verästelungen, *f. pl.*	branching points
Verbandbuch, *n.*	first-aid book
verbaute Komponenten, *f. pl.*	components installed
Verbesserung, *f.*	improvement, enhancement
Verbindung trennen, *f.*	disconnect (auch elektrisch)
Verbindung, *f.*	connection (auch elektrisch)
	– Fuge: joint
	– anorganische Verbindung (chem.): inorganic compound
	– organische Verbindung (chem.): organic compound
	– chemische Verbindung: chemical compound, chemical combination (A compound is a substance formed by the chemical combination of at least two elements in a specific proportion by weight. A compound also has a chemical formula.)

	– chemische Bindung: chemical bond (forces holding atoms together to form molecules)
Verbindungselement, *n.*	connection element (z. B. für Rohre)
Verbindungskabel, *n.*	connecting cable, interconnecting cable
Verbindungsset, *n.*	connection set, connection kit
Verbindungsstelle, *f.*	connection point, joint (z. B. von Rohren)
Verbindungsstück, *n.*	Rohr: connection piece
Verbindungstechnik, *f.*	Rohr: jointing system, jointing technique
	– allgemein: connection technique
Verblasen, *n.*	blowing off
verblocken	block, clog, block up (z. B. Rohr)
verblockter Filter, *m.*	clogged filter
verblockter Schalldämpfer, *m.*	blocked silencer (e.g. partially blocked silencer), clogged silencer
Verblockung, *f.*	blocking up, clogging
	– Verblockung des Filters: filter clogging
Verblockungsgefahr, *f.*	danger of blocking up (z. B. Rohr, Ventil), danger of clogging (z. B. Filter)
Verbrauch, *m.*	consumption (z. B. Strom, Aktivkohle)
Verbraucher, *m.*	Druckluft: point of use (single outlet or several outlets for connecting equipment to the air system), user point, end-use point, discharge point
	– Stromverbraucher: consumer
Verbraucherabschnitt, *m.*	Druckluft: point-of-use section
Verbraucherschutz, *m.*	consumer protection
Verbrauchsanteil, *m.*	consumption percentage
Verbrauchsgröße, *f.*	consumption quantity
Verbrauchskurve, *f.*	Druckluft: consumption curve
Verbrauchsmaterialien, *n. pl.*	consumables (z. B. Papier, Tintenpatronen), expendables, expendable materials and supplies
	– Produktion auch: shop floor consumables
Verbrauchsmenge, *f.*	consumption quantity
Verbrauchsmessung, *f.*	consumption measurement
verbrauchsorientiert	consumption-linked
Verbrauchssonde, *f.*	consumption probe
Verbrauchsstelle, *f.*	Druckluft: user point, *siehe* Verbraucher
Verbrauchsstoffe, *m. pl.*	expendable materials
Verbrauchszuordnung, *f.*	consumption allocation
verbrauchter Filter, *m.*	spent filter, old filter, fouled filter, used filter
verbreitern	widen
Verbrennung, *f.*	combustion
	– unvollständige: partial/incomplete combustion
	– Abfallverbrennung: incineration (consume by fire)
	– Verletzung: burns
Verbrennungsanlage, *f.*	incineration plant, *siehe* Müllverbrennung
Verbrennungsgas, *n.*	combustion gas
Verbrennungsgefahr, *f.*	risk of burns (to a person)
Verbrennungsluft, *f.*	combustion air
	– Vorwärmung: combustion air preheating (e.g. using waste heat from flue gas)
Verbrennungsofen, *m.*	incinerator (Müllverbrennung), combustion furnace

V

Verbrennungsprodukt, *n.*	combustion product
Verbrennungsraum, *m.*	combustion chamber
Verbrennungsrückstand, *m.*	combustion residue
Verbund, *m.*	bond (z. B. von Klebstoff)
verdampfen	Flüssigkeit: evaporate, *siehe* ausdehnen
Verdampfer, *m.*	evaporator (The evaporator removes heat from the compressed air in the refrigeration dryer and transfers it to the cold refrigerant. Saturated refrigerant evaporates because of the heat from the compressed air.)
Verdampferschlange, *f.*	Kältetechnik: expansion coil
Verdampfung, *f.*	evaporation
Verdampfungsdruck, *m.*	Kältetrockner: expansion pressure
Verdampfungsenthalpie, *f.*	enthalpy of vaporization
Verdampfungskühler, *m.*	evaporative cooler, wet air cooler
Verdampfungskühlung, *f.*	evaporative cooling
Verdampfungstemperatur, *f.*	Flüssigkeit: evaporation temperature
Verdampfungsverlust, *m.*	evaporation loss
Verdampfungswärme, *f.*	heat of evaporation, heat of vaporization
verdichten	Luft/Gas: compress
	– allgemein: densify, concentrate, condense (1. Dichte erhöhen; 2. kondensieren, d. h. Zustandsveränderung von Gas zu Flüssigkeit oder Feststoff)
verdichten	Messwerte: (to) average
Verdichter, angeschlossener, *m.*	connected compressor, installed compressor
Verdichter, leistungsstarker, *m.*	high-capacity compressor
Verdichterabrieb, *m.*	abraded matter from compressor
Verdichteranlage, *f.*	compressor station, compressor system, compressor facility
Verdichteranschlussleistung, *m.*	compressor input performance
Verdichterbauart, *f.*	compressor type, type of compressor
Verdichtereinheit, *f.*	compressor unit
Verdichterendstufe, *f.*	final compressor stage
Verdichtergehäuse, *n.*	compressor housing
Verdichterleistung, Verdichtungs-leistung, *f.*	compressor performance (e.g. compressor performance testing; air compressor performance data; optimum compressor performance)
	– installierte/angeschlossene Verdichterleistung: rated/installed compressor capacity (e.g. rated capacity of 14 kW cooling and 15 kW heating)
	– max. Verdichterleistung: max. compressor performance (e.g. in m^3/min): peak compressor performance
Verdichternachkühler, *m.*	compressor aftercooler
Verdichtersystem, *n.*	compressor system
Verdichtertyp, *m.*	compressor type
Verdichtervolumenstrom, *m.*	compressor flow rate, volumetric flow rate of compressor
verdichtete Luft, *f.*	compressor air, compressed air
verdichtetes Medium, *n.*	compressed fluid (air, gas)
Verdichtungsdruck, *m.*	compression pressure (e.g. compression pressure reducing valve), compression load (e.g. compression load transmission in screw compressors)
Verdichtungsendtemperatur, *f.*	Druckluft: final compression temperature,
	– Motor: compression end temperature

Verdichtungsendtemperatur-konstante (VTK), *f.*	constant of final compression temperature
Verdichtungskraft, *f.*	compressive force
Verdichtungsprozess, *m.*	compression process
Verdichtungstemperatur, *f.*	compression temperature
Verdichtungsverhältnis, *n.*	compression ratio
Verdichtungswärme, *f.*	compression heat, heat of compression
Verdichtungswärmenutzung, *f.*	compression heat utilization
verdrahten	wire (up)
verdrahtet	el.: wired
	– fertig verdrahtet: fully wired
	– im Werk fertig verdrahtet: supplied fully wired
Verdrahtung, *f.*	el.: wiring
	– Verdrahtungsschema: wiring diagram
verdrängen	displace
	– verdrängte Luft: displaced air
Verdrängerpumpe, *f.*	displacement pump
Verdrängungsluft, *f.*	displaced air
Verdrängungsverdichter, Verdrängerverdichter, *m.*	positive displacement compressor, displacement compressor (e.g. reciprocating compressor; rotary compressor, etc.)
verdrehen	twist (z. B. Schlauch, Rohr)
Verdrehung, *f.*	Berechnung: torsion
verdünnen	dilute, thin down
Verdünnung (z. B. mit Wasser), *f.*	dilution
Verdünnungsmittel, *n.*	chemisch: thinner, thinning agent
verdunsten	evaporate, vaporize (*siehe* verflüchtigen)
Verdunstung, *f.*	evaporation
Verdunstungsgeschwindigkeit, *f.*	evaporation rate
verdüsen	atomize
	– pulverisieren: pulverize
Verdüsung, *f.*	atomization, atomizing, spraying (e.g. direct a paint spray through a nozzle)
vereinzelte Laufzeiten, *f. pl.*	intermittent running (z. B. Kompressor)
vereisen	freeze up, ice up, turn to ice
	– vereiste Bauteile: iced up components)
Vereisung, *f.*	freezing up (e.g. of valves), icing up, ice formation
verengen	(to) narrow
Verengung, *f.*	constriction (z. B. des Leitungsquerschnitts)
Verfahren der ersten Wahl, *n.*	method of first choice
Verfahren, *n.*	process, method, technique
	– Vorgang: procedure
verfahrensabhängig	process-related, process-dependent, according to the process
Verfahrensablauf, *m.*	sequence of operation, operational sequence, work sequence, procedure, process sequence (e.g. welding process sequence)
Verfahrensbeschreibung, *f.*	process description
verfahrensbezogen	process-related
Verfahrenseignung, *f.*	suitability of a method, process suitability
Verfahrensfließbild, *n.*	process flow chart
Verfahrensingenieur, *m.*	process engineer

V

Verfahrenskonzept, *n.*	process concept
verfahrensmäßig	in terms of process engineering
Verfahrensnorm, *n.*	process standard
Verfahrensoptimierung, *f.*	process optimization
verfahrensorientiert	process oriented (e.g. process-oriented design)
Verfahrensprinzip, *n.*	operating principle, process principle
Verfahrensprozess, *m.*	industrial process
Verfahrensregeln, *f. pl.*	rules and procedures
Verfahrensschritte, *m. pl.*	operational procedures, operational sequence
Verfahrenssicherheit, *f.*	process safety
Verfahrenstechnik, *f.*	process engineering, process techniques
	– aus verfahrenstechnischen Gründen: for reasons of process engineering, for operational reasons
verfahrenstechnisch ausgereift	process-optimized
verfahrenstechnisch erforderlich	required by the process
verfahrenstechnische Gewähr-leistung, *f.*	process engineering guarantee
verfahrenstechnischer Prozess, *m.*	technical process, operational process
verfahrenstechnisches Prinzip, *n.*	principle of operation
Verfahrensweise, *f.*	procedure, operational system
Verfahrgeschwindigkeit, *f.*	operational speed
Verfalldatum, *n.*	expiration date, shelf life
	– Nahrungsmittel: use-by date
verfälschen	falsify
Verfärbung, *f.*	change of colour, colour change to (red, blue, etc.), turning (red, blue, etc.)
	– Verbleichen, Farbbeeinträchtigung: discoloration
verfiltert	filtered, filter-fitted
Verfilterung, *f.*	filtering, provided with a filter system, filtration
Verfilterungsbereich, *m.*	filtration area
verflüchtigen	volatilize (change from solid or liquid to vapour), *siehe* verdunsten
Verflüchtigung, *f.*	volatilization
verflüssigen	Kältetechnik, z. B. Kältetrockner: condense
verflüssigen	liquefy
Verflüssiger, *m.*	Kältetechnik: condenser (e.g. "Barometric condensers are frequently used in vacuum refrigeration.")
Verflüssigerleistung, *f.*	condenser output (in kW)
Verflüssigung, *f.*	von Feststoffen: liquefaction
Verflüssigungsdruck, *m.*	condensing pressure
Verflüssigungsdruck-Manometer, *n.*	condensing pressure gauge (with dial and pointer)
Verflüssigungstemperatur, *f.*	condensing temperature
Verformung, *f.*	deformation
verformungsbezogen	deformation-related
Verfügbarkeit, *f.*	availability
	– zur Verfügung stehende Membranfläche: available membrane area (Membrantrockner)
Verfüllung, *f.*	Filter: packing, filling
vergasen	Aktivkohle: gasify
vergelen	gel, start to gel (z. B. Isocyanat)

vergießen	pot, cast (e.g. plastic and resin casting), embed (e.g. embedded PCB), encapsulate, seal
	– *siehe* Vergussmasse
Vergiftung, *f.*	poisoning
	– Auswirkungen: toxic effects
Vergleichslast, *f.*	equivalent load
Vergleichsliste, *f.*	reference list
Vergleichsmaßstab, *m.*	Gas: reference gas
Vergleichsspannung, *f.*	reference stress (z. B. "Tresca reference stress" zur Festigkeitsberechnung), comparative stress
Vergleichswiderstand, *m.*	reference resistance
vergossene Platine, *f.*	embedded PCB
Verguss, *m.*, Vergussharz, *n.*	casting, casting resin, cast resin
Vergussmasse, *f.*	allgemein: sealing compound
	– besonders für elektronische Teile: encapsulant, potting compound (e.g. potted in epoxy)
	1. encapsulating (or casting), e.g. for PCBs (The device is placed in a mould which is then filled with encapsulating compound and allowed to cure. Solid block of cured encapsulant (with device) is removed from the mould.)
	2. potting (Assembly is placed into a case or container and filled with compound. Assembly forms part of the finished unit, i.e. is not removed.)
Vergussmaterial, *n.*	cast material (z. B. Vergussharz), potting material
	– zur Versiegelung: sealing compounds
verharzend	gummy (e.g. gummy oil deposits), become resinous
	– verharzt: resinous
Verhinderung, *f.*	prevention
verjüngt	tapered
Verjüngung, *f.*	tapering, taper
verkabeln	wire, wire up (to)
Verkabelung, *f.*	cabling, cable installation
Verkabelungsschema (Plural: Schemen oder Schemata), *n.*	wiring diagram, connection diagram (e.g. "The connection diagram shows the connection between the components to assist in the wiring of circuits.")
verkanten	fit askew, become skewed, jam
Verkantschraube, *f.*	square-headed bolt
Verkaufs- und Servicenetz, *n.*	sales and service network
Verkaufsbedingungen, Allgemeine, *f. pl.*	General Terms and Conditions of Sale
Verkaufsniederlassung, *f.*	sales branch
Verkeimung, *f.*	Verschmutzung: germ formation
Verkettung von Atomen, *f.*	linkage of atoms (e.g. linkage of atoms in molecules)
verkittend	sealing
verkleben	durch Verschmutzung: clog, clog up (z. B. Düse, Filter), stick, stick together (z. B. Puder oder Granulat), lump formation (*siehe* verklumpen)
	– zum Verkleben neigen: tend to clog, tend to stick
	– steckenbleiben (z. B. Schwimmer): get stuck
	– zusammenfügen: bond, cement, glue, stick together
	– Plastikrohre: glue (solvent welding for PVC pipes)

V

verklebende Substanz, *f.*	clogging substance, sticky substance
verklebt	sticky
Verklebung, *f.*	glueing, glue bonding
	– Verstopfung: clogging (z. B. Filter)
Verkleidung, *f.*	panel, lining
verklumpen	clot, clotting, lump formation
verklumptes Öl, *n.*	clotted oil
verknüpfen	link, interlink
Verkrustung, *f.*	encrustation, incrustation (e.g. well incrustation, dust encrusted fan), caking (e.g. filter caking due to a buildup of solid particles)
Verlängerungskabel, *n.*	extension cable
Verlauf, *m.*	curve, course
verlegen	z. B. Rohr: lay, install, mount
Verlegen und Befestigen	z. B. Heizband: mounting and fixing
Verlegetechnik, *f.*	Rohre: pipe laying system
Verletzung einer Obliegenheit, *f.*	non-observance of a duty
Verletzung von Leben, Körper und Gesundheit, *f.*	injury to life, body and health
Verletzungsgefahr, *f.*	risk of injury
Verlust an die Atmosphäre, *m.*	loss to the atmosphere
Verlustbeiwert, *m.*	loss coefficient
verlustfrei	no-loss (e.g. no-loss condensate drain)
Verlustschmierung, *f.*	non-circulating lubrication
vermehrungsfähig	Mikroorganismen: able to multiply, able to proliferate, active
vernachlässigbar	negligible
vernachlässigen	neglect
Vernetzer, *m.*	Plastikherstellung: cross-linking agent
	– vernetzt: cross-linked (Plastik)
Vernetzung, *f.*	interlinkage, networking
	– Molekül: cross-linkage
vernichten	destroy
	– Energie: dissipate
vernickelt	nickel-plated
Verordnung über Anforderungen an das Einleiten von Abwasser in Gewässer, *f.*	Ordinance on the Requirements for the Discharge of Wastewater into Bodies of Water
Verordnung zur Bestimmung von besonders überwachungsbedürftigen Abfällen, *f.*	Ordinance for the Determination of Waste Requiring Particular Surveillance
Verpackungsanlage, *f.*	packaging facility
	– Maschine: packaging machine
Verpackungsbehälter, *m.*	packaging box (e.g. strong and water resistant packaging box)
Verpackungseinheit, *f.*	unit pack (z. B. von je 25 kg)
Verpackungsindustrie, *f.*	packaging industry
Verpackungsmaschine, *m.*	*siehe* Verpackungsanlage
Verpackungsmaterial, *n.*	packaging material
verplomben	lead sealing, (af)fixing a lead seal
verplombt, plombiert	sealed, lead sealed, with a leaded seal

Verpolungsschutz, *m.*	el.: polarity reversal protection
verriegeln	Relais: lock
Verriegelungsfunktion, *f.*	Relais: locking function
Verrohrung, *f.*	piping, pipework, pipe layout, *siehe* Verteilungsnetz
	– interne Verrohrung: internal piping
verrosten	rust, becoming rusty
Versatznietung, *f.*	zig-zag riveting, chain riveting
Versauerung, *f.*	acidification
Verschaltung, *f.*	wiring
	– freie Verschaltung: free assignment
Verschäumungsmaschine, *f.*	foaming machine
Verschiebemuffe, *f.*	sliding sleeve
Verschleiß, *m.*	wear, wear and tear
	– Verschleißzeit: rate of wear
	– größerer Verschleiß: greater wear, reduced service life
Verschleißbeständigkeit, *f.*	wear resistance
verschleißfest	wear resistant, *siehe* verschleißfrei
verschleißfrei	non-wearing, without any parts subject to wear, wear and tear free, without wearing parts
Verschleißprüfung, *f.*	wear test
Verschleißteil, *n.*	wearing part (e.g. long life wearing parts)
	– wenn verschlissen: worn part
	– Verschleißteilkontrolle: inspection/checking of wearing parts
	– lieferbare Verschleißteile: wearing parts available
Verschleißteilsatz, *m.*	set of wearing parts, replacement set
Verschluss, *m.*	cap, cover, seal, lock
	– Stöpsel: stopper
	– Schraubverschluss: screw top, screw cap
Verschlussart, *f.*	closing arrangement (e.g. of heating jacket)
Verschlusselement, *n.*	closing element (e.g. closing element of a valve)
	– Blindabdeckung: blanking element, blanking cover
verschlüsselte Kennzeichnung, *f.*	coded marking
Verschlüsselung, *f.*	coding
Verschlusskappe, *f.*	screw cap, *siehe* Verschluss
Verschlussmechanismus, *m.*	closing mechanism
Verschlussmembran, *f.*	Membranventil: closure diaphragm
Verschlussschraube, *f.*	screw plug
Verschlusssicherheit, *f.*	sealing efficiency, safe closing
Verschlussstopfen, *m.*	plug
	– mit Verschlussstopfen verschrauben: to plug
Verschlusszapfen, *m.*	Ventil: plug (e.g. "The valve plug and seat ensure correct alignment.")
verschmutzen	(to) soil, become dirty, smear
verschmutzter Schalldämpfer, *m.*	dirty silencer
Verschmutzung, *f.*	dirt (accumulation), dirt contamination, contamination, dirty point, dirty part, impurity (e.g. organic impurities), fouling, dirt load
	– bei maschineller Bearbeitung: machining dust
Verschmutzungsgrad, *m.*	Filter: degree of fouling, filter element condition
	– allgemein: degree of dirt accumulation, degree of soiling

V

verschraubt	bolted, screwed down
verschraubter Deckel, *m.*	screwed lid
Verschraubung, *f.*	threaded fitting(s)
	– threaded joint (e.g. watertight threaded joint), threaded connection (e.g. stainless steel 1½" threaded connection)
	– screw fitting (e.g. "If available, use a screw fitting or other fixed coupling when filling the tank.")
Verschraubungskörper, *m.*	screw connection element
Verschweißtechnik, *f.*	welding technique
Verschwendung, *f.*	waste, loss
versehentliche Berührung, *f.*	accidental contact
versetzt	offset (e.g. offset by 180 degrees)
versiegelte Bodenfläche, *f.*	sealed floor
Version, *f.*	version, variant, model
Versorgung, Zufuhr, *f.*	supply, supply system, feed
Versorgungsanschluss, *m.*	*siehe* Versorgungsleitung
Versorgungseinheit, *f.*	supply unit
Versorgungskabel, *n.*	el.: electric cable, power supply cable
Versorgungsleitung, *f.*	generell für Strom, Gas, Wasser, Kanalisation: utility line, utility connection
Versorgungsnetz, *n.*	el.: supply network
	– Netzteil: power supply unit (PSU)
Versorgungsspannung, *f.*	el.: supply voltage, power supply voltage
	– betriebliche: supply voltage in plant
Versorgungsstecker, *m.*	el.: power connector (e.g. a two-pin power connector that connects to the mains supply)
Versorgungsstromkreis, *m.*	el.: supply circuit
Verspannung, mechanische, *f.*	verformend/deformierend: mechanical strain
	– elastisch: mechanical stress (resists deformation)
verspröden	embrittle, become brittle
Versprödung, *f.*	embrittlement, becoming brittle
verstärken	strengthen, reinforce
	– Kraft: boost
verstärkte Emulgierung, *f.*	increased emulsification
verstellen	reset, re-adjust
Verstellfüße, *m. pl.*	adjusting feet
Verstellring, *m.*	adjustment ring
verstopft	Rohr, Filter: clogged (e.g. partly clogged), blocked, obstructed
Verstopfung, *f.*	obstruction, clogging, blockage
Versuchsanlage, *f.*	test facility, pilot plant (small-scale plant before building a full-scale one)
Versuchsaufbau, *m.*	experimental set-up, test set-up
Versuchseinrichtung, *f.*	test facility, test set-up
Versuchsergebnis, *n.*	test result
Versuchsreihe, *f.*	series of tests
Versuchsstadium, *n.*	test stage
verteilen	distribute
	– einrühren: mix in, stir in
verteilende Leitungen, *f. pl.*	distributing pipes

Verteiler, *m.*	allgemein und Kfz: distributor Stromversorgung: distributor (e.g. low voltage distributor cables) – Verteilerschrank (el.): distribution cabinet – Verteilertafel (el.): distribution board – Rohr: manifold (e.g. compressed air manifold)
Verteilerkasten, *m.*	el. Kabel: distribution box
Verteilerleitungen, *f. pl.*	distribution pipework, distribution system
Verteilernetz, *n.*	distribution network
Verteilerplatte, *f.*	distributor plate (z. B. Filter)
Verteilleitung, *f.*	distribution pipe(s)
Verteilungsnetz, *n.*	distribution system, distribution network (e.g. water distribution network, compressed air distribution network)
vertikal eingebaut	vertically installed
Verträglichkeit, *f.*	compatibility
Vertragsbeginn, *m.*	commencement of the agreement
Vertreiber, Lieferant, *m.*	supplier
Vertreter, *m.*	agent – autorisierter Vertreter: (local) authorized agent
Vertrieb, *m.*	sales, sales office
Vertriebsgesellschaft, *f.*	sales subsidiary (Plural: subsidiaries)
Vertriebsorganisation, *f.*	sales organization
Vertriebspartnernetz, *n.*	network of sales partners
verunreinigen	contaminate, pollute
Verunreinigung, *f.*	pollution, contamination (e.g. water pollution, air pollution, soil contamination)
Verunreinigung(en), *f. (pl.)*	impurity, dirt and other impurities, pollutants, smudge, dirty mark – V. der Druckluft: compressed-air impurities (e.g. adsorption and filtration of compressed-air impurities), *siehe* Verschmutzung
Verunreinigung, abgelagerte, *f.*	dirt deposit
Verunreinigungen aus der Ansaugluft, *f. pl.*	impurities from intake air
Verursacher, *m.*	party responsible (e.g. polluter)
Verursacherprinzip, *n.*	Polluter Pays Principle (PPP)
Verweilzeit, *f.*	residence time, dwell time (z. B. Filter, Adsorptionstrockner (e.g. "The dwell time on the desiccant is sufficient to adsorb moisture to a dewpoint of xxx °C."), retention time
verwendbar	usable, suitable (geeignet)
Verwendbarkeit, *f.*	usability
Verwendung, *f.*	application, use (e.g. intended use), utilization
Verwendungsort, *m.*	place of use
verwertbar	utilizable (e.g. in a utilizable form)
Verwertung, *f.*	utilization, use – Wiederverwertung: reutilization, recycling
Verwertungskonzept, *n.*	utilization concept (e.g. for filter cake)
Verwertungsrecht, *n.*	right of exploitation, exploitation right
verwirbelt	subjected to turbulence
Verwirbelung, *f.*	turbulence, vortexing, creating vortices

V

verwischen	smudge (e.g. ink)
Verzerrung, *f.*	distortion (e.g. signal)
	– mechanisch: deformation
verzinken	galvanize
verzinkter Stahl, *m.*	galvanized steel
verzinktes Blech, *n.*	galvanized sheet metal
verzinktes Rohr, *n.*	galvanized pipe
verzögertes Öffnen, *n.*	gradual opening (z. B. eines Ventils)
verzögerungsfrei	instantaneous (z. B. unverzögertes Relais, Schnellrelais), non-delayed
Verzögerungszeit, *f.*	time delay, time lag
Verzug, *m.*	distortion (z. B. Blasformen)
Verzweigung, *f.*	branching point
VE-Wasser, *n.* (Deionat, voll-entsalztes Wasser)	deionized water
VF	VF (Filter: very fine)
vgl.	cf., compare
Vibration, *f.*	vibration
Vibrationen und Erschütte-rungen, *f. pl.*	shocks and vibrations
Vibrationsbeanspruchung, starke, *f.*	heavy vibration load(ing)
Vibrationsbereich, *m.*	area of vibration
vibrationsbeständig, vibrationsfest	vibration resistant, immune to vibration
Vibrationsdämpfer, *m.*	vibration damper
vibrationslos	vibrationless
Vibrationsschutz, *m.*	vibration protection
Vibrationsstabilität, *f.*	vibration stability (e.g. shock and vibration stability), v. resistance, immunity to vibration
Vicat-Erweichungstemperatur, *f.*	Vicat softening temperature
Vieleck, *n.*	polygon
Vieleckschweißmaschine, *f.*	polygon welding machine
Vielzahl von Öffnungen, *f.*	multitude of openings
Vielzellen-Rotationsverdichter, *m.* (Lamellenverdichter)	sliding vane compressor
Vier-Lochdüse, *f.*	4-hole nozzle
visko-elastisch	viscoelastic
viskoelastische Eigenschaften, *f. pl.*	viscoelastic properties
Viskosität, *f.*	viscosity
	– Medien mit hoher V.: high-viscosity fluids
Viskositätsklasse, *f.*	viscosity class
Viskositätsmessgerät, *n.*	viscosity measuring instrument
Visualisierungssystem, *n.*	visual display system
visuelle Auswertung, *f.*	visual evaluation (e.g. spreadsheet with visual evaluation)
Vlies, Vliesstoff, *n.*	fleece (e.g. polypropylene fleece; coarse filter fleece), fleece fabric, nonwoven fabric
Vliesfilter, *m.*	fleece filter
V-Naht, *f.*	Schweißen: v-weld
VOC-Emissionen, *f. pl.*	VOC emissions, *siehe* leichtflüchtige organische Ver-bindungen
voll betriebsbereit	fully ready for operation
voll funktionsfähig	fully functional

Vollanalyse, *f.*	complete analysis, full analysis
vollautomatisch, selbsttätig	fully automatic
automatisch	– vollautomatischer Betrieb: fully automatic operation
vollentsalzt	Wasser: fully desalinated
Vollflussventil, *n.*	full-flow valve
vollhermetisch	fully hermetic
Vollkegeldüse, *f.*	full cone nozzle
Vollkunststoffrohr, n.	all-plastic pipe
Volllast, *f.*	full load (e.g. uninterrupted operation for up to 8 hours under full load), 100 % load
Volllastkompressor, *m.*	full-load compressor (e.g. full-load compressor capacity)
Volllast-Volumenstrom, *m.*	full-load flow rate
Vollschutzanzug, *m.*	full protective suit
vollständig funktionsfähig	fully functional
Vollständigkeit, *f.*	completeness (e.g. check for completeness)
Vollstrom, *m.*	full flow (e.g. under full flow; under full flow conditions)
Volt Wechselspannung, Vac, VAC, *f.*	el.: volt alternating current, VAC, Vac (The UK typically uses a 240 volt alternating current with a frequency of 50 Hz.)
Volumenabnahme, *f.*	decrease in volume
Volumenänderung, *f.*	volumetric change, volume change
Volumenanteil, *m.*	volumetric percentage, volumetric proportion
Volumeneinheit, *f.*	volume unit (e.g. water content per volume unit in m^3)
Volumengewicht, *n.*	weight by volume (% w/v), (also referred to as percent mass by volume (% m/v))
Volumenkapazität, *f.*	volume capacity
Volumenleistung, *f.*	volumetric capacity (z. B. des Trockners)
Volumensteuerung, *f.*	volume control
Volumenstrom, *m.*	flow rate, volumetric flow, volume flow rate (e.g. as a cubic measurement in cbm), volumetric flow rate, volumetric air flow
Volumenstromabweichung, *f.*	flow rate deviation
Volumenstromdüse, *f.*	flow rate nozzle
Volumenstromeinstellung, *f.*	flow rate setting, volumetric flow setting
Volumenstrommesser, *m.* Volumen-strommessgerät, *n.*	volumetric flowmeter (measured in m^3 or ccm)
Volumenstrommessung, *f.*	flow rate measurement, volumetric flow measurement
Volumenstromspanne, *f.*	volumetric flow range
Volumenvergrößerung, *f.*	volume increase
Volumenverkleinerung, *f.*	volume reduction (z. B. durch Luftverdichtung)
vom Mittel, v.M.	from average
vom Netz trennen	el.: disconnect from the mains supply
von elektrischer Spannung trennen	disconnect electrical power supply (e.g. "Disconnect electrical power supply before servicing."), disconnect power supply, disconnect from (electrical) power supply (e.g. "Switch off appliance and disconnect from power supply.")
vor	Fließvorgang: upstream, *siehe* vor und nach
vor Ort, *m.*	on site, on the spot, local, at the place of installation
vor und nach	Durchfluss: upstream and downstream (e.g. upstream and downstream of the unit)
Vor- und Nachlaufstrecke, *f.*	upstream and downstream section

V

Vor- und Rücklauf, *m.*	feed and return (z. B. Kühlwasser)
Vorabscheidebecken, *n.*, Vorab-scheidebehälter, *m.*	preseparation tank
Vorabscheider, *m.*	preseparator
	– Elektrofilter: pre-precipitator
Vorabscheidevorrichtung, *f.*	preseparation system
Vorabscheidung, *f.*	preseparation (z. B. von Öl und Wasser)
Vorabtrennung, *f.*	*siehe* Vorabscheidung
Voralarm, *m.*	pre-alarm (z. B. Messgerät)
vorbehaltlich der Richtigkeit der Lieferung oder Leistung und deren Berechnung	subject to delivery or service and its calculation being correct
vorbehandelt	pretreated
Vorbehandlungsstufe, *f.*	pretreatment stage
vorbeileiten	(to) bypass
Vorbeiströmung, *f.*	bypass flow
vorbeugende Wartung, *f.*	preventive maintenance
vorblasen	Blasformen: preblow
vordere Spitze, *f.*	tip
Vordruck, *m.*	admission pressure
voreingestellt	preset
voreingestellt	preset
Voreinlasskühlung, *f.*	Kompressor: air intake cooling
Vorentspannung, *f.*	Druckentlastungskammer: pressure reduction
Vorentwurf, *m.*	preliminary design
Vorfilter, *m.*	prefilter (e.g. 5 μm capacity prefilter)
Vorfilterschicht, *f.*	prefilter layer
Vorfiltervlies, n.	prefilter fleece
Vorfiltration, Vorfiltrierung, *f.*	prefiltration, prefiltering
Vorgaben, technische, *f. pl.*	technical specifications
Vorgang, *m.*	process, action, procedure, function
Vorgängergeneration, *f.*	Gerät: previous generation
vorgeben	durch Bediener: set
vorgebohrt	predrilled (e.g. predrilled holes)
vorgelagert	Fließprozess: upstream, installed upstream
vorgeschaltet	upstream, preceded by
vorgeschaltete Pumpe, *f.*	upstream pump
vorgeschalteter Trafo, *m.*	upstream transformer
vorgespannt	pretensioned (z. B. Feder)
vorgestanzt	prepunched
vorgesteuert	Magnetventil: servo assisted (servo assisted solenoid valve)
vorheizen	preheat, warm up
vorhersehbarer Schaden, *m.*	foreseeable damage
vorhonen	rough-hone
vorkühlen	precool
Vorkühler, *m.*	precooler, primary cooler
Vorkühlung, *f.*	precooling
	– Vorkühlphase: precooling phase
Vorlagebecken, *n.*	receiving tank, collecting tank
Vorlagebehälter, *m.*	storage container
Vorläufermodell, *n.*	previous model

Vorlauftank, *m.*	Emulsionsspaltanlage: preseparation tank, primary feed tank
Vorlaufverteiler, *m.*	inlet distributor
Vorlaufzeit, *f.*	lead time (e.g. manufacturing lead time)
Vormontage, *f.*	preassembly, pre-installation (z. B. des Rohrsystems vor Schweißen)
vormontieren	preassemble, *siehe* Vormontage
Vor-Ort-Analyse, *f.*	on-site analysis
Vor-Ort-Aufbereitung, *f.*	on-site treatment
Vor-Ort-Bedienebene, *f.*	local operator control level
Vorrangschalter, *m.*	priority switch
Vorratsbehälter, *m.*	storage container
Vorratshaltung, *f.*	keep in stock
Vorratskessel, Vorratstank, *m.*	storage tank, reservoir
Vorreaktion, *f.*	primary reaction
	– Vorreaktionsbehälter: primary reaction tank
vorreinigen	clean preliminarily, pretreat
	– Emulsion: undergo initial separation
Vorreinigung, *f.*	preliminary cleaning, pretreatment (e.g. wastewater pre-treatment)
	– Emulsion: initial separation (of oil and water)
Vorrichter, *m.*	machine setter
Vorsatz oder grobe Fahrlässigkeit	intent or gross negligence
vorschalten	el.: connect in series
	– Sicherung vorschalten: install upstream fuse
Vorschriften, *f. pl.*	rules and requirements (e.g. business rules and requirements)
	– technische Vorschriften (Anforderungen): technical specifications (e.g. standards and technical specifications)
	– gesetzliche Vorschriften: legal regulations
Vorschubbewegung, *f.*	maschinelle Bearbeitung: feed motion
Vorschubgeschwindigkeit, *f.*	rate of feed
Vorschubkraft, *m.*	feed pressure
Vorschubrichtung, *f.*	direction of feed
Vorschubsteuerung, *f.*	feed control
Vorschubweg, *m.*	feed travel
Vorsicherung, *f.*	back-up fuse
Vorsicht, *f.*	caution (auch als Warnung)
	– allgemein: careful
Vorsichtsmaßnahme, *f.*	precaution, precautionary measure
Vorsorgemaßnahmen, persönliche, *f. pl.*	personal protective measures
vorsorgendes Handeln, *n.*	precautionary action/measures
Vorspannung, *f.*	Feder: tension
Vorsteuerleitung, *m.*	pilot supply line
Vorsteuerstrom, *m.*	pilot flow (e.g. solenoid actuated pilot flow)
Vorsteuerung, *f.*	pilot control
	– Vorsteuerbereich: pilot control area
	– Vorsteuerfunktion: pilot control function
Vorsteuerventil (Pilotventil), *n.*	pilot valve

V

Vortexdüse, *f.*	vortex nozzle
vortreiben, unter Druckluft	Tunnelbau: drive under compressed air
Vortrennung, *f.*	Filter: preliminary separation
Vortrennungprozess, *m.*	preseparation process
Vortrieb unter Druckluft, berg- männischer, *m.*	Bauwesen: excavation under compressed air using mining techniques
vortrocknen	predry
	– vorgetrocknet: predried
Vortrocknung, *f.*	predrying
Vorversuch, *m.*	preliminary test
vorwärmen	preheat
	– Vorwärmer: preheater
Vorwiderstand, *m.*	Alarmsensor: compensating resistor, series resistor
vorzeitiger Verschleiß, *m.*	premature wear
Vorzugslage, f.	preferred position, preferred installation position

W

Waage, *f.*	Labor: balance
	– Wägeschale: balance pan
	– allgemein: scales
waagerecht	level, level position, truly horizontal
Waagerechtbohrmaschine, *f.*	horizontal drilling machine
waagerechter Balken, *m.*	Display: horizontal bar
wabenförmig	honeycombed
wählbare Parameter, *m. pl.*	selectable parameters
wahlfreie Spannung, *f.*	el.: selective voltage
wahlweise	optional(ly), as desired
wahrnehmbar	perceptible
wahrnehmen	Messgerät: detect, pick up (e.g. pick up ultrasound frequencies)
Wahrscheinlichkeitsrechnung, *f.*	probability analysis
Wahrscheinlichkeitszahl, *f.*	probability figure
	– Beiwert: probability coefficient
Walkbereich, *m.*	flexing zone
Wälzkolbenvakuumpumpe, *f.*	Roots vacuum pump
walzpoliert	roll polished
Walzstahl, *m.*	rolled steel
Wand- oder Bodenbefestigung, *f.*	wall or floor mounting
	– wandbefestigt oder auf dem Boden stehend: wall mounted or floor standing
Wand- und Bodenhalterung, *f.*	means for wall or floor mounting
Wanddicke, *f.*	wall thickness
	– große Wanddicke: thick-walled
Wanddurchbruch, *m.*	wall penetration (e.g. electrical conduit wall penetration)
Wanderbettadsorber, *m.*	moving bed adsorber, mobile bed adsorber
Wanderung, *f.*	migration (z. B. Moleküle)
Wandgehäuse, *n.*	wall-mounted housing
Wandgerät, *n.*	wall mounting unit, wall unit
Wandhalter, *m.*	wall bracket, wall mounting bracket
Wandhalterung, *f.*	Winkel: wall bracket
	– Wandmontageset: wall mounting kit
Wandler, *m.*	Signalwandler: converter
	– Spannungswandler: voltage transformer
Wandmontage, *f.*	wall mounting

Wandstärke, *f.*	wall thickness, thickness of a wall
Wandung, *f.*	Filter: wall area
Wandverteiler, *m.*	wall manifold
Wareneingangskontrolle, *f.*	inspection of incoming goods, incoming goods inspection, inspection of incoming freight/shipments (e.g. inspect for obvious damage)
Warenzeichen, eingetragenes, *n.*	registered trademark
Warmbereich, *m.*	Produktionshalle: frost-protected area
Wärme- und Gasentwicklung, *f.*	heat and gas generation
Wärmeabfuhr, Wärmeabführung, *f.*	heat removal (e.g. heat removal means), heat dissipation
Wärmeabgabe, *f.*	heat output, heat release
wärmeabgebender Gasstrom, *m.*	heat-dissipating gas flow (exothermic)
Wärmeaufnahme, *f.*	heat absorption
wärmeaufnehmender Gasstrom, *m.*	heat-absorbing gas flow (endothermic)
Wärmeausbreitung, *f.*	heat propagation
Wärmeausdehnung, *f.*	heat expansion, thermal expansion
Wärmeausdehnungskoeffizient, *m.*	thermal expansion coefficient
Wärmeaustausch im Gegenstrom, *m.*	countercurrent heat exchange (system)
Wärmeaustausch, *m.*	heat exchange
Wärmebilanz, *f.*	heat balance
Wärmedämmbereich, *m.*	thermal insulation area
Wärmedämmschicht, *f.*	thermal insulation layer, layer of insulation material, lagging (insulation material wrapped around boilers, tanks, or pipes)
Wärmedämmung, Wärmeisolation, *f.*	thermal insulation, heat insulation – Material: insulating material, lagging
Wärmedehnzahl, *f.*	*siehe* Wärmausdehnungskoeffizient
Wärmeenergie, *f.*	thermal energy
Wärmeenergiezufuhr, *f.*	input of thermal energy
Wärmeentwicklung, *f.*	heat generation, development of heat
Wärmefluss, *m.*	heat flow
Wärmegewinn, *m.*	heat gain
Wärmeisolierung, *f.*	*siehe* Wärmedämmung
Wärmekapazität, *f.*	thermal capacity, heat capacity – Speicherung: heat storage capacity
Wärmekapazität, spezifische, *f.*	specific thermal capacity
Wärmeleitfähigkeit, *f.*, Wärmeleitvermögen, *n.*	thermal conductivity
Wärmeleitung, *f.*	heat conduction, thermal conduction
Wärmemenge, *f.*	heat quantity (e.g. heat quantity measurement), amount/quantity of heat
Wärmepotenzial, *n.*	heat potential
Wärmepumpe, *f.*	heat pump
Wärmequelle, *f.*	heat source
Wärmerückgewinnung, *f.*	heat recovery
Wärmerückgewinnungsanlage, *f.*	heat recovery plant, heat recovery system
Wärmesenke, *f.*	heat sink
Wärmespeicherung, *f.*	heat storage
Wärmestau, *m.*	heat concentration, heat accumulation – Wärmestaustelle: hot spot, point/place of heat concentration

Wärmestrahlung, *f.*	thermal radiation, heat radiation
Wärmestrom, *m.*	heat flow
Wärmetauscher, *m.*	heat exchanger
	– integrierter W.: integrated heat exchanger
Wärmetauscherfläche, *f.,* Wärme-tauscheroberfläche, *f.*	heat-exchanger surface
Wärmetauscherhaube, *f.*	heat-exchanger hood
Wärmetauscher-Wirkungsgrad, *m.*	heat-exchanger efficiency
Wärmetransport, *m.*	heat transmission (e.g. by convection, radiation or conduction through a body)
Wärmeübergang, *m.,* Wärme-übertragung, *f.*	heat transfer
Wärmeübergangskoeffizient, *m.*	heat transfer coefficient
Wärmeverlust, *m.*	heat loss, loss of heat
Warmluftanteil, *m.*	warm-air part, warm-air percentage, warm-air volume
warmregenerierender Adsorptions-trockner, *m.*	heat-regenerated adsorption dryer
warmregeneriert	heat-regenerated
Warmwassererzeugung, *f.*	hot water generation
Warmwasserversorgung, *f.*	warm water supply
Warngerät, *n.*	warning installation, alarm device (e.g. audible alarm device; external alarm device)
	– Warnsystem: warning system (e.g. early warning system)
Warnhinweis, *m.*	warning
Warnleuchte, *f.*	warning light (e.g. oil pressure warning light), warning lamp
Warnsignal, *n.*	warning signal, alarm signal
	– akustisches: acoustic warning signal
	– Warnsignal ertönt: audible warning signal is given
Warnung vor elektrischer Spannung, *f.*	el.: voltage warning (e.g. audible/visible voltage warning; voltage warning label)
Warnung vor heißer Oberfläche, *f.*	beware of hot surfaces
Wartezeit, *f.*	waiting time
Wartung u. Reparatur, *f.*	maintenance and repair
Wartung, *f.*	maintenance, maintenance work
	– Wartung u. Instandhaltung: maintenance and service
Wartung, komplette, *f.*	allround maintenance, full maintenance
Wartungsarbeiten, *f. pl.*	maintenance work
	– erforderliche: maintenance requirements, necessary maintenance (work)
wartungsarm	low-maintenance, requiring very little/only a minimum of maintenance
Wartungsaufwand, *m.*	maintenance (expenditure)
	– kaum Wartungsaufwand: low maintenance, minimal maintenance, virtually maintenance-free, *siehe* wartungsfreundlich
Wartungsbedarf, geringer, *m.*	low maintenance requirement, maintenance-friendly, *siehe* Wartungsaufwand
Wartungsbericht, *m.*	maintenance report
Wartungseinheit, *f.*	maintenance unit, service unit

W

Wartungseinsatz, *m.*	maintenance call-out, maintenance request, maintenance work, maintenance visit (e.g. monthly maintenance visit; preventive maintenance visit)
Wartungsempfehlung, *f.*	maintenance recommendation
wartungsfrei	maintenance-free, requiring no maintenance
Wartungsfreiheit, *f.*	no maintenance, freedom from maintenance (e.g. designed for durability and freedom from maintenance)
wartungsfreundlich	(enabling) easy maintenance, maintenance-friendly, easy to maintain/service
Wartungsfreundlichkeit, *f.*	maintenance friendliness, ease of maintenance, with low maintenance requirements
Wartungshandbuch, *n.*	maintenance manual
Wartungshinweise, *m. pl.*	maintenance rules, maintenance instructions/directions
wartungsintensiv	maintenance intensive, requiring a great deal of maintenance
Wartungsintervall, *n.*	maintenance interval, service interval
Wartungskomponenten, *f. pl.*	maintenance-relevant components
Wartungsmeldung, *f.*	maintenance signal, maintenance message
Wartungsplan, *m.*	maintenance schedule
Wartungsvertrag, *m.*	maintenance agreement, maintenance contract
Wartungsvorschriften, *f. pl.*	maintenance instructions
	– Richtlinien: guidelines
Wasch- und Reinigungsabwasser, *n.*	washing and cleaning effluent
waschbar	washable (z. B. Filter)
Wäscher, *m.*	scrubber (air pollution control)
Wäscheranlage, *f.*	scrubber plant, scrubber system
Waschmittel, *n.*	Reinigung von Werkstücken (maschinelle Bearbeitung): washing agent
Waschwasser, *n.*	washing water
	– Plural: washing waters
Waschwasserrecycling, *n.*	washing water recycling
Wasserablagerung, *f.*	water deposition
	– Wasserbildung: water formation
	– als Kondensat: (water) condensation
Wasserablauf, *m.*	Vorgang: water discharge
	Ablaufstelle: water outlet, water discharge point
Wasserablaufanschluss, *m.*	water discharge connection
Wasserablaufleitung, *f.*	water discharge pipe, water discharge line
Wasserablaufschlauch, *m.*	water discharge hose
Wasserablaufventil, *n.*	water discharge valve, water outlet valve
Wasserabscheider, *m.*	water separator
Wasserabscheidevermögen, *n.*	water separation capability
Wasserabscheidung, *f.*	water separation
Wasserabsorption, *f.*	water absorption, uptake of water
wasserabweisend, hydrophob	water-repellent, hydrophobic
Wasserabweisungsvermögen, *n.*	water repellency (z. B. von Öl)
Wasseraktivkohlefilter, *m.*	activated carbon water filter (e.g. wet-process activated carbon filter)
Wasseranlagerung, *f.*	water adsorption (z. B. Trockenmittel des Adsorptionstrockners)
Wasseranschluss, *m.*	water connection

Wasseranteil, *m.*	water content
wasseranziehend	water-attracting, hygroscopic
Wasseraufbereitung, *f.*	water treatment
Wasseraufbereitungsanlage, *f.*	water treatment plant, water purifier (e.g. tap water purifier; ozone water purifier)
Wasserauflast, *f.*	water surcharge
Wasseraufnahme, *f.*	water absorption
Wasseraufnahmevermögen, *n.*	water absorbency (z. B. eines Stoffes); water carrying capacity (e.g. water-carrying capacity of the air flowing through a filter bed)
wasseraufnehmend	water-absorbing, hydrophilic
Wasserauslauf, *m.*	water outlet, water discharge (point)
Wasserbad, *n.*	water bath
Wasserbedarf, *m.*	water requirement, water demand
Wasserbehälter, *m.*	water tank
Wasserbehörde, *f.*	water authority
	– zuständige W.: responsible water authority
	– örtlich zuständige W.: local water authority
	– untere Wasserbehörde: lower-level water authority
Wasserblase, *f.*	Spritzlackierung: water blister
Wasserdampf entfernen, *m.*	Druckluft: reduce the moisture content of compressed air
Wasserdampf, *m.*	water vapour
	– durch Wärmezufuhr erzeugt: steam
Wasserdampfanteil, *m.*	water vapour content
	– atmosphärischer W.: atmospheric water vapour content
Wasserdampfaufnahmevermögen, *n.*	Luft: water vapour carrying capacity (The air's water vapour carrying capacity increases with increasing temperature.)
Wasserdampfdestillation, *f.*	steam distillation
Wasserdampfdruck, *m.*	water vapour pressure
Wasserdampfgehalt, *m.*	water vapour content, *siehe* Wasserdampfanteil
wasserdampfgesättigt	water vapour saturated
Wasserdampfinjektion, *f.*	steam injection
Wasserdampfkonzentration, *f.*	water vapour concentration
Wasserdampf-Konzentrationsgefälle, *n.*	water vapour concentration gradient
Wasserdampfmenge, *f.*	water vapour quantity
Wasserdampfmolekül, *n.*	water vapour molecule, moisture molecule
Wasserdampfpartialdruck, *m.*	partial water vapour pressure (At dewpoint, the partial water vapour pressure in the compressed air is equal to the water vapour saturation pressure.), partial pressure of the water vapour
	– auch: water vapour partial pressure
	– US: partial water vapor pressure
wasserdicht	water-tight, waterproof, impermeable (undurchlässig)
Wasserdurchsatz, *m.*	water throughput
	– Wasserdurchsatzrate: water throughput rate
Wasserenthärtung, *f.*	water softening
Wasserenthärtungssystem, *n.*	water softening system
Wasserfärbung, *f.*	colour of the water, water coloration
wasserfest	water-resistant (z. B. Adsorptionsmittel)

W

Wasserfilter, *m.*	water filter
	– Wasserfilterkartusche: water filter cartridge
Wasser-Flocken-Gemisch, *n.*	water-floc mixture
Wasserfracht, *f.*	moisture load (z. B. Adsorptionstrockner)
wasserfrei	free from water, moisture-free, moistureless
wassergefährdend	water endangering, presenting a hazard to water, potentially water polluting
	– nicht wassergefährdend: harmless to water
wassergefährdende Stoffe, *m. pl.*	water-endangering substances, substances presenting a hazard to water
	– stark: highly
	– schwach: slightly
Wassergefährdungsklasse (WGK), *f.*	water hazard class (WHC)
Wassergehalt der Luft, *m.*	water content of the air
Wassergehalt, *m.*	water content
	– Wassergehalt pro Volumeneinheit (WGV): water content per volume unit
wassergekühlt	water cooled
Wassergüte, *f.*	water quality
Wasserhaltevermögen, *n.*	water-retaining capacity
wasserhaltig	water-containing, moist, moisture-laden
Wasserhärte, *f.*	water hardness, hardness of water (Water hardness is usually measured in French degrees, 1°F corresponds to 10 mg/l of calcium carbonate. It can also be measured in English or German degrees.)
Wasserhaushaltsgesetz (WHG), *n.*	Water Resources Act (WRA)
	– allgemein: water resources legislation (e.g. according to the relevant water resources legislation)
Wasserinhaltsstoffe, *m. pl.*	water constituents
Wasserkreislauf, *m.*	water circulation, water circuit, water cycle (Process by which water travels from the Earth's surface to the atmosphere and then back to the ground again.)
Wasserkühlung, *f.*	water cooling
wasserlöslich	water-soluble
	– wenig: with low water solubility, not readily soluble in water
Wasserlöslichkeit, *f.*	water solubility
Wasser-Luft-Wärmetauscher, *m.*	water/air heat exchanger
Wassermenge, *f.*	water volume, amount of water, water quantity
wässern	soak (in water)
Wasserniveau, *n.*	water level
Wasserorganismen, *m. pl.*	aquatic organisms
Wasserpfad, *m.*	water route, water pathway
Wasserphase, *f.*	aqueous phase
Wasserprobe, *f.*	water sample, aqueous sample
Wasserqualität, *f.*	water quality
Wasserrecht, *n.*	water legislation
wasserrechtliche Anforderungen, *f. pl.*	requirements imposed by the water authorities, water authority requirements
wasserrechtliche Bestimmungen, *f. pl.*	water resources legislation
wasserrechtliche Genehmigung, *f.*	water authority permit (Schriftstück)

wasserrechtliches Genehmigungs-verfahren, *n.*	permitting procedure under the Water Resources Act – Antrag: application for a permit according to the Water Resources Act
Wasserrechtsbehörde, *f.*	water authority
Wasserregen, *m.*	water spray
Wasserregler, *m.*	water regulator (z. B. für Kühlwasser)
Wasserreinheit, *f.*	water purity (e.g. degree of purity)
Wasserreinigung, *f.*	water purification, water cleanup
Wasserreinigungsanlage, *f.*	water purification plant, water purification unit
Wasserrückgewinnung, *f.*	water recycling, water recovery
Wassersack, *m.*	im Druckluftrohr: water pocket
wassersaugend	hygroscopic
Wassersäule, *f.*	water column
Wasserschlag, *m.*	z. B. im Druckluftnetz: water hammer – Druckstoß: pressure surge
Wasserschutzgebiet, *n.*	water conservation area
wasserseitig	on the water side (as against: on the air side)
Wasserspeicherung, *f.*	water retention (z. B. des Bodens, der Luft)
Wasserspiegel, *m.*	water level
Wassersprühstrahl, *m.*	water spray jet
Wasserstoff, *m.*	hydrogen
Wasseruhr, *f.*	water meter
Wasserumlaufkühlung, *f.*	water circulation cooling
wasserundurchlässig	impermeable (e.g. impermeable to water)
Wässerung, *f.*	Filter: soaking, taking up water – allgemein: water intake
wasserunlöslich	water-insoluble, insoluble in water
Wasseruntersuchung, *f.*	water analysis
Wasserventil, *n.*	water valve
Wasserverbrauch, *m.*	water consumption
Wasserversorgung, öffentliche, *f.*	public water supply
Wasservolumenstrom, *m.*	volumetric water flow, water flow rate
Wasserwaage, *f.*	spirit level
Wasser-Wasser-Wärmetauscher, *m.*	water/water heat exchanger
Wasserwerk, *n.*	waterworks
Wasserwirtschaftsamt, *n.*	water authority
Wasserzufuhr stoppen, *f.*	turn off the water
Wasserzulauf, *m.*	water inlet, water feed
Wasserzuleitung, *f.*	water feeder, water feed pipe, inflow
wässrig	aqueous, watery
wässrige Phase, *f.*	aqueous phase – reine wässrige Phase: pure aqueous phase
Wechsel der Filterelemente, *m.*	filter element replacement
Wechsel des Trocknungsmittels, *m.*	Adsorptionstrockner: desiccant replacement
Wechselaktivkohlefilteranlage, *f.*	alternating activated carbon filter system
Wechselbeanspruchung, *f.*	cyclic loading (z. B. eines Druckbehälters, Gegenteil: static loading) – Wirkung: alternating stress
Wechselfolge, *f.*	sequence
Wechselgehäuse, *n.*	replacement housing

W

Wechsellast, *f.*	alternating load, cyclic load, varying load (e.g. refrigeration compressor operating under varying load conditions)
wechselnde Belastung, *f.*	*siehe* Wechsellast
wechselnde Betriebsdrücke, *m. pl.*	changes in operating pressure
Wechselpatronen, *f. pl.*	replaceable cartridges
Wechselschaltung, *f.*	el.: two-way circuit
wechselseitig	*siehe* wechselweise
Wechselspannung, *f.*	el.: alternating voltage
Wechselstrom, *m.*	el.: alternating current (a.c., AC)
Wechselventil, *n.*	shuttle valve
wechselweise	alternately, in turns, in alternation
Wechselwirkung, *f.*	interaction (z. B. von Chemikalien)
Wechsler, Wechslerkontakt, *m.*	el.: changeover contact
Wegetechnik, *f.*	routing technology
Wegstrecke, *f.*	route
Wegwerfgerät, *n.*	disposable device/product
weichelastisch	Harz: highly flexible
Weichmacher, *m.*	Plastikindustrie: plasticizer
weichmacherfrei	unplasticized, without plasticizer
Weitbereichseingang, *m.*	el.: varying-voltage input
Weiterentwicklung, *f.*	successor, further development, enhanced product
Weitergabe, *f.*	von Messwerten: transmission
weiterleiten	Signal: relay, route
Weiterverarbeitung, *f.*	processing (e.g. signal processing), further processing
Weiterverwendung, Weiterverwertung, *f.*	further use, further utilizaton, reutilization
weitestgehend wartungsfrei	requires only a minimum of maintenance
weitmaschig	coarse meshed
Wellendichtung, *f.*	shaft seal
Wellenkupplung, *f.*	shaft coupling
Wellenlager, *n.*	shaft bearing
	– aerostatische Wellenlagerung: aerostatic shaft bearing
Wellenlänge, *f.*	wavelength
Wellenleiter, *m.*	waveguide
wellige Linie, *f.*	wavy line
weltweit und exklusiv vertreiben	sell exclusively and worldwide
Wendekreisel, *m.*	rate gyro (A special kind of gyroscope that measures the rotation rate around a fixed axis.)
Werk, *n.*	manufacturing facility, factory, works, plant
werkseigene Produktionskontrolle, *f.*	in-house production control
Werkseinstellung, *f.*	factory setting
	– werkseingestellt, werkseitig eingestellt: factory-set
werkseitig angebaut	factory fitted
	– werkseitig eingebaut: built-in at the factory, factory fitted
werkseitig geprüft	factory tested (e.g. fully assembled and factory tested), works tested
werkseitig justiert	factory adjusted
Werksnetz, *n.*	Druckluft: service-air network, service network
Werks-Prüfzeugnis, *n.*	works test certificate
Werkstätte, *f.*	workshop

Werkstoff, *m.*	material
	– Werkstoffeigenschaften: material properties
	– empfohlener Werkstoff: recommended material
Werkstoffauswahl, *f.*	material selection, selection of material
Werkstoffumstellung, *f.*	change of material
Werkstoffverhalten, *n.*	material behaviour (US behavior)
Werkstück, *n.*	workpiece (e.g. machining of complex-shaped workpieces)
	– Teil: part
Werkstückbearbeitung, *f.*	maschinell: workpiece machining
	– Werkstückbewegung: workpiece motion
Werkzeug, *n.*	tool
	– Form, Gussform, Pressform: mould, moulding tool
Werkzeugkühlung, *f.*	tool cooling (z. B. durch Wasserkreislauf)
Werkzeuglänge, *f.*	Formen: mould length
Werkzeugmaschine, *f.*	machine tool
Werkzeugmaschinenbau, *m.*	machine tool industry
Werkzeugmaschinenhersteller, *m.*	machine tool manufacturer
Werkzeugspitze, *f.*	tool tip
Werkzeugstandzeit, f.	tool lifetime
Werkzeugüberwachung, Werkzeug-kontrolle, *f.*	tool monitoring (z. B. bei maschineller Bearbeitung)
Werkzeugverschleiß, *m.*	tool wear, wear on tools, wear and tear on equipment, wear out the equipment
	– vorzeitiger: premature tool wear
Werkzeugwand, *f.*	Blasformen: mould wall
Wertebereich, *m.*	range of values
Wertschöpfung, *f.*	added value
Wertschöpfungskette, *f.*	value-added chain
Wertstoff, *m.*	useful material (e.g. "The new technology enables the conversion of problematic waste into useful material.")
	– Rückgewinnung: recovery of useful material
WE-Test, *m.*	test of incoming goods
wettergeschützter Raum, *m.*	weather-protected room/space
wichtige Hinweise, *m. pl.*	important information
Wickelfilter, *m.*	wound filter
Wickelmaschine, *f.*	winding machine (Membrantrockner)
	– Wickelmodul: wound module (Membrantrockner)
Wicklung, *f.*	winding (e.g. wound filter cartridges made from polypropylene; filter element wound in layers)
Wicklungsschutz, *m.*	el.: winding shield
	– Wicklungsvollschutz: complete winding shield
Widerstand, *m.*	el.: resistance
	– Element: resistor
	– selbstregelnder Widerstand: self-regulating resistor
Widerstandsbeiwert, *m.*	coefficient of resistance (z. B. für verschiedene Metalle)
Widerstandsdraht, *m.*	el.: resistance wire
widerstandsfähig	resistant
	– äußerst: highly resistant
Widerstandsfähigkeit, *f.*	resistance, stability, robustness, endurance
	– Farben: fastness
Widerstandskopplung, *f.*	el.: resistive coupling

W

wie dargestellt	as depicted, as shown, as illustrated
wiederbefüllen	refill
Wiedereinschaltsperre, *f.*	restart lockout
wiederherstellen	restore (e.g. restore efficiency and reduce electricity costs; restore to working order)
Wiederholbarkeit, Reproduzierbarkeit, *f.*	reproducibility, repeatability
wiederkehrende Messungen, *f. pl.*	repeat measurements
wiederkehrende Prüfung, *f.*	recurring test (at defined intervals)
wiederverwendbar	reusable
wiederwärmen	reheat
Winde, *f.*	winch
Windkühlfaktor, *m.*	wind chill factor
Winkel, *m.*, Winkelstück, *n.*	Rohr: elbow (e.g. 90° elbow, 45° elbow), pipe bend (nicht unbedingt rechtwinklig)
Winkeladapter, *m.*	elbow adapter
Winkel-Einschraubtülle, *f.*	threaded elbow connector
Winkeleinstellung, *f.*	angle setting
Winkelstellung, *f.*	angle position (z. B. maschinelle Bearbeitung)
Winkeltülle, *f.*	elbow connector
Wirbelbettreaktor, *m.*	turbulent bed reactor (e.g. anaerobic inverse turbulent bed reactor)
Wirbelbettwäscher, *m.*	turbulent bed scrubber
Wirbelrohr, *n.*	vortex tube (z. B. Kältetechnik)
Wirbeltrockner, *m.*	vortex dryer
Wirkfläche, *f.*	effective area, effective space
Wirkkraft, *f.*	active force
Wirkprinzip, *n.*	operating principle – Funktionsprinzip: functional principle – physikalisches Wirkprinzip: physical principle of action
Wirkrichtung, *f.*	effective direction
wirksam	effective (e.g. effectively permeable filter area), satisfactory (zufriedenstellend) – wirksame Fläche: effective space
wirksame Korngröße, *f.*	effective grain size
wirksame Oberfläche, *f.*	Filter: effective surface
Wirksamkeit, *f.*	– efficacy (ability to produce the intended result, e.g. efficacy of a new drug against malaria), – efficiency (producing the desired effect without unnecessary waste, e.g. high-efficiency filters), *siehe* Wirkungsgrad – effectiveness (successful or achieving the desired result, e.g. effectiveness of a method in practice)
Wirkstellung, *f.*	active position
Wirkung, *f.*	action, effect, impact
Wirkungsgrad, *m.*	efficiency, degree of efficiency, *siehe* Betriebseffizienz – betrieblicher: operational efficiency – isotropischer: isotropic efficiency – maximaler: maximum efficiency – mechanischer: mechanical efficiency – thermischer: thermal efficiency – volumetrischer: volumetric efficiency

Wirkungsmechanismus, *m.*	mechanism of action
wirkungsvoll	effective
wirtschaftlich	cost-effective, economically efficient, economic
Wirtschaftlichkeit, *f.*	economic efficiency (An item manufactured for sale is considered to be economically efficient when this item is produced at the lowest possible cost.), cost-effectiveness (e.g. high cost-effectiveness), economic viability, economic performance
Wirtschaftlichkeitsberechnung, *f.*	economic analysis, analysis of economic efficiency – Rentabilität: profitability calculation
Wirtschaftlichkeitsoptimierung, *f.*	optimizing the economic efficiency (GB auch: optimising)
Wischtuch, *n.*	wiping cloth, cleaning cloth
Wolfram, *n.*	tungsten
www-basiert	WWW-based (e.g. WWW-based learning environment)
WZM (Werkzeugmaschine)	MT (machine tool)

W

XYZ

x-Achse, *f.*	X axis
y-Achse, *f.*	Y axis
Y-Muffe, *f.*	Kabel: Y-joint
zähflüssig	viscous
Zähigkeit, *f.*	Metall: toughness, ductility
	– Flüssigkeit: viscosity
Zahlenwert, *m.*	numerical value
Zählerschrank, *m.*	meter cabinet
Zahnradpumpe, *f.*	gear pump
Zahnriemen, *m.*	toothed belt
	– Zahnriemenspannung: toothed belt tightness
Zange, *f.*	pliers, tongs (with two arms for grasping or lifting)
Zeichnung, *f.*	drawing
Zeiger, Anzeiger, *m.*	pointer (e.g. the pointer of a pressure gauge or manometer)
	– Uhr: hand
Zeit- und Personalkosten, *pl.*	time and labour costs
zeitabhängig arbeitend, zeitgetaktet	timed, at timed intervals (e.g. "Splitting agent is added at timed intervals.")
zeitabhängig gesteuert	time controlled (e.g. time controlled metering of liquid products)
zeitabhängige Steuerung, *f.*	timed control, time cycle control
Zeitabstand, *m.*	interval
Zeitaufwand, *m.*	expenditure in terms of time, time spent, time involved
zeitaufwändig	time-consuming
Zeitauswertung, Zeitbewertung, *f.*	time-weighting (e.g. time-weighting characteristics)
Zeitdauer, *f.*	duration, time period
Zeiteinheit, *f.*	time unit
Zeiteinstellung, *f.*	time setting, timing
Zeitersparnis, *f.*	time saving
Zeitfunktion, *f.*	timed function
zeitgerecht	modern, state-of-the-art, incorporating the latest technology, up-to-date
zeitgesteuertes Magnetventil, *n.*	timed solenoid valve

zeitgetaktet	timed, time-controlled
zeitlich begrenzt	time-limited
zeitliche Auslastung, *f.*	capacity in terms of time, capacity as a function of time
zeitlicher Abstand, *m.*	interval
zeitlicher Verlauf, *m.*	time curve, characteristics as a function of time
Zeitschaltuhr, *f.*	time switch
Zeitstanddiagramm, *n.*	endurance diagram
Zeitstandprüfung, *f.*	endurance test
Zeitsteuerung, *f.*	time control
zeitverzögert	time delayed (e.g. time-delayed feedback control system)
Zeitverzögerung, *f.*	time delay, delay
Zeitzähler, *m.*	time meter
Zellkultur, *f.*	cell culture
Zellöffnungsgrad, *m.*	Plastik: porosity percentage
Zellstoff- und Papierindustrie, *f.*	pulp and paper industry
Zellteilung, *f.*	cell division
Zement-, Kalk- und Gipsindustrie, *f.*	cement, lime and gypsum industry
zentral zur Verfügung	supplied from a central source
zentrale Drucklufttrocknung, *f.*	central compressed air drying
zentrale Spindel, *f.*	central spindle
zentrale Überwachung, *f.*	monitoring centre
zentrale Versorgung, *f.*	central supply
zentrale Wasserversorgung, *f.*	central water supply
Zentralheizung, *f.*	central heating system
Zentralkraft, *f.*	*siehe* Zentrifugalkraft
zentrierend, selbst z.	self centring (e.g. self-centring chuck),
	– US: self-centering
Zentrierfutter, *n.*	centring chuck
Zentrierprüfung, *f.*	centring test
	– Zentrierprüfgerät: centring test equipment
Zentrifugalkraft, *f.*	centrifugal force
Zentrifuge, *f.*	centrifuge (for separating substances)
zentrisch	centric(ally)
Zerfall, *m.*	disintegration
zerfallen	disintegrate, break down
	– Moleküle zu Atomen: break up into atoms
Zerfallserscheinungen, *f. pl.*	signs of disintegration (z. B. Ozon)
Zerfallszeit, *f.*	disintegration period
	– biologische Zerfallszeit: decomposition period
zerlegen	dismantle, break down (e.g. break down into different substances; break down into component parts)
zerschlagen	break up (z. B. Partikel), *siehe* zerfallen
zersetzen	decompose (e.g. thermal decomposition), break down (e.g. break down into water and carbon dioxide)
	– durch Säure: attack
Zersetzung, *f.*	decomposition, breakdown, breakdown process
	– Zersetzungsprodukt: decomposition product
zerspanende Industrie, *f.*	Werkzeugmaschinen: machining industry
zerstäuben	vaporize (liquid or solid changing into vapour), nebulize (liquid turning into a fine spray)
Zerstäubung, *f.*	vaporization, spraying

Zerstäubungtechnik, *f.*	spraying technology
zerstören	destroy, damage
	– völlig zerstören: damage beyond repair, ruin
	– organische Stoffe: break up
zerstörend lösen	Rohrverbindung: undo by complete destruction
Zerstörung, *f.*	destruction, serious damage
zertifizieren	certify
ziehen	pull (e.g. pull a lever), release
Zielwert, *m.*	target, target value
Ziffernhöhe, *f.*	Display: figure height
Zinkchlorid, *n.*	zinc chloride
Zinkdruckguss, *m.*	zinc die casting, die cast zinc
Zink-Phosphatierung, *f.*	zinc phosphating
	– Zink-Phosphatschicht: zinc-phosphate coating
zinkstaubgrundiert	zinc dust coating
zinküberzogen	zinc coated
Zonengrenze, *f.*	zone boundary
Zonenkarte, *f.*	Klimaregionen: zonal map (of the world)
zu entwässerndes Gefäß, *n.*	vessel to be drained
zu hoch	too high, excessive (z. B. Temperatur, Druck)
zu- und abführende Rohrleitungen, *f. pl.*	upstream and downstream pipework
Zu- und Ablauf, *m.*	inlet and outlet, feed and discharge
Zu- und Ablaufleitung, *f.*	inlet and outlet lines, feed and discharge lines
Zu- und Ablaufset, *n.*	inlet and outlet set
Zu- und Abluft, *f.*	air supply and waste air, inlet and exit air
Zu- und Abluftleitungen, *f. pl.*	supply and waste air lines
Zubehör, *n.*	accessories (Singular: accessory item/part)
	– wahlweise: optional extras, optional features
	– empfohlenes Zubehör: recommended accessories
	– Zubehörprodukt: accessory product
	– Zubehörsatz: accessory set (z. B. für Rohrleitung)
	– Zubehörteile: accessory parts
zufahren	Trockner: overload
Zufälligkeitskriterien, *n. pl.*	random factors, random criteria
Zufallsvariable, *f.*	random variable
Zufluss, *m.*	inflow, incoming flow
zufrieren	freeze up
	– Gewässer: ice up, freeze over
Zufuhr von Fremdenergie, *f.*	energy input from an external source
zuführen	feed (into), supply, provide, introduce
	Signal: transmit (übertragen), relay (e.g. alarm signal: "The system will detect the fault, and relay an alarm signal to the central monitoring station.")
zuführende Rohrleitung, *f.*	incoming pipe
Zugabevorrichtung, *f.*	dosing device
Zugänglichkeit, *f.*	accessibility
Zuganker, *m.*	Filter: tie-rod (z. B. im Filter)
	– stabiler Zuganker: sturdy tie-rod
	– Zugankereinheit: tie-rod unit
	– Zugankerverbindung: tie-rod connection

XYZ

Zugbeanspruchung, Zugspannung, *f.*	tensile stress
Zugbelastung, *f.*	tensile load
zugehörig	associated, part of
zugelassen	approved (e.g. approved for an operating temperature of 150 °C), certified, officially allowed, licensed
zugelassenes Fachunternehmen, *n.*	licensed specialist company (e.g. industrial waste disposal company; recycling & waste disposal company)
Zugelement, *n.*	tension member
zugentlastet	strain relieved
Zugentlastungselement, *n.*	Kabel: strain relief device
Zugentlastungsklemme, *f.*	cable clamp, strain relief clamp
zugesetzt	blocked, clogged, fouled up (Filter)
zugesicherte Eigenschaften, *f. pl.*	guaranteed product characteristics
Zugfestigkeit, *f.*	tensile strength, resistance to tensile stress
Zugkraft, *f.*	tensile force
	– Fahrzeug, z. B. Eisenbahn: tractive force
Zugspannung, *f.*	*siehe* Zugbeanspruchung
zukunftsorientiertes Unternehmen, *n.*	forward-looking company, go-ahead company
zukunftsweisende Technologie, *f.*	future-oriented technology, forward-looking technology
zulässig	admissible, permissible, allowable (e.g. operate within the allowable temperature range), approved (for)
zulässige Kondensattemperatur, *f.*	allowable/permissible condensate temperature
zulässiger Arbeitsdruck, *m.*	allowable working pressure
zulässiger Volumenstrom, *m.*	allowable flow rate
Zulassung, *f.*	approval, certification, permit (z. B. von der Wasserbehörde), licence
	siehe Betriebsgenehmigung
Zulassungsbestimmungen, *f. pl.*	approval regulations
Zulassungsstelle, *f.*	approving authority
Zulauf, *m.*	inlet (into), inflow (from), flow towards (e.g. flow towards the filter centre)
Zulaufanschluss	inlet connection, feed connection
Zulaufbehälter, *m.*	feed tank
Zulaufbereich	inflow area
zulaufend	incoming (e.g. incoming flow of condensate)
Zulauffilter, *m.*	intake filter (e.g. self-cleaning intake filter)
Zulaufleitung, *f.*	feed pipe, feed line
Zulaufmedium, *n.*	feed medium, feed fluid, incoming fluid
Zulaufmenge, *f.*	inflow quantity, feed quantity
Zulaufpumpe, *f.*	feed pump
Zulaufrohr, *n.*	feed pipe
Zulaufschlauch, *m.*	feed hose, inlet hose
Zulaufstelle, *f.*	feed point, inlet point
Zulaufstutzen, *m.*	Rohr: feed socket (pipe socket), feed connection
zuleiten	feed (into), flow, channel, supply, direct, lead, pass, guide, convey
Zuleitung, *f., siehe* Zulauf	inlet pipe, feed pipe, feed line
	– elektrisch: supply line, supply cable
Zulieferer, *m.*	supplier (e.g. component supplier; components produced in-house or purchased from an outside supplier)
zum Patent angemeldet	patent applied for

Zündenergie, *f.*	igniting power
Zunder, *m.*	scale (z. B. von Schweißnähten)
zündfähiges Gemisch, *n.*	ignitable mixture
Zündgefahr, *f.*	risk of ignition, danger of ignition
Zündquelle, *f.*	ignition source, source of ignition
	– mögliche: potential source of ignition
Zündschutzart, *f.*	type of explosion protection
Zündtemperatur, *f.*	ignition temperature
Zungenscheibe, *f.*	tongued wheel
Zuordnung, *f.*	allocation, assignment
	– Z. von Werten: allocation of values
zur Atmosphäre abbauen, *f.*	Druck: release to atmosphere (z. B. Magnetventil)
zurechtschneiden	cut to size
zurückbehalten	Verschmutzung: trap, filter out, retain
Zurückbehaltungsrecht, *n.*	right of retention, retaining lien
Zurückentwicklung, *f.*	downsizing
zurückgespültes Wasser, *n.*	flushed back water
zurückgewinnen	recover (z. B. wiederverwertbares Öl)
zurücknehmen	Signal: clear
zurücksaugen	suck back (e.g. "It must be ensured that condensate is not sucked back into the piping.")
zurückschalten	switch back, return
zurücksetzen	reset (e.g. alarm)
zurückstellen	deactivate (abschalten), reset
zusammenführen	Daten: centralize
Zusammenführung, *f.*	Rohre: junction
Zusammenhang, *m.*	relationship, connection, interconnection
zusammenschrauben	screw together, interconnect
Zusammensetzung und Aufbau, *f./m.*	composition and structure (z. B. Oberflächenbeschichtung)
Zusammensetzung, *f.*	composition (z. B. von Kondensat)
	– chemische Zusammensetzung: chemical composition
zusammenstellen	assemble, create, combine
Zusatz, Zusatzstoff, *m.*	additive (e.g. chemical additive in wastewater treatment systems)
Zusatz-Anleitung, *f.*	supplementary instructions
Zusatzausrüstung gegen Frost, *f.*	additional frost protection
Zusatzausrüstung, *f.*	optional features, optional system, supplementary device (z. B. Heizung), optional unit(s), add-on units
	– Zusatzbehälter: optional tank
Zusatzeinrichtung, *f.*	*siehe* Zusatzausrüstung
Zusatzinstallation, *f.*	additional installation
Zusatzkompressor, *m.*	booster compressor
zusätzliche Funktion, *f.*	additional/supplementary function
zusätzliche Heizung, Zusatzheizung, *f.*	additional heating (function)
Zusatzmittel, *n.*	additive (e.g. paint additive)
Zusatzpumpe, *f.*	zur Druckerhöhung: booster pump
Zusatzstoff, *m.*	*siehe* Zusatzmittel
zuschalten	connect to the system, link
	– elektrisch: switch in, connect, bring into circuit
Zuschlag, *m.*	allowance, extra allowance

XYZ

zusetzen	block (up), clog (up), (e.g. "The clay particles will eventually clog up the filter.")
Zustand, *m.*	state, condition, mode
zuständige lokale Behörde, *f.*	responsible local authority
Zustandsänderung, *f.*	change of state (e.g. "When heat is applied the substance undergoes a change of state.")
Zustandsbericht, *m.*	status report
Zustandsgröße, *f.*	state variable
	– Zustandsgröße der Feuchte in der Druckluft: state variable of compressed-air humidity
Zustimmung, *f.*	agreement
zuverlässig	reliable, dependable, safe
Zwangsbelüftung, *f.*	forced aeration
zweckgebunden	dedicated
zwei in einem	two in one
Zwei-Druck-System, *n.*	dual pressure system
Zweikammer-Adsorptions-trockner, *m.*	twin-tower adsorption dryer, twin-chamber adsorption dryer
Zweikanalmessung, *f.*	2-channel measurement
Zweikomponenten-Harz, *n.*	two-component resin
Zweikomponentenlack, *m.*	two-component paint, 2K paint
Zwei-Komponenten-Messein-richtung, *f.*	two-component measuring system
Zwei-Komponenten-System, *n.*	two-component system (e.g. solvent free, two-component adhesive based on special resins and fillers)
	– aus zwei Produkten bestehend: two-pack system (e.g. coating & glue or primer & finish)
	– Lackierung: two-can system
zweipolig	el.: two-pole
Zweipunktmessung, *f.*	two-position measurement
Zweipunkt-Niveauregelung, *f.*	two-position level control
Zweipunkt-Regelung, *f.*	two-position control
	Zweipunkt-Regler: two-position controller
Zweischichtbetrieb, *m.*	two-shift operation
Zwei-Sensor-Technik, *f.*	two-sensor technology
Zweistoffdüse, *f.*	two-fluid nozzle (e.g. for air and water)
zweistufig	two-stage
zweistufig aufgebaut	composed of two stages, consisting of two stages, two-stage (e.g. two-stage filter combination)
zweistufige Filtration, *f.*	two-stage filtration
zweistufige Pumpe, *f.*	two-stage pump
zweistufiger Verdichter, *m.*	two-stage compressor
zweiteiliges konisches Lager, *n.*	two-part conical bearing
Zweiwegehahn, *m.*	two-way cock (stopcock)
Zweiwegeventil, Zwei-Wege-Ventil, *n.*	two-way valve
Zwillingsanlage, *f.*	twin-type plant
Zwischenadapter, *m.*	intermediate adapter
Zwischenfall, *m.*	incident (also used as a euphemism for accident, e.g. Windscale nuclear incident)
zwischengelagert	situated in between (z. B. Membrane)
Zwischengeneration, *f.*	intermediate generation

Zwischenkühler, *m.*	intercooler (z. B. für mehrstufige Verdichter)
Zwischenkühlerüberwachung, *f.*	intercooler monitoring
Zwischenlänge, *f.*	intermediate length
Zwischenpumpe, *f.*	intermediate pump, *siehe* Zusatzpumpe
Zwischenspeicherung, *f.*	intermediate storage
Zwischenstecker, *m.*	socket adapter, adapter plug
Zwischenstufe, *f.*	intermediate stage
zyklisch	cyclic
	– zyklisch umgekehrt: cyclically reversed
zyklischer Wechsel, *m.*	cyclic changeover (e.g. "One adsorber is being used, while the other one is being regenerated.")
Zyklon, *m.*	cyclone
Zyklonabscheider, *m.*	cyclone separator
Zyklonanlage, *f.*	cyclone system
Zykloneffekt, *m.*	cyclone effect
Zykloneinsatz, *m.*	cyclone insert
Zyklonreihe, *f.*	cyclone series
Zyklonvorabscheider, *m.*	cyclone presepartor
Zykluszeit, *f.*	cycle time
	– angepasste Zykluszeit: adapted cycle time
	– eingestellte Zykluszeit: set cycle time
Zykluszeitreduzierung, Zykluszeit-verkürzung, *f.*	cycle time reduction, shortening of cycle time
Zylinder, *m.*	cylinder
Zylinderkopf, *m.*	cylinder head
Zylinderöffnung, *f.*	cylinder port
Zylinderschraube, *f.*	cheese-head screw
Zylinderspule, *f.*	el.: cylindrical coil
zylindrisches Gewinde, *n.*	cylindrical thread

XYZ

Fachwörterbuch
Englisch – Deutsch

10-pole	el.: polig, z. B. 10-polig
10-type motor oil	10er-Motorenöl, *n.*
100 % tested (e.g. "Filter products are 100 % tested.")	100 % getestet
2-channel measurement	Zweikanalmessung, *f.*
2-conductor configuration, 2-conductor arrangement	Leitertechnik, 2-Leitertechnik, *f.*
2-year guarantee	Garantie von 24 Monaten
2/2-way inclined seat valve	2/2-Wege-Schrägsitzventil (ein Magnetventil), *n.*
3D blow moulded part	3D-Blasformteil
3D blow moulding, 3D blow moulding process, 3D blow moulding technology	Blasverfahren, 3D-Blasverfahren, *n.*
3D measuring device, 3D measuring instrument, 3D measuring equipment	dreidimensionales Messgerät, 3D-Messgerät, *n.*
3D measuring machine	3D-Messmaschine, *f.*
3-part membrane set	Dreier-Membrane-Set, *n.*
4-hole nozzle	Vier-Lochdüse, *f.*
°Cpdp = °C pressure dewpoint	Cpdp (°C Drucktaupunkt)
μm-range	Mikrometer-Bereich, μm-Bereich, *m.*
able to multiply, able to proliferate, active	vermehrungsfähig (Mikroorganismen)
able to withstand mechanical loading, mechanically stable, mechanically resistant (e.g. chemically and mechanically resistant)	mechanisch belastbar
abnormal operating conditions	abweichender Betriebszustand, *m.*
abraded matter	Abrieb, *m.*
abraded matter from compressors	Kompressorabrieb, *m.*, Verdichterabrieb, *m.*
abrasion (process)	Vorgang: Abrieb, *m.*
abrasion-free	abriebfrei
abrasion resistance	Abriebfestigkeit, *f.*
abrasion resistant (e.g. abrasion-resistant coating), resistant to/against abrasion	abriebfest, abriebsarm
abrupt/sudden release of energy	schlagartig freiwerdende Energie, *f.*
abrupt loading	schlagartige Belastung, *f.*
abs. (absolute, e.g. pressure), e.g. bar absolute, bar(a)	abs. (absolut)

ABS shell (ABS = acrylonitrile-butadiene styrene)

absence of air (in the), under the exclusion of air

absence of friction (e.g. absence of metal to metal contact; absence of friction between moving parts)

absolute pressure (gauge pressure + atmospheric pressure)

absolute temperature (e.g. Kelvin absolute temperature scale)

absorb

absorbate circuit

absorbate flow

absorbed

absorbent

absorbent, absorbing agent, absorbing material

absorption dryer, deliquescent dryer (These dryers use the natural absorption properties of, say, common salt (sodium chloride). The compressed air passes through hard, moisture-absorbing salt tablets and the salt water forming at the bottom of the unit is drained away.)

absorption material

acceleration

acceptance, acceptance inspection

acceptance regulations

acceptance test certificate

acceptance test, acceptance inspection

access opening

accessibility

accessible extra-low voltage

accessible extra-low voltage parts

accessories (singular: accessory item/part)

accessory equipment

accessory part, pl.: accessory parts

accessory product

accessory set

accident prevention regulations

accidental contact

according to, in accordance with, in conformity with, in compliance with, in line with

according to customer specifications, customized

according to DIN

according to DIN ISO (abbreviation: acc.)

according to specific requirements

according to the process, process-dependent, process-related

accredited (officially recognized) laboratory

accumulate, hold back, build up

ABS-Trägerrohr (ABS = Akrylnitril-Butadien-Styrol), *n.*

unter Ausschluss von Luft

Reibungsfreiheit, *f.*

Absolutdruck, *m.*

absolute Temperatur, *f.*

aufnehmen (z. B. Wasserdampf in der Luft)

Absorbatkreislauf, *m.*

Absorbatdurchfluss, *m.*

absorbiert

saugfähig

Absorptionsmittel, *n.*

Absorptionstrockner, *m., siehe* Adsorptionstrockner

Aufsaugmasse, *f.*

Beschleunigung, *f.*

Abnahme, *f.*

Abnahmebestimmungen *f. pl.*

Abnahmeprüfzeugnis, *n.*

Gerät/Maschine: Abnahmeprüfung, *f.*

Eingriffsöffnung, *f.*

Zugänglichkeit, *f.*

el.: berührbare Kleinspannung, *f.*

berührbare Kleinspannungsteile, *n. pl.*

Zubehör, *n.*

Sonderausrüstung, *f.*

Ergänzungsteil, *f.*, Zubehörteil, *n.*; Plural: ~teile

Zubehörprodukt, *n.*

Zubehörsatz (z. B. für Rohrleitung), *m.*

Unfallverhütungsvorschriften (UVV), *f. pl.*

versehentliche Berührung, *f.*

nach

Maßgabe, nach Maßgabe des Kunden, *f.*

nach DIN

nach DIN ISO

bedarfsspezifisch

verfahrensabhängig

akkreditiertes Labor, *n.*

stauen, aufstauen

accumulate, produce	anfallen
accumulate dirt	Schmutz einlagern
accumulation, enrichment (e.g. selective enrichment of substances to increase the capacity)	Anreicherung, *f.*
accuracy, precision	Genauigkeit (z. B. eines Messgerätes), *f.*
accuracy of fitting	Passgenauigkeit, *f.*
accurate to size, true to size, fitting exactly	maßgenau
acid crude gas components	saure Rohgaskomponenten, *f. pl.*
acid rain	saurer Regen, *m.*
acid resistant	säurefest
acidic (e.g. acidic solution)	sauer (z. B. saure Lösung)
acidic environment	saures Milieu, *n.*
acidic fluid	saures Kondensat
acidic range	pH-Wert: saurer Bereich, *m.*
acidification	Versauerung, *f.*
acids and lyes	Säuren und Laugen, *pl.*
acknowledge (signals), react to	quittieren
acknowledgment of order	Auftragsbestätigung, *f.* (vom Lieferanten gesandt)
acme thread	Trapezgewinde, *n.*
acoustic alarm	akustischer Warnmelder, *m.*
acoustic cover	Schallhaube, *f.*
acoustic impedence	akustische Impedanz, *f.*
acoustic probe (with acoustic tip for leak detection)	Schallsonde, *f.*
acoustic signal	Signalton, *m.*
acoustic signal, sound signal	Schallsignal, *n.*
acoustic warning signal	akustisches Warnsignal, *n.*
acrylonitrile butadiene styrene	Acrylnitril Butadien Styrol, *n.*
action, effect, impact	Wirkung, *f.*
action, function, procedure, process,	Vorgang, *m.*
activate	ansprechen (z. B. Thermostat)
activate, operate, control	betätigen
activated alumina (highly porous, granular form of aluminium oxide having preferential adsorptive capacity for moisture and odour contained in gases and some liquids. Can be regenerated by heat, and the cycle of adsorption and reactivation can be repeated many times. Used, e.g. in adsorption dryers).	aktiviertes Aluminiumoxid, *n.*
activated carbon	Aktivkohle, *f.*
activated carbon adsorber	Aktivekohle-Adsorber, Aktivekohleadsorber, *m.*
activated carbon adsorption, adsorption on activated carbon	Aktivkohle-Adsorption, *f.*
activated carbon air filter	Luftaktivkohlefilter, *m.*
activated carbon air filter system	Luftaktivkohlefilteranlage, *f.*
activated carbon bed	Aktivkohlebett, *n.*
activated carbon block filter	Blockaktivkohlefilter, *m.*
activated carbon cartridge	Aktivkohlekartusche, Aktivkohle-Kartusche, *f.*
activated carbon cartridge	Aktivkohlepatrone, *f.*

activated carbon drum	Aktivkohlefass, *n.*
activated carbon dust	Aktivkohlestaub, *m.*
activated carbon filter	Aktivkohlefilter, *m.*
activated carbon filter mat	Aktivkohle-Filtermatte, *f.*
activated carbon (filter) system, activated carbon plant	Aktivkohleanlage, *f.*
activated carbon filtration	Aktivkohlefiltration, *f.*
activated carbon gas filter	Gasaktivkohlefilter, *m.*
activated carbon granulate	Aktivkohlegranulat, *n.*
activated carbon loading	Aktivkohlebeladung, *f.*
activated carbon mat	Aktivkohlematte, *f.*
activated carbon packing	Filter: Aktivkohleschüttung, *f.*
activated carbon packing, activated carbon fill	Aktivkohlefüllung, *f.*
activated carbon pores	Aktivkohleporen, *f. pl.*
activated carbon regeneration plant	Aktivkohleregenerierungsanlage, *f.*
activated carbon stage	Aktivkohlestufe, *f.*
activated carbon unit	Aktivekohleeinheit, *f.*
activated carbon water filter (e.g. wet-process activated carbon filter)	Wasseraktivkohlefilter, *m.*
activated coke (e.g. powdery or grainy activated coke)	Aktivkoks, *m.*
activated coke filter	Aktivkoksfilter
activating element	Ansteuerelement, *n.*
active force	Wirkkraft, *f.*
active micro-organisms (also: microorganisms)	lebendige Mikroorganismen, *n. pl.*
active position	Wirkstellung, *f.*
active separating layer	Membrantrockner: trennaktive Schicht, *f.*
actively drying	aktiv trocknend
actual	tatsächlich; effektiv (tatsächlich)
actual annual condensate quantity	effektive Jahres-Kondensatmenge, *f.*
actual condition	Ist-Zustand, *m.*
actual consumption	effektiver Verbrauch, *m.*
actual temperature	Ist-Temperatur, *f.*
actuate, reverse	umschalten, z. B. Membranpumpe
actuating force (e.g. actuating force of compressed air)	Stellkraft, *f.*
actuator	Aktuator, *m.*
acute angle	spitzer Winkel, *m.*
AD 2000 Merkblätter (instruction sheets issued by the Working Group on Pressure Vessels)	AD 2000 Merkblätter (AD = Arbeitsgruppe Druckbehälter)
ADA (air demand analysis)	ADA (Druckluftbedarfsermittlung)
adaptation, adjustment	Abstimmung, *f.*; Anpassung, *f.*
adaptation period/time	Angleichzeit (z. B. eines Sensors, Zeitraum für das Erreichen des Feuchtegleichgewichts, vom Feuchtenormal abhängig), *f.*
adapted	angepasst
adapted cycle time	angepasste Zykluszeit, *f.*
adapted to requirements, adaptable (e.g. adaptable heating and cooling)	bedarfsangepasst
adapted to the actual amount, quantity-related	mengenangepasst
adapter (or "adaptor")	Adapter, *m.*
adapter block	Adapterblock, *m.*

adapter connection	Adapteranschluss, *m.*
adapter inlet (point)	Adapter-Eingang, *m.*
adapter plate	Adapterplatte, *f.*
adapter set	Adapterset, *n.*
adaptive electronic control system	angepasste elektronische Steuerung, *f.*
add, feed	einbringen
added value	Wertschöpfung, *f.*
additional frost protection	Zusatzausrüstung gegen Frost, *f.*
additional heating (function)	zusätzliche Heizung, Zusatzheizung, *f.*
additional installation	Zusatzinstallation, *f.*
additional requirements, additional demand	Mehrbedarf, *m.*
additional/supplementary function	zusätzliche Funktion, *f.*
additive (e.g. chemical additive in wastewater treatment systems)	Zusatz, Zusatzstoff, *m.*
additive (e.g. paint additive)	Zusatzmittel, *n.*, Zusatzstoff, *m.*
additives	Additive, *n. pl.*
adequate stock of spare parts/replacement parts	Ersatzteilbevorratung, *f.*
adhere, stick, bon	haften, kleben
adhere to stated voltages	in angegebenen Spannungen anschließen
adherence of dust	Anhaftung von Staub, *f.*
adherent liquid	anhaftende Flüssigkeit, *f.*
adhesion	technisch: Haftung, *f.*
adhesion force	Adhäsionskraft, *f.*
adhesive, glue, bonding agent	Klebstoff, Kleber, *m.*
adhesive foil	Klebefolie, *f.*
adhesive strength	Klebefähigkeit, *f.*
adhesive tape	Klebestreifen
adhesive tensile strength	Haftzugfestigkeit, *f.*
adhesiveness, bonding strength	Haftfestigkeit, *f.*
adiabatic (without heat transfer into or out of the system)	adiabatisch
adiabatic compressed air storage power plant	adiabatisches Druckluftspeicher-kraftwerk, *n.*
adjacent	angrenzend; nebenstehend
adjust, align	justieren, *siehe* kalibrieren
adjust, re-adjust	nachregeln
adjustable, controllable	regelbar; regulierbar
adjustable alarm setting	einstellbarer Alarmwert, *m.*
adjustable for height, vertically adjustable	höhenverstellbar
adjustable throttle	einstellbare Drossel, *f.*
adjusting feet	Verstellfüße, *m. pl.*
adjustment	Justierung, *f.*
adjustment ring	Verstellring, *m.*
adjustment screw, set screw	Justierschraube, *f.*
adjustment tasks	Abstimmarbeiten, *f. pl.*
admissible, allowable (e.g. operate within the allowable temperature range), approved (for), permissible	zulässig
admission pressure	Vordruck, *m.*
admit pressure, pressurize, put under pressure	unter Druck setzen
admit system pressure (to)	unter Systemdruck setzen

ADNR (EU agreement for the transport of dangerous goods on inland waterways)	ADNR
ADR (EU agreement for the transport of dangerous goods by road)	ADR
adsorb	adsorbieren; auf der Oberfläche aufnehmen (z. B. Öl auf Aktivkohlefilter)
adsorbability	Adsorbierbarkeit, *f.*
adsorbable	adsorbierbar
adsorbate	Adsorbat, *n.*
adsorbed	adsorbiert
adsorbed moisture	angelagerte Feuchtigkeit, *f.*
adsorbent, adsorption agent	Adsorbens, Adsorptionsmittel, *n.*
adsorbent-filled	mit Adsorptionsmittel gefüllt
adsorbent mixture	Adsorbensmischung, *f.*
adsorbent tank	Adsorptionsmittelbehälter (z. B. bei Sauerstofftherapie), *m.*
adsorber	Adsorber, *m.*
adsorber cartridge	Adsorberkartusche, *f.*
adsorption	durch Filter: Aufnahme, *f.*
adsorption (e.g. adsorption on the carbon surface)	Adsorption, *f.*
adsorption bed	Adsorptionsbett, *n.*
adsorption behaviour	Adsorptionsverhalten (z. B. von Aktivkohle), *n.*
adsorption capacity	Adsorptionsfähigkeit, *f.*
adsorption chamber, drying chamber	Adsorptionskammer, *f.*
adsorption dryer (e.g. heatless desiccant compressed air dryer; cold-regenerated adsorption dryer)	Adsorptionstrockner, *m., siehe* kaltregeneriert
Note: Adsorption dryers remove water vapour from compressed air. The water vapour adheres to the surface of an adsorbent (e.g. desiccant beads). This adsorbent can be regenerated many times. Water removal from adsorbent is possible using various methods: heatless regeneration (pressure swing adsorption), heat regeneration (thermal swing adsorption), blower regeneration, vacuum regeneration.	
adsorption dryer vessel	Adsorptionstrocknerbehälter, *m.*
adsorption drying	Adsorptionstrocknung, *f.*
adsorption filter	Adsorptionsfilter, *m.*
adsorption filter technique/principle	Adsorptionsfilter-Prinzip, *n.*
adsorption isotherm (relationship between amount of substance adsorbed and its pressure or concentration at a constant temperature)	Adsorptionsisotherm, *f.*
adsorption performance	Adsorptionsleistung, *f.*
adsorption unit	Adsorptionseinheit, *f.*
adsorption velocity, adsorption rate	Adsorptionsgeschwindigkeit, *f.*
adsorption vessel	Aktivkohlefilter
adsorption vessel, adsorption container	Adsorptionsbehälter, *m.*
adsorptive	adsorbierend
adsorptive, adsorbed material, adsorbate	Adsorptiv, *n.*
adsorptive, adsorbing	aufnahmefähig (z. B. Adsorptionsfilter)

adsorptive-acting	adsorptiv wirkend
adsorptive concentration	Adsorptivkonzentration, *f.*
adsorptively bound, adsorbed	adsorptiv gebunden
advanced, sophisticated, cutting-edge (technology), latest	allermodernst
advanced, sophisticated, incorporating the latest technology	hochentwickelt, hochmodern
advice by specialists in the trade	Beratung durch den Fachhandel, *f.*
adviser, consultant, specialist	Berater, *m.*
Aer medicalis	Aer medicalis (Luft für medizinische Anwendung, ein Arzneimittel mit höheren Ansprüchen an Qualität und Reinheit im Vergleich zu „Druckluft für Beatmungszwecke" nach DIN)
aeration	Abwasserbehandlung: Lüftung, *f.*
aeration field	Belüftungsfeld, *n.*
aeration pipes	Durchlüftungsrohre, *n. pl.*
aeration tank	Abwasser: Belebungsbecken, *n.*
aeration tank	Abwasserbehandlung: Belüftungsbecken, *n.*
aerobic (with oxygen required for respiration)	aerob
aerosol and vapour content/concentration	Aerosol- und Dampfanteil, *m.*
aerosol filter mat	Aerosolfiltermatte, *f.*
aerosol formation	Aerosolbildung, *f.*
aerosol separation	Aerosolabscheidung, *f.*
aerosol water (e.g. aerosol water concentration in a filter), spray water	Nebelwasser, *n.*
aerosols (e.g. oil aerosols, oil mists)	Aerosole, *n. pl.*
aerostatic bearings	aerostatische Lager, *n. pl.* (die 2 Lagerflächen werden durch eine dünne Druckluftschicht getrennt)
aerostatic guide	aerostatische Führung, *f.*
aerostatic shaft bearing	aerostatische Wellenlagerung, *f.*
after a short instruction	Einweisung, nach kurzer
after sales service	After-Sales-Service, *m.*
aftercondensation	Nachkondensation, *f.*
aftercondensation, renewed condensate formation	erneute Kondensation, *f.*
aftercooler	Nachkühler, *m.*
aftercooling	Nachkühlung, *f.*
aftercooling system	Nachkühleinrichtung (z. B. Formtechnik), *f.*
afterdrying, undergo afterdrying/further drying	Nachtrocknen, *n.*
afterfilter	Nachfilter, *m.*
afterfiltration	Nachfiltration, Nachfiltrierung, *f.*
aftertreatment (e.g. catalysts for exhaust aftertreatment), further treatment	Nachbehandlung, Nachbereitung, *f.*
ageing test	Alterungstest, *m.*
agent	Vertreter, *m.*
aggressive	aggressiv, angreifend
aggressive condensate	aggressives Kondensat, *n.*
aggressive fluids/media	aggressive Medien, *n. pl.*
aggressiveness	Aggressivität, *f.*

agile production system	agiles Fertigungssystem, *n.* (Bearbeitungszentrum)
agreement	Zustimmung, *f.*
agreement (e.g. measurement agreement)	Übereinstimmung, *f.*
air as an oxygen source	Luft als Sauerstoffquelle, *f.*
air atomized paint spraying	Lackierung, in der Luft zerstäubende
air-atomized wet paint system	in der Luft zerstäubende Nassspritztechnik, *f.*
air barrier (e.g. creation of an air barrier for a machine tool spindle)	Sperrluft, *f.*
air bearing gap	Luftlagerspalt, *m.*
air bearing turbine	Dental-Luftlagerturbine (im Zahnarztbohrer), *f.*; Luftlagerturbine, *f.*
air bearing, air-lubricated bearing	Luftlager, *n.*
air blast quenching	Metall: Drucklufthärten, *n.*, Druckluft-Heizgerät, *n.*
airborne (e.g. airborne pollution)	Luft, in der Luft
airborne (e.g. airborne residual oil)	luftgetragen
airborne noise probe, air probe	Luftschallsonde, *f.*
airborne pollutants	luftgebundene Schadstoffe, *m. pl.*, luftgetragene Schadstoffe, *m. pl.*
airborne residual oil content	luftgetragener Restölgehalt
air brake	Druckluftbremse, *f.*
air brake, pneumatic brake, compressed air brake	Fahrzeug-Druckluftbremse, *f.*
air bubble	Luftblase, *f.*, Lufteinschluss, *m.*
air circuit	Luftkreislauf, *m.*
air compressor	Druckluftverdichter, *m.*
air compressor, compressor	Drucklufterzeuger, *m.*
air compressor condensate	Luftverdichterkondensat, *n.*
air-compressor station, air-compressor system	Luftverdichterstation, *f.*
air-conditioned room	klimatisierter Raum, *m.*
air conditioning	Raumklima (Gebäude), *n.*
air-conditioning system, AC system, air conditioning plant	Klimaanlage, Klimatechnik, *f.*
air connection	Luftanschluss, *m.*
air constituents	Luftinhaltsstoffe, *pl.*
air constituents (e.g. ambient air constituents)	Luftbestandteile, *m. pl.*
air consumption	Luftverbrauch, *m.*
air-cooled compressor	luftgekühlter Verdichter, *m.*
air cooling	Luftkühlung, *f.*
air-cooling system (e.g. finned air-cooling system)	Luftkühlsystem, *n.*
air-cushioned measuring table	luftgelagerter Messtisch, *m.*
air-cushioned table	luftgelagerter Tisch, *m.*
air cushioning	Luftlagerung, *f.*
air distribution screen	Trockner: Luftverteilerplatte, *f.*
air distribution system	Luftverteilungssystem, *n.*
air dryer applications	Lufttrockner-Anwendungen, *pl.*
air drying	Lufttrocknung von z. B. Lebensmitteln, *f.*
air-drying system	Lufttrocknungssystem, *n.*
air duct, air feed duct	Luftzuleitung, *f.*

air-expansion noise	Entspannungsgeräusch, *n.*
air filter	Luftfilter, *m.*
air filter bag	Luftfiltertasche, *f.*
air filtering system	Filtration: Luftaufbereitung, *f.*
air flow path	Luftstromverlauf, *m.*
air flow rate, volumetric air flow (rate)	Luftvolumenstrom, *m.*
air-filter reducer	Luftfilter Reduzierer, *m.*
air friction	Luftreibung, *f.*
air gap	Luftspalte, *f.*
air/air heat exchanger, auch: air-to-air heat exchanger	Luft-Luft-Wärmetauscher, *m.*
air humidifier	Luftbefeuchter, *m.*
air humidity, humidity of (the) air	Luftfeuchtigkeit, *f., siehe Anmerkung* zu „Feuchtigkeit"
air hygiene, air quality	Lufthygiene, *f.*
air inlet adapter	Luftzufuhr-Adapter, *m.*
air inlet temperature	Lufteintrittstemperatur, *f.*
air intake, air-intake area	Luft: Ansaugbereich, *m.*
air intake and venting, intake and release of air	Luft: Be- und Entlüftung, *f.*
air intake cooling	Kompressor: Voreinlasskühlung, *f.*
air line, air duct, routing of air flow, air passage	Luftführung, *f.*
air line, air pipe	Luftleitung, *f.*
airlock (a chamber with controlled pressure to enable movement between areas that do not have the same air pressure)	Luftschleuse, *f.,* zweite Bedeutung *siehe* Luftblase
airlock (bubble of air blocking the flow in a pipe)	Lufteinschluss, *m.*
air mass (air with similar properties of temperature and moisture across a large area)	Luftmasse, *f.*
air mass flow	Luftmassenstrom, *m.*
air/oil separation	Luftentölung, *f.*
air/oil separator	Luftentöler, *m.,* Luftentölelement, *n.*
air-operated power brake system	Druckluft-Fremdkraftbremsanlage, *f.*
air outlet, outflow of air, escape of air	Luftaustritt, *m.,* Luftaustrittsöffnung, *f.*
air outlet duct	Luftaustrittsleitung, *f.*
air outlet temperature	Luftaustrittstemperatur, *f.*
air output (e.g. compressed air output)	Luftleistung, *f.*
air pathway, air passage	Luftpfad, *m.*
air pocket	Lufteinschluss (z. B. in Wasserrohrleitung oder Tank), *m.;* im Rohr: Luftstau, *m.*
air pollutant, airborne pollutant	Luftschadstoff, *m.*
air pollutants	luftverunreinigende Stoffe, *pl.*
air pollution	Luftverschmutzung, *f.*
air pollution control	Luftreinhaltung, *f.*
air pollution prevention	Reinhaltung der Luft, *f.*
air power	Druckluftenergie, *f.*
air pressure (AP)	Luftdruck, *m.*
air quality	Luftqualität, *f.*
air quality, quality of the air	Luftgüte, *f.*
air quality management	Luftgütemanagement, *n.*
air quality monitoring network	lufthygienisches Messnetz, *n.;* Umweltschutz: Messnetz zur Luftanalyse, *n.*

air quantity, amount/quantity of air	Luftmenge, *f.*
air rate (m³/h)	Durchflussmenge (Luft), *f.*
air/refrigerant heat exchanger, auch: air-to-refrigerant heat exchanger	Luft-Kältemittel-Wärmetauscher, *m.*
air replacement	Luftaustausch, *m.*
air requirement, air demand	Luftbedarf, *m.*
air ride suspension	Druckluftfederung (Fahrzeug), *f.*
air rinsing	Luftspülung, *f.*
air separation	chemisch: Luftzerlegung, *f.*
air separation system	Stickstofferzeugung: Luftzerlegungs-anlage, *f.*
air storage pressure	Luftspeicherdruck, *m.*
air supply and waste air, inlet and exit air	Zu- und Abluft, *f.*
air supply rate, air discharge rate	Luftliefermenge, *f.*
air temperature, temperature of the air	Lufttemperatur, *f.*
air throughput	Luftdurchsatz, *m.*
airtight	luftdicht
air treatment (system)	Luftaufbereitung, *f.*
air turbulence	Luftverwirbelung, *f.*
air valve	Luftventil, *n.*
air velocity, velocity of the air	Luftgeschwindigkeit, *f.*
air void	Luftpore, *f.*
air volume	Luftmenge (bei Angabe in m³), *f.*
air weight	Luftgewicht, *n.*
air zone	Luftzone, *f.*
alarm behaviour	Alarmverhalten, *f.*
alarm circuit	Alarmkreis, Alarmschaltkreis, Alarm-stromkreis, *m.*
alarm contact	Alarmkontakt, *m.*; Warnung: Melde-kontakt, *m.*
alarm contact (e.g. remote alarm contact)	Störmeldekontakt, *m.*
alarm device (e.g. audible alarm device; external alarm device), warning installation	Warngerät, *n.*
alarm display	Alarmanzeige, *f.*
alarm function	Alarmfunktion, *f.*
alarm mode activated	Alarmmodus aktiv, *m.*
alarm mode LED (display), alarm status display	Alarmbetriebsanzeige, *f.*
alarm mode, alarm state	Alarmmodus, Alarmzustand, Alarm-fall, *m.*
alarm/monitoring circuit	Überwachungs- und Alarmschalt-kreis, *m.*
alarm/monitoring control	Überwachungs- und Alarm-steuerung, *f.*
alarm output	el.: Alarmausgang, *m.*
alarm phase	Alarmphase, *f.*
alarm point	Messgerät: Alarmpunkt, *f.*
alarm programming (US programing)	Alarmprogrammierung, *f.*
alarm relay	Alarmrelais, *n.*; Warnung: Melde-relais, *n.*
alarm relay, fault signal relay	Störmelde-Relais, *n.*
alarm response	Alarmverhalten, *f.* (Reaktion)

alarm sensor	Alarmsensor, *m.*
alarm signal (is triggered/activated), alarm message (is relayed/transmitted)	Alarmmeldung, *f.*
alarm signal output	Alarm-Signalausgang, *m.*
alarm signal, warning signal	Warnsignal, *n.*
alarm signalling device, alarm indicator	Alarmmelder, *m.*
alcohol-resistant foam (fire foam)	alkoholbeständiger Schaum, *m.*
align	ausrichten
alignment	Ausrichtung, *f.*
alkaline, basic	alkalisch, basisch
alkaline earth	Erdalkalien, *f. pl.*
alkaline effect	basische Wirkung, *f., siehe* Lauge
alkaline material	alkalisches Material, *n.*
alkaline range	pH-Wert: basischer Bereich, *m.*
alkalinity	Alkalität, *f.*
alkane	Alkan, *n.*
Allan key, hexagon socket screw key	Inbusschlüssel, *m.*
all-metal housing	Ganzmetallgehäuse, *n.*
allocation of values	Zuordnung von Werten, *f.*
allocation, assignment	Zuordnung, *f.*
allowable flow rate	zulässiger Volumenstrom, *m.*
allowable working pressure	zulässiger Arbeitsdruck, *m.*
allowable/permissible condensate temperature	zulässige Kondensattemperatur, *f.*
allowance, extra allowance	Zuschlag, *m.*
allowing easy fitting/positioning, easy to fit	passfähig (z. B. Filter)
alloy	Legierung, *f.*
alloyed steel	legierter Stahl, *m.*
all-pass filter	Signalverarbeitung: Allpassfilter, *m.*
all-plastic pipe	Vollkunststoffrohr, *n.*
all-pole	allpolig
allround maintenance, full maintenance	Wartung, komplette, *f.*
all-round production	Allround-Fertigung, *f.*
all-round sensor	Allroundsensor, *m.*
along the line	Rohrleitung: auf dem Weg
alternately, in alternation, in turns	wechselweise, wechselseitig
alternating activated carbon filter system	Wechselaktivkohlefilteranlage, *f.*
alternating current (a.c., AC)	el.: Wechselstrom, *m.*
alternating load, cyclic load, varying load (e.g. refrigeration compressor operating under varying load conditions)	Wechsellast, *f.*, wechselnde Belastung, *f.*
alternating load switchover	Lastwechselschaltung, *f.*
alternating stress	Wechselbeanspruchung (Wirkung), *f.*
alternating voltage	el.: Wechselspannung, *f.*
alternative, other possibility, possible approach	Alternative, *f.*
alumina (Al₂O₃)	Tonerde, *f.*
alumina mineral	Tonerde-Mineral, *n.*
alumina particles	Tonteilchen, *n.*
aluminiferous	tonerdehaltig
aluminium casting, cast aluminium	Aluminiumguss, *m.*
aluminium filter series	Aluminium-Filterserie, *f.*
aluminium fins (e.g. aftercooler: copper tube with aluminium fins)	Aluminiumlamellen, *f. pl.*

aluminium head	Alu-Kopf, *m*.
aluminium housing	Aluminiumgehäuse, *n*.
aluminium hydrosilicate	Aluminiumhydrosilikat, *n*.
aluminium oxide (Al_2O_3)	Aluminiumoxid ((Al_2O_3) reine weiße Tonerde, durch Kalzinierung gewonnen), *n*.
aluminium oxide sensor	Aluminiumoxid-Sensor, *m*.
aluminium silicate	Aluminiumsilikat, *n*.
ambient air, surrounding air	umgebende Luft, *f*., Umgebungsluft, *f*.
ambient air pressure	Umgebungs-Luftdruck, *m*.
ambient conditions	Umgebungsbedingungen, *f. pl.* (hinsichtlich Umgebungstemperatur, Druck usw.)
ambient conditions (e.g. on the shop floor)	Umgebungsbedingungen, *f. pl.* (z. B. in der Fabrikhalle, im Fertigungsbereich)
ambient noise (e.g. suppression of ambient noise)	Umgebungsgeräusch, *n*.
ambient pressure	Umgebungsdruck, *m*.
ambient temperature (max. or min.)	Umgebungstemperatur, *f*.
amendment	Gesetz: Novelle, *f*.
ammonia	Ammoniak, *n*.
ammonia formation	Ammoniakbildung, *f*.
amount of purge-air flow, purge-air flow percentage, purge-air volume	Spülstromanteil, *m*.
amount of residual water	Restwassermenge, *f*.
amount of service air withdrawn	Nutzluftabnahmemenge, *f*.
amount of water, water quantity, water volume	Wassermenge, *f*.
amount required, volume required	Bedarfsmenge, *f*.
anaerobic filter	anaerober Filter, *m*.
anaerobic wastewater treatment	anaerobe Abwasseraufbereitung, *f*.
anaerobic zone	anaerobe Zone, *f*.
analog-digital converter	Analog-Digital-Converter, Analog-Digital-Wandler, *m*.
analog input, analogue input	Analogeingang, *m*.
analogue output, US: analog output (note: the spelling "analog" is meanwhile also acceptable in GB)	Analogausgang, *m*.
analysis filter	Analysenfilter, *m*.
analysis gas	Analysegas, *n*.
analysis of the cause, diagnosis	Ursachenanalyse, *f*.
analysis service (e.g. wastewater analysis service)	Analysenservice, *m*.
analytical equipment	Analysegeräte, *n. pl.*
analytical findings, result of analysis	Analysenbefund, *m*.
analytical instrument/device/analyzer	Analysegerät, *n*.
analytical measurement gas	Analysemessgas, *n*.
analytical measurement line, sampling line	Analysenleitung, *f*.
analyzer	Analysator, *m*.; Analysengerät, *n*.
anchor road	Ankerstange (Filter), *f*.
ancillary facilities	Nebeneinrichtungen, *f. pl.*
anemometer (for measuring flow velocity, e.g. by means of a rotating vane anemometer)	Anemometer, *n*.
aneroid barometer	Dosenbarometer, *n*.

A

aneroid barometer (with vacuum chamber to record movements of a diaphragm under varying atmospheric pressure)	Aneroidbarometer, *n.*
angle of friction	Reibungswinkel, *m.*
angle position	Winkelstellung (z. B. maschinelle Bearbeitung), *f.*
angle setting	Winkeleinstellung, *f.*
angle valve	Eckventil, *n.*
animal fat	tierisches Fett, *n.*
anion exchanger	Anionenaustauscher, *m.*
Anlagenausfall	plant failure
Annex	Anhang EG-Richtlinie, *f.*
annual average	Jahresdurchschnitt, *m.*
annual condensate quantity	Jahreskondensatmenge, *f.*
annual mean values	Jahresdurchschnittswerte, *pl.*
annual operating costs	Jahresbetriebskosten, *pl.*
annular gap	Ringspalt, *m.*
anode	Anode, *f.* (positiv in Bezug auf Kathode)
anodic oxidation, anodizing	Anodisierung, *f.*
anodize	eloxieren
anodized	eloxiert
anodized, anodic oxidation coating	anodisch oxidiert
ANSI (American National Standards Institute)	ANSI
anthropogenic	anthropogen
anticlockwise, counterclockwise (direction)	Gegenuhrzeigersinn, *m.*, gegen den Uhrzeigersinn
antifreeze	Frostschutzmittel (z. B. für Kraftfahrzeug), *n.*
anti-kink sleeve	Knickschutzhülle, *f.*
anti-kink system	Kabel: Knickschutz, *m.*
anti-oxidant	Oxidationshemmer, *m.*
antipollution legislation, antipollution regulations	gesetzliche Umweltvorschriften, *f. pl.*
anti-scale filter	Kalkfilter, *m.*
apolar, non-polar (e.g. non-polar hydrocarbons)	unpolar
appendix (e.g. appendix to a document)	Anhang, *m.*
applicable accident prevention regulations	einschlägige Unfallverhütungsvorschriften (UVV), *f. pl.*
applicable regulations	einschlägige Bestimmungen
applicable standards	einschlägige Normen
application area	Anwendungsstelle, *f.*
application for a permit according to the Water Resources Act	Antrag: wasserrechtliches Genehmigungsverfahren, *n.*
application, operation, use (e.g. intended use), utilization	Anwendung, *f.*, Einsatz, *m.*, Verwendung, *f.*
application in practice, application in the field, application in actual practice, application in service	praktischer Einsatz, *m.*
application industries	Anwenderindustrien, *f. pl.*
application limit, limit of application, operational limit	Einsatzgrenze, *f.*
application-optimized	anwendungsoptimiert

application-oriented, application-related, process-related	anwendungsbezogen, anwendungsorientiert
application range up to maximal xxx	Einsatzbereich bis maximal xxx
application-specific	anwendungsspezifisch, *siehe* anwendungsbezogen
application temperature	Anwendungstemperatur (z. B. für Farbschicht/Leim), *f.*
apply	Druck: anlegen
apply, supply, pressurize, admit pressure, subject to pressure, charge (e.g. pipework charged with compressed air for a leak detection test)	Druckluft: beaufschlagen
apply operating voltage	Betriebsspannung anlegen
apply voltage	el.: Spannung anlegen
appropriate clothing and footwear	Kleidung und Schuhwerk, erforderliche
approval, certification, licence, permit	Zulassung, *f., siehe* Betriebsgenehmigung (z. B. von der Wasserbehörde)
approval, licence (US license), permit	Genehmigung, *f.*
approval body	Prüfstelle, zuständig für Zulassung, *f.*
approval by the supervisory authority, type approval	bauaufsichtliche Zulassung, *f., siehe* allgemeine bauaufsichtliche Zulassung
approval for hazardous areas	Ex-Zulassung, *f., siehe* ATEX-Zulassung
approval procedure (e.g. project approval procedure), permitting	Genehmigungsverfahren, *n.*
approval regulations	Zulassungsbestimmungen, *f. pl.*
approved (e.g. approved for an operating temperature of 150 °C), certified, licensed officially allowed	zugelassen
approved, with official approval	abgenommen
approved safety rules of engineering practice	anerkannte sicherheitstechnische Regeln, *f. pl.*
approved specialist company	zugelassener Fachbetrieb, *m.*
approving authority	Zulassungsstelle, *f.*
approximate, close to	annähernd, *f.*
approximation	Annäherungsformel, *f.*
approximations, approximate data	ungefähre Angaben, *pl.*
aquatic organisms	Wasserorganismen, *m. pl.*
aqueous phase	Wasserphase, *f*; wässrige Phase, *f..*
aqueous sample, water sample	Wasserprobe, *f.*
aqueous, watery	wässrig
area load	Flächenlast, *f.*
area near large surface waters	Großgewässerbereich, *m.*
area of application, field of application	Einsatzbereich, *m.*, Einsatzgebiet, *n.*
area of application, scope of application, range of application	Anwendungsbereich, *m.*, Anwendungsgebiet, *n.*
area of vibration	Vibrationsbereich, *m.*
area where there is a danger of frost, area where frost is likely to occur, … may be exposed to frost	frostgefährdeter Bereich, *m.*
areal proportion	Flächenanteil, *m.*
argon	Argon, *n.*
Armaflex	Armaflex (Isolierung)

aromatic amines	aromatische Amine, *n. pl.*
around the clock, 24/7	rund um die Uhr
arrange for disposal by specialist company	entsorgen lassen
arranged in a vertical line	übereinander angeordnet
arrangement, installation, layout, configuration	Anordnung, *f.*
arrow button	Pfeiltaste, *f.*
arrow key	Tastatur: Pfeiltaste, *f.*
article No.	Art.-Nr., *f.*
artificial ventilation	künstliche Belüftung, *f.*
as a bypass, in form of a bypass	im Bypass, als Bypass
as a mix	Mix, im Mix, *m.*
as a rule, fundamentally, in principle, basically	grundsätzlich
as decided by the manufacturer, at the manufacturer's option (e.g. "The device will be repaired or replaced at the manufacturer's option free of charge.")	nach Entscheidung des Herstellers
as depicted, as shown, as illustrated	wie dargestellt
as desired, variable, (freely) selectable, as and when desired/required, at any time	beliebig
as required	bedarfsgerecht
as standard	standardmäßig
aseptic pipe connection	Aseptik-Rohrverbindung, *f.*
ASME (American Society of Mechanical Engineers)	ASME
ASME Code (e.g. built to ASME CODE)	ASME-Regelwerk
asphalt industry	Asphaltindustrie, *f.*
assemble	aufbauen, zusammenfügen; montieren: zusammenbauen
assemble, create, combine	zusammenstellen
assembly line	Montagelinie, *f.*
assembly potting (using potting compounds such as expoxy resin)	Montageverguss, *m.*
assembly, assembly line	Montage: Produktion, *f.*
assembly, module	Baugruppe, *f.*
assess	beurteilen
assessment	Bewertung, *f.*, *siehe* Auswertung
assessment, appraisal	Schaden (Bewertung): Begutachtung, *f.*
assessment of odour	Geruchsbewertung, *f.*
assign	el.: Klemmen: belegen
assignment	el.: Klemmen: Belegung, *f.*
associated, part of	zugehörig
Association of Engineers, German Association of Engineers	VDI (Verein deutscher Ingenieure)
asymmetrical	asymmetrisch
asynchronous control	asynchrone Steuerung, *f.*
at an equal rate (e.g. sampling with partial extraction of the volumetric flow at an equal rate)	Probenahme: geschwindigkeitsgleich
at his/her/their own expense	auf eigene Kosten
at rest	Ruhezustand (allgemein), *m.*
at the rear	dahinterliegend
at the same level	höhengleich
at/on the side, lateral	seitlich

ATEX 137 *Workplace* Directive 99/92/EC, Minimum requirements for improving the safety and health protection of workers potentially at risk from explosive atmospheres. The name ATEX is derived from the title of the 94/9/EC Directive: *Appareils destinés à être utilisés en Atmosphères Explosibles*   ATEX-Vorschrift für Arbeitssicherheit, *f.*

ATEX 95 *Equipment* Directive 94/9/EC (Equipment and protective systems intended for use in potentially explosive atmospheres)   ATEX-Vorschrift für Ausrüstung und Schutzsysteme, *f.*

ATEX approval, ATEX certification   ATEX-Zulassung, *f.*

ATEX certified (e.g. ATEX certified flow and level switches)   ATEX-zertifiziert

ATEX marking (The term ATEX is derived from the title of the 94/9/EC directive: *Appareils destinés à être utilisés en Atmosphères Explosibles*)   ATEX-Kennzeichnung, *f.*

ATEX version   ATEX-Variante, *f.*

atmosphere   Atmosphäre, *f.*

atmospheric air   atmosphärische Luft, *f.*

atmospheric air, uncompressed air   unkomprimierte Luft, *f.*

atmospheric air pressure   Luftdruck, atmosphärischer, *m.*

atmospheric ambient air   atmosphärische Umgebungsluft, *f.*

atmospheric dewpoint (also: atmospheric dew point)   atmosphärischer Taupunkt, *m.*

atmospheric nitrogen   Luftstickstoff, *m.*

atmospheric oxygen   Luftsauerstoff, *m.*

atmospheric pressure   Atmosphärendruck, *m.*; kein Überdruck

atmospheric water vapour content   atmosphärischer Wasserdampfanteil, *m.*

atmospherically expanded   atmosphärisch entspannt

atomization   Eindüsung, *f.*

atomization, atomizing, spraying (e.g. direct a paint spray through a nozzle)   Verdüsung, *f.*

atomize   verdüsen

attach, fit   Hebezeug anschlagen

attached and built-in components   An- und Einbauten, *m. pl.*

attached, mounted (on), ...-mounted, built-on, directly connected   angebaut

attachment, add-on unit   Anbau, *m.*

attachment, retention, adsorption, accumulation (e.g. of molecules on an activated carbon surface)   Anlagerung, *f.*

attachment drawing   Anbauzeichnung, *f.*

attack   zersetzen durch Säure

attainable oil residue   erzielbarer Restölgehalt, *m.*

attainable pressure dewpoint   erreichbarer Drucktaupunkt, *m.*

attenuation   Licht: Abschwächung, *f.*

AU diaphragm   AU-Membrane, *f.*

audible   hörbar

audible alarm signal   akustisches Warnsignal, *n.*

audible signal   akustisches Signal, *n.*

audible warning signal is given   Warnsignal ertönt

austenite   Austenit, *m.*

A

authorized agent	autorisierter Vertreter, *m.*
authorized and (suitably) qualified personnel	befugtes Fachpersonal, *n.*
authorized dealer	autorisierter Händler, *m.*
authorized expert	beauftragter Sachkundiger, *m.*
authorized facility	genehmigte Anlage, *f.*
authorized inspector (e.g. authorized inspector of boilers and pressure vessels)	beauftragter Prüfer, *m.*
authorized inspector, authorized expert	beauftragter Prüfer, *m., siehe* Sachkundiger
authorized personnel	befugtes Fachpersonal, *n.*
authorized service agency	autorisierter Kundendienst, *m.*
authorized service workshop	Fachwerkstätte, autorisierte, *f.*
authorized supervisory body	Überwachungsstelle, zugelassene, *f.*
authorized technical personnel/staff	autorisiertes Fachpersonal, *n.*
autoclave	Autoklav, *m.*; Dampfdruckerhitzer, *m.*
automatic	selbsttätig
automatic circuit breaker, miniature circuit breaker	el.: Sicherungsautomat, *m.*
automatic countermeasures, corrective measures, remedial measures	Abhilfe, selbsttätige, *f.*
automatic drain (system)	automatischer Ableiter, *m.*
automatic mode	Automatik-Modus, *m.*
automatic monitoring	automatische Überwachung, *f.*
automatic operation/mode	Automatikbetrieb, *m.*
automatic packaging machine	automatische Abpackanlage, *f.*
automatic system	Schalter: Automatik, *f.*
automatic welding	automatische Verschweißung, *f.*
automatically revert to normal operating conditions and thus clear the alarm	alarmfrei werden, selbstständig
automotive engineering	Automobilbau, *m.*
automotive industry	Automobilindustrie, *f.*
automotive mechatronics	Automobilmechatronik, *f.*
auxiliary energy, auxiliary power	Hilfsenergie, *f.*
auxiliary equipment	Hilfseinrichtung, *f.*
auxiliary material/substance, auxiliary agent	Hilfsstoff, *m.*
auxiliary membrane	Hilfsmembrane, *f.*
auxiliary pump	Hilfspumpe, *siehe* Zusatzpumpe
auxiliary splitting agent	Spalthilfsmittel (Emulsion), *n.*
availability	Lieferbarkeit, *f.*; Verfügbarkeit, *f.*
availability of purge air, purge air supply	Spüllluftbereitstellung, *f.*
available as an option	optional erhältlich, optional verfügbar
available from stock	erhältlich ab Lager
available loading capacity	Adsorptionstrockner: mögliche Beladung, *f.*
available membrane area	Membrantrockner: zur Verfügung stehende Membranfläche, *f.*
average	Messwerte: verdichten
average annual	jahresdurchschnittlich
average annual condensate quantity	Jahresdurchschnitts-Kondensatmenge, *f.*; Kondensatmenge im Jahresdurchschnitt, *f.*

average roughness	maschinelle Bearbeitung: Mitten-rauwert, *m.*
aviation fuel	Flugkraftstoff, *m.*
axial compressor, axial-flow compressor	Axialverdichter, *m.*
axial piston machine	Axialkolbenmaschine, *f.*
axial turbo compressor	Axialturboverdichter, *m.*
axis of coordinates	Achsenkreuz, *n.*
axis of reference, reference axis	Bezugsachse, *f.*

back into operation, putting the xxx back into operation, (renewed) start-up	erneute Inbetriebnahme, *f.*
back pressure	Luft, Druckluft: Gegendruck, *m.*
back pressure (resistance to a moving fluid)	Rücklaufdruck, *m.*
back pressure valve	Gegendruckventil, *n.*
back to normal; function restored	wieder in Ordnung, *f.*
back-diffusion	Rückdiffusion, *f.*
backflow	Rückströmung, *f.*
backflow (e.g. backflow into the filter)	Rückstau, *m.*
backflow loss	Rückströmverlust, *m.*
backflow, return flow, reverse flow, reflux	Rückfluss
backpressure (e.g. "The max. permissible backpressure is 10%."), pressure buildup (e.g. "Built-up backpressure affects the operational characteristics and flow capacity of safety valves.")	Stauung (Gegendruck), *f.*
backpressure, back pressure (e.g. resistance to flow due to obstructions)	Staudruck (Gegendruck), *m.*
backscatter	Laser: Rückstreuung, *f.*
back-up fuse	Vorsicherung, *f.*
backwash duration	Rückspüldauer, *f.*
backwash filter, reverse flush filter (less common)	Rückspülfilter, *m.*
backwash system	Rückspüleinrichtung, *f.*
backwash valve (e.g. pressurized backwash filter)	Rückspülventil, *n.*
backwash, backflushing, backwashing	Rückspülung, *f.*, Rückspülen, *n.*
backwashable	rückspülbar
backwashing rate	Rückspülgeschwindigkeit, *f.*
backwashing water	Rückspülwasser, *n.*
backwashing/backflushing process, backwashing/backflushing action	Rückspülvorgang, *m.*
bacteria colony	Bakterienstamm, *m.*
bacteria population	Bakterienpopulation, *f.*
bacterial count (e.g. in a given water sample)	Keimzahl, *f.*
bacteriophages	Bakteriophagen, *m. pl.*
baffle (area), deflector area	Prallfläche, *f.*
baffle chamber	Umlenkkammer, *f.*
baffle plate	Prallblech, *n.*, Prallplatte, *f.*

bag filter	Beutelfilter, *m.*; Sackfilter, *m.*; Schlauchfilter, *m.*
balance	Ausgewogenheit, *f.*; Waage (Labor), *f.*
balance pan	Wägeschale, *f.*
ball float trap (In a ball float trap, the ball rises in the presence of condensate and opens a valve for condensate drainage.)	Schwimmer-Kondensatableiter, *m.*
ball valve	Kugelventil, *n.*, Kugelhahn, *m.*
band wrench	Spanngurtschlüssel, *m.*
bandwidth, range, scope, spectrum	Bandbreite, *f.*
bar (a), (a = absolute)	bar (a)
bar chart, bar diagram, bar graph	Balkendiagramm, *n.*, Bargraph, *f.*
bar graph	Bargraph, *f.*
bar(g), barg (bar gauge)	bar (ü), bar ü
bar, stay, bridge	Steg *m.*
bared conductor	abisolierter Leiter, *m.*
barely detectable	kaum messbar
barg (bar gauge = The pressure of a system indicated on a pressure gauge, which does not include atmospheric pressure. For example: "Most compressed air systems operate at a pressure of around 7 barg."), bar(g), bar gauge, gauge pressure).	Überdruck, Ü, ü, pü (angezeigter Druck), *m.*
– alternative: psig (pounds per square inch gauge)	
– overpressure (Gauge pressure is sometimes also referred to as overpressure, but this is equally a term for pressure above atmospheric or for indicating pressure increase over the set pressure.)	
barg, bar(g) (= bar gauge, defined as the pressure of a system as seen on a pressure gauge, not including atmospheric pressure)	p(ü)
barometric feedback	Ventil: barometrische Rückführung, *f.*
base (e.g. weak/strong base)	Chemie: Base, *f.*
base area	Gerät/Maschine: Grundfläche, *f.*
base frame (e.g. heavy-duty steel base frame), main frame, supporting frame	Grundrahmen, *m.*
base load (e.g. base load compressor)	Grundlast, *f.*
baseplate	Grundplatte, *f.*
base plate, bottom plate	Bodenplatte eines Gerätes, *f.*
basic agreement, framework agreement	Rahmenvertrag, *m.*
basic housing	Basisgehäuse, *n.*
basic lube, basic lubrication, basic lube oil	Grundschmierung, *f.*
basic module	Grundbaugruppe, *f.*
basic requirements, prerequisites	Grundanforderungen, *f. pl.*
basic research	Grundlagenforschung, *f.*
basic setting	Grundeinstellung, *f.*
basic type	Basistyp, *m.*; Grundtyp, *m.*
basic value	Basiswert, *m.*
basis for calculation, calculation basis	Berechnungsgrundlage, *f.*
basket filter	Korbsiebfilter, *m.*
batch number	Chargennummer, *f.*
batch size	Losgröße, *f.*

batch test	Batchversuch, *m.*
batchwise, in measured quantities	chargenweise (z. B. Pumpvorgang)
Battenfeld blow moulding machine	Battenfeld-Blasformanlage, *f.*
battery network	Batterienetz, *n.*
bayonet lock	Bajonettverschluss, *m.*
be (to) on the safe side	sicherheitshalber, vorsichtshalber
bearing, bearing arrangement	Lager (Maschine usw.), *n.*, Lagerung, *f.*
bearing air	Lagerluft, *f.*
bearing area	Auflagefläche: Lager, *n.*
bearing capacity, load-bearing capacity	Tragkraft, *f.*
bearing design	Lagerausführung, *f.*
bearing element	Lagerelement, *n.*
bearing gap, (e.g. air bearing gap)	Lagerspalte, *f.*
bearing lifetime	Lagerstandzeit, *f.*
bearing surface/face	Lagerfläche, *f.*
bearing wear	Lagerverschleiß, *m.*
become concentrated, accumulate	aufkonzentrieren (z. B. Verunreinigungen)
become stuck due to corrosion	festkorrodieren
bed (e.g. granular bed), bed material	Filterbett: Schüttung, *f.*
bed depth (e.g. filter bed depth)	Betttiefe, Betthöhe, *f.*
bed thickness	Filterbett: Schichthöhe, *f.*
behaviour in fire	Brandverhalten, *n.*
belt filter (for the filtration of liquids)	Bandfilter, *m.*
bench space	Labor: Stellfläche, *f.*
bench top centrifuge	Labor: Tischzentrifuge, *f.*
bend, curvature	Krümmung, *f.* (z. B. Rohrkrümmung)
bending section	Rohr: Biegeschenkel, *m.*
bentonite ($Al_2O_3 4SiO_2 H_2O$, type of clay used as a bond, consisting essentially of montmorillonite, a hydrous silicate of alumina, (e.g. alumina-based adsorbent technology))	Tonerde, *f.*
bentonite method	Bentonitverfahren, *n.*
bentonite, bentonite material	Bentonit, *n.*
bentonite-based splitting, using bentonite as a splitting agent	Emulsionsspaltung: Bentonitspaltung, *f.*
benzene	Benzol, *n.*
benzine	chemischer Begriff: Benzin, *n.*
benzole	kommerziell: Benzol, *n.*
best available technology	beste verfügbare Technik, *f.*
better, superior, enhanced, improved	besser
bevel seat, taper seat	Kegelsitz, *m.*
beverages industry (e.g. food and beverages industry)	Getränkeindustrie, *f.*
beverages manufacturer	Getränkehersteller, *m.*
beverages production	Getränkeherstellung, *f.*
beware of hot surfaces	Warnung vor heißer Oberfläche, *f.*
B-grade modules	B-Grad Module, *pl.*
bicorona band electrode	Bikorona-Bandelektrode, *f.*
bilge water	Bilgenwasser, *n.*
bilge water pump	Bilgenwasserpumpe, *f.*
bilge water purification (e.g. on-board ship)	Bilgenwasserreinigung, *f.*
bill of quantitites	Leistungsverzeichnis, *n.*, *siehe* Pflichtenheft

binary output	Binärausgang, *m.*
binary signal	binäres Signal (Zweipunktsignal), *n.*
bind (past tense: bound)	Flocken einbinden
biodegradable waste	Bioabfall, *m.*
biodegradable, biologically degradable	biologisch abbaubar
biodegrade	biologisch: abbauen
biofilter, biological filter	Biofilter, *m.*
biofuels	Biobrennstoffe, *m. pl.*
biogas	Biogas, *n.*
biological waste air purification, waste air cleaning	biologische Abluftreinigung, *f.*
biological wastewater treatment facility	Abwasserreinigungsanlage, biologische, *f.*
biopharmaceutical application	biopharmazeutische Anwendung, *f.*
bioscrubber	Biowäscher, *m.*
biotechnology	Biotechnik, *f.*
biotrickling filter system	Biotrickling-Filteranlage, *f.*
bitumen substitute	Bitumen-Ersatz, *m.*
black oil	Schwarzöl, *n.*
black steel pipes (e.g. galvanized black steel pipes), black steel piping	schwarze Stahlleitung, *f.*
black-ice conditions	Straße/Schiene: Eisglätte, *f.*
blank	blind; maschinelle Bearbeitung: Rohteil, *n.*
blank flange	Blindflansch, *m.*
blanking cover, blanking element	Blindabdeckung, *f.*
blanking disk, blanking cover	Blindscheibe, *f.*
	Blinddeckel, *m.*
blanking plug	Dichtstopfen, *m.*
blanking plug, filler plug	Blindstopfen, *m.*
bleed	Bremsen entlüften
bleed-off pressure	Abblasdruck, *m.*
blister	Lackierung: Luftblase, *f.*
blister, start blistering	aufblühen
blistering	Lackierung: Blasenbildung, *f.*, Blasenwurf, *m.*
block (up), clog (up), (e.g. "The clay particles will eventually clog up the filter")	zusetzen
block design, block-type construction	Blockbauweise, *f.*
block up, lock	blockieren, arretieren; (ver)blocken, z. B. Rohr
block, clog	verblocken
blockage, clogging, obstruction,	Verstopfung, *f.*
blocked, clogged (e.g. partly clogged), obstructed	Rohr, Filter: verstopft
blocked, clogged, fouled up (filter)	zugesetzt
blocked outlet pipe	verstopftes Austrittsrohr, *n.*
blocked silencer (e.g. partially blocked silencer), clogged silencer	verblockter Schalldämpfer, *m.*
blocking up, clogging	Verblockung, *f.*
blow, fuse	Sicherung durchbrennen
blow air	Blasluft, *f.*
blow-by effect (leading to cylinder pressure loss)	Überblasen, *n.*
blow-clean (e.g. sensors)	reinigen

blow-core geometry	Blasformen: Blasdorngeometrie, *f.*
blow moulded hollow body	blasgeformter Hohlkörper, *m.*
blow moulding	Plastik: Blasformen, *n.*
blow moulding, blow moulded part (e.g. 3D blow moulded part, 3D part, seamless 3D part)	Blasformteil, Blasteil, *n.*
blow moulding machine	Blasformanlage, *f.*
blow moulding process, blow moulding operations	Blasformprozess, *m.*
blow needle	Blasnadel, *f.*
blow off, release, vent, let off, allow to escape	abblasen
– device keeps blowing off air	– Gerät bläst permanent ab
blow through	Rohr ausblasen
blower	Gebläse, *n.*
blower air	Gebläseluft, *f.*
blower air drying	Gebläselufttrocknung, *f.*
blower drying	Gebläsetrocknung, *f.*
blowing agent, foamer	Plastikproduktion: Treibmittel, *n.*
blowing off	Verblasen, *n.*
blowing pressure	Blasdruck, *m.*
blow-off silencer	Ausblaseschalldämpfer, *m.*
blow-off valve	Ausblasventil, *n.*
blow-up phase	Blasformen: Aufblasphase, *f.*
blue-gel dryer	Blaugel-Trockner (Blaugel = Trockenmittel, ein Kieselgel), *m.*
board, panel, pane, plate, sheet, slab	Platte, *f.*
board holder	Platinenaufnahme, *f.*
BOD (biochemical oxygen demand)	BSB (biochemischer Sauerstoffbedarf)
body repair shop	Karosseriewerkstätte, *f.*
boiler	Speicherkessel Warmwasserspeicher (Heizung), *m.*
boiling point, boiling temperature	Siedepunkt, *m.*
bolted, screwed down	verschraubt
bond	Verbund (z. B. von Klebstoff), *m.*
bond (onto, e.g. atom), become attached, attach (itself), accumulate (on), settle, stick (to), be retained, become adsorbed	anlagern
bond, cement, glue, stick together	zusammenfügen
bonded seal	Klebedichtung, *f.*
boost	Kraft verstärken
boost in performance, marked increase in performance	starke Leistungssteigerung, *f.*
booster (compressor)	Nachverdichter, *m.*
booster compressor	Zusatzkompressor, *m.*
booster pump	Zusatzpumpe zur Druckerhöhung, *f.*
booting	PC: Hochlaufen, *f.*
bore	Bohrung (z. B. eines Lagers), *f.*
bore diameter (diameter = straight line through the centre of a circle)	Bohrungsdurchmesser, *m.*
borehole (e.g. water well borehole)	Bohrung, *f.*
boring machine (for producing holes in a workpiece)	Ausbohrmaschine, *f.*
borosilicate (e.g. borosilicate fibre glass filter)	Borosilikat, *n.*
borosilicate glass	Borosilikatglas, *n.*
bottle	Flasche, *f.*

bottleneck	Engstelle, *f.*, *siehe* Einschnürung
bottleneck, production bottleneck, capacity problem	Produktion: Engpass, *m.*
bottom area	Bodenbereich eines Gerätes, *m.*
bottom edge	Unterkante, *f.*
bottom of cover	Haubenunterteil, *n.*
bottom of the 1ˢᵗ stage filter	Filterunterteil der 1. Stufe
bottom outlet	Grundablass, *m.*
bottom, underside	Unterseite, *f.*
bounce-free	prellfrei
bound oil particles (e.g. bentonite-bound oil)	gebundene Ölpartikel, *pl.*
bound, bonded	gebunden
boundary layer	Grenzschicht, *f.*
bowl	Schale: Gefäß, *n.*
brake	abbremsen
brake equipment	Bremsvorrichtung, *f.*
brake manufacturer	Bremsenhersteller, *m.*
brake shoe	Bremsbacke, *f.*
brake system	Bremsnetz, Bremssystem, *n.*
braking valve	Bremsventil, *n.*
branch off	abzweigen
branch pipe	Abzweigrohr, *n.*
branch specific, branch dependent	branchenabhängig
branch, branch off	Rohr: Abzweig, *m.*
branching point	Verzweigung, *f.*; Verästelung, *f.*
brand name	Markenname, *m.*
branded product	Markenartikel, *m.*
brass	Messing, *n.*
brass connector	Messingtülle, *f.*
brazed plate heat exchanger	gelöteter Plattenwärmetauscher (z. B. dichtungsloser Plattenwärmetauscher aus Edelstahl, unter Vakuum hartgelötet mit Kupferlot), *m.*
break	Personal: Pause, *f.*
break contact, break contact element	el.: Öffner, *m.*
break down	Moleküle: aufspalten
break down (e.g. break down into different substances; break down into component parts), dismantle	zerlegen
break down (e.g. break down into water and carbon dioxide), decompose (e.g. thermal decomposition)	zersetzen
break down, disintegrate	zerfallen
break function	Öffnerfunktion, *f.*
break off	ausbrechen
break up	chem. Verbindung: auflösen, *siehe* aufspalten; zerschlagen (z. B. Partikel), *siehe* zerfallen; organische Stoffe zerstören
break up (e.g. "The hydrocarbon molecules are broken up to produce mixtures of smaller hydrocarbons.")	Moleküle: aufbrechen, brechen
break up into atoms	Moleküle: zu Atomen: zerfallen
breakdown in the electricity supply, power failure	Ausfall der Stromversorgung, *m.*
breakdown of consumption quantities, breakdown of quantities consumed	Aufschlüsseln von Verbrauchsmengen, *n.*

breakdown process, breakdown, decomposition	Zersetzung, *f.*
breakdown product	chemischer Vorgang: Spaltprodukt, *n.*
breakthrough	Durchbruch (z. B. der Membrane), *m.*
breakthrough curve	Filter: Durchbruchskurve, *f.*
breathe in	einatmen
breathing air applications	Atemluftanwendungen, *f. pl.*
breathing air filter, respiratory filter (e.g. disinfectable respiratory filter)	Atemluftfilter, *m.*
breathing air generator	Atemlufterzeugungsanlage, *f.*
breathing air standard, breathing air quality	Atemluftqualität, *f.*
breathing air station, respiratory air station	Atemluftversorgungsstation, *f.*
breathing air supply	Atemluftversorgung, *f.*
breathing air system	Atemluftsystem, *n.*
breathing air systems for medical applications	medizinische Atemlufttechnik, *f.*
breathing air treatment system	Atemluftaufbereitungssystem, *n.*
breathing air, air one breathes, respiratory air, inhaled air	Atemluft, *f.*
breathing apparatus	Atemschutzgerät, *n.*
breathing apparatus, respirator	Beatmungsgerät, *n.*
breathing problems	Atmungsprobleme, *n. pl.*
Brettschneider seal (self-sealing cover seal)	Brettschneider-Verschluss, *m.*
bridge rectifier	Brückengleichrichter, *m.*
bright metal	metallblank
brightness	Display: Helligkeit, *f.*
bring out	el.: nach außen führen
British Standard (B.S.)	Britische Norm, *f.*
broad range (e.g. broad-range splitting agent), broad-spectrum (e.g. broad-spectrum biocide)	breitbandig
broad, extensive, widespread, far-reaching	breit
broken down molecules (but: break up molecules into atoms)	aufgebrochene Moleküle, *n. pl.*
broken/crushed ice	Eisstücke, *n. pl.*
broken/dashed line	gestrichelte Linie (lange Striche), *f.*
brought out	el.: herausgeführt
Brownian molecular movement	Brown'sche Molekularbewegung, *f.*
bubble	Plastik: Lunker, *m.*
bubble, bubbling, form bubbles	durchsprudeln
buckle, buckling	allgemein: abknicken
buckling	Ausbeulen, *n.*
buffer	Puffer, *m.*
buffer capacity	Pufferkapazität, *f.*, Puffervermögen, *n.*
buffer tank	Pufferbehälter, Sicherheitsbehälter, *m.*
building services	Gebäudetechnik, *f.*
building services (e.g. electricity supply, water supply, wastewater drainage), building services plant & systems, building services installations	Haustechnik, *f., siehe* Gebäudetechnik
building services control	Haustechniksteuerung, *f.*
building services control system	Gebäudeleittechnik, *f.*
building services design	Haustechnikplanung
build-up of layers	Aufbau (von Schichten), *m.*
built-in, integral, integrated, incorporated	eingebaut
built-in at the factory, factory fitted	werkseitig eingebaut

built-in components	Einbauten, *m. pl.*
built-in electrical units	elektrische Einbaukomponenten, *f. pl.*
built-in optocoupler	Optokoppler, eingebauter, *m.*
built-in overheating protection	eingebauter Überhitzungschutz, *m.*
built-in version	Built-in-Version, *f.*
bulk density (e.g. filter bulk density)	Schüttdichte, *f.*
bulk freight	Schüttgut für Transport, *n.*
bulk goods, bulk material	Schüttgut (z. B. Kohle, Weizen), *n.*
bulk packaging	Sammelpackung, *f.*
bulk volume	Schüttvolumen, *n.*
bump	Beule, *f.*
bundle	Bündel (z. B. von Hohlfaser-membranen), *n.*
buoyancy effect	Auftriebswirkung, *f.*
buoyant force, buoyancy	Auftriebskraft, *f.*
burden (e.g. in ohm)	el.: Bürde, *f.*
burns	Verbrennungsverletzung, *f.*
burst pressure, bursting pressure	Berstdruck, *m.*
burst strength	Berstfestigkeit, *f.*
burst test	Bersttest, *m.*
bursting plant components	berstende Anlagenteile, *n. pl.*
business management decisions	betriebswirtschaftliche Entscheidun-gen, *f. pl.*
butadine (e.g. 1-3 butadine)	Butadin, *n.*
butane	Butan, *n.*
butane-free	butanfrei
butterfly valve	Rohr: Drosselklappe, *f.*, Stellklappe, *f.* (bewegliche Klappe zum Verändern des Querschnittes von Rohrleitungen); Motor: Drosselklappe, *f.*, Drossel-ventil, *n.*
button, pushbutton	Taste, *f.*, Taster (Druckknopf), *m.*
button downwards	Taste ab
button upwards	Taste auf
buzzer	Summer, *m.*
buzzer function	Summerfunktion, *f.*
BVS approval	BVS-Zulassung, *f.*
by external control, externally controlled	fremdgesteuert
by hand, manual	Hand, *f.*, per Hand
by rule of thumb	nach der Daumenregel
by the customer, on the part of the customer	kundenseits, kundenseitig
by the plant operator, operator's duty	betreiberseits
bypass (verb)	vorbeileiten
bypass controller	Bypass-Regler, *m.*
bypass flow	Vorbeiströmung, *f.*
bypass flow filter, bypass filter	Nebenstromfilter, *m.*
bypass line/pipe	Bypass-Leitung, *f.*
bypass valve	Bypass-Hahn, *m.*
bypass; verb: to bypass	Umgehung, *f.*, Umführung, *f.*
by-product	Nebenprodukt, *n.*

C

cabin air filter	Kabine: Innenraumfilter, *m.*
cabinet	el.: Schrank, *m.*
cabinet cover	Schrankabdeckung, *f.*
cabinet frame	Schrankrahmen, *m.*
cabinet rack	Schrankgestell, *n.*
cable	Kabel, *n.*
cable binder, cable banding	Kabelbinder, *m.*
cable break	Kabelbruch, *m.*
cable clamp, strain relief clamp	Zugentlastungsklemme, *f.*
cable connection	Kabelanschluss, *m.*
cable cross-section	Kabelquerschnitt, *m.*
cable cross-section, lead cross-section	Kabel: Leitungsquerschnitt, *m.*
cable diameter	Kabeldurchmesser, *m.*
cable duct	Kabelkanal, *m.*
cable entry	Kabeleinführung, *f.*
cable fitting	allgemein: Kabeldurchführung, *f., siehe auch* Kabeleinführung; Kabelverschraubung, *f.*; Kabelgarnitur, *f.*
cable gland (e.g. PG9)	Stutzen: Kabeldurchführung, *f.*
cable installation, cable laying	Kabelverlegung, *f.*
cable jacket, cable sheath	Kabelmantel, *m.*
cable plug	Kabelstecker, *m.*
cable route	Kabeltrasse, *f.*
cable routing	Kabelführung, *f.*
cable shield	Kabelschirm, *m.*, Kabelabschirmung, *f.*
cable stripping knife	Kabelmesser, *m.*
cable termination	Kabelabschluss, *m.*

types of cable termination:
- ends prepared by crimping (prior to soldering)
- ends with receptacles for tabs
- ends with right-angle receptacles
- semi-strip (fan-out protection)
- special hifi connector
- stripped, with ends tin-soldered
- stripped, with wire end ferrules
- tin-soldered end with ring terminal

cable type	Kabelausführung, *f.*

cable, lead	el. Kabel, *n.*
cabling, cable installation	Verkabelung, *f.*
cabling, wiring	el.: Leitungsführung, *f.*
caking (e.g. filter caking due to a buildup of solid particles), encrustation, incrustation (e.g. well incrustation, dust encrusted fan)	Verkrustung, *f.*
calculating wheel	Rechenscheibe, *f.*
calculation example	Beispielrechnung, *f.*; Berechnungsbeispiel, *n.*
calendering	Kalandrieren (z. B. Gummiverarbeitung), *n.*
calibrate	eichen; kalibrieren
calibration	Eichung, *f.*
calibration device	Kalibriergerät, *n.*
calibration gas	Eichgas, *n.*; Prüfgas, *n.*
calibration laboratory (e.g. accredited calibration laboratory, test & calibration laboratory)	Kalibrierlabor, *n.*
calibration method	Kalibrierverfahren, *n.*
calibration of measuring instruments	Messgerätekalibrierung, *f.*
call, call up, activate	aufrufen
calm, steady, smooth, non-turbulent	Strömung, Zufluss: beruhigt
calming of the condensate	Kondensatentspannung (im Sinne von Beruhigung), *f.*
calming section	Beruhigungsstrecke, *f.*
calming space	Beruhigungsraum, *m.*, Ruhezone, *f.*
calming zone	Beruhigungsraum, *m.*, Ruhezone, *f.* (Kondensatzufuhr etc.)
calorimetric	kalorimetrisch (Wärmemengenmessung)
calorimetric measurement	kalorimetrische Messung, *f.*
can be affected by oil or dirt	Sensibilität gegen Öl und Schmutz, *f.*
can be extended, with extension option, upgradable	erweiterbar
can be heard by the human ear, audible	akustisch wahrnehmbar
can be increased through filter module	(Kapazität) erweiterbar durch Filtermodul
can be integrated, suitable for integration	integrierbar
can be mounted in different positions	variabel montierbar
can be readily/easily filtered, easy to filter	filtrierfähig, gut filtrierfähig, gut filtrierbar
cancel	zunichte machen
cancel (a signal)	Anzeige löschen
candle filter	Kerzenfilter, *m.*
candle filter mesh	Kerzenfiltersieb, *n.*
candle mesh	Filter: Kerzensieb, *n.*
candle mesh insert	Kerzensiebeinsatz, *m.*
cap	Abdeckkappe, *f.*; Kappe, *f.*
cap, cover, seal, lock	Verschluss, *m.*
capacitive electronic monitoring system	el.: kapazitive Überwachungselektronik, *f.*
capacitive electronic monitoring system/device	kapazitive Überwachungselektronik, *f.*
capacitive level measurement	kapazitive Niveauerfassung, *f.*

capacitive level measurement, capacitive measurement of the filling level	kapazitive Füllstandsmessung, *f.*
capacitive polymer sensor	kapazitiver Polymersensor, *m.*
capacitive sensor	kapazitiv arbeitender Sensor, *m.*
capacitive sensor, capacitive level sensor	kapazitive Sonde, *f.*
capacitive start sensor	kapazitiver Start-Sensor, *m.*
capacitor	el.: Kondensator (z. B. eines Sensors), *m.*
capacity	Fassungsvermögen, *n.*; Leistungsvermögen, *n.*
capacity (e.g. output capacity), efficiency (e.g. cooling efficiency)	Leistungsfähigkeit, *f.*
capacity as a function of time, capacity in terms of time	zeitliche Auslastung, *f.*
capacity for retaining moisture, moisture retention capacity	Haltevermögen für Feuchtigkeit, *n.*
capacity utilization	Auslastung, *f.*; Kapazitätsauslastung, *f.*; Leistungsauslastung, *f.*
capacity utilization analysis (GB auch: utilisation)	Auslastungsanalyse, *f.*
capacity utilization factor (e.g. capacity utilization factor of 85 %), utilization factor	Auslastungsfaktor, *m.*
capactive characteristics	Kapazitivverhalten, *f.*
capillary absorption	kapillare Ansaugung, *f.*
capillary action	Kapillarwirkung, *f.*
capillary membrane	Kapillarmembrane, *f.*
capillary tube	Kapillarröhrchen, *n.*
capillary water	Kapillarwasser, *n.*
caption	Bildunterschrift, *f.*, Bilduntertitel, *m.*
carbon	Kohlenstoff, *m.*
carbon atom	Kohlenstoffatom, *n.*
carbon brush	Kohlebürste, *f.*
carbon chain	Kohlenstoffatomkette, *f.*; Kohlenstoffkette, *f.*
carbon chains of variable length	beliebig lange Kohlenstoffatomketten, *f. pl.*
carbon compound	Kohlenstoffverbindung, *f.*
carbon dioxide (CO_2)	Kohlendioxid, *n.*
carbon dioxide recovery, CO_2 recovery	Kohlendioxidrückgewinnung, CO_2-Rückgewinnung, *f.*
carbon dust	Kohlestaub, *m.*
carbon fibre	Kohlefaser, *f.*
carbon layer	Karbonschicht, *m.*
carbon monoxide	Kohlenmonoxid, *n.*
carbon replacement	Filter: Kohlewechsel, *m.*
carbon steel	Carbonstahl, C-Stahl, *m.*
carbonaceous, carbon containing	kohlenstoffhaltig
carbonic acid	Kohlensäure, *f.*
carbonized oil	Verdichter: Ölkohle, *f.*
carcinogenic	krebserregend, krebserzeugend
carcinogenic air pollutants	krebserregende Luftschadstoffe, *m. pl.*
care and maintenance	Pflege, *f.*
careful	Vorsicht (allgemein), *f.*

careful/optimized use of resources	Ressourcenschonung, *f.*
carriage	Laufwagen, *m.*, *siehe* Schlitten-bewegung
carriage movement	Schlittenbewegung, *f.*
carrier cloth	Filter: Trägergewebe, *n.*
carrier gas	Trägergas, *n.*
carrier layer	Trägerschicht, *f.*
carrier material	Trägermaterial, *n.*, *siehe* Träger-substanz
carrier material (e.g. for aerobic degradation by microorganisms)	Trägersubstanz, *f.*
carrier structure	Trägerkonstruktion, *f.*
carrying capacity	Tragkraft (Gewinde), *f.*
carrying case	Koffer, *m.*, z. B. für Messgerät; Trans-portkoffer, Transport-Koffer (z. B. für Messgerät), *m.*
carrying suspended matter	schwebstoffbelastet
carryover (e.g. carryover particles in the flow)	Eintrag Schmutzpartikel
cartridge	Kartusche, *f.*
cartridge outlet	Kartuschenaustritt, *m.*
cartridge technology	Kartuschentechnologie, *f.*
CAS No.	CAS-Nummer (für Chemikalien), *f.*
cascade control system (to control the on/off timing of several compressors)	el.: Kaskadenschaltung, *f.*
cast (e.g. plastic and resin casting), embed (e.g. embedded PCB), encapsulate, pot, seal	vergießen, *siehe* Vergussmasse
cast aluminium container	Alu-Guss-Behälter, *m.*
cast material	Vergussmaterial, *n.*, z. B. Vergussharz
cast resin, casting resin	Gießharz, *n.*
cast stainless steel, stainless steel casting, high-grade steel casting	Edelstahlguss, *m.*
cast-in membrane	eingegossene Membran, *f.*
casting, casting resin, cast resin	Verguss, *m.*, Vergussharz, *n.*
cast-iron pipe	Gussrohr, *n.*
catalogue of requirements, specifications	Forderungskatalog, *m.*
catalysis	Katalyse, *f.*
catalyst	Katalysator, *m.*
catalyst bed	Katalysatorbett, *n.*
catalyst granulate	Katalysatorgranulat, *n.*
catalyst scrubber	Katalysatorwaschkolonne, *f.*
catalyst technology	Katalysetechnik, *f.*
catalytic activation	katalytische Aktivierung, *f.*
catalytic combustion	katalytische Verbrennung, *f.*
catalytic compressed air treatment	katalytische Druckluftaufbereitung, *f.*
catalytic converter	Catalytic Converter, *m.*; Automobil: Katalysator, *m.*; katalytischer Konverter, *m.*
catalytic oxidation	katalytische Oxidation, *f.*
catalytic plant	katalytische Anlage, *f.*
catalytic reactor	Katalysator-Reaktor, *m.*; Katalytik-Reaktor, *m.*

catalytic system	Katalysesystem, *n.*; katalytisches System, *n.*
catalytic waste air purification	katalytische Abluftreinigung, *f.*
catalytically active	katalytisch aktiv
catalytically operating (e.g. catalytically operating burner)	katalytisch arbeitend
catalytically oxidized	katalytisch oxidiert
catalyze, act as catalyst	katalysieren
catch, limit stop, end stop	Anschlag, *m.*
cathode	Kathode (negativ in Bezug auf Anode), *f.*
cathode electrodipping, cathodic dip coating	kathodisches Elektrotauchlackieren
cathodic	kathodisch
cathodic dip-coating	Tauchlackierung, kathodische, *f.*
cation exchanger	Kationenaustauscher, *m.*
causal relationships	kausale Zusammenhänge, *m. pl.*
cause friction, produce friction, rub, grate, rasp	reiben
cause of failure	Ausfallursache, *f.*
cause of the fault/trouble	Störungsursache, *f.*
caustic, corrosive	ätzend
caution	Warnung, *f.*; Vorsicht (auch als Warnung), *f.*
caution, note, important note, "please note", important	Achtung, *f.*
cavity	Hohlraum, *m.*
CC finish	Ausführung CC (Mantelrohr)
CCD camera (CCD = charge-coupled device)	CCD-Kamera (ladungsgekoppeltes Bauelement), *f.*
CDC coating (CDC = cathodic dip coating)	KTL-Beschichtung (KTL = Kathodisches Elektrotauchlackieren), *f.*
CDC technique	KTL-Verfahren, *n.*
CE certified	CE-geprüft
CE mark, CE marking, CE conformity mark	CE–Kennzeichnung, CE-Zeichen, *n.*
cell culture	Zellkultur, *f.*
cell division	Zellteilung, *f.*
central compressed air drying	zentrale Drucklufttrocknung, *f.*
central compressed air supply, supplied by central compressed air system	zentrale Druckluftversorgung, *f.*
central heating system	Zentralheizung, *f.*
central monitoring unit, central monitoring station	zentrale Überwachungseinheit, *f.*
central spindle	zentrale Spindel, *f.*
central supply	zentrale Versorgung, *f.*
central water supply	zentrale Wasserversorgung, *f.*
central, (in/from a) central position, centric (e.g. customer-centric strategies)	mittig (centric: zentrierend, z. B. kundenorientierte Strategien)
centralize	Daten: zusammenführen
centralized alarm	Alarm-Sammelmeldung, *f.*
centre, centre position, neutral	Mitte (Umschaltkontakt), *f.*
centre of gravity	Schwerpunkt, *m.*
centre position	Kontakt: Mittelstellung, *f.*
centred bore	zentrierte Durchgangsbohrung, *f.*
centric(ally)	zentrisch
centrifugal compressor	Fliehkraftverdichter, *m.*; Kreiselverdichter, *m.*

centrifugal force	Fliehkraft, *f.*; Zentrifugalkraft, *f.*, Zentralkraft, *f.*
centrifugal moulding	Schleuderguss, *m.*
centrifugal pump (e.g. vertical centrifugal pump, horizontal centrifugal pump)	Kreiselpumpe, *f.*
centrifuge (for separating substances)	Zentrifuge, *f.*
centring chuck	Zentrierfutter, *n.*
centring test	Zentrierprüfung, *f.*
centring test equipment	Zentrierprüfgerät, *n.*
ceramic carrier (layer)	keramische Trägerschicht, *f.*
ceramic fibre	keramische Faser, *f.*
ceramic filter (e.g. non-fibrous porous ceramic filter)	Keramikfilter, *m.*
ceramic material	keramischer Werkstoff, *m.*
ceramic sensor (e.g. piezoelectric ceramic sensor)	keramischer Sensor, *m.*
certificate	Bescheinigung, *f.*
certificate of conformity	Konformitätsbescheinigung, *f.*
certify	zertifizieren
certify conformity	Konformität bestätigen
cf., compare	vgl., vergleiche
CFCs (chlorofluorocarbons)	FCKW (Fluorchlorkohlenwasserstoffe)
cfm (cubic feet per minute)	cfm
chain curtain cleaning	Industriefilter: Kettenabreinigung, *f.*
chain pipe wrench	Kettenrohrzange, *f.*
chamber filter (e.g. single chamber filter or multi-chamber filter)	Kammerfilter, *m.*
chamber press, chamber filter press	Kammerfilterpresse, *f.*
chamber pressure	Adsorptionstrockner: Kesseldruck, *m.*
chamfering	Anfasen (z. B. von Metallrohrenden, nicht bei Plastikrohren!), *n.*
change in length	Längenänderung, *f.*
change in position, positional change	Lageänderung, *f.*
change in scale colour	Skalenverfärbung, *f.*
change in the direction of rotation	Drehrichtungsänderung, *f.*
change in torque	Drehmomentänderung, *f.*
change of colour, colour change to (red, blue, etc.), turning (red, blue, etc.)	Verfärbung, *f.*
change of direction	Richtungsänderung, *f.*
change of management	Management austauschen
change of material	Werkstoffumstellung, *f.*
change of potential	el.: Potenzialänderung, *f.* (z. B. Sensormessung)
change of state (e.g. "When heat is applied the substance undergoes a change of state.")	Zustandsänderung, *f.*
change over, switch over	el.: umschalten (z. B. von einer Adsorptionskammer zur anderen)
changeover	Umrüstung, *f.*
changeover contact	el.: Umschaltkontakt, *m.*; Wechsler, Wechslerkontakt, *m.*
changeover cycle	el. und allgemein: Umschaltzyklus, *m.*
changeover switch (a switch with 2 types of contact, i.e. for contact making and contact breaking)	el.: Umschalter, *m.*

C

changeover, switchover (from one system to another), switching	Umschaltung, *f.*, *siehe* umschalten
changes in operating pressure	wechselnde Betriebsdrücke, *pl.*
change to a different lube oil	Umölung, *f.*
changing of oil collector	Ölbehälter-Wechsel, *m.*
channel selector button	Kanalwahltaste, *f.*
channel sensor	Rinnensensor, *m.*
channel, convey, direct (towards), conduct	leiten (conduct: auch elektrisch)
channel, convey, direct, feed (into), flow, guide, lead, pass, supply	zuleiten
characteristic data	Kenndaten, *pl.*
characteristic PDP curve	DTP-Kennlinie, *f.*
characteristic, characteristic curve/line	Kennlinie, *f.*
characteristic, special feature	Merkmal, *n.*
characteristics and properties	Fähigkeiten und Eigenschaften (z. B. von Material), *f. pl.*
characteristics as a function of time, time curve	zeitlicher Verlauf, *m.*
characteristics of hazardous substances	Gefahrstoffmerkmale, *n. pl.*
characteristics, characteristic values	Kennwerte, *m. pl.*
charge (positive or negative)	el.: Ladung, *f.*
charge air cooler	Ladeluftkühler, *m.*
check duration, oil check period	Ölprüfindikator: Prüfzeit, *f.*
check for leaks, check for leaktight condition, carry out leak test, check for tightness	Dichtigkeit prüfen, Dichtheit prüfen
check list	Checkliste, *f.*
check plan	Prüfplan: Wareneingang, *m.*
check(ing), inspection	Überprüfung, *f.*
checking of oil collector	Ölbehälter-Kontrolle, *f.*
checklist number	Überwachungsnummer, *f.*
cheese-head screw	Zylinderschraube, *f.*
chemical analysis	analytische Untersuchung (der Substanzen), *f.*; chemische Analyse, *f.*
chemical analysis of particulates	Stoffbestimmung an Partikeln, *f.*
chemical bond (forces holding atoms together to form molecules)	chemische Bindung, *f.*
chemical characterization	Charakterisierung, chemische, *f.*
chemical composition	chemische Zusammensetzung, *f.*
chemical compound, chemical combination (A compound is a substance formed by the chemical combination of at least two elements in a specific proportion by weight. A compound also has a chemical formula.)	chemische Verbindung, *f.*
chemical engineering	Chemietechnik, *f.*; chemische Technik, *f.*
chemical goods warehouse	Chemielager, *n.*
chemical industry	chemische Industrie, *f.*
chemical mixture	Chemikaliengemisch, *n.*
chemical raw materials	Chemierohstoffe, *m. pl.*
chemical resistance, resistance to chemical attack (chemical stability = resistance to change, i.e., not easily decomposed or modified chemically)	chemische Beständigkeit, *f.*
Chemical Resistance List	chemische Beständigkeitsliste, *f.*

chemical resistance of the material	chemische Beständigkeit von Material, *f.*
chemical separation method	chemisches Trennverfahren, *n.*
chemical splitting	chemische Spaltung, *f.*
chemical works, chemical plant	Chemiebetrieb, *m.*
chemically and mechanically highly resistant	chemisch und mechanisch hochbeständig
chemically and thermally highly resistant	chemisch und thermisch hochbeständig
chemically bound (e.g. chemically bound molecules), chemically bonded (e.g. chemically bonded sand for moulding)	chemisch gebunden
chemically highly resistant	chemisch hochbeständig
chemically nickelized	chemisch vernickelt
chemically resistant (e.g. chemically resistant diaphragm pump), resistant to chemicals (e.g. "The material is scratch and wear resistant, frost resistant, resistant to chemicals, anti-slip and easy to maintain.")	unempfindlich, chemisch
chemically resistant, resistant to chemical attack, resistant to chemicals	chemisch beständig, chemikalienresistent
chemicophysical	chemisch-physikalisch
chemisorption	Chemisorption, *f.*
chill cast aluminium	Aluminium-Kokillenguss, *m.*; Alu: Kokillenguss, *m.*
chimney (for smoke or flue gas), chimney stack (a projecting structure, e.g. above a roof)	Kamin, *m.*
chimney, chimney stack (projecting above roof level)	Schornstein, *m.*
chip	maschinelle Bearbeitung: Span, *m.*
chip by chip	Span für Span
chip evacuation (e.g. blowing chips out of a clamping device)	maschinelle Bearbeitung: Späneentfernung, *f.*
chlorinated hydrocarbons (CHCs)	Chlorkohlenwasserstoffe (CKW), *m. pl.*
chlorine resistant, chlorine-proof	chlorbeständig
chromate	Oberflächenschutz: chromatieren
chromating	Chromatierung, *f.*
chromatograph	Chromatograf, *m.*
chromium plating	verchromen
circuit, circuitry	Stromkreis: Schaltung, *f.*
circuit, electric circuit	Schaltkreis, *m.*
circuit arrangement, circuit layout (e.g. three-dimensional integrated circuit layout), circuit configuration	Schaltungsanordnung, *f.*
circuit breaker, protective circuit breaker	el.: Schutzschalter, *m.*
circuit design	Schaltungsaufbau, *m., siehe* Schaltungsanordnung
circuit diagram, schematic diagram	Stromlaufplan, *m.*
circuit diagram, wiring diagram, electrical connection schematic	Schaltdiagramm, *n.*, Schaltplan, *m.*, Schaltbild, *n.*, Schaltschema, *n.*
circular filter	Rundfilter, *m.*
circular strainer	Rondensieb, *n.*

circulating air cooling (e.g. forced circulating air cooling; re-circulating air cooling)	Umluftkühlung, *f.*
circulating pump	Umwälzpumpe, *f.*
circulating water	Umlaufwasser, *n.*
circulating water pump	Umlaufwasserpumpe, *f.*
circulation	Umwälzung, *f.*
circulation, recycling	Umlauf, *m.*
circulation volume	Umwälzvolumen, *n.*
claims under the guarantee, guarantee/warranty claims	Gewährleistungsanspruch, *m.*
clamp (e.g. hose clamp)	Schelle, *f.*
clamp (U-clamp)	Schließbügel, *m.*
clamp (with movable jaws)	Klemme, Klemmschelle, Rohrschelle, *f.*
clamp connection, clamped joint, clamping joint	Klemmverbindung (z. B. am Rohr), *f.*
clamp connector	Klemmbock-Stecker, *m.*
clamping bolt	Druckschraube, *f.*
clamping device, clamping fixture	allgemein: Spannvorrichtung, *f.*
clamping plate	Aufspannplatte
clamping ring	Klemmring, *m.*; Spannring, *m.*
clamping ring, thrust ring	Druckring, *m.*
clamping screw, clamp	Klemmschraube, *f.*
clamping sleeve	Spannhülse, *f.*
clamping spring	Klemmfeder, *f.*
clamping strap	Spannband, *n.*, Spanngurt, *m.* (z. B. von Isolierschalen)
clamping system, clamping device	Aufspannvorrichtung, *f.*
clamp-type terminal	Steckanschluss (Klemmen), *m.*
class	Klasse (z. B. DIN ISO 85731.1), *f.*
class, protection class	el.: Schutzklasse (z. B. IP 65), *f.*
classification	Klassifikation, *f.*
Classification, Packaging and Labelling of Chemicals (EC Directive)	Klassifizierung, Verpackung und Kennzeichnung von Chemikalien (EG Richtlinie), *f.*
classifier mill	Sichtermühle, *f.*
clay-like	tonähnlich
clay-processing industry	tonverarbeitende Industrie, *f.*
clean-air pipe	Reinluftrohr, *n.*
clean-air value	Reinluftwert, *m.*
clean gas chamber	Reingasraum, *m.*
clean gas flow	Reingasverlauf, *m.*
clean gas values	Reingaswerte, *m. pl.*
clean gas, treated gas, purified gas, cleaned gas	Reingas, *n.*
clean preliminarily, pretreat	vorreinigen
clean side	Filter: Reinseite, *f.*
clean water	Reinwasser, *n.*
cleanable dust filter	abreinigbarer Staubfilter, *m.*
cleaned control air	gereinigte Steuerluft, *f.*
cleaning additive	Reinigungszusatz, *m.*
cleaning agent, cleansing agent, cleanser	Reinigungsmittel, *n.*, Reiniger, *m.*
cleaning brush	Reinigungsbürste, *f.*
cleaning chamber	Reinigungskammer, *f.*
cleaning cloth	Reinigungstuch, *n.*

cleaning cloth, wiping cloth	Wischtuch, *n.*
cleaning device	Abreinigungsvorrichtung, *f.*
cleaning efficiency (e.g. of a filter), cleaning performance (e.g. enhanced cleaning performance and efficiency)	Reinigungsleistung, *f.*, Reinigungs- erfolg, *m.*
cleaning efficiency, filter efficiency	Reinigungsleistung, *f.*, Filter, *m.*
cleaning efficiency of … percent	Filter: Reinigungsgrad, *m.*
cleaning performance	Wasserreinigung: Aufbereitungs- leistung, *f.*
cleaning requirements	Reinigungsanforderung, *f.*
cleaning residues	Reinigungsrückstände, *m. pl.*
cleaning service	Reinigungsservice, *m.*
cleaning stage	Reinigungsstufe, *f.*
cleaning target (e.g. effective cleaning target)	Reinigungsziel, *n.*
cleaning work, cleaning tasks	Reinigungsarbeiten, *f. pl.*
cleaning, purification, treatment, filtering	Reinigung, *f.*
cleaning/purification of air	Luftreinigung, *f.*
cleanroom	Reinraum (z. B. zur Chip- Herstellung), *m.*
cleanroom area/section	Reinraumbereich, *m.*
cleanroom chamber	Reinraumkammer, *f.*
cleanroom production shop	Reinraumproduktionsbereich, *m.*
cleanroom standards	Reinraumstandard, *m.*
cleanroom technology	Reinraumtechnik, f.
cleansing agent, cleaner	Spülmittel zur Reinigung, *n.*
cleanup result	Reinigungsergebnis, *n.*
clean-water discharge, clean water to be discharged	Reinwasserablauf, *m.*
clean-water tank	Reinwasserbehälter, *m.*
clear	Ware im Lager: aufbrauchen; Fehler- meldung aufheben; Signal: zurück- nehmen
clear (e.g. filter)	abbauen
clear, push out	ausschieben
clear a fault, remedy a fault, troubleshooting	Störung beheben, *f.*
clear the alarm	alarmfrei machen
clear water pump	Klarwasserpumpe, *f.*
clearance	Rohr: Ausschub, *m.*
clearance	lichter Abstand, *m.*
clearance, play	Spielraum, *m.*
clear-water receiving tank, clear-water tank	Klarwasser-Sammelwanne, *f.*, Klar- wassertank, *m.*
click mounting (e.g. tool free click mounting)	Klick-Montage, *f.*
climate conditions	Klimabedingungen, *pl.*
climate control	Labor: Klimatisierung, *f.*
climate forcer (e.g. methane, carbon dioxide)	Klimatreiber, *m.*
climate map	Klimakarte, *f.*
climate proofness, resistance to climatic changes	Klimafestigkeit, *f.*
climate zone, climatic zone	Klimazone, *f.*
climatic cabinet	Klimaschrank, *m.*
climatic chamber	Klimakammer (z. B. im Labor), *f.*
climatic influences	Klimaeinflüsse, *pl.*

C

climatic testing facility (e.g. "The climatic testing facility includes a walk-in chamber.")	Klima-Prüfanlage, *f.*
clip (e.g. paper clip, clipboard)	Klammer, *f.*
clockwise	im Uhrzeigersinn
clog, clog up	durch Verschmutzung verkleben, z. B. Düse, Filter, *siehe* verklumpen
clogged filter	verblockter Filter, *m.*
clogging	Verstopfung (z. B. Filter), *f.*
clogging substance, sticky substance	verklebende Substanz, *f.*
close off	einen Anlagenbereich absperren
close ties with customer	Kundenbindung, *f.*
closed circuit	Wasser/Ventilation: geschlossener Kreislauf, *m.*
closed-circuit connection, circuit on standby	el.: Ruhestromschaltung, *f.*
closed-circuit cooler	Umlaufkühler, *m.*
closed-circuit cooling	Kreislaufkühlung, *f.*
closed-circuit current	el.: Ruhestrom, *m.*
closed (circulation) system	Gesamtkreislaufführung, *f.*
closed cooling air circuit (loop)	geschlossene Kühlluftführung, *f.*
closed filter	geschlossener Filter, *m.*
closed headphones	geschlossener Kopfhörer, *m.*
closed loop control	el.: geschlossener Regelkreis, *m.*
closed-loop control, automatic control	geschlossene Regelung, *f.*; Regelung über Regelkreis, *f., siehe* elektronische Regelung
closed system	geschlossenes System, *n.*
closely spaced	eng beieinander
closing arrangement (e.g. of heating jacket)	Verschlussart, *f.*
closing element (e.g. closing element of a valve)	Verschlusselement, *n.*
closing force	Schließkraft (z. B. eines Ventils), *f.*
closing mechanism	Verschlussmechanismus, *m.*
closing time	Schließzeit (z. B. eines Ventils), *f.*
closure diaphragm	Membranventil: Verschluss-membran, *f.*
clot, clotting, lump formation	verklumpen
cloth (e.g. impregnated activated carbon cloth), binding fabric	Filter: Bindegewebe, *n.*
clotted oil	verklumptes Öl, *n.*
cloudiness check, turbidity check	Trübungskontrolle, *f.*
cloudiness reference set (for visual comparison)	Trübungsset, *n.*
cloudiness, turbidity	Wasser/Wasserprobe: Trübung, *f.*
cloudy water (also: turbid water, e.g. turbid flood water)	trübes Wasser, *n.*
CNC machine tool, CNC machine	CNC-Werkzeugmaschine, *f.*
CNC milling machine	CNC-Fräsmaschine, *f.*
CNG version	CNG-Ausführung, *f.*
coalesce (come together and form one whole, e.g. droplets)	koaleszieren
coalesced, coalescent	koaliert
coalescence effect	Koaleszenzeffekt, *m.*; koalierende Wirkung, *f.*
coalescent mat	Koaleszenzmatte, *f.*

coalescing filter, coalescent filter (to remove particles and moisture from the air supply)	Koaleszenzfilter, *m.*
coalescing fine filter	Koaleszenz-Feinfilter, *m.*
coarse dirt	Grobschmutz, *m.*, grober Schmutz, *m.*
coarse dirt particles	große Schmutzpartikel, *n. pl.*
coarse dust filter	Grobstaubfilter, *m.*
coarse filter	Grobfilter, *m.*
coarse filtration	Grobfiltration, *f.*
coarse fleece (e.g. coarse filter fleece)	Grobvlies, *n.*
coarse fractions	Grobgut: Grobfraktionen, *pl.*
coarse meshed	weitmaschig
coarse nature	grobe Beschaffenheit, *f.*
coarse particles	grobe Partikel, *m. pl.*; Grobpartikel, *m. pl.*
coarse pores	grobe Poren (z. B. des Filters), *f. pl.*
coarse-grained	grobkörnig
coarsest dirt particles	gröbste Schmutzpartikel, *m. pl.*
coat (verb)	beschichten
coat of paint, paint coating, paint finish	Farbanstrich, *m.*
coat, coating	Beschichtung, *f.*
coated sheet steel (e.g. zinc coated sheet steel)	lackiertes Stahlblech, *n.*
coated, enamel coated, with enamel finish	lackiert, *siehe* Lack, *siehe* Pulver-beschichtung
coating (e.g. precision coating of instruments)	Lackierung, *f.*
coating, coat (e.g. a coat of paint)	Coating, Coatingschicht, Coat-Schicht, *f.*
coating, coat of paint	Lacküberzug, *m.*
coating, paint coating	Lackieren, *n.*
coating compound	Beschichtungsmasse, *f.*
coating defect	Lackierfehler, *m.*
coating layer	Lackschicht, *f.*
coating powder	Beschichtungspulver, *n.*
coating technology (e.g. powder coating technology)	Lackiertechnik, *f.*
coating test	Beschichtungsprüfung, *f.*
coating thickness	Beschichtungsstärke, *f.*
cocoon	Kokon, *m.*
COD (chemical oxygen demand)	CSB (chemischer Sauerstoffbedarf)
code of practice	Regelwerk, *n.*
coded marking	verschlüsselte Kennzeichnung, *f.*
coding	Verschlüsselung, *f.*
coefficient of friction	Reibbeiwert, *m.*
coefficient of resistance	Widerstandsbeiwert (z. B. für ver-schiedene Metalle), *m.*
cohesive force	Kohäsionskraft, *f.*
coil core, solenoid core (A solenoid is a current-carrying coil.)	Magnetventil: Spulenkern, *m.*
cold air, low-temperature air	Kaltluft, *f.*
cold-air valve	Kaltluftventil, *n. ka*
cold galvanized	kaltverzinkt
cold gas polishing	Kaltgaspolieren (z. B. von Lack-schichten), *n.*

cold/heatless regeneration	Adsorptionstrockner: Kaltregenierung, *f.*
cold-regenerated (e.g. cold-regenerated adsorption dryer), heatless regenerated	kaltregeneriert
cold resistance, low-temperature resistance	Kältebeständigkeit, *f.*
cold-start performance	Verdichter: Kaltstartverhalten, *n.*
cold-storage effect	kältespeichernde Wirkung, *f.*
cold store	Kühlhaus, *n.*
coli bacterial count	Colikeimzahl, *f.*
collect, accumulate	ansammeln
collect, catch, trap, receive	auffangen (z. B. Schmutzpartikel: trap)
collect at the surface, gather at the surface	auf der Oberfläche: absetzen
collecting and feed line	Sammel- und Zulaufleitung, *f.*
collecting container, collecting tank	Sammelbecken, *n.*, Sammelbehälter, *m.*
collecting jar, sample jar	Auffangglas, *n.* (für Probenahmen: sample jar)
collecting line	Sammelleitung (Rohrleitung), *f.*
collecting point, point of accumulation	Kondensat: Anfallstelle, *f.*
collecting space, collecting capacity	Sammelraum, *m.*
collecting tank, receiving tank	Auffangtank, *m.*; Vorlagebecken, *n.*
collecting volume	Sammelvolumen, *n.*
collection/acquisition of measuring data	Messdatenerhebung, *f.*
collection bag	Sammelbeutel, *m.*
collection hopper	Sammelrumpf, *m.*
collector	Sammler, *m.*
collector, receiving tank	Auffangbehälter, *m.*
collision	Zusammenstoß, *m.*
colloid, colloidal	kolloid
colloidal particle	kolloidales Teilchen, *n.*
colloidally dispersed	kolloidal verteilt
colmation (material accumulation within filter, silting up)	Kolmation, *f.* (Verringerung der Filterdurchlässigkeit)
coloration (oder: colouration)	Färbung, *f.*
colour change display	Farbwechseldisplay, *n.*
colour defect	Farbfehler, *m.*
colour identification	Farbkennung, *f.*
colour of the water, water coloration	Wasserfärbung, *f.*
column backwashing	Säulenrückspülung, *f.*
column packing replacement	Füllkörperwechsel, *m.*
column spindle stock	Werkzeugmaschine: Ständer-Spindelstock, *m.*
column test	Säulenversuch, *m.*
combination filter	Kombinationsfilter, *m.*
combined heat & power generation	Kraft-Wärme-Kopplung (z. B. in einem Blockheizkraftwerk), *f.*
combined heat exchanger	Kombi-Wärmetauscher, *m.*
combined radial and thrust bearing	Radial-Axiallager, *n.*
combined system	Mischsystem, *n.*
combined valve block	Kombi-Ventilblock, *m.*
combustion	Verbrennung, *f.*
combustion air	Verbrennungsluft, *f.*

combustion air preheating (e.g. using waste heat from flue gas)	Verbrennungsluft (Vorwärmung), *f.*
combustion chamber	Verbrennungsraum, *m.*
combustion furnace	Verbrennungsofen, *m.*
combustion gas	Verbrennungsgas, *n.*
combustion product	Verbrennungsprodukt, *n.*
combustion residue	Verbrennungsrückstand, *m.*
commencement of the agreement	Vertragsbeginn, *m.*
comment	Bemerkung, *f.*
comment, note	Anmerkung, *f.*
commercial grade	Handelsgüte, *f.*
commercial vehicle, goods vehicle	Nutzfahrzeug, *n.*
commercially available, standard, customary, standard type	handelsüblich
commissioning	Inbetriebnahme z. B. einer Maschine oder Produktionsanlage
commissioning (e.g. by commissioning engineer)	Erstinbetriebnahme einer neuen Anlage, *f.*
commissioning, initial startup	Erstinbetriebnahme
commissioning log book	Inbetriebnahmeprotokoll, *n.*
common collecting line	gemeinsame Sammelleitung, *f.*
common DC/DC converter	gemeinsamer DC/DC-Wandler
communications cable, data cable	Kommunikationskabel, *n.*
compact design	kompakte Bauform, *f.*
compact device	Kompaktgerät, *n.*
compact filter	Kompaktfilter, *m.*
company-developed, inhouse development. inhouse product development	Eigenentwicklung, *f.*
comparative stress, reference stress (e.g. "Tresca reference stress")	Vergleichsspannung, *f.* (z. B. "Tresca reference stress" zur Festigkeitsberechnung)
comparison of performance characteristics	Leistungsvergleich, *m.*
compatibility	Verträglichkeit, *f.*
compensate (for), make up (for)	ausgleichen
compensating chuck	Werkzeugmaschine: Ausgleichsfutter, *n.*
compensating resistor, series resistor	Alarmsensor: Vorwiderstand, *m.*
compensation chamber, pressure compensating chamber	Lager: Ausgleichskammer, *f.*
complaints processing, complaints processing procedure	Reklamationsbearbeitung, *f.*
complete analysis, full analysis	Vollanalyse, *f.*
complete assembly	Komplettmontage, *f.* (im Werk)
complete filter unit	Komplettfilter, *m.*
complete installation	Komplettmontage, *f.* (beim Kunden)
complete product range	komplettes Programm, *n.*
complete system (e.g. complete compressed air system)	Komplettanlage, *f.*, Komplettsystem, *n.*
complete winding shield	el.: Wicklungsvollschutz, *m.*
complete with piping (e.g. supplied complete with piping)	komplett verrohrt
complete(ly), throughout	komplett
completeness (e.g. check for completeness)	Vollständigkeit, *f.*
compliance (with), conformity, observance	Einhaltung (Vorschriften usw.), *f.*
component	Bauelement, *n.*

component, part, constructional/plant component, construction element	Bauteil, *n.*
component drawing, detail drawing	Teilzeichnung, Einzelteilzeichnung, *f.*
component manufacture	Teilefertigung, *f.*
component mark, component ID	Bauteilkennzeichen, *n.*
component supplier (e.g. automotive component supplier)	Teilelieferant, *m.*
component testing	Bauteilprüfung, *f.*
component tolerances	Bauteiltoleranzen, *f. pl.*
components installed	verbaute Komponenten, *f. pl.*
components, parts, constituent parts, elements	Komponenten, *f. pl.*
composed of two stages, consisting of two stages, two-stage (e.g. two-stage filter combination)	zweistufig aufgebaut
composition	Zusammensetzung (z. B. von Kondensat), *f.*
composition and structure	Zusammensetzung und Aufbau (z. B. Oberflächenbeschichtung), *f./m.*
composition of compressed air	Druckluftzusammensetzung, *f.*
comprehensive product spectrum	komplettes Produktspektrum, *n.*
comprehensive solution/system, package	Gesamtlösung, *f.*; Komplettlösung, *f.*
compress	Luft/Gas verdichten
compress, squeeze	komprimieren
compressed	komprimiert
compressed air	Druckluft, *f.*; komprimierte Luft, *f.*; Pressluft, *f.* (veraltet für Druckluft), *siehe* Druckluft
compressed air and gas treatment	Druckluft- und Gasaufbereitung, *f.*
compressed air application	Druckluftanwendung, *f.*
compressed air assisted	druckluftunterstützt
compressed air chamber	Druckluftkammer, *f.*
compressed air condensate	Druckluftkondensat, *n.*
compressed air condensate technology	Druckluft-Kondensattechnik, *f.*
compressed air connection	Druckluftanschluss, *m.*
compressed air consumption	Druckluftverbrauch, *m.*
compressed air control	Druckluftregelung, *f.*
compressed air controlling	Druckluft-Controlling, *n.*
compressed air cooling system	Druckluftkühlsystem, *n.*
compressed air cushion	Druckluftkissen, *n.*
compressed air cylinder	Druckluftflasche, *f.*; Druckluftzylinder, *m.*
compressed air deep-cooling system, deep-cooling system	Druckluft-Tiefkühlanlage, *m.*, Druckluft-Tiefkühlsystem, *n.*
compressed air demand, compressed air requirement, compressed air rate required	Druckluftbedarf, *m.*
compressed-air dewatering system	Druckluftentwässerer, *m.*
compressed air distribution	Druckluftverteilung, *f.*
compressed air distribution pipes	Druckluft-Verteilungsrohre, *n. pl.*
compressed air distribution system	Druckluft-Verteilungsnetz, *n.*
compressed air drive	Druckluftantrieb, *m.*
compressed-air drive (e.g. compressed-air drive with shields), compressed-air driving	Tunnelbau: Druckluftvortrieb, *m.*

compressed air dryer	Drucklufttrockner, *m.*
compressed air drying, drying of compressed air	Drucklufttrocknung, *f.*
compressed air equipment	Einrichtungen der Druckluft-technik, *pl.*
compressed air expansion	Druckluftentspannung, *f.*
compressed air feed line	Druckluftzuleitung, *f.*
compressed air filter	Druckluftfilter, *m.*
compressed air filtration	Druckluftfiltration, *f.*
compressed air flow rate, volume flow rate of compressed air, volumetric flow of compressed air	Druckluft-Volumenstrom, *m.*
compressed air for control functions	Steuerdruckluft, *f.*
compressed air gauge	Druckluftmessgerät, *n.*
compressed air grey (RAL 7001)	Druckluft-Grau, *n.*
compressed air heater (e.g. in-line compressed air heater)	Druckluftheizer, *m.*
compressed air hose	Druckluftschlauch, *m.*
compressed air humidity	Druckluftfeuchte, Druckluft-Feuchte, *f.*
compressed air ice dryer	Druckluft-Eistrockner, *m.*
compressed air impact	Druckluftstoß, *m.*
compressed-air impurities (e.g. adsorption and filtration of compressed-air impurities)	Verunreinigung(en) der Druck-luft, *f./pl., siehe* Verschmutzung
compressed-air injection	Druckluftinjektion, *f.*
compressed air injectors	Filterschlauchreinigung: Druckluft-Verteilungsrohre, *n. pl.*
compressed air inlet	Drucklufteintritt, *m.*; Zufuhrstelle: Druckluftzufuhr, Druckluft-zuführung, *f.*
compressed air inlet conditions	Drucklufteintrittsbedingungen, *f. pl.*
compressed air inlet temperature	Drucklufteintrittstemperatur, Druck-luft-Eintrittstemperatur, *f.*
compressed air jet	Luftstrom: Druckluftdüse, *f.*
compressed air leak/leakage, air leak	Druckluftverlust durch undichte Stellen, *m.*
compressed air line	Druckluft: Druckleitung, *f.*
compressed-air membrane dryer	Membran-Drucklufttrockner, *m.*, Druckluft-Membrantrockner, *m.*
compressed air network	Druckluftnetz, *n.*
compressed air nozzle	Druckluftdüse, *f.*
compressed air operated, operated by compressed air, pneumatically operated (e.g. pneumatically operated valves), pneumatic (e.g. pneumatic drill), air-operated, air-driven, on the basis of compressed air power, powered by compressed air	druckluftbetrieben, druckluftbetätigt (z. B. Pumpen)
compressed air outlet	Druckluftabgang, *m.*; Druckluft-Austritt, *m.*
compressed air outlet temperature	Druckluft-Austrittstemperatur, *f.*
compressed air pipe (piping/pipework)	Rohr: Druckluftleitung, *f.*
compressed air pipe system	Druckluft-Rohrleitungssystem, *n.*
compressed air pipe system, compressed air pipework	Druckluftverrohrung, *f.*
compressed air pipework, compressed air line	Druckluftleitung, *f.*
compressed air piping, compressed air piping system	Druckluftleitungsbau, *m.*
compressed-air power plant	Luftspeicherkraftwerk, *n.*

compressed air production and treatment systems/technology	Drucklufterzeuger und -aufbereiter, *m.*
compressed air production, production of compressed air, compressed air generation, air compression	Drucklufterzeugung, *f,* Druckluftherstellung, *f.*
compressed air protection (e.g. creating a compressed-air atmosphere to exclude water)	Schutz durch Druckluft, *m.*
compressed air pump	Druckluftpumpe, *f.*
compressed air quality class	Druckluftqualitätsklasse, *f.*
compressed air quantity, compressed air volume	Druckluftmenge, *f.*
compressed air receiver, air receiver, receiver (vessel that stores compressed air between air compressor and distributing system), compressed air vessel	Druckluftkessel, *m.;* Druckluftbehälter, *m., siehe* Druckbehälter
compressed air refrigeration dryer, refrigerated compressed air dryer, refrigerated air dryer	Druckluftkältetrockner, Kälte-Drucklufttrockner, *m.*
compressed air routing	Druckluftführung, *f.*
compressed air sector	Druckluftbranche, *f.*
compressed air specialist	Druckluftspezialist, *m.*
compressed air storage power plant	Druckluftspeicherkraftwerk, *n.*
compressed air supply	Druckluftversorgung, *f.;* Druckluftzufuhr, Druckluftzuführung, *f.*
compressed air supply system	Druckluftversorgungssystem, *n.*
compressed air system	DL-Anlage (Druckluftanlage), *f.;* Druckluftsystem, *n.;* Druckluftsystem generell, *n.*
compressed air system, compressor station (e.g. central compressor station), compressed air plant, compressed air facilities, compressed air plant and equipment	Druckluftanlage, *f.*
compressed air system specialist	Druckluftsystem-Spezialist, *m.*
compressed air systems	Drucklufteinrichtungen, *f. pl.*
compressed air technology, compressed air engineering/systems	Drucklufttechnik, *f.*
compressed air temperature	Drucklufttemperatur, *f.*
compressed air throughput	Druckluftdurchflussmenge, *f.*
compressed air tool, pneumatic tool (drill, hammer, riveter, etc.), compressed air power tool	Druckluftwerkzeug, *n.*
compressed air treatment	Druckluftaufbereitung, *f.*
compressed air treatment plant	Druckluftaufbereitungsanlage, *f.*
compressed air user	Druckluftanwender, *m.*
compressed air volume, compressed air quantity, compressed air percentage	Druckluftanteil, *m.*
compressed-air receiver	Kompressorkessel, *m.*
compressed-air supply chain	Druckluftkette, *f.*
compressed-air system at operator's facility	Druckluft-Anlage des Betreibers, *f.*
compressed-air system, air system	Drucksystem, *n.*
compressed-air transport	Drucklufttransport, *m.*
compressed air withdrawal, compressed air being used	Druckluftabnahme, *f.*
compressed fluid (air, gas)	verdichtetes Medium, *n.*
compressed gas	Druckgas, *n.*
compressed gas network	Druckgasnetz, *n.*
compressed gas station	Druckgasanlage, *f.*
compressed gas system	Anlage: Druckgasverdichter, *m.*

compressed gas technology	Druckgastechnik, f.
compressed natural gas (CNG)	komprimiertes/verdichtetes Erdgas, n.
compressed service air	Gebrauchsdruckluft, f.
compressed state	komprimierter Zustand, m.
compression cooling plant, compression cooling system	Kompressions-Kälteanlage, f.
compression end temperature	Verdichtungsendtemperatur (Motor), f.
compression heat utilization	Verdichtungswärmenutzung, f.
compression heat, heat of compression	Verdichtungswärme, f.
compression load (e.g. compression load transmission in screw compressors)	Verdichtungsdruck, m.
compression of air	Luftverdichtung, f.
compression of special gases	Sondergasverdichtung, f.
compression pressure (e.g. compression pressure reducing valve)	Verdichtungsdruck, m.
compression process	Verdichtungsprozess, m.
compression ratio	Verdichtungsverhältnis, n.
compression temperature	Verdichtungstemperatur, f.
compression volume	Kompressionsvolumen, n.
compressive force	Druckkraft, f.; Verdichtungskraft, f.
compressive load per unit area	Flächenpressung (z. B. bei Druckbehältertest), f.
compressor	Drucklufterzeuger, m.
compressor aftercooler	Verdichternachkühler, m.
compressor air, compressed air	verdichtete Luft, f.
compressor alternation (to provide the supply of compressed air from alternating compressors)	Rollieren, n.
compressor capacity (in kW), compressor performance (air delivered)	Kompressorleistung, f.
compressor condensate	Kompressorkondensat, n.
compressor facility, compressor station, compressor system	Verdichteranlage, f.
compressor flow rate, volumetric flow rate of compressor	Verdichtervolumenstrom, m.
compressor hiring company	Kompressoren-Verleihunternehmen, n.
compressor housing	Verdichtergehäuse, n.
compressor input performance	Verdichteranschlussleistung, m.
compressor is in stand-by operation	Verdichter befindet sich in Bereitschaft
compressor manufacturer	Kompressorenhersteller, m.
compressor oil, compressor lube oil	Kompressoröl, Kompressorschmieröl, n.
compressor outlet temperature	Kompressor-Austrittstemperatur, f.
compressor performance (e.g. compressor performance testing; air compressor performance data; optimum compressor performance)	Verdichterleistung, Verdichtungsleistung, f.
compressor performance (e.g. running/operating at peak performance), capacity (full rated flow of air compressed and delivered under specified conditions in cfm), output capacity, delivery rate (e.g. calculate required delivery rate in l/m)	Verdichter: Lieferleistung, f.
compressor rating (in HP)	Verdichter: Leistungsgröße, f.

C

compressor running time/period	Kompressorlaufzeit, *f.*
compressor stage	Kompressorstufe, Verdichterstufe, *f.*
compressor station	Druckluftstation, *f.*; Kompressor-station, *f.*
compressor supplier	Kompressorlieferant, *m.*
compressor system	Verdichtersystem, *n.*
compressor type	Verdichtertyp, *m.*
compressor type, type of compressor	Verdichterbauart, *f.*
compressor type, type of compressor, compressor category	Kompressorenklasse, *f.*
compressor unit	Verdichtereinheit, *f.*
compressor ventilation	Kompressorbelüftung, *f.*
compressor-synchronized control	Kompressorgleichlauf-Steuerung, *f.*
computer course	EDV-Schulung, *f.*
computer department	EDV-Abteilung, *f.*
computer-aided	computergestützt
ComVac (International Trade Fair for Compressed Air and Vacuum Technology)	ComVac
concentrate	Konzentrat, *n.*
concentration (of ... on a surface)	Adsorption, *f.*
concentration (of substances), accumulation	Aufkonzentration, *f.*
concentration gradient	Konzentrationsgefälle, *n.*
concentration peak	Konzentrationsspitze, *f.*, Konzentra-tionsmaximum, *n.*
concentration polarization	Konzentrationspolarisation, *f.*
concentricity characteristics	Lager: Rundlaufeigenschaften, *f. pl.*
concentricity, true running	Lager: Rundlauf, *m.*
concrete pipe	Betonrohr, *n.*
condensate	Kondensat, *n.*
– condensate flows into ..., condensate enters	– Kondensat tritt ein
condensate-air mixture	Kondensat-Luft-Gemisch, *n.*
condensate and oil residues	Rückstände: Kondensat- und Öl-anteile, *m. pl.*
condensate build-up, condensate accumulation	Kondensatstau, *m.*
condensate calculating disc	Kondensatmengen-Rechenscheibe, *f.*
condensate collecting line	Kondensatsammelleitung, *f.*
condensate collection space	Kondensatauffangraum, *m.*; Konden-satsammelraum, *m.*, *siehe* Konden-satsammelbehälter
condensate constituents	Kondensatinhaltsstoffe, *m. pl.*
condensate container	Kondensatsammelbehälter, *m.*
condensate contamination	Kondensatverunreinigung, *f.*
condensate detection	Kondensaterkennung, *f.*
condensate discharge, condensate outlet	Kondensatabfluss, *m.*, Kondensatab-lauf, *m.*
condensate discharge line/pipe	Kondensatablaufleitung, *f.*, *siehe* Kon-densatablassleitung
condensate discharge time	Kondensatablasszeit, *f.*
condensate drain	Kondensatableiter, *m.*
condensate drain control	Kondensatleiter-Steuerung, *f.*
condensate drainage technology	Ableittechnik für Kondensat, *f.*
condensate drainage, condensate discharge	Kondensatableitung, *f.*

condensate droplet	Kondensattröpfchen, *n.*
condensate evaporator	Kondensatverdampfer, *m.*
condensate feed pipe	Kondensat führende Zuleitung, *f.*; in den Kondensatableiter: Kondensatablassleitung, *f.*
condensate feed, condensate inflow	Kondensatzuführung, *f.*
condensate flooding	Kondensatüberflutung, *f.*
condensate formation	Kondensatbildung, *f.*
condensate formation, condensate load, condensate quantity	Kondensatanfall, *m.*
condensate ice formation	Kondensat-Vereisung, *f.*
condensate inlet	Kondensateingang, Kondensateinlass, Kondensateintritt, *m.*
condensate inlet, condensate feed	Kondensatzulauf, *m.*
condensate level	Kondensatfüllstand, *m.*; Kondensatniveau, *n.*
condensate management	Überbegriff: Kondensatableitung, *f.*
condensate management system	Kondensatmanagementsystem, *n.*
condensate manifold (for multiple condensate connections), flow splitter (e.g. multiple filter units with optional flow splitter)	Kondensatverteiler, *m.*
condensate mass flow	Kondensatmassenstrom, *m.*
condensate monitoring (condensate monitoring system)	Kondensatüberwachung, *f.*
condensate not stemming from compressed air systems	Nicht-Druckluftkondensat, *n.*
condensate outlet	Kondensatausgang, *m.*
condensate outlet, condensate discharge point	Kondensatablassstelle, *f.*
condensate outlet, condensate outflow	Kondensataustritt, *m.*
condensate pressure relief	Kondensatentspannung, *f.*
condensate quantity produced, actual condensate quantity produced	anfallende Kondensatmenge, *f.*
condensate quantity, condensate quantity produced	Kondensatanfallmenge (KM), *f.*
condensate quantity, flow rate (rate in litres or gallons per minute, cubic metres or cubic feet per second, or other quantity per time unit)	Kondensat: Liefermenge, *f.*
condensate quantity/rate, amount of condensate	Kondensat: Anfallmenge, *f.*
condensate rate in l/h	Kondensatmenge in l/h, *f.*, *siehe* Kondensatanfallmenge
condensate separation, condensate separation system	Kondensatabscheidung, *f.*
condensate separator	Kondensatabscheider, *m.*; Kondensattrenner, *m.*
condensate source	Kondensatanfallstelle, *f.*; Anfallstelle: Kondensatstelle, *f.*
condensate surge	Kondensatschwall, *m.*
condensate systems	Kondensattechnikgeräte, *n. pl.*
condensate technology products	Kondensattechnik-Produkte, *n. pl.*
condensate technology, condensate management	Kondensattechnik, *f.*
condensate trap (very simple drainage device)	Kondensattopf, *m.*
condensate treatment system	Kondensataufbereitungssystem, *n.*
condensate treatment, treatment of condensate	Kondensataufbereitung, *f.*
condensate viscosity	Kondensatviskosität, *f.*

condensate volume (e.g. in m³), condensate quantity, amount of condensate (e.g. amount of condensate collected)	Kondensatmenge, *f.*
condensation water, condensing water	Kondenswasser, *n.*
condensation water test	Schwitzwassertest, *m.*
condense	Kältetechnik, z. B. Kältetrockner: verflüssigen
condense (e.g. steam condensing in the form of droplets), deposit (e.g. dirt particles), settle (down)	niederschlagen
condense out, condense to liquid	auskondensieren
condense, condensing	Kondensieren, *n.*
condense, result in condensate	kondensieren, ausfallen in Form von Kondensat
condenser	Dampfkondensator, *m.*; Kondensor, *m.*
condenser (e.g. "Barometric condensers are frequently used in vacuum refrigeration.")	Kältetechnik: Verflüssiger, *m.*
condenser output (in kW)	Verflüssigerleistung, *f.*
condensing pressure	Verflüssigungsdruck, *m.*
condensing pressure gauge (with dial and pointer)	Verflüssigungsdruck-Manometer, *n.*
condensing temperature	Verflüssigungstemperatur, *f.*
conditioning rotor	Kugelrotor, *m.*
conditioning rotor-recycle process (as employed by Lühr)	Kugelrotor-Umlaufverfahren (KUV)
conducive to (e.g. corrosion)	Korrosion: begünstigen
conductive coating	el.: leitender Belag, *m.*
conductive, electroconductive	el.: leitend; leitfähig
conductivity measurement(s)	el.: Leitfähigkeitsmessung, *f.*
conductivity sensor	el.: Leitfähigkeitssensor, *m.*
conductivity value (e.g. referring to electrical conductivity of water)	Leitwert, *m.*
conductor	Leiter: Ader, *f.*
conductor, phase live (L)	el.: Leiter (L), *m.*
cone valve, plug valve	Kegelventil, *n.* (mit konischem Sitz)
configuration (of individual elements)	räumliche Anordnung, *f.*
configuration error	Konfigurationsfehler, *m.*
confirmation of order	Auftragsbestätigung, *f.* (vom Käufer gesandt)
conform to, comply with, meet, observe	einhalten
conformity	Konformität, *f.*
conformity certificate	Bescheinigung: Bauartzulassung, *f.*
conformity with the (EC) Directive	EU: Richtlinienkonformität, *f.*
conical screw fitting	konische Verschraubung, *f.*
conical shape	konische Form, *f.*
conical spring	Kegelfeder, *f.*
conically shaped	konisch geformt
connect, attach, clamp on (e.g. clamp- on ultrasonic flowmeter)	anklemmen
connect, bring into circuit, switch in	el.: zuschalten
connect, fit, join, attach	anschließen, anbringen
connect in series	el.: vorschalten
connect to PE conductor	auf PE-Leiter legen
connect to the system, link	zuschalten
connected compressor, installed compressor	angeschlossener Verdichter, *m.*

connected in parallel	parallelgeschaltet
connected in series (e.g. "The use of two filters in series allows easy filter change."), tandem arrangement, arrangement in tandem, successive arrangement, two in line	Reihenschaltung, *f.*, Reihenanordnung, *f.*
connected load, installed load	el.: Anschlussleistung, *f.*; Anschlusswert, *m.*
connecting adapter	Anschlussadapter, *m.*
connecting cable, connection cable	Anschlusskabel, *n.*
connecting cable, interconnecting cable	Verbindungskabel, *n.*
connecting cable, power cable, power lead	el.: Anschlussleitung, *f.*
connecting flange	Anschlussflansch, *m.*
connecting head	Anschlusskopf, *m.*; Aufnahmekopf, *m.*
connecting hose	Anschlussschlauch, *m.*
connecting mains lead	el.: Netzanschlussleitung, *f.*
connecting pipe	Rohr: Anschlussleitung, *f.*
connection	Anschluss, *m.*; Verbindung, *f.* (auch el.)
connection, bond	Bindung, *f.*
connection, fitting, socket, branch piece (for pipe branch connections)	Stutzen, *m.*, *siehe* Rohrstutzen
connection, interconnection, relationship	Zusammenhang, *m.*
connection accessories	Anschlusszubehör, *n.*
connection area	Sensor: Anschlussfläche, *f.*
connection details	Anschlussbelegung (allgemein), *f.*
connection diagram	allgemein/Rohre: Anschlussplan, *m.*, Anschlussschema, *n.*
connection diagram (e.g. "The connection diagram shows the connection between the components to assist in the wiring of circuits."), wiring diagram	Verkabelungsschema (Plural: Schemen oder Schemata), *n.*
connection element	Verbindungselement (z. B. für Rohre), *n.*
connection fittings	Anschluss-Fittings, *n. pl.*
connection kit	Anschlusszubehör (Satz), *n.*
connection kit, connection set	Verbindungsset, *n.*
connection part, connection piece	Anschlussstück, *n.*
connection piece	Rohr: Verbindungsstück, *n.*
connection point	Anschlussverbindung, *f.*; Aufnahme, Verbindungsstelle, *f.*
connection set for parallel system (or "connection kit")	Anschluss-Set für Parallelschaltung, *n.*
connection set, connection kit, installation set	Anschluss-Set, *n.*
connection system	Anschlusstechnik, *f.*
connection technique	Verbindungstechnik (allgemein), *f.*
connection thread, thread connection, threaded connection	Anschlussgewinde, *n.*
connection to the wastewater system	abwasserseitiger Anschluss, *m.*
connection wire	el.: Anschlussdraht, *m.*
connections (to be) provided by the customer	bauseitiger Anschluss, *m.*
connector	Anschlusselement, *n.*
connector (e.g. hose connector)	Befestigungstülle, *f.*, Tülle, *f.*
connector, connection adapter	Anschlussstutzen, *m.*
connector, connector fitting	Anschlusstülle, *f.*

C

connector housing	Steckverbindergehäuse, Anschluss-gehäuse, *n.*
consequences of incorrect use	Folgen unsachgemäßen Gebrauchs, *f. pl.*
consequential damage, further damage	Folgeschaden, *m.*
consistency	Konsistenz (z. B. von Öl), *f.*
console (e.g. control console)	Konsole, *f.*
constant light (LED etc.)	konstantes Leuchten, *n.*
constant of final compression temperature	Verdichtungsendtemperatur-konstante (VTK), *f.*
constant speed (e.g. constant-speed compressor)	Konstantdrehzahl, *f.*
constant, continuous	ununterbrochen
constituent (e.g. chemical constituents of a substance), component	Inhaltsstoff, *m.*; Bestandteil, *m.*
constriction	Rohr: Einschnürung, *f.*; Verengung (z. B. des Leitungsquerschnitts), *f.*
construction (e.g. a rugged construction)	Bauweise, *f.*, Ausführung, *f.*
construction, processing, workmanship	Verarbeitung, *f.* (processing: auch Signale)
construction characteristics	bauartbedingte Eigenschaften (z. B. des Verdichters), *f. pl.*
construction engineering	Bautechnik, *f.*
construction supervisory authority	Bauaufsichtsbehörde, *f.*
construction work compressor	Baukompressor, *m.*
constructional adaptations	bauliche Anpassungen, *f. pl.*
constructional alterations	konstruktive Umbaumaßnahmen, *f. pl.*
constructional changes, constructional modifications	baulicher Aufwand, *m.*, bauliche Än-derungen, *f. pl.*
constructional design	konstruktiver Aufbau, *m.*
constructional measures	bauliche Maßnahmen, *f. pl.*
constructional modification, design modification	bauliche Veränderung, *f.*
constructional steel	Baustahl, *m.*
consultation, advice, analysis of the customer's specific requirements/operating conditions	Beratung, *f.*
consulting engineer	beratender Ingenieur, *m.*
consumables	Verbrauchsmaterialien (z. B. Papier, Tintenpatronen), *n. pl.*
consumer	Stromverbraucher, *m.*
consumer protection	Verbraucherschutz, *m.*
consumption	Verbrauch (z. B. Strom, Aktiv-kohle), *m.*
consumption allocation	Verbrauchszuordnung, *f.*
consumption curve	Druckluft: Verbrauchskurve, *f.*
consumption-linked	Verbrauch: bedarfsorientiert; verbrauchsorientiert
consumption measurement	Verbrauchsmessung, *f.*
consumption of purge air/regeneration air	Regenerationsluftverbrauch, *m.*
consumption percentage	Verbrauchsanteil, *m.*
consumption probe	Verbrauchssonde, *f.*
consumption quantity	Verbrauchsgröße, *f.*; Verbrauchs-menge, *f.*

contact, contact element	Kontakt (z. B. eines Relais), *m.*
contact, contact person	Ansprechpartner, *m.*
contact area	Kontaktfläche, *f.*
contact assignment	el.: Kontaktbelegung, *f.*
contact element, make contact element, NO contact (normally open contact)	Arbeitskontakt, *m.*
contact erosion	Kontakterosion, *f.*
contact force, pressure (acting against)	Anpresskraft, *f.*
contact loading	el.: Kontaktbelastung, *f.*
contact output	Kontaktausgang, *m.*
contact plate	Kontaktblech, *n.*
contact protection relay	el.: Kontaktschutzrelais, *n.*
contact rating	Kontaktbelastbarkeit, *f.*
contact spring	Kontaktfeder, *f.*
contact surface of the filter	angeströmte Filteroberfläche, *f.*
contact surface, contact area	Kontaktoberfläche, *f.*; Auflagefläche, *f.*
contact time, contact period	Kontaktzeit (z. B. im Filter), *f.*
contact water treatment	Kontaktwasseraufbereitung, *f.*
contact with the eye	Chemikalie: Augenkontakt, *m.*
contactor	el.: Kontakter, *m.*; Schütz, *n.*
contain, carry	Luft enthalten
container, can	Kanister, *m.*
container, vessel, tank, drum	Behälter, *m.*
container body	Behälterkorpus, *m.*
container filling volume	Behälter-Füllvolumen (Öl-Wasser-Trenner etc.), *n.*
container lid	Behälterdeckel, *m.* (Kondensator etc.)
contaminate, pollute	verunreinigen
contaminated compressed air, polluted compressed air	belastete Druckluft, *f.*
contamination (e.g. water pollution, air pollution, soil contamination), pollution	Verunreinigung, *f.*
contamination, dirt (accumulation), dirt contamination, dirty part, dirty point, fouling, dirt load, impurity (e.g. organic impurities),	Verschmutzung, *f.*
content, concentration	Gehalt, *m.*
content, volume, capacity	Behälter: Inhalt, *m.* (Fassungs-vermögen, *n.*)
content of suspended matter/solids	Schwebstoffanteil, *m.*
contents	allgemein: Inhalt, *m.*
continental climate	Kontinentalklima, *n.*
continual	dauernd, sehr häufig
continually improve	fortlaufend verbessern
continuity bonded	stoffschlüssig (z. B. Rohrverbindung)
continuous, consistent	kontinuierlich
continuous, permanent	ständig (dauernd, ohne Unter-brechung)
continuous documentation	durchgängige Dokumentation, *f.*
continuous (downward) slope (without a sag in the line)	kontinuierliches Gefälle, *n.*
continuous draining	Dauerentwässerung, *f.*; kontinuier-liche Entwässerung, *f.*
continuous electrical conductivity	durchgängige elektrische Leit-fähigkeit, *f.*

continuous further development	ständige Weiterentwicklung, *f.*
continuous light (opposite: flashing light), permanently lit up	Dauerlicht, *n.*
continuous line	durchgezogene Linie, *f.*
continuous measurement	Sensor: Dauereinsatz, *m.*
continuous monitoring (e.g. unattended, cost-effective continuous monitoring); permanent monitoring (e.g. permanent monitoring system (PMS))	permanente Überwachung, *f.*
continuous operation, continuous running, non-stop operation	kontinuierlicher Betrieb, *m.*; ununterbrochener Betrieb, *m.*, Dauerbetrieb, *m.*
continuous slope	stetiges Gefälle, *n.*
continuous temperature resistance	Dauertemperaturbeständigkeit, *f.*
continuous test	Dauertest, *m.*
continuously cast aluminium profile	Alu-Stranggussprofil, *n.*
continuously diverted	kontinuierlich abgezweigt, z. B. Luftstrom
continuously operated	kontinuierlich betrieben, kontinuierlich arbeitend (z. B. Trockner)
continuously recorded	kontinuierlich aufgezeichnet
contour, outline	Kontur, *f.*
contraction coefficient	Kontraktionsbeiwert (zur Berechnung von Verengungsstellen), *m.*
contrary to the flow (e.g. when using a reverse pulse filter cleaner)	entgegen der Strömung
control, activate, trigger	ansteuern
control, control system, (open-loop control)	Steuerung, *f.*, *siehe* Regelung
control, regulation, adjustment	Regelung, *f.*
control air	Steuerluft, *f.*
control air channel	Steuerluftkanal, *m.*
control air connection	Steuerluftanschluss, *m.*
control air cover	Steuerluftdeckel, *m.*
control air feed line	Steuerluftzuleitung, *f.*
control air line	Steuerluftleitung, *f.*
control air pipe	Steuerluftrohr, *n.*
control air pressure	Steuerluftdruck, *m.*
control air supply, control air feed	Steuerluftzufuhr, Steuerluftzuführung, *f.*
control and safety installations/equipment	Regel- und Sicherheitseinrichtungen, *f. pl.*
control and sensor unit	el.: Steuer- und Sensoreinheit, *f.*
control and signal functions	Bedienungs- und Signalfunktionen, *f. pl.*
control block	Steuerblock, *m.*
control cable, control lead	el.: Steuerleitung, *f.*
control centre	zentral: Leitstand, *m.*, Leitstelle, *n.*, Leitwarte, *f.*
control centre, control room	Schaltwarte, *f.*
control characteristic(s)	Regelcharakteristik, *f.*
control circuit	el.: Steuerkreis, *m.*
control-circuit fuse	Steuersicherung, *f.*

control desk, control room	Leitstand, *m.*, Leitstelle, *n.*, Leitwarte, *f.*
control devices and systems (e.g. process control devices and systems; automated control devices and systems)	Steuerungen und Regelsysteme, *pl.*
control diaphragm	Steuermembran (Ventil), *f.*
control diaphragm material	Steuermembran-Werkstoff, *m.*
control electronics, electronic control, electronic control system	Steuer- und Regelelektronik, *f.*; Steuerelektronik, *f.*
control element	Steuerelement, *n.*; Steuerteil, *n.*
control element, operating element	Bedienelement, *n.*
control elements	Steuerorgane, *n. pl.*
control engineering, control techniques, control technology	Steuerungstechnik, *f.*
control equipment	Steuerungsausrüstung, *f.*
control equipment, control devices, control instruments	Regelgeräte, *n. pl.*
control equipment, control system	Regel- und Steuereinrichtungen, *f. pl.*
control fuse	el.: Sicherung Steuerung
control gas supply	Steuergaszufuhr, *f.*
control gate	Regulierschieber, *m.*
control housing	Steuerungsgehäuse, *n.*
control line	Steuerleitung, *f.*
control loop	Regelkreis, *m.*
control measures	Regulierungsmaßnahmen, *f. pl.*
control medium	Steuermedium, *n.*
control panel, operator panel	Bedienungstafel, *f.*; Bedienfeld, *n.*
control PCB	Steuerplatine, *f.*
control phase	Regelphase, *f.*
control pressure	el.: Steuerdruck, *m.*
control program	Steuerprogramm, *n.*
control quantity	Ansteuergröße, *f.*
control range	Regelbereich, *m.*
control relay	Steuerrelais, *n.*
control state, control status	Schaltzustand, *m.*
control switch	Bedienschalter, *m.*; Steuerschalter, *m.*
control system	Steuerungssystem, *n.*, *siehe* Steuerung
control system module	Baugruppe der Steuerung, *f.*
control unit	el.: Steuereinheit, *f.*
control valve	Betätigungsventil, *n.*; Regelarmatur, *f.*; Regelventil, *n.*; Stellschieber, *m.*; Steuerventil *n.*, Stellventil,
control valve bar	Steuerventilleiste, *f.*
control valve unit	Steuerventileinheit, *f.*
control voltage	Steuerspannung, *f.*
controllable valve	regulierbares Ventil, *n.*
controlled atmosphere	kontrollierte Atmosphäre, *f.*
controller	el.: Regler, *m.*
controlling (e.g. monitoring and controlling)	Controlling, *n.*
conventional dryer installation/solution	Trocknerlösung, herkömmliche, *f.*
conventional pollutants	klassische Schadstoffe, *m. pl.*
conversion	Umrechnung, *f.*

conversion factor (when converting to a different unit of measurement such as "atmosphere (normal) to centimetre mercury (cmHg)"	Umrechnungsfaktor, *m.*
convert	umwandeln, z. B. Signal oder chemische Substanz
convert, change over	umrüsten
converter	Signalwandler, *m.*
convey, deliver, supply, transport, discharge	fördern (Pumpe)
conveying air (e.g. conveying air duct in a pneumatic system)	Transportluft, Förderluft, *f.*
conveying screw, feed screw	Förderschnecke, *f.*
conveying system	Fördersystem, *n.*
conveying systems, conveying engineering (e.g. pneumatic conveying engineering), materials-handling technology (innerbetrieblich, e.g. overhead, slewing and mobile cranes, conveyor bridges)	Fördertechnik, *f.*
conveyor, conveying system	Förderanlage, *f.*, Fördersystem, *n.*
conveyor system (e.g. continuous loop conveyor system)	Förderkette, *f.*
cool, cool down, lowering of temperature	kühlen; herunterkühlen; abkühlen
coolant supply	Kühlmittelzuführung, *f.*
coolant, cooling agent, cooling fluid, cooling medium (refrigerant, chilled water, etc.), *pl.*: media	Kühlmittel, *n.*
cooled by oil injection, with oil injection cooling, oil injection cooled	öleinspritzgekühlt
cooler (e.g. water cooler), cooling apparatus, refrigerator	Kühler, *m.*
cooler leakage water	Kühler-Leckage-Wasser, *n.*
cooling, cooling down, lowering of temperature	Abkühlung, *f.*
cooling air recirculation	Kühlluftrückführung, *f.*
cooling air requirements	Kühlluftanforderungen, *f. pl.*
cooling air temperature	Kühllufttemperatur, *f.*
cooling behaviour	Abkühlverhalten, *n.*
cooling below dewpoint, temperature drop below dewpoint (Condensation occurs when the temperature drops below the dewpoint.)	Drucktaupunktunterschreitung, *f.*; Taupunktunterschreitung, *f.*
cooling below the acid dew point, temperature drop below the acid dew point	Rauchgas: Säuretaupunktunterschreitung, *f.*
cooling channel	Kühlkanal, *m.*
cooling circuit	Kühlkreislauf, *m.*
cooling coil	Kühlschlange, *f.*
cooling device	Kühlgerät, *n.*
cooling dryer	Kühltrockner, *m.*
cooling energy	Kälteenergie
cooling gas	Kühlgas, *n.*
cooling lubricant	Kühlschmiermittel, *n.*, Kühlschmierstoff, *m.*
cooling lubrication	Kühlschmierung, *f.*
cooling medium	Kühlmedium, *n.*, *siehe* Kühlmittel
cooling performance	Kühlleistung, *f.*
cooling period, cooling-down period	Abkühlzeit, *f.*
cooling phase	Abkühlphase, *f.*
cooling process	Kühlprozess, *m.*

cooling rate	Abkühlgeschwindigkeit, *f.*
cooling region	Abkühlbereich, *m.*
cooling requirements	Kühlbedarf, *m.*
cooling stretch, cooling section	Abkühlstrecke, *f.*
cooling system, cooling plant, refrigerating plant	Kälteanlage, *f.*
cooling technology	Kühltechnik, *f.*
cooling time	Kühlzeit, *f.*
cooling time reduction	Kühlzeitreduzierung, *f.*
cooling tube (e.g. of flat tube heat exchanger)	Kühlrohr, *n.*
cooling water	Kühlwasser, *n.*
cooling water circuit	Kühlwasserkreislauf, *m.*
cooling water circulation	Kühlwasserkreislauf (Prozess), *m.*; Kühlwasser im Kreislauf, *n.*
cooling water inlet	Kühlwassereintritt, *m.*; Kühlwasserzulauf, *m.*
cooling water inlet pressure	Kühlwasser-Eintrittsdruck, *m.*
cooling water inlet temperature	Kühlwasser-Eintrittstemperatur, *f.*
cooling water line/piping	Kühlwasserleitung, *f.*
cooling water outlet	Kühlwasserablauf, Kühlwasseraustritt, *m.*
cooling water pressure	Kühlwasserdruck, *m.*; Kühlwasserüberdruck, *m.*, *siehe* Überdruck
cooling water recirculation, cooling water return (flow)	Kühlwasserrücklauf, *m.*
cooling water recooling system (multi-pass system)	Kühlwasser-Rückkühlsystem, *n.*
cooling water regulator	Kühlwasserregler, *m.*
cooling water return line, cooling water return pipe	Kühlwasserrücklaufleitung, *f.*
cooling water shutoff	Kühlwasserausfall, *m.*
cooling water supply	Kühlwasserversorgung, *f.*
cooling water supply, cooling water feed line	Kühlwasserzuleitung, *f.*
cooling-water return	Kühlwasserrücklauf, *m.*
cooling water system	Kühlwassersystem, *n.*
coordinate measuring machine (CMM)	Koordinatenmessmaschine, *f.*
copper	Kupfer, *n.*
copper heat exchanger	Kupfer-Wärmetauscher, *m.*
copper pipe, copper piping	Kupferleitung, *f.*, Kupferrohr, *n.*, *siehe* Kupferröhre
copper tube	Kupferröhre, *f.*
coprecipitated	copräzipitiert (mitgefällt)
cord packing	Rundschnurring (Rundschnurdichtung), *m.*
core pipe, core tube	Kernrohr, *n.*
co-reactant	Reaktionspartner, *m.*
Coriolis force (compound centrifugal force)	Corioliskraft, *f.*
Coriolis principle	Coriolisprinzip, *n.*
corona discharge	el.: Corona-Entladung, *f.*
corona formation	Korona-Ausbildung, *f.*
corporate governance (e.g. good corporate governance)	Industrie u. Finanzsektor: Unternehmensführung, *f.* (z. B. verantwortungsvolle Unternehmensführung)

corporate training (measures/schemes), in-house training programmes	betriebliche Weiterbildung, *f.*
correct, faultless, proper, perfect, trouble-free, defect-free, free from defects (e.g. free from defects in materials and workmanship), fully functioning	einwandfrei; ordnungsgemäß
correct, remedy, clear (a fault)	beheben
correct, workmanlike, skilled, technically qualified	fachgerecht
correct application	sachgemäße Anwendung, *f.*
correct condition	ordnungsgemäßer Zustand, *m.*
correct work procedures	fachgerechtes Arbeiten (Arbeits-abläufe), *n.*
correction factor, correction coefficient	Berechnung: Korrekturfaktor, Korrektureffizient, *m.*
corrective maintenance	fehlerbehebende Wartung, *f.*
correctly disposed of (e.g. correctly disposed of in line with national and EU legislation)	fachgerecht entsorgt
corresponding explanations	zugehörige Erläuterungen, *f. pl.*
corrodibility	Korrosionsanfälligkeit, *f.*
corrodible, susceptible to corrosion	korrosionsanfällig
corroding (e.g. corroding metals and alloys), corrosive	korrodierend, *siehe* nicht korrodierend
corrosion allowance	Korrosionszuschlag, *m.*
corrosion effect	Korrosionswirkung, *f.*
corrosion protection	Korrosionsschutz, *m.*
corrosion protection layer	Korrosionsschutzschicht, *f.*
corrosion protection technology, corrosion protection system	Korrosionsschutztechnologie, *f.*
corrosion resistance, resistance to corrosion, resistance against corrosion, non-corrodibility	Korrosionsbeständigkeit, *f.*, Korrosionsfreiheit, *f.*
corrosion-resistant, resistant to corrosion, non-corroding (e.g. non-oxidizing and non-corroding screws), corrosion-free (e.g. corrosion-free stainless steel)	korrosionsbeständig, korrosionsfest, korrosionsfrei
corrosive	korrodierend
corrugated hose	Faltenschlauch, Wellschlauch, *m.*
cost allocation	Kostenzuordnung, *f.*
cost and energy savings	Kosten- und Energieeinsparung, *f.*
cost/benefit analysis	Kosten-Nutzung-Rechnung
cost-benefit ratio	Kosten-Nutzen-Verhältnis, *n.*, Aufwand-Nutzen-Verhältnis, *n.*
cost determination	Kostenermittlung, *f.*
cost-effective, favourably priced, value for money (e.g. value-for money products), low-priced	preisgünstig, preiswert, preiswürdig
cost-effectiveness (e.g. high cost-effectiveness), economic efficiency (An item manufactured for sale is considered to be economically efficient when this item is produced at the lowest possible cost.), economic performance, economic viability	Wirtschaftlichkeit, *f.*
cost factor	Kostenfaktor, *m.*
cost-intensive	kostenintensiv
cost unit analysis	Kostenstelleanalyse, Kostenstellenanalyse, *f.*

countercurrent (e.g. move/flow in a countercurrent direction), counterflow	Gegenstrom, *m.*
countercurrent chromatography (CCC)	Gegenstromchromatographie, *f.* (Trennungsmethode)
countercurrent cleaning	Gegenstromreinigung, *f.*
countercurrent column	Gegenstromsäule, *f.*
countercurrent heat exchange (system)	Wärmeaustausch im Gegenstrom, *m.*
countercurrent injection method	Gegenstrominjektionsverfahren, *n.*
countercurrent system	Gegenstromverfahren, *n.*
countermeasure, preventive measure	Abwehrmaßnahme, *f.*
countermeasures	Gegenmaßnahmen, *f. pl.*
counterpart (e.g. male or female parts)	Gegenstück, *n.*
counterperformance, performance in return	Gegenleistung, *f.*
counterpressure	Gegendruck, *m.*
countersunk screw	Senkschraube, *f.*
country-specific, relevant national …	länderspezifisch
coupled evaporator	Koppelverdampfer, *m.*
coupling	Rohr: Formteilmuffe, *f.*; Kopplung (z. B. zur Signalübertragung), *f.*
coupling element	Koppelelement, *n.*
coupling package	Koppelpaket, *n.*
coupling with an output relay	Kopplung auf ein Ausgangsrelais, *f.*
course, curve	Verlauf, *m.*
course, seminar	Lehrgang, *m.*
cover	Abdeckkappe, *f.*
cover	bedecken
cover, covering, guard, panel	Abdeckung, *f.*
cover, enclosure, sleeve, envelope	Hülle, *f.*
cover electrode	Deckelektrode, *f.*
cover marking	Haubenaufdruck, *m.*
cover material	Abdeckmaterial, *n.*
cover seal	Haubendichtung, *f.*
cover(ing), screen, cover strip	Blende, *f.*
covering, housing	Umhausung, *f.* (Denglisch: Um-housing)
crack formation	Rissbildung, *f.*
crankcase (e.g. compressor crankcase)	Kurbelgehäuse, *n.*
crankshaft grinding machine	Kurbelwellenschleifmaschine, *f.*
critical operating conditions	kritische Betriebsbedingungen, *f. pl.*
critical threshold	Bedenklichkeitsschwelle, *f.*
critical value	entscheidender Wert, *m.*
cross-bar	Traverse, *f.*
cross bore	Querbohrung, *f.*
cross flow plant (type of filtration where the flow moves tangentially across the filter surface, also known as "tangential flow filtration")	Cross-Flow-Anlage, *f.*
cross-linkage	Molekül: Vernetzung, *f.*
cross-linked	vernetzt (Plastik)
cross-linking agent	Vernetzer (Plastikherstellung), *m.*
cross pipe	Rohr: Querspange, *f.*
cross section (e.g. discharge cross-section of a valve)	Querschnitt, *m.*

cross-section for connection	Anschlussquerschnitt, *m.*
cross-section reduction	Querschnittsreduzierung (z. B. eines Rohrs), *f., siehe* Querschnittsverjüngung
cross-sectional area	Filter: Querschnittsfläche, *f.*
cross-sectional opening	Querschnittsöffnung, *f.*
cross-sensitive	Gasanalyse: querempfindlich
cross-sensitivity	Querempfindlichkeit, *f.*
crosstip screwdriver	Kreuzschlitz-Schraubendreher, *m.*
crucible furnace (for melting metals, also used in laboratories)	Tiegelofen, *m.*
crude gas chamber	Rohgasraum, *m.*
crude gas, raw gas, untreated gas, impure gas	Rohgas, *n.*
crude oil installations	Erdölanlagen, *f. pl.*
crude oil, crude	Rohöl
crystal clear, absolutely clear	glasklar
crystallize	kristallin ausfällen
crystallize, crystallize out	auskristallisieren
CSA/UL approval	CSA/UL-Zulassung, *f.*
cubic feet (cf)	Kubikfuß, *m.*
cubic feet/minute, cfm	Kubikfuß/Minute
cumulative determination	Summenbestimmung, *f.*
cure	Plastik: aushärten
cured resin	gehärtetes Harz, *n.*
curing agent, curing component	Plastikherstellung: Härtungsmittel, *n.*
curing component	Härterkomponente (z. B. für Plastik, Farben, Klebstoff), *f.*
curing oven	Pulverbeschichtung: Einbrennofen, *m.*
curing period	Plastik, Gummi, Zement: Aushärtezeit, *f.*
current	el.: Strom, *m.*
current collector	el.: Stromabnehmer z. B. Schienenfahrzeug), *m.* (
current input (unit of current: ampere (A))	Stromaufnahme, *f.*
current intensity (amperage)	Stromstärke, *f.*
current legislation, valid legislation (e.g. licence granted under valid legislation)	gültige Gesetzgebung, *f.*
current limiting resistor	Strombegrenzungswiderstand, *m.*
current state (e.g. current state of the plant)	aktueller Zustand, *m.*
current type	Stromart, *f.*
curved inlet	abgerundeter Eingang, *m.*
curvilinear	bogenförmig ausgeprägt
customer application	Kundenapplikation, *f.*
customer call schedule	Vertreter: Besuchsplan, *m.*
customer loyalty (e.g. building/retaining/keeping/managing customer loyalty)	Kundenbindung, *f.*
customer relationship management (CRM)	Beziehungsmanagement, *n.*
customer service, customer service team, support service, after sales service	Kundendienst, Kundenservice, *m.,* Kundenbetreuung, *f.*
customer service engineer	beratender Ingenieur Kundendienst, *m.*
customer service programme	Dienstleistungsangebot, *n.*

customer training	Kundenschulung, *f.*
customer, purchaser	Besteller, *m.*
customer's complaint	Reklamation, *f.*
customer's specification	Anwenderforderung, *f.*
customer-oriented	nutzerorientiert
customer-specific, customized, tailored to the customer's requirements	kundenspezifisch
customized applications	maßgeschneiderte Anwendungen, *f.*
customized device	speziell angefertigtes Gerät, *n.*
customized, tailored to (the customer's specific requirements), according to requirements	maßgeschneidert
customized, tailored to requirements, adapted to requirements, matched to requirements, as and when required, in response to actual demand	nach speziellen Kundenwünschen
cut-and-cover method with excavation under compressed air	Tunnelbau: Deckelbauweise unter Druckluft, *f.*
cutaway view, sectional view	Schnittansicht, *f.*
cut in	Verdichterbetrieb: aufnehmen
cut-in pressure	Einschaltdruck (z. B. des Kompressors), *m.*
cut-in temperature, switch-on temperature	Einschalttemperatur, *f.*
cut-off circuit	Abschaltkreis, *m.*
cutout (verb)	Temperaturbegrenzung: abschalten; Schaltsystem: aussteigen
cut-out (e.g. overtemperature cut-out)	Temperaturbegrenzung: Abschaltung, *f.*; el.: Überlastschalter, *m.*
cut-out delay	Abschaltverzögerung, *f.*
cut-out pressure, shut-off pressure	Abschaltdruck (z. B. des Kompressors), *m.*
cut-out pressure, shut-off pressure, switch-off pressure	Ausschaltdruck, *m.*
cutout reinforcement	Druckbehälter: Ausschnittverstärkung, *f.*
cut-out temperature	Abschalttemperatur, *f.*
cut to length	Länge, *f.*, auf Länge schneiden
cut to size	zurechtschneiden
cutting edge application	technisch führende Anwendung, *f.*
cutting edge technology, leading edge technology, state-of-the art technology (e.g. "The device combines state-of-the-art technology and elegant design.")	neueste Technologie, *f.*
cutting emulsion	Schneidemulsion, *f.*
cutting head	Schneidkopf (z. B. eines Lasergeräts), *m.*
cutting installation	Schneidanlage, *f.*
cutting oil (e.g. general purpose cutting oil)	Schneidöl, *n.*
cutting plane (computer-aided design (CAD))	Schnittebene, *f.*
cutting speed	maschinelle Bearbeitung: Schnittgeschwindigkeit, *f.*
cutting-edge technology	allerneueste Technik, *f.*
cyanoacrylate	Cyanacrylat, *n.*
cycle	Runde, *f.*; Takt, *m.*
cycle interval	Taktintervall, *m.*

cycle time	Taktzeit, *f.*; Zykluszeit, *f.*
cycle time reduction, shortening of cycle time	Zykluszeitreduzierung, Zykluszeitverkürzung, *f.*
cyclic	zyklisch
cyclic changeover (e.g. "One adsorber is being used, while the other one is being regenerated.")	zyklischer Wechsel, *m.*
cyclic loading	Wechselbeanspruchung, *f.* (z. B. eines Druckbehälters, Gegenteil: static loading)
cyclic pressure loading	Druckwechselbeanspruchung, *f.*
cyclically reversed	zyklisch umgekehrt
cyclone	Zyklon, *m.*
cyclone effect	Zykloneffekt, *m.*
cyclone insert	Zykloneinsatz, *m.*
cyclone presepartor	Zyklonvorabscheider, *m.*
cyclone separator	Zyklonabscheider, *m.*
cyclone series	Zyklonreihe, *f.*
cyclone system	Zyklonanlage, *f.*
cylinder	Zylinder, *m.*
cylinder head	Zylinderkopf, *m.*
cylinder port	Zylinderöffnung, *f.*
cylindrical coil	el.: Zylinderspule, *f.*
cylindrical shell	Druckbehälter: Mantel, zylindrischer, *m.*
cylindrical thread	zylindrisches Gewinde, *n.*

C

damage, destroy	zerstören
damage beyond repair	völlig zerstören
damage monitoring	Schadensüberwachung, *f.*
damage to persons or property	Personen- und Sachschäden, *m. pl.*
damage to persons or property, immediate hazard	unmittelbar drohende Gefährdung, Personen- oder Sachschäden
damage to production	Produktschaden, *m.*
damage to the container	Beschädigung des Behälters, *f.*
damage to the system	Systemschaden, *m.*
damage to waters	Gewässerschaden, *m.*
damaging to the material (e.g. influences potentially damaging to the material)	materialschädigend
damp cloth	feuchter Lappen, *m.*
damp drying agent/desiccant	feuchtes Trockenmittel, *n.*
damping (of valves)	Dämpfung, *f.* (z. B. Ventile)
damping coefficient	Dämpfungsbeiwert, *m.*
danger class (e.g. fire danger class)	Gefahrenklasse, *f.*
danger classification	Gefahrenklassifizierung, *f.*
danger designation	Gefahrenbezeichnung, *f.*
danger due to incorrect transport	Gefahr durch nicht sachgemäßen Transport, *f.*
danger of blocking up	Verblockungsgefahr (z. B. Rohr, Ventil), *f.*
danger of blowback	Rückschlaggefahr (z. B. von Druckluft), *f.*
danger of clogging	Verblockungsgefahr (z. B. Filter), *f.*
danger of frost	Frostgefahr, *f.*
danger of overflow	Überlaufgefahr, *f.*
danger of suffocation	Erstickungsgefahr, *f.*
danger symbol, danger sign	Gefahrensymbol, *n.*
danger threshold	Gefährdungsschwelle, *f.*
danger to eyes and breathing	Gefahr für Augen und Atmung, *f.*
danger to functional safety	gefährdete Funktionssicherheit, *f.*
danger to health	Gefahr für die Gesundheit, *f.*
danger to life and limb	Gefahr für Leib und Leben, *f.*
danger to persons or property	Gefährdung für Menschen und Material, *f.*

danger to persons, hazard to persons	Gefährdung von Personen, *f.*
dangerous goods	Gefahrengut (Transport-klassifizierung), *n.*
Darcy's law	Darcy'sches Gesetz (Filtergesetz)
data archival	Datenarchivierung, *f.*
databank, database	Datenbank, *f.* (Datenkategorien eines Systems)
data cable	Datenkabel, *n.*
data conversion	Datenumwandlung, *f.*
data exchange, exchange of data	Datenaustausch, *m.*
data input	Dateneingabe, *f.*
data logger	Datenlogger, *m.*
data output	Datenausgabe, *f.*
data protection	Datenschutz, *m.*
data protection declaration	Datenschutzerklärung, *f.*
data recording, data record	Datenaufzeichnung, *f.*
data record sheet	Datenerfassungsbogen, *m.*
data sheet	Datenblatt, *n.*
data survey sheet	Datenerhebungsblatt, *n.*
data systems technology	Datentechnologie, *f.*
date of manufacture	Herstelldatum, *n.*
DC/DC converter	DC/DC-Wandler, Gleichstrom-Wandler, (selten: GS/GS-Wandler), *m.*
deacidification	Entsäuerung, *f.*
deactivate	abschalten
dead space	Filter: Totraum, *m.*
dealer training	Händlerschulung, *f.*
dealers and distributors	Händler, *m. pl.*
dealers of compressed air systems, distributors of compressed air systems	Druckluftfachhandel, Druckluft-handel, *f.* (Vertragshändler)
deblock	Sperre aufheben
debug	Störung beheben (Software-programm), *f.*
deburr, deburring	entgraten (z. B. vor Schweißen)
decentralized, local	dezentral
decentralized compressed air treatment	dezentrale Druckluftaufbereitung, *f.*
decomposition period	biologische Zerfallszeit, *f.*
decomposition product	Zersetzungsprodukt, *n.*
decouple, disconnect, isolate	entkoppeln
decoupling resistor	el.: Entkoppelwiderstand, *m.*
decrease in pollution level, pollutant reduction, contaminant reduction	Schadstoffrückgang, *m.*, Schadstoff-reduktion, *f.*
decrease in volume	Volumenabnahme, *f.*
dedicated	zweckgebunden
de-energized (e.g. "Disconnect the device from the power supply and ensure that it is in a pressureless and de-energized state."), in a de-energized condition, off circuit, off load	el.: spannungsfrei
de-energized (e.g. electrically de-energized solenoid valve)	el.: stromlos
de-energized state, off-circuit state	el.: spannungsfreier Zustand, *m.*
de-energized state of device, off-circuit state of device	el.: spannungsloser Gerätezustand, *m.*

deep-cold blow air, blow air at very low temperatures	tiefkalte Blasluft, *f.*
deep-cooled air	tiefkalte Luft, *f.*
deep-cooled compressed air	tiefkalte Druckluft, *f., siehe* kalte Druckluft
deep-cooled rinsing air	tiefkalte Spülluft, *f.*
deep-cooled, dry compressed air, dry compressed air at very low temperatures	tiefkalte trockene Druckluft, *f.*
deep cooling, deep-cooling process, low temperature cooling (e.g. flexible low-temperature cooling from lab-scale to full-scale production)	Tiefkühlung, *f.*
deep-cooling plant	Tiefkühlanlage, Tieftemperatur-anlage, *f.*
deep-cooling system (e.g. compressed air deep-cooling system), deep-cooling plant	Tiefkühlsystem, *n.*
deep-drawn sheet metal	Tiefziehblech, *n.*
defect	Produkt: Mangel, *m.*
defect liability	Mängelhaftung, *f.*
defect report	Mängelbericht, *m.*
defective	mangelhaft
defective, faulty	defekt
defective device	defektes Gerät, *n.*
defects	Fehlstellen (z. B. in Kunststoff-teilen), *f. pl.*
defects on the product	Defekte am Produkt, *m. pl.*
deflect	umlenken
deformation	Verformung, *f.*; mechanisch: Ver-zerrung, *f.*
deformation-related	verformungsbezogen
defrost, thaw (off), cause to melt	abtauen
defur (defurring), decalcify	entkalken (z. B. Rohr)
degassing line	Entgasungsstrecke, *f.*
degassing tank	Entgasungsbehälter, *m.*
degradability, biodegradability	biologisch: Abbaubarkeit, *f.*
degradation, decomposition	Stoffabbau. *m., siehe* Abbaubarkeit, Zerfall
degradation process	biologisch: Abbauprozess, *m.*
degradation product	Abbauprodukt, *n.*
degradation rate (e.g. biofilter)	Abbaugeschwindigkeit, *f.*
degrease	entfetten
degreasing	Entfettung (z. B. vor Pulverbeschich-tung), *f.*
degreasing agent	Entfettungsmittel, *n.*
degree of accuracy	Genauigkeitsgrad
degree of automation	Automatisierungsgrad, *m.*
degree of cloudiness, degree of turbidity	Wasserprobe: Trübungsgrad, *m.*
degree of dirt accumulation, degree of soiling	Verschmutzungsgrad (allgemein), *m.*
degree of dispersion	Dispersionsgrad, *m.*
degree of efficiency, efficiency	Wirkungsgrad, *m., siehe* Betriebseffi-zienz
degree of emulsification	Emulsionsgrad, *m.*

degree of filtration	Filtrationsgrad, *m.* (in Bezug auf filtrierbare Partikelgröße)
degree of filtration, filtration fineness (e.g. a filtration fineness down to 1 micron)	Filtrationsfeinheit, *f.*
degree of fouling, filter element condition	Verschmutzungsgrad (Filter), *m.*
degree of humidity, humidity level	Feuchtegrad, *m.*, Feuchtebilanz, *f.*
degree of insulation	Dämmungsgrad
degree of IP protection, IP protection class (IP = International protection)	IP-Schutzgrad, *m.* (Bei elektrischen Geräten definiert der IP-Schutzgrad den Schutz gegen Fremdkörper sowie das Eindringen von Wasser.)
degree of protection	Schutzgrad, *m.*, *siehe* IP-Schutzgrad
degree of saturation	Sättigungsgrad, *m.*
degree of utilization	Nutzungsgrad, *m.*
dehumidification	Entfeuchtung, *f.*
dehumidify	entfeuchten
de-icing, defrosting	Enteisung, *f.*
deionized water	VE-Wasser, *n.* (Deionat, vollentsalztes Wasser)
delay, time delay	Zeitverzögerung, *f.*
delete	Programm löschen
delete where not applicable	nicht Zutreffendes durchstreichen
deliver air	Kompressor: Luft fördern, *f.*
delivery	Anlieferung, *f.*
delivery, shipment	Auslieferung, *f.*
delivery date	Liefertermin, *m.*
delivery head	Pumpe: Förderhöhe, *f.*
delivery price	Bezugspreis, *m.*
delivery rate	Verdichter, Pumpe: Förderleistung, *f.*, Fördermenge, *f.*; Kompressor: Liefermenge, *f.* (s. Lieferleistung)
delivery receipt	Ablieferungsbeleg, *m.*
delivery time	Lieferzeit, *f.*
Delrin®	Delrin® (Handelsname)
demand for retrofitting	Nachrüstungsbedarf, *m.*
demands on the material	Belastung: Anforderungen an den Werkstoff, *f. pl.*
demanding, exacting, sophisticated, high standard, quality-conscious, high quality	anspruchsvoll
demister	Demister, Entnebler, *m.*
demister package (to reduce moisture carryover)	Demisterpaket, *n.*
demister type condensate separator	nach Demisterprinzip funktionierender Kondensatableiter, *m.*
demonstration model	Demo-Modell, *n.*
demoulding	Entformen, *n.*
demoulding temperature	Entformungstemperatur
demulsifiable (readily separated from water, de-emulsifiable)	demulgierfähig
demulsifiable oil content	demulgierfähiger Ölgehalt, *m.*
demulsifying ability	Demulgierfähigkeit, *f.*
demulsifying properties, demulsifying characteristics	Demulgierverhalten, *n.*

dense	dichtes Material (im Sinne von massiv, *siehe* Dichte), *n.*
dense layers	dichte Schichten, *f. pl.*
densify, concentrate, condense	allgemein: 1. Dichte erhöhen; 2. kondensieren, d. h. Zustandsveränderung von Gas zu Flüssigkeit oder Feststoff
density	Dichte, *f.*
dent	Delle, *f.*
dental application	Dentalanwendung, *f.*
dental technology	Dentaltechnik, *f.*
dentistry	Dentalmedizin, *f.*
dependable, reliable, safe	zuverlässig
dependent on locality, dependent on place (of installation)	ortsabhängig
depending on, as a function of, dependent on (e.g. "The dew point is dependent on the amount of moisture in the air."), in relation to	Abhängigkeit, *f.*, in Abhängigkeit von
depending on material, material-dependent	materialabhängig
depending on requirements	bedarfsabhängig
depending on the module, module dependent	modulabhängig
depict, show, represent	darstellen
deposit (paint particles) (verb)	bei Tauchbeschichtung: abscheiden
deposit, sediment	Ablagerung, *f.*
deposits (e.g. deposits inside the pipes), accumulated matter	Ablagerung, *f.*, Ansammlung, *f.*
depress	herunterdrücken
depress, hold down	Nadel eindrücken
depression, trough	Mulde, *f.*
depressurization	Druckentspannung, *f.*
depressurize, ensure that (the device) is in a pressureless state, ensure that … not under pressure	drucklos machen, *siehe* druckfrei
depressurize, relieve from pressure	druckentlasten
depressurize the line	Leitung drucklos machen
depth effect	Filter: Tiefenwirkung, *f.*
depth filter (e.g. pleated depth filter cartridge, multi-layer depth filter)	Tiefenfilter, *m.*
depth filter bed	Tiefenfilterbett, *n.*
depth filter element	Tiefenfilterelement, *n.*
depth filtration, deep-bed filtration	Filter: Tiefenfiltration, *f.*
depth of information	Informationstiefe, *f.*
description of application	Anwendungsbeschreibung, *f.*
description of electrical functions	elektrische Funktionsbeschreibung, *f.*
description of performance (e.g. dryer performance), performance specifications	Leistungsbeschreibung, *f.*
description of requirements	Anforderungsbeschreibung, *f.*
desiccant, desiccant material	Adsorptionstrockner: Trocknungsmittel, *n.*
desiccant abrasion, abraded desiccant matter	Abrieb des Adsorptionsmittels, Abrieb des Trocknungsmittels, *m.*
desiccant bed	Adsorptionstrockner: Trockenmittelbett, *n.*

desiccant replacement	Adsorptionstrockner: Wechsel des Trocknungsmittels, *m.*
desiccant tower, also: adsorption tower (e.g. twin desiccant tower dryer), desiccant chamber	Adsorptionstrockner, *m.*; Hochdruck-adsorptionstrockner: Adsorptions-behälter, *m.*, Adsorptionstrockner: Trockenmittelbehälter, *m.*
desiccant-type dryer	Trockenmitteltrockner, *m.*, Trockner mit Trockenmittel, *m.*, Trockenmittel-gerät, *n.*
design	Entwurf: Konstruktion, *f.*
design, model, design type, type of construction, version, configuration	Ausführung, *f.*
design, (type of) construction	Bauweise, *f.*; Bauform
design and construction	Auslegung und Konstruktion, *f.*
design and development department	Entwicklungsabteilung, *f.*
design coefficient	Berechnungsbeiwert, *m.*
design concept	Konstruktionskonzept, *n.*
design data, dimensioning data, layout data	Auslegungsdaten, *n. pl.*
design deficiency	Konstruktionsmangel, *m.*
design department	Konstruktionsabteilung, *f.*
design details	konstruktive Angaben, *f. pl.*
design engineer	Konstrukteur, *m.*
design error	Konstruktionsfehler, *m.*
design features, design details, constructional characteristics	Konstruktionsmerkmale, *n. pl.*, konstruktives Merkmal, *n.*
design modification	konstruktive Änderung, *f.*
design pressure	Auslegungsdruck, Berechnungs-druck, *m.*; Berechnungsüberdruck, *m.*
design principle	Konstruktionsprinzip, *n.*
design program	Computer: Konstruktions-programm, *n.*
design requirements, design specifications	Auslegungsbestimmungen, *f. pl.*
design rule	Konstruktionsregel, *n.*
design shell	Design-Schale, *f.*
design temperature	Auslegungstemperatur, *f.*; Berech-nungstemperatur, *f.*
designation	Bezeichnung, Bedeutung, *f.*
designation of components	Benennung der Bauteile, *f.*
designed and manufactured	konstruiert und gefertigt
designed for safe and dependable operation	betriebssichere Konstruktion, *f.*
desired temperature, set temperature	Solltemperatur, *f.*
desired value	Sollwert (allgemein), *m.*
desludging valve	Abschlämmventil, *n.*
desludging, sludge removal	Abschlammung, *f.*
desorb	desorbieren
desorbate	Desorbat, *n.*

desorption	Desorption (Umkehrung von Adsorption), *f.*
destabilization	Entstabilisierung, *f.*
destroy	Bakterien: abtöten; vernichten
destruction, serious damage	Zerstörung, *f.*
desulphurization filter (e.g. flue gas desulphurization filter, line desulphurization filter)	Entschwefelungsfilter, *m.*
detach	lösen
detach, become detached	sich ablösen
detachable cable connection	lösbare Kabelverbindung, *f.*
detachable connection (opposite: permanent)	lösbare Verbindung, *f.*
detail planning	Detailplanung, *f.*
details, particulars, specifications, data, data and descriptions	Angaben, *f. pl.*
detect, pick up (e.g. pick up ultrasound frequencies)	Messgerät: wahrnehmen
detection limit (down to non-detectable levels)	Nachweisgrenze, *f.*
detection sensitivity	Detektionsempfindlichkeit, *f.*
detection, record, measurement, collection	Erfassung, *f., siehe* Partikelerfassung
detector heating	Detektorheizung, *f.*
detergent	synthetisches Waschmittel, *n.*
determination by IR-spectroscopy	IR-spektrografische Bestimmung, *f.*
determination of splitting agent requirements	Quantität: Spaltmittelbestimmung, *f.*
determination, calculation, analysis	Ermittlung, *f.*
determine	ermitteln
detoxify	entgiften
develop further, extend one's lead, expand	ausbauen, weiter entwickeln
development of earnings	wirtschaftlich: Ertragsentwicklung, *f.*
development, design	Entwicklung, *f.*
deviation from measurements	Abweichung der Messergebnisse, *f.*
device, unit, instrument	Gerät, *n.*
device calibration	Gerätekalibrierung, *f.*
device function, device performance	Gerätefunktion, *f.*
device information	Geräteinformation, *f.*
device load/loading	el.: Gerätebelastung, *f.*
device price	Gerätepreis, *m.*
device representation	Geräteabbildung, *f.*
device selection	Geräteauswahl, *f.*
device specifications	Gerätespezifikation, *f.*
device status	Gerätezustand, *m.*
dewatering	Entwässerung: Filterkuchen, *m.*
dewpoint (DP), dew point (The dewpoint is defined as the temperature at which the air, when cooled, will just become saturated.)	Taupunkt (TP), *m., siehe* auch Drucktaupunkt
dewpoint corrosion, dew point corrosion	Taupunktkorrosion, *f.*
dewpoint dependent switching	Adsorptionstrockner: taupunktabhängige Umschaltung, *f.*
dewpoint measurement, also: dew point measurement	Taupunktmessung, *f.*
dewpoint measuring system	Taupunktmesssystem, *n.*
dewpoint meter (also: dew point meter)	Taupunktmesser, *m.*, Taupunktmessgerät, *n.*, Taupunkt-Messgerät
dewpoint mirror method	Taupunkt-Spiegelverfahren, *n.*

dewpoint suppression (e.g. "XYZ is a unique dewpoint suppression system that constantly lowers the dewpoint of the compressed air."), PDP suppression	Drucktaupunktabsenkung, *f.*, DTP-Absenkung, *f.*, Drucktaupunktunterdrückung, *f.*
dewpoint table	Taupunkttabelle, *f.*
dewpoint temperature, dew point temperature	Taupunkttemperatur, *f.*
dextran (a polyglucose)	Dextran, *n.*
dezincification resistant	entzinkungsbeständig
diagnosis, diagnosting (e.g. network diagnosting)	Diagnose, *f.*
diagonal line	schräge Linie, *f.*
dial	Anzeige Skalenscheibe, *f.*/Ziffernblatt, *n.*
dial (e.g. graduated disc on a measuring instrument, such as a manometer; graduated dial of pressure gauge)	Messgerät: Anzeige, *f*
diameter ratio, ratio of diameters	Durchmesserverhältnis, *n.*
diameter, dia.	Durchmesser, *m.*
diaphragm	Kondensatableiter, Ventil: Membrane, *f.*
diaphragm area	Ventil: Membranfläche, *f.*
diaphragm cap	Ventil: Membrandeckel, *m.*
diaphragm compressor (e.g. oil free diaphragm compressor)	Membrankolbenverdichter, *m.*; Membranverdichter, *m.*
diaphragm piston valve	Membrankolbenventil, *n.*
diaphragm pump	Membranpumpe, *f.*
diaphragm seal	Membrandichtung, *f.*
diaphragm seat	Ventil: Membranaufnahme, *f.*, Membransitz, *m.*
diaphragm set	Ventil: Membran-Set, *n.*
diaphragm travel	Ventil: Membranhub, *m.*
diaphragm travel (short/long)	Membranventil: Hubhöhe, *f.*
diaphragm type	Ventil: Membrantyp, *m.*
diaphragm valve	Membranventil, *n.*
diaphragm valve with air servo control, air-servo control valve	servoluftgesteuertes Membranventil, *n.*
die cast zinc, zinc die casting	Zinkdruckguss, *m.*
die cutter	Stanzfräser (z. B. für Rohre), *m.*
die-cast aluminium	Aluminiumdruckguss, *m.*
diecasting, pressure diecasting	Druckguss, *m.*, Druckgießen, *n.*
dielectric	Dielektrikum, *n.*
dielectric constant	Dielektrizitätskonstante, *f.*
diesel engine	Dieselmotor, *m.*
diesel fuel	Dieselkraftstoff, *m.*
diesel hydraulic railcar	dieselhydraulischer Triebwagen, *m.*
diesel particle filter, diesel particulate filter	Dieselpartikelfilter, *m.*
difference in concentration	Konzentrationsunterschied, *m.*
difference in level, level difference	Niveauunterschied, *m.*
different, differing (from)	abweichend
differential balance	Differenzialabgleich, *m.*
differential gap, differential	Regler: Schaltdifferenz, *f.*
differential optical absorption spectroscopy	differentielle optische Absorptions-Spektroskopie (DOAS), *f.*
differential piston	Differenzialkolben, *m*, *siehe* Stufenkolben

D

differential pressure (e.g. differential pressure across the filter)	Differenzdruck, *m.*
differential-pressure control	Differenzdruckkontrolle, *f.*
differential pressure gauge	Differenzdruckmanometer, *n.*
differential pressure indication	Differenzdruckanzeige, *f.*
differential pressure indicator (e.g. pop-up indicator)	Differenzdruckindikator, *m.*, Differenzdruckanzeiger, *m.*
differential pressure meter (e.g. pocket-sized differential pressure meter)	Differenzdruckmesser, *m.*
differential pressure monitoring	permanente Differenzdruckmessung, *f.*
differential pressure switch	Differenzdruckschalter, *m.*
diffuse	diffundieren
diffuser	Diffuser, Diffusor, *m.*
diffuser cylinder	Diffusorzylinder, *m.*
diffusion	Diffusion, *f.*
diffusion boundary layer	Diffusionsgrenzschicht, *f.*
diffusion coefficient	Diffusionskoeffizient, *m.*
diffusion direction, direction of diffusion	Diffusionsrichtung, *f.*
diffusion equilibration	Diffusionsausgleich, *m.*
diffusion rate scale	Diffusionsgeschwindigkeitsskala, *f.*
diffusion rate, diffusion velocity	Diffusionsgeschwindigkeit, *f.*
diffusion resistance	Diffusionswiderstand, *m.*
digested sewage sludge	ausgefaulter Klärschlamm, *m.*
digit position	Stelle einer Zahl, *f.*
digit, 9 digit display (e.g. "The instrument features a 9 digit display.")	stellig, 9-stellige Anzeige
digital display, digital readout	Digitalanzeige, *f.*
digital input	Digitaleingang, *m.*
digital measuring instrument	Digitalmessgerät, *n.*
dilute, thin down	verdünnen
dilution	Verdünnung (z. B. mit Wasser), *f.*
dimension window	Dimensionsfenster, *n.*
dimension, design, lay out, rate	auslegen
dimension, measurement, size	Abmessung, *f.*
dimensional accuracy	Maßgenauigkeit, *f.*
dimensional stability	Formstabilität, *f.*; Maßbeständigkeit, *f.*; Maßhaltigkeit (Formbeständigkeit), *f.*
dimensional stability test	Maßhaltigkeitsprüfung, *f.*
dimensionally stable	formstabil
dimensioned drawing	Maßzeichnung, *f.*
dimensioned sketch	Maßskizze, *f.*
dimensioning	Dimensionierung, *f.*
dimensioning program	Dimensionierungsprogramm, *n.*
dimensioning program (computer-based)	Auslegungsprogramm zur Bestimmung der Baugröße, *n.*
dimensioning, design, layout	Auslegung, *f.*
DIN connection	DIN-Anschluss
DIN plug	DIN-Stecker
DIN standard	DIN-Norm, *f.*
dioxin	Dioxin, *n.*

DIP switch	DIP-Schalter (Fädelschalter), *m.*
dipole (e.g. dipolar nature of water molecules)	Dipol, *m.*
dipping paint (e.g. quick drying dipping paint)	Tauchlack, *m.*
dipping tank	Tauchbecken (z. B. zur Imprägnierung), *n.*
dipseal coating, dipseal impregnation	Dipseal-Lack, *m.*
dip-solder	Tauchlöten, *n.*
direct current (d.c.)	Gleichstrom, *m.*
direct drive, gearless drive	Verdichter: Direktantrieb, *m.*
direct start-up (e.g. direct start-up with mechanical relief valve)	Motor: Direktanlauf, *m.*
direct voltage supply	el.: Gleichspannungsversorgung, *f.*
direct voltage, d.c. voltage	el.: Gleichspannung, Gleichstromspannung, *f.*
direction of feed	Vorschubrichtung, *f.*
direction of flow	Durchströmungsrichtung, *f.*; Fließrichtung, *f.*
direction of flow, flow direction	Durchflussrichtung, *f.*; Strömungsrichtung, *f.*
direction of installation	Einbaurichtung, *f.*
direction of migration	Moleküle: Bewegungsrichtung, *f.*
direction of movement	Bewegungsrichtung, *f.*
direction of rising condensate	Steigrichtung des Kondensats, *f.*
direction of rotation	Drehrichtung, *f.*
directly controlled	direktgesteuert (z. B. Ventil)
dirt, impurities, polluting matter	Schmutz, *m.*
dirt and other impurities, dirty mark, impurity, pollutants, smudge,	Verunreinigung(en), *f./pl.*
dirt collection area	Schmutzauffangbereich, *m.*
dirt collector, dirt trap (e.g. self-cleaning dirt trap valve; solenoid valve with a dirt trap)	Schmutzauffangbehälter, Schmutzfang, Schmutzfänger, *m.*
dirt deposit	abgelagerte Verschmutzung, *f.*; abgelagerte Verunreinigung, *f.*
dirt load	Schmutzbelastung, *f.*; Filter: Schmutzmenge, *f.*
dirt particle	Schmutzpartikel, *n.*
dirt-protection cover	Haube gegen Verschmutzungen, *f.*
dirt removed, removed dirt	abgeschiedener Schmutz, *m.*
dirt repellent	schmutzabweisend
dirt retaining chamber	Schmutzauffangkammer, *f.*
dirt retention capacity	Filter: Schmutzaufnahmekapazität, *f.*
dirt strainer	Schmutzsieb (z. B. für Pumpe, Rohrleitung), *n.*
dirt tolerance (e.g. "The device offers superior dirt tolerance.")	Schmutztoleranz, *f.*
dirt trap	Schmutzfalle, *f.*
dirty silencer	verschmutzter Schalldämpfer, *m.*
disassemble	auseinandernehmen
disc	Scheibe, *f.*
disc filter (e.g. stacked disc filter)	Scheibenfilter, *m.*

discharge	entladen, ablassen
discharge (via), remove (e.g. remove contaminants from the water), release, transport, migrate	austragen
discharge, drain, release	ableiten
discharge, feed (in), supply	Flüssigkeiten einleiten
discharge, let off, flow out, deliver	abführen
discharge, outflow	Ausströmung, f.
discharge and treatment systems	Ableitungs- und Aufbereitungssysteme, n. pl.; Aufleitungs- und Aufbereitungssysteme, n. pl.
discharge by remote control	ferngesteuert ableiten
discharge capacity	Abführleistung, f.
discharge cross-section	Abflussquerschnitt, m.
discharge cycle	Ablasstakt, m.
discharge diaphragm, outlet diaphragm	Ablassmembrane, f.
discharge direction	Ausströmrichtung, f.
discharge grid (of a filter)	Entnahmerost, m.
discharge hose	Ablaufschlauch, m.; Auslaufschlauch, m.
discharge licence (e.g. wastewater discharge licence)	Einleitungsgenehmigung, f.
discharge line, discharge pipe	Abflussleitung, f.
discharge of wastewater into sewer system, effluent	Einleiten von Abwasser (in die Kanalisation), n.
discharge into sewer system	
discharge of wastewater, effluent discharge	Abwassereinleitung (in die Kanalisation), f.
discharge opening, outlet	Ablassöffnung, f.
discharge performance	Ableitleistung, f.
discharge pipe	Ablaufrohr, n.
discharge pipe	Auslaufleitung, f.; Auslaufrohr, n.
discharge pipe, outlet pipe	Ablassleitung, f.; Austrittsrohr, n.
discharge pressure	Förderdruck, m.
discharge procedure	Ablassvorgang, m.; Vorgang: Ablauf, m.; Ableitvorgang, m.
discharge process	Membranpumpe: Ausdrückvorgang, m.
discharge pump	Austragspumpe, f.
discharge quantity	Ableitmenge, f.
discharge rate	Ableitung: Absinkgeschwindigkeit, f.
discharge system	Ableitungssystem, n.
discharge to earth	Elektrostatik: ableiten
discharge value	Ablaufwert, m.; Ableitwert, m.
discharge valve	Ablaufventil, n.; Entleerungsventil, n.
discharge valve, outlet valve	Ablassarmatur, f.
discharge volume	Ablassvolumen, n.
discharge water	Ablaufwasser, n.
dischargeable, suitable for discharge into sewer system	einleitfähig
discharged fluid, outgoing fluid	Ablaufmedium, n.
discharged water	ausströmendes Wasser, n.
discoloration	Verbleichen, n., Farbbeeinträchtigung, f.

D

disconnect	Verbindung trennen (auch elektrisch), *f.*
disconnect (device) from the power supply, unplug	el.: Spannungsversorgung unterbrechen, *f.*
disconnect (e.g. "Switch off and disconnect from mains supply before replacing the fuse.")	el.: trennen
disconnect device from mains electricity supply	Gerät von Netzspannung trennen
disconnect electrical power supply (e.g. "Disconnect electrical power supply before servicing."), disconnect from (electrical) power supply (e.g. "Switch off appliance and disconnect from power supply."), disconnect power supply	von elektrischer Spannung trennen
disconnect from power supply, disconnect from the mains supply	stromlos schalten
disconnect from the mains supply	el.: vom Netz trennen
disconnect, isolate electrically	abklemmen, elektrisch
discontinuous action controller	el.: unstetiger Regler, *m.*
discontinuous operation, intermittent operation	diskontinuierliche Arbeitsweise, *f.*
discontinuous, intermittent	diskontinuierlich
disease of the respiratory tract	Atemwegserkrankung, *f.*
disengage	ausklinken
disinfectant	Desinfektionsmittel, *n.*
disintegration	Zerfall, *m.*
disintegration period	Zerfallszeit, *f.*
dismantle, detach, remove, undo	demontieren
dispersed	dispergiert
dispersed condensate (e.g. condensate contaminated with free and dispersed, non-emulsified oil particles; condensate contaminated with finely dispersed oil particles)	disperses Kondensat, *n.*
dispersion	Dispergierung, *f.*
dispersion modelling (e.g. of a plume)	Ausbreitungsberechnung, *f.*
dispersion of pollutants in the atmosphere, dispersion of air pollutants	Ausbreitung von Luftverunreinigungen, *f.*
dispersion studies	Ausbreitungsbetrachtungen, *f. pl.*
dispersive	dispersiv
displace	verdrängen
displaced air	verdrängte Luft, *f.*; Verdrängungsluft, *f.*
displacement compressor (e.g. reciprocating compressor; rotary compressor, etc.), positive displacement compressor	Verdrängungsverdichter, Verdrängerverdichter, *m.*
displacement pump	Verdrängerpumpe, *f.*
displacement ventilation	Quellluftsystem, *n.*
displacement volume (Theoretical volume of a compressor, <u>not</u> to be used for calculating the size of compressor required.)	Kompressor: Hubvolumen, *n.*
display, display panel	Display, *n.*, Anzeigetafel, *f.*
display (digital)	digitale Anzeige, *f.*
display and operating elements	Anzeige- und Bedienungselemente, *n. pl.*
display mode	Anzeigemodus, *m.*

display model, demo(nstration) model	Anschauungsmodell, *n.*
display range	Anzeigebereich, *m.*
display state	Anzeigenzustand, *m.*
disposable filter	Einmalfilter, *m.*; Einwegfilter, *m.*
disposable overall	Einwegoverall, *m.*
disposal by a specialist company	Fremdentsorgung, *f.*
disposal firm (approved disposal firm), specialist disposal firm, waste disposal firm	Entsorger, *m.*
disposal, waste disposal, removal	Entsorgung, *f.*
dispose of properly (e.g. "Hazardous waste must be properly disposed of.")	ordnungsgemäß entsorgen
disposible device/product	Wegwerfgerät, *n.*
disrupted lubricating film	unterbrochener Schmierfilm, *m.*
disruption	Störung: Unterbrechung, *f.*
disruption to operations, standstill period	Betriebsunterbrechung, *f.*
dissipate	Energie vernichten
dissolve	auflösen in Flüssigkeit
dissolved heavy metals	gelöste Schwermetalle, *f. pl.*
dissolved oil, dissolved oil fraction	gelöster Ölanteil, *m.*
dissolved organic carbon (DOC)	gelöste Kohlenstoffe, *f. pl.*
dissolved organic substances	gelöste organische Stoffe, *f. pl.*
dissolved organics, dissolved organic matter	Organik, gelöste, *f.*
dissolved substances	gelöste Stoffe, *f. pl.*
distance (e.g. distance from the sea)	Entfernung, *f.*
distance plate	Distanzblech, *n.*
distance ring, spacer ring	Distanzring, *m.*
distillate	Destillat, *n.*
distillation	Destillation, *f.*
distillation plant	Destillieranlage, *f.*
distillation residue	Destillationsrückstand, *m.*
distillation unit	Destilliergerät, *n.*
distinct, marked	ausgeprägt
distinguish between	unterscheiden zwischen
distortion	Verzug (z. B. Blasformen), *m.*
distortion (e.g. signal)	Verzerrung, *f.*, z. B. Signal
distribute	verteilen
distributing pipes	verteilende Leitungen, *pl.*
distribution board	Verteilertafel (el.)
distribution box	el. Kabel: Verteilerkasten, *m.*
distribution cabinet	Verteilerschrank (el.)
distribution network (e.g. water distribution network, compressed air distribution network), distribution system	Verteilernetz, *n.*; Verteilungsnetz, *n.*
distribution pipe(s)	Verteilleitung, *f.*
distribution pipework, distribution system	Verteilerleitungen, *f. pl.*
distributor (e.g. low voltage distributor cables)	Distributor, *m.*; Verteiler (allgemein und Kfz), *m.*, auch: Stromversorgung
distributor plate	Verteilerplatte (z. B. Filter), *f.*
disturbed condensate discharge	gestörter Kondensatabfluss, *m.*
disturbing pulse, interfering pulse	Störimpuls, *m.*
diversion, routing, redirecting, directional change	Umleitung, Umlenkung, *f.*
divert	umlenken

D

divert, deflect	ablenken
diverted flow area	Trennstromfläche, *f.*
division of responsibilities	Aufgabenteilung, *f.*
documentation	Unterlagen, *pl.*
dome lid	Domdeckel, *m.*
dome lid opening	Domdeckelöffnung
domestic and industrial wastewater	Abwasser aus Haushalt und Industrie, *n.*
domestic filter	Haushaltsfilter, *m.*
domestic refuse incineration	Hausmüllverbrennung, *f.*
domestic water filter	Trinkwasserfilter für den Hausgebrauch, *m.*
door lock	Türverriegelung, *f.*
doped activated carbon (chemically doped, i.e. modified, activated carbon)	dotierte Aktivkohle, *f.*
doping	Dotierung, *f., siehe* dotierte Aktivkohle
dosage increase	Dosiererhöhung, *f.*
dosage setting, metering setting	Dosiereinstellung, *f.*
dosing, metering	Dosieren, Dosierung, *f.*
dosing device	Zugabevorrichtung, *f.*
dosing screw conveyor	Dosierschnecke, *f.*
dotted line	gestrichelte Linie (gepunktet oder kurze Striche), *f.*
double checking of filter	doppelte Filterkontrolle, *f.*
double connector	Doppeltülle (z. B. für Schlaucharmatur), *f.*
double-layer filter	doppellagiger Filter, *m.*
double nipple	Rohr: Doppelnippel, *m.*
double-piston pump	Doppelkolbenpumpe, *f.*
double shaft mixer	Doppelwellenmischer, *m.*
double-sided circuit board	doppelseitige Leiterplatte, *f.*
double spherical (e.g. spindle with double spherical bearings)	doppelsphärisch
double-walled	doppelwandig (z. B. Kabel)
dowel	Pflock, Stift (zum Zusammenfügen von 2 Teilen), *m.*
down to minus 30 °C	bis minus 30 °C
down to the millimetre, with millimetre precision	millimetergenau
downsizing	Zurückentwicklung, *f.*
downstream	Fließvorgang: hinter, nach; Fließvorgang, *m.*
downstream isolation valve	Druckluftstrom: Ausgangsabsperreinrichtung, *f.*
downstream, succeeding, subsequent, next in line	nachgelagert, nachgeschaltet
downtime	Ausfalldauer, Ausfallzeit, *f.* (Zeit in der Maschine oder Anlage nicht läuft/produziert)
downward pressure on prices, run down prices	Preise drücken, *pl.*
downward slope	Steigung nach unten, *f.*
downward slope, falling slope	Leitung nach unten, *f.*
drag flow	Schleppströmung, *f.*

Dräger tube	Drägerröhrchen, *n.*
drain	abtropfen (z. B. Filter auf Trocknungs- gestell)
drain, dewater	trockenlegen
drain, draining	entwässern
drain, remove	ausschleusen
drain cock	Ablasshahn, *m.*
drain nipple, drainage connection, drainage stub	Entleerungstutzen, *m.*
drainage	Entleerung (z. B. des Rohrsystems), *f.*
drainage, draining	Entwässerung (z. B. von Kesseln), *f.*
drainage device, discharge system, drain	Ableiter, *m.*
drainage facility	Abtropfvorrichtung, *f.*
drainage facility, drainage system	Entwässerungsanlage, *f.*
drainage layer	Drainageschicht, *f.*
drainage ordinance (e.g. sewerage and drainage ordinance)	Entwässerungsverordnung, Entwässe- rungssatzung, *f.*
drainage period	Abtropfzeit
drainage point	Ableitstelle von Kondensat im Druck- luftnetz, *f.*
drainage rack	Abtropfgitter, *n.*
drainage screen	Ablaufsieb, *n.*
drainage valve	Entwässerungsventil, *n.*
draining point, outlet point	Ablassstelle, *f.*
draw in, take in, suck in, pump (in, up, off)	ansaugen
drawing	Zeichnung, *f.*
drilling lubricant	Bohrmilch, *f.*
drilling machine	Bohrmaschine (Vollbohren), *f.*
drilling platform	Bohrplattform, *f.*
drilling rig	Bohrinsel, *f.*
drilling spindle	Bohrspindel, *f.*
drilling unit	Bohreinheit (auch für Zahnarzt!), *f.*
drinking water filter	Trinkwasserfilter, *m.*
drinking water ordinance	Trinkwasserverordnung, *f.*
drinking water quality	Trinkwassergüte, *f.*
drinking water treatment, drinking water disinfection	Trinkwasserentkeimung, *f.*
drip catcher, droplet catcher	Tröpfchen-Fänger, *m.*
drip, trickle	tropfen
drip pan	Tropfwanne, *f.*
drip water	Tropfwasser, *n.*
drive area	Membranpumpe: Antriebsbereich, *m.*
drive control (e.g. fully integrated electrical drive control)	Antriebssteuerung, *f.*
drive motor	Antriebsmotor, *m.*
drive shaft	Treibachse, *f.*
drive under compressed air	Tunnelbau: unter Druckluft vortreiben
driving power	Antriebsenergie, *f.*
drop (e.g. pressure), decline, decrease	abfallen
drop below, fall below, undershoot	unterschreiten (z. B. Temperatur/ Druck)
drop hammer	Fallhammer, *m.*
drop in earnings	wirtschaftlich: Ertragsrückgang, *m.*
droplet	Tröpfchen, *n.*

D

droplet agglomeration	Tropfenagglomeration, *f.*
droplet separation	Tröpfchenabscheidung, *f.*
droplet separator (e.g. high-efficiency droplet separator)	Tropfenabscheider, *m.*
dropout delay, OFF delay	Abfallverzögerung (Relais), *f.*; Ausschaltverzögerung, *f.*
dropout lock	Relais: Abfallverriegelung, *f.*
drop-out, de-energize	Alarmrelais: spannungsfrei machen
dropped	Preisliste: nicht mehr enthalten
drown, choke (e.g. filter)	absaufen
drum (e.g. 20-litre drum for powder), container, barrel	Gebinde, *n.*
drum (e.g. lubricant drum)	Fass, *n.*
drum cooler	Trommelkühler, *m.*
drum pump	Fasspumpe, *f.*
drum store	Fasslager, *n.*
dry air	Trockenluft, *f.*
dry-circuit contact	el.: trockenschaltender Kontakt, *m.*
dry dust	trockener Staub, *m.*
dry electrostatic precipitator, DESP (to remove dust particles from hot process exhausts)	Trockenelektrofilter, *m.*
dry filter, dry filter unit	Trockenfilter, *m.*, *siehe* auch Trockenelektrofilter
dry gaseous nitrogen	gasförmiger trockener Stickstoff, *m.*
dry heating air	Heizungsluft, trockene, *f.*
dry hydrator (used for flue gas treatment)	Trockenlöscher, *m.*
dry ice spraying facility	Trockeneis-Strahlanlage, *f.*
dry machining	Werkzeugmaschine: Trockenbearbeitung, *f.*
dry matter concentrations	Gehalt in der Trockenmasse
dry nitrogen	trockener Stickstoff, *m.*
dry pellets	Trockenperlen, *f. pl.*
dry point detection	Destillation: Trockenpunkterfassung, *f.*
dry sorption (e.g. flue gas cleaning)	Trockensorption, *f.*
dryer	Trockner, *m.*
dryer inlet	Trocknereingang, *m.*
dryer malfunction, dryer fault	Trocknerdefekt, *m.*
dryer module	Trocknermodul, *n.*
dryer outlet	Trocknerausgang, *m.*
dryer performance	Trocknerleistung (z. B. Kältetrocknerleistung), *f.*, *siehe* Trocknungsleistung
dryer series	Trocknerreihe, *f.*
dryer technology	Trocknertechnologie, *f.*
dryer/filter overrun, oil and water droplets overrunning (crossing) the filter/dryer barrier	Trockner/Filter überfahren
drying agent, desiccant	Trocknungsmittel, *n.*; Trockenmittel, *n.*
drying air	Trockungsluft, *f.*
drying cabinet (e.g. filtered air drying cabinet in a laboratory)	Trocknerschrank, *m.*; Trockenschrank, *m.*
drying capacity	Trocknungsleistung (z. B. m³/min), *f.*
drying circuit	Trocknungskreislauf, *m.*

D

drying efficiency (e.g. with residual moisture content of …%)	Trocknungsleistung, *f.*
drying energy	Trocknungsenergie, *f.*
drying level, degree of drying	Trocknungsgrad, *m.*
drying of air	Lufttrocknung (Trocknung der Luft), *f.*
drying of breathing air	Atemlufttrocknung, *f.*
drying of desiccant	Adsorptionstrockner: trockenfahren
drying performance (e.g. drying performance class B; outstanding drying performance; efficient drying performance)	Trocknungsleistung (allgemein), *f.*
drying principle	Trocknungsprinzip, *n.*
drying process, drying method	Trockenvorgang, *m.*; Trocknungs- prozess, *m.*, Trocknungsverfahren, *n.*
dry-process dust removal	Trockenentstaubung, *f.*
drying rack (e.g. for filter cake, filter bags)	Trockenständer, *m.*, Trocknungs- gestell, *n.*
drying result, drying efficiency	Trocknungsergebnis, *n.*
dry-running compressor	trocken laufender Kompressor, *m.*
drying system	Trocknungsanlage, *f.*
drying time	Trocknungszeit, *f.*
drying unit	Trocknereinheit, *f.*; Trocknungs- einheit, *f.*
dual filter, double filter	Doppelfilter, *m.*
dual pressure control	Duopressostat, *m.*
dual pressure control secondary	Duopressostat sekundär, *m.*
dual pressure system	Zwei-Druck-System, *n.*
duct laying	Kanalverlegung (z. B. für Rohre), *f.ka*
ductile fracture behaviour	duktiles Bruchverhalten, *n.*
due to leakage	leckagebedingt
duplex centrifugal pump	Duplex-Kreiselpumpe, *f.*
duplex filter	Duplexfilter, *m.*
durability	Haltbarkeit, *f.*; Material: Dauerhaftig- keit, *f.*; Standzeit (im Sinne von Halt- barkeit), *f.*
durability guarantee (e.g. 2-year durability guarantee)	Haltbarkeitsgarantie, *f.*
durable	haltbar
duration, time period	Zeitdauer, *f.*
Duroplast, thermosetting plastic (fibre-reinforced resin plastic)	Duroplast, *m.*
dust	Staub, *m.*, *siehe* Schwebstaub
dust and noise protection, dust and noise control	Staub- und Lärmschutz, *m.*
dust cake	Staubschichtdicke (Filter angelagert), *f.*
dust cap	Staubkappe, *f.*
dust collection space	Staubfangraum, *m.*
dust concentration instruments	Staubgehaltsmessgeräte, *n. pl.*
dust concentration measurement	Staubgehaltsmessung, *f.*
dust concentration recorders	registrierende Staubgehaltsmess- geräte, *n. pl.*
dust constituent	Staubinhaltsstoff, *m.*
dust control	Staubbekämpfung, *f.*

dust deposit	Staubniederschlag, *m.*
dust deposition	Staubablagerung, *f.*; Staubniederschlag (Vorgang), *m.*
dust extractor	Staubabsauganlage, *f.*
dust filter	Staubfilter, *m.*
dust filter system	Staubfilteranlage, *f.*
dust formation, dust occurrence	Staubentwicklung, *f.*
dust from electrostatic precipitators	Elektrofilterstaub, *m.*
dust inclusion	Lackieren: Staubeinschluss, *m.*
dust layer thickness	Staubschichtdicke, *f.*
dust load	Staubbeladung, *f.*, Staubbelastung, *f.*
dust mask	Staubmaske, *f.*
dust measurement, particulate matter measurement	Staubmessung, *f.*
dust measuring instrument/equipment	Staubmessgerät, *n.*
dust particle	Staubpartikel, *n.*
dust prevention	Staubverhütung, *f.*
dust protection	Staubschutz, *m.*
dust protection disk, dust guard	Staubschutzscheibe, *f.*
dust removal system, dust removal installation	Entstaubungsanlage, *f.*
dust removal, dust collection, dust separation (e.g. cyclonic dust separation), precipitation, dust discharge	Entstaubung, *f.*; Staubabscheidung, *f.*, Staubaustrag, *m.*
dust technology	Staubtechnik, *f.*
dust trap	Staubfängerkammer (z. B. für Trockner), *f.*
dust values	Staubwerte, *m. pl.*
dust-free, clean	staubfrei
dust-laden	staubbeladen; staubhaltig (z. B. Gas)
dust-like, particulate	staubförmig
Duty of Care Law	gesetzliche Sorgfaltspflicht, *f.*
duty of care, duty to take care (e.g. "Negligence is the breach of a legal duty to take care.")	Sorgfaltspflicht, *f.*
duty to give notice of defects	Rügepflicht, *f.*
dwell time (z. B. Filter, Adsorptionstrockner (e.g. "The dwell time on the desiccant is sufficient to adsorb moisture to a dewpoint of xxx °C."), residence time, retention time	Durchlaufzeit, Verweilzeit (z. B. im Filter), *f.*
dwell time, detention time (e.g. hydraulic detention time), retention time	Aufenthaltsdauer, Verweilzeit, *f.*
dynamic compression (e.g. dynamic compression ratio)	dynamische Verdichtung, *f.*
dynamic compressor	dynamischer Verdichter, *m.*
dynamic performance	dynamisches Verhalten, *n.*
dynamic pressure	Staudruck, *m.*, *siehe* Stauung
dynamic strength, vibrostability	Schwingfestigkeit, *f.*

EAK Code	EAK-Code, *m.*
ear muffs	Gehörschutzkapseln, *pl.*
ear plugs	Gehörschutzstöpsel, *pl.*
early warning (alarm)	frühzeitige Warnung
early warning system	Frühwarnsystem, *n.*
early, (well) in time	frühzeitig
earth (GB), ground (US)	el.: erden
earth connection	el.: Erdanschluss, *m.*; Masseverschraubung, *f.*
earth connection, ground connection	el.: Erdungsanschluss, *m.*
earth loop, ground loop	el.: Erdschleife, *f.*
earth terminal	el.: Erdklemme, *f.*; Klemme: Erdungsanschluss, *m.*
earthable point, earthing point	el.: Erdungspunkt, *m.*
earthed housing (e.g. splash proof, earthed housing)	el.: Masse-Gehäuse, *n.*
earthed, grounded	geerdet
earthing potential	el.: Erdungspotenzial, *n.*
earthing screw	el.: Masseschraube, *f.*
earthing, earthing system, grounding, grounding system	el.: Erdung, *f.*
ease of installation	Montagefreundlichkeit, *f.*
ease of integration, integration capacity	Integrationsfähigkeit, *f.*
ease of maintenance, maintenance friendliness, with low maintenance requirements	Wartungsfreundlichkeit, *f.*
ease of service	Gerät usw.: Servicefreundlichkeit, *f.*
easily affected by dirt, easily soiled, likely to suffer from dirt problems	schmutzempfindlich
easily flammable	leicht entflammbar
easily integrated	gut integrierbar
easily readable	ablesbar, gut ablesbar
easily separable	leicht trennbar
easy service and maintenance	Service- und Wartungsfreundlichkeit, *f.*
easy to clean, easily cleanable	leicht zu reinigen
easy to handle, convenient	bequem
easy to install	montagefreundlich
easy to maintain/service, (enabling) easy maintenance, maintenance-friendly	wartungsfreundlich

easy to operate (e.g. easy-to-use welding tool), easy to use — unkompliziert bedienbar

easy to use, simple handling — Handhabung, einfache Handhabung, *f.*

easy-to-clean — einfach zu reinigen

easy-to-replace — einfach zu wechseln

EC (European Community) — EG, *f.*

EC Declaration of Conformity (auch: CE Declaration of Conformity) — EG-Konformitätserklärung, *f.*

EC Directive — EG-Richtlinie, *f.*

EC Directives applied — angewandte EG-Richtlinien, *f. pl.*

EC Machinery Directive (e.g. Machinery Directive 89/392/EEC, Annex II), EC Directive on Machinery — EG-Maschinenrichtlinie, *f.*

eccentricity characteristics — Lager: Planlaufeigenschaften, *f. pl.*

ecological system — Ökosystem, *n.*

ecologically compatible, environmentally acceptable, environmentally compatible, environmentally friendly, environmentally sound, harmless to the environment — umweltverträglich, umweltgerecht, umweltschonend

economic analysis, analysis of economic efficiency — Wirtschaftlichkeitsberechnung, *f.*

economic efficiency, operational efficiency — Betriebswirtschaftlichkeit, *f., siehe* Wirtschaftlichkeit

eco-toxilogical — ökotoxilogisch

edge trend — Randgängigkeit, *f.*

edge-to-edge — auf Kante

EDM filter (for electrodischarge machining) — Erodierfilter, *m.*

EEC (European Economic Community) — EWG, *f.*

effective — effektiv (wirksam); wirkungsvoll

effective (e.g. effectively permeable filter area) — wirksam

effective area, effective space — Wirkfläche, *f.*

effective as from — Bestimmung: gültig ab

effective direction — Wirkrichtung, *f.*

effective grain size — wirksame Korngröße, *f.*

effective output — z. B. Trockner: Nutzleistung, *f.*

effective space — wirksame Fläche, *f.*

effective surface — Filter: wirksame Oberfläche, *f.*

effectiveness (successful or achieving the desired result, e.g. effectiveness of a method in practice) — Wirksamkeit, *f.*

efficacy (ability to produce the intended result, e.g. efficacy of a new drug against malaria) — Wirksamkeit (z. B. eines Medikaments), *f.*

efficiency (producing the desired effect without unnecessary waste, e.g. high-efficiency filters) — Wirksamkeit, *f., siehe* Wirkungsgrad

efficiency assessment (e.g. filtration efficiency) — Bestimmung des Wirkungsgrads, *f.*

efficiency measurement — Filter: Leistungsmessung, *f.*

efficient, powerful, strong, capable — effizient; leistungsfähig

efflorescence — Ausblühung, *f.*

effluent discharge values — Abwasserwerte, *m. pl.*

EINECS No. (European Inventory of Existing Commercial Chemical Substances) — EINECS Nummer, *f.*

elastomer seal — Elastomerdichtung, *f.*

elbow (e.g. 90° elbow, 45° elbow), pipe bend — Rohr: Winkel, *m.*, Winkelstück, *n.* (pipe bend nicht unbedingt rechtwinklig)

elbow adapter — Winkeladapter, *m.*

elbow connector	Winkeltülle, *f.*
elbow mounting	Krümmerhalterung, *f.*
electric cable	Elektrokabel, *n.*
electric cable, power supply cable	el.: Versorgungskabel, *n.*
electric circuit, circuit	Stromkreis, *m.*
electric drive	E-Antrieb (elektrischer Antrieb), *m.*
electric locomotive	E-Lok, *f.*
electric power supply, electricity supply	Stromzufuhr, *f.*
electric shock	el.: elektrischer Schlag, *m.*
electrical and electronics industry	Elektro- und Elektronikindustrie, *f.*
Electrical Apparatus for Use in Explosive Atmospheres (European norm)	elektrische Betriebsmittel für explosionsgefährdete Bereiche, *f. pl., siehe* Ex-Zulassung (ATEX)
electrical capacity	elektrische Leistungsfähigkeit, *f.*
electrical conductivity	elektrische Leitfähigkeit, *f.*
electrical conductor	elektrische Leitung, *f.,* elektrischer Leiter, *m.*
electrical connection	elektrischer Anschluss, *m.*; Elektroanschluss
electrical continuity	elektrischer Durchgang, *m.*
electrical control	elektrische Steuerung, *f.*
electrical control (system)	Elektrosteuerung, *f.*
electrical data	elektrische Daten, *n. pl.*
electrical device	elektrisches Gerät, *n.*
electrical differential-pressure control	elektrische Differenzdruckkontrolle, *f.*
electrical elements, electrical parts	elektrische Elemente, *n. pl.*
electrical engineer	Elektroingenieur, *m.*
electrical engineering	Elektrotechnik, *f.*
electrical equipment	elektrische Ausrüstung, *f.*
electrical equipment (apparatus)	elektrische Betriebsmittel, *n. pl.*
electrical fault	elektrische Störung, *f.*
electrical fault diagnosis	elektrische Fehlersuche, *f.*
electrical field	elektrisches Feld, *n.*
electrical installation	Einrichtung: elektrischer Anschluss, *m.*; elektrische Installation, *f.*
electrical installation schematic, electrical schematic	Elektroplan, *m.*
electrical installations/plant	elektrische Anlagen, *f. pl.*
electrical master switch	elektrischer Hauptschalter, *m.*
electrical plant and equipment	elektrische Anlagen und Betriebsmittel, *f./n. pl.*
electrical power installation, power system	Starkstromanlage, *f.*
electrical power supply	elektrischer Anschluss, *m.*
electrical signal	elektrisches Signal, *n.*
electrical voltage	elektrische Spannung, *f.*
electrically operated shutoff valve	Absperrarmatur mit elektrisch betätigtem Antrieb, *f.*
electrician (qualified), electrical fitter (skilled man)	Elektrofachkraft, *f.,* Elektro-Fachpersonal, *n.,* Elektroinstallateur, *m.*
electricity consumption	Stromvebrauch, *m.*
electricity generation	Stromerzeugung, *f.*

electrode (e.g. upper and lower electrode)	Elektrode, *f.*
electrode shell	Elektrodenkarton, *m.*
electrodipping, electro-dip coating	Elektrotauchlackieren, *n.*
electroerosion machine	Elektroerosionsmaschine, *f.*
electromagnetic closing element	Ventil: Magnetverschluss, *m.*
electromagnetic compatibilty (EMC), Directive 89/336/EEC: Electromagnetic Compatibility (EMC)	elektromagnetische Verträglichkeit (EMV), *f.*
electromagnetic interference (EMI)	elektromagnetische Störung, *f.*
electron capture detector (ECD)	Elektroneneinfangdetektor (ECD), *m.*
electronic capacitive (system)	elektronisch kapazitiv
electronic component	elektronisches Bauteil, *n.*; Elektronik-Bauteil, *n.*
electronic control	elektronische Steuerung, *f.*
electronic control box	Gehäuse der Steuerelektronik, *n.*
electronic control system, control electronics	Regelelektronik, *f.*
electronic coupling	elektronische Kopplung, *f.*
electronic display	Anzeigeelektronik, *f.*
electronic equipment	elektronische Betriebsmittel, *n. pl.*
Electronic Equipment used in Electrical Power Installations	Ausrüstung von Starkstromanlagen mit elektronischen Betriebsmitteln (DIN VDE 0160)
electronic level measurement (system)	Niveau-Mess-Elektronik, *f.*
electronic module	Elektronikmodul, *n.*
electronic printed circuit board (pcb)	Elektronik-Platine, *f.*
electronic sensitivity	Empfindlichkeit, elektronische, *f.*
electronic solenoid valve	Elektromagnetventil, *n.*
electronic switching system	elektronische Schaltung, *f.*
electronic system, electronic control	elektronische Regelung, *f.*
electronic system, electronics	Elektronik, *f.*
electronic unit	Elektronikeinheit, *f.*
electronically level-controlled condensate drain	elektronisch niveaugeregelter Kondensatableiter, *m.*
electroplated	galvanisch aufgetragen
electroplating bath	galvanisches Bad, *n.*
electroplating industry	galvanische Industrie, *f.*
electro-pneumatic control valve	elektropneumatisches Steuerventil, Stellventil, *n.*
electropolished (electrolytic polishing)	elektropoliert
electrostatic attraction	elektrostatische Anziehung, *f.*
electrostatic charge	Aufladung, elektrostatische, *f.*
electrostatic coating system	Lackieren: Elektrostatikanlage, *f.*
electrostatic dust precipitation	Elektrofilter: Staubabscheidung, *f.*
electrostatic potentials	elektrostatische Potenziale, *n. pl.*
electrostatic precipitator, ESP (plant for the removal of particles from air or gas used, e.g. in a power station), electrostatic air filter	Elektrofilter, *m.*, (Elektroabscheider, *m.*)
electrostatic wet paint system	elektrostatische Nassspritztechnik, *f.*
electrostatically charged	elektrostatisch aufgeladen
electrotechnical regulations (DIN/VDE/IEC/CEE), e.g. "European harmonization of electrotechnical regulations"	elektrotechnische Regeln/Vorschriften, *f. pl.*
elektrisch: supply conditions, terminal conditions	Anschlussbedingungen, *f. pl.*

element head	Filter: Elementkopf, *m.*
element installation, element mounting	Elementbefestigung, *f.*
element seat	Filter: Elementaufnahme, *f.*, Element-sitz, *m.*
element seating	Aufnahmeplatte: Elementaufnahme, *f.*
elevated	Konzentrationen: sehr hoch
eliminate a leak, remove the cause of the leakage	Leckage beseitigen
elimination of pollutants	Reinigung von Schadstoffen, *f.*
ELINCS (European List of Notified Chemical Substances)	ELINCS
elongated hole, oblong hole	Langloch, *n.*
elongation at break	Reißdehnung, *f.*
emanating (e.g. odours emanating from)	ausgehend
embedded PCB	vergossene Platine, *f.*
embossed serial No.	eingeschlagene Serien-Nr., *f.*
embrittle, become brittle	verspröden
embrittlement, becoming brittle	Versprödung, *f.*
EMC (electromagnetic compatibility)	EMV
EMC Directive (2004/108/EC)	EMV-Richtlinie, *f.*
EMC Directive and Low Voltage Directive	EMV- und Niederspannungs-richtlinie, *f.*
emergency (in the event of)	Notfall, *m.*
emergency call number 112 (Europe wide for police, fire service, ambulance)	Notruf 112, *m.*
emergency doctor, doctor on emergency call	Notarzt
emergency drainage	Notentwässerung, *f.*
emergency generating set (for power supply)	Notstromaggregat, *n.*
emergency measure, stopgap arrangement	Notlösung, *f.*
emergency power supply, standby power supply	Notstromversorgung, *f.*
EMERGENCY STOP button, emergency stop switch	NOT-AUS-Schalter, *m.*
emission limit, emission limit value	Emissionsgrenzwert, *m.*
emission loading	Emissionsbelastung, *f.*
emissions certificates (e.g. trading of emissions certificates also known as "carbon credits")	Emissionszertifikate, *n. pl.*
emissions trading (e.g. EU Emissions Trading System for CO_2 emissions)	Emissionshandel, Emissionsrechte-handel, *m.*
empirical value	Erfahrungswert, *m.*
employee development measures	Personal: Bildungsmaßnahmen, *f. pl.*
empty by pumping	Leerpumpen, *n.*
empty, drain, discharge, evacuate	entleeren
emulsibility	Emulsionsfähigkeit, *f.*
emulsifiable	emulgierfähig
emulsification	Emulgierung, Emulsionsbildung, *f.*
emulsified condensate	emulgiertes Kondensat, *n.*
emulsify	emulgieren
emulsifying action, emulsifying power	Emulgierverhalten, *n.*
emulsifying effect	Emulgiereffekt, *m.*
emulsifying substances	emulsionsbildende Substanzen, *f. pl.*
emulsion pump	Emulsionspumpe, *f.*
emulsion separation	Emulsionstrennung, *f.*
emulsion separation plant/system	Emulsionstrennanlage, *f.*
emulsion splitting	Emulsionsspaltung, *f.*

emulsion splitting plant	Emulsionsspaltanlage, *f.*
emulsion-promoting	emulsionsfördernd
EN (European Standard)	EN (Europäische Norm)
enable	Stromkreis: freigeben
enable signal, enabling signal	el.: Freigabesignal (z. B. für Anlagensteuerung), *n.*
enabling	Stromkreisfreigabe, *f.*
enamel coating, enamel finish	Lackfilm, *m.*
enamel-insulated wire, enamelled wire	lackisolierter Draht, *m.*
encapsulant, potting compound (e.g. potted in epoxy)	Vergussmasse (besonders für elektronische Teile), *f.*
1. encapsulating (or casting), e.g. for PCBs (The device is placed in a mould which is then filled with encapsulating compound and allowed to cure. Solid block of cured encapsulant (with device) is removed from the mould.)	
2. potting (Assembly is placed into a case or container and filled with compound. Assembly forms part of the finished unit, i.e. is not removed.)	
encapsulate	Öl einbinden; einkapseln
encapsulated unit	el.: gekapselte Einheit, *f.*
encapsulating process	Einkapselungsprozess (z. B. Flocken), *m.*
encapsulation	Einschluss Ölflocken, *m.*; Kapselung: Verguss, *m.*
encase, enclose, sheathe, wrap, envelop	ummanteln
enclosed (e.g. see enclosed documents), supplied with the unit	liegen bei
enclosed compressor	Kapselverdichter (ein Rotationsverdichter, gekapselt), *m.*
enclosure	Anlage (zu Brief), *f.*; Einschluss, *m.*; Kapselung, *f.*
enclosure, casing, envelope	Ummantelung, *f.*
enclosure (e.g. of a large heat storage container)	Kapsel, *f.*
enclosure of the work area	Einhausung des Arbeitsbereiches, *f.*
encrustation, scale	fester Belag auf der Oberfläche, z. B. Kesselstein, *m.*
encrustation, scale	Inkrustation, *f.*
end cap	Endkappe (z. B. für Filter), *f.*
end user section	Endkundenbereich, *m.*
endurance	Standzeit (im Sinne von Zähigkeit:), *f.*
endurance diagram	Zeitstanddiagramm, *n.*
endurance strength	Langzeitfestigkeit, *f.*
endurance test	Zeitstandprüfung, *f.*
energize (e.g. "To energize the valve, turn the switch to "open" position); de-energize (e.g. "The controller de-energizes the valve as a result of which it moves from its powered open state to its closed state.")	Ventil umschalten
energizing	Energetisierung, *f.*
energy absorption	Energieaufnahme, *f.*
energy agency (e.g. "Energy Agency of North Rhine-Westphalia")	Energieagentur, *f.*

energy auditing, energy audit	Energiebilanzierung, *f.*
energy balance	Energiebilanz, *f.*
energy carrier (e.g. hydrogen, compressed air, fuel)	Energieträger, *m.*
energy consumption, power consumption	Energieverbrauch, *m.*
energy contracting	Energiecontracting, *n.*
energy contracting monitoring	Contracting-Kontrolle, *f.*
energy conversion	Energieumwandlung, *f.*
energy cost analysis	Energiekostenanalyse, *f.*
energy costs, power costs	Energiekosten, *pl.*
energy demand, energy consumption, energy requirement(s)	Energiebedarf, *m.*
energy efficiency	energetische Effizienz, *f.*; Energie-effizienz, *f.*
energy efficient, energy saving	energiefreundlich, energiesparend, energetisch effizient
energy expenditure	Kraftaufwand, *m.*
energy expenditure, energy input	Energieaufwand, *m.*
energy generation plant	Energiegewinnungsanlage, *f.*
energy generation, power generation	Energiegewinnung, *f.*
energy input	Energieeinsatz, *m.*
energy input from an external source	Zufuhr von Fremdenergie, *f.*
energy-intensive	energieaufwendig
energy line	Energieleitung, *f.*
energy-optimized	energieoptimiert
energy saving measures	Energie: Einsparungsmaß-nahmen, *f. pl.*
energy savings, energy conservation	Energieeinsparungen, *f. pl.*
energy storage (e.g. by providing a constant temperature energy reservoir)	Energiespeicherung, *f.*
energy supply (supplies)	Energieversorgung, *f.*
energy supply facilities (e.g. zero carbon energy supply facilities)	Energieversorgungsanlagen, *pl.*
energy utilization	Energieausnutzung, *f.*; Energie-nutzung, *f.*
energy wasting	energiefressend
engine	Verbrennungsmotor, *m.*
engine block	Verbrennungsmotor: Motorblock, *m.*
engine lubricant	Kfz: Motorschmierstoff, *m.*
engine oil	Verbrennungsmotor: Motorenöl, *n.*
engineering (service)	Ingenieurleistung, *f.*
enhanced product, further development, successor,	Weiterentwicklung, *f.*
enhanced, upgraded	verbessert
enlargement	Rohr: Erweiterung, *f.*
enquiry data bank	Anfragen-Datenbank, *f.*
enrichment (culture enrichment)	Biofilter: Animpfen, *n.*
ensuring functional safety, functional reliability	Funktionssicherung, *f.*
enter, to keyboard	eingeben in den Computer
enter into a chemical combination	chemische Verbindung eingehen
enthalpy	Enthalpie, *f.*
enthalpy of vaporization	Verdampfungsenthalpie, *f.*
entitlement	Recht: Anspruch, *m.*

E

entitlement, authorization	Berechtigung, *f.*
entitlement to remedy of defects	Anspruch auf Beseitigung von Sach-mängeln, *m.*
entrain (e.g. droplets entrained in the airstream), pick up, carry over (e.g. eliminate risk of condensate carry-over)	Partikel/Kondensat im Luft- oder Flüssigkeitsstrom mitführen, mit-reißen, mitnehmen
entrained	Kondensat: frei anfallend
entrainment separator (e.g. multi-stage entrainment separator)	Abscheider für mitgerissene Flüssig-keiten, *m.*
entrance side	Filter: Eintrittsseite, *f.*
entropy	Entropie, *f.*
environment	Milieu, *n.*
environmental audit, eco audit	Öko-Audit, *n.* (Umweltbetriebs-prüfung)
environmental authority	Umweltbehörde, *f.*
environmental authority for the area, responsible environmental authority	zuständige Umweltbehörde, *f.*
environmental biotechnology	Umweltbiotechnologie, *f.*
environmental compatibility	Umweltverträglichkeit, *f.*
environmental conditions	Umweltbedingungen (allgemein), *f. pl.*
environmental engineering	Umwelttechnik, *f.*
environmental impact (e.g. environmental impact assessment), effect on the environment	Umweltauswirkung, *f.*
Environmental Impact Assessment (EIA), (EIA report, expertise)	Umweltverträglichkeitsprüfung (UVP), *f.*, Umweltschutzgutachten, *n.*
environmental impact test of products	Produkt-Umweltverträglichkeits-prüfung, *f.*
environmental legislation	Umweltgesetzgebung, *f.*
environmental management system	Umweltmanagementsystem, *n.*
environmental persistence, persistence in the environ-ment (e.g. toxins)	Persistenz in der Umwelt, *f.*
environmental pollution, pollution of the environment	Umweltbelastung, *f.*, Umwelt-verschmutzung, *f.*
environmental product certificate	Produkt-Umweltzertifikat, *n.*
environmental protection	Umweltschutz, *m.*
environmental regulations, environmental requirements	Umweltschutzauflagen, *f. pl.*, *siehe* Umweltgesetzgebung
environmental safety requirements (e.g. "The product must meet stringent EU environmental safety require-ments.")	umwelttechnische Sicherheits-anforderungen, *f. pl.*
Environmental Seal (serves as an official confirmation of approval)	Umweltsiegel, *n.*
environmentally adapted (e.g. environmentally adapted products and services)	umweltangepasst
environmentally friendly approach (to reduce pollution etc.)	schonender mit der Umwelt um-gehen
environmentally friendly measuring instrument	umweltfreundliches Messgerät, *n.*
environmentally friendly, environmentally compatible, non-polluting, environmentally sound, environmentally beneficial	umweltfreundlich
environmentally harmful, environmentally damaging	umweltbelastend

environmentally hazardous, hazardous to the environment	umweltgefährdend
environmentally neutral (e.g. environmentally neutral refrigerants)	umweltneutral
environmentally responsible	umweltverantwortlich
environmentally sustainable	nachhaltig
environment-oriented technology	umweltorientierte Technologie, *f.*
epoxy resin	Epoxidharz, *n.*
EPS (expanded polystyrene)	EPS (geschäumtes Polystyrol), *n.*
equalization of concentration	Vorgang: Gleichgewichtskonzentration, *f.*
equalization of water vapour concentration	Konzentrationsausgleich Wasserdampf, *m.*
equation	Mathematik: Gleichung, *f.*
equilibration of relative humidity	Ausgleich der relativen Feuchte, *m.*
equilibrium	ausgeglichener Zustand, Ausgleich, *m.*
equilibrium (state)	Gleichgewichtszustand, *f.*
equilibrium concentration	Gleichgewichtskonzentration (z. B. von Wasserdampf), *f.*
equipment	Ausrüstung, *f.*
equipment, apparatus	Geräte, *n. pl.*
equipment, outfit	Ausstattung, *f.*
equipment, systems, installations	Einrichtungen, *pl.*
equipment architecture	Anlagenarchitektur, *f.*
equipment for compressed air systems	Ausstattung von Druckluftanlagen, *f.*
equipment for condensate treatment	Kondensataufbereitungsgeräte, *pl.*
equipment supplier	Ausrüster, *m.*
equipment technology	Gerätetechnik, *f.*
equipotential bonding	el.: Potenzialausgleich (PA), *m.* (Erdungsart)
equipped as standard, provided as standard (e.g. fabricated from stainless steel as standard)	standardmäßig ausgerüstet
equivalent load	Vergleichslast, *f.*
equivalent pipe length (to include components such as valves and fittings into the calculation)	gleichwertige Rohrlänge, *f.*
erect	aufstellen (z. B. eine große Maschine)
erection	Aufstellung (größere Anlage), *f.*
erroneous signal (e.g. transmit an erroneous signal, deactivate an erroneous signal), false alarm	Fehlmeldung, *f.*
error, fault	Fehler, *m.*
error/fault signal, error/fault message	Fehlermeldung, *f.*
error probability	Fehlerwahrscheinlichkeit, *f.*
error range	Fehlerabweichung, *f.*
error rate	Fehlerquote, *f.*
errors and omissions excepted (E&OE)	Irrtümer vorbehalten
ESA control (Energy Saving Automat)	ESA-Steuerung, *f.*
ESC button	Gerät: ESC-Taste, *f.*
ESC key	Computer: ESC-Taste, *f.*
escape, release	Luft: entweichen
escape, release, leakage of polluting gas	Schadgasaustritt, *n.*
escherichia coli, E. coli bacteria	Colibakterien (Escherichia coli), *n. pl.*

E

ester	Ester, *n.*
ester glycol	Esterglykol, *n.*
ester-containing oil	esterhaltiges Öl, *n.*
estimation error	Berechnung: Fehleinschätzung, *f.*
ethane	Äthan, *n.*; Ethan, *n.*
ethyl alcohol (ethanol)	Ethylalkohol, *m.*
ethylbenzene	Äthylbenzol, *n.*
ethylene	Ethylen, Äthylen, *n.*
ethylene-propylene-diene-monomer (EPDM), ethylene-propylene-diene-rubber	Ethylene-Propylen-Dien-Kautschuk (EPDM), *m.*
EU (European Union)	EU (Europäische Union), *f.*
EU study	EU-Studie, *f.*
EU: Pressure Equipment Directive (97/23/EC)	Druckgeräterichtlinie (DGRL), *f.*
Euro, *pl.* Euros (e.g. price in Euros), (with or without capitalization)	Euro, *m.*
European Council	Rat der Europäischen Gemeinschaften, *m.*
European Pharmacopeia	Europäisches Arzneibuch, *n.*
European standards	Europäische Normen, *f. pl.*
European technical approval	Europäische technische Zulassung (ETA), *f.*
evacuate	entlüften: Vakuum
evaluate	auswerten, *siehe* beurteilen
evaluation	Auswertung, *f.* (z. B. Signal)
evaluation circuit, weighting circuit	Auswertschaltung, *f.*
evaluation electronics & display unit	Auswerteelektronik mit Anzeige, *f.*
evaluation function	Auswertungsfunktion (z. B. für elektronische Steuerung), *f.*
evaluation PCB, weighting PCB	Auswert-Platine, *f.*
evaluation software	Auswertungssoftware, *f.*
evaporate	abdampfen; verdampfen (Flüssigkeit), *siehe* ausdehnen
evaporate, vaporize	verdunsten, *siehe* verflüchtigen
evaporation	Verdampfung, *f.*; Verdunstung, *f.*
evaporation, vapour formation	Ausdünstung, *f.*
evaporation loss	Verdampfungsverlust, *m.*
evaporation rate	Verdunstungsgeschwindigkeit, *f.*
evaporation residue	Abdampfrückstand, *m.*
evaporation temperature	Flüssigkeit: Verdampfungstemperatur, *f.*
evaporative cooling	Verdampfungskühlung, *f.*
evaporator (The evaporator removes heat from the compressed air in the refrigeration dryer and transfers it to the cold refrigerant. Saturated refrigerant evaporates because of the heat from the compressed air.)	Verdampfer, *m.*
even flow	gleichmäßige Durchströmung, *f.*
even, smooth, uniform, homogeneous	gleichmäßig
event storage	Ereignisspeicher, *m.*
every 20 secs. (seconds)	alle 20 sec.
EWC (European Waste Catalogue)	EWC (Klassifizierungssystem für Abfallstoffe)

Ex marking	Ex-Kennzeichnung, *f.*
Ex protection class	Ex-Schutzklasse, *f.*
exactly/precisely metered	exakt dosiert
example of application, application example	Anwendungsbeispiel, *n.*
excavation under compressed air using mining techniques	Bauwesen: Vortrieb unter Druckluft, bergmännischer, *m.*
exceeding of limit values	Grenzwertüberschreitung, *f.*
exceeding of temperature, excess temperature	Temperaturüberschreitung, *f.*
excess air	Luftüberschuss, *m.*
excess water	überschüssiges Wasser, *n.*, Über-schusswasser, *n.*
excess water vapour (When the air becomes saturated, excess water vapour will turn into condensation.), surplus water vapour (US: vapor)	überschüssiger Wasserdampf, *m.*
excessive amount of purge air	zu große Spüllluftmenge, *f.*
excessive costs	überhöhte Kosten, *pl.*
excessive pressure, excess pressure, overpressure	übermäßiger/überhoher Druck, *m.*: Drucküberschreitung, *f.*
excessive, too high	zu hoch (z. B. Temperatur, Druck)
exclude, rule out, dismiss	Haftung ausschließen
exclusive right(s) of sale	Exklusiv-Vertriebsrechte, *n. pl.*
exfiltrate	exfiltrieren
exfiltration	Exfiltration, *f.*
exhaust air combustion	Abluftverbrennung, *f.*
exhaust air flue	Abluftkamin, *m.*
exhaust fan (used in artificial draught)	Abluftventilator, *m.*
exhaust filter	Kfz: Abgasfilter, *m.*
exhaust gas, exhaust fumes	Kfz: Abgas, *n.*
exhausted (e.g. exhausted desiccant)	Trockenmittel: erschöpft
exhaustion (e.g. impending exhaustion of the filter)	Filter: Erschöpfung, *f.*
exhibition, trade fair	Ausstellung, *f.*
existing/available at the customer's plant, existing on site	bauseitig vorhanden
exit	Programm: aussteigen
exit side	Filter: Austrittsseite, *f.*
exothermic	exotherm
expand	ausdehnen ; Luft: entspannen
expand, become distended, become inflated, swell	aufblähen
expand to atmospheric pressure	entspannen auf atmosphärischen Druck
expandable hose	Dehnschlauch, *m.*
expanded	entspannt (Luft)
expanded air	entspannte Luft
expanded to atmospheric pressure	atmosphärisch entspannt (z. B. Spülluft)
expansion	Ausdehnung, *f.*: Luft: Entspannung, *f.*
expansion bend e.g. "U-bend")	Rohr: Dehnungsbogen, *m.*
expansion coil	Kältetechnik: Verdampferschlange, *f.*
expansion gradient	Membrantrockner: Expansions-gefälle, *n.*
expansion noise	Expansionsgeräusch, *n.*

E

expansion pressure	Kältetrockner: Verdampfungs-druck, *m.*
expansion section	Rohr: Federschenkel, *m.*
expansion to atmospheric pressure	atmosphärische Entspannung, *f.*
expansion turbine	Expansionsturbine, *f.*
expansion valve	Expansionsventil, *n.*
expansion volume	Expansionsvolumen (z. B. im Adsorptionstrockner), *n.*
expansive clay	Quellton, *m.*
expendable materials	Verbrauchsstoffe, *pl.*
expendables, expendable materials and supplies	Betriebsmittel (zum Verbrauch), *n. pl.*; Verbrauchsmaterialien, *n. pl.*
expenditure in terms of time, time involved, time spent	Zeitaufwand, *m.*
expenditure, work involved, time and effort involved, measures required	Aufwand, *m.*
expenditure/results ratio	Aufwand-Ergebnis-Verhältnis, *f.*
expensive, elaborate, complicated, costly, complex, difficult, demanding	aufwändig
experience in practice	Anwendungserfahrung, *f.*
experimental set-up, test set-up	Versuchsaufbau, *m.*
expert opinion, report	Gutachten, *n.*
expert, specialist	Sachkundiger, Sachverständiger, *m.*
expiration date, shelf life	Verfalldatum, *n.*
expire, lapse, become invalid, does no longer apply, become null and void	Vertrag, Genehmigung, Garantie usw.: erlöschen
explosion group	Explosionsgruppe, *f.*
explosion hazard	Explosionsgefahr, *f.*
explosion limit	Explosionsgrenze, *f.*
explosion proof	explosionssicher
explosion-proof accessories	Ex-Zubehör, *n.*
explosion-proof equipment	Ex-Ausführungen, *f. pl.*
explosion-proof equipment, devices for operation in hazardous areas (e.g. certified for safe operation in hazardous areas)	Ex-Geräte, *n. pl.*, *siehe* Ex-Zulassung
explosion-proof material (e.g. fire-proof and explosion-proof material)	Ex-geschützes Material:, *siehe* Ex-Ausführung, Ex-Bereich
explosion-proof model/version, hazardous-duty design, device for operation in hazardous areas, explosion-protected device	Ex-Ausführung, *f.*
explosion protected (e.g. explosion-protected equipment and systems)	Ex-geschützt
explosion protection class	Explosionsklasse, *f.*
explosion protection, Ex protection	Ex-Schutz, *m.*
explosive	Sprengstoff, *m.*
explosive dust	explosibler Staub, *m.*
explosive fluids	explosive Medien, *n. pl.*
exposure in the workplace, workplace exposure, occupational health risk	Belastung am Arbeitsplatz, *f.*
exposure limit	Expositionsbegrenzung, *f.*
exposure path	Expositionsweg
exposure time	Expositionsdauer, *f.*

exposure to sunlight, solar radiation	Sonneneinstrahlung, *f.*
extendable rod	ausziehbare Stange, *f.*
extension cable	Verlängerungskabel, *n.*
extensive product know-how	intensive Produktkenntnisse, *f. pl.*
extent of loading	Trockner: Beladungsgrad, *m.*
exterior	außenliegend
exterior mounting	Außenanbringung, *f.*
external component manufacture	externe Teilefertigung, *f.*
external computer	Rechner, externer, *m.*
external damage	äußerer Schaden, *m.*
external dimension	Außenmaß, *n.*
external disposal	externe Entsorgung, *f.*
external energy, external energy input	Fremdenergie, *f.*
external equipment	externe Betriebsmittel, *n. pl.*
external fusing, external fuse protection	externe Absicherung, *f.*
external influences/factors	äußere Einflüsse, *m. pl.*
external processing	Signal: externe Verarbeitung, *f.*
external pump	externe Pumpe, *f.*
external thread connection	Außengewindeanschluss, *m.*
external thread, male thread	Außengewinde, *n.*
externally ventilated	außenluftgekühlt
extinguish	Feuer löschen
extra charge, extra price	Mehrpreis, *m.*
extra consumption	Mehrverbrauch, *m.*
extra length	Überlänge, *f.*
extract	entnehmen
extraction fan (to extract foul air, fumes, suspended particles, etc., from a working area)	Absauggebläse, *n.*
extraction hood, fume hood	Absaughaube, *f.*
extraction system (e.g. to eliminate and control workplace fume and dust emissions), extractor system (*Note:* "Exhaust system" is commonly used for automobiles.)	Luft: Absaugeinrichtung, *f.*, Absauganlage, *f.*
extrajudicial, out of court	außergerichtlich
extra-low safety voltage	Sicherheitskleinspannung, *f.*
extra-low voltage	el.: Kleinspannung, *f.*
extra-low voltage range	Kleinspannungsbereich, *m.*
extremely fine separation	Feinstabscheidung, *f.*
extruder, extruding machine	Kunststoffproduktion: Strangpresse, *f.*, Extruder, *m.*, Spritzmaschine, *f.*
extruder performance	Extruderleistung, *f.*
extrusion gun	Sprühpistole Kunststoffproduktion (Strangpresse), *f.*
extrusion moulding	Extrudieren, *n.*
extrusion moulding machine/plant	Extrusionsanlage, *f.*
Ex-version, Ex version, EX version	Ex-Version, *f.*
eye injury	Augenverletzung, *f.*
eye irritation	Augenreizung, *f.*
eye protection	Augenschutz, *m.*
eyebolt, ring bolt	Transportöse, *f.*
eyepiece (autocollimator)	Okular, *n.*

E

fabric	Gewebe (z. B. für Filter), *n*.
fabric filter	Gewebefilter, *m*.; Tuchfilter, *m*.
fabric filter system	Gewerbefilteranlage, *f*.
fabric hose (e.g. braided fabric hose, steel fabric hose)	Gewebeschlauch, *m*.
fabric-based activated carbon	beladenes Gewebe (mit Aktivkohle), *n*.
facility management	Gebäudemanagement, *n*.
facility, plant, system, installation	Anlage, *f*.
facing upwards	oben, nach oben gerichtet
factor of influence, influencing factor	Einflussfaktor, *m*., Einflussgröße, *f*.
factors influencing performance	Einflussfaktoren der Leistung, *pl*.
factory adjusted	werkseitig justiert
factory fitted	werkseitig angebaut
factory produced, manufactured	industriell hergestellt
factory setting	Werkseinstellung, *f*.
factory tested (e.g. fully assembled and factory tested), works tested	werkseitig geprüft
factory, manufacturing facility, plant, works	Werk, *n*.
factory-set	ab Werk eingestellt; werkseingestellt, werkseitig eingestellt
fail, break down	ausfallen
fail-safe circuit	el.: Fail-Safe-Schaltung, *f*.
fail-safe operation/mode	Fail-Safe-Betrieb/Modus, *m*.
fail-safe principle	Fail-Safe-Prinzip, *n*.
fail-safe relay	störungssicheres Relais, *n*.
failure	Ausfall, *m*., *siehe* Betriebsstörung
failure mode & effects analysis (FMEA)	Ausfallauswirkungsanalyse, *f*.
failure mode, effects and criticality analysis (FMECA)	AMDEC (Analyse des modes de défaillance, de leurs effets et de leur criticité); Ausfalleffekt- und Ausfallkritizitätsanalyse, *f*.
falling pressure	fallender Druck, *m*.
false air (infiltrated air, leakage air)	Falschluft, *f*.
false-air content	Falschluftanteil, *m*.
falsify	verfälschen
fan	Lüfter, *m*.; Ventilator, *m*.
fan guard	Ventilatorschutz, *m*.
fan motor	Lüftermotor (z. B. Wärmetauscher), *m*.

fan ring (of a cooling tower)	Ventilatorring, *m.*
fast reacting	reaktionsschnell
fast to solvent, solvent-resistant	lösungsmittelbeständig
fastening anchor	Befestigungsanker, *m.*
fastening element	Befestigungselement, *n.*
fastness	Widerstandsfähigkeit (Farben), *f.*
fast-reacting (e.g. fast-reacting LCD display), quick-reacting	schnellreagierend
fast-reacting temperature sensor	schnell reagierender Temperatursensor, *m.*
fast-venting valve	Schnellentlüftungsventil, *n.*
fat	Fett, *n.*
fatigue analysis	Ermüdungsnachweis, *m.*
fatigue fracture	Ermüdungsbruch, *m.*
fatigue test	Ermüdungsprüfung, *f.*
fault current	Fehlerstrom, *m., siehe* FI-Schutzschalter
fault diagnosis, fault identification	Störungsaufklärung, *f.*, Fehleranalyse, *f.*
fault diagnosis, locating a fault, troubleshooting	Fehlersuche, *f.* (Suche u. Beseitigung)
fault display	Fehleranzeige, *f.*
fault evaluation	Fehlerauswertung (z. B. durch SPC), *f.*
fault identification	Fehlererkennung, *f.*
fault in the power supply, power supply fault	Störung in der Spannungsversorgung, *f.*
fault indication (e.g. remote fault indication), fault display	Störungsanzeige, *f.*
fault monitoring	Störungsüberwachung, *f.*
fault signal, alarm (signal), fault indication, malfunction signal	Störungsmeldung, *f.*, Störsignal, *n.*
faulty conditions	fehlerhafte Zustände, *pl.*
faulty design	Fehlkonstruktion, *f.*
faulty installation	fehlerhafte Installation, *f.*
faulty motor	defekter Motor, *m.*
favourable energy ratio	energetisch günstiges Verhältnis, *n.*
FCs (fluorocarbons)	FKW (Fluorkohlenwasserstoffe), *f.*
feasibility study	Machbarkeitsstudie, *f.*
fecal bacteria	Fäkalbakterien, *n. pl.*
Federal Gazette	Bundesanzeiger, *m.*
Federal Immission Control Act (German national legislation on air pollution control), citation from official website of Federal Environment Ministry: *"Emissions are generally defined as the release of substances or energy from a source into the environment. The Federal Immission Control Act defines emissions as air pollution, noise or odour originating from an installation. Immission relates to the effects of emissions on the environment. With regard to air pollution control, this means the effect of air pollutants on plants, animals, human beings and the atmosphere."*	BimSchG (Bundesimmissionsschutzgesetz), *n.*
Federal Immission Control Ordinance (German national legislation on air pollution control)	BimSchV (Bundesimmissionsschutzverordnung), *f.*

Federal Institute of Physics and Metrology	Physikalisch-Technische Bundesanstalt (PTB), *f.* (offizielle Übersetzung)
feed and discharge lines, inlet and outlet lines	Zu- und Ablaufleitung, *f.*
feed and discharge, inlet and outlet	Zu- und Ablauf, *m.*
feed and return	Vor- und Rücklauf (z. B. Kühlwasser), *m.*
feed connection, inlet connection	Zulaufanschluss, *m.*
feed control	Vorschubsteuerung, *f.*
feed fluid, feed medium, incoming fluid	Zulaufmedium, *n.*
feed hose, inlet hose	Zulaufschlauch, *m.*
feed (into), introduce, provide, supply,	zuführen
feed into (e.g. feed into an archive, feed into SAP)	Daten einpflegen
feed line, feed pipe	Zulaufleitung, *f.*
feed motion	maschinelle Bearbeitung: Vorschubbewegung, *f.*
feed pipe	Zulaufrohr, *n.*
feed point, inlet point	Zulaufstelle, *f.*
feed pressure	Vorschubkraft, *m.;* Druckluft: Speisedruck, *m.*
feed pump	Förderpumpe, *f.;* Zulaufpumpe, *f.*
feed quantity, inflow quantity	Zulaufmenge, *f.*
feed socket (pipe socket), feed connection	Zulaufstutzen (Rohr), *m.*
feed tank	Zulaufbehälter, *m.*
feed travel	Vorschubweg, *m.*
feed water	Speisewasser, *n.*
feed water control	Speisewasserregelung, *f.*
feed water supply	Speisewasserversorgung, *f.*
feed water treatment	Speisewasseraufbereitung, *f.*
feed, supply supply, system	Versorgung, Zufuhr, *f.*
feedback line, return line	Rückführleitung, *f.*
feedback pipe, return pipe (e.g. a twin pipe containing a flow and return pipe within an outer casing)	Rückführrohr, Rückführungsrohr, *n.*
feeder branch	Stichleitung, *f.*
feed-in point	Einspeisungspunkt, *m.*
feeding, charging	Beschickung, *f.*
feet	Füße (z. B. einer Maschine), *m. pl.*
feet (e.g. adjustable feet), große Vorrichtung: floor mounting system	Stellfüße, *m. pl.*
felt	Filz, *m.*
ferrite	Ferrit, *n.*
ferrite beads	Ferritperlen (gegen el. Störungen), *f. pl.*
ferrite core	Ferritkern, *m.*
fibre-based ear plugs	Gehörschutzwatte, *f.*
fibre bundle technology	Faserbündeltechnologie, *f.*
fibre bundle, bundle of fibres	Faserbündel, *n.*
fibre hygrometer	Faserhygrometer, *n.*
fibre material	Fasermaterial, *n.*
fibre optics probe	faseroptische Sonde, *f.*
fibre-optics cable	Lichtwellenkabel, *n.*
fibrous dust	faseriger Staub, *m.*

F

field conditions (e.g. "The device has been tested under field conditions.")	Praxisbedingungen, *f. pl.*
field of application, scope of application	Anwendung: Leistungsbereich, *m.*
field of compressed air technology	Bereich der Drucklufterzeugung, *m.*
field proven, field-tested	in der Praxis erprobt
field sales team	Verkaufsteam im Außendienst, *n.*; Außendienst-Verkaufsteam, *n.*, *siehe* ADM
field service, field units, field staff (e.g. field service technician)	Außendienst, *m.*
field service area	Außendienstgebiet, *n.*
field service management system	Außendienstmanagement-System, *n.*
field service team	Außendienst-Team, *n.*
field staff, field staff member, field engineer, representative, field service personnel	ADM (Außendienstmitarbeiter), *m.*
field test	Felduntersuchung, *f.*; Praxistest, *m.*; Prüfung in der Praxis, *f.*
field-proven, proven, successful, tried-and-tested, well proven, well established	bewährt
fig. (*pl.* figs.)	Abbildung: Bild, *n.*
figure height	Display: Ziffernhöhe, *f.*
figures on earnings	Ertragszahlen, *f. pl.*
fill (with), feed in	einfüllen
fill in	Formular: ausfüllen
fill quantity (fill qty.), amount	Füllmenge, *f.*
fill up, replenish, refill, top up	nachfüllen, ergänzen
fill, fill material	Filter: Schüttmaterial, *n.*
filler dome (e.g. filler dome on tank top)	Einfülldom, *m.*
filler neck	Einfüllstutzen, *m.*
filler opening	Einfüllöffnung, *f.*
filling	Befüllung, *f.*
filling level, fill height (e.g. using a fill height detector to ensure that cans are properly filled)	Füllhöhe, *f.*, Füllstand, *m.*, Füllstandsniveau, *n.*
filling level sensor, level sensor	Füllstandssenor, *m.*
filling pressure	Fülldruck, *m.*
filling procedure	Auffüllvorgang, *m.*
filling quantity	Befüllmenge, *f.*
filling rate	Auffüllgeschwindigkeit, *f.*
filling station, filling point	Abfüllstation, *f.*; Befüllstation, *f.*
filling weight	Füllgewicht, *n.*
film (thin sheet or layer, e.g. plastic for packaging), foil (e.g. aluminium foil, self-adhesive foil)	Folie, *f.*, *siehe* Foliensatz
film condensation	Filmkondensation, *f.*
film rust (causes "rust film")	Flugrost, *m.*
filter	Filter, *m./n.* (Normalerweise „der" Filter, besonders wenn es sich um materielle Trennung handelt, z. B. <u>der</u> Wasserfilter. In bestimmten technischen Bereichen wird parallel des Öfteren "das" Filter verwendet, z. B. das/der Lichtfilter, das/der Frequenzfilter.)
filter, filter off	abfiltrieren

filter, filter out, retain, trap, remove by filtering	ausfiltern, ausfiltrieren
filter area load	Filterflächenbelastung, *f.*
filter area, filter section	Filterbereich, *m.*
filter area, filter surface, filter surface area, filtration surface	Filterfläche, *f.*
filter arrangement, filter configuration	Filteranordnung, *f.*
filter assembly, filter module	Filterbaugruppe, *f.*
filter backwashing	Filterrückspülung, *f.*
filter bag	Filtersack, *m.*; Filterschlauch, *m.*
filter bag seat	Filtersackaufnahme, *f.*
filter basket	Filterkorb, *m.*
filter bed	Filterbett, *n.*
filter bell	Filterglocke, *f.*
filter bottom, lower section of filter	Filterunterteil, *n.*
filter bowl	Filtertopf, *m.*
filter box	Filterbox, *f.*
filter breakthrough	Filterdurchbruch, *m.*
filter bulk	Filterschüttung, *f.*
filter cake	Filterkuchen, *m.*
filter candle (e.g. ceramic filter candle)	Filterkerze, *f.*
filter candle insert	Filtereinsteckkerze, *f.*
filter cap	Filterkappe, *f.*
filter cartridge	Filterpatrone, *f.*; Filterkartusche, *f.*
filter chamber	Filterkammer, *f.*
filter check	Kontrolle: Filterüberwachung, *f.*
filter class	Filterklasse, *f.*
filter clogging	Filterverblockung, *f.*; Filterverstopfung, *f.*
filter cloth	Filtertuch, *n.*
filter composition	Filterzusammensetzung, *f.*
filter concept, filter system	Filterkonzept, *n.*
filter condition display	Filterverbrauchsanzeige, *f.*
filter consumption	Filterverbrauch, *m.*
filter container, filter housing	Filterbehälter, *m.*
filter cover	Filterdeckel, *m.*
filter cross-section	Filterquerschnitt, *m.*
filter crucible (e.g. in a laboratory)	Filtertiegel, *m.*
filter deposit	Filterbelag, *m.*
filter device	Filtergerät, *n.*
filter diameter	Filterdurchmesser, *m.*
filter disk	Filterscheibe, *f.*
filter drain	Filterableiter, *m.*
filter drum	Filtertrommel, *f.*
filter drying	Filtertrocknung, *f.*
filter dust	Filterstaub, *m.*
filter dust removal	Filterstaubverladung, *f.*
filter efficiency	Filterwirkung, *f.*
filter element	Filterelement, *n.*
filter element replacement	Wechsel der Filterelemente, *m.*; Filterelementwechsel, *m.*
filter fabric (e.g. nylon filter fabric; textile mesh), filter cloth	Filtergewebe, *n.*

F

filter fineness range	Filterfeinheitbereich, *m.*
filter fineness, filtration grade	Filterfeinheit, *f., siehe* Filtrierstufen, Porengröße
filter fleece (e.g. non-perishable filter fleece)	Filtervlies, *n.*
filter fouling, filter dirt accumulation	Filterverschmutzung, *f.*
filter funnel	Filtertrichter, *m.*
filter grade	Klassifizierung: Filterstufe, *f., siehe* Filtrierstufen
filter gravel	Filterkies, *m.*
filter head	Filterkopf, *m.*
filter heater	Filterheizer, *m.*
filter heating, filter heating system	Filterbeheizung, *f.*
filter holder	Filterhalter, *m.,* Filterhalterung, *f.*
filter housing	Filtergehäuse, *n.*
filter housing bottom	Filtergehäuseunterteil, *n.*
filter inlet	Filtereinlauf, *m.,* Filtereinlassöffnung, *f.*
filter insert (filter element), (e.g. filter insert for solvent filter)	Filtereinsatz, *m.*
filter inspection, filter check/checking	Filterkontrolle, *f.*
filter installation	Filtereinbau, *m.*
filter installed	eingesetzter Filter, *m.*
filter intake	Filtermenge, *f.*
filter layer (e.g. multilayer filter)	Filterlage, *f.,* Filterschicht, *f.*
filter lifetime coefficient	Filterstandzeitfaktor, *m.*
filter lifetime monitoring, monitoring of the useful life of the filter	Überwachung: Filterstandzeit, *f.*
filter lifetime, filter service life	Filterstandzeit, *f.*
filter line	Produkt: Filterlinie, *f.*
filter load(ing)	Filterbeaufschlagung, *f.,* Filterbelastung, *f.*
filter location	Ort: Filterlage, *f.*
filter management	Filtermanagement, *n.*
filter mask	Filtermaske, *f.*
filter mass	Filtermasse, *f.*
filter mat	Filtermatte, *f.*
filter material surface	Filtermaterialoberfläche, *f.*
filter material, filtration material	Filtermaterial, *n.* (z. B. Aktivkohle), *siehe* Filtergewebe
filter medium (*pl.* filter media), filter material	Filtermedium, *n.*
filter method	Filterverfahren, *n.*
filter monitoring	Filterüberwachung, *f.*
filter monitoring sensor	Filterüberwachungssensor, *m.*
filter out, remove	ausscheiden
filter out, retain, trap,	zurückbehalten (Verschmutzung)
filter pad	Filterkissen, *n.*
filter paper	Filterpapier, *n.*
filter performance	Filterleistung, *f.*
filter pipe, perforated pipe	Filterrohr, *n.*
filter plate	Filterplatte, *f.*
filter press	Filterpresse, *f.*

filter product range, filter programme, US: filter program	Filterprogramm, *n.*
filter product, filter make	Filterfabrikat, *n.*
filter replacement, filter change	Filteraustausch, *m.*; Filterwechsel, *m.*
filter residues	Filterrückstand, *m.*, Filterrest, *m.*
filter resistance	Filterwiderstand, *m.*
filter rinsing	Filterspülung, *f.*
filter run, filter run time (e.g. length of filter run)	Filterlaufzeit, *f.*
filter saturation	Filtersättigung, *f.*
filter screen	Filtersieb, *n.*
filter seat	Filtersitz, *m.*; Installation: Filteraufnahme, *f.*
filter segment	Filtersegment, *n.*
filter selection table	Filterauswahltabelle, *f.*
filter series	Filterreihe, *f.*
filter set	Filtersatz, *m.*, Filter-Set, *n.*
filter size	Filterbaugröße, *f.*
filter sludge	Filterschlamm, *m.*
filter structure	Filteraufbau, *m.*
filter surface	Filteroberfläche, *f.*
filter technology/technique	Filtertechnik, *f.*
filter time management	Filter-Zeitmanagement, *n.*
filter type	Filtertyp, *m.*
filter unit	Filtereinheit, *f.*
filter utilization	Filterausnutzung, *f.*
filter volume	Filtervolumen, *n.*
filter volume load	Filtervolumenbelastung, *f.*
filterability	Filtrierbarkeit, *f.*
filterable substance	abfiltrierbare Stoffe, *m. pl.*
filterable, suitable for filtration	filtrierbar; abfiltrierbar
filtered air recirculation	Reinluftrückführung, *f.*
filtered, filter-fitted	verfiltert
filtering characteristics	Filterungseigenschaften, *pl.*
filtering rate	Filtergeschwindigkeit, *f.*
filtering, filtration	Filtrieren, *n.*
filtering, filtration, provided with a filter system,	Verfilterung, *f.*
filter-penetrating (passing through the filter)	filtergängig
filtrate	Filtrat, *n.*
filtrate quantity	Filtratmenge, *f.*
filtration and performance levels	Filtrations- und Leistungsstufen, *f. pl.*
filtration area	Verfilterungsbereich, *m.*
filtration capacity	Filterleistungsfähigkeit, *f.*, Filtervermögen, *n.*
filtration consistency	Filterbeständigkeit, *f.*
filtration cycle, filtering cycle	Filterzyklus, *m.*
filtration grades:	Filtrierstufen, *f. pl.*

– A = activated carbon filter,
– C = coarse filter,
– F = fine filter,
– G = general purpose filter,
– N = nanofilter,
– S = super fine filter

filtration method, filtration process	Filtrationsverfahren, *n*.
filtration path	Filterstrecke, *f*.
filtration performance	Filtrationsleistung, *f*.
filtration plant (e.g. for the removal of suspended solids), filter system	Filteranlage, *f*.
filtration point	Filtrationsstelle, *f*.
filtration rate	Filtrationsgeschwindigkeit, *f*.
filtration residues	Filter: Reinigungsrückstände, *m. pl.*
filtration result, filter efficiency	Filterergebnis, *n*.
filtration stage	Filterstufe, *f*., Filtrationsstufe, *f*.; *siehe* Filtrierstufen
filtration time, filtration period	Filtrationsdauer, *f*.
filtration, straining	Filtration, *f*. (ohne Druck z. B. durch ein Sieb)
final assembly	Endmontage, *f*.
final catalytic phase	Endphase der Katalyse, *f*.
final compressed air temperature	Druckluft-Endtemperatur, *f*.
final compression temperature	Verdichtungsendtemperatur (Druckluft), *f*.
final compressor stage	Verdichterendstufe, *f*.
final inspection and test(ing)	Endkontrolle, *f*.
final performance	Endleistung (z. B. des Trockners), *f*.
final pressure, discharge pressure (e.g. "The discharge pressure is the total gas pressure at the compressor's discharge port.")	Enddruck, *m*.
final test	abschließende Prüfung, *f*.
final value	Endwert, *m*.
final volume	Endvolumen, *n*.
final/ultimate temperature	Endtemperatur, *f*.
fine asbestos dust	Asbestfeinstaub, *m*.
fine dust	Feinstaub, *m*.
fine dust filter	Feinstaubfilter, *m*.
fine filter (also: finefilter)	Feinfilter, *m*., *siehe* Filtrierstufen
fine filter bag	Feinfiltersack, *m*.
fine filter cartridge	Feinfilterpatrone, *f*.
fine filtration	Feinfiltration, *f*.
fine purification (system/process), fine cleaning	Feinreinigung, *f*.
fine rust	Feinrost, *m*.
fine spray	Feinzerstäubung, *f*.
fine thread	Feingewinde, *n*.
finely dispersed	fein dispergiert; feindispers
finely dispersed oil particles	feinst dispergierte Ölanteile, *m. pl.*, *siehe* frei aufschwimmendes Öl
finely emulsified	feinemulgiert
finely tuned	feinnervig
fine-meshed	Filter: engmaschig
fine-pored	feinporig
fines	Trennmittel, *n*.
fine-wire fuse	Feinsicherung, *f*.
finger-tight	Schraube: leicht angezogen
finished part, finished product	Produktion: Fertigteil, *f*.

finishing	Herstellung: Nachbearbeitung, *f.*
finned tube	Rippenrohr, *n.*
finned tube cooler	Rippenrohrkühler, *m.*
fire, in the event of fire	Brandfall, *m.*
fire barrier	Feuersperre, *f.*
fire class	Brandklasse, *f.*
fire extinguisher	Feuerlöscher, *m.*
fire-extinguishing agent	Löschmittel, *n.*
fire-extinguishing procedure	Löschvorgang, *m.*
fire-extinguishing requirements	Löschanforderung, *f.*
fire fighting	Brandbekämpfung, *f.*
fire-fighting action/measures	Brandbekämpfungsmaßnahmen, *f. pl.*
fire gases	Brandgase, *n. pl.*
fire hazard	Feuergefahr, *f.*
fireproofing arrangement	Brandschutzabschottung, *f.*
fire protection	Brandschutz, *m.*
fire protection measures	brandschutztechnische Maßnahmen, *f. pl.*
fire protection zone	Brandschutzzone, *f.*
fire resistance	Brandbeständigkeit, *f.*; Feuerwiderstandsfähigkeit, *f.*
fire service	Feuerwehr, *f.*
firing	Feuerung, *f.*, *siehe* Hochofen
firm and tight	gut und stramm (z. B. Filtersackbefestigung)
firmly fixed	sicher befestigt
firmly fixed piping	fest verrohrt
First Aid	Erste Hilfe, *f.*
first-aid book	Verbandbuch, *n.*
first aid giver	Ersthelfer, *m.*
first-aid measures	Erste-Hilfe-Maßnahmen
first-class pipe system	Premium-Rohrleitungssystem, *n.*
first filling	Erstbefüllen, *n.*
first installation	Erstinstallation, *f.*
first-off product (e.g. from initial concept to first-off product)	Erstprodukt, *n.*
first-time use	Erstbenutzung, *f.*
fit, insert, equip, provide, mount, refit	Verbindung: belegen; bestücken; einpassen (z. B. Zuganker)
fit on, push on, plug onto	aufstecken
fit out, fit, provide, equip	ausrüsten
fitted ring	Einlegering, *m.*
fitting dimension, connection size	Anschlussmaß, *n.*
fitting, connection element	Rohr: Formteil, Formstück, *n.*, *siehe* Formteilmuffe
fittings, valves and fittings	Armaturen, *f. pl.*
fix CE mark(ing)	Anbringen der CE Kennzeichnung, *n.*
fix, mount, attach, fasten, secure	fixieren; befestigen
fixed bed catalyst	Festbettkatalysator, *m.*
fixed cross section	unveränderter Querschnitt (z. B. einer Düse), *m.*

F

fixed in (installation) position	fixiert in Einbaulage
fixed temperature (e.g. at a fixed temperature)	fest eingestellte Temperatur
fixing (point), attachment, mounting	Befestigung, *f.*
fixing bracket, mounting bracket	Befestigungsgriff, *m.*; Haltewinkel, *m.*
fixing clamps	Installation: Haltebügel, *m.*
fixing material, fixing accessories	Befestigungsmaterial, *f.*
fixing of filter bag, filter bag attachment (e.g. filter bag attachment ring)	Filtersack-Befestigung, *f.*
fixing pin	Haltestift, *m.*
fixing point	Rohr: Fixpunkt, Festpunkt, *m.*
fixing screw, fastening screw, securing screw	Befestigungsschraube, *f.*, Sicherungs-schraube (Halteschraube), *f.*
flammability, ignitability	Entflammbarkeit, *f.*; Entzündbarkeit, *f.*
flammable (e.g. flammable refrigerant)	entflammbar, brennbar
flammable dust	brennbarer Staub, *m.*
flammable gas	brennbares Gas, *n.*
flange	Flansch, *m.*
flange face	Flanschfläche, *f.*
flange filter, flanged filter	Flanschfilter, *m.*
flange housing	Flanschgehäuse, *n.*
flange joint (a joint between pipes made by bolting together two flanged ends), flanged connection	Flanschverbindung, *f.*
flange seal, flange gasket	Flanschdichtung, *f.*
flange sleeve	Bundbuchse, *f.*
flanged and screwed connections	Flansch- und Verschraubungs-verbindungen, *f. pl.*
flanged connection	Flanschanschluss, *m*
flanged head	Flanschkopf, *m.*
flanged inlet	Flanscheinlauf, *m.*
flange-mount, flange (to), fixing/mounting, using a flange	anflanschen
flap, gate, lid, door	Klappe, *f.*
flash	el.: Blitz, *m.*
flash point	Flammpunkt, *m.*
flash tube	Blitzröhre, *f.*
flashback arrester, flame arrester	Flammenrückschlagsicherung, *f.*
flashing (e.g. flashing LED), blinking (e.g. blinking cursor)	blinkend
flashing frequency	Blinkfrequenz, *f.*
– rate of flashing	– Blinktakt/-rhythmus
flashing light (LED etc.)	pulsierendes Leuchten, *n.*
flashing red	rot blinkend (z. B. LED)
flat bag filter	Flachschlauchfilter, *m.*
flat bag row	Filter: Flachschlauchreihe, *f.*
flat brush	Flachbürste, *f.*
flat gasket	Flachdichtung, *f.*
flat head screw	Flachkopfschraube (z. B. Senk-schraube), *f.*
flat hose, flat hose pipe	Flachschlauch, *m.*
flat plate	ebene Platte (z. B. zur Spannungs-berechnung), *f.*
flat-bag filter element	Flachschlauch-Filterelement, *n.*

flat-nose pliers	Flachzange, *f.*
flat-tube heat exchanger	Flachrohr-Wärmetauscher, *m.*
flat-tube row	Flachrohrreihe, *f.*
fleece (e.g. polypropylene fleece; coarse filter fleece), fleece fabric, nonwoven fabric	Vlies, Vliesstoff, *n.*
fleece filter	Vliesfilter, *m.*
flexible operation	angepasste Betriebsweise, *f.*
flexing zone	Walkbereich, *m.*
float	Messung: Schwebekörper, *m.;* Schwimmer, Schwimmkörper, *m.,* *siehe* Schwimmerableiter
float (on surface/top), rise to the surface	aufschwimmen
float drain, float-type drain	Schwimmerableiter, *m.*
float into position	einschwimmen
float switch, liquid-level switch	Schwimmerschalter, *m.*
float system	Schwimmersystem, *n.*
float-controlled drain	schwimmergesteuerter Ableiter, *m.*
floc pattern	Flockenbild, *n.*
floc residue	Flockenrückstand, *m.*
floc retention capacity	Flockenaufnahmevermögen, *n.*
flocculant technology	Flockungstechnologie, *f.*
flocculant, flocculating agent	Flockungsmittel, *n.*
flocculate	Spaltung: flocken
flocculate, bind by flocculation	ausflocken
flocculation, floc formation	Flockenbildung, *f.,* Flockung, *f.*
flocs	Spaltung: Flocken, *pl.*
floc-water mixture	Flocken-Wasser-Gemisch, *n.*
flood	überfluten
flooded, submerged, covered (e.g. covered with condensate)	überflutet
flooding	Überflutung, *f.*
flooding of the machine	Maschinenüberflutung, *f.*
floor	Bodenfläche, *f.*
floor (area)	Aufstellung: Untergrund, *m.*
floor area (required)	(erforderliche) Bodenfläche: Grundfläche, *f.,* benötigte Stellfläche, *f.*
floor area, floor space, floor base, footprint	Stellfläche, *f.;* Standfläche, *f.*
floor clearance	Bodenfreiheit, *f.*
floor covering, floor finish	Bodenbelag, *m.*
floor installation	Bodenaufstellung, *f.*
floor level	Bodenniveau, *n.*
floor mounting	Bodenmontage, *f.*
floor mounting, floor mounting bracket	Bodenhalterung, *f.*
floor-standing cabinet	Standschrank, *m.*
floor-standing unit	Standgerät, *n.*
flotation	Flotation, *f.*
flow, convey, make to flow, channel	Spülluft entlangführen
flow (through), passage (e.g. passage of air through …)	Durchströmung, *f.*
flow across s.th., flow over s.th.	Druckluft: überströmen
flow around	umspülen
flow behaviour, flow characteristics	Fließverhalten, *n.*

F

flow by gravity	im freien Gefälle fließen
flow channel	Strömungskanal, *m.*
flow characteristics	Fließeigenschaften, *f. pl.*; Strömungs-eigenschaften, *f. pl.*
flow coefficient	Ventil: Durchflusswert, *m.*
flow conditions, flow situation, flow pattern (e.g. highly variable flow pattern)	Strömungsverhältnisse, *n. pl.*
flow constriction	Durchflussverengung, *f.*
flow cross-section (e.g. used to determine flow rate)	Strömungsquerschnitt, *m.*
flow direction	Anströmungsrichtung, *f.*
flow distribution	verteilende Anströmung, *f.*; Strömungsverteilung, *f.*
flow distributor	Strömungsverteiler, *m.*
flow divider	Stromteiler, *m.*
flow equation	Durchflussformel, *f.*
flow freely (to), run off freely, free flow (to)	frei ablaufen
flow in from a higher position (head)	mit Gefälle zufließen
flow of air, air flow	Luftstrom, *m.*
flow of compressed air	Druckluftstrom, *m.*
flow-optimized	strömungsoptimiert
flow out, discharge, exit, emerge	austreten
flow out, escape, be released, be discharged, be expelled	Luft/Gas: ausströmen
flow out, run off, flow off	Wasser: ablaufen
flow path	Durchflussstrecke, *f.*
flow performance	Strömungsleistung, *f.*
flow profile, flow pattern	Strömungsprofil, *n., siehe* Strö-mungsverhältnisse
flow-promoting, with favourable flow conditions	strömungsgünstig, *siehe* strömungs-optimiert
flow rate	Volumenstrom, *m.*
flow rate, discharge rate	Abfließgeschwindigkeit, *f.*, Abfluss-geschwindigkeit, *f.*
flow rate, flow velocity	Überströmgeschwindigkeit, *f.*, Über-strömungsgeschwindigkeit, *f.*
flow rate, rate of flow, throughput rate, throughput quantity, compressed air throughput	Druckluft: Durchflussmenge, *f.*, Durchsatzmenge, *f.*
flow rate, throughput rate	Durchflussrate, *f.*
flow rate and consumption measurement, measurement of flow rates and compressed air consumption	Druckluft: Durchfluss- und Verbrauchsmessung, *f.*
flow rate calculator	Durchflussrechner, *m.*
flow rate characteristics	Durchflussverhalten, *n.*
flow rate deviation	Volumenstromabweichung, *f.*
flow rate measurement	Durchflussmessung, *f.*
flow rate measurement, volumetric flow measurement	Volumenstrommmessung, *f.*
flow rate nozzle	Volumenstromdüse, *f.*
flow rate setting, volumetric flow setting	Volumenstromeinstellung, *f.*
flow reduction, reduction in flow	Strömungsverlust, *m.*
flow relay	Strömungswächter, *m.*
flow resistance, resistance to (fluid) flow	Durchflusswiderstand, *m.*; Strömungs-widerstand, *m.*, strömungstechnischer Widerstand, *m.*

flow route, flow path	Strömungsführung, *f.*, Strömungsweg, *m.*; Strömungsverlauf, *m.*
flow through, pass through	durchfließen
flow-through area, flow area	Durchströmfläche, *f.*
flow-through rate (e.g. filter flow-through rate), flow rate	Durchströmgeschwindigkeit, *f.*
flow towards (e.g. flow towards the filter centre), inflow (from), inlet (into)	Zulauf, *m.*
flow velocity, flow rate	Durchflussgeschwindigkeit, *f.*; Strömungsgeschwindigkeit, *f.*
flow viscosity	Fließviskosität, *f.*
flowchart (flow chart), flow diagram	Fließbild, *n.*
flow-impeding, flow-resisting, adverse effect on flow	strömungsungünstig
flowing gas	strömendes Gas, *n.*
flowmeter (mass flow meter measured in ccm or volumetric flow meter measured in LPM)	Durchflussmessgerät, *n.*, Flowmeter, *m.* Durchflusszähler, *m.*, Durchflussmesser, *m.*
flowsensor (e.g. FS109 flowsensor), flow sensor	Flowsensor, *m.*
fluctuation, variation	Schwankung, *f.*
flue	Rauchrohr, *n.*
flue dust	Flugstaub, *m.*
flue gas	Rauchgas, *n.*
flue gas cleaning	Rauchgasreinigung, *f.*
flue-gas cleaning facility (plant, system)	Rauchgasreinigungsanlage, *f.*
flue gas denitrification, nitrogen removal from flue gas	Rauchentstickung, *f.*
flue gas desulfurization (desulphurization) plant	Rauchgasentschwefelungsanlage, *f.*
flue gas duct	Rauchgaskanal, *m.*
flue gas flow	Rauchgasstrom, *m.*
flue gas nitrogen removal plant	Rauchgasentstickungsanlage, *f.*
flue gas quantity	Rauchgasmenge, *f.*
flue gas recirculation	Rauchgasrezirkulation, *f.*
flue gas scrubber	Rauchgaswäscher, *m.*
flue gas scrubbing	Rauchgaswäsche, *f.*
fluid bed catalyst, fluidized bed catalyst	Fließbettkatalysator, *m.*
fluid bed cooler	Fließbettkühler, *m.*
fluid bed scrubber (e.g. circulating fluid bed scrubber)	Fließbettwäscher, *m.*
fluid circuit (e.g. pneumatic and hydraulic fluid circuit)	Fluidkreislauf, *m.*
fluid flowing through (water separator, filter, etc.)	Durchflussmedium, *n.*
fluid group	Fluidgruppe, *f.*
fluid level gauge	Füllstandsmesser, *m.*
fluid mechanics	Strömungslehre, Strömungsmechanik, *f.*
fluid particle	Fluidteilchen, *n.*
fluid power	Fluidtechnik, *f.*
fluid switch cabinet	Fluidschaltschrank, *m.*
fluid-carrying line	medienführende Leitung, *f.*
fluidization	Fluidisieren, *n.*
fluids containing solids	Medien mit Feststoffanteilen, *n. pl.*
fluorinated rubber (FPM)	Fluorkautschuk (FPM), *m.*
fluorophosgene	Fluorphosgen, *n.*
fluorosilicic acid, sand acid	Kieselfluorwasserstoffsäure, *f.*; Fluorokieselsäure, *f.*
flush	überspülen

flush (with), level (with)	bündig
flush, rinse, made to flow through, convey through	durchspülen
flushed back water	zurückgespültes Wasser, *n.*
flushing air	allgemein: Spülluft, *f.*
flushing oil filter	Spülölfilter, *m.*
flushing pump	Spülpumpe, *f.*
flushing steam residues	Spüldampfrückstände, *m. pl.*
flux performance	Filtration: Fluxleistung, *f.*
foam cover	Schaumstoffmantel (z. B. für Filter), *m.*
foam plastic, foamed plastic (e.g. foamed plastic insulation such as expanded polystyrene), foam	Schaumstoff, *m.*
foam, foam up, become foamy	aufschäumen
foaming machine	Verschäumungsmaschine, *f.*
fog	Wetter: Nebel, *m.*
fog formation (atmospheric air), mist (e.g. rising mist, a misted up windscreen)	Nebelbildung, *f.*
folding gate	Falttor, *n.*
follow-up business	Folgegeschäft, *n.*
follow-up costs, consequential costs	Folgekosten, *pl.*
follow-up order	Folgeauftrag, *m.*
food, beverages and tobacco industry	Nahrungs- und Genussmittel-industrie, *f.*
food, foodstuff, food products	Nahrungsmittel, *n.*
food and beverages industry	Nahrungsmittel- und Getränke-industrie, *f.*
food compatible	lebensmittelverträglich
food processing industry, food industry	Lebensmittelindustrie, *f.*
food technology	Lebensmitteltechnik, *f.*
foot valve	Fußventil, *n.*
footboard lowering	Bahn: Trittbrettabsenkung, *f.*
for constructional reasons	bauartbedingt, bauartlich bedingt
for domestic use	Hausgebrauch, für den Haus-gebrauch, *m.*
for internal use only	nur für internen Gebrauch
for purposes other than the intended application	nicht bestimmungsgemäß
for reasons of process engineering, for operational reasons	aus verfahrenstechnischen Gründen
for reasons of standard commercial practice	aus handelsüblichen Gründen
for security reasons	Schutz gegen absichtliche Störungen oder Angriffe, *m.*
for the sake of safety, for reason of safety	Sicherheitsgründe, aus Sicherheits-gründen
force feedback	Kraftrückführung, *f.*
force majeure	höhere Gewalt, *f.*
force measurement	Kraftmessung, *f.*
force transmission	Krafteinleitung, *f.*
forced aeration	Zwangsbelüftung, *f.*
forced-air countercurrent	Durchblasen (von Luft im Gegen-strom), *n.*
forceful damage (to), damaged by force	gewaltsame Beschädigung, *f.*
foreign liquid, foreign liquid or substances	Fremdflüssigkeit, *f.*

foreign matter	Fremdkörper, *m.*, Fremdstoffe, *pl.*
foreseeable damage	vorhersehbarer Schaden, *m.*
forged piece	Schmiedestück, Schmiedeteil, *n.*
forged steel	Schmiedestahl, *m.*
fork lifter, fork-lift truck	Gabelstapler, *m.*
form fitting	Rohr: formschlüssig
form measuring instrument (e.g. high-precision form measuring instrument)	Formmessgerät, *n.*
form, formation	Entstehen (z. B. von Gasmischungen), *n.*
formation of a bypass flow	Bypassbildung, Bypassströmung, *f.*
formation of condensation water	Schwitzwasserbildung, *f.*
formation of deposits	Belagbildung (z. B. auf Sensor), *f.*
formation of deposits, deposition, sedimentation	Vorgang: Ablagerung, *f.*
formation of ice, ice formation	Eisbildung, *f.*
formation of leaks	Leckagebildung, *f.*
formation of particles	Partikelbildung, *f.*
formation, build-up (e.g. of explosive atmosphere)	Bildung, *f.*
formed carbon	Formkohle, *f.*
forming technology	Umformtechnik, *f.*
form-keeping, form retention	Formhaltigkeit, *f.*
form-pressed (e.g. form-pressed glassfibre, form-pressed activated carbon)	formgepresst
formula	Formel, *f.*
formula for calculating, calculation formula, mathematical formula	Berechnungsformel, *f.*
forwarding agent, carrier	Spediteur, *m.*
forward-looking company, go-ahead company	zukunftsorientiertes Unternehmen, *n.*
forward-looking technology, future-oriented technology	zukunftsweisende Technologie, *f.*
fossil fuels	fossile Brennstoffe, *m. pl.*
fouled	stark verschmutzt
fouled filter element	verschmutztes Filterelement, *n.*
FPR unit (filter, pressure regulator, wall bracket etc.)	FDR-Einheit (Filter, Druckregler, Wandhalter etc.), *f.*
fraction	Fraktion (Destillat), *f.*
fractional efficiency	Fraktions-Abscheidegrad, *m.*
fracture behaviour	Bruchverhalten (z. B. von Rohren), *n.*
fracture, breakage	Bruch, *m.*
frame arrangement	Rahmenanordnung, *f.*
frame connection, ground connection	el.: Erdung: Massebefestigung, *f.*
frame design, frame construction	Rahmenkonstruktion, *f.*
frame terminal	el.: Klemme: Masseanschluss, *m.*
frame, earth, ground, grounding, earth connection	el.: Erdung, *f.*
frame, framework	Rahmen, *m.*
free	nicht gebunden (z. B. Öltröpfchen)
free air circulation	freie Lüftung, *f.*
free air delivery (FAD)	freie Luftzufuhr, *f.*
free assignment	freie Verschaltung, *f.*
free from aggressive substances	frei von aggressiven Bestandteilen; frei von aggressiven Stoffen
free from coating	beschichtungsfrei

F

free from defects (e.g. free from defects in materials and workmanship), free of defects, faultless, perfect, sound	mängelfrei; fehlerfrei, fehlerlos
free from dust particles	partikelfrei (Staub)
free from emulsion residues	emulsionsfrei
free from foreign matter	frei von Fremdkörpern
free from oil and grease	öl- und fettfrei
free from vibration	erschütterungsfrei
free from water, moisture-free, moistureless	wasserfrei
free jet centrifuge	Freistrahlzentrifuge, *f.*
free movement	ungehinderte Beweglichkeit, *f.*
free of condensate (e.g. "The compressed air line and systems must be kept free of condensate.")	kondensatfrei
free of emissions	emissionsfrei
free of LABS (linear alkyl benzene sulfonate)	LABS-frei
free oil floating on the surface	frei aufschwimmendes Öl, *n.*
free oil, free oil particles, free oil residues, free oil parts	freie (ungelöste) Ölanteile, *m. pl.*
free oil, free oil particles, tramp oil	freies Öl, *n., siehe* frei aufschwimmendes Öl
free passage	freier Durchgang (z. B. in einem Rohr), *m.*
free signal assignment	Signalverwendung, freie, *f.*
free standing	freistehend
free tramp oil (Free tramp oil or tramp oil is oil that is free-floating on the surface, e.g. of a tank. It usually stems from leaky hydraulic systems, gear boxes, spindles etc. and from certain lubrication systems for machine tools. Example: "Two forms of oil may be found in the water: free oil and emulsified oil.")	Öl-Wasser-Trenner, *m.* (frei aufschwimmendes Öl)
free, unimpeded, unobstructed, without any obstruction	ungehindert
free, unobstructed	frei (z. B. Abfluss)
free-blowing solenoid valve	frei blasendes Magnetventil, *n.*
freedom from maintenance (e.g. designed for durability and freedom from maintenance), no maintenance	Wartungsfreiheit, *f.*
freely assigned inputs/outputs	freie Beschaltung, *f.*
freely available pore space	Filter: frei verfügbarer Porenraum, *m.*
freely movable, flexible	frei beweglich
freely selectable	frei wählbar
free-piston compressor	Freiflugkolbenverdichter, *m.*
free-standing unit (e.g. portable and free-standing units	freistehendes Standgerät, *n.*
free-wheeling diode	Freilaufdiode, *f.*
freeze, freeze out, become frozen	ausfrieren
freeze, freeze up, turn to ice	anfrieren; einfrieren, gefrieren, zufrieren
freeze over, ice up	zufrieren (Gewässer)
freeze up, ice up, turn to ice	vereisen
freezing point	Gefrierpunkt: Frostgrenze, *f.*
freezing point, ice point	Gefrierpunkt, *m.*; Eispunkt, *m.*
freezing up (e.g. of valves), icing up, ice formation	Vereisung, *f.*
frequency converter (e.g. frequency converter for variable speed compressor)	Frequenzumrichter, *m.*

frequency limit	Grenzfrequenz, *f.*
fresh oil drip-feed lubrication	Frischöl-Tropfenschmierung, *f.*
fresh water, clean water	Süßwasser, *n.*, Frischwasser, *n.*
fresh water consumption	Frischwasserverbrauch, *m.*
fresh water filling	Frischwasserbefüllung, *f.*
friction	Reibung, *f.*
friction coefficient	Reibbeiwert, *m.*
friction factor	Reibwert, *m.*
friction locked	Befestigung: kraftschlüssig
frictional electricity	Reibungselektrizität, *f.*
frictional force	Reibungskraft, *f.*
frictional heat, friction heat	Reibungswärme, *f.*
frictional loss	Reibungsverlust, *m.*
frictional resistance	Reibungswiderstand, *m.*
frictionless, without friction	reibungsfrei
frictionless running	Reibungsfreiheit: Luftlager, *n.*
fritted filter	Glas- oder Keramikfilter: Fritte, *f.*
fritted wash-bottle	Frittenwaschflasche, *f.*
from average	vom Mittel, v.M.
from below	unten, von unten
from one source, from a single source	Hand, aus einer Hand, *f.*
from stock	ab Lager
front cover, front panel	Fronthaube, *f.*; Frontblende, *f.*
front display	Frontdisplay, *n.*
front panel	Frontplatte, Fronttafel (z. B. für Steuerung), *f.*
front PCB, front-panel PCB	Frontplatine, *f.*
frost damage, damage due to frost, damage due to freezing outside temperatures	Frostschaden (Außenbereich), *m.*
frost injury	Erfrierung, *f.*
frost line	Frostgrenze im Boden, *f.*
frost protection	Einfrierschutz, *m.*
frostbite	Erfrierung an Händen/Füßen, *f.*
frost-exposed area	Frostbereich, *m.*
frost-free room	frostfreier Raum, *m.*
frost-protected area	Produktionshalle: Warmbereich, *m.*
frost-protected installation	frostfreie Aufstellung, *f.*
frost-protected, frost-proof, frost-free	frostgeschützt; frostfrei
frost-protection heating	Frostschutzheizung, *f.*
frozen	eingefroren (z. B. Rohr)
frozen pipe, frozen piping	eingefrorene Rohrleitung, *f.*
FRP (fibre-reinforced plastic)	FKM (faserverstärkter Kunststoff)
fuel	Verbrennungsmotor: Betriebsstoff, *m.*
fuel filter	Benzinfilter, *m.*; Kraftstofffilter, *m.*
full-flow valve	Vollflussventil, *n.*
fuel gas	Brenngas (z. B. für Gas-Chromatograph), *n.*
full-load compressor (e.g. full-load compressor capacity)	Volllastkompressor, *m.*
full-load flow rate	Volllast-Volumenstrom, *m.*
fuel tank	Kraftstoffbehälter, Kraftstofftank, *m.*
fuel tempering (regulate to a desired temperature)	Kraftstofftemperierung, *f.*

F

full cone nozzle	Vollkegeldüse, *f.*
full flow (e.g. under full flow; under full flow conditions)	Vollstrom, *m.*
full listing, overview	Gesamtaufstellung, *f.*
full load (e.g. uninterrupted operation for up to 8 hours under full load), 100 % load	Volllast, *f.*
full protective suit	Vollschutzanzug, *m.*
full safety mask	Gesichtsvollmaske, *f.*
full safety mask for respiratory protection	Atemschutzvollmaske, *f.*
full-service partner	Full-Service-Partner, *m.*
full-service provider	Full-Service-Leister, *m.*
fully anodized	vollständig eloxiert
fully automatic	vollautomatisch, selbsttätig automatisch
fully automatic monitoring	vollautomatische Überwachung, *f.*
fully automatic operation	vollautomatischer Betrieb, *m.*
fully chromated	vollständig chromatiert
fully chromed	voll verchromt
fully coated, fully enamelled, fully powder coated	komplett lackiert
fully desalinated	Wasser: vollentsalzt
fully electronic control	vollelektronische Steuerung, *f.*
fully encapsulated (e.g. fully encapsulated heating cartridge)	komplett gekapselt
fully equipped	komplett ausgerüstet
fully functional	voll funktionstüchtig; voll funktionsfähig; vollständig funktionsfähig
fully hermetic	vollhermetisch
fully ready for operation	voll betriebsbereit
fully wired	fertig verdrahtet
fully wired (e.g. supplied fully wired)	komplett verdrahtet
fully wired ready for connection	anschlussfertig verdrahtet
function, method of functioning, mode of operation	Funktionsweise, *f.*
function, performance, functional characteristics	Funktion, *f.*
function button (e.g. multi-function button, freely programmable function button)	Funktionstaste, *f.*
function display (e.g. full function display, touchscreen multi-function display)	Funktionsplay, *n.*, Funktionsanzeige, *f.*
function field	Funktionsfeld, *n.*
function selector switch	Betriebsartenschalter, *m.*
functional check	funktionstechnische Kontrolle, *f.*
functional description	Beschreibung der Funktionsweise, *f.*; Funktionsbeschreibung, *f.*
functional diagram, function diagram	Funktionsbild, *n.*, Funktionsschema, *n.*
functional diagram, functional sketch	Funktionsskizze, *f.*
functional efficiency, functionality, working order, correct functioning	Funktionstüchtigkeit, *f.*, *siehe* Funktionalität
functional failure	Funktionsausfall, *m.*
functional guarantee	Funktionsgarantie, *f.*
functional model	Funktionsmodell, *n.*
functional overview	allgemeine Funktionsbeschreibung, *f.*
functional principle	Funktionsprinzip, *n.*

functional range	Funktionsbereich (z. B. von Sensoren), *m.*
functional reliability, operational reliability	Funktionssicherheit im Sinne von Zuverlässigkeit, *f.*
functional safety	Funktionssicherheit im Sinne von Sicherheit, *f.*
functional step (e.g. a sequence of functional steps)	Funktionsschritt, *m.*
functional unit	Funktionseinheit, *f.*
functional unreliability	Unsicherheiten in den Funktionen, *f. pl.*
functionality	Funktionalität (insbesondere Funktionsprinzip oder Funktionsvielfalt von Software oder eines elektronischen Geräts), *f.*
function-related, functionally oriented	funktionsbezogen
fungi (singular: fungus)	Pilze, *m. pl.*
fungi attack	Pilzbefall, *m.*
fungus-proof	pilzfest
funnel	Trichter, *m.*
funnel-shaped effluent conduit	Trichter für Abwasser, *m.*
furan	Furan, *n.*
furnace (e.g. state-of-the-art furnaces)	Hochofen, *m.*
furring up (e.g. blocked and furred up pipes), calcification	Kalkablagerung, *f., siehe* Verkrustung
further processing, processing (e.g. signal processing)	Weiterverarbeitung, *f.*
further use, further utilizaton, reutilization	Weiterverwendung, Weiterverwertung, *f.*
fuse protection according to power requirements	leistungsabhängige Absicherung, *f.*
fuse protection, protection by fuses	el.: Absicherung, *f.*
fuse switch	el.: Sicherungsschalter, *m.*
fuse, fusing	el.: Sicherung, *f.*

F

G2 (pipe size)	G2 (Rohrgröße)
gain in energy	Energieausbeute, *f.*
galvanize	galvanisch verzinken; verzinken
galvanized pipe	verzinktes Rohr, *n.*
galvanized sheet metal	verzinktes Blech, *n.*
galvanized steel	verzinkter Stahl, *m.*
galvanized steel pipe	verzinktes Stahlrohr, *n.*
gap corrosion	Spaltkorrosion, *f.*
gas alarm device, gas alarm system	Gaswarngerät, *n.*
gas analysis	Gasanalytik, Gasanalyse, *f.*
gas analyzer	Gasanalysegerät, *n.*; Gasprüfgerät, *n.*
gas burner	Gasbrenner, *m.*
gas chromatograph (GC)	Gaschromatograf, *m.*
gas chromatography	Gaschromatografie, *f.*
gas composition (e.g. real time gas composition measurements)	Gaszusammensetzung, *f.*
gas compressor	Druckgasverdichter, *m.*; Gaskompressor, *m.*; Gasverdichter, *m.*
gas conditioning	Gaskonditionierung, *f.*
gas constant	Gaskonstante, *f.*
gas cooler	Gaskühler, *m.*
gas cooling	Gaskühlung, *f.*
gas cylinder, gas bottle	Gasflasche, *f.*
gas detector installations	Gasmeldeeinrichtungen, *f. pl.*
gas distribution	Gasverteilung, *f.*
gas duct	Gaskanal, *m.*
gas flow	Gasstrom, *m.*
gas generation, gas formation	Gasentwicklung, *f.*
gas generator (producer)	Gasgenerator, *m.*
gas loading station	Gasverladestation, *f.*
gas measuring instrument	Gasmessgerät, *n.*
gas meter	Gasmengenzähler, *m.*
gas mixing pump	Gasmischpumpe, *f.*
gas mixture	Gasgemisch, *n.*
gas mouse	Probenahme: Gasmaus, *f.*
gas or liquid fed into the vessel, fluid fed into the vessel	Druckbehälter: Beschickungsgut, *n.*
gas phase, in gaseous form	Gasphase, *f.*

gas pipe	Gasrohr, *n.*
gas pipeline	Gasfernleitung, *f.*
gas production facilities	Gasförderanlagen, *f. pl.*
gas rate (m³/h)	Fluss: Gasmenge, *f.*
gas sampler	Gasprobenehmer, *m.*
gas saturation	Gassättigung, *f.*
gas scrubber (e.g. flue gas scrubber)	Gaswäscher, *m.*; Luftwäscher, *m.*
gas separation	Gastrennung, *f.*
gas vapour mixture	Gas-Dampfgemisch, *n.*
gas velocity	Gasgeschwindigkeit, *f.*
gas volume	Gasmenge, *f.*
gas welding	Gasschweißen, *n.*
gas-conducting	gasführend
gaseous	gasförmig
gaseous components	Gasanteile, *m. pl.*
gaseous emissions	gasförmige Emissionen, *f. pl.*
gaseous nitrogen	gasförmiger Stickstoff, *m.*
gaseous substances	gasförmige Stoffe, *m. pl.*
gasify	Aktivkohle: vergasen
gasket, O-ring gasket	Dichtungsring, Dichtring, *m.*
gasoline separator, fuel separator	Benzinabscheider, *m.*
gauge (for liquid level measurement)	Pegel, *m.*
gauge plug	Lehrdorn, *m.*
gauge ring	Lehrring, *m.*
Gauss waste gas plume model	Abgasfahnenmodell (Gauss), *n.*
GC (gas chromatography)	GC
gear oil	Getriebeöl, *n.*
gear pump	Zahnradpumpe, *f.*
gear ratio	Getriebeübersetzung, *f.*
gear speed	Getriebedrehzahl, *f.*
gearbox (e.g. air compressor gearbox)	Getriebegehäuse, *n.*
geared motor	el.: Getriebemotor, *m.*
gel, start to gel	vergelen (z. B. Isocyanat)
general checkup	Generalinspektion, *f.*
general cleaning	Grundreinigung, *f.*
general conditions, boundary conditions	Randbedingungen, *f. pl.*
general danger symbol, general hazard symbol	allgemeines Gefahrensymbol, *n.*
general development scheme	Personal: Breitenförderung, *f.*
general filtration	Universalfiltration, *f.*
general inspection	allgemeine Überprüfung (z. B. einer Anlage), *f.*
general overhaul	Generalüberholung, *f.*
general place of jurisdiction	allgemeiner Gerichtsstand, *m.*
general provisions	allgemeine Bestimmungen (z. B. einer EG-Richtlinie), *f. pl.*
general purpose filter (G), universal filter	Universalfilter, *m.*, *siehe* Filtrierstufen
general safety regulations	allgemeine Sicherheitsbestimmungen, *f. pl.*
general safety rules	allgemeine Sicherheitshinweise, *m. pl.*
General Terms and Conditions of Sale	Verkaufsbedingungen, Allgemeine, *pl.*
General Terms of Sale, Delivery and Payment	Allgemeine Verkaufs-, Lieferungs- und Zahlungsbedingungen, *f. pl.*

generally accepted rules of engineering practice	allgemein anerkannte Regeln der Technik, *f. pl.*
generally accepted safety rules	allgemein anerkannte Sicherheits-regel, *f.*
generating set (e.g. diesel driven generating set; standby generating set)	Stromerzeugungsaggregat, *n.*
generating unit/plant, unit producing xxx, source	allgemein: Erzeuger, *m.*
generation of breathing air	Atemlufterzeugung, *f.*
generator	Generator (z. B. zur Stickstoff-herstellung), *m.*
gentle, smooth, careful	schonend
geometrically complex	geometrisch aufwendig
geotextile-reinforced	geotextil-bewehrt
germ formation	Verschmutzung: Verkeimung, *f.*
German association of filling station and commercial vehicle wash operators	Bundesverband Tankstelle und Ge-werbliche Autowäsche Deutschland e.V. (BTG), *m.*
German Civil Code	BGB (Bürgerliches Gesetzbuch), *n.*
German Commercial Code	HGB (Handelsgesetzbuch), *n.*
German DIN standard, German industrial standard DIN xxx	DIN (Deutsche Industrienorm)
German federal states	Bundesländer (deutsche), *n. pl.*
German Institute of Construction Engineering	Deutsches Institut für Bautechnik (DIBt), *n.*
German Pressure Vessel Ordinance (TÜV-translation)	Druckbehälterverordnung, *f.* (TÜV-Übersetzung)
German Technical & Scientific Association for Gas and Water (their own translation!)	DVGW (Deutsche Vereinigung des Gas- und Wasserfaches), *f.*
German Working Group on Pressure Vessels	Arbeitsgemeinschaft Druckbehälter (AD), *f.*
germs (esp. with reference to disease), bacteria	Keime, *m. pl.*
get stuck	steckenbleiben (z. B. Schwimmer)
GH (gas humidity)	GF (Gasfeuchte)
GK Al (cast aluminium)	Al-GK
glass-bead blasted (e.g. glass-bead blasted finish)	Glasperlen, *f. pl.*, mit Glasperlen gestrahlt
glass-fibre fleece (e.g. used as filter material)	Glasfaservlies, *n.*
glass-fibre reinforced	glasfaserverstärkt
glass-fibre yarn	Glasgarn, *n.*
glass fibres	Glasfasern, *f. pl.*
glass tank, glass trough	Glaswanne, *f.*
glass temperature	Glastemperatur, *f.*
glossiness	Glanz, *m.*
glove box	Labor: Handschuhkasten, *m.*
glow lamp	Glimmlampe, *f.*
glue (solvent welding for PVC pipes)	Plastikrohre verkleben
glue in place, glue in	Einkleben, *n.*
glueing, glue bonding	Verklebung, *f.*
GND = ground	el.: Erdung, *f.*
go out	Licht, LED: erlöschen
go out automatically, stop automatically	von selbst erlöschen

G

good quality, superior quality, excellent quality, top quality, (of a) high quality	gute/sehr gute Qualität, *f.*
goods supplied/sold by the metre	Meterware, *f.*
gooseneck pliers	Storchschnabelzange, *f.*
governance	Governance, *f.* (auf der politischen Bühne: Regierungsführung, Regierungsgestaltung)
grading, classifying	Klassieren, *n.*
gradual	nach und nach
gradual opening	verzögertes Öffnen (z. B. eines Ventils), *n.*
graduated	skalierter Differenzdruckindikator, *m.*
graduated cylinder	Messzylinder mit Einteilungen, *m.*
graduated dial	skalierte Anzeige (z. B. eines Druckanzeigers), *f.*
graduation mark (The marks that define the scale intervals on a measuring instrument are known as graduation marks.)	Skalenstrich, *m.*
graduation, scale graduation	Skalierung, *f.*, *siehe* Skala
grain size	Korngröße, *f.*; Aktivkohle: Partikelgröße, *f.*
grain size category	Kornklasse, *f.*
grain size distribution	Korngrößenverteilung, *f.*
grant, bestow, confer, award, assign	Erteilen, *n.*, Erteilung, *f.*
granular activated carbon, grainy activated carbon, granulated activated carbon	körnige Aktivkohle, *f.*, Kornkohle, *f.*
granular bed filter	Schüttschichtfilter, *m.*
granularity, grain, grain size, grain type, grain shape	Körnung, *f.*
granulate	Granulat, *n.*
granulate air-dryer	Granulat-Lufttrockner, *m.*
granulated activated carbon (GAC)	granulierte Aktivkohle, *f.*
graph (diagram showing the relation between certain sets of numbers or quantities using a series of dots or lines with reference to a set of axes), graphical representation, chart (1. a graph, table or sheet of information, 2. a map (e.g. of the sea))	Grafik, *f.*
graphic display	Grafikdisplay, *n.*, Grafikanzeige, *f.*
graphical data representation	grafische Datendarstellung, *f.*
graphical evaluation	graphische Auswertung, *f.*
graphite particles	Graphitteilchen, *n. pl.*
gras chromatographic analysis	gaschromatografische Analyse, *f.*
grate floor	Rostboden (z. B. eines Biofilters), *m.*
gravel bed filter	Kiesbettfilter, *m.*; Kies: Schüttschichtfilter, *m.*
gravel filter, gravel packed filter	Kiesfilter, *m.*
gravity chamber	Schwerkraftkammer, *f.*
gravity filter	Schwerkraftfilter, *m.*
gravity lubrication	Spülschmierung, *f.*
gravity separation, gravitational separation	Schwerkraftabscheidung, *f.*; Schwerkrafttrennung, *f.*
gravity separation tank	Schwerkraftseparationsbehälter, *m.*

gravity separator	Schwerkraftabscheider, *m.*
gravity-driven	Schwerkraft, durch Schwerkraft bedingt, *f.*
grease	Schmierfett, *n.*
grease filter	Fettfilter, *m.*
grease separator	Fettabscheider, *m.*
grease trap	Ölfang, *m.*
greased-for-life bearing, permanently lubricated bearing	dauerfett-geschmiertes Lager, *n.*; Lager mit Dauerschmierung, *n.*
greater wear, reduced service life	größerer Verschleiß, *m.*
greenhouse gas (e.g. carbon dioxide, methane)	Treibhausgas, *n.*
greenhouse gas emissions	Treibhausgas-Emissionen, *f. pl.*
greenhouse gas emissions allowances	Treibhausgas-Emissionsrechte, *n. pl.*
grey iron	Grauguss, *m.*
grey-iron casting	Graugussteil
grid	Gitterrost, Gitterraster, *m.*
grid (e.g. interconnection of the European electricity grid), electricity supply network	Stromnetz (allgemeines Versorgungsnetz), *n.*
grind	mahlen
grinding dust	Schleifstaub, *m.*
grinding machine (e.g. precision grinding machine), grinder	Schleifmaschine, *f.*
grinding machine carriage	Schleifmaschinenschlitten, *m.*
grinding pencil, abrasive pencil	Schleifstift, *m.*
grinding spindle	Schleifspindel, *f.*
grommet	Durchführungstülle, *f.*
groove, slot	Nute, Nut, *f.*
grooved	gerillt
gross thermal output	Bruttowärmeleistung, *f.*
gross-price list	Bruttopreisliste, *f.*
ground material	Mahlgut, *n.*
group	Firmengruppe, *f.*
group (of companies)	Konzern, *m.*
group fault	el.: Sammelstörung, *f.*
group fault indication	Sammelmeldungsanzeige, *f.*
group signal	el.: Sammelmeldung, *f.*
growth of microorganisms	biologischer Bewuchs (z. B. Pilze, Schimmel), *m.*
guarantee conditions	Garantiebedingungen, *f. pl.*
guarantee exclusion	Garantieausschluss, *m.*
guarantee, warranty (e.g. goods under warranty/guarantee	Garantie, *f.* *Anmerkung:* Zwischen "guarantee/warranty" besteht kein klarer Unterschied nach dem Gesetz, besonders in der herstellenden Industrie. Eine "warranty" oder "extended warranty" kann aber auch eine Zusatzleistung gegen Bezahlung sein, z. B. für Reparaturen über einen bestimmten Zeitraum.)
guarantee/warranty conditions	Gewährleistungsbedingungen, *f. pl.*
guarantee/warranty period	Gewährleistungsdauer, *f.*, Gewährleistungszeitraum, *m.*

guaranteed product characteristics	zugesicherte Eigenschaften, *f. pl.*
guard against dangerous conditions	Abwendung gefährlicher Zustände, *f.*
guide bush	Führungshülse, *f.*
guide edge	Führungskante (z. B. von Gehäuse), *f.*
guide element	Führungselement, *n.*
guide pin	Führungsstift, *m.*
guide pipe	Führungsrohr (z. B. für Ventil), *n.*
guide value	Richtwert, *m.*
guide, lead	führen
guideline	Richtlinie (allgemein), *f.*
guidelines	Richtlinien, *f. pl.*
guiding groove	Führungsnute, *f.*
gummy (e.g. gummy oil deposits), become resinous	verharzend
gyro vector axis	Drallachse, *f.*
gyroscope, gyroscopic device	Kreisel, *m.*, Kreiselgerät, *n.*
gyroscopic systems	Messtechnik: Kreiseltechnik, *f.*

H

H1 oil	H1-Öl
hair hygrometer	Haarhygrometer, *m.*
hairline crack	Haarriss, *m.*
halogenated solvent	halogeniertes Lösemittel, *n.*
halogen-free	halogenfrei
hand	Uhr: Zeiger, Anzeiger, *m.*
hand piston	Handkolben, *m.*
hand pump, hand-operated pump	Handpumpe, *f.*
hand-held appliance	Handgerät, *n.*
hand-held measuring instrument	Handmessgerät, *n.*
handhole	Handöffnung (z. B. für Kontrolle), *f.*
handhole lid	Handlochdeckel, *m.*
handle	Griffbügel, *m.*
handling space for removal/installation	Ausbauraum, *m.*
hand-operated shut-off valve (e.g. hand-operated 3/2-way shutoff valve)	Handabsperrventil, *n.* (z. B. 3/2-Wege-Handabsperrventil, *n.*)
hand-operated, manually operated	handbetätigt
handover	Übergabe, *f.*
hands-on customer service	kundennahe Betreuung, *f.*
hand-tight, by hand only	handfest
hang (on its), attach (by), suspend	einhängen
Hannover Trade Fair	Hannovermesse, *f.*
hard chrome plated	hartverchromt
hard coat	Hart-Coat, *n.*
hard coated, protected by hard coating	hardcoatiert
hard coating (e.g. scratch resistant hard coating on plastic)	Hart-Coat-Schicht, *f.*
hard fibre	Hartfaser, *f.*
hard metal (e.g. hard-metal tipped tool)	Hartmetall, *n.*
hard-coat protection	Hart-Coat-Schutz, *m.*
hard-coat surface (e.g. non-stick hard-coat surface)	Hart-Coat-Beschichtung, *f.*
hardener	Härter, *m.*
hardening agent	Härtemittel, *n.*
hardness of water, water hardness (Water hardness is usually measured in French degrees, 1°F corresponds to 10 mg/l of calcium carbonate. It can also be measured in English or German degrees.)	Wasserhärte, *f.*

harmful effect	negative Nebenwirkung, *f.*
harmful gas, noxious gas (poisonous or harmful)	schädliches Gas, *n.*
harmful substance	schädlicher Stoff, *m.*
harmful to health, damaging to health	gesundheitsschädigend, gesundheits-schädlich
harmful/adverse effects on health	gesundheitsschädigende Wirkung
harmfulness, noxiousness	Schädlichkeit, *f.*
harmless level	unbedenkliches Maß, *n.*
harmless to water	nicht wassergefährdend
harmless, non-hazardous, safe	ungefährlich
Harmonized Customs System (Harmonized Commodity Description and Coding System of the World Customs Organization)	Harmonisiertes Zoll-System, *n.*
harmonized European standards	harmonisierte Europäische Normen, *f. pl.*
harmonized standards	EU: harmonisierte Normen, *f. pl.*
harmonized/compatible technology	aufeinander abgestimmte Technik, *f.*
haulage company, road haulage company, haulage contractor	Spediteur: LKW-Gütertransport, *m.*
having long-term stability	langzeitbeständig
having mechanical filtering stability	filterfest
hazard (e.g. health hazard), danger	Gefährdung, *f.*
hazard assessment	Gefährdungsbeurteilung, *f.*
hazard estimation	Gefährdungsabschätzung, *f.*
hazard potential	Gefährdungspotenzial, *n.*
hazardous area	gefährdeter Bereich, *m.*
hazardous area, area with (potentially) explosive atmosphere, explosion protection area	Ex-Bereich, Ex-Schutz-Bereich, Ex-Schutzbereich, *m.*
hazardous area, hazardous location, area with potentially explosive atmosphere	explosionsgefährdeter Bereich, *m.*
hazardous substance	gefährlicher Stoff, *m.*
hazardous substance group	Gefahrstoffgruppe, *f.*
Hazardous Substances Ordinance (Germany)	Gefahrstoffverordnung, *f.*, (GefStoffV)
hazardous substances register	Gefahrstoffkataster, *m.*
hazardous substances, hazardous materials	Gefahrstoffe, *m. pl.*
hazardous to health	gesundheitsgefährdend, , *siehe* gesundheitsschädigend
hazardous waste	Sondermüll, *m.*, Sonderabfall, *m.*
HC analysis, hydrocarbon analysis	KW-Analyse, *f.*, Kohlenwasserstoff-Analyse, *f.*
HC concentration	KW-Gehalt, *m.*
HDTV CCD camera	HDTV-CCD-Kamera, *f.*
head, top, top section	Kopf (z. B. von Membrane), *m.*
headphones	Kopfhörer (z. B. für Leckage-Suchgerät), *m.*
headstock	Werkzeugmaschine: Spindelkasten, *m.*
health & safety requirements (e.g. of EC Machinery Directive)	Sicherheits- und Gesundheitsanforderungen (z. B. der EC-Maschinenrichtlinie), *f. pl.*
health hazard, hazard to health, health risk	Gesundheitsgefahr, *f.*
heat absorption	Wärmeaufnahme, *f.*

heat accumulation, hot spot	Hitzestau, *m.*
heat and gas generation	Wärme- und Gasentwicklung, *f.*
heat application area	Heizer: Anwendungsstelle, *f.*
heat balance	Wärmebilanz, *f.*
heat concentration, heat accumulation	Wärmestau, *m.*
heat conduction, thermal conduction	Wärmeleitung, *f.*
heat dissipation, heat removal (e.g. heat removal means)	Wärmeabfuhr, Wärmeabführung, *f.*
heat exchange	Wärmeaustausch, *m.*
heat exchanger	Wärmetauscher, *m.*
heat expansion, thermal expansion	Wärmeausdehnung, *f.*
heat flow	Wärmefluss, *m.*; Wärmestrom, *m.*
heat gain	Wärmegewinn, *m.*
heat generation, development of heat	Wärmeentwicklung, *f.*
heat loss, loss of heat	Wärmeverlust, *m.*
heat of crystallization	Kristallisationswärme, *f.*
heat of evaporation, heat of vaporization	Verdampfungswärme, *f.*
heat of fusion	Schmelzwärme, *f.*
heat output, heat release	Wärmeabgabe, *f.*
heat output, wattage	abgegebene Heizleistung, *f.*
heat potential	Wärmepotenzial, *n.*
heat propagation	Wärmeausbreitung, *f.*
heat pump	Wärmepumpe, *f.*
heat quantity (e.g. heat quantity measurement), amount/quantity of heat	Wärmemenge, *f.*
heat radiation, thermal radiation	Wärmestrahlung, *f.*
heat recovery	Wärmerückgewinnung, *f.*
heat recovery plant, heat recovery system	Wärmerückgewinnungsanlage, *f.*
heat sensitive	hitzeempfindlich
heat sink	Wärmesenke, *f.*
heat source	Wärmequelle, *f.*
heat storage	Wärmespeicherung, *f.*
heat storage capacity	Speicherung: Wärmekapazität, *f.*
heat transfer	Wärmeübergang, *m.*, Wärmeübertragung, *f.*
heat transfer coefficient	Wärmeübergangskoeffizient, *m.*
heat transmission (e.g. by convection, radiation or conduction through a body)	Wärmetransport, *m.*
heat, warm up	erwärmen
heatable, can be heated	beheizbar
heat-absorbing gas flow (endothermic)	wärmeaufnehmender Gasstrom, *m.*
heat-dissipating gas flow (exothermic)	wärmeabgebender Gasstrom, *m.*
heater, heating system	Erhitzer, *m.*, Heizgerät, *n.*
heat-exchanger efficiency	Wärmetauscher-Wirkungsgrad, *m.*
heat-exchanger hood	Wärmetauscherhaube, *f.*
heat-exchanger surface	Wärmetauscherfläche, *f.*, Wärmetauscheroberfläche, *f.*
heating (of) the air	Lufterwärmung, *f.*
heating (system), heater, heating unit	Heizung, *f.*
heating and insulating elements	Heiz- und Isolierelemente, *n. pl.*
heating cartridge	Heizpatrone, *f.*

H

heating coil	Heizspule, *f.*
heating connection	Heizungsanschluss, *m.*
heating element	Heizelement, *n.*
heating element power	Heizstableistung, *f.*
heating industry (e.g. underfloor heating industry; wood pellet heating industry; solar heating industry)	Heizungsindustrie, *f.*
heating module	Heizungsmodul, *n.*
heating oil, fuel oil	Heizöl, *n.*
heating rate	Erhitzungsgeschwindigkeit, *f.*
heating relay	Heizungsrelais, *n.*
heating rod, heating element	Heizstab, *m.*
heating spiral	Heizspirale, *f.*
heating system	Heizanlage, *f.*
heating systems manufacturer	Heiztechnikhersteller, *m.*
heating tape, trace heating tape	Heizband, *n.*
heating terminal	Heizungsanschluss an der Klemmleiste, *m.*
heating up, temperature rise	Aufheizung, *f.*
heating-up phase	Aufheizphase, *f.*
heating-up time	Aufheizzeit, *f.*
heatless adsorption dryer	Heatless-Adsorptionstrockner, *m.*
heatless desiccant dryer	Heatless-Adsorptionstrockner (mit Trockenmittel), *m.*
heat-regenerated	warmregeneriert
heat-regenerated adsorption dryer	warmregenerierender Adsorptionstrockner, *m.*
heat-resistant, resistant to heat	hitzebeständig
heavily polluted, with a high dirt load	stark verschmutzt (z. B. Kondensat)
heavy dust formation, heavy dust load	starke Staubentwicklung, *f.*
heavy load(ing)	hohe Beanspruchung, *f.*
heavy metal	Schwermetall, *n.*
heavy metal compounds	Schwermetallverbindungen, *f. pl.*
heavy metal content	Schwermetallgehalt, *m.*
heavy metal precipitation	Schwermetallfällung, *f.*
heavy vibration load(ing)	starke Vibrationsbeanspruchung, *f.*
heavy-duty lubricating grease (e.g. for grease-packed spindle to reduce friction and wear)	Hochleistungsschmierfett, *n.*
height of gap, gap height	Lager: Spalthöhe, *f.*
helpful accessories	sinnvolles Zubehör, *n.*
heptadecane	Heptadekan, Heptadecan, *n.*
herbicide, weedkiller	Herbizid, *n.*, Unkrautbekämpfungsmittel, *n.*
heterogeneous catalyst	heterogener Katalysator, *m.* (s. homogener Katalysator)
hexadecane	Hexadekan, *n.*
hexagon nut	Sechskantmutter, *f.*
hexagon socket wrench	Außensechskantschlüssel, *m.*
hexagonal	sechskantig
hexagonal connection	Sechskantstutzen, *m.*
hexagonal socket head wrench	Sechskant-Stiftschlüssel, *m.*
hexagonal spacing bolt	Sechskantabstandsbolzen, *m.*

hexagon-head screw	Sechskantschraube, *f.*
high degree of humidity	hohe Feuchte, *f.*
high humidity application	Hochfeuchteeinsatz, *m.*
high performance heating cartridge	Hochleistungsheizpatrone, *f.*
high pressure	Hochdruck, *m.*
high pressure application	Hochdruckanwendung, *f.*, Hochdruck-einsatz, *m.*
high pressure cleaner	Hochdruckreiniger, *m.*
high pressure cleaning	Hochdruckreinigung, *f.*
high pressure compressor	Hochdruckverdichter, *m.*
high pressure dryer	Hochdrucktrockner, *m.*
high pressure drying	Hochdrucktrocknung, *f.*
high pressure filter (e.g. in-line high pressure filter, built-in high pressure filter)	Hochdruckfilter, *m.*
high pressure flushing	Hochdruckspülung, *f.*
high pressure gauge	Hochdruckmanometer, *m.*
high pressure pump	Hochdruckpumpe, *f.*
high pressure range	Hochdruckbereich, *m.*
high pressure switch	Hochdruckschalter, *m.*
high pressure system	Hochdrucksystem, *n.*
high pressure variant	Hochdruckvariante, *f.*
high pressure water separator	Hochdruck-Wasserabscheider, *m.*
high technical standard	hohe technische Qualität, *f.*
high voltage	el.: hohe elektrische Spannung, *f.*
high-capacity boron silicate glass-fibre fabric	Hochleistungs-Borsilikat-Glasfasergewebe, *n.*
high-capacity compressor, large compressor	leistungsstarker Verdichter, *m.*; Groß-verdichter, *m.*
high-capacity cooler	Großkühler, *m.*
high-density packaging of components (on printed circuit boards), high-density component packaging	enge Anordnung von Bauteilen, *f.*
high-efficiency dryer	Hochleistungstrockner, *m.*
high-efficiency filter	Hochleistungsfilter, *m.*
high-grade steel (e.g. HPC, blue steel), high-quality steel	Qualitätsstahl, *m.*
high-level (e.g. higher-level controls)	el.: übergeordnet
highly accurate, high-precision	hochpräzis
highly activated carbon	hochaktive Aktivkohle, *f.*
highly aggressive	stark aggressiv
highly aggressive condensate	besonders aggressives Kondensat, *n.*
highly effective, high-efficiency (e.g. high-efficiency water separators)	hochwirksam
highly efficient	äußerst effizient; hocheffizient
highly efficient, powerful, high capacity	leistungsstark
highly explosive	hochexplosiv
highly flammable	hochentzündlich
highly flexible	Harz: weichelastisch
highly reactive	chemisch: hochreaktiv; sehr reaktions-freudig, reaktionsfreundlich
highly resistant	hochbeständig; äußerst widerstands-fähig
highly selective	hochselektiv

H

highly sensitive	hochsensibel
highly stressed	hochbeansprucht
highly viscous (e.g. highly viscous liquids)	hochviskos
highly water-endangering	stark wassergefährdend
high-performance compressed air filter	Hochleistungsdruckluftfilter, *m.*
high-performance heating cartridge	Hochleistungsheizpatrone, *f.*
high-performance liquid chromatography	Hochleistungs-Flüssigkeitschromatografie, *f.*
high-precision	hochgenau
high-precision rotary holder	hoch präzise Drehvorrichtung, *f.*
high-pressure adsorption dryer	Hochdruck-Adsorptionstrockner, *m.*
high-pressure compressed air system	Hochdruck-Druckluftsystem, *n.*
high-pressure liquid chromatography	Hochdruck-Flüssigkeitschromatografie, *f.*
high-pressure relief chamber (HP relief chamber)	Hochdruckentlastungskammer, *f.*
high-pressure side, HP side	Hochdruckseite (HD-Seite), *f.*
high-pressure steam, HP steam	Hochdruckdampf, *m.*
high-purity air, highly purified air	hochreine Luft, *f.*
high-purity water (e.g. for materials testing)	hochreines Wasser, *n.*
high-purity water, ultra pure water	Reinstwasser, *n.*
high-purity water plant	Reinstwasseranlage, *f.*
high-quality branded product	hochwertiger Markenartikel, *m.*
high-quality component	hochwertiges Bauteil
high-quality product	Produkt von hoher Qualität, *n.*
high-quality, top quality, high-tech, sophisticated, exclusive, excellent, perfect, superior	hochwertig
high-selective membrane	hochselektive Membrane, *f.*
high-solids paints	festkörperreiche Lacke, *m. pl.* (ca. 25 % Feststoffe)
high-speed	schnelllaufend
high-speed laboratory centrifuge	hochtourige Laborzentrifuge, *f.*
high-speed railway	Schnellzug, *m.*
high-strength	hochfest
high-strength steel	hochfester Stahl, *m.*
high-tech coating	Hochleistungsbeschichtung, *f.*
high-tech material	Hightech-Material, *n.*
high-temperature dust filter	Hochtemperatur-Staubfilter, *m.*
high-temperature filter	Hochtemperaturfilter, *m.*
high-temperature gas	Hochtemperaturgas, *n.*
high-temperature resistant, resistant to high temperatures	hochtemperaturbeständig
high-viscosity fluids	Medien mit hoher Viskosität, *f.*
high-voltage area	el.: Hochspannungsbereich, *m.*
high-voltage coil	el.: Hochspannungsspule, *f.*
high-voltage discharge	el.: Hochspannungsentladung, *f.*
high-voltage line	el.: Hochspannungsleitung, *f.*
high-voltage tube	el.: Hochspannungsröhre, *f.*
hinged handle	schwenkbarer Griff, *m.*
hire charge	Miete für Maschine, *f.*
hoar-frost, white frost	Raureif, *m.*
hold down	niederhalten

holder (e.g. filter holder)	Halter, *m.*
holding capacity (e.g. water-holding capacity of a tank), filling capacity	Füllvolumen, *n.*; Fassungsvermögen, *n.*; Tank usw.: Rückhaltevolumen, *n.*
holding capacity, storage volume	Auffangvolumen, *n.*
holding strap	Halteband, *n.*; Spannband, *n.*, Spanngurt, *m.* für Filtersack; Filter: Befestigungsband, *n.*
holding system, mounting system	Filterelement: Befestigung, *f.*
holding-down appliance, hold-down jack	Niederhalter, *m.*
hole cross-section	Lochquerschnitt, *m.*
hole, through-hole, bore	Durchgangsbohrung, *f.*
hollow cylinder	Hohlzylinder, *m.*
hollow fibres	Hohlfasern, *f. pl.*
hollow part, hollow article, hollow body	Formteil: Hohlkörper, *m.*
hollow tube, hollow conduit	Leerrohr (z. B. zur Aufnahme von Kabeln und/oder Rohren), *n.*
hollow-fibre filter	Hohlfaserfilter, *m.*
hollow-fibre membranes	Hohlfasermembranen, *f. pl.*
homogeneity	Homogenität, *f.*
homogeneous catalyst	homogener Katalysator, *m.*
homologous series of alkanes	homologe Reihe der Alkane
honeycombed	wabenförmig
hood (e.g. air extraction hood and spray booth)	Haube, *f.*
hood exhauster	Haubenabsaugevorrichtung, *f.*
hook and eye	Haken und Öse
hooks (and lugs)	Ösen, *f. pl.*
horizontal bar	Display: waagerechter Balken, *m.*
horizontal bar (e.g. horizontal bar graph), cross bar	Display: Querbalken, *m.*
horizontal drilling machine	Waagerechtbohrmaschine, *f.*
horizontal valve	liegendes Ventil, *n.*
horizontally installed	horizontal eingebaut
horizontal-type dry electrostatic precipitator	Horizontal-Trockenelektrofilter, *m.*
horsepower, HP	Pferdestärke, PS, *f.*
hose	Schlauch, *m.*
hose clamp	Schlauchschelle, *f.*
hose connection	Schlauchtüllenanschluss, *m.*
hose connector	Schlauchtülle, *f.*
hose connector, hose coupling	Schlauchverbinder, *m.*
hose coupling (e.g. hose-to-hose coupling)	Schlauchverbindung, *f.*
hose crack	Schlauchriss, *m.*
hose cross-section	Schlauch: Leitungsquerschnitt, *m.*
hose cutter	Schlauchschneider, *m.*
hose fitting	Schlaucharmatur, *f.*
hose pipe (e.g. hose pipe fittings; hose pipe connectors and adapters)	Schlauchleitung, *f.*
hose pump	Schlauchpumpe, *f.*
hose pump cover	Schlauchpumpenabdeckung, *f.*
hose size	Schlauchmaß, *n.*
hot gas	Heißgas, *n.*
hot spot, point, place of heat concentration	Heißpunkt, *m.*; Wärmestaustelle, *f.*
hot water generation	Warmwassererzeugung, *f.*

H

hot-air blower	Heißluftgebläse, *n.*
hot-air desorption	Heißluftdesorption, *f.*
hot-air flow, flow of hot air	Heißluftstrom, *m.*
hot-gas bypass regulator	Heißgas-Bypassregler, *m.*
hot-steam jet cleaner	Heißdampfstrahler, *m.*
hot-wire flowmeter	Hitzdraht-Durchflussmesser, *m.*
hour run idling	Leerlauf, *m.*
hour, hr (plural: hrs)	Stunde, *f.*
hourly capacity	Stundenleistung, *f.*
hourly throughput	Stundenleistung: Durchsatz, *m.*
hours-run meter, elapsed-hours meter	Betriebsstundenzähler, *m.*
housing (e.g. filter housing)	Gehäuse
housing body	Gehäusekörper (z. B. Filter), *m.*
housing bottom	Gehäuseboden, *m.*; Gehäuseunter-teil, *n.*
housing cover	Gehäuseabdeckung, *f.*
housing design, type of housing, housing construction	Gehäuseausführung, *f.*, Gehäuse-konstruktion, *f.*
housing lid, housing top	Gehäusedeckel, *m.*
housing material	Gehäusematerial, *n.*, Gehäuse-werkstoff, *m.*
housing of electronic system	Elektronikgehäuse, *n.*
housing terminal	el.: Gehäuseklemme, *f.*
housing top	Gehäuseoberteil, *n.*
housing version	Gehäuseversion, *f.*
housing walls	Gehäusewandung, *f.*
housing, casing, box, enclosure	Gehäuse (z. B. für Platine), *n.*
HP relief chamber (high-pressure relief chamber)	HP-Entlastungskammer, Hochdruck-entlastungskammer, *f.*
HP valve	HP-Ventil, *n.*
humid atmosphere	feuchte Atmosphäre (z. B. Klima), *f.*
humid mass	Feuchtmasse, *f.*
humidify, moisten	anfeuchten
humidity	Atmosphäre: Feuchte, *f., siehe „Feuch-te, relative", siehe Anmerkung „Feuch-tigkeit"*
humidity and dewpoint meter	Feuchte- und Taupunkt-Messgerät, *n.*
humidity difference	Feuchteunterschied, *m.*
humidity measurement, moisture measurement	Feuchtigkeitsmessung, *f.* *Anmerkung: beides wird in der Praxis verwendet, aber* "humidity" *ist ein Messbegriff, wogegen* "moisture" *auch die Substanz bezeichnet.*
humidity monitoring (e.g. portable devices for temperature and humidity monitoring)	Feuchteüberwachung, *f.*; Feuchtigkeitsüberwachung, *f.*
humidity sensor	Feuchtesensor, *m.*
humidity value	Feuchtewert, *m.*
humidity, degree of humidity	Atmosphäre: Feuchtegehalt, *m.*
hybrid bearings	Hybridlager, *n.*
hydraulic application	hydraulische Anwendung, *f.*
hydraulic conductivity	hydraulische Leitfähigkeit, *f.*

hydraulic cylinder	Hydraulikzylinder, *m.*
hydraulic drive	Hydraulikantrieb, *m.*
hydraulic filter	Hydraulikfilter, *m.*
hydraulic fluid/liquid (usually based on mineral oil or water)	Hydraulikflüssigkeit, *f.*
hydraulic gradient	hydraulisches Gefälle, *n., siehe* Druckgefälle
hydraulic hose	Hydraulikschlauch, *m.*
hydraulic line	Hydraulikleitung, *f.*
hydraulic oil reservoir	Hydraulikölkessel, *m.*
hydraulic pressure	hydraulischer Druck, *m.*
hydraulic shock, hydraulic impact	hydraulischer Stoß, *m.*
hydraulic short circuit	hydraulischer Kurzschluss, *m.*
hydraulically operated (e.g. hydraulically operated control valve)	hydraulisch angetrieben
hydrocarbon compound	Kohlenwasserstoffverbindung, *f.*
hydrocarbon concentration, hydrocarbon content	Kohlenwasserstoffgehalt, *m.,* Kohlenwasserstoffkonzentration, *f.*
hydrocarbon containing (e.g. hydrocarbon-containing gas mixtures/lubricants)	kohlenwasserstoffhaltig
hydrocarbon, HC (pl. HCs)	Kohlenwasserstoff, KW, *m.*
hydrochloric acid	Salzsäure, *f.*
hydrodynamic lubrication	hydrodynamische Schmierung, *f.*
hydrofluoric acid (aqueous solution of h.a.)	Flusssäure (wässrige Lösung von Fluorwasserstoff), *f.*
hydrogen	Wasserstoff, *m.*
hydrogen bromide	Bromwasserstoff, *m.*
hydrogen chloride	Chlorwasserstoff, *m.*
hydrogen fluoride	Fluorwasserstoff, *m.*
hydrogen sulphide	Schwefelwasserstoff, *m.*
hydro-mechanical converter	Signal: mechanisch-hydraulischer Umformer, *m.*
hydrophilic (water-attracting), water-absorbing	hydrophil ; wasseraufnehmend
hydrophobic (water-repellent)	hydrophob
hydropneumatic	hydropneumatisch
hydrostatic drive	hydraulischer Antrieb, *m.*
hydrostatic pump	Hydropumpe, *f.*
hydroxide flocs	Hydroxydflocken, *pl.*
hygienically safe, hygienic safety	hygienisch unbedenklich
hygrometer	Hygrometer, *m.*
hygroscopic (water-absorbing), water-attracting	wassersaugend; hygroskopisch, wasseranziehend
hypochloric acid	Hypochlorsäure, *f.*
hysteresis (lagging behind or retardation of an effect)	Hysterese, *f.*

H

I (current), e.g.: I max.	I (Strom, Stromstärke)
ICAO/IATA (agreement for the transport of dangerous goods by air)	ICAO/IATA
I & C equipment (instrumentation and control equipment)	MSR-Geräte (Mess-, Steuer- und Regelgeräte), *n. pl.*
I/O board (input/output board)	I/O-Platine, *f.*
ice condenser	Eiskondensator, *m.*
ice cooling, ice refrigeration	Eiskühlung, *f.*
ice crusher	Eismühle, *f.*
ice crystals	Eiskristalle, *m. pl.*
ice dryer	Eistrockner, *m.*
ice generator, freezer	Eiserzeuger, *m.*
ice load	Eislast, *f.*
ice mash	Eisbrei, *m.*
ice-cold	eiskalt
ice-condenser reactor	Eiskondensationsreaktor, *m.*
iced up components	vereiste Bauteile. *n. pl.*
ice-free operation	eisfreier Betrieb, *m.*
identification letter	Kennbuchstabe, *m.*
identification number, ID number	Kennnummer, *f.*
if required, if the need arises, where required	Bedarf, bei Bedarf
ignitable mixture	zündfähiges Gemisch, *n.*
igniting power	Zündenergie, *f.*
ignition of potentially explosive atmosphere	Entzündung explosionsfähiger Atmosphäre, *f.*
ignition source, source of ignition	Zündquelle, *f.*
ignition temperature	Zündtemperatur, *f.*
illuminated button	Leuchttaste, *f.* (Druckknopf, *m.*)
illuminated pushbutton	Leuchttaster, *m.*
imbalance	Ungleichgewicht, *n.*
IMDG (EU agreement for the transport of dangerous goods by seagoing vessels)	IMDG
imitation filter	Filterplagiat, *n.*
immediate danger to life	akute Lebensgefahr, *f.*
immediate hazard, serious personal injury or death	unmittelbar drohende Gefährdung, schwere Personenschäden oder Tod
immersible length	Tauchheizkörper: Tauchlänge, *f.*

immersible pipe, immersed pipe	Tauchrohr, *n.*
immersion heater, immersion heater element	Tauchheizkörper, *m.*
immersion test	Immersionsversuch, *m.*
immiscible, not miscible, cannot be mixed	Chemie: unmischbar; nicht mischbar
immune to	unempfindlich
immune to vibration, vibration resistant	vibrationsbeständig, vibrationsfest
immunity to vibration, vibration resistance, vibration stability (e.g. shock and vibration stability),	Vibrationsstabilität, *f.*
impact	Moleküle: anstoßen
impact, effect	Einwirkung, *f.*
impact (resulting in)	Schlageinwirkung, *f.*
impact, shock, strong blow, knock (against)	Schlag, Stoß, *m.*
impact and abrasion resistant	schlag- und abriebfest
impact effect	Aufprallwirkung, *f.*
impact load(ing), shock load	Stoßbeanspruchung, Stoßbelastung, *f.*
impact load, impact, impact stress	Schlagbeanspruchung, *f.*
impact strength	Schlagzähigkeit, *f.*
impact/effect on health	gesundheitliche Auswirkung, *f.*
impaction separator	Prallabscheider (Luftstrom gegen feste Oberfläche), *m.*
impact-resistant, high-impact	schlagfest
impaired/reduced performance	Leistungsbeeinträchtigung, *f.*
impeccable work	perfekte Arbeit, *f.*
impede, obstruct	Strömung behindern
impeller	Verdichter: Laufrad, *n.*
impermeability, thightness	Dichtigkeit, *f.*
impermeable (e.g. impermeable to water)	undurchlässig; wasserdicht (undurchlässig); wasserundurchlässig
impermeable to oil	ölundurchlässig
impervious, leakproof, watertight	undurchlässig
impingement separator	Prallabscheider (Luftstrom gegen flüssige Oberfläche), *m.*
impinger column (measurement of air or gas)	Impinger-Kolonne, *f.*
implementation	Realisierung, *f.*
important information	wichtige Hinweise, *m. pl.*
impracticable	nicht durchführbar
imprecision, lack of precision	Unschärfe, *f.*
impregnate	imprägnieren
impregnated paper	getränktes Papier, *n.*
impregnation	Imprägnierung, *f.*
improper handling (e.g. improper handling of heavy loads), incorrect handling	unsachgemäße Handhabung, *f.*
improper or incorrect use (e.g. "The seller shall not be held liable for improper or incorrect use of the device.")	Recht: unsachgemäß
improper use	unsachgemäßer Gebrauch, *m.*
improve, upgrade	Qualität: anheben
improved quality, enhanced quality	verbesserte Qualität, *f.*
improvement, enhancement	Verbesserung, *f.*
impurities	Fremdkeime, *m. pl.*
impurities from intake air	Verunreinigungen aus der Ansaugluft, *pl.*

in a proper and competent manner	sach- und fachgerecht
in a transverse position	querliegend
in accordance with, in compliance with	unter Beachtung
in agreement with, in consultation with	Abstimmung, *f.*, in Abstimmung mit
in alignment	in einer Linie ausgerichtet
in an abrupt manner	stoßartig
in case of improper use or treatment	bei unsachgemäßer Behandlung, *f.*
in compliance with legal requirements in compliance with legal regulations; in line with legal regulations, as required by legislation	gesetzeskonform
in contact with (the) gas	gasberührt
in contact with the fluid	medienberührt
in Germany: Federal Health Office, Germany's Federal Health Office	Bundesgesundheitsamt, *n.*
in layers	lagenweise
in line, aligned, in alignment	in einer Flucht, *f.*
in operation	in Betrieb
in terms of business economics	betriebswirtschaftlich
in terms of process engineering	verfahrensmäßig
in the absence of air	Luftabschluss, unter, *m.*
in the case of alarm	bei Alarm
in the event of danger	Gefahrfall, *m.*
in the event of non-observance	bei Nichtbeachtung
in the form of (e.g. carbon dioxide)	in Form von
in time, in good time, in due time (e.g. "We will inform you in due time.")	rechtzeitig
inadequacy	Unzulänglichkeit, *f.*
inadequate pressure, drop below required pressure	Druckunterschreitung, *f.*
inappropriate use, wrong use	Missbrauch, *m.*
inappropriate, unfit, unsuitable	ungeeignet
incident (also used as a euphemism for accident, e.g. Windscale nuclear incident)	Zwischenfall, *m.*
incident radiation	einfallende Strahlung, *f.*
incidental damage	beiläufig entstandener Schaden
incinerate	veraschen
incineration (consume by fire)	Abfallverbrennung, *f.*
incineration plant	Verbrennungsanlage, *f.*, *siehe* Müllverbrennung
incinerator	Verbrennungsofen: Müllverbrennung, *f.*
in-circuit tester (ICT)	Schaltkreisprüfinstrument, *n.*
inclined clarifier	Schrägklärer, *m.*
inclined, tilted	schräggestellt
inclined-seat valve, Y-valve	Schrägsitzventil, *n.*
incoming (e.g. incoming flow of condensate)	zulaufend
incoming compressed air	eintretende Druckluft, *f.*
incoming condensate, condensate inflow, entrained condensate, condensate carryover	Kondensateintrag, *m.*
incoming flow	Anströmung, *f.*
incoming goods inspection, inspection of incoming freight/shipments (e.g. inspect for obvious damage), inspection of incoming goods	Wareneingangskontrolle, *f.*

incoming light, incident light	einfallendes Licht, *n.*
incoming pipe	zuführende Rohrleitung, *f.*
incoming pollution load	anfallende Schadstoffmenge, *f.*
incompatibility	Unverträglichkeit, *f.*
incompatible substance	unverträglicher Stoff, *m.*
incorporate	einbinden; Aktivekohle in Gewebe einlagern
incorporate, build in, integrate, install	einbauen
incorporating the latest technology, modern, state-of-the-art, up-to-date	zeitgerecht
incorrect application	Fehlanwendung, *f.*
incorrect installation	unsachgemäße Installation, *f.*; Fehlinstallation, *f.*
incorrect use, incorrect treatment, misuse, improper use, incorrect use or treatment	unsachgemäße Behandlung, *f.*
incorrect, improper, inexpert, inappropriate	unsachgemäß
increase by a factor of 8, 8-fold	achtfach
increase in efficiency, increase in performance	Leistungssteigerung, *f.*
increase in output, production increase	Produktionssteigerung, *f.*
increase proportional to the square	quadratisch steigen mit
increase, step up, upgrade	aufrüsten
increased contact time, increase in contact time	verlängerte Kontaktzeit, *f.*
increased emulsification	verstärkte Emulgierung, *f.*
increased pressure, greater pressure	erhöhter Druck, *m.*
incremental position measurement	inkrementale Wegmessung, *f.*
incrustation (e.g. incrustation of pipes), adherence, sticking	Anhaftung, *f.*
indemnify someone	schadlos stellen
indentation	Einzug (Einbeulung), *m.*
independent	autark, unabhängig; eigenständig
independent from mains electricity	el.: netzunabhängig
independent of pressure	druckunabhängig
independent of the ambient air	umgebungsluftunabhängig
independent of, irrespective of, regardless of, unaffected by	unabhängig von
independent power supply	unabhängige Stromversorgung, *f.*
indestructible	unzerstörbar
indicate, display, show	LED: anzeigen
indicated error	Fehlerbild, *n.*
indicated fault	angezeigte Störung, *f.*
indicating device, display unit	Anzeigegerät, *n.*
indicating label, marker (showing the position of something)	Hinweisschild, *n.*
indication/display of operating status	Betriebsanzeige, *f.*
indicator filter	Indikatorfilter, *m.*
indicator pin	Indikatorstift (autom. Schweißen), *m.*
indicator tube	Indikatorröhrchen, *n.*
indirect damage	mittelbarer Schaden, *m.*
indirect discharge (e.g. indirect discharge of treated wastewater into unsaturated soil; indirect clean-water discharge)	Indirekteinleitung, *f.*
indirect measuring method	indirektes Messverfahren, *n.*

indirect(ly)	mittelbar
individual and overall systems	Einzel- und Gesamtsysteme, *n. pl.*
individual applications	Einzelanwendungen, *f. pl.*
individual approval procedure	Einzelgenehmigungsverfahren, *n.*
individual company/enterprise	Einzelunternehmen, *n.*
indoor air pollution	Raumluftverschmutzung, *f.*
indoor air quality	Innenraumluftqualität, *f.*
indoor conditions	Raumbedingungen, *f. pl.*
indoor environment, indoor atmosphere, indoor climate	Raumklima, *n.*
indoor installation	Innenraumeinbau, *m.*
indoors, interior area, inside	Gebäude: Innenbereich, *m.*
induced draught fan	Saugzugventilator, *m.*
inductance	el.: Induktivität, *f.*
inductive flowmeter	induktiver Durchflussmesser, *m.*
inductive load	el.: induktive Last, *f.*
inductive pressure sensor	induktiver Druckaufnehmer, *m.*
industrial applications	Industrieanwendungen, *f. pl.*
industrial effluents	industrielle Abwässer, *n. pl.*
industrial electronics	Industrieelektronik, *f.*
industrial engineering	Industrietechnik, *f.*
industrial equipment	Ausrüstung: Industrieanlage, *f.*
industrial gas	technisches Gas, *n.*
industrial plant	Industrieanlage, *f.*
industrial process	Verfahrensprozess, *m.*
industrial production	industrielle Produktion, *f.*
industrial standard (e.g. industrial standard pumps)	Industriestandard, *m.*
industrial toxicant	Industriegift, *n.*
industrial truck	Flurförderfahrzeug (z. B. zum Heben/ Transportieren von Maschinen), *n.*
industrial vacuum device	industrielle Absaugvorrichtung, *f.*
industrial waste	Industrieabfälle, *m. pl.*
industrial wastewater, industrial effluent (e.g. sewage and industrial effluent)	Industrieabwasser, *n.*
industrial water network, industrial water system	Brauchwassernetz, *n.*
industrial water, process water	Brauchwasser, *n.*
ineffective	uneffektiv; unwirksam
inefficient, malfunctioning	schlecht funktionierend
inert filter material	inertes Filtermaterial, *n.*
inert gas supply	Inertgasversorgung
inert gas, inactive gas	Inertgas, *n.*
inert rinsing	inert spülen
inertia	Trägheit (z. B. Messinstrument), *f.*
inertia effect	Trägheitswirkung, *f.*
inertial impact separation	Filtration: Aufprallabscheidung, *f.*
inerting (e.g. nitrogen foam inerting)	Inertisierung, *f.*
inevitable, unavoidable	unvermeidlich
inferior quality, poor quality	schlechte Qualität, *f.*
infiltrate (noun)	Infiltrat, *n.*
infiltration	Infiltration, *f.*
infiltration basin	Sickerbecken, *n.*
infiltration piping	Infiltrationsleitung, *f.*

inflammable materials	feuergefährliche Stoffe, *m. pl.*
inflate	aufblasen (z. B. Filtersack)
inflexible, rigid, flexurally rigid	biegesteif
inflow, incoming flow	Zufluss, *m.*
inflow, water feeder, water feed pipe	Wasserzuleitung, *f.*
inflow area, contact surface	Zulaufbereich, *m.*; Anströmfläche, *f.*
inflowing	anströmend
influence/effect of moisture	Feuchtigkeitseinfluss, *m.*
information material	Informationsmaterial, *n.*
infrared camera	Infrarotkamera, *f.*
inherent in the system, system-inherent	systembedingt
inhomogeneity	Inhomogenität, *f.*
in-house, at X company	firmenintern
in-house, company's own	firmeneigen
in-house production control	werkseigene Produktionskontrolle, *f.*
in-house services	Innendienst, *m.*
in-house system	internes System, *n.*
initial differential pressure	Anfangsdifferenzdruck, *m.*
initial dosage, first dosage	Anfangsdosierung, *f.*
initial pressure loss	Anfangsdruckverlust, *m.*
initial readings	Messung: Anfangswerte, *m. pl.*
initial separation (of oil and water)	Emulsion: Vorreinigung, *f.*
initial solution	Ausgangslösung, *f.*
initial start-up, put into operation for the first time, first start-up	Erstinbetriebnahme, *f.*
initial substance, starting material	Ausgangsstoff, *m.*
initial test, original test	erstmalige Prüfung, *f.*
initial value	Ausgangswert, *m.*
initiate, trigger, start, set off	Vorgang einleiten
injection	Eindüsung durch Düse
injection moulded plastic	Spritzgusskunststoff, *m.*
injection moulding (US: injection molding)	Plastik: Spritzgießverfahren, Spritzgießen, *n.*
injection moulding compound (e.g. thermoplastic injection moulding compound with glass fibre reinforcement)	Kunststoffproduktion: Spritzmaterial, *n.*
injection moulding plant, injection moulding machine	Spritzgussanlage, *f.*
injection moulding pressure	Spritzgießen: Spritzdruck, *m.*
injection moulding tool	Kunststoffspritzwerkzeug, *n.*
injection pipe (groundwater remediation), injection lance (e.g. for spraying through a nozzle)	Injektorlanze, *f.*
injection-moulded part	Kunststoffspritzteil, *n.*
injury to life, body and health	Verletzung von Leben, Körper und Gesundheit, *f.*
inlet	Eingang, *m.* an Gerät usw.; Einlauf (z. B. von Filter), *m.*
inlet adapter	Zulaufadapter, *m.*
inlet air pressure	Eingangsdruck der Luft, *m.*
inlet and outlet set	Zu- und Ablaufset, *n.*
inlet bore	Eintrittsbohrung, *f.*
inlet concentration (e.g. oil inlet concentration), input concentration	Eingangskonzentration, *f.*
inlet conditions	Eingangsbedingungen, *f. pl.*

inlet cone	Einlaufkonus, *m.*
inlet distributor	Vorlaufverteiler, *m.*
inlet extension	Einlaufverlängerung, *f.*
inlet filter	Einlassfilter, *m.*; Eintrittsfilter, *m.*
inlet flow rate, volumetric inlet flow, volumetric flow at inlet	Eingangsvolumenstrom, *m.*
inlet gauge pressure (of … bar)	Eingangsüberdruck, *m.*
inlet head	Eingangskopf, *m.*
inlet level	Eintrittsebene, *f.*
inlet line, inlet pipe	Eingangsleitung, *f.*
inlet load	Eingangsbelastung (z. B. Staubbelastung der Druckluft), *f.*
inlet opening	Einlauföffnung, *f.*
inlet parameters	Eintrittsparameter, *m.*
inlet piece, inlet connection	Einlaufstutzen, *m.*
inlet pipe	Einlaufrohr, *n.*
inlet pipe, feed pipe, feed line	Zuleitung, *f., siehe* Zulauf
inlet pressure	Eintrittsdruck, *m.*
inlet pressure dewpoint, inlet PDP	Eintrittsdrucktaupunkt, Eintritts-DTP, *m.*
inlet pressure dewpoint, pressure dewpoint at inlet	DTP-Eintritt, *m.*
inlet section	Einlaufstrecke, *f.*
inlet side	Eingangsseite, *f.*; Eintrittsseite, *f.*
inlet temperature	Eintrittstemperatur, Eingangstemperatur, *f.*
inlet thread	Eingangsgewinde, *n.*
inlet value	Eingangswert, *m.*
inlet zone	Eingangsbereich
in-line filter system	Inline-Filtersystem, *n.*
in-line measurement	Inline-Messung, *f.*
in-line photometry	Inline-Photometrie, *f.*
in-line process photometer	Inline-Prozessphotometer, *m.*
inner bond	innere Bindung, *f.*
inner lining	Innenauskleidung, *f.*
inner radius	Innenradius, *m.*
inner wall	Innenwand (z. B. eines Rohres), *f.*
inner wall of the filter	Filterinnenwand, *f.*
inner wall surface	Innenwandungsfläche (Rohr), *f.*
inner workings	Maschine, Apparat: Innenleben, *f.*
innovation	Neuerung, *f.*
innovative details	Detaillösungen, innovative, *f. pl.*
innovative, future-oriented, advanced, forward-looking	richtungsweisend
I_{nom}	el.: I_{nenn} (Nennstrom, I = internationales Symbol für Strom)
inorganic	anorganisch
inorganic chemistry	anorganische Chemie, *f.*
inorganic compound	anorganische Verbindung (chem.), *f.*
inorganic salts	anorganische Salze, *n. pl.*
inorganic substances	anorganische Stoffe, *m. pl.*
in-plant air (network)	Betriebsluft, *f.*
in-plant treatment system, on-site treatment system	betriebsinternes Aufbereitungssystem

in-process measurement	Erfassung während der Fertigung z. B. durch Sensor, *f.*
input	elektrisch: Eingang
input cable	Eingangskabel, *n.*
input data	Anschlussdaten (z. B. in m³/min), *n. pl.*
input device	Eingabegerät, *n.*
input of thermal energy	Wärmeenergiezufuhr, *f.*
input performance	Verdichter: Anschlussleistung, *f.*
input power (e.g. nominal input power in W), input	el.: aufgenommene Leistung
input signal	el.: Eingangssignal, *n.*
input voltage	el.: Eingangsspannung, *f.*
input voltage tolerance	el.: Eingangsspannungstoleranz, *f.*
input, power input	Aufnahmeleistung, *f.*
inseparable	untrennbar (allgemein)
in-series filter (e.g. cascade arrangement for heavy dirt loads)	Reihenfilter, *m.*
insert	Einlage, *f.* (eingelegtes Stück); Einsatzstück, *n.*
insert, guide through, thread, lead through	Kabel usw. durchführen
inside diameter	Rohr: lichte Weite, *f.*
inside pipe diameter, inner pipe diameter	Rohrinnendurchmesser, *m.*
insignificance limit	Bagatellgrenze (z. B. TA Luft), *f.*
insolubility	Unlöslichkeit
insoluble	Chemie: unlöslich
insoluble in water, water-insoluble	wasserunlöslich
inspection and maintenance contract	Inspektions- und Wartungsvertrag, *m.*
inspection lid	Revisionsdeckel, *m.*
inspection plan	Prüfplan, *m.*
inspection report	Abnahmebericht *m.*
inspection stamps	Produktion: Stempelung, *f.*
inspection window	Optikfenster, *n.*; Inspektionsöffnung, *f.*; Schauglas, *n.*
inspection, check	Kontrolle, *f.*
inspection/checking of wearing parts	Verschleißteilkontrolle, *f.*
install, insert, place, fit	einsetzen
install/lay with an ascending slope	steigend verlegen
install, mount, arrange, position	aufstellen
install, mount, erect, set up, fit	montieren (z. B. großen Filter)
install upstream fuse	Sicherung vorschalten
installable compressor capacity	anschließbare Verdichterleistung, *f.*
installation area, area of installation, place of installation	Aufstellbereich, *m.*
installation arrangement	Einbausituation, *f.*
installation cost	Montagekosten, *pl.*
installation diagram	Installationsdiagramm, *n.*
installation environment	Montageumfeld, *n.*
installation equipment	Montagegeräte, *n. pl.*
installation error	Anschlussfehler, *m.*
installation example	Installationsbeispiel, *n.*
installation height, mounting height, height required for installation	Einbauhöhe, *f.*

installation material	Installationsmaterial, *n.*; Montage-material, *n.*
installation option	Installationsvariante, *f.*
installation position, mounting position	Einbaulage, *f.*
installation set	Installationsset, *n.*
installation site, place of installation	Aufstellort, Aufstellungsort, *m.*
installation space	Bauraum, *m.*
installation system	Montagesystem (z. B. Rohrleitung), *n.*
installation tools, tools for installation	Montagewerkzeug, *n.*
installation work	Montageleistungen, *f. pl.*
installation, mounting, fitting, assembly	Montage, *f.* (Zusammenbau von Teilen)
installation/mounting by in-house personnel	Selbstmontage, *f.*
installed air-compressor capacity	Luftverdichterleistung, installierte, *f.*
installed compressor capacity	installierte Verdichterleistung, *f.*
installed in a standing position	stehend eingebaut (z. B. großer Filter)
installed voltage	el.: angeschlossene Spannung, *f.*
installed/layed with a downward slope	fallend verlegt
installer of electrical plant	Errichter einer elektrischen Anlage, *m.*
installing technician	Monteur (Installation), *m.*
instant L-plug	L-Schnellstecker, *m.*
instantaneous	verzögerungsfrei (z. B. unverzögertes Relais, Schnellrelais)
instantaneous value	Augenblickswert, *m.*
instant-bonding adhesive (e.g. Loctite°)	Sekundenkleber, *m.*
Institute of Energy and Environmental Technology	Institut für Energie- und Umwelttechnik, *n.*
instruct	unterweisen
instructed in all relevant tasks and procedures	unterwiesen in allen Arbeiten
instruction manual	Benutzerhandbuch, *n.*
instruction, direction	Anweisung, *f.*
instructions	Anleitung, *f.*
instructions for installation and operation, operating instructions	Installations- u. Betriebsanleitung, *f.*; Betriebsanleitung, *f.*
instructions for installation, installation instructions	Montageanleitung, *f.*
instructions for use, directions for use	Gebrauchsanweisung, *f.*
instructions, training	Einweisung, *f.*
instrument air	Instrumentenluft, *f.*
instrument cluster	Kombiinstrumente, *n. pl.*
instrumented monitoring	messtechnische Überwachung, *f.*
insulating compound, insulating paste	Isoliermasse, *f.*
insulating layer	Isolierschicht, *f.*
insulating mat	Isoliermatte, *f.*
insulating material, insulant	Isolierstoff, *m.*
insulating material, lagging	Material: Wärmedämmung, Wärmeisolation, *f.*
insulating qualities, insulation properties	Dämmeigenschaft, *f.*
insulation	Dämmung, *f.*; Isolierung (z. B. gegen zu hohe/niedrige Temperaturen), *f.*
insulation jacket	Dämmmantel, *m.*
insulation shells, insulating shells	Isolierschalen, *f. pl.*

insulation stripping	Abisolierung, *f.*
intact	unversehrt
intake air, aspirated air, inlet air	Ansaugluft, Eingangsluft, *f.*; angesaugte Luft, *f.*
intake capacity	Kompressor: Ansaugleistung, *f.*
intake conditions, suction conditions	Ansaugbedingungen, *f. pl.*
intake connection, suction connection	Ansaugstutzen, *m.*
intake filter (e.g. self-cleaning intake filter)	Zulauffilter, *m.*
intake filter (installed to separate solids or suspended particles in the air before they enter the compressor's air intake)	Kompressor: Ansaugfilter, *m.*
intake flaps	Verdichter: Saugklappen, *f. pl.*
intake line	Ansaugleitung, *f.*
intake pressure, inlet pressure, suction pressure	Ansaugdruck (z. B. Pumpe), *m.*
intake temperature	Ansaugtemperatur, *f.*
intake valve control	Kompressor: Ansaugklappensteuerung, *f.*
intake volume	Kompressor: Ansaugvolumen, *n.*
integral system	einheitliches System (z. B. Filter und Kondensatableiter), *n.*
integratable (opposite: standalone)	einbaufähig
integrated circuit (IC)	integrierte Schaltung (IS), *f.*; integrierter Schaltkreis, *m.*
integrated coding	Kodierung, integrierte, *f.*
integrated heat exchanger	integrierter Wärmetauscher, *m.*
integrated heating element	integrierter Heizstab, *m.*
integrated power supply PCB	el.: integrierte Netzteilplatine
integrative concept	integratives Konzept, *n.*
integrity test	Filter: Integritätstest, *m.*
intelligent control	intelligente Steuerung, *f.*
intended application, intended purpose	Bestimmungszweck, *m.*
intended application, to be used as prescribed, normal use, used according to the intended purpose, correct application	bestimmungsgemäßer Gebrauch, *m.*, bestimmungsgemäße Verwendung, *f.*
intensive drying	starke Trocknung, *f.*
intent or gross negligence	Vorsatz oder grobe Fahrlässigkeit
interaction	Wechselwirkung (z. B. von Chemikalien), *f.*
interconnect, screw together	zusammenschrauben
intercooler	Zwischenkühler (z. B. für mehrstufige Verdichter), *m.*
intercooler monitoring	Zwischenkühlerüberwachung, *f.*
interface	Schnittstelle, *f.*
interference	el.: Störbeeinflussung, *f.*
interference (with), tampering, intervention, by operator: action	Eingriff, *m.*
interference by third parties	Eingriff Dritter, *m.*
interference filtration	el.: Störungsfilterung, *f.*
interference immunity, protection against interference	el.: Störsicherheit, *f.*
interference radiation	Störstrahlung, *f.*
interference suppression	el.: Entstörung, *f.*

interior, inside	innenliegend
interior view	Innenansicht, *f.*
interlink, link	verknüpfen
interlinkage, networking	Vernetzung, *f.*
intermediate adapter	Zwischenadapter, *m.*
Intermediate Bulk Container (IBC, plural IBCs)	IBC
intermediate generation	Zwischengeneration, *f.*
intermediate length	Zwischenlänge, *f.*
intermediate pump	Zwischenpumpe, *f.*, *siehe* Zusatzpumpe
intermediate reservoir	Zwischenspeicher, *m.*
intermediate stage	Zwischenstufe, *f.*
intermediate storage	Zwischenspeicherung, *f.*
intermittent	intermittierend
intermittent operation	intermittierender Betrieb, *m.*
intermittent running	vereinzelte Laufzeiten (z. B. Kompressor), *f. pl.*
internal ... of/for the device	geräteintern
internal, in-house	intern
internal air cooling	Innenluftkühlung
internal cleaning	Innenreinigung (z. B. eines Containers), *f.*
internal cooling	Innenkühlung, *f.*
internal diameter, inside diameter (inside dia., I.D. (or i.d.))	Innendurchmesser (di), *m.*
internal dimension	Innenmaß, *f.*
internal discharge	el.: innere Entladung, *f.*
internal drying	Innentrocknung, *f.*
internal earth connection (e.g. "The internal earth connection may be riveted or soldered.")	geräteinterne Erde, *f.*
internal energy	innere Energie (z. B. von Gas), *f.*
internal fuse protection, internal fusing	interne Absicherung, *f.*
internal gas pressure technique	Gasinnendrucktechnik (z. B. in der Plastikverarbeitung), *f.*
internal parts	Innenteile, *n. pl.*
internal piping	interne Verrohrung, *f.*
internal power supply	interne Spannungsversorgung, *f.*
internal pressure	Innendruck (z. B. im Druckbehälter), *m.*
internal pressure force	Druckbehälter: Innendruckkraft, *m.*
internal pressure load	Druckbehälter: Innendruckbelastung, *f.*
internal resistance	Innenwiderstand, *m.*
internal resistance of power source(s)	Stromquelleninnenwiderstand, *m.*
internal resistance of voltage source	el.: Spannungsquelleninnenwiderstand, *f. m.*
internal rinsing air (supply of)	Innenluftspülung, *f.*
internal test	innere Prüfung (z. B. Druckprüfung), *f.*
internal thread (e.g. p.t. ½" internal thread), female thread	Innengewinde, *f.*
interrupt, stop	einen Vorgang abbrechen
intersection, point of intersection	Schnittpunkt, *m.*
interstacked	ineinander gestülpt

interval	zeitlicher Abstand, *m.*; Zeitabstand, *m.*
interval lubrication	Intervallschmierung, *f.*
interval operation	Kompressor: Intervallbetrieb, *m.*
intrinsic safety	Eigensicherheit, *f.*
intrinsically safe	el.: eigensicher
inverted filter	umgekehrter Filter, *m.*
investment costs, up-front costs, capital outlay costs	Investitionskosten, *pl.*
ion chromatography	Ionenchromatografie, *f.*
ion current	Ionenstrom, *m.*
ion exchange method	Ionenaustausch-Verfahren, *n.*
ion exchanger	Ionenaustauscher, *m.*
IR range (infrared)	IR-Bereich, *m.*
iron and steel industry	Eisen- und Stahlindustrie, *f.*
irregular operation	Unregelmäßigkeiten im Betriebs-verhalten, *f. pl.*
irregularity	Unregelmäßigkeit, *f.*
irrespective of position	lageunabhängig
irrespective of pressure and viscosity	druck- und viskositätsunabhängig
irritant effect	Reizwirkung, *f.*
irritate, cause irritation	reizen
irritating to the eyes, eye irritant	reizt die Augen
irritation	Reiz (z. B. der Augen), *m.*
is available	liegt vor
isocyanate	Isocyanat, *n.* (hochreaktive Verbin-dung zur Herstellung von z. B. Polyu-rethan)
isokinetic sampling	isokinetische Probenahme, *f.*
isokinetic sampling (collecting of airborne particulate matter for the purpose of measurement)	isokinetische Messung, *f.*
isolation	el.: Trennung, *f.*
isolation amplifier (e.g. isolation amplifier for intrinsically safe application), isolating amplifier	el.: Trennschaltverstärker, *m.*
isolation, electrical isolation, metallic isolation	el.: galvanische Trennung, *f.*
isothermal (During isothermal compression the temperature remains constant.)	isotherm (nicht isothermisch)
isotropic efficiency	isotropischer Wirkungsgrad, *m.*
item (e.g. item on a list), pos. (position)	Pos. (Posten, Position), *f.*

jacket (e.g. braided cable jacket), sheath (e.g. "Split the cable sheath and remove the sheath exposing the wires."), sheathing (e.g. "Use a cable stripper to remove the cable sheathing.")	Kabelummantelung, *f.*
jacket pipe	Hüllrohr, *n.*; Mantelrohr, *n.*
jam, become skewed, fit askew	verkanten
jam, become stuck	klemmen
jar, bottle	kleiner Behälter, *m.*
jelly-like	geleeartig
jet (a jet is also an outlet or nozzle)	Düsenstrahl, *m.*
jet of air	Luftstrom aus einer Düse, *m.*
jet scrubber	Strahlwäscher, *m.*
joint	Fuge, *f.*; Verbindungsstelle, *f.*, z. B. von Rohren
joint drainage	gemeinsame Entwässerung, *f.*
joint standards	einheitliche Standards, *m. pl.*
jointing system, jointing technique	Verbindungstechnik (Rohr), *f.*
junction	Rohr: Knotenpunkt, *m.*, Zusammenführung, *f.*
junction box	el.: Abzweigdose, Verbindungsdose, *f.*
justified/legitimate complaint	berechtigte Reklamation, *f.*
just-in time delivery	Just-in-time-Belieferung, *f.*

English	German
K	Kelvin: Symbol
kaum nachweisbar	barely detectable
Ke factor	Druckbehälterberechnung: ke-Faktor, *m.*
keep in a dry place	trocken lagern
keep in stock	lagern; Vorratshaltung, *f.*
keep in suspension (e.g. flocs in suspension)	Schwebe, *f.*, in Schwebe halten
keep, preserve	aufbewahren
Kelvin, Kelvin scale, degree Kelvin	Kelvin (Temperatureinheit)
key account	Hauptkunde, *m.*
key account, key account customer, major account, major customer	Großkunde, *m.*
key account management	Betreuung der Hauptkunden, *f.*
keyboard, keypad	Tastatur (z. B. für Messgerät), *f.*
kilowatt-hour	Kilowattstunde, *f.* (Symbol: kWh, Energieeinheit)
kinetic energy	Bewegungsenergie, *f.*
kink	Schlauch: abknicken
kit	Bausatz, *m.*
knob	Drehknopf (z. B. am Regler), *m.*
know-how, expertise	Sachkunde, *f.*
knurled nut	Rändelmutter, *f.*
knurled screw	Rändelschraube, *f.*
KTW recommendations (for plastics and drinking water)	KTW-Empfehlungen, *f. pl.,* (KTW = Kunststoffe und Trinkwasser)

L, ltr, litre	L, Liter, *m.*
label printer	Etikettendrucker, *m.*
label, mark, print	beschriften (drucken)
labelled	beschriftet
labelling duty	kennzeichnungspflichtig (Chemikalien)
labelling, marking	Beschriftung, *f.*
laboratory	Labor, *n.*
laboratory analysis	Laboranalyse, *f.*
laboratory analysis, results of the laboratory analysis	Laborauswertung, *f.*
laboratory and analytical systems	Labor- und Analysentechnik, *f.*
laboratory balance, laboratory scales	Laborwaage, *f.*
laboratory certified	Laborzertifikat liegt vor
laboratory equipment	Laboreinrichtung, *f.*
laboratory equipment and material	Labor: Betriebs- und Arbeitsmittel, *n. pl.*
laboratory filter	Laborfilter, *m.*
laboratory flask	Laborkolben, *m.*
laboratory sample	Laborprobe, *f.*
laboratory scale (e.g. laboratory scale test)	Labormaßstab, *m.*
laboratory service	Laborservice, *m.*
laboratory setup	Laboranordnung, *f.*
laboratory sieve	Laborsieb, *n.*
laboratory technician	Laborant, *m.*
labour costs (US labor costs)	Personal: Arbeitskosten, *pl.*
labyrinth compressor	Labyrinthverdichter, *m.*
labyrinth filter	Labyrinthfilter, *m.*
labyrinth piston compressor	Labyrinthkolbenverdichter, *m.*
labyrinth seal	Labyrinthdichtung, *f.*
lack of maintenance	mangelnde Wartung, *f.*
lack of professionalism, unprofessional	mangelnde Fachkompetenz, *f.*
lacking, inadequate, insufficient	mangelnd
lacquer	Lack: harte, glänzende Oberschicht auf der Basis von Harzen und evtl. Zusatzstoffen (z. B. Pigmenten) mit Trocknung durch Verdampfen von Lösungsmitteln oder Oxidation (wichtigste Gruppe: Zelluloselacke)

LAGA Code	LAGA-Code (Abfallbehandlung), *m.*
lagging (insulation material wrapped around boilers, tanks, or pipes), layer of insulation material, thermal insulation layer	Wärmedämmschicht, *f.*
laminar flow	laminare Strömung, *f.*, laminares Fließen, *n.*
lamp failure	Lampenausfall, *m.*
lamp, light	Lampe, *f.*
Land Drainage Act	Entwässerungsgesetz, Landentwässerungsgesetz, *n.*
landfill	Deponie, *f.*
landfill disposal	Deponierung, *f.*
Langrange dispersion model	Lagrange-Ausbreitungsmodell, *n.*
large, generously dimensioned	groß dimensioniert
large batch production	Großserienfertigung, *f.*
large-scale filter system	Großfilteranlage, *f.*
large-surface …, large-area …	großflächig
large-volume	großvolumig
large-volume filter	großvolumiger Filter, *m.*
laser cutting system, laser cutter, laser cutting machine	Laserschneidanlage, *f.*
laser labelling	Laserbeschriftung, *f.*
laser system	Laseranlage, *f.*
laser welding system, laser welding device	Laserschweißanlage, *f.*
lasting effects	Gesundheit: nachhaltige Effekte, *m. pl.*
latest technology, state-of-the-art technology	modernste Technik, *f.*
lathe spindle	Drehspindel, *f.*
lathe, turning machine	Drehmaschine, *f.*, Drehbank, *f.*
launch	Produkt: Neuvorstellung, *f.*
launch customer	Erstausrüster, *m.* (der erste Kunde in einer bestimmten Branche oder für ein bestimmtes Produkt)
Laval nozzle	Lavaldüse, *f.*
law of precession	Präzessionsgesetz, *n.*
law on residues and waste management	Rückstands- und Abfallwirtschaftsgesetz, *n.*
Law on the Transport of Dangerous Goods	Gefahrgutbeförderungsgesetz, *n.*
lay, install, mount	verlegen (z. B. Rohr)
layer becoming detached, layer not adhering properly	Schichtablösung, *f.*
layer boundary	Filter: Schichtgrenze, *f.*
layer height, depth of the layer	Schichthöhe, *f.*
layer of activated carbon mats	Aktivkohlematten-Paket, *n.*
layer of dirt	Schmutzschicht, *f.*
layer of oil	Ölschicht, *f.*
layer thickness	Schichtdicke, *f.*
layers (arranged in layers)	Filter: Schüttschichten, *pl.*
layers with different degrees of fineness	schichtweise abgestufte Feinheit, *f.*
layout	Anordnung
layout and dimensioning	Auslegung und Dimensionierung einer Anlage, *f.*
layperson, non-expert	Nicht-Fachmann, *m.*
LCD display (liquid crystal display)	LCD-Anzeige

LC-MS screening (liquid chromatographic/mass spectroscopic screening)

LC-MS screening

leachate

Deponie: Sickerwasser, *n.*

lead seal, seal

Plombe, *f.*

lead sealed, sealed, with a leaded seal

verplombt, plombiert

lead sealing, (af)fixing a lead seal

verplomben

lead time (e.g. manufacturing lead time)

Vorlaufzeit, *f.*

leading companies, primary companies

führende Hersteller, *m. pl.*

leading position based on experience

Erfahrungsvorsprung, *m.*

leading, pioneering

führend, *siehe* „modernste Technik"

leak detector

Leckage-Detektor, *m.*, Leckage-Suchgerät, *n.*, Leakdetektor, *m.*

leak elimination

Leckagebehebung, *f.*, Leckage-schließung, *f.*

leak integrity

Leckagesicherheit, *f.*

leak localization, localization of leaks

Lokalisierung von Leckagen, *f.*

leak test, leak checking, seal-tight test

Dichtigkeitsprüfung, Leckage-prüfung, *f.*

leak testing, test for leaks

Lecksuche, *f.*

leak, leak out

undicht: auslaufen; Flüssigkeit/Luft durch undichte Stelle entweichen

leak, leakage

Leckage, *f.*

leak, leakage point

Undichtigkeit, *f.*

leakage air

Leckageluft, *f.*

leakage loss

Leckageverlust (z. B. Druckluft), *m.*, Leckstromverlust, *m.*, Leckverlust, *m.*

leakage of refrigerant

Kältemittelaustritt, *m.*

leakage point

undichte Stelle, *f.*; Leckstelle, *f.*

leakage potential

Leckagepotenzial, *n.*

leakage rate (e.g. valve leakage rate)

Leckagerate, *f.*, Lackrate, *f.*

leakage volume, leakage quantity

Leckagevolumen, *n.*; Leckagemenge, *f.*

leakage water

Leckwasser, *n.*

leaking valve

undichtes Ventil, *n.*

leaking, leaky, not tight

undicht

leakproof (also: leak-proof), leaktight (e.g. leaktight design, leaktight seal), without leakage loss, spill-proof, tight, sealed

leckagesicher; leckagefrei, auslauf-sicher, dicht

leaktight

Behälter: dicht

leap/boost in productivity

Produktionsschub, *m.*

LED (light-emitting diode)

Leuchtdiode, *f.*

LED display

LED-Anzeige, *f.*

LED is lit up green

LED leuchtet grün

legal and safety regulations

Rechts- und Sicherheits-vorschriften, *f. pl.*

legal limit, legal limit value

gesetzlicher Grenzwert, *m.*

legal limits for wastewater discharge (into sewer systems)

gesetzliche Einleitungsgrenz-werte, *m. pl.*

legal regulations for wastewater discharge

Bestimmungen über die Einleitung von Abwässern, *f. pl.*; Einleitungs-vorschriften, *f. pl.*

legal regulations, legal provisions	gesetzliche Vorschriften, *f. pl.*; gesetzliche Bestimmungen, *f. pl.*
legal requirements (comply with, adhere to, fulfil, observe, meet)	gesetzliche Vorgaben, *f. pl.*
legislation on recycling and waste	Kreislaufwirtschafts- und Abfallgesetz, *n.*
length variations	Längenabstufungen, *f. pl.*
lens	Optik: Linse, *f.*
lens face	Linsenfläche, *f.*
less susceptible to faults, more robust	störungsunanfälliger
let off (e.g. let off steam)	abbauen
level	Flüssigkeit: Spiegel, *m.*; nivellieren (verb)
level, even, plane	eben
level, level position, truly horizontal	waagerecht
level, levelling instrument	Nivelliergerät, *n.*
level control	Niveausteuerung, *f.*; Niveauregelung, *f.*
level control loop (system)	Niveauregelkreis, *m.*
level controlled	niveaugeregelt
level-dependent, in relation to level	niveauabhängig z. B. Flüssigkeit
level displacement, level movement	eben verschieben
level float	Niveauschwimmer, *m.*
level indicator	Füllstandsanzeiger, *m.*; Niveaumelder, *m.*, Niveauanzeiger, *m.*
level measurement (system)	Niveauerfassung, Niveaumessung, *f.*
level monitor, level monitoring device	Niveauwächter, *m.*
level monitoring	Niveauüberwachung, *f.*
level sensor	Niveausensor, *m.*
level signal	Niveaumeldung, *f.*
level state	Niveauzustand, *m.*; Pegelzustand, *m.*
levelling (out)	Nivellierung, *f.*
levelness, evenness, planeness, flatness	Ebenheit, *f.*
lever	Hebel, *m.*
lever arm	Hebelarm, *m.*
lever off	heraushebeln
lever switch	Hebelschalter, *m.*
liability	rechtlich: Haftung, *f.*
liability claim	Haftungsanspruch, *m.*
liability excluded	Haftung ausgeschlossen, *f.*
liability for defects	Sachmängelhaftung, *f.*
licence	Betriebsgenehmigung (z. B. für eine Firma), *f.*
licensed specialist company (e.g. industrial waste disposal company; recycling & waste disposal company)	zugelassenes Fachunternehmen, *n.*
licensee	Lizenznehmer, *m.*
licensor, grantor of a licence	Lizenzgeber, *m.*
lid	Behälterdeckel: Filter, *m.*
life cycle costs	Lebenszykluskosten, *pl.*
life expectancy, service life expectancy, expected lifetime	Lebenserwartung, *f.*
life threatening injury	lebensgefährliche Verletzung, *f.*
lifetime curve	Lebensdauerkurve, *f.*

lifetime lubrication	Lebensdauerschmierung, *f.*
lifetime, service life (plural: service life periods), useful life	Lebensdauer, *f.*; Standzeit, *f.* (z. B. eines Filters, Granulat)
lift truck	Hubwagen, *m.*
lift up, open up	hochklappen
lift, valve lift	Ventil: Hub, *m.*, Hublänge, *f.*
lift-and-force pump (for draining and transfer)	Saug- und Druckpumpe, *f.*
lifting and transport equipment	Hub- und Transportmittel, *n. pl.* (auch Singular)
lifting lug	Hebelöse, *f.*
lifting platform	Hubbühne, *f.*; Hebebühne, *f.*
lifting strap	Hebegurt, *m.*
lifting tackle, hoisting/lifting gear, hoist, hoisting device, lifting equipment	Hebegerät, Hebezeug, *n.*, Hebevorrichtung, *f.*, Hebewerkzeug, *n.*
light, lightweight	Gewicht: leicht
light alloy	Leichtmetalllegierung, *f.*
light barrier, photoelectric barrier	Lichtschranke, *f.*
light metal	Leichtmetall, *n.*
light-solids remover	Leichtstoffabscheider, *m.*
light source	Lichtquelle, *f.*
light up, flash	aufleuchten
light up, shine	leuchten (z. B. LED)
lightning	Blitz: Gewitter, *n.*
lightning protection	Blitzschutz, *m.*
lightweight particles	leichte Partikel, *m. pl.*
lignite	Braunkohle, *f.*
lignite-fired power station	Braunkohlekraftwerk, *n.*
likelihood of errors	Fehleranfälligkeit, *f.*
limit monitor	Grenzwertgebereinrichtung, *f.*
limit state	Grenzzustand, *m.*
limit temperature	Grenztemperatur, *f.*
limit value setting (e.g. upper and lower limit value setting)	Grenzwerteinstellung, *f.*
limit, limit value (e.g. water quality limit values)	Grenzwert, *m.*
limit value signal	Grenzwertmeldung, *f.*
limitation of liability	Haftungsbeschränkung, *f.*
line for air intake and venting	Be- und Entlüftungsleitung, *f.*
line section	Leitungsabschnitt, *m.*
linear encoder	Werkzeugmaschine: Linearmaßstab, *m.*
linear expansion coefficient	Längenausdehnungskoeffizient (z. B. von Metallen), *m.*
linear measuring instrument	Längenmessgerät, *n.*
linear motor	Linearmotor, *m.*
linkage of atoms (e.g. linkage of atoms in molecules)	Verkettung von Atomen, *f.*
lip seal	Lippendichtung, *f.*
liquefaction	Verflüssigung von Feststoffen, *f.*
liquefied gas compressor	Flüssiggaskompressor, *m.*
liquefied gas filling plants	Flüssiggasfüllanlagen, *f. pl.*
liquefied gas sector	Flüssiggasbranche, *f.*
liquefied gas supplier	Flüssiggas-Lieferant, *m.*

L

liquefied natural gas (LNG)	verflüssigtes Erdgas, *n.*
liquefy	verflüssigen
liquid and gaseous media	flüssige und gasförmige Medien, *n. pl.*
liquid collector	Flüssigkeitssammler, *m.*
liquid column	Flüssigkeitssäule, *f.*
liquid condensate	flüssiges Kondensat, *n.*
liquid cooling, cooling of liquid	Flüssigkeitskühlung, *f.*
liquid droplet	Flüssigkeitstropfen, *m.*
liquid filter	Flüssigkeitsfilter, *m.*
liquid level	Flüssigkeit: Füllstand, *m.*, Füllstands-niveau, *n.*
liquid level indicator	Flüssigkeit: Füllstandsanzeiger, *m.*
liquid level monitoring	Füllstandsüberwachung, *f.*
liquid metal pump	Pumpe für flüssige Metalle, *f.*
liquid separation (e.g. gas/liquid separation, solids/liquid separation)	Flüssigkeitstrennung, *f.*
liquid separator	Flüssigkeitsabscheider, *m.*
liquid tank	Flüssigkeitstank, *m.*
liquid valve	Flüssigkeitsventil, *n.*
liquid-level switch, level switch	Niveauschalter, *m.*
liquid-piston compressor	Flüssigkeitsringverdichter (ein Rotationsverdichter), *m.*
list of defects	Mängelliste, *f.*
list of parts, parts list	Einzelteilliste, *f.*
list of recommended oils	Ölempfehlungsliste, *f.*
list of substances	Stoffliste, *f.*
list price	Listenpreis, *m.*
listing, list	Aufzählung, *f.*; Auflistung, *f.*
litre (US: liter), plural: litres, ltrs., l., L.	Liter, *m.*, L
litz wire cross-section	el.: Litzenquerschnitt, *m.*
live, energized	el.: unter Spannung (stehen), span-nungsführend
live; carrying mains voltage (e.g. "Mains voltage is being applied. ")	Netzspannung führend (z. B. Netz-spannung liegt an)
load	Filter: beaufschlagen; belasten
load, loading (e.g. filter loading)	Filter, Adsorptionstrockner etc.: Belas-tung, *f.*; Beladung, *f.*
load application	Lastangriff, *m.*
load-bearing, structural, load-carrying	Last tragend
load-carrying capacity, , load capacity, load rating	Tragfähigkeit (z. B. eines Lagers), *f.*
load case	Lastberechnung: Lastfall, *m.*
load centre	Lastschwerpunkt, *m.*
load change, load variation	Lastwechsel, *m.*
load changeover	Adsorptionstrockner, *m.*
load conditions (e.g. constant pressure dewpoint regardless of load conditions), load situation	Lastsituation (z. B. Trockner), *f.*
load cycle	Lastzyklus, *m.*
load-dependent control (instead of time cycle control)	beladungsabhängige Steuerung
load-distributing	lastenverteilend
load distribution	Lastverteilung, *f.*
load limit	Belastungsgrenze, *f.*; Lastgrenze, *f.*

load model	Belastungsmodell, *n.*
load reduction	Lastminderung, *f.*
load regulation	Verdichter: Leistungsregelung, *f.*
load-related, load-dependent	lastabhängig (z. B. Kompressor); beladungsabhängig
load spectrum	Lastkollektiv, *n.*
load test	Belastungsprobe, *f.*
load transfer	Lastabtrag, *m.*
load variations	Lastschwankungen, *f. pl.*
loaded (e.g. loaded column), charged	Filter: belastet
loaded area	belastete Fläche, *f.*
loading capacity (e.g. filter loading)	Beladekapazität, *f.*, Beladefähigkeit, *f.*
loading period	Beladungszeit, *f.*
local authority	regionale Behörde, *f.*
local authority inspection	behördliche Kontrolle, *f.*
local authority regulations (e.g. in compliance with local authority regulations)	örtliche behördliche Bestimmungen/Vorschriften, *f. pl.*
local conditions, environmental conditions	örtliche Gegebenheiten, *f. pl.*; allgemeine Bedingungen vor Ort, *f. pl.*
local extractor system	Abluft: lokale Absaugung, *f.*
local operator control level	Vor-Ort-Bedienebene, *f.*
local train	Nahverkehrszug, *m.*
local water authority	örtlich zuständige Wasserbehörde, *f.*
locate	orten
locate (cause of fault)	Fehler: eingrenzen
locate leaks, leak localization	Leckageortung, *f.*
locate, track down	auffinden
location above MSL	Standort über NN, *m.*
location, base	Stützpunkt, *m.*
lock	Relais: verriegeln
lock (with a nut)	kontern, *siehe* gegenhalten
lock against rotation	Drehung gegenhalten
lock in position, hold in position, retain, stop	arretieren
lock nut	Kontermutter, *f.*; Gegenmutter, *f.*
locking element, retention system, catch	Arretierung, *f.*
locking function	Relais: Verriegelungsfunktion, *f.*
locking hook	Rasthaken, *m.*
locking screw/bolt, safety screw	Sicherungsschraube (zur zusätzlichen Sicherung), *f.*
log of current conditions	Bestandsaufnahmeprotokoll, *n.*
logger connection	Loggeranschluss, *m.*
logic control (e.g. programmable logic control (PLC))	logische Steuerung, *f.*
logic PCB (printed circuit board)	Logikplatine, *f.*
long-duration test, long-time test	Langzeitprüfung, *f.*
long nipple	Langnippel, *m.*
long-nose pliers	Schnabelzange, *f.*
long service life, long lifetime	Gerät: langlebig
long-term damage	Langzeitschaden, *m.*
long-term hazard potential	Langzeitgefährdungspotenzial, *n.*
long-time measurement	Langzeitmessung, *f.*
long-time memory (e.g. digital long-time memory)	Langzeitspeicher, *m.*

L

long-time stability	Langzeitstabilität, *f.*
longitudinal direction	Längsrichtung, *f.*
longitudinal force	Längskraft, *f.*
longitudinal seam	Längsnaht, *f.*
longitudinal section	Längsschnitt, *m.*
longitudinally welded	längsnahtgeschweißt
look-up value	Suchwert, *m.*
look-up value in table (relevant value in table)	Tabellen-Suchwert, *m.*
loose bulk freight, loose cargo (e.g. grains or liquid)	Transport: rieselfähige Güter, *n. pl.*
loosen, loosen up	auflockern
loosening, working loose, becoming loose	Lockerung, *f.*, Lockerwerden, *n.*
lorry (GB), truck	LKW, *m.*
loss coefficient	Verlustbeiwert, *m.*
loss of accuracy	Genauigkeitsverlust, *m.*
loss of compressed air	Druckluftverlust, *m.*
loss of efficiency	Leistungsabfall (z. B. des Kompressors), *m.*
loss of oxygen, drop in oxygen level	Sauerstoffverlust, *m.*
loss of power	Antriebsverlust, *m.*
loss of production, loss of output, production outage	Produktionsausfall, *m.*
loss to the atmosphere	Verlust an die Atmosphäre, *m.*
loud bang due to expansion	Expansionsknall, *m.*
low in oxygen, low-oxygen, with low oxygen content	sauerstoffarm
low load (e.g. operate at low load), underload, underloading	Unterbelastung, *f.*
low-load conditions (e.g. under/at low-load conditions)	geringe Auslastung (z. B. des Trockners)
low maintenance requirement, maintenance-friendly	geringer Wartungsbedarf, *m.*, *siehe* Wartungsaufwand
low maintenance, minimal maintenance, requiring very little/only a minimum	kaum Wartungsaufwand, *m.*
low-maintenance, of maintenance	wartungsarm
low-noise, quiet	geräuscharm
low performance class	kleine Leistungsklasse, *f.*
low/poor permeabiltiy	geringe Durchlässigkeit, *f.*
low pressure	Niederdruck, *m.*
low-pressure and vacuum conditions	Nieder- und Unterdruckbereiche, *m. pl.*
low-pressure condensate drain	niedriger Druck, *m.*, Kondensatableiter für niedrigen Druck, *m.*
low-pressure gauge	Niederdruckmanometer, *n.*
low pressure model, low pressure device	Niederdruck-Version, *f.*
low-pressure pump	Niederdruckpumpe, *f.*
low-pressure range (e.g. "The measuring instrument is not suitable for use in the low-pressure range.")	Niederdruckbereich, *m.*
low-pressure side	Niederdruckseite, *f.*
low-pressure switch	Niederdruckschalter, *m.*
low rate of service air withdrawal	geringe Nutzluftentnahme, *f.*
low resistance	el.: niederohmig
low-selective membrane, low-selectivity membrane (Nat. Inst. of Standards, USA)	Low-selective-Membrane, *f.*; niedrigselektive Membrane, *f.*

low-surface-tension water	entspanntes Wasser, *n.* (mit Benetzungsmittel behandeltes Wasser)
low temperature	Niedertemperatur, *f.*
low-temperature compressed air	kalte Druckluft, *f.*
low-temperature device	Niedertemperaturgerät, *n.*
low-temperature energy, cooling energy	Kälteenergie, *f.*
low-temperature insulation	Kälteisolierung (z. B. für Rohre), *f.*
low-temperature nitrogen, deep-cooled nitrogen	tiefkalter Stickstoff, *m.*
low-temperature test	Tieftemperaturtest, *m.*
low-temperature test chamber	Kältetestkammer, *f.*
low-viscosity fluid separator	Leichtflüssigkeitsabscheider, *m.*
low-voltage area	el.: Niederspannungsbereich, *m.*
Low Voltage Directive (2006/95/EC), EC Directive relating to low voltage	el.: Niederspannungsrichtlinie, *f.*
low water content	Filter: Entwässerungsgrad, hoher, *m.*
lower-level water authority	untere Wasserbehörde, *f.*
lower probe	untere Sonde, *f.*
lower/reduce the level	absenken
lowering category	Absenkungskategorie (z. B. Drucktaupunkt), *f.*
lowering of the pressure dewpoint	generell: Drucktaupunktabsenkung, *f.*, Drucktaupunktunterdrückung, *f.*
lowering rate (level)	Flüssigkeit: Absinkgeschwindigkeit, *f.*
lowest point	Minimumpunkt (z. B. am Sensor), *m.*
lowest pressure dewpoint	tiefster Drucktaupunkt, *m.*
L-plug	L-Stecker, *m.*
LPM (litres per minute)	Liter/Minute
L-ring drum	L-Ringfass, *n.*
ltrs/d (litres/day), L/d, l/d	l/d
ltrs/min, L/min, l/min	l/min
lube grade, lube oil grade (e.g. recommended lube oil grade)	Ölsorte, *f.*
lube oil grade, lubricating oil grade	Schmierölsorte, *f.*
lube oil, lubricating oil	Schmieröl, *n.*
lubricant	Schmierstoff, *m.*, Schmiermittel, *n.*
lubricating air (e.g. lubricating air for use with air tools)	Schmierstoff Luft, *f.*
lubricating film	Schmierfilm, *m.*
lubricating oil filter	Schmierölfilter, *m.*
lump formation	verkleben, verklumpen
lye (alkaline solution)	Chemie: Lauge, *f.*

L

m above MSL	m über NN
mA (milliampere)	mA
MAC value (maximum allowable concentration in the workplace)	MAK-Wert, *m.*
Mach number (ratio of the speed of a body in relation to the speed of sound when a body travels through a medium)	Mach-Zahl, *f.*
machine capacity	Maschinenkapazität, *f.*
machine engineering	Maschinentechnik, *f.*
machine load, machine loading	Maschinenbelastung, *f.*
machine oil (e.g. light machine oil)	Maschinenöl, *n.*
machine output	Maschinenausstoß, *m.*
machine running time	Maschinenlaufzeit, *f.*
machine setter	Vorrichter, *m.*
machine tool	Werkzeugmaschine, *f.*
machine tool industry	Werkzeugmaschinenbau, *m.*
machine tool manufacturer	Werkzeugmaschinenhersteller, *m.*
machine tool operator	Bediener von Werkzeugmaschinen, *m.*
machine transport	Maschinentransport, *m.*
machinery, plant	Maschinenpark, *m.*
machines and equipment	Maschinen und Anlagen, *f. pl.*
machining	Werkzeugmaschine: Bearbeitung, *f.*; maschinelle Bearbeitung, *f.*
machining area	Werkzeugmaschinen: Maschinenraum, *m.*
machining centre	Werkzeugmaschinen: Bearbeitungszentrum, *n.*; Fertigungszentrum, *n.*
machining dust	Verschmutzung (bei maschineller Bearbeitung), *f.*
machining industry	Werkzeugmaschinen: zerspanende Industrie, *f.*
machining line	Werkzeugmaschine: Taktstraße, *f.*
machining, machining operations	spanende Fertigung, *f.*
macro flocs	Makroflocken, *pl.*
made of steel	aus Stahl
made-to-measure	nach Maß
magnet core	Magnetkern, *m.*

magnetic filter	Magnetfilter, *m.*
magnetic piston	magnetischer Kolben, *m.*
magnetic sensor	Magnetsensor, *m.*
magnetic separator	Magnetabscheider, *m.*
magnetic stirrer	Magnetrührer, *m.*
magnetic stirring rod	Labor: Magnetrührstab, *m.*
magnetodynamic analyzer	magnetodynamischer Analysator, *m.*
main (volumetric) flow	Luft: Hauptstrom, *m.*
main air flow	Hauptluftstrom, *m.*
main alarm (e.g. adjustable pre-alarm and main alarm levels of a measuring instrument)	Hauptalarm, *m.*
main applications	Hauptanwendungen, *f. pl.*
main board, main PCB	Hauptplatine, *f.*
main category, main group	Hauptgruppe, *f.*
main draught fan	Hauptzugventilator, *m.*
main filter cartridge	Hauptfilterkartusche, *f.*
main filter stage	Hauptfilterstufe, *f.*
main flow filter	Hauptstromfilter, *m.*
main memory	Hauptspeicher, *m.*
main pipe, main line	Hauptleitung, *f.*
main stress	mechanisch: Hauptspannung, *f.*
main valve block	Hauptventilblock, *m.*
mains (e.g. plugged into the mains), mains network, power supply network	Stromnetz, *n.*
mains box	el.: Netzteilkasten, *m.*
mains box fuse	el.: Sicherung am Netzteilkasten
mains cable	el.: Netzkabel, *n.*
mains connection	el.: Netzverbindung, *f.*; Netzanschluss, Spannungsanschluss, *m.*; Strom: Hauptanschluss, *m.*
mains connection, power connection	Stromanschluss, *m.*
mains connection, power supply connection	el.: Netzanschluss, *m.*
mains filter	el.: Netzfilter, *m.*
mains fuse	el.: Netzsicherung, *f.*
mains fuse protection	Absicherung der Netzspannung, *f.*
mains input	el.: Netzeingang, *m.*
mains input voltage	el.: Netzeingangsspannung, *f.*
mains output (e.g. mains output via a 3-core cable, mains output socket)	Netzausgang (el.: Versorgungsnetz), *m.*
mains output (e.g. three-phase mains output; mains output voltage: 230 V AC ± 1 %; auxiliary mains output; 230 V AC mains output)	Spannungsausgang, *m.*
mains plug, power plug	el.: Netzstecker, Gerätestecker, *m.*
mains supply	Stromnetz (Versorgung), *n.*
mains switch	el.: Netzschalter, *m.*
mains voltage input	el.: Netzspannungseingang, *m.*
mains voltage output	el.: Netzspannungsausgang, *m.*
mains voltage, supply voltage	el.: Netzspannung, *f.*
maintaining of overpressure	Analysegerät: Überdrucksicherung, *f.*
maintenance (expenditure)	Wartungsaufwand, *m.*
maintenance, maintenance work	Wartung, *f.*

maintenance, upkeep	Instandhaltung, *f.*
maintenance agreement, maintenance contract	Wartungsvertrag, *m.*
maintenance and repair	Wartung u. Reparatur, *f.*
maintenance and service	Wartung u. Instandhaltung, *f.*
maintenance call-out, maintenance request, maintenance visit (e.g. monthly maintenance visit; preventive maintenance visit), maintenance work	Wartungseinsatz, *m.*
maintenance-free, requiring no maintenance	wartungsfrei
maintenance instructions/directions, maintenance rules	Wartungsvorschriften, *f. pl.*; Wartungshinweise, *pl.*
maintenance intensive, requiring a great deal of maintenance	wartungsintensiv
maintenance interval, service interval	Wartungsintervall, *n.*
maintenance manual	Wartungshandbuch, *n.*
maintenance recommendation	Wartungsempfehlung, *f.*
maintenance-relevant components	Wartungskomponenten, *f. pl.*
maintenance report	Wartungsbericht, *m.*
maintenance requirements, necessary maintenance (work)	erforderliche Wartungsarbeiten, *f. pl.*
maintenance schedule	Wartungsplan, *m.*
maintenance signal, maintenance message	Wartungsmeldung, *f.*
maintenance technician, service technician (e.g. field service technician), service engineer, maintenance engineer	Monteur (Wartung), *m.*
maintenance unit, service unit	Wartungseinheit, *f.*
maintenance work	Wartungsarbeiten, *f. pl.*
major trade fair	Leitmesse, *f.*
make contact, make contact element, NO contact (normally open contact)	el.: Schließer, *m.*
make function (closing function)	el.: Schließerfunktion, *f.*
make inoperative	unwirksam machen
making-capacity (largest current which switchgear can make without damage)	el.: Einschaltleistung, *f.*
making-current (max. peak of current at the time of closing the switch)	Einschaltstrom (Schaltgerät), *m.*
malfunction	Funktionsfehler, *m.*; Fehlfunktion, Fehlerfunktion, *f.*; Funktionsstörung, *f.*
malfunction, disturbance (e.g. electrical supply disturbance), fault, incident, trouble, failure to function	Störung, *f.*; Störfall, *m.*
malfunction signal	Signal bei Fehlfunktionen, *n.*
mammoth pump, airlift pump (for raising water by means of compressed air)	Mammutpumpe, *f.* (Druckluftheber)
management tool	Managementwerkzeug, *n.*
mandatory	verpflichtend
mandatory regulations	vorgeschriebene Bestimmungen, *f. pl.*
manganese	Mangan, *n.*
manhole cover	Kanalisation: Schachtabdeckung, *f.*
manhole, inspection opening	Mannloch, *n.*
manifold	Rohrverteiler, *m.*
manifold (e.g. compressed air manifold)	Verteiler (Rohr), *m.*
manometric head	manometrische Druckhöhe, *f.*

M

mantle filter (e.g. ceramic mantle filter)	Mantelfilter, *m.*
mantle mesh (e.g. mantle mesh insert), mantle element	Filter: Mantelsieb, *n.*
manual	Handbuch, *n.*
manual adjustment	Handverstellung, *f.*
manual condensate drain	manueller Kondensatableiter, *m.*
manual dimensioning	manuelle Auslegung, *f.*
manual drain, manual outlet valve, hand-operated discharge system	Ableiter: Handablass, *m.*, *siehe* Handablassventil
manual drainage	manuelle Entwässerung, *f.*, manuelles Ableiten, *n.*
manual drainage, manual draining	Handentleeren, *n.*
manual outlet	manueller Ablass, *m.*
manual outlet valve, manual drain valve	Handablassventil, *n.*
manual valve, manually actuated valve	Handventil, *n.*
manufactured to DIN x	nach DIN x gefertigt
manufactured to ISO 9001 (standards)	nach ISO 9001 gefertigt
manufacturer of compressed air products	Druckluftgerätehersteller, *m.*
manufacturer of precision parts	Präzisionsteilefertiger, *m.*
manufacturer's certificate	Herstellerbescheinigung, *f.*
manufacturer's data (e.g. manufacturer's data sheet)	Herstellerangaben, *f. pl.*
manufacturer's declaration (e.g. manufacturer's declaration of conformity)	Herstellererklärung, *f.*
manufacturer's instructions, manufacturer's information	Hinweise des Herstellers, *m. pl.*
manufacturer's liability	Herstellerhaftung, *f.*
manufacturer's recommended price	unverbindlicher Richtpreis, *m.*
manufacturer's service	Herstellerservice, *m.*
manufacturer's warranty will no longer be valid, manufacturer's warranty is invalidated	Herstellergarantie erlischt, *f.*
manufacturing, manufacturing industry	industrielle Fertigung, *f.*
manufacturing and processing (sectors)	Fertigung und Verarbeitung, *pl.*
manufacturing defect	Fabrikationsfehler, *m.*
manufacturing facility, manufacturing plant	Herstellerwerk, *n.*
manufacturing quality, product quality	Fertigungsqualität, *f.*
manufacturing tolerance	Fertigungstoleranz, *f.*; Herstellungstoleranz, *f.*
mark of conformity	Prüfzeichen, *n.*
mark of conformity is legally required	prüfzeichenpflichtig
mark of conformity, CE mark of conformity	Konformitätszeichen, *n.*, EG-Konformitätszeichen, *n.*
mark, designate	kennzeichnen
market launch, launch on the market	Markteinführung, *f.*
market share	Marktanteil, *m.*
market survey, market analysis	Marktuntersuchung, *f.*
marketable	marktfähig
marking (e.g. CE marking), labelling (e.g. of chemicals), identification, identification marking	Kennzeichnung, *f.*
Marking of Electrical Equipment	Kennzeichnung von elektrischen Betriebsmitteln (DIN 40719), *f.*
marking system, marking technique	Kennzeichnungsverfahren, *n.*
mark-of-conformity regulations	Prüfzeichenverordnung, *f.*
mass	allgemein: Masse, *f.*

mass concentration (per unit volume)	Massekonzentration, *f.*
mass flow measurement	Massenstrommessung, *f.*
mass flow meter	Massenstrommessgerät (z. B. zur Druckluftmessung), *n.*
mass production	Massenfertigung, *f.*, Massen-produktion, *f.*
mass spectrometer	Massenspektrometer, *n.*
mass transfer (e.g. mass transfer in an immobile poly-disperse filter bed)	Filter: Massenübertragung, *f.*
mass transfer zone (The mass transfer zone is that part of the adsorber bed where the humidity from the air is taken up by the filter.)	Filter: Masseübergangszone, *f.*
master switch, mains switch	Hauptschalter, *m.*
matched to the system	Filter: angepasst an Anlagen-bedingungen
material	Werkstoff, *m.*
material, construction material	Baustoff, *m.*
material assets	Sachwerte, *m. pl.*
material behaviour (US behavior)	Werkstoffverhalten, *n.*
material certificate (e.g. manufacturer's material certificate; TÜV material certificate, etc.)	Materialbescheinigung, *f.*
material combination	Materialkombination, *f.*
material damage, damage to property	Sachschaden, *m.*
material factor	Materialfaktor, *m.*
material fatigue	Materialermüdung, *f.*
material for moulding	Herstellung: Formstoff, *m.*
material properties	Werkstoffeigenschaften, *f. pl.*
material reinforcement	Materialverstärkung, *f.*
material-related	stoffbezogen
material requirements	Materialanforderungen, *f. pl.*
material resistance to acids	Materialbeständigkeit gegen Säuren, *f.*
material selection, selection of material	Werkstoffauswahl, *f.*
material stability (e.g. material stability at high temperatures)	Materialbeständigkeit, *f.*
material structure	Materialstruktur, *f.*
material suitable for recycling, recyclable material	recyclefähiges Material, *n.*
material weight	Materialgewicht, *n.*
materials management	Materialwirtschaft, *f.*
mating screw-in connector	Gerade-Einschraubtülle als Gegen-stück, *f.*
max. (maximum)	max. (maximum)
max. available power	el.: max. verfügbare Leistung, *f.*
max. compressor performance (e.g. in m³/min): peak compressor performance	max. Verdichterleistung, *f.*
max. operating pressure	max. Betriebsdruck, *m.*
max. permissible concentration, max. permissible limit	Verschmutzung: Höchstgrenze, *f.*
max. permissible concentrations	Grenzkonzentrationen, *f. pl.*
max. permissible pressure, max. allowable pressure	max. zulässiger Betriebsdruck, *m.*
max./min. output	max./min. Leistung (z. B. des Trockners, Kompressors)
maximum allowable/permissible operating pressure	maximal zulässiger Betriebsdruck, *m.*

M

maximum contaminant levels (MCLs)	maximale Schadstoffgehalte, *m. pl.*
maximum efficiency	maximaler Wirkungsgrad, *m.*
maximum grain size	Größtkorn, *n.*
maximum operational reliability	höchste Betriebssicherheit, *f.*
maximum PDP lowering/PDP suppression (Dryers remove water vapour from the air and this lowers its dewpoint, i.e., the temperature at which the moisture in the air will start to condense.)	höchste DTP-Absenkung, *f.*
maximum permissible	höchstzulässig
maximum resistance to corrosion	höchste Korrosionsbeständigkeit, *f.*
maximum shear stress theory (Tresca's) (predicts yielding)	Schubspannungshypothese, *f.*
mean oil content	mittlerer Ölgehalt, *m.*
mean sealing diameter	Druckbehälter: Dichtungsdurchmesser, mittlerer, *m.*
mean stress influence	Materialtest: Mittelspannungseinfluss, *m.*
mean value	Mittelwert, *m.*
means for wall or floor mounting	Wand- und Bodenhalterung, *f.*
measurability	Messbarkeit, *f.*
measurable, detectable	messbar; nachweisbar
measure, record by measurement	messtechnisch erfassen
measure, sense, meter, register, detect, record, cover, determine	erfassen
measured amount	dosierte Menge, *f.*
measured-data transfer	Messwertübertragung, *f.*
measured medium (e.g. residual oil content)	Messmedium, *n.*
measured quantity, quantity to be measured	Messgröße, *f.*
measured value display (e.g. digital or quasi-analogue display of measured values), measured-value display	Messwertanzeige, *f.*
measured value distortion	Messwertverzerrung, *f.*
measured value error	Messwertfehler, *m.*
measured value, measuring value, meter reading	Messwert, *m.*
measurement accuracy (e.g. basic measurement accuracy)	Messgenauigkeit, *f.*
measurement acquisition	Messerfassung, Messwerterfassung, *f.*
measurement air	Messluft, *f.*
measurement and control equipment	Mess- und Regeltechnik, *f.*, Mess- und Steuerungseinrichtungen, *f. pl.*
measurement and control instruments (e.g. industrial measurement and control instruments)	Mess- und Regelinstrumente, *n. pl.*
measurement and control technology, instrumentation and control technology	Mess-, Steuerungs- und Regeltechnik (MST-Technik), *f.*
measurement at any point within the system	Druckluftsystem: ortsunabhängige Messung, *f.*
measurement curve, measured curve	Messkurve, *f.*
measurement filter	Messfilter, *m.*
measurement fluctuations	Schwankungen in der Messung, *f. pl.*
measurement inaccuracy	Messungenauigkeit, *f.*
measurement input	Messeingang, *m.*
measurement/instrumentation sector (Metrology is the science of measuring.)	metrologischer Bereich, *m.*

measurement limit (e.g. upper and lower measurement limit)	Messgrenze, *f.*
measurement log, test log	Messprotokoll, *n.*
measurement of gaseous immissions (gaseous air pollution measurement)	Messen von gasförmigen Immissionen, *n.* (VDI Richtlinie 2451)
measurement of humidity, humidity measurement	Feuchtemessung, *f.*
measurement of particulate matter in flowing gases	Staubmessung in strömenden Gasen, *f.*
measurement plane	Messebene, *f.*
measurement precision	Messpräzision, *f.*
measurement result	Messergebnis, *n.*
measurement technology, measurement technique	Messtechnik, *f.*
measurement time, measuring time, measurement period	Messzeit, *f.*
measurement variance	Messvarianz, *f.*
measuring accuracy	Messsicherheit, *f.*
measuring apparatus, measuring device	Messapparat, *m.*
measuring area	Gebiet: Messbereich, *m.*
measuring cell	Messzelle, *f.*
measuring cell housing	Messzellengehäuse, *n.*
measuring chain	Messkette, *f.*
measuring chamber	Messkammer, *f.*
measuring channel	Messgerät: Messkanal, *m.*
measuring circuit	Messschaltung, *f.*
measuring container	Messcontainer, *m.*
measuring cross-section	Messquerschnitt, *m.*
measuring cuvette	Messküvette, *f.*
measuring cylinder	Messzylinder, *m.*
measuring data	Messdaten, *n. pl.*
measuring data analysis, analysis of measuring data	Messdatenanalyse, *f.*
measuring device, measuring equipment	Messeinrichtung, *f.*
measuring dome	Messdom, *m.*
measuring effect	Messeffekt, *m.*
measuring equipment	Messgeräte, *n. pl.*
measuring error, faulty measurement	Messfehler, *m.*
measuring flow rate	Messvolumenstrom, *m.*
measuring gas cooler	Messgaskühler, *m.*
measuring gas pump	Messgaspumpe, *f.*
measuring gas treatment	Messgasaufbereitung, *f.*
measuring head (e.g. multi-functional measuring head; sensing head)	Sensor: Messkopf, *m.*
measuring inaccuracy	Messwertverfälschung, *f.*
measuring instrument, measuring device, meter (for measuring and recording of units, e.g. gas meter)	Messgerät, *n.*, Messinstrument, *n.*
measuring method, method of measurement, measuring procedure	Messverfahren, *n.*, *siehe* Messtechnik
measuring of differential pressure	Differenzdruckmessung, *f.*
measuring operation, measuring process	Messvorgang, *m.*
measuring period	Messdauer, *f.*
measuring point	Messplatz, *m.*; Messpunkt, *m.*
measuring pole	Messpol, *m.*
measuring principle	Messprinzip, *n.*
measuring probe	Messsonde, *f.* (z. B. Flowmeter)

M

measuring procedure	Messablauf im Einzelnen, *m.*
measuring range	Gerät: Messbereich, *m.*
measuring room	Produktion: Messraum, *n.*
measuring scale, graduated scale	Messskala (z. B. am Instrument), *f.*
measuring scatter band	Messstreubreite, *f.*
measuring section	Messstrecke (z. B. Luftstrom-messung), *f.*
measuring section pipe	Messstreckenrohr, *n.*
measuring sensitivity	Messempfindlichkeit, *f.*
measuring sensor	Messwertaufnehmer, *m.*
measuring sensor system	Mess-Sensorik, *f.*
measuring set-up	Messanordnung, *f.*; Messinstallation, *f.*
measuring signal	Messsignal, *n.*
measuring signal output	Messsignalausgang, *m.*
measuring stability	Messstabilität, *f.*
measuring station	Messstation, *f.*; Luftverschmutzung: Messstelle, *f.*, *siehe* Messpunkt
measuring system, measurement system	Messsystem, *n.*, *siehe* Messgerät
measuring table	Messtisch, *m.*
measuring unit (e.g. mobile measuring unit on rollers)	Messung: Messeinheit, *f.*
measuring valve	Messarmatur, *f.*
measuring van, measuring vehicle, test van	Messfahrzeug, *n.*, Messwagen, *m.*
measuring window (of instrument)	Messfenster, *n.*
mechanical damage	mechanische Beschädigung, *f.*
mechanical dust separation, mechanical dust removal	mechanische Staubabscheidung, *f.*
mechanical effect, mechanical impact, mechanical action	mechanische Einwirkung, *f.*
mechanical efficiency	mechanischer Wirkungsgrad, *m.*
mechanical endurance	mechanische Lebensdauer, *f.*
mechanical engineer	Maschinenbauingenieur, *m.*
mechanical engineering	Fach: Maschinenbau, *m.*
mechanical engineering industry	Maschinenbauindustrie, *f.*
mechanical friction	mechanische Reibung, *f.*
mechanical load(ing), mechanical stress	mechanische Beanspruchung, *f.*, mechanische Belastung, *f.*
mechanical loading	Vorgang: mechanische Belastung, *f.*
mechanical parts	mechanische Teile, *m. pl.*
mechanical parts subject to greater wear and tear	mechanisch stärker beanspruchte Teile, *pl.*
mechanical seal	Gleitringdichtung, *f.*
mechanical stability	mechanische Stabilität, *f.*
mechanical strain	mechanische Verspannung (verformend/deformierend), *f.*
mechanical strength	mechanische Belastbarkeit, *f.*
mechanical stress	mechanische Spannung, *f.*
mechanical stress (resists deformation)	mechanische Verspannung (elastisch), *f.*
mechanical ventilation	mechanische Lüftung, *f.*
mechanically acting	mechanisch wirkend
mechanically moving	mechanisch bewegt
mechanically moving parts	mechanisch bewegte Teile, *n. pl.*
mechanically stable	mechanisch stabil

mechanics, mechanical system	Mechanik, *f.*
mechanism	Mechanismus, *m.*
mechanism of action	Wirkungsmechanismus, *m.*
MEDBAC (medical breathing air control)	MEDBAC
media temperature	Medientemperatur, *f.*
medical compressed air	medizinische Druckluft, *f.*
medical equipment	medizinitechnische Geräte, *n. pl.*; medizinische Geräte, *n. pl.*
medical technology	Medizintechnik, *f.*
medicine packaging	Medikamentenkonfektionierung, *f.*
medium (e.g. cooling medium, fluid)	Medium, *n.* (flüssig oder gasförmig)
medium time lag (MT)	mittelträge (MT)
medium time lag fuse	mittelträge Sicherung, *f.*
medium-sized company	mittelständisches Unternehmen, *n.*
medium-sized enterprises	Mittelstand, *m.*
megapascal (Mpa)	Megapascal (MPA)
melting point (m.p.)	Schmelzpunkt, *m.*
melting process	Abtauvorgang, *m.*
melting range	Schmelzbereich, *m.*
membrane	Drucklufttrocknung: Membrane, *f.* (auch Membran, z. B. Polysulfonmembran)
membrane area	Trockner: Membranfläche, *f.*
membrane dryer	Membrantrockner, *m.*
membrane dryer module	Membrantrockner-Modul, *n.*
membrane drying	Membrantrocknung, *f.*
membrane element	Trockner: Membranelement, *n.*
membrane equilibrium	Membrangleichgewicht, *n.*
membrane fibre	Membranfaser, *f.*
membrane filter	Membranfilter, *m.*
membrane filtration	Membranfiltration, *f.*
membrane layer	Trockner: Membranschicht, *f.*
membrane module	Trockner: Membranmodul, *n.*
membrane surface	Trockner: Membranoberfläche, *f.*
membrane wall	Trockner: Membranwandung, *f.*
memo, memorandum	Aktennotiz, *f.*
memory controller	Memory-Controller, *m.*
mesh density	Filter: Maschendichte, *f.*
mesh size	Feinheit: Mantelsieb, *n.*; Filter: Maschenweite, *f.*
metal casing	metallische Ummantelung (z. B. Heizstab), *f.*
metal connection	metallischer Anschluss, *m.*
metal cutting machine tools (e.g. numerically controlled metal cutting machine tools)	spanende Werkzeugmaschinen, *f. pl.*
metal dust	metallischer Staub, *m.*
metal end cap	metallische Endkappe, *f.*
metal free, without the use of metals	metallfrei
metal jacket	Metallmantel, *m.*
metal oxide	Metalloxyd, Metalloxid, *n.*
metal particles	metallische Partikel, *m. pl.*

M

metal parts	metallische Komponenten, *f. pl.*
metal processing (e.g. scrap metal processing; liquid metal processing), metal working (e.g. metal working tools)	Metallverarbeitung, *f.*
metal processing industry (e.g. steel processing), metal working industry (e.g. sheet metal working industry)	metallverarbeitende Industrie, *f.*
metal screw-on parts	metallische Anschraubteile, *n. pl.*
metal-attacking	metallaggressiv, greift Metall an
metallic contact, metal-to-metal contact	metallischer Kontakt, *m.*
metallically interconnected	el.: galvanisch miteinander verbunden
metallically separated, electrically isolated	el.: galvanisch getrennt
meter cabinet	Zählerschrank, *m.*
meter inspection window	Sichtfenster für Zähler, *n.*
metering apparatus, metering/ dosing equipment, metering unit, dosing device	Dosiereinrichtung, *f.,* Dosierwerk, *n.,* Dosiereinheit, *f.*
metering cycle, dosing cycle	Dosiertakt, *m.*
metering motor	Dosiermotor, *m.*
metering procedure, metering action	Dosiervorgang, *m.*
metering pump	Dosierpumpe, *f.*
metering quantity, dosage	Dosiermenge, *f.*
metering unit	Spaltmittel: Messeinheit, *f., siehe* Dosiereinheit, Dosierer
methane	Methan, *n.*
methanol, methyl alcohol	Methanol, *n.*
method of compressed air drying	Drucklufttrocknungsverfahren, *n.*
method of first choice	Verfahren der ersten Wahl, *n.*
me-too product	Me-too-Produkt, *n.*
mg/L, mg/l (milligrams per litre, also defined as parts per million (ppm))	mg/l, mg/L
microcentrifuge	Labor: Mikrozentrifuge, *f.*
microchip	Mikrochip, *m.*
microcontroller	Mikrocontroller, Mikroregler, *m.*
microdisperse	mikrodispers
microelectronics	Mikroelektronik, *f.*
microfilter	Mikrofilter, *m.*
micronozzle	Mikrodüse, *f.*
microparticulate	mikropartikulär
microplate centrifuge (e.g. in a laboratory)	Mikroplatten-Zentrifuge, *f.*
microporous	mikroporös
microprocessor-controlled	mikroprozessorgesteuert
microvia techniques	Microvia-Technik, *f.*
migration	Wanderung (z. B. Moleküle), *f.*
mild detergent	Haushaltsspülmittel, mildes, *n.*
milk of lime (suspension of slaked lime in water used for flue gas treatment)	Kalkmilch, *f.*
milky phase	Flüssigkeit: milchige Phase, *f.*
milled component	Frästeil, *n.*
milling head	Fräskopf, *m.*
milling machine, miller	Werkzeugmaschine: Fräsmaschine, *f.*
milling spindle	Frässpindel, *f.*
milling, milling operation	Fräsen, *n.*
min. (1. minimum, 2. minute)	min. (minimum)

min/max memory	min/max-Speicher, *m.*
mineral dust deposit	mineralische Ablagerung, *f.*
mineral fibres	Mineralfasern, *f. pl.*
mineral hydrocarbon content	Mineralkohlenwasserstoff-Gehalt, *m.*
mineral oil (e.g. compressor with mineral oil lubrication)	Mineralöl, *n.*
mineral-oil based	auf Mineralölbasis
mineral oil containing	mineralölhaltig
mineral oil hydrocarbons	Mineralölkohlenwasserstoffe, *m. pl.*
mineral oil tax	Mineralölsteuer, *f.*
mineralizer	Mineralisierer, *m.*
miniaturization	Nanotechnologie: Miniaturisierung, *f.*
minimal lubrication	Minimalmengenschmierung, *f.*
minimal space requirements, modest space requirements, space-saving (design)	geringer Platzbedarf, *m., siehe* platzsparend
minimization rule (to minimize adverse impacts)	Minimierungsangebot, *n.*
minimum of friction	minimale Reibung, *f.*
minimum PDP (pressure dewpoint)	minimaler DTP (Drucktaupunkt), *m.*
minimum pressure	Minimaldruck, *m.*
minimum pressure valve (Internal pressure needs to build up before the minimum pressure valve opens.)	Mindestdruckventil, *n.*
minimum requirement	Mindestanforderung, *f.*
minimum wastage (e.g. maximum cost efficiency and minimum wastage), minimized waste	abfallarm
minute (droplets), extremely fine, ultrafine (e.g. ultrafine particles)	feinst
minute, min. (plural: mins)	Minute, Min., *f.*
minute, minimal, very small	kleinst
minutes (of a meeting)	Besprechungsprotokoll, *n.*
mirror channel	Laser: Spiegelkanal, Spiegelgang, *m.*
mirror system	Laser: Spiegelsystem, *n.*
miscibility	Mischbarkeit, *f.*
miscible	mischbar
misinterpretation (e.g. misinterpretation of measurements)	Fehlinterpretation, *f.*
misreading	Ablesefehler durch eine Person, *m.*
mist	Wasser: Nebel, *m.*
mist up, US also: fog up	Fenster: beschlagen
misted-up window panes	beschlagene Fensterscheiben, *f. pl.*
mix in, stir in	einrühren
mixed bed exchanger	Mischbettaustauscher, *m.*
mixed-media filter	Mischfilter, *m.*
mixed temperature	Mischtemperatur, *f.*
mixer drive	Mischerantrieb, *m.*
mixer nozzle	Mischdüse, *f.*
mixing and dosing unit	Misch- und Dosieranlage (z. B. in Lackiererei oder Spritzgussanlage), *f.*
mixing ratio	Mischungsverhältnis, *n.*
mixing zone	Mischraum, *m.*
mixture, fluid	Kondensat: Brühe, *f.*
mixture of substances	Stoffgemisch, *n.*

M

mobile application	mobiler Einsatz, *m.*; mobile Anwendung, *f.*
mobile breathing air system	mobiles Atemluftsystem, *n.*
mobile compressed air system	mobile Druckluftanlage, *f.*
mobile compressor	fahrbarer Kompressor (z. B. Baukompressor), *m.*
mobile filtration plant (e.g. containerised plant)	mobile Filteranlage, *f.*
mobile system for gas analysis, portable system …	mobile Anlage zur Gasanalyse, *f.*
mode	Modus, *m.*
mode of operation	Arbeitsweise, *f.*
model	Modell, *n.*
model, variant, version	Version, *f.*
model calculation	Modellrechnung, *f.*
model range	Modellpalette, *f.*
model setup	Modellanlage, *f.*
modified	abgewandelt
modular extension	modulare Erweiterung, *f.*
modular system	Baukastenlösung, *f.*, Baukastensystem, *n.*
modular system, modular technique	Anreihtechnik, *f.*
modular unit	Baueinheit, *f.*, Modul, *n.*
modularity	Modularität, *f.*
module design	Modulausführung, *f.*
module head	Modulkopf, *m.*
module housing	Modulgehäuse, *n.*
module inlet	Moduleingang, *m.*
module outlet	Modulausgang, *m.*
module performance	Modulleistung, *f.*
module range, module spectrum	Modulspektrum, *f.*
module shell	Membrantrockner: Modulrohr, *n.*
module size	Membrantrockner: Baugröße, *f.*; Modulbaugröße, *f.*
module type	Modultyp, *m.*
modulus of elasticity, Young's modulus	E-Modul, Elastizitätsmodul, *n.*
moist air, moisture-laden air, humid air	feuchte Luft, *f.*
moist compressed air	feuchte Druckluft, *f.*; nasse Druckluft, *f.*
moist, moisture-laden, water-containing	wasserhaltig
moisten, humidify, wet	befeuchten
moistened	angefeuchtet
moistening, wetting	Befeuchtung, *f.*
moisture (water diffused as vapour or condensed), humidity (1. amount of moisture in the air; 2. dampness)	Feuchtigkeit, *f.* *Anmerkung:* "humidity" ist ein abstrakter Begriff z. B. zu Messzwecken; "moisture" bezieht sich auf Flüssigkeit.
moisture absorption	Feuchteaufnahme, *f.*
moisture breakthrough	Feuchtigkeitsdurchbruch, *m.*
moisture-carrying capacity	Aufnahmefähigkeit, Aufnahmekapazität (von Feuchtigkeit in der Luft), *f.*; Feuchteaufnahmefähigkeit, *f.*

moisture compensation	Feuchtigkeitskompensation (z. B. für Messgerät), *f.*
moisture content	Druckluft: Feuchtegehalt, *m.*; Feuchtigkeitsgehalt, *m.*
moisture control	Feuchteregulierung, *f.*
moisture expansion	Feuchteausdehnung, *f.*
moisture gradient	Feuchtegefälle, *n.*
moisture indicator (e.g. colour-change moisture indicator), humidity indicator	Kondensatwarner, *m.*; Feuchteindikator, *m.*; Feuchtigkeitsindikator, *m.*
moisture-laden	mit Feuchtigkeit angereichert, mit Feuchte beladen (z. B. Druckluft)
moisture load	Wasserfracht (z. B. Adsorptionstrockner), *f.*
moisture load, moisture loading	Feuchtigkeitsbelastung, *f.*
moisture meter, hygrometer	Feuchtigkeitsmesser, *m.*, Feuchtigkeitsmessgerät, *n.*, Feuchtemessgerät, *n.*
moisture molecule, water vapour molecule	Wasserdampfmolekül, *n.*
moisture pocket, pocket of moisture	Feuchtenest, *n.*
moisture-reducing	feuchtigkeitsreduzierend
moisture-retention capacity	Aufnahmefähigkeit, Aufnahmekapazität (von Feuchtigkeit in Feststoffen), *f.*
moisture-saturated	gesättigt mit Feuchtigkeit
moisture sensitivity, sensitivity to moisture	Feuchteempfindlichkeit, *f.*
moisture transfer	Membrantrockner: Feuchteaustausch, *m.*; Feuchtigkeitsaustausch, *m.*
mole	Chemie: Mol, *n.*
mole weight (e.g. g/mole)	Molgewicht, *n.*
molecular chain	Molekülkette, *f.*
molecular formula	Chemie: Summenformel, *f.*
molecular sieve	Molekularsieb, *n.*
molecular sieve cartridge	Molekularsieb-Patrone, *f.*
molecular volume	molares Volumen, *n.*
momentary condensate quantity	momentane Kondensatmenge, *f.*
momentary throughput	momentaner Durchfluss, *m.*
monitor and control	steuern und überwachen
monitor filter	Polizeifilter, *m.*
monitoring	Überwachung, *f.*
monitoring centre	zentrale Überwachung, *f.*
monitoring circuit	el.: Überwachungsschaltkreis, *m.*
monitoring measures	Überwachungsmaßnahmen, *f. pl.*
monitoring of operating states	Betriebszustandsüberwachung, *f.*
monitoring of performance/functions	Funktionsüberwachung, *f.*
monitoring of splitting agent	Spaltmittelüberwachung, *f.*
monitoring parameters	Kontrollparameter, *m. pl.*
monitoring programme (EDV: program)	Monitoringprogramm, *n.*
monitoring system	Überwachungssystem, *n.*; Überwachungseinrichtung, *f.*
monitoring the purity	Reinheitsüberwachung (z. B. von Atemluft), *f.*
monobloc battery	Blockbatterie, *f.*

M

monobloc casting, single casting	Guss, *m.*, aus einem Guss
more or less the same	annähernd gleichviel
motion control	Bewegungssteuerung, *f.*
motion diagram	Bewegungsdiagramm, *n.*
motor	elektrischer Motor, *m.*
motor carriage	Elektromotor: Motorschlitten, *m.*
motor circuit-breaker	el.: Motorschutzschalter, *m.*
motor oil	Motorenöl, *n.*
motor output, motor power output	el.: Motorabgabeleistung, *f.*
motor shaft	el.: Motorwelle, *f.*
motor short circuit	el.: Motorkurzschluss, *m.*
motor short circuit protection	Motorkurzschlussschutz, *m.*
motor spindle	el.: Motorspindel, *f.* (z. B. Werkzeug-maschinen)
motor supply cable	el.: Motorzuleitung, *f.*
motor switch armature	Elektromotor: Motorwippe, *f.*
motor terminal box	el.: Motorklemmenkasten, *m.*
motor windings (e.g. compressor motor windings)	el.: Motorwicklung, *f.*
mould length	Formen: Werkzeuglänge, *f.*
mould maker	Gussformen: Formenbauer, *m.*
mould wall	Blasformen: Werkzeugwand, *f.*
mould water, *pl.* mould waters	Plastikherstellung: Abdruckwasser, *n.*
mould, moulding tool	Werkzeug: Form, Gussform, Press-form, *f.*
moulded material (US: molded)	Formstoff, *m.*
moulding	Plastik: Formgebung, *f.*
moulding, moulded part	Formteil, Formstück, *n.*
moulding tool (e.g. injection moulding tool)	Formwerkzeug, *n.*
mount	Linse: Fassung, *f.*
mounting (e.g. mounting of components on printed circuit board)	Bestückung, *f.*
mounting and fixing	Verlegen und Befestigen (z. B. Heiz-band)
mounting bracket (e.g. wall mounting bracket)	Montagebügel, *m.*
mounting clamp	Befestigungsschelle, *f.*
mounting dimensions, installation dimensions	Einbaumaße, *n. pl.*
mounting elements, fastener, fixing system, holding device	Halterung, Haltevorrichtung, *f.*
mounting feet	Befestigungsfüße, *m. pl.*
mounting hole	Befestigungsloch, *f.*
mounting kit	Anschlusseinheit, *f.*
mounting plate	Montageplatte, *f.*
mounting plate, mounting bracket, support	Befestigungselement, *n.*
mounting plate, receiving plate	Aufnahmeplatte, *f.*
movable, turnable, rotatable	drehbar
movement	Beweglichkeit, *f.*
movement range	Schwenkbereich, *m.*
moving bed adsorber, mobile bed adsorber	Wanderbettadsorber, *m.*
moving parts	bewegliche Teile, *n. pl.*
MSL (mean sea level)	NHN (Normalhöhennull), frühere Bezeichnung N.N. (Normalnull)

MSL (mean sea level)	NN
MT (machine tool)	WZM (Werkzeugmaschine)
MTBF (mean time between failures)	MTBF
MTBF determination	MTBF-Bestimmung, *f.*
multi-chamber measuring gas cooler	Mehrkammermessgaskühler, *m.*
multicomponent adhesive	Mehrkomponentenkleber, *m.*
multicomponent paint	Mehrkomponentenlack, *m.*
multifunction valve	Multifunktionsventil, *n.*
multifunctional	multifunktional
multi-layer filter	Etagenfilter, *m.*
multi-layered	mehrschichtig
multiple adapter	Mehrfachadapter, *m.*
multiple condensate inlet	multipler/mehrfacher Kondensatzulauf, *m.*; multipler Kondensateingang, Kondensateinlass, Kondensateintritt, *m.*
multiple element heating cartridge	Mehrstab-Heizpatrone, *f.*
multiple end connection	Mehrfachknotenpunkt, *m.*, *siehe* Verteilerdose
multiple filtered	mehrfach verfiltert
multiple sampling	Mehrfachprobennahme, *f.*
multistage compressor (e.g. axial flow multistage compressor; single and multistage compressors; multistage axial compressor)	mehrstufiger Kompressor, mehrstufiger Verdichter, *m.*
multistage filter	Stufenfilter, *m.*
multistage filtration	mehrstufige Filtration, *f.*
multistage process	mehrstufiges Verfahren, *n.*
multitude of openings	Vielzahl von Öffnungen, *f.*
multiway switch	Mehrwegschalter, *m.*
municipal utilities, utility corporation	Stadtwerke, *pl.*
must be ordered separately, not included in delivery	nicht im Lieferumfang enthalten
mutually beneficial customer relations	partnerschaftliche Kundenbeziehungen, *f. pl.*
mutually soluble	ineinander löslich

M

N/A (not available)	n.e. (nicht erhältlich)
nail driver	Nagler, *m.*
Namur interface	Namurschnittstelle, *f.*
Namur interface valve	Namurschnittstellenventil, *n.*
nano filter (or: nanofilter)	Nanofilter, *m.*
nano filter element	Nanofilterelement, *n.*
nanotechnology	Nanotechnologie, *f.*
narrow (verb)	verengen
narrowing	Verengung, *f.*
national regulations	nationale Bestimmungen, *f. pl.*
national technical approval (e.g. issued by the Deutsches Institut für Bautechnik ("German Institute of Construction Engineering")); also: general technical approval	allgemeine bauaufsichtliche Zulassung (abZ), *f.*
natural clay	natürliche Tonerde, *f.*
natural gas	Erdgas, *n.*
natural gas production facilities	Erdgasförderungsanlagen, *f. pl.*
natural gas production station	Erdgasförderstation, *f.*
natural sciences	Naturwissenschaften, *f. pl.*
NBR (nitrile-butadiene rubber)	NBR
NC normally closed	el.: NC
nebulize (liquid turning into a fine spray), vaporize (liquid or solid changing into vapour)	zerstäuben
need for action	Handlungsbedarf, *m.*
need for argumentation	Argumentationsbedarf, *m.*
needle valve	Nadelventil, *n.*
needlefelt drainage	Nadelfilzdrainage, *f.*
needlefelt drainage layer	Nadelfilzdrainage (Schicht), *f.*
needlefelt layer for fine drainage	Feindrainageschicht aus Nadelfilz, *f.*
needlefelt, needle felt	Nadelfilz, *m.*
negative feedback	Gegenkopplung, *f.*
negative pole	Minuspol, *m.*
negative pressure, partial vacuum (e.g. "A light bulb contains a partial vacuum."), underpressure (e.g. of a filter), vacuum	Unterdruck, *m.*
neglect	vernachlässigen
negligible	vernachlässigbar
neighbouring channel, adjacent channel, adjacent duct	Nachbarkanal, *m.*

nephelometer	Streulichtmessgerät, *n.*, Streulicht-photometer, *m.*
nephelometry (scattered light measurement of particles measured in nephelometric turbidity units (NTU)	Streulichtmessung, *f.*
net weight	Nettogewicht
netting	Netzgewebe (z. B. für Filter), *n.*
network (e.g. compressed air network; dry compressed air supplied at the inlet to the compressed air network)	Druckluft: Netz, *n.*
network concept, network layout	Netzkonzept, *n.*
network elements	Netzkomponenten, *f. pl.*
network of sales partners	Vertriebspartnernetz, *n.*
network pressure	Netzdruck, *m.*
neutral (conductor), neutral conductor (N)	el.: Nullleiter (N), *m.*, Neutralleiter, *m.*
neutral pH range	neutraler pH-Bereich, *m.*
neutral position, de-energized position	el.: Relais: Ausgangsstellung, *f.*
neutrality of taste and odour, taste and odour neutrality	Geschmacks- und Geruchs-neutralität, *f.*
new plant, new facility	Neuanlage, *f.*
next coarser grade	Filter: gröbere Stufe, *f.*
next lower value	nächstkleinerer Wert, *m.*
nickel-plated	vernickelt
nitric acid	Salpetersäure, *f.*
nitrile rubber (NBR)	Nitril-Kautschuk (NBR), *m.*
nitrogen	Stickstoff, *m.*
nitrogen (gas) supply	Stickstoffzufuhr, *f.*
nitrogen atmosphere	Stickstoffatmosphäre, *f.*
nitrogen consumption	Stickstoffverbrauch, *m.*
nitrogen content	Stickstoffanteil, *m.*
nitrogen cylinder, nitrogen gas cylinder	Stickstoffflasche, *f.*
nitrogen deep-cooling system	Stickstoff-Tiefkühlsystem, *n.*
nitrogen dioxide	Stickstoffdioxid, *n.*
nitrogen extraction	Stickstoffgewinnung, *f.*
nitrogen extraction (e.g. using a low-selective membrane)	Stickstoffaufkonzentrierung, *f.*
nitrogen gas	Stickstoffgas, *n.*
nitrogen generator (e.g. compressed air based nitrogen generator)	Stickstoffgenerator, *m.*, Stickstoff-erzeugungsanlage, *f.*
nitrogen liquefaction	Stickstoffverflüssigung, *f.*
nitrogen membrane	Stickstoff-Membrane, *f.*
nitrogen monoxide	Stickstoffmonoxid, *n.*
nitrogen oxide	Stickoxid, *n.*
nitrogen producer	Stickstofferzeuger, *m.*
nitrogen production, production of nitrogen	Stickstoffherstellung, -produktion, *f.*
nitrogen purity	Stickstoffreinheit, *f.*
nitrogen rinsing	Stickstoffspülung, *f.*
nitrogen technology	Stickstofftechnik, *f.*
nitrogenous gas	nitrogenes Gas, *n.*
nitrosamine	Nitrosamin, *n.*
nitrous gas	nitroses Gas, *n.*
NM	Nm (Newtonmeter)

Nm³/h (normal or standard cubic metres/h)	Durchflussmessung: Nm³/h (Norm-kubikmeter/h)
no more filter volume available	Filtervolumen erschöpft
NO normally open	NO
noble gas, rare gas, inert gas	Edelgas, *n.*
noise control, noise protection, sound insulation, sound proofing, acoustic insulation	Schallschutz, *m.*
noise damping	Geräuschdämpfung, *f.*
noise generation, noise level	Geräuschentwicklung, *f.* (Geräusch-pegel)
noise level	Geräuschpegel, *m.*; Lärmpegel, *m.*
noise level, background noise level	Rauschpegel, *m.*
noise nuisance	Lärmbelästigung, *f.*
noise protection measures	Schallschutzmaßnahmen, *f. pl.*
noise reduction chamber	Geräuschdämpfungskammer, *f.*
noise-free, noiseless, soundless, absolutely quiet	geräuschfrei, geräuschlos
no-load compensation	Leerlaufentlastung, *f.*
no-load condensate drain	Leerlastableiter, *m.*
no-load control	Leerlaufregelung (z. B. Verdichter), *f.*
no-load discharge	Leerlastableitung (LA), *f.*
no-load operation	lastfreier Betrieb, *m.*; Leerlast-betrieb, *m.*
no-load operation, idling (compressor)	Nulllast, *f.*, Leerlauf, *m.*
no-load period	Leerlaufzeit, *f.*
no-load phase	Leerlaufphase, *f.*
no-load valve	Leerlastventil, *f.*
no-load voltage	el.: Leerspannung; Motor: Leerlauf-spannung, *f.*
no-loss (e.g. no-loss condensate drain)	verlustfrei
nominal	nominell
nominal conditions	Nennbedingungen, *f. pl.*
nominal diameter (DN)	Nennweite (NW) für Rohre DN (z. B. Rohr DN 2000), *f.*
nominal length	z. B. Rohr: Nennlänge, *f.*
nominal operating conditions, rated conditions	Nennbetriebsbedingungen, *f. pl.*
nominal performance (e.g. nominal drying performance), nominal capacity	Nennkapazität (Gerät Anlage), *f.*
nominal performance level	Nennleistungspunkt, *m.*
nominal performance value	Nennleistungspunkt, *m.* (z. B. eines Kompressors)
nominal pipe size (NPS)	Nennrohrgröße, *f.*
nominal power (e.g. range of compressors with nominal power from 4 kW to 250 kW), nominal output, nominal capacity	el.: Nennleistung, *f.*, *siehe* Leistung
nominal pressure	Nenndruck, *m.*
nominal throughput (e.g. in l/h)	Durchsatznennleistung, *f.*
nominal value	Nominalwert, *m.*
nominal volumetric flow	Nennvolumenstrom, *m.*
nominal width	Nennweite (NW), *f.*
nomogram	Nomogramm, *n.*

N

non-aggressive	nicht aggressiv
non-chlorinated	nicht chloriert
non-circulating lubrication	Verlustschmierung, *f.*
non-contact measurement	berührungsloses Messen, *n.*
non-corrodible	unkorrodierbar
non-corroding, non-corrosive	nicht korrodierend
non-critical application	nicht kritische Anwendung, *f.*
non-delayed	verzögerungsfrei
nondestructive materials testing	nichtzerstörende Materialprüfung, *f.*
non-dischargeable (e.g. non-dischargeable wastewater)	nicht einleitfähig
non-electrical component	nicht-elektrisches Bauelement, *n.*
non-emulsified	nicht-emulgiert
non-emulsifying	nicht-emulgierend
non-ferrous metal	Nichteisenmetall, *n.*
non-ferrous metal industry	Nichteisenmetallindustrie, *f.*
non-flexible	unflexibel (z. B. Material)
non-hazardous product	nicht gefährliches Produkt, *n.*
non-leachable	auslaugbeständig
non-linearity	Nichtlinearität, *f.*
non-lint (e.g. non-lint cloth)	nicht fasernd
non-lubricated compressor	Trockenlaufverdichter, *m.*
non-mechanical, without moving parts	mechanikfrei
non-molecular	nicht-molekular
non-moving air	stehende Luft, *f.*
non-observance	Nichtbeachtung, *f.,* Nichtbeachten, *n.*
non-observance of a duty	Verletzung einer Obligenheit, *f.*
non-oil aerosols	ölfreie Aerosole, *n. pl.*
non-original components, components from third-party suppliers	nicht-originale Bauteile, *n. pl.*
non-original filter, filter of a different make, different make of filter	Fremdfilter, *m.*
nonperformance of contract	Nichterfüllung des Vertrags, *f.*
non-permissible, unacceptable, unauthorized	unzulässig
non-polarized	el.: ungepolt
non-polluted area	Verschmutzung: nicht belasteter Bereich, *m.*
non-polluting (e.g. non-polluting source of energy)	keine Schadstoffquelle, *f.*
non-portable	nicht tragbar
non-return valve block	Rückschlagventilblock, Rückschlag-Ventilblock, *m.*
non-return valve, check valve	Rückschlagventil, *n.*
non-separable, cannot be separated	nicht trennbar; untrennbar (Emulsion)
non-standard application	Nicht-Standard-Anwendung, *f.*
non-standard operating conditions	nicht nach Standard
non-sterile (e.g. non-sterile production area)	unsteril
non-toxic	ungiftig
non-wearing, wear and tear free, without any parts subject to wear, without wearing parts	verschleißfrei
nonane	kettenförmiger Kohlenwasserstoff: Nonan, *n.*
normal mode of operation	Betrieb: Normalmodus, *m.*

normal operating conditions, operating under	Funktionszustand, *m.*, im normalen
normal conditions	Funktionszustand
normal operation, normal duty	Normalablauf, *m.*
normal operation, normal operating conditions, operation under normal conditions	Normalbetrieb, *m.*
normal or standard cubic metres/h (Nm³/h)	Durchflussmessung: Normkubikmeter, *m.*
normal volume (Measured at normal temperature and pressure conditions defined as 0 °C at 1 bar absolute pressure, used particularly in the US.)	Normalvolumen, *n.*, *siehe* Normvolumen
normal working hours	Regelarbeitszeit, *f.*
normally dimensioned	normal ausgelegt
normally flammable	normal entflammbar
not applicable (n.a.)	nicht anwendbar, nicht zutreffend
not available	nicht verfügbar
not available, cannot be supplied	nicht lieferbar
not functioning correctly, not working correctly, malfunctioning, disturbed, not in order, out of order	gestört
not included in delivery	gehört nicht zum Lieferumfang
not listed	nicht eingetragen
not marked on display	auf Display nicht gezeichnet
not measurable, unmeasurable	nicht messbar
not susceptible to faults, safe	störungssicher
not under mechanical load	mechanisch unbelastet
not very distinct, vague	schwach ausgeprägt
notched impact strength	Kerbschlagzähigkeit, *f.*
note (e.g. safety pictogram)	Hinweis, *m.*
note, memo(randum)	Notiz, *f.*
note, take notice	Hinweis, *m.*
notes and rules	Bedienungsanleitung, *f.*
notes concerning application	Einsatzhinweise, *m. pl.*
notes on installation and maintenance	Montage- und Wartungshinweise, *m. pl.*
notification by the customer	Meldung durch den Kunden, *f.*
notification of changes	Änderungsanzeige, *f.*
notified body (e.g. ID number of notified body (NB)), designated body	benannte Stelle, *f.*
noxious gas	Schadgas, *n.*: giftig oder schädlich
noxious gas leak	Schadgasaustritt, *n.*: giftig oder schädlich
nozzle, jet	Düse, *f.*
nozzle bore	Düsenquerbohrung
nozzle diameter	Düsendurchmesser
nozzle injection	eindüsen
nozzle outlet	Düsenausgang
NPN output (open collector transistor)	el.: NPN-Ausgang, *m.*
NPT (US: National Pipe Taper)	Gewinde: NPT
NPT thread	NPT-Gewinde, *f.*
nuisance due to offensive odour, odour nuisance (e.g. cause an odour nuisance to the neighbourhood)	Geruchsbelästigung, *f.*

N

number of load cycles	Lastspielzahl, *f.*
number of stages (e.g. multistage pump)	Stufenanzahl, *f.*
numerical value	Zahlenwert, *m.*
nut	Mutter, *f.*; Schraubenmutter, *f.*
nutrient	Nährstoff, *m.*

O

obligation to furnish the necessary proof	Beweisschuld, *f.*
observe, comply with, adhere to	beachten
obstacle to flow	Strömungshindernis, *n.*
obstruction	Hindernis (z. B. in einem Rohr), *n.*
OC output (OC = operating curve)	O.C. Ausgang, *m.*
occupational exposure, exposure of employees whilst at work	Exposition der Arbeitnehmer, *f.*; Arbeitsplatzexposition, *f.*
occupational group	Berufsgruppe, *f.*
occupational hygiene	Arbeitshygiene, *f.*
occupational safety, labour safety	Arbeitssicherheit, *f.*
occurrence, presence	Auftreten, *n.*
octane	Oktan, *n.*
odorous substance, odorant	Geruchsstoff, *m.*
odour carrier	Geruchsträger, *m.*
odour control, elimination of disagreeable odours	Geruchsbekämpfung, *f.*
odour emissions	Geruchsemissionen, *pl.*
odour loading	Geruchsbeladung, *f.*
odour nuisance in the neighbourhood	Nachbarschaftsbelästigung durch Gerüche, *f.*
odour reduction	Geruchsminderung, *f.*
odour threshold	Geruchsschwelle, *f.*
odour unit (OU)	Geruchseinheit (GE), *f.*
odour, smell	Geruch, *m.*
odour-free air	geruchsfreie Luft, *f.*
OECD Code	OECD-Code
OEM (original equipment manufacturer); plural: OEMs	OEM
OEM customer	OEM-Kunde, *m.*
OEM product	OEM-Produkt, *n.*
OEM version, OEM design	OEM-Ausführung, *f.*
off centre	außermittig
off-line cleaning	Offline-Abreinigung, *f.*
off-position (e.g. "go into off-position")	el.: Ruhezustand, *m.*
off position, de-energized	el.: potenzialfreier Umschaltkontakt: Ruhe, *f.*
offence against the environment (e.g. "The company was fined for an offence against the environment.")	Umweltsünde, *f.*
offensive (e.g. offensive odour)	belästigend

offer	Angebot, *n.*
offer library	Angebotsbibliothek, *f.*
offer phase	Angebotsphase, *f.*
official mark of conformity	amtliches Prüfzeichen, *n.*
officially approved	amtlich zugelassen
offset (e.g. offset by 180 degrees)	versetzt
offset, offset printing	Offsetdruck, *m.*
ohm (unit of electric resistance)	Ohm, *n.*
ohmic resistance	ohmscher Widerstand, *m.*
oil absorption	Ölabsorption, *f.*
oil adsorption	Öladsorption (z. B. angelagert an der Oberfläche von Aktivkohle), *f.*
oil-adsorption capacity	Adsorptionskapazität für Öl, *f.*
oil aerosols	Ölaerosole, *n. pl.*
oil and dirt particles (e.g. "Oil and dirt particles will eventually foul the filter.")	Öl- und Schmutzbestandteile, *pl.*
oil and filter change	Öl- und Filterwechsel, *m.*
oil application, oiling	Ölauftrag, *m.*
oil binder, oil binding agent	Ölbindemittel, *n.*
oil-binding	ölbindend
oil-binding capacity	Aufnahmevermögen für Öl, *n.*
oil breakthrough (e.g. safety feature against oil breakthrough)	Filter: Öldurchbruch, *m.*
oil-carrying	öltragend
oil carryover (e.g. "A low carryover compressor that allows relatively little oil to get into the compressed air system.")	Öleintrag (Kompressor), *m.*
oil carryover, oil entrained in the compressed air	mitgerissenes Öl, *n.*; Ölgehalt (in der Druckluft mitgerissen), *m.*
oil change, changing the oil	Ölwechsel, *m.*
oil-change interval	Ölwechselintervall, *n.*
oil check	Ölprüfung, *f.*
oil check indicator, oil indicator	Ölprüfindikator, *m.*
oil collector, oil can, oil collection container	Auffangbehälter für Öl, *m.*; Ölkanister, *m.*; Ölauffangbehälter, *m.*, Ölauffangkanister, *m.*
oil collector replacement	Ölauffangbehälter: Behälterwechsel, *m.*
oil collector set	Ölauffangset, *n.*
oil concentration (e.g. oil concentration limits), oil residues	Ölanteil, *m.*
oil constituents	Ölbestandteile, *m. pl.*
oil consumption	Ölverbrauch, *m.*
oil-contaminated, oil-containing, oily	ölhaltig (z. B. Kondensat)
oil contamination, oil pollution	Öleintrag in Gewässer, *m.*
oil content, oil concentration	Ölgehalt (z. B. der Druckluft), *m.*
oil content, oil concentration, oil fraction (e.g. volatile oil fraction of a substance; distillation to separate a mixture into fractions), oil part	Ölanteile, *n. pl.*
oil control monitoring system (residual oil monitoring)	Oil-Control-Überwachungssystem
oil control real-time measuring system	Echtzeit-Messsystem Oil Control, *n.*
oil corporation	Erdöl-Konzern, *m.*

oil deposit, oil coating	Ölbelag, *m.*
oil differential pressure	Öldifferenzdruck, *m.*
oil-differential pressure switch	Öldifferenzdruckschalter, *m.*
oil dip stick (e.g. for engine oil)	Ölmessstab, *m.*
oil discharge	Ölaustrag (z. B. des Kompressors), *m.*
oil discharge function	Ölablauffunktion, *f.*
oil discharge pipe	Ölablaufrohr, *n.*
oil discharge valve	Ölablassventil, Ölablaufventil, *n.*
oil droplets (e.g. fine oil droplets)	Öltröpfchen, *n.*
oil feed pump	Ölförderpumpe, *f.*
oil film, oil layer	Ölfilm, *m.*
oil filter, oil removal filter	Ölfilter, *m.*
oil fragments	Öl-Bruchstücke, *m. pl.*
oil-free compressed air	ölfreie Druckluft, *f.*
oil-free compressor	ölfreier Kompressor, *m.*
oil-free operating compressor	ölfrei verdichtender Kompressor, *m.*
oil-free purified	ölfrei gereinigt
oil-free, aggressive condensate	ölfreies aggressives Kondensat, *n.*
oil-free, free from oil	ölfrei
oil-injected (e.g. oil-injected compressor)	öleingespritzt
oil injection cooling	Öleinspritzkühlung (z. B. für Schraubenverdichter), *f.*
oil inlet concentration	Öleingangskonzentration, *f.*
oil-in-water emulsion	Öl-in-Wasser-Emulsion, *f.*
oil-laden	ölgeschwängert
oil layer	Ölauflage, *f.*
oil lifetime	Öl-Lebensdauer, *f.*; Ölstandzeit, *f.*
oil load, oil contamination	Ölbelastung (z. B. des Filters), *f.*
oil load, oil loading	Ölbeladung (z. B. Filter:), *f.*
oil-lubricated (e.g. oil-lubricated bearings, oil-lubricated compressor)	ölgeschmiert
oil mist lubrication	Ölnebelschmierung, *f.*
oil mist particles	Ölnebelpartikel, *m. pl.*
oil mist, oil vapour (US: oil vapor)	Ölnebel, *m.*
oil mixture	Ölmischung, *f.*
oil outlet, oil discharge point, oil outlet line	Ölauslauf, *m.*
oil outlet, oil discharge, oil discharge point	Ölablass, *m.*, Ölabfluss, *m.*
oil overflow edge	Ölüberlaufkante, *f.*
oil overflow ring	Ölüberlaufring, *m.*
oil overflow, oil overflow system	Ölüberlauf, *m.*
oil particles, oil parts (e.g. free oil parts)	Ölpartikel, *m. pl.*, Ölteilchen, *n. pl.*
oil phase (free oil) (e.g. floating oil phase on the water surface)	Ölphase (z. B. in Form von Tröpfchen), *f.*
oil preseparation	Ölvorabscheidung, *f.*
oil pressure	Öldruck, *m.*
oil pressure switch	Öldruckschalter, *m.*
oil production	Erdölförderung, *f.*
oil-proof (e.g. oil-proof gloves)	ölundurchlässig (kann nicht hinein)
oil-reacting	ölabgestimmt (s. wasserabgestimmt)
oil refinery	Erdölraffinerie, *f.*
oil refining	Erdölverarbeitung, *f.*

O

oil-repellent	ölabweisend
oil removal, oil separation (e.g. oil/water separation, air/oil separation)	Entölung, *f.*
oil residues, residual oil	restliche Ölanteile, *m. pl.*
oil-resistant coating	ölfester Anstrich, *m.*
oil-resistant paint, paint resistant to oil	ölfeste Farbe, *f.*
oil retention	Ölrückhalt, *m.*, Ölzurückhaltung, *f.* (z. B. von Filtern); Filter: Ölaufnahme, *f.*, *siehe* Öladsorption, Ölabsorption
oil retention capacity	Ölaufnahmevermögen, *n.*
oil-saturated, oil-impregnated	ölgesättigt; ölgetränkt
oil separation	Ölabscheidung, *f.*
oil separation cartridge	Ölabscheidepatrone, *f.*; Entöler-Patrone, *f.*
oil separation facility	Ölabscheidevorrichtung, *f.*
oil separation facility (e.g. air/oil separation facility), oil separator	Öltrennanlage, *f.*; Entöler, *m.*; Ölabscheider, *m.*
oil skimming	Ölphasenabschöpfung, *f.*
oil solenoid valve	Ölmagnetventil, *n.*
oil splitting	Ölabspaltung, *f.*
oil stain	Ölfleck, *m.*
oil sump heating	Ölsumpfheizung, *f.*
oil-tight (e.g. oil-tight couplings)	ölundurchlässig (kann nicht hinaus)
oil valve	Ölventil, *n.*
oil vapour adsorption (e.g. on activated carbon filter)	Öldampfadsorption, *f.*
oil vapour adsorption (on activated carbon)	Ölnebeladsorption, *f.*
oil vapour content	Öldampfanteil, *m.*; Ölnebelgehalt, *m.*
oil vapour content/concentration	Öldampfgehalt, *m.*
oil vapour filter	Ölnebelfilter, *m.*
oil vapour formation	Öldampfbildung, *f.*
oil vapour separation	Öldampfabscheidung, *f.*
oil vapour, oil mist	Öldampf, *m.*
oil-water bond	Öl-Wasser-Bindung, *f.*
oil-water emulsion	Öl-Wasser-Emulsion, *f.*
oil-water interface	Grenzfläche Öl-Wasser, *f.*
oil-water mixture, oil/water mixture	Öl-Wasser-Gemisch, *n.*
oil-water separation system	Öl-Wasser-Trennsystem, *n.*
oil-water separation, oil/water separation	Öl-Wasser-Trennung, *f.*
oil-water separator, oil/water separator	Öl-Wasser-Trenner, *m.*
oil-water unsaturated	öl- und wasserungesättigt
oiler, lubricator	Öler, *m.*
oily	ölig
oily concentrate	ölhaltiges Konzentrat, *n.*
old contaminations, waste legacy of the past	Altlasten, *f. pl.*
oleophilic, "oil-loving"	oleophil (ölbindend, ölaufnehmend)
olfactometric	olfaktometrisch
olfactometry	Olfaktometrie, *f.*
omit, exclude, discount, drop, discontinue	entfallen
on a long-term basis, permanently	Dauer, auf D., *f.*
on all sides	allseitig

on behalf of Mr X	Auftrag, im Auftrag von
on-board hydraulics	Schiffshydraulik, *f.*
on both sides	beidseitig
on-line cleaning	Online-Abreinigung, *f.*
on-line equipment	Online-Geräte, *m. pl.*
on-load hour	Verdichter: Laststunde, *f.*
ON/OFF	EIN/AUS
on-off switch	Ein-Aus-Schalter
on request	auf Wunsch/Verlangen
on site, on the spot, local, at the place of installation	vor Ort
on the air side	luftseitig
on-site analysis	Vor-Ort-Analyse, *f.*
on-site disposal (waste disposal)	Entsorgung vor Ort, *f.*
on-site instructions (e.g. "The installation includes on-site instructions.")	Einweisung vor Ort
on-site test	Prüfung vor Ort, *f.*
on-site treatment	Aufbereitung vor Ort, *f.*; Vor-Ort-Aufbereitung, *f.*
on the compressed air side (of the system)	druckluftseitig
on the connection side, at the connection end	anschlussseitig
on the design side, on the design engineer's side	entwicklungsseitig
on the inlet side	eingangsseitig
on the outlet side	ausgangsseitig
on the part of the customer, by the customer, to be provided/carried out by the customer	bauseitig, bauseits
on the refrigerant side	kältemittelseitig
on the suction side	saugseitig
on the valve side	ventilseitig
on the water side (as against: on the air side)	wasserseitig
oncoming	auftreffend
oncoming flow (e.g. alignment of the turbine blades to the oncoming flow)	auftreffende Anströmung, *f.*
one size larger/bigger	nächstgrößte
one-way adsorption dryer	Einweg-Adsorptionstrockner, *m.*
one-way cartridge	Einwegkartusche, *f.*
ongoing project	laufendes Projekt, *n.*
open bonnet shield pipe jacking under compressed air	Bauwesen: Rohrvortriebstechnik mit offenem Haubenschild unter Druckluft, *f.*
open-circuit alarm device	Arbeitsstrom-Alarmgerät
open/close	Ventil schalten
open-collector output	Signal: Open-Collector-Ausgang, *m.*
open-end spanner	Maulschlüssel, *m.*
open-ended spanner	Gabelschlüssel, *m.*
open filter (gravity filter)	offener Filter, *m.*
open for pressure relief	Ventil druckentlasten
open headphones	offener Kopfhörer, *m.*
open mould spraying	Formspritzen (z. B. für PUR), *n.*
open or close, operate	Ventil manuell betätigen
open-pored	offenporig

O

open-pored aluminium oxide sensor	offenporiger Aluminiumoxid-Sensor, *m.*
opening	Ablauf in Filtersack, *m.*
opening cross-section	Öffnungsquerschnitt, *m.*
opening cycle	Öffnungszyklus, *m.*
opening pressure	Ventil: Öffnungsdruck, *m.*
opening time	Öffnungszeit (z. B. des Ventils), *f.*
opening, cutout, hole	Aussparung, *f.*
operate in series	in Reihe betreiben
operate in the switching mode, Ventil: keeps opening	takten
operate under dry conditions	trocken betreiben
operate, control	bedienen
operate, run, use	betreiben
operated separately	einzeln betreiben
operating company	Betreibergesellschaft, *f.*
operating conditions	Arbeitszustand, *m.*; Betriebs-bedingungen, *f. pl.*
operating conditions, field service conditions	Einsatzbedingungen, *pl.*
operating conditions, operating parameters	Betriebsbedingungen, *f. pl.*
operating cost analysis	Betriebskostenanalyse, *f.*
operating cost comparison	Betriebskostenvergleich, *m.*
operating costs, running costs	Betriebskosten, *pl.*
operating current	Betriebsstrom, *m.*
operating cycle	Laufzyklus, *m.*; Schaltzyklus, *m.*
operating cycle, cycle of operation	Betriebszyklus, *m.*
operating data, working data, operating parameters	Betriebswerte, *m. pl.*; Betriebsdaten, *f. pl.*
operating days	Betriebstage, *m. pl.*
operating equipment, operating input, operating resources	Betriebsmittel, *n. pl.*
operating error, handling error, maloperation (e.g. minor incident made worse by maloperation)	Betriebsfehler, *m.*; Fehlbedienung, *f.*
operating facilities	Betriebseinrichtungen, *f. pl.*
operating flow rate	Betriebsvolumenstrom, *m.*
operating hour, hour run	Betriebsstunde, *f.*
operating hours, op.h	Arbeitsstunden (Maschine), *f. pl.*; Betriebsstunden (BSt., Bh), *f. pl.*
operating independently	selbstständig arbeitend
operating instructions	Bedienungsanleitung, *f.*; Bedienanlei-tung, *f.*
operating light	Betriebsleuchte, *f.*
operating load cycle number	Betriebslastspielzahl, *f.*
operating log (log book)	Betriebsbuch, *n.*
operating manual	Handbuch: Bedienungsanleitung, *n.*, Betriebsanleitung, *f.*; Betriebshand-buch, *n.*
operating material	Betriebsstoff, *m.*
operating method, type of operation	Betriebsweise, *f.*
operating mode	Betriebsart, *f.*; Betriebsmodus, *m.*
operating parameters	Betriebsparameter, *pl.*
operating period	Betriebsdauer, *f.*

operating permit	Betriebsgenehmigung (z. B. für einen Abfallverbrennungsofen), *f.*
operating personnel, operator	Bedienpersonal/Bedienungs-personal, *n.*; Betriebspersonal, *n.*
operating phase	Betriebsphase, *f.*
operating point	Arbeitspunkt, *m.*
operating pressure, working pressure	Betriebsüberdruck, *m.*; Betriebsdruck, *m.*
operating principle, functional principle	Arbeitsprinzip, *n.*; Wirkprinzip, *n.*; Funktionsprinzip, *n.*
operating principle, process principle	Verfahrensprinzip, *n.*
operating result, production result	Betriebsergebnis, *n.*
operating state	Betriebszustand, *m.*
operating switch	Betriebsschalter, *m.*
operating temperature, working temperature	Einsatztemperatur, Betriebs-temperatur, *f.*
operating time, ON-time	Maschine/Gerät: Arbeitszeit, *f.*; Ein-schaltdauer, *f.*
operating unit	Betriebseinheit, *f.*, Betriebsteil, *n.*
operating voltage	Betriebsspannung, *f.*
operating voltage change, change of operating voltage	Betriebsspannungsänderung, *f.*
operating voltage is being applied (power is on)	Betriebsspannung liegt an
operating voltage range	Betriebsspannungsbereich, *m.*
operating voltage tolerance	Betriebsspannungstoleranz, *f.*
operating volume	Betriebsvolumen, *n.*
operation	Betrieb, *m.*; Gerät: Fahrweise, *f.* (z. B. kontinuierlich oder intermittierend)
operation in parallel, parallel operation/running	Parallelbetrieb, *m.*
operation under load (e.g. compressor operation under load), on-load operation, on-load running	Lastbetrieb, *m*, Lastlauf, *m.*
operation, control, actuation	Betätigung, *f.*
operational amplifier (OPA)	el.: Operationsverstärker (OPV), *m.*
operational availability	Einsatzbereitschaft, *f.*
operational capacity	Betrieb: Leistungsvermögen, *n.*
operational criteria	Einsatzkriterien, *n. pl.*
operational disturbance/problem, operational mal-function, malfunction, malfunctioning, failure	Betriebsstörung, *f.*
operational earth, functional earth	Betriebserde, *f.*
operational efficiency	Betriebseffizienz, *f.*; betrieblicher Wirkungsgrad, *m.*
operational facilities, operational plant	Betriebsanlage, *f.*
operational parameters	Einsatzparameter, *m. pl.*
operational procedures, operational sequence	Verfahrensschritte, *m. pl.*
operational process, work process	Arbeitsprozess, *m.*
operational reliability, safety of operation, operational safety and reliability (e.g. safety and reliability of high pressure filters), functional safety	Betriebssicherheit, *f.*
Operational Safety Ordinance	Deutschland: Betriebssicherheits-verordnung (BetrSichV), *f.*
operational sequence, procedure, process sequence (e.g. welding process sequence), sequence of operation, work sequence	Verfahrensablauf, *m.*

operational speed	Verfahrgeschwindigkeit, *f.*
operational temperature limit, temperature range limit (e.g. calibrated temperature range limit)	Temperatureinsatzgrenze, *f.*
operationally earthed	betriebsmäßig geerdet
operationally relevant, relevant for operation	betriebsrelevant
operativeness, (smooth) functioning, functioning correctly	Funktionsfähigkeit, *f.*
operator, attending personnel	Bediener, *m.*; Betreiber, *m.*; Benutzer, *m.*
operator attendance	Bedienaufwand, *m.*
operator-controlled	bedienergeführt
operator control level	Bedienebene, *f.*
operator friendliness, ease of operation	Bedienerfreundlichkeit, *f.*
operator-friendly	bedienerfreundlich
operator panel	Bedienfeld, *n.*; Bedientafel, *f.*
operator's duty	Pflicht des Betreibers, *f.*
operator's duty of care	Sorgfaltspflicht des Betreibers, *f.*
operator's side	Bedienerseite, *f.*
operator's works, operator's facilities, (on the) operator's premises	Betrieb des Anwenders, *m.*
opposite	gegenüber
optical filter	optischer Filter, *m.*
optical head, optical measuring head	optischer Messkopf, *m.*
optical measuring instrument	optisches Messgerät, *n.*
optics, optical system	Optik, *f.*
optimization potential	Optimierungspotenzial, *n.*
optimized in terms of shape and material	form- und materialoptimiert
optimizing the economic efficiency (GB auch: optimising)	Wirtschaftlichkeitsoptimierung, *f.*
optimum, optimal, best possible	optimal
optional extras, extras, optional features	Sonderzubehör, *m.*; Zubehör (wahlweise), *n.*
optional features, optional system, supplementary device, optional unit(s), add-on units	Zusatzausrüstung, *f.*, Zusatzeinrichtung, *f.*
optional tank	Zusatzbehälter, *m.*
optional(ly), as desired	wahlweise
optocoupler output	Optokoppler-Ausgang, *m.*
optoelectronic control loop	optisch-elektronischer Regelkreis, *m.*
opto-relay	Opto-Relais, *n.*
order	Auftrag, *m.*
order (for)	Bestellung, *f.*
order, order placement	Beauftragung, Bestellung, *f.*
order designation	Bestellbezeichnung, *f.*
order documentation	Auftragspapiere, *n. pl.*
order entry	Auftragseingabe, Auftragserfassung, *f.*
order No.	Auftragsnr., *f.*
order reference (order ref.), order ref. number, ordering No., catalogue No. (US: catalog No.), part No.	Bestell-Nr., *f.*
order separately	separat bestellen
Ordinance for the Determination of Waste Requiring Particular Surveillance	Verordnung zur Bestimmung von besonders überwachungsbedürftigen Abfällen, *f.*

Ordinance on the Requirements for the Discharge of Wastewater into Bodies of Water	Verordnung über Anforderungen an das Einleiten von Abwasser in Gewässer, *f.*
ordinary negligence	einfache Fahrlässigkeit, *f.*
organic compound	organische Verbindung (chem.), *f.*
organic content	Organikgehalt, *m.*
organic solvent	organisches Lösemittel, *n.*
organic substance	Organika, *pl.*
organically contaminated	organisch belastet
organization chart	Organisationsplan, *m.*
organizational procedure, organizational structure	Organisationsablauf, *m.*
orifice	Shuttle-Ventil: Bohrung, *f.*
original packaging	Originalverpackung, *f.*
original product	Originalprodukt, *n.*
O-ring	O-Ring, *m.*
O-ring seal	O-Ring-Dichtung, *f.*
O-ring seat, O-ring seating	O-Ring-Aufnahme, *f.*
Orsat analyzer (gas)	Orsat-Gerät, *n.*
oscillating mass	oszillierende Masse, *f.*
oscillator	Oszillator, *m.*
oscilloscope	Oszillograf, *m.*
other filter brands, filters from other manfacturers	Filter anderer Fabrikate, *pl.*
outdoor air	Außenluft, *f.*
outdoor installation, installation outdoors	Außenaufstellung, *f.*; Installation im Außenbereich, *f.*
outdoor line, exposed line	Freileitung (z. B. für Druckluft), *f.*
outdoors, outdoor location, outdoor area, outside	Außenbereich, *m.*; im Freien
outer conductor, external conductor	Kabel: Außenleiter, *m.*
outer diameter, outer dia.	Da (Außendurchmesser)
outer pipe diameter, outside pipe diameter	Rohraußendurchmesser, *m.*
outer radius	Außenradius, *m.*
outfit for respiratory protection, respiratory protection outfit	Atemschutzausrüstung, *f.*
outflow	Auslauf, *m.*
outgoing circuit	Stromkreis: Abgang, *m.*
outgoing pipe	abführende Rohrleitung, *f.*; Abgangsleitung, *f.*
outlet	Ablauf, *m.*; Ausgang, *m.*; Auslass, *m.*; Mündung, *f.*
outlet area	Ausgangsbereich, *m.*
outlet channel	Auslaufrinne, *f.*
outlet connector	Anschlussformteil (Schnittpunkt von Rohrende/Verbraucher), *n.*
outlet cross-section	Ablassquerschnitt, *m.*; Ablaufquerschnitt, *m.*; Ausflussquerschnitt, *m.*; Auslassquerschnitt, *m.*; Austrittsquerschnitt, *m.*
outlet cross-section, cross-section of discharge	Auslaufquerschnitt, *m.*
outlet dewpoint	Ausgangstaupunkt, *m.*
outlet dirt collector	Austrittsschleuse, *f.*; Schmutzschleuse, *f.*

O

outlet filter	Ausgangsfilter, *m.*; Auslassfilter, *m.*
outlet head	Ausgangskopf, *m.*; Austrittskopf, *m.*
outlet line	Ausgangsleitung, *f.*; Austrittsleitung, *f.*
outlet opening	Auslassöffnung, *f.*
outlet PDP (pressure dewpoint)	Austritts-DTP (Drucktaupunkt), *m.*
outlet pipe	Ausgangsrohrleitung, *f.*
outlet pipe, outlet line, discharge pipe	Ablaufleitung, *f.*
outlet pressure	Kompressor: Ausgangsdruck, *m.*
outlet pressure dewpoint	Ausgangsdrucktaupunkt, *m.*
outlet screw, discharge screw, drain screw	Ablassschraube, *f.*
outlet section	Auslaufstrecke, *f.*
outlet side	Ausgangsseite, *f.*
outlet temperature	Ausgangstemperatur, *f.*; Auslasstemperatur, *f.*; Austrittstemperatur, *f.*
outlet valve, discharge valve	Ablassventil, *n.*; Ausgangsventil, *n.*
outlet valve, discharge valve, exhaust valve	Auslassventil, *n.*
outlet, outlet opening	Austrittsöffnung, *f.*
out-of-court settlement	außergerichtliche Einigung
output	Menge: Anfall, *m.*; elektrischer Ausgang, *siehe* z. B. Analogausgang
output, production volume	Produktionsmenge, *f.*
output characteristic	Ausgangskennlinie, *f.*
output contact	Ausgangskontakt, *m.*
output power, output, power output	abgegebene Leistung, *f.*
output rate	Abgabeleistung, *f.*
output relay	Ausgangsrelais, *n.*
output voltage	el.: Ausgangsspannung, *f.*
output volume	Werkzeugmaschine: Ausbringungsrate, *f.*
output volume, output rate, flow volume	industrieller Prozess: Abnahmemenge, *f.*
outside diameter (O.D.), external diameter	Rohr: Außendurchmesser, *m.*
outside temperature	Außentemperatur, *f.*
outside temperature of housing	Gehäuseaußentemperatur, *f.*
outsourcing (subcontract work to another company)	Lohnarbeit, *f.*
oval wheel flowmeter	Ovalrad-Durchflussmesser, *m.*
overall appearance	Gesamterscheinung, *f.*
overall assessment	Gesamtbeurteilung, *f.*
overall height, design height	Bauhöhe, *f.*
overall length, design length	Baulänge, *f.*
overcurrent	el.: Überstrom, *m.*
overcurrent protection (system), overcurrent protective device (e.g. overcurrent protective device for the distribution circuit)	el.: Überstromschutzeinrichtung, *f.*
overdesigned (e.g. overdesigned extras)	over-designed
overdimensioning, oversizing	Überdimensionierung, *f.*
overflow hose	Überströmschlauch, Überlaufschlauch, *m.*
overflow line, overflow pipe	Überlaufleitung (z. B. von einem Tank in einen anderen), *f.*, Überlaufrohr, *n.*
overflow proof, spillage proof, overflow protected	überlaufsicher

overflow protection	Überfüllsicherung, *f.*, Überfüllschutz, *m.*, Überlaufschutz, *m.*
overflow protection system, overflow safety system (e.g. dual-solenoid overflow safety system; anti-overflow safety device), spillage protection	Überlaufsicherheitssystem, *n.*, Überlaufsicherheitsvorrichtung, *f.*, Überlaufsicherung (z. B. für Ölauffangbehälter), *f.*
overflow safety tank	Überlauf-Sicherheitstank, *m.*
overflow tank	Überlauftank, *m.*
overflow volume	Überlaufmenge, *f.*
overheat	überhitzen
overheating	Überhitzung, *f.*
overheating protection (e.g. short-circuit and overheating protection)	Überhitzungschutz, *m.*
overlap	überlappen
overload	überladen; Trockner: zufahren
overload (e.g. danger of electrical overload)	Überlast, *f.*
overload operation	Überlastbetrieb, *m.*
overload protection	Überlastschutz, *m.*
overload range	Überlastbereich, *m.*
overload signal	Überlastmeldung, *f.*
overloaded	überlastet
overloaded, overstressed	überansprucht, überbeansprucht
overloading	Überbelastung, *f.*
overloading	Überlastung, *f.*
overload-proof	überlastsicher
overpressure accumulation (permissible pressure increase after valve opening, normally stated in %)	Überdruckanstieg, *m.*
override, manual overriding (e.g. "The operator may also carry out manual overriding of functions.")	Programm: überstimmen, übersteuern
overrun of activated carbon	Filtration: Überlaufen der Aktivkohle, *n.*
oversaturated (e.g. oversatured compressed air; oversaturated filter), supersaturated (e.g. gas-supersaturated fluid)	übersättigt
overshooting, over-range, above display range	Messung: Überschreitung, *f.*
overview	Überblick, *m.*
overview of products and services	Produkt- und Dienstleistungsübersicht, *f.*
overvoltage	el.: Überspannung, *f.*
overvoltage peak	Überspannungspeak, *m.*
own weight, dead weight	Eigengewicht, *n.*
oxidant, oxidizing agent	Oxidationsmittel, *n.*
oxidation	Oxidation, *f.*
oxidation catalyst	Oxidationskatalysator, *m.*
oxidative destruction	oxidative Zerstörung, *f.*
oxidize	oxidieren, oxydieren
oxygen content	Sauerstoffanteil, *m.*; Sauerstoffgehalt, *m.*
oxygen cylinder, oxygen flask	Sauerstoffflasche, *f.*
oxygen demand	Sauerstoffbedarf, *m.*

O

oxygen depletion	Sauerstoffzehrung, *f.*
oxygen generator	Sauerstofferzeugungsanlage, *f.*
oxygen supplied, available oxygen	Sauerstoffangebot, *n.*
oxygen supply, oxygenation	Sauerstoffversorgung, *f.*
oxygen transfer	Sauerstoffeintrag, *m.*
oxygen-containing compounds	sauerstoffhaltige Verbindungen, *f. pl.*
oxygen-containing, oxygen-rich	sauerstoffhaltig
ozonation	Ozonisierung, *f.*
ozone addition	Ozonzugabe, *f.*
ozone depletion	Atmosphäre: Ozonabbau, *m.*
ozone generating plant, ozone generator, ozonizer (e.g. aquarium ozonizer)	Ozonerzeugungsanlage, *f.*
ozone generation, ozone production	Ozonherstellung, *f.*
ozone generator	Ozonerzeuger, Ozongenerator, *m.*
ozone impact	Ozoneinwirkung, *f.*
ozone plant, ozone system	Ozonanlage, *f.*
ozone yield	Ozonausbeute, *f.*
ozone-laden	mit Ozon angereichert, *n.*

P&I diagram (piping & instrumentation diagram)

PA (polyamide)
PAC purge air control
package leaflet, enclosed leaflet, instruction leaflet
packaging box (e.g. strong and water resistant packaging box)
packaging facility

packaging industry
packaging machine
packaging material
packed column

packed scrubber (e.g. packed tower scrubber)
packing
packing, filling
packing (e.g. biofilters using activated carbon packing)
packing density
packing depth

paint and printing industry
paint formulation (e.g. silicone paint formulation)
paint manufacturer
paint mist
paint particle
paint pigment
paint powder
paint spray gun
paint spraying (e.g. paint spraying equipment)

paint spraying equipment
paint supply system
paint, coating
paints and plastics
paint-spraying shop
paint-spraying shop, paint-spraying facility

R&I-Schema (Rohrleitungs- und Instrumentierungsschema), *n.*
PA (Polyamid), *n.*
Spüllluftregelung PAC, *f.*
Beipackzettel, *m.*
Verpackungsbehälter, *m.*

Verpackungsanlage, *f.,* Verpackungsmaschine, *m.*
Verpackungsindustrie, *f.*
Maschine: Verpackungsanlage, *f.*
Verpackungsmaterial, *n.*
Füllkörperkolonne, *f.,* Füllkörpersäule, *f.*
Füllkörperwäscher, *m.*
Füllkörper, *m.*
Filter: Verfüllung, *f.*
Schüttung, *f.*
Filter: Schüttungsdichte, *f.*
Füllkörperschütthöhe, *f.;* Filter: Schütthöhe, *f.*
Farb- und Druckindustrie, *f.*
Lackkomposition, *f.*
Farbenhersteller, *m.*
Farbnebel, *m.*
Lackteilchen, *n.*
Farbpigment, *n.*
Lackpulver, *n.*
Farbspritzpistole, *f.*
Lackierung (Vorgang), *f.;* Spritzlackierung (Vorgang), *f.*
Lackierung: Applikationsgeräte, *n. pl.*
Farbversorgung, *f.*
allgemein: Lack, *m.*
Lacke und Kunststoffe, *m. pl.*
Lackiererei, *f.*
Farbspritzanlage, Lackieranlage, *f.*

palladium	Palladium, *n.*
pallet	Palette, *f.*
PAN calibration gas	PAN-Prüfgas, *n.*
panel, lining	Verkleidung, *f.*
pan-head screw, fillister-head screw	Linsenschraube, *f.*
pan-head tapping screw	Linsenblechschraube, *f.*
PAO (short for poly-alpha-olefine, i.e. synthesized petroleum oil)	PAO
PAO base	PAO-Basis, *f.*
paper band filter (using rolls of filter paper for solids-liquid separation)	Papierbandfilter, *m.*
paper filter	Papierfilter, *m.*
paper gauge	Papierstärke, *f.*
paper liner	Papierstreifen eingesetzt, *m.*
parallel connection, connection in parallel	Parallelschaltung, *f.*
parallel installation	Parallelinstallation, *f.*
parallel piping	Parallelverrohrung, *f.*
parallel processing	Parallelverarbeitung, *f.*
parallel system heads	Parallelschaltungsköpfe, *n. pl.*
parameter list	Parameterliste, *f.*
parameter storage (e.g. EEPROM)	Parameterspeicher, *m.*
parameterize, assign parameters	parametrieren
parent company, headquarters	Stammhaus, *n.*
part	Werkstück (Teil), *n.*
part, component, component part (e.g. "Each individual component part is tested separately.")	Einzelteil, *n.*
part, section, area	Teilbereich, *m.*
part designation	Artikelbezeichnung, *f.*
part number	Ersatzteil-Nummer, *f.*
part of the volumetric flow	Teilvolumenstrom, *m.*
partial (load(ing))	Teilbeladung, *f.*
partial air flow	Teilluftstrom, *m.*
partial flow	Teilstrom, *m.*
partial flow of expanded dry air	Trockenluftteilstrom, *m.*
partial-flow outlet	Teilstromabgang, *m.*
partial-flow requirement	Teilstrombedarf, *m.*
partial-flow setting	Teilstromeinstellung, *f.*
partial-flow treatment	Teilstromaufbereitung, *f.*
partial/incomplete combustion	unvollständige Verbrennung, *f.*
partial load operation	Teillastbetrieb, *m.*
partial load, part-load	Teillast, *f.*
partial pressure	Partialdruck, *m.*
partial pressure gradient	Partialdruckgefälle, *n.*
partial vapour pressure	Partialdampfdruck, *m.*
partial vapour-pressure gradient (pressure gradient of the partial vapour pressure)	Partialdampfdruckgefälle, *n.*
partial water vapour pressure (At dewpoint, the partial water vapour pressure in the compressed air is equal to the water vapour saturation pressure.), partial pressure of the water vapour – also: water vapour partial pressure – US: partial water vapor pressure	Wasserdampfpartialdruck, *m.*

partially permeable (e.g. partially permeable membrane)	teildurchlässig
particle carrying, particle entraining, particle-laden	partikelbeladen
particle collection	Filter: Partikelerfassung, *f.*
particle concentration, particle count	Teilchenzahl, *f.*
particle conditioning	Partikelkonditionierung, *f.*
particle content, solid particle content	Partikelgehalt, *m.* (ISO-Bezeichnung)
particle density	Partikeldichte, *f.*; Teilchendichte, *f.*
particle deposits	Partikelablagerungen, *f. pl.*
particle elimination	Filtrierung: Partikelfreiheit, *f.*
particle filter classes according to DIN EN:	Partikelfilterklassen nach DIN EN, *f. pl.*:
1. coarse dust filter (> 10 µm): filter class G1 – G4	1. Grobstaubfilter: Filterklasse G1 – G4
2. fine dust filter (> 1 to 10 µm): filter class F5 – F9	2. Feinstaubfilter: Filterklasse F5 – F9
3. particulate air filter (< 1 µm): filter class H10 – U17	3. Schwebstofffilter: Filterklasse H10 – U17
particle filter for fine dust removal	Partikelfilter für Feinstäube, *m.*
particle filter, particle separation filter	Partikelfilter, *m.*
particle filtration	Partikelfiltration, *f.*
particle-free	partikelfrei
particle load, particle loading	Partikelbeladung, *f.*
particle recirculation	Partikelrezirkulation, *f.*
particle retention, particle filtration	Filter: Partikelrückhalt, *m.*
particle sedimentation	Partikelsedimentation, *f.*; Teilchensedimentation, *f.*
particle separation	Partikelabscheidung, *f.*
particle size	Partikelgröße, *f.*; Teilchengröße, *f.*
particulate	partikelförmig, partikulär
particulate, solid particle	Staub, *m.*, Asche, *f.*
particulate air filter (e.g HEPA: high efficiency particulate air filter, ULPA: ultra low penetration air filter, SULPA: super ultra low penetration air filter)	Schwebstofffilter, *m.* (z. B. HEPA-, ULPA- und SULPA-Hochleistungsfilter)
particulate air pollutants, particulates	Feststoffverunreinigungen in der Luft, *f. pl.*
particulate emission measurement	Schwebstoffemissionsmessung, *f.*
particulate emissions	partikelförmige Emissionen, *f. pl.*; staubförmige Emissionen, *f. pl.*
particulate emissions, dust emissions	emittierte Stäube, *m. pl.*
particulate filter	Partikelfilter, *m.*
particulate matter measurement	Messen von Partikeln, *n.*; Partikelmessung, *f.*
particulate matter, particulates	Partikelgehalt in der Luft, *m.*
partition, barrier	Schott, *n.*
partly emulsified	teilemulgiert
parts list	Ersatzteilliste, *f.*; Stückliste, *f.*; Teileliste, *f.*
party responsible (e.g. polluter)	Verursacher, *m.*
party responsible for disposal	Entsorgungspflichtiger, *m.*
pass through, flow through	durchlaufen
passability	Filter: Befahrbarkeit, *f.*
passage of risk	Recht: Gefahrübergang, *m.*
passage point	Rohr: Durchführung, *f.*
passage time	Durchflusszeit, *f.*

P

passenger train	Personenzug, *m.*
paste-like substance, pasty substance	pastöse Masse, *f.*
patent applied for	zum Patent angemeldet
patent law	Patentrecht allgemein, *n.*
patent right	Patentrecht, *n.*
path deviation	Werkzeugmaschine: Führungs-abweichung, *f.*
path velocity	Bahngeschwindigkeit, *f.*
pathogenic (e.g. pathogenic micro-organisms)	krankheitserregend
pathogens (disease-producing micro-organisms or substances); germs	Krankheitserreger, *m.*; krankheits-erregende Fremdkeime, *m. pl.*
pathway of pollutants	Verschmutzung: Belastungspfad, *m.*
payback period, return on investment	Amortisationszeit, *f.*
payback, payback of investment, recoup the costs	Amortisierung, *f.*
pay for itself, worthwhile investment	rechnen, sich rechnen
PC interface	PC-Schnittstelle, *f.*
PC link	PC-Anbindung, *f.*
PCB failure	Platinenausfall, *m.*
PCB terminal, board terminal	Platinenklemme, *f.*
PCB, printed circuit board, circuit board, board	Platine, *f.*
PDP control (PDP = pressure dewpoint)	PDP-Steuerung, *f.*
PDP meter	DTP-Messgerät, *n.*
PDP suppression table	Drucktaupunktabsenkungstabelle, *f.*
PE (protective earth)	el.: Erde, *f.*
PE bag (polyethylene)	Filter: PE-Beutel, PE-Sack, *m.*
PE busbar	PE-Sammelschiene, *f.*
PE conductor	el.: PE-Leiter, *m.*
PE container	PE-Behälter, *m.*
PE packaging	PE-Verpackung, *f.*
PE terminal (PE = protective earth)	el.: PE-Klemme, *f.*
peak compressor performance	maximale Kompressorleistung, *f.*
peak condensate quantity	maximale Kondensatanfallmenge (KM), *f.*; maximal auftretende Kon-densatmenge, *f.*; Spitzenkondensat-menge, *f.*
peak demand	Spitzenbedarf, *m.*
peak filter performance	maximale Filterleistung, *f.*
peak load	Spitzenlast, Spitzenbelastung, *f.*
peak load compressor	Spitzenlast-Kompressor, *m.*
peak load(ing), peak conditions	Höchstbelastung, *f.*
peak making-current	Einschaltstoßstrom
peak performance	Höchstleistung, *f.*; maximale Leis-tung, *f.*
peak period condensate quantity	kurzzeitige max. Kondensatmenge, *f.*; periodisch max. Kondensatmenge, *f.*
peak refrigeration dryer performance	max. Kältetrocknerleistung, *f.*
peak separator performance	Abscheiderleistung, maximale, *f.*
peak throughput	maximale Durchsatzleistung, *f.*; Kon-densatableiter: Spitzenleistung (z. B. in l/h), *f.*
peak value	Spitzenwert, *m.*

peak voltage, maximum voltage	el.: Spitzenspannung, *f.*
peak-to-valley height	Oberflächenrautiefe, *f.*
PED 97/23/EC (Pressure Equipment Directive)	Richtlinie PED 97/23/EG
Peltier element	Peltierelement, *n.*
penetrate (into), enter (into)	eindringen
penetration (into), intake	Schmutzeintrag, *m.*
pentadecane	Pentadekan, Pentadecan, *n.*
pentane	Pentan, *n.*
percentage by weight	Massenanteil, *m.*
percentage by weight, percent by weight	Gewichtsprozent, *n.*
percentage distribution	prozentuale Verteilung, *f.*
percentage of hydrocarbons	Kohlenwasserstoffanteil, prozentual, *m.*
percentage of purge air required	prozentualer Spülluftbedarf, *m.*
percentage of suspended matter/solids	prozentualer Schwebstoffanteil, *m.*
percentage of volatiles, proportion of volatiles	flüchtige Anteile, *m. pl.*
percentage values	prozentuale Werte, *m. pl.*
perceptible	wahrnehmbar
perchloroethylene	Perchloräthylen, *n.*
percolating infiltration, infiltration by percolation	perkolierende Infiltration, *f.*
perforated plate	Lochplatte, *f.*
perforated strap	Lochband, *n.*
performance (e.g. enhanced dryer performance), capacity (e.g. drying capacity, output capacity)	Trockner: Lieferleistung, *f.*
performance and climate data	Leistungs- und Klimadaten (bezogen auf Verdichterleistung), *f.*
performance assessment	Leistungsbewertung, *f.*
performance category	Leistungskategorie, *f.*
performance category, performance range	Gerät: Leistungsbereich, *m.*
performance characteristic	Leistungsmerkmal, *n.*
performance characteristics	Leistungscharakteristik, *f.*; Leistungs-kennwerte, *m. pl.*, Leistungs-kennziffern, *f. pl.*
performance class	Leistungsklasse, *f.*
performance classification (e.g. classification according to climate zones)	Leistungszuordnung, *f.*
performance correction factor	Leistungskorrekturfaktor, *m.*
performance criterion	Leistungsmaßstab, *m.*
performance curve	Leistungskurve, *f.*
performance data (e.g. compressor performance data), performance parameters	Leistungsdaten, *pl.*
performance data, performance figures	Leistungsangaben, *f. pl.*, *siehe* Leistungsanforderungen
performance deviation	Verdichter: Leistungsabweichung, *f.*
performance factor	Leistungsfaktor, *m.*
performance gradation	Leistungsabstufung, *f.*
performance limit, capacity limit (Compressor capacity is the full rated volumetric flow of air/gas compressed and delivered under specified conditions.)	Leistungsgrenze, *f.*
performance package	Leistungspaket, *n.*
performance parameters	Leistungsparameter, *pl.*

P

performance profile	Leistungsprofil, *n.*
performance reduction, reduction in performance	Leistungsminderung, *f.*
performance scale	Leistungsstaffelung, *f.*
performance specifications	Leistungsanforderungen, *f. pl.*; Pflichtenheft, *n.* (Leistungsbeschreibung), *siehe* Leistungsverzeichnis
performance spectrum	Leistungsspektrum, *n.*
performance table	Leistungstabelle, *f.*
performance test (e.g. cooling performance test), capacity test (e.g. compressor capacity test)	Funktionskontrolle, *f.*, Leistungstest, *m.*, Leistungsprüfung, *f.*
performance test, efficiency test	Eignungsprüfung, *f.*
performance test, functional test	Funktionsprüfung, *f.*, Funktionskontrolle, *f.*, Funktionstest, *m.* (z. B. des Kompressors)
performance tested	funktionsgeprüft
performance value (e.g. "The measured performance values of the compressor compared very favourably with the data of equivalent machines on the market.")	Leistungswert, *m.*
performance, capacity, output, power	Leistung (z. B. in kW), *f.*
performances (rendered) under the guarantee	Garantieleistungen, *f. pl.*
perimeter lighting	am Rand: Lichtbänder, *n. pl.*
period of familiarization	Personal: Einarbeitungszeit, *f.*
period of rest, rest interval	Maschine: Pause, *f.*
periodic peak quantity	periodischer Spitzenwert, *m.*
peripheral equipment	Peripheriegeräte, *n. pl.*
peripheral flow	Randströmung, *f.*
peripheral region	randnaher Bereich, *m.*
peripheral speed (e.g. a grinding wheel with a peripheral speed of 6 to 10 feet per second)	Umfangsgeschwindigkeit, *f.*
peripheral(ly)	peripher
periphery compresspr	Seitenkanalverdichter, *m.*
permanent availability	uneingeschränkte Verfügbarkeit, *f.*
permanent cable connection	festes Anschlusskabel, *n.*
permanent connection, non-detachable connection	Festanschluss, *m.*
permanent grease (permanent grease lubrication)	Dauerschmierfett, *n.*
permanent monitoring	ständige Überwachung, *f.*
permanent mounting/installation	dauerhafte Fixierung, *f.*
permanent power supply	el.: Spannungversorgung, permanente, *f.*
permanently installed device, permanently mounted device	Festeinbau-Gerät, *n.*
permanently leakproof	dauerhaft leckagesicher
permanently smooth	dauerhaft glatt (z. B. Oberfläche)
permeability	Filter: Durchlassfähigkeit, *f., siehe* Durchlässigkeit, *f.*
permeability coefficient	Durchlässigkeitsbeiwert, *m.*
permeable	durchlässig; permeabel
permeate connection	Permeat-Anschluss, *m.*
permeation	Permeation, *f.*
permeation cartridge	Permeationspatrone, *f.*
permeation rate	Permeationsrate, *f.*

permissible loadings, allowable loadings	Druckbehälterprüfung: zulässige Last-wechselzahl, *f.*
permissible operating pressure, allowable operating pressure	zulässiger Betriebsüberdruck, *m.*
permissible operating temperature, allowable operating temperature	zulässige Betriebstemperatur, *f.*
permissible stress (e.g. permissible stress for carbon steel and alloy steel pipes)	mechanisch: zulässige Spannung, *f.*
permit application	Genehmigungsantrag, *m.*
permitted/permissible parameters	zulässige Grenzwerte, *m. pl.*
permitting mobile application	mobil einsetzbar
permitting procedure under the Water Resources Act	wasserrechtliches Genehmigungs-verfahren, *n.*
person dealing with (a transaction, etc.), handling (a particular case), person in charge, person responsible, contact person	Bearbeiter, *m.*
personal protective clothing (e.g. personal protective clothing and equipment)	persönliche Schutzkleidung, *f.*
personal protective equipment	persönliche Schutzausrüstung, *f.*
personal protective measures	persönliche Vorsorge-maßnahmen, *f. pl.*
personal protective outfit	persönliche Schutzausrüstung, *f.*
personnel expenditure (e.g. operator attendance, operator attention, operator tasks, operator input)	Personalaufwand, *m.*
personnel qualification	Personalqualifikation, *f.*
PES (polyester)	PES
pessimistic estimate	Pessimalabschätzung, *f.*
pesticide	Pflanzenschutzmittel, *n.*
PET application (PET = polyethylene terephthalate)	PET-Anwendung, *f.*
PET bottles	PET-Flaschen, *f. pl.*
petrochemical industry, petrochemicals industry	petrochemische Industrie, *f.*
petrol (UK), gasoline (US), fuel	Benzin als Treibstoff, *n.*
petroleum coke, still coke	Petrolkoks, *m.*
petroleum, oil	Erdöl, *n.*
petrol-soaked, gasoline-soaked, fuel-soaked	benzingetränkt
PG gland	PG-Verschraubung (Stutzen), *f.*
pH buffer	pH-Puffer, *m.*
pH change, change in pH value	pH-Änderung, *f.*
pH chart	pH-Diagramm, *n.*
pH control	pH-Regulierung, *f.*
pH dependent	pH-abhängig
pH determination	pH-Bestimmung, *f.*
pH gradient	pH-Gradient, *m.*
pH lowering	pH-Absenkung, *f.*
pH probe	pH-Sonde, *f.*
pH range	pH-Bereich, *m.*
pH scale	pH-Skala, *f.*
pH value	pH-Wert, *m.*
pH value adjustment	pH-Wert-Anpassung, *f.*
pharmaceutical applications	pharmazeutische Anwendungen, *f. pl.*
pharmaceutical industry, pharma industry	Pharmaindustrie, pharmazeutische Industrie, *f.*

P

pharmaceuticals	Pharmazeutika, *n. pl.*, Arzneimittel, *n. pl.*
phase	el.: Phase, *f.* (z. B. L1, L2)
phase boundaries	Phasengrenzen, *f. pl.*
phase comparison	el.: Phasenvergleich (Messung), *m.*
phase failure monitoring	el.: Phasenausfallüberwachung, *f.*
phase monitoring	el.: Phasenüberwachung, *f.*
phase monitoring relay	Phasenüberwachungsrelais, *n.*
phase-rotation indicator	Drehfeldmessgerät, *n.*
phase separation	el.: Phasentrennung, *f.*
phase separation reactor (for cleaning contact water, etc.)	Phasentrennreaktor, *m.*
phase sequence monitoring	el.: Phasenfolgeüberwachung, *f.*
phase sequence relay	el.: Phasenfolgerelais, *n.*
phase symmetry	el.: Phasensymmetrie, *f.*
phase voltage	el.: Phasenspannung, *f.*
phasing out	Ablösung, zeitliche, *f.*
phosgene	Phosgen, *n.*
phosphoric acid	Phosphorsäure, *f.*
photodetector	Photodetektor, *m.*
photographic industry	Fotoindustrie, *f.*
photoionization	Photo-Ionisation, *f.*
photoionization detector	Photo-Ionisation-Detektor (PID), *m.*, *siehe* PID-Sensor
photometer	Photometer, *n.*
physical engineering	physikalische Technik, *f.*
physical fundamentals (e.g. mathematical and physical fundamentals)	physikalische Grundlagen, *f. pl.*
physical principle of action	physikalisches Wirkprinzip, *n.*
physical treatment	physikalische Aufbereitung, *f.*
physico-chemical	physikalisch-chemisch
pick off (e.g. pick off the signal from a conductor)	abgreifen
pick up	Relais anziehen
pick up (e.g. pick up a signal from a sensor)	abnehmen
pickup delay	Relais: Anzugsverzögerung, *f.*
pickup delay, ON delay	Relais: Einschaltverzögerung, *f.*
pickup lock	Relais: Anzugsverriegelung, *f.*
pictorial symbol, icon	Bildsymbol, *n.*
picture, illustration	allgemein: Bild, *n.*
PID sensor (for photoionization detection = Optical system using UV light for the ionization of vapours and gases and measurement of resulting charged electrodes.)	PID-Sensor, *m.*
piezometer	Piezometer, *m.*
pilot biofilter facility	Biofilterversuchsanlage, *f.*
pilot bore, pilot hole	Pilotbohrung, *f.*
pilot control	Vorsteuerung, *f.*
pilot control area	Vorsteuerbereich, *m.*
pilot control function	Vorsteuerfunktion, *f.*
pilot flow (e.g. solenoid actuated pilot flow)	Vorsteuerstrom, *m.*
pilot plant (small-scale plant before building a full-scale one), test facility, pilot facility	Versuchsanlage, *f.*, Pilotanlage, *f.*
pilot seat	Ventil: Pilotsitz, *m.*

pilot supply line	Vorsteuerleitung, *m.*
pilot valve	Pilotventil (Vorsteuerventil), *n.*; Vorsteuerventil (Pilotventil), *n.*
pilot-controlled	pilotgesteuert
pinhole	nadelförmiger Lunker, *m.*
pinpoint (e.g. pinpoint a leak)	punktgenau lokalisieren
pinpoint accuracy	Punktgenauigkeit, *f.*
pipe, line	Rohr, *n.*; Rohrleitung, *f.*
pipe bend, quarter bend	Bogen, Rohrbogen, *m.*
pipe bracket	Rohrleitungshalterung, *f.*
pipe bridge, pipeline bridge	Rohrbrücke, *f.*
pipe brush	Rohrbürste, *f.*
pipe clamp	Rohrschelle, *f.*
pipe clamp arrangement	Rohrschellenanordnung, *f.*
pipe clip	Rohrclip, *m.*
pipe coils	Ringbund (Rohre im Ringbund), *m.*
pipe components	Rohrleitungsteile, *n. pl.*
pipe connection	Rohranschluss, *m.*; Rohrleitungs-anschluss, *m.*
pipe connection, pipe joint	Rohrverbindung, *f.*
pipe connection, pipe socket (1. Enlarged pipe end fitting over another pipe of the same size to make a joint; 2. separate pipe fitting for joining two pipes together)	Rohrstutzen, *m.*
pipe constriction	Rohr: Engpass, *m.*
pipe construction	Rohrleitungsbau, *m.*
pipe coupling	Rohrmuffe, *f.*
pipe cross-section	Rohr: Leitungsquerschnitt, *m.*; Rohr-querschnitt, *m.*
pipe dia. (e.g. nominal pipe diameter (DN) or outside pipe diameter)	Rohrleitungsdurchmesser, *m.*, *siehe* Nennweite
pipe diameter	Rohrdurchmesser, *m.*
pipe duct	Rohrkanal, *m.*
pipe fitter	Installateur, Klempner, *m.*: Rohr; Monteur (Rohrleitung), *m.*
pipe fitting	Verschraubungsstück, *n.*
pipe flow	Rohrströmung, *f.*
pipe friction coefficient, pipe friction factor	Rohrreibungszahl, *f.*, Rohrreibungs-beiwert, *m.*
pipe jacking under compressed air	hydraulischer Rohrvortrieb unter Druckluft, *m.*
pipe laying	Rohrverlegung
pipe laying system	Rohre: Verlegetechnik, *f.*
pipe laying, pipe installation	Rohrleitungsverlegung, *f.*
pipe layout, piping arrangement	Rohrleitungsführung, *f.*
pipe material(s)	Rohrleitungsmaterial, *n.*
pipe mounting element	Rohrhalter, *m.*
pipe network length	Rohre: Netzlänge, *f.*
pipe network, pipe system, piping	Rohre: Leitungsnetz, *n.*
pipe nut	Rohrmutter, *f.*
pipe production	Rohrfertigung, *f.*
pipe protecting cap	Rohrschutzkappe, *f.*

P

pipe roughness factor	Rohrrauigkeitsfaktor, *m.*
pipe section	Rohrabschnitt, *m.;* Rohrleitungs-abschnitt, *m.*
pipe section, pipework section (e.g. replace a faulty pipework section)	Rohr: Leitungsabschnitt, *m.*
pipe series	Rohrserie, *f.*
pipe spanner	Rohrschlüssel, *m.*
pipe system	Rohrnetz, *n., siehe* Rohrleitungsnetz
pipe system (e.g. insulated pipe system; twin wall pipe system), piping, pipe network	Rohrsystem, *n.,* Rohrleitungs-system, *n., siehe* Verrohrung, Ver-teilungsnetz
pipe system, pipe network, pipework	Rohrleitungsnetz, *n., siehe* Vertei-lungsnetz, *siehe* Verrohrung
pipe system resistance	Rohrleitungswiderstand, *m.*
pipe thread (p.t.), (e.g. R ½″)	Rohrgewinde (R oder G), *n.*
pipe wall thickness	Rohrwanddicke, *f.*
pipe wrench	Rohrzange, *f.*
pipeline	Rohrleitung über größere Strecke, *f.*
pipes, piping, pipework	Rohre, *n. pl.*
pipesize	Anschluss Rohrgröße, *f.*
pipework design	Leitungsplanung, *f.*
pipework material	Rohrmaterial, *n.*
piping	Lunker: Gussstück, *n.*
piping, pipework	Rohrnetz: Druckluftnetz, *n.*
piping, pipework, ducting	Rohrleitungen, *f. pl.*
piping, pipework, pipe layout	Verrohrung, *f., siehe* Verteilungsnetz
piping length, length of piping	Rohrleitungslänge, *f.*
piping system, pipe system	Rohre: Leitungssystem, *n.*
pistol handle (e.g. paint spraying pistol)	Pistolenhandgriff, *m.*
piston	Kolben, *m.*
piston compressor	Kolbenverdichter, Kolben-kompressor, *m.*
piston compressor with electromagnetically driven piston	Elektroschwingverdichter, *m.*
piston displacement, piston capacity	Kolbenverdrängung, *f.*
piston pump	Kolbenpumpe, *f.*
piston valve	Kolbenventil, *n.*
Pitot tube	Prandtl Rohr (zur Messung von Strömungsgeschwindigkeit), *n.*
pitted surface	Metall: korrodierte Oberfläche, *f.*
pivoted-armature valve	Klappankerventil (eine Magnetventil-art), *n.*
pivoting head	schwenkbarer Kopf, *m.*
place	auflegen
place, position	Stelle, *f.*
place less stress (on)	Rohrinstallation: entlasten
place of installation, point of installation	Einbaustelle, *f.;* Installationsort, *m.*
place of installation/operation	Einsatzort, *m., siehe* Entnahmestelle
place of manufacture	Herstellungsort, *m.*
place of production, factory	Produktionsstätte, *f.*
place of use	Verwendungsort, *m.*
plain flange	glatter Flansch, *m.*

plain stainless steel, plain high-grade steel	einfacher Edelstahl, *m.*
planetary gear	Planetengetriebe, *n.*
planning phase, design phase	Auslegungsphase, *f.*
plant availability	Anlagenverfügbarkeit, *f.*
plant breakdown, plant failure	Anlagenausfall, *m.*
plant configuration	Anlagenschema, *n.*
plant control	Anlagensteuerung, *f.*
plant defect	Anlagendefekt, *m.*
plant elements	Anlagenteile, *n. pl.*
plant engineering	Anlagenbau, *m.*
plant for air pollution control	Anlage zur Luftreinhaltung, *f.*
plant group	Anlagegruppe, *f.*
plant layout, plant parameters	Anlagenauslegung, *f.*
plant management	Betriebsführung, *f.*
plant manufacturer, plant supplier	Anlagenbauer, *m.*, Anlagenhersteller, *m.*
plant operation, equipment operation	Anlagenbetrieb, *m.*
plant operator	Anlagenbetreiber, *m.*
plant parameters	Anlagenparameter, *m.*
plant standstill	Anlagenstillstand, *m.*
plant stoppage	Anlagenstopp, *m.*
plant structure, plant configuration, plant layout	Anlagenaufbau, *m.*
plant technology	Anlagentechnik, *f.*
plant-specific	anlagenbedingt
plastic bag	Kunststoffbeutel, *m.*
plastic cap	Kunststoffkappe, *f.*
plastic coating	Kunststoffbeschichtung, *f.*
plastic compressed-air pipe	Kunststoff-Druckluftrohr, *n.*
plastic granulate	Kunststoffgranulat, *n.*
plastic hose	Plastikschlauch, *m.*
plastic housing	Kunststoffgehäuse, *n.*
plastic injection moulding	Kunststoffspritzguss, *m.*
plastic part, plastic piece	Kunststoffteil, *n.*
plastic pipe	Kunststoffrohr, *n.*; Plastikrohr, *n.*
plastic pipe system	Kunststoff-Rohrleitungssystem, Kunststoff-Rohrsystem, *n.*
plastic pipe system for compressed air applications	Kunststoff-Druckluftrohrsystem, *n.*
plastic thread(s)	Kunststoffgewinde, *n.*
plastics engineering	Kunststofftechnik, *f.*
plastics industry	Kunststoffindustrie, *f.*
plastics manufacturing industry (e.g. primary plastics manufacturing industry)	herstellende Kunststoffindustrie, *f.*
plastics processing	Kunststoffverarbeitung, *f.*
plastics processing industry	verarbeitende Kunststoffindustrie, *f.*
plasticizer	Plastikindustrie: Weichmacher, *m.*
plate capacitor	el.: Plattenkondensator, *m.*
plate cutout	Druckbehälter: Plattenausschnitt, *m.*
plate electrode	el.: Plattenelektrode, *f.*
plate heat exchanger	Plattenwärmetauscher, *m.*
plate-plate system	Rheometer: Platte-Platte-System, *n.*
plate profile	Wärmetauscher: Plattenprofil, *n.*

plate rapping	Plattenklopfung, *f.*
plate thickness	Plattendicke (z. B. des Druck-behälters), *f.*
platform	Plattform, *f.*
pleated circular filter	plissierter Rundfilter, *m.*
pleated element (filter element with folds)	plissiertes Element, *n.*
pleated filter	Faltenfilter, *m.*
pleated filter element (ebenso: corrugated/ convoluted filter element)	gefaltetes Filterelement, *n.*
pliable, soft, yielding, flexible, elastic	Material: nachgiebig
pliers, tongs (with two arms for grasping or lifting)	Zange, *f.*
plug (e.g. "The valve plug and seat ensure correct alignment.")	Verschlussstopfen, *m.*; Ventil: Verschlusszapfen, *m.*
plug (verb)	mit Verschlussstopfen verschrauben
plug, plug connector	Gerätestecker, *m.*; el.: Stecker, *m.*
plug, stopper (e.g. bottle stopper)	Stopfen, *m.*
plug-and-socket connection, plug-in connection, plug-in connector	Steckverbindung, *f.*
plug cable (e.g. banana plug cable; jack plug cable; DIN plug cable)	el.: Steckerkabel, *n.*
plug connection (e.g. 20 pin plug connection)	el.: Steckerverbindung, *f.*, Steck-kupplung, *f.*
plug in	Stecker: einstecken
plug-in cable	el.: Steckkabel, *n.*
plug-in connection	el.: Steckanschluss, *m.*
plug-in connector, plug-in contact	el.: Steckkontakt, *m.*
plug-in device	steckerfertiges Gerät, *n.*
plug-in hose connector, plug-in hose	Schlauchsteckanschluss, *m.*, Schlauch-steckverbindung, *f.*
plug-in jumper	el.: Steckbrücke, *f.*
plug-in mains connection, pluggable mains connection	el.: steckbare Netzverbindung, *f.*
plug-in nozzle	Steckdüse, *f.*
pluggable screw terminal	el.: Schraubsteckklemme, *f.*
plugless connection	el.: stecklose Verbindung, *f.*
plumber	Installateur, Klempner, *m.*
plume rise	Abgasfahnenüberhöhung, *f.*
plunger	Tauchkolben, *m.*
PN (nominal pressure)	PN (Nenndruck)
pneumatic actuator	Stellantrieb, pneumatischer, *m.*
pneumatic amplifier	pneumatischer Verstärker, *m.*
pneumatic application	Pneumatikanwendung, *f.*
pneumatic brake booster	Druckluft-Bremsservo, *m.*; Kfz (Bremskraftverstärker zum Verstärken der Kraft, die auf das hydraulische Bremssystem wirkt)
pneumatic caisson	Bauwesen: Druckluftsenkkasten, *m.*
pneumatic components	Pneumatikbauteile, *n. pl.*
pneumatic control	Druckluftsteuerung, *f.*; pneumatische Steuerung, *f.*
pneumatic control element	Stellglied, pneumatisches, *n.*

pneumatic control valve	pneumatisches Steuerventil, Stell-ventil, *n.*
pneumatic conveying	pneumatische Förderung, *f.*
pneumatic conveying systems, pneumatic conveyors	pneumatische Fördereinrich-tungen, *f. pl.*
pneumatic drive	pneumatischer Antrieb, *m.*
pneumatic facilities, pneumatic plant, pneumatics	pneumatische Anlagen, *f. pl.*
pneumatic hammer	Druckluftmeißel, *m.*; Pressluft-hammer, *m.*
pneumatic injection	Kfz: Drucklufteinspritzung, *f.*
pneumatic motor	druckluftbetriebener Motor, *m.*
pneumatic pump	pneumatische Pumpe, *f.*
pneumatic riveter	Druckluftniethammer, *m.*
pneumatic riveting	Druckluftnietung, *f.*
pneumatic screw driver	Druckluftschrauber, *m.*; Druckluft: Schraubendreher, *m.*, Schrauber, *m.*
pneumatic seal	pneumatische Dichtung, *f.*
pneumatic system, pneumatics	Pneumatik, *f.*
pneumatic unit	Pneumatikeinheit, *f.*
pneumatic valve	pneumatisches Ventil, *n.*
pneumatically controlled	pneumatisch gesteuert
pneumatically driven	pneumatisch angetrieben
pneumatically opened	pneumatisch geöffnet (z. B. Ventil)
pneumatically operated	pneumatisch betätigt; mit Pressluft betrieben
pneumatically operated folding gate	pneumatisches Falttor, *n.*
pneumatically pilot-controlled	pneumatisch pilotgesteuert (z. B. Ventil)
pneumatics specialist	Spezialist für Pneumatik, *m.*
pneumatics supplier	Pneumatikanbieter, *m.*
pneumo-mechanical (partly by pneumatic, partly by mechanical means)	pneumo-mechanisch
pocket, air pocket (when air gets trapped)	Leitungssack (im Rohr), *m.*, *siehe* Luftblase
point of compressed air withdrawal	Ort: Druckluftabnahme, *f.*
point of contact	Kontaktstelle
point of measurement	Ort der Messung, *m.*
point of use	Druckluft: Entnahmestelle, *f.*, Abnahmestelle, *f.*, *siehe* Abnehmer Verbraucher (Druckluft), *m.*
point of use (single outlet or several outlets for connecting equipment to the air system), user point, end-use point, discharge point	
point of use (adjective: point-of-use)	Point-of-use
point of use, compressed air user point, point of consumption	Druckluftverbraucher, *m.*
point of use, user point, end-use point, terminal point	Druckluft: dezentraler Verbraucher, *m.*, Druckluftverbraucher: Endabnah-mestelle, *f.*
point of use, user point, service air point, discharge point	Abnehmer (z. B. von Druckluft), *m.*
point/tip of a knife, just a very small amount	Messerspitze, *f.*

P

pointer (e.g. the pointer of a pressure gauge or manometer)	Zeiger, *m.*, Anzeiger, *m.*
point-of-use dryer	Endstellentrockner, *m.*
point-of-use drying (opposite: central drying)	Endstellentrockung
point-of-use section	Druckluft: Verbraucherabschnitt, *m.*
point-to-point control	Punktsteuerung, *f.*
poisoning	Vergiftung, *f.*
polarity	Polarität, *f.*
polarity reversal protection	el.: Verpolungsschutz, *m.*
polarization	Polarisation, *f.*
poling	el.: Polung, *f.*
polish until metallic bright (e.g. metallic bright surface finish)	metallisch blank putzen
polishing machine	Poliermaschine, *f.*
pollutant, contaminant, environmentally harmful substance	umweltbelastender Stoff, *m.*
pollutant, polluting substance/agent, contaminant, harmful substance/material, noxious substance/material	Schadstoff, *m.*
polluted (with)	verschmutzt
pollutant concentration	Schadstoffkonzentration, *f.*
pollutant concentration, contaminant concentration, contaminant level	Schadstoffgehalt, *m.*
pollutant concentration curve	Schadstoffkonzentrationsverlauf, *m.*
pollutant input, contaminant input	Schadstoffeintrag, *m.*
polluted intake air	verschmutzte Eingangsluft, *f.*
Polluter Pays Principle (PPP)	Verursacherprinzip, *n.*
polluting gas	Schadgas, *n.*, *siehe* Rohgas
polluting gas fumes	Schadgasdämpfe, *m. pl.*, *siehe* Schadgasaustritt
pollution load/amount/quantity	Schadstofffracht, *f.*
pollution with harmful substances	schädliche Verunreinigungen, *f. pl.*
pollution, pollution load	Verschmutzung, *f.*
polyamide	Polyamid, *n.*
polyamine	Polyamin, *n.*
polybutene (PB)	Polybuten (PB), *n.*
polycarbonate	Polykarbonat, *n.*
polycyclic aromatics	polycyclische Aromate, *m. pl.*
polyelectrolyte	Polyelektrolyt, *m.*
polyester needlefelt	Polyester-Nadelfilz, *m.*
polyether sulphone	Polyethersulfon, *n.*
polyglycol (polyethylene glycol), (polyglycol compressor lubricant)	Polyglykol, *n.*
polygon	Vieleck, *n.*
polygon welding machine	Vieleckschweißmaschine, *f.*
polyisocyanate	Polyisocyanat, *n.*
polymer	Polymer, *n.*
polymer binder	Polymerisatbinder, *m.*
polymer layer	Polymerschicht, *f.*
polymer oil complex	Polymer-Öl-Komplex, *m.*
polymer sensor	Polymersensor, *m.*
polymerization	Polymerisation, *f.*

polymer-oil flocs	Polymer-Öl-Flocken, *f. pl.*
polyol mixture	Polyolgemisch, *n.*
polyolefin (e.g. polyolefin primer)	Polyolefin, *n.*
polypropylene	Polypropylen, *n.*
polypropylene meltblown fleece	Polypropylen-Meltblown-Vlies-stoff, *m.*
polypropylene sheet	Polypropylen-Platte, *f.*
polystyrene	Styropor, *n.*
polysulphone	Polysulfon, *n.*
polysulphone membrane	Polysulfon-Membran, *f.*
polythene (PE), polyethylene	Polyäthylen, *n.*
polytropic exponent	Polytropenexponent, *m.*
polyurea	Polyurea, *n.*
polyurethane	Polyurethan, *n.*
POM (polyoxymethylene)	POM (Polyoxymethylen), *n.*
POM head	POM-Kopf, *m.*
poor efficiency	schlechte Effizienz, *f.*
poorly demulsifiable	schlecht demulgierfähig
popular, in demand, common, usual, standard, normal	gängig
pop-up indicator (on the tower)	Tower Pop-up, *n.*
pop-up pressure indicator, pop-up indicator (pop-up raised = drying state, pop-up lowered = regenerating state")	Pop-up-Druckanzeiger, Pop-up-Indikator, *m.*
pore	Pore, *f.*
pore distribution	Porenverteilung, *f.*
pore size	Porengröße, *f.*, Porenweite, *f.*, *siehe* Porosität
pore size distribution	Porengrößeverteilung, *f.*
pore space, pore volume (e.g. effective pore volume), voids (intercommunicating)	Porenraum, *m.*
pore structure	Porenstrukur, *f.*
pore volume	Aktivkohle: Porenvolumen, *n.*
porosity	Porosität, *f.*
porosity percentage	Plastik: Zellöffnungsgrad, *m.*
porosity test/testing	Porositätsprüfung, *f.*
porous	porös
porous clay	Blähton, *m.*
portable fire extinguisher	Handfeuerlöscher, *m.*
portable flowmeter	mobiler Flowmeter, *m.*
portable gas measuring instrument	tragbares Gasmessgerät, *n.*
portable leak detector	mobiler Leckage-Detektor, *m.*
portable pressure dewpoint meter	mobiles Drucktaupunkt-Messgerät, *n.*
portable/mobile unit (e.g. portable flowmeter), also: hand held (e.g. hand-held leak detector)	mobile Einheit, *f.*
position centrally	mittig ausrichten
positioning	Aufstellung (z. B. senkrecht oder waagerecht), *f.*
positioning carriage	Positionierschlitten (z. B. im Lager-haus), *m.*
positioning procedure	Positioniervorgang, *m.*
positive peak	positiver Scheitel, *m.*

P

positive pole	el.: Pluspol, *m.*
positive terminal	Batterie-Pluspol, *m.*
positively charged (e.g. electrolyte), positive	el.: positiv geladen
possible danger, personal injury or damage to property	mögliche Gefährdung, Personen- oder Sachschäden
possible danger, serious personal injury or death	mögliche Gefährdung, schwere Personenschäden oder Tod
possible, permissible, feasible	möglich
possibly, perhaps, if necessary	eventuell
postadsorption	Nachadsorption, *f.*
post-process, after processing	Produktionsprozess: nachträglich
postprocessor	Postprozessor, *m.*
potassium hydroxide	Kaliumhydroxid, *n.*
potential-free	el.: potenzialfrei
potential-free contact	el.: potenzialfreier Kontakt, *m.*
potential-free output contact	potenzialfreier Ausgangskontakt, *m.*
potential-free signal	el.: potenzialfreie Meldung, *f.*
potential-free signal transmission	el.: potenzialfreie Meldungsübertragung, *f.*
potential hazard point, safety hazard point	Gefahrenstelle, *f.*
potential source of ignition	mögliche Zündquelle, *f.*
potentially explosive	explosionsfähig
potentially explosive atmosphere	explosionsfähige Atmosphäre, explosivfähige Atmosphäre, *f.*
potentially explosive substances	explosionsgefährliche Stoffe, *m. pl.*
potentially water polluting, presenting a hazard to water, water endangering	wassergefährdend
potting material	Vergussmaterial, *n.*
POU filter (point-of-use filter)	POU-Filter, *m.*
pourable	fließfähig (z. B. Puder, Granulat)
pouring ring	Labor: Ausgießring, *m.*
powder booth	Pulverbeschichtung: Pulverkabine, *f.*
powder coated	pulverbeschichtet
powder coating (Powder is sprayed onto an electrically grounded surface (electrostatic application) and the part is then cured under heat. The process requires no solvent and creates a finish that is tougher than conventional paint.)	Pulverbeschichtung, Pulverspritzlackierung, Pulverlackierung, *f.*
powder coating plant/facility	Pulverbeschichtungsanlage, *f.*; Pulverlackieranlage, *f.*
powder container	Pulverbehälter, *m.*
powder metering apparatus	Pulverdosierer, *m.*
powder mixer	Pulververmischer, *m.*
powder silo	Pulversilo, *n.*
powder technology	Pulvertechnik, *f.*
powdered activated carbon (PAC), activated carbon powder	Pulveraktivkohle, *f.*
powdery	pulverförmig, pulvrig
powdery substances, powdery media	pulverförmige Medien, *n. pl.*
power	Netz, *n.* (Strom: z. B. als Anzeige am Gerät)

power (e.g. compressed air power, compressed air power tools)	Druckluft: Leistung, *f.*
power, rating (e.g. heat exchanger rating in kW)	elektrische Leistung, *f.*
power cable, mains cable	Starkstromkabel, *n.*; el.: Netzleitung, *f.*
power connection	Kraftanschluss, *m.*
power connector (e.g. a two-pin power connector that connects to the mains supply)	el.: Versorgungsstecker, *m.*
power consumption, electricity consumption (e.g. gas and electricity consumption of households)	Stromverbrauch, *m.*
power control, power control system	el.: Leistungssteuerung, *f.*
power cut	Stromnetzstörung, *f.*; Stromunterbrechung, *f.*
power demand, electricity demand	Strombedarf, *m.*
power distribution board	Stromverteilertafel, *f.*
power failure, mains failure, mains outage (e.g. protracted mains outage)	el.: Netzausfall, *m.*
power failure, supply failure	Spannungsausfall, *m.*
power generation (e.g. offshore wind power generation; solar power generation; fossil power generation), electricity generation	Energieerzeugung, *f.*
power input	Pumpe: Energieaufnahme, *f.*
power input, power absorbed, input power	el.: Leistungsaufnahme, *f., siehe* Leistung
power is on, in-circuit condition, voltage is being applied	Spannung liegt an
power OFF	el.: Spannung AUS
power output (e.g. 4 to 20 mA isolated output)	Stromausgang, *m.*
power requirement(s), power required, power demand	Elektrizität: Leistungsbedarf, *m.*
power signal	Stromsignal, *n.*
power source	Stromquelle, *f.*
power supply assembly, power supply unit (PSU)	Baugruppe Netzteil, *f.*
power supply cable	el.: Spannungsversorgungsleitung, *f.*; Stromversorgungskabel, *n.*, Stromversorgungsleitung, *f.*
power supply disruption, power supply failure	el.: Netzunterbrechung, *f.*
power supply disturbance	Strom: Energieversorgungsstörung, *f.*
power supply fuse	el.: Sicherung Netzteil
power supply line	Strom: Energieversorgungsleitung, *f.*
power supply PCB, PCB of the power supply unit	el.: Netzteilplatine, *f.*
power supply unit (PSU)	Stromversorgungsteil, *n.*, Netzteil, *n.*
power supply, electricity supply, power supply system	el.: Spannungsversorgung (Stromversorgung), *f.*; Netzversorgung, *f.*
power supply, mains, electricity supply	Strom: Netz, *n.*
power switch	Netzschalter am Gerät, *m.*
power transmission	Kraftübertragung, *f.*
power unit	Netzeinheit, *f.*
power unit housing	el.: Netzteilgehäuse, *n.*
power unit module, power unit	el.: Netzteilmodul, *n.*
powered by battery	Akkubetrieb, *m.*
PP prefilter	PP-Vorfilter, *m.*
ppb range (parts per billion)	ppb-Bereich, *m.* (Teile pro Milliarde)
ppm range (ppm = parts per million)	ppm-Bereich, *m.*(Teile pro Million)

P

ppq range (parts per quadrillion)	ppq-Bereich, *m.* (Teile pro Billiarde)
ppt range (parts per trillion)	ppt-Bereich, *m.* (Teile pro Billion)
PQ control (electrohydraulic flow and pressure control)	PQ-Regelung, *f.*
practice alarm	Probealarm, *m.*
practice-oriented	praxisoriented
pre-alarm	Voralarm (z. B. Messgerät), *m.*
preassemble	vormontieren, *siehe* Vormontage
preassembled unit	Einbaueinschub, *m.*; Einschub-einheit, *f.*
preassembly, pre-installation	Vormontage (z. B. des Rohrsystems vor Schweißen), *f.*
preblow	vorblasen (Blasformen)
precaution, precautionary measure	Vorsichtsmaßnahme, *f.*
precautionary action/measures	vorsorgendes Handeln, *n.*
preceded by, upstream	vorgeschaltet
precessional axis (axis of rotation sweeps out a cone)	Präzessionsachse, *f.*
precious metal, noble metal	Edelmetall, *n.*
precipitant, precipitating agent	Fällungsmittel, *n.*
precipitate	ausfällen
precipitation	Ausfällung, *f.*; Fällung, *f.*
precipitation electrode	Niederschlagselektrode (Elektro-filter), *f.*
precipitation pH	Fällungs-pH-Wert, *m.*
precision adjustment	Feineinstellung, *f.*
precision grinding method	Feinschleifverfahren, *n.*
precision machine tool	Präzisionsmaschine, Präzisions-werkzeugmaschine, *f.*
precision mechanics	Feinmechanik, *f.*
precision mounting	Feinmontage (Optik), *f.*
precision rotary table	Präzisionsdrehtisch, *m.*
precision spindle	Genauigkeitsspindel, *f.*
precool	vorkühlen
precooler, primary cooler	Vorkühler, *m.*
precooling	Vorkühlung, *f.*
precooling phase	Vorkühlphase, *f.*
predried	vorgetrocknet
predrilled (e.g. predrilled holes)	vorgebohrt
predry	vortrocknen
predrying	Vortrocknung, *f.*
preferably, preferred	möglichst
preferred applications	bevorzugte Anwendungen, *f. pl.*
preferred position, preferred installation position	Vorzugslage, *f.*
prefilter (e.g. 5 μm capacity prefilter)	Vorfilter, *m.*
prefilter fleece	Vorfiltervlies, *n.*
prefilter layer	Vorfilterschicht, *f.*
prefiltration, prefiltering	Vorfiltration, Vorfiltrierung, *f.*
pre-fitted, pre-assembled	bereits montiert
preheat, warm up	vorwärmen; vorheizen
preheater	Vorwärmer, *m.*
preliminary cleaning, pretreatment (e.g. wastewater pretreatment)	Vorreinigung, *f.*

preliminary design	Vorentwurf, *m.*
preliminary separation	Filter: Vortrennung, *f.*
preliminary test	Vorversuch, *m.*
premature tool wear	vorzeitiger Werkzeugverschleiß, *m.*
premature wear	vorzeitiger Verschleiß, *m.*
preparation of pipe ends	Rohrendenbearbeitung (z. B. vor Schweißen), *f.*
preparation of series production	Fertigung: Serienvorbereitung, *f.*
prepolymers	Prepolymere, *pl.*
pre-precipitator	Elektrofilter: Vorabscheider, *m.*
prepunched	vorgestanzt
presence (e.g. of hydrocarbons)	Anwesenheit, *f.*
presentation material, demo material	Anschauungsmaterial, *n.*
preseparation	Vorabscheidung (z. B. von Öl und Wasser), *f.*, Vorabtrennung, *f.*
preseparation process	Vortrennungprozess, *m.*
preseparation system	Vorabscheidevorrichtung, *f.*
preseparation tank	Vorabscheidebecken, *n.*, Vorabschei-debehälter, *m.*
preseparation tank, primary feed tank	Vorlauftank (Emulsionsspalt-anlage), *m.*
preseparator	Vorabscheider, *m.*
preset	voreingestellt
preset, fixed (setting)	fest eingestellt
press, actuate	Schalter betätigen
press-fitted pipe joint	gepresste Rohrverbindung, *f.*
pressure	Druck, *m.*
pressure above atmospheric, gauge pressure	über atmosphärischem Druck, *m.*
pressure-adjusted	druckkorrigiert
pressure adjustment, pressure setting	Druckeinstellung, *f.*
pressure band	Druckband, *n.*
pressure band control (to prevent simultaneous start-up and switching off of several compressors in a pressure band)	Druckbandregelung, *f.*
pressure-bearing	drucktragend
pressure boosting station	Druckerhöhungsstation, *f.*
pressure-buildup phase	Druckluft: Druckaufbauphase, *f.*
pressure buildup valve	Druckaufbauventil, *n.*
pressure chamber	Druckkammer (z. B. in Druck-messer), *f.*
pressure chamber filter	Druckkammerfilter, *m.*
pressure class	Druckklasse (z. B. für Rohre), *f.*
pressure compensation	Druckluft: Druckausgleich, *m.*
pressure control	Druckregelung, *f.*
pressure control valve	Druckregelventil, *n.*
pressure-controlled	druckgesteuert
pressure-controlled valve	druckgesteuertes Ventil, *n.*
pressure correction factors (PCF)	Druckkorrekturfaktoren (DKF), *f. pl.*
pressure corrective factor	Umrechnungsfaktor für anderen Betriebsdruck, *m.*

P

pressure cushion	Druckpolster, *n.* (Unterschied zwischen verfügbarem und benötigtem Druck)
pressure cylinder	Druckzylinder, *m.*
pressure-dependent, pressure-responsive	druckabhängig
pressure device	Druckgerät (z. B. nach DRG 97/23/EG), *n.*
pressure dewpoint (PDP, also: pressure dew point)	Drucktaupunkt (DTP), *m.*, (Temperatur, bei der die Feuchtigkeit in der Druckluft zu kondensieren beginnt.)
pressure dewpoint linked control	drucktaupunktabhängige Steuerung, *f.*
pressure dewpoint meter (also: pressure dew point meter)	Drucktaupunktmessgerät, DTP-Messgerät, *n.*
pressure dewpoint monitoring	Drucktaupunktüberwachung, *f.*
pressure dewpoint sensor	Drucktaupunktfühler, *m.*, Drucktaupunktsensor, *m.*
pressure dewpoint table	Drucktaupunkttabelle, *f.*
pressure difference	Druckdifferenz, *f.*
pressure differential	Druckunterschied, *m.*
pressure drain	Kondensat: Druckableiter, *m.*
pressure drop, loss of pressure	Druckluft: Druckabfall, *m.*
pressure energy	Druckenergie, *f.*
pressure equipment technology	Druckgerätetechnologie, *f.*
pressure filter	Druckfilter, *m.*
pressure gauge gradations	Manometer-Strichmarken, *f. pl.*
pressure gauge, manometer	Druckmanometer, *n.*; Manometer, *n.*
pressure generator, compressor	Druckerzeuger, *m.*
pressure gradient	Druckgradient, *m.*
pressure gradient, pressure difference	Druckgefälle, *n.*
pressure hose	Druckschlauch, *m.*
pressure impact	Druckschlag, *m.*, Wirkung: Druckstoß, *m.*
pressure increase, pressure buildup (or build-up), built-up pressure	Druckluft: Druckaufbau, *m.*
pressure indicator, pressure gauge	Druckluft: Druckanzeiger, *m.*
pressure level	Druckniveau, *n.*
pressure line	Druckleitung, *f.*
pressure-liquefied gas (becomes liquid under pressure), liquefied gas	druckverflüssigtes Gas, *n.*
pressure load(ing)	Druckbelastung, *f.*
pressure load, pressurization	Druckluft: Druckbeaufschlagung, *f.* (unter Überdruck setzen)
pressure loss compensation	Druckkompensation, *f.*
pressure loss, loss of pressure	Druckverlust, *m.*
pressure maintaining valve	Druckhalteventil, *n.*
pressure monitoring	Drucküberwachung, *f.*
pressure-operated	Druckluft: druckbeaufschlagt (Zylinder)
pressure pipe, pressure piping	Rohr: Druckleitung, *f.*; Druckrohrleitung, *f.*
pressure potential	Druckpotenzial, *n.*

pressure-proof, pressure-resistant	druckfest; druckstabil
pressure pump	Druckpumpe, *f.*
pressure quantity logger	Druckmengen-Schreiber, *m.*
pressure range	Druckbereich, *m.*; Überdruck-bereich, *m.*
pressure ratio	Druckverhältnis (z. B. des Ver-dichters), *n.*
pressure reducer	Druckminderer, *m.*
pressure reducing valve	Ventil: Druckminderer, *m.*; Druckre-duzierventil, *n.*
pressure reduction	Druckreduzierung, *f.*; Druckentlas-tungskammer: Vorentspannung, *f.*
pressure regulator	Druckregler, *m.*
pressure regulator assembly	Druckreglerbaugruppe, *f.*
pressure release (e.g. by "pressure relief valve or vent")	Druck ablassen
pressure relief	Druck vermindern; Druckentlastung, *f.*
pressure relief chamber (PRC)	Druckentlastungskammer (DEK), *f.*
pressure relief opening	Druckentspannungsöffnung, *f.*
pressure relief valve (e.g. to protect closed-circuit water heating systems)	Druckentlastungsventil, *n.*, Druck-begrenzungsventil, *n.*
pressure relief valve, safety valve	Überdruckventil, *n.*
pressure relief vent	Druckentlastungslüftung, *f.*
pressure resistance	Druckbeständigkeit, *f.*, Druck-stabilität, *f.*
pressure-resistant	druckbeständig
pressure-resistant hose	druckfester Schlauch, *m.*
pressure seal	Druckdichtung, *f.*
pressure sensor (registers pressure and converts signal)	Druckaufnehmer, *m.*
pressure side, on the	Druckseite, *f.*, druckseitig
pressure spring, compression spring	Druckfeder, *f.* (offene spiralförmige Feder, die beim Zusammenpressen Druck ausübt)
pressure stage	Druckstufe (z. B. bei mehrstufigem Kompressor), *f.*
pressure surge	Druckstoß, *m.*
pressure swing adsorption method (e.g. "The desiccant dryer operates on the principle of pressure swing ad-sorption (PSA).")	Druckwechselverfahren, *n.*
pressure switch	Druckschalter, *m.*
pressure test	Druckprüfung, *f.*
pressure tested	druckgeprüft
pressure-tight encapsulated unit	druckdichte gekapselte Einheit
pressure-tight joint	druckdichte Verbindung
pressure-tight, pressure tight	druckdicht
pressure variation	Druckschwankung, *f.*
pressure vessel	Druckbehälter (allgemein), *m.*
pressure-vessel acceptance (test)	Druckbehälterabnahme, *f.*
pressure vessel lid	Druckbehälterdeckel, *m.*
pressure-vessel test	Druckbehälterprüfung, *f.*
Pressure Vessels Directive (e.g. 87/404/EEC)	EU-Richtlinie (Druckbehälter-verordnung), *f.*

P

pressure wave	Druckwelle, *f.*
pressureless (e.g. in a pressureless state), unpressurized	druckfrei
pressureless state, not under pressure, depressurized state	druckloser Zustand
pressureless system, zero-pressure system	druckloses System, *f.*
pressurize	unter (inneren) Überdruck setzen
pressurize to operating pressure	Druckluft: unter Betriebsdruck setzen
pressurized, under pressure	Druck, *m.*, unter Druck; Druckluft: druckaufnehmend
pressurized cabin	Druckluftkabine, *f.*
pressurized condensate	unter Druck stehendes Kondensat, *n.*
pressurized plant and systems	unter Druck stehende Anlagen, *f. pl.*
pretensioned	vorgespannt (z. B. Feder)
pretreated	vorbehandelt; z. B. Membrane: präpariert
pretreated crude gas	konditioniertes Rohgas, *n.*
pretreatment stage	Vorbehandlungsstufe, *f.*
prevailing temperature	maßgebliche Temperatur (z. B. bei Druckbehälterprüfung), *f.*
prevention	Verhinderung, *f.*
prevention of oil breakthrough	vorbeugend: Öldurchbruchsicherheit, *f.*
preventive environmental protection	Umweltvorsorge, *f.*
preventive maintenance	vorbeugende Wartung, *f.*
previous generation	Gerät: Vorgängergeneration, *f.*
previous model	Vorläufermodell, *n.*
price concession	Preiszugeständnis, *n.*
price group, price category	Preisgruppe, *f.*
price list	Preisliste, *f.*
price overview	Preisübersicht, *f.*
price paid	erzielter Preis, *m.*
price/performance ratio, price-performance ratio	Preis-Leistungs-Verhältnis, *n.*
price policy, price situation, pricing, to work out the price of	Preisgestaltung, *f.*
price quotation	Preisnotierung, *f.*
primary coating, primer	Farbe: Grundierung, *f.*
primary reaction	Vorreaktion, *f.*
primary reaction tank	Vorreaktionsbehälter, *m.*
primary refrigeration circuit	primärer Kältekreis, Kältekreislauf, *m.*
primary signal	Primärsignal, *n.*
primary voltage	el.: Hauptspannung, *f.*
principle	Prinzip, *n.*
principle of diffusion	Diffusionsprinzip, *n.*
principle of operation	verfahrenstechnisches Prinzip, *n.*
printed board assembly	bestückte Leiterplatte, *f.*
printed circuit board (PCB), circuit board, board	Leiterplatte, *f.*
printed circuit board manufacturing, PCB manufacturing	Leiterplattenproduktion, *f.*
printing-house	Druckerei: Firma, *f.*
printing machine, printing press	Druckereimaschine, *f.*
printing plant	Druckereianlage, *f.*
printing works	Druckerei, *f.*
priority switch	Vorrangschalter, *m.*

prism angle	Prismenwinkel, *m.*
private label model	Private-Label-Ausführung, *f.*
private label series	Private-Label-Serie, *f.*
private protective right	privates Schutzrecht, *n.*
private water supply	Eigenwasserversorgung, *f.*
probability analysis	Wahrscheinlichkeitsrechnung, *f.*
probability coefficient	Wahrscheinlichkeits-Beiwert, *m.*
probability figure	Wahrscheinlichkeitszahl, *f.*
probe	Sonde, *f.*
probe assembly	Sondenteil (z. B. Flowmeter), *n.*
probe cap (at the tip of the probe)	Sondenverschluss, *m.*
probe cover	Sondenabdeckung, *f.*
probe installation, probe position	Sondenaufnahme, *f.*
problem inherent in the system	Systemproblem, *n.*
procedure in the event of danger	Verhalten im Gefahrfall, *n.*
procedure, action, operation, implementation, carrying out	Durchführung, *f.*
procedure, operational system	Verfahren (Vorgang), *n.*; Verfahrensweise, *f.*
process-adaptable	abstimmbar, auf den Prozess abstimmbar
process air	Prozessluft, *f.*
process air fan	Prozessluftventilator, *m.*
process circuit/circulation	Prozesskreislauf, *m.*
process concept	Verfahrenskonzept, *n.*
process conditions, process environment	Prozessbedingungen, *f. pl.*
process control (e.g. accurate and reliable process control)	Prozesssteuerung, *f.*; Prozessführung, *f.*
process control system, process control engineering	Prozessleittechnik, *f.*
process-controlled	prozessgeführt
process cooling water	Prozesskühlwasser, *n.*
process dependent, process related	prozessabhängig
process description	Verfahrensbeschreibung, *f.*
process engineer	Verfahrensingenieur, *m.*
process engineering guarantee	verfahrenstechnische Gewährleistung, *f.*
process engineering, process techniques, process technology	Prozesstechnik, *f.*; Verfahrenstechnik, *f.*
process flow chart	Prozesslaufdiagramm, *n.*; Prozessschema (Ablaufdarstellung), *n.*; Verfahrensfließbild, *n.*
process gas	Prozessgas, *n.*
process gas compressor	Prozessgas-Verdichter, *m.*
process-gas drying	Prozessgastrocknung, *f.*
process interruption	Prozessunterbrechung, *f.*
process know-how	Prozesskenntnis, *f.*
process liquid	Prozessflüssigkeit, *f.*
process optimization	Verfahrensoptimierung, *f.*
process-optimized	verfahrenstechnisch ausgereift
process oriented (e.g. process-oriented design)	verfahrensorientiert
process parameters	Prozessparameter, *m. pl.*
process pump	Prozesspumpe, *f.*

P

process-related dust	systembedingt anfallender Staub, *m.*
process-related evaluation	verfahrenstechnische Begutachtung, *f.*
process-related hazards	prozessabhängige Gefahren, *f. pl.*
process-related, for reasons of process engineering	verfahrensbezogen; prozessbedingt
process safety	Verfahrenssicherheit, *f.*
process safety, process reliability	Prozesssicherheit, *f.*
process stability	Prozessstabilität, *f.*
process standard	Verfahrensnorm, *n.*
process suitability, suitability of a method	Verfahrenseignung, *f.*
process tank	Prozessbehälter, *m.*
process waste air, process exhaust air	Prozessabluft, *f.*
process wastewater	Prozessabwasser, *n.*
process water circuit	Prozesswasserkreislauf, *f.*
process water circulation	Prozesswasserkreislaufführung, *f.*
process water purification	Prozesswasserreinigung, *f.*
process water quality	Prozesswasserqualität, *f.*
process water treatment	Prozesswasseraufbereitung, *f.*
process water, industrial process water	Prozesswasser, *n.*
process, method, technique	Verfahren, *n.*
processing (e.g. order processing)	Geschäftsvorgang: Bearbeitung, *f.*
processing (e.g. processing industry)	industrielle Verarbeitung, *f.*
processing method	Verarbeitungsverfahren, *n.*
processing of measuring data	Messdatenverarbeitung, *f.*
processing of orders, sales order processing	Auftragsabwicklung, Auftrags-bearbeitung, *f.*
processing of samples, handling of samples	Probenbearbeitung, *f.*
processing speed	Prozessgeschwindigkeit, *f.*
processing time	Bearbeitungszeit, *f.*
processing time (e.g. offer processing time)	Erarbeitung, *f.*
processor control	Prozessorsteuerung, *f.*
produce, generate	Druckluft erzeugen
product adaptation	Produktanpassung, *f.*
product area	Produktbereich, *m.*
product assurance	Produktsicherung, *f.*
product availability	Produktverfügbarkeit, *f.*
product characteristic, characteristic of state (DIN 4000)	Produktcharakteristik, *f.*; Beschaffen-heitsmerkmal, *n.*
product competencies	Produktkompetenzen, *f. pl.*
product defect, product error	Produktfehler, *m.*
product description	Produktbeschreibung, *f.*
product designation	Produktbezeichnung, *f.*
product development	Produktweiterentwicklung, *f.*
product finder	Produktfinder, *m.*
product finishing	Fertigbearbeitung (Produktion), *f.*; Produktfeinbearbeitung, *f.*, Produkt-endfertigung, *f.*
product group, product line	Produktgruppe, *f.*
product information	Produktangaben, *f. pl.*
product launch	Produkteinführung, *f.*; Produkt-start, *m.*
product liability	Produkthaftung, *f.*

product liability insurance	Produkthaftpflichtversicherung, *f.*
product liability law	Produkthaftungsgesetz, *n.*
product line	Produktlinie, *f.*, Produktreihe, *f.*
product management	Produktmanagement, *n.*
product number	Erzeugnisnummer, *f.*
product package	Angebotspaket, *n.*
product portfolio	Lieferprogramm, *n.*
product programme (US program), product portfolio	Produktprogramm, *n.*, *siehe* Produktpalette, Produktreihe
product range, product spectrum, product portfolio, range of products	Sortiment, *n.*; Produktpalette, *f.*, *siehe* Produktlinie
product safety	Produktsicherheit, *f.*
product spectrum	Angebotsspektrum, *n.*; Produktspektrum, *n.*, *siehe* Produktpalette
product supplier	Produktlieferant, *m.*
product training	Produktschulung, *f.*
product variety	Produktvielfalt, *f.*
product, model	Bauprodukt, *n.*
production aid, Labor: production medium	Produktionsmedium, *n.*
production and sales facility/site	Produktions- und Vertriebsstandort, *m.*
production area	Produktionsbereich, *m.*
production automation	Fertigungsautomation, Fertigungsautomatisierung, *f.*
production batch	Fertigungscharge, *f.*; Produktionscharge, *f.*
production capacity, production efficiency	Produktionsleistung, *f.*
production centre	Fertigungszentrum, *n.*
production chain	Produktionskette, *f.*
production date	Herstellungsdatum, *n.*
production defect	Fertigungsfehler, *m.*
production disturbance	Produktionsstörung, *f.*
production facility, production plant	Fertigungsanlage, *f.*, Produktionsanlage, *f.*
production hall	Fertigungshalle, *f.*; Maschinenhalle, *f.*
production line	Fertigungsstraße, *f.*
production No.	Herstell-Nr., *f.*
production pause, pause in production	Produktionspause, *f.*, *siehe* Betriebspause
production planning	Produktionsplanung, *f.*
production plant	produzierender Betrieb, *m.*
production process	Produktionsablauf (Vorgang), *m.*; Produktionsprozess, *m.*
production process, production sequence	Fertigungsablauf, *m.*
production programme (US: program)	Fertigungsprogramm, *n.*
production quantity	Produktionsstückzahl, *f.*
production rate	Produktionsrate, *f.*
production rejects	Produktionsausschuss, *m.*
production schedule	Produktionsablauf (Zeitplanung), *m.*
production sequence	Produktionsablauf (Reihenfolge), *m.*
production shop, production hall	Produktionshalle, *f.*

P

production specifications	Fertigungsvorgaben, *f. pl.*
production stage	Produktionsstufe, *f.*
production standstill, outage, outage time	Produktionsstillstand, *m.*
production technique	Herstellungsverfahren, *n.*
production, shop floor	Fertigung, *f.*
profile of requirements, requirements profile	Forderungsprofil, *n.*; Anforderungs-profil, *n.*
profile, brief specification	Gerät: Steckbrief, *m.*
profitability calculation	Wirtschaftlichkeitsberechnung, *f.* (Rentabilität)
program button	Programmtaste, *f.*
program number table	Messgerät: Programmnummern-tabelle, *f.*
programming lockout	Programmiersperre, *f.*
programming mode	Programmiermodus, *m.*
programming procedure	Programmierablauf, *m.*
prohibition of motor traffic	Fahrverbot, *n.*
project manager	Projektleiter, *m.*
project planning	Projektierung, *f.*
project planning and implementation	Projektabwicklung, *f.*
projection	Überstand, *m.*
prolonged standstill period, protracted standstill period	längere Stillstandzeit, *f.*
prone to failure	ausfallanfällig
proof of operativeness	Nachweis der Brauchbarkeit, *m.*
proof, verification, analysis, evidence, test	Nachweis, *m., siehe* Ermüdungs-nachweis
propagation	Ausbreitung (z. B. von Vibrationen), *f.*
propagation of vibrations	Fortpflanzung von Vibrationen, *f.*
propane	Propan, *f.*
propanediol	Propandiol, *f.*
propeller blade	Propellerflügel (z. B. des Rühr-werks), *m.*
propelling air, air as a driving force	Antriebsluft, *f.*
property right	Eigentumsrecht, *n.*
property, characteristic	Eigenschaft, *f.*
proportion of dirt, proportion of polluting matter	Schmutzanteil, *m.*
proportional control	Proportionalregelung (modulierende R.), *f.*
proportional solenoid valve	Proportionalmagnetventil, *n.*
proportionate to	proportional zu
protect by fuses	mit Sicherung absichern
protected against breakage, safe against breakage, unbreakable	bruchsicher
protected against manipulation	manipulationssicher
protected by password against unauthorized access	durch Kennwort vor unbefugtem Zugriff geschützt
protection against moisture	Feuchtigkeitsschutz, *m.*
protection against particles	Partikelschutz, *m.*
protection against stone impact/stones	Steinschlagschutz, *m.*
protection standard (e.g. manufactured to protection standard IP 65)	Schutzart, *f.*

protective atmosphere	Schutzatmosphäre, *f.*
protective braiding	Schutzgeflecht (z. B. für Kabel), *n.*
protective building measures, walled-off area	Abmauerung, *f.*
protective cap	Schutzkappe, *f.*
protective circuit (e.g. terminals for neutral and protective circuit conductors), fail-safe circuit	Sicherheitsschaltung, *f.*
protective clothing (e.g. protective clothing for chemical spills)	Schutzkleidung, *f.*
protective clothing, protective clothing & equipment	Körperschutzausrüstung, *f.*
protective coat(ing)	Schutzanstrich, *m.*
protective device, protective installation	Schutzeinrichtung, *f.*
protective earth (PE), protective earth conductor, earth ground (as against "chassis ground") (With a 3-conductor line cord the chassis is connected to earth ground when plugged into a correctly wired AC outlet. With a 2-conductor-line cord, the chassis is not connected to earth ground.)	el.: Schutzerde, *f.*; Schutzleiter (PE), *m.*
protective equipment	Arbeitsschutzausrüstung (generell), *f.*; Schutzausrüstung, *f.*
protective fabric	Schutzgewebe, *n.*
protective filter	Schutzfilter, *m.*
protective footwear	Fußschutz, *m.*
protective layer	Schutzschicht, *f.*, Schutzmantel, *m.*
protective mask	Schutzmaske, *f.*
protective measure, protective arrangement, precaution	Schutzmaßnahme, *f.*
protective outfit	Arbeitsschutzausrüstung (Personal), *f.*
protective plate	Schutzplatte, *f.*
protective plug	Schutzstopfen, *m.*
protective pneumatic seal	pneumatische Schutzdichtung (z. B. bei maschineller Bearbeitung), *f.*
protective right, industrial (property) right	Patent: Schutzrecht, *n.*
protective suit, protective clothing	Schutzanzug, *m.*
protetive covering	Schutzstrumpf, *m.*
prototype certification	Baumusterprüfzeichen, *n.*, *siehe* Prüfzeichen
prototype test, type test	Baumusterprüfung, *f.*
prototype-tested, type-tested	baumustergeprüft
prove satisfactory/successful	bewähren
proven, reliable, mature, fully developed, sound	ausgereift
proven, tried and tested	erprobt
proven technique, proven method	erprobtes Verfahren, *n.*
proven technology	bewährte Technik, *f.*
provide a warranty	Gewährleistung übernehmen, *f.*
provide with means against	gegen mögliche Wirkung absichern
provider	Dienstleistung: Lieferant, *m.*
proving test	Belastungsprobe bis zum Bruch, *f.*
provision for connection	Anschlussmöglichkeit, *f.*
proximity switch	el.: Näherungsschalter, *m.*

P

PSA system (PSA = pressure swing adsorption used, e.g. in oxygen therapy)	PSA-System, *n.*
psig (pounds per square inch gauge)	psig (Überdruck in psi)
psychrometer (based on change in temperature)	Psychrometer, *m.*
PTB approval	PTB-Zulassung (PTB = Physikalisch-Technische Bundesanstalt), *f.*
PTB-tested, tested by the German Federal Institute of Physics and Metrology (PTB)	PTB-geprüft, *siehe* Physikalisch-Technische Bundesanstalt
PTC thermistor detector (PTC = positive temperature coefficient)	Kaltleitertemperaturfühler, *m.*
PTFE (polytetrafluoroethylene) gasket, PTFE seal	PTFE-(Polytetrafluoräthylen-) Dichtung, *f.*
PTFE filter	PTFE-Filter, *m.*
public authority	Behörde, *f.*
public authority notifications	behördliche Anzeigen, *f. pl.*
public authority regulations	behördliche Vorschriften, *f. pl.*
public service vehicle	Bus/Straßenbahn
public sewer system	öffentliche Kanalisation, *f.*
public transport	Personenverkehr, *m.*
public utility lines	öffentliche Ver- und Entsorgungslei-tungen, *f. pl.*
public utility network, power supply grid	öffentliches Stromversorgungsnetz, *n.*
public water supply	öffentliche Wasserversorgung, *f.*
pull (e.g. pull a lever), release	ziehen
pull out the plug	Stecker ziehen
pull tight, take up slack	straffen
pulley block, block and tackle	Flaschenzug, *m.*
pulp and paper industry	Zellstoff- und Papierindustrie, *f.*
pulsating flow, pulsating volumetric flow	pulsierender Volumenstrom, *m.*
pulsating internal pressure	Druckbehälter: schwellender Innen-druck, *m.*
pulsating load (a dynamic load in one direction only, e.g. in a pressure vessel)	Schwellbelastung, Schwell-beanspruchung, *f.*
pulsation damping	Kolbenverdichter: Pulsations-dämpfung, *f.*
pulsation-driven abrasion	impulsartiger Abrieb, *m.*
pulsations in the compressed air flow	Pulsationen des Druckluftstroms, *f. pl.*
pulse damper	Impulsklappe, *f.*
pulse generator	Taktgeber, *m.*
pulse output (e.g. independent pulse output signals)	Messgerät: Impulsausgang, *m.*
pulverize	pulverisieren
pump (pump out, pump up, pump into, pump in)	pumpen
pump activation	Pumpenansteuerung, *f.*
pump base	Pumpenkonsole, *f.*
pump connection	Pumpenanschluss, *m.*
pump control	Pumpensteuerung, *f.*
pump failure	Pumpenversagen, *n.*
pump head	Pumpenkopf, *m.*
pump hose	Pumpenschlauch, *m.*
pump housing	Pumpengehäuse, *n.*
pump inlet	Pumpeneingang, Pumpenzulauf, *m.*

pump mounting	Pumpenbefestigung, *f.*
pump outlet	Pumpenausgang, *m.*
pump release	Pumpenfreigabe, *f.*
pumping capacity	Pumpleistung, *f.*
pumping measure	Abpumpmaßnahme, *f.*
pumping station	Pumpstation, *f.*
pumping test	Pumpversuch, *m.*
pumping time, transfer time	Umpumpzeit, *f.*
PUR (polyurethane)	PUR (Polyurethan (Schaumstoff))
PUR foam	PUR-Schaumstoff, *m.*
PUR raw material	PUR-Rohstoff, *m.*
PUR spraying equipment	PUR-Spritzanlage, *f.*
PUR technology	PUR-Technik, *f.*
Purafil cartridge	Purafil-Patrone, *f.*
purchase	Kauf, *m.*
purchaser	Abnehmer/Käufer, *m.*
purchasing conditions	Einkaufskonditionen, *f. pl.*
pure air routing	Spüllluftführung, *f.*
pure aqueous phase	reine wässrige Phase, *f.*
pure oil	reines Öl, *n.*
pure oil phase	Reinölphase, *f.*
pure water, clean water	reines Wasser, *n.*
purge	mit Druckluft durchspülen (abführen)
purge air	Spülluft (z. B. Membrantrockner), *f.*
purge air, regeneration air	Regenerationsluft, *f.*, Regenerierungs-luft, *f., siehe* Spülluft
purge air channel	Spüllluftkanal, *m.*
purge-air connection	Membrantrockner: Spülluft-anschluss, *m.*
purge-air consumption	Spülluftverbrauch, *m.*
purge-air control, regeneration air control	Regenerationsluftsteuerung, *f.*
purge-air control, purge-air regulation	Spülluftsteuerung, *f.*
purge-air demand, purge air requirement	Spülluftbedarf, *m.*
purge-air distribution	Spülluftverteilung, *f.*
purge-air flow	Spülluftstrom, *m.*; Spülstrom (z. B. Membrantrockner), *m.*
purge-air hose	Spülluftschlauch, *m.*
purge air line	Spüllluftleitung, *f.*
purge-air nozzle	Spülluftdüse, *f.*
purge-air nozzle, regeneration air nozzle	Regenerationsluftdüse, *f.*
purge-air outlet, purge-air discharge	Spülluftaustritt, *m.*
purge-air percentage	prozentualer Spülluftanteil, *m.*
purge air percentage, regeneration air percentage	Regenerationsluftanteil, *m.*
purge air quantity/amount, purge-air rate, purge-air supply, purge air volume	Spüllluftmenge, *f.*
purge air/regeneration air requirement	Regenerationsluftbedarf, *m.*
purge air setting	Spülllufteinstellung, *f.*; Spüllluft-mengeneinstellung, *f.*
purge-air supply	Spülluftzufuhr, *f.*
purge-air switch with different settings (e.g. rotary switch with different settings)	Spülluftschalter, einstellbar, *m.*

P

purge-air valve	Spülluftventil, *n.*
purge-air variation	Spülluftvariation, *f.*
purge-air volume, purge-air rate (e.g. in l/s), purge-air quantity	Spülluftanteil (Membrantrockner), *m.*
purging cycle, purge air cycle	Spülluftzyklus, *m.*
purification of ambient air	Umluftreinigung, *f.*
purification stage, purification level	Reinheitsstufe, *f.*
purified air, clean air. filtered air	Reinluft, *f.*
purified wastewater, cleaned wastewater	gereinigtes Abwasser, *n.*
purity	Reinheit, *f.*; Sauberkeit (z. B. der Luft), *f.*
purity class (e.g. DIN purity class), purity level	Reinheitsklasse, *f.*
purity level, cleanup level, degree of purity	Reinheitsgrad, *m.*
purity requirements (e.g. breathing air purity requirements)	Reinheitsanforderung, *f.*
push, press	Druckknopf, Taste: drücken
push fit	Edelschubsitz, *m.*
push-fit connection	Steckanschluss (Filterelement), *m.*
push-fit design	Push-Fit-Design, *n.*
push-fit mounting, push-fit fixing	Push-Fit-Befestigung, *f.*, *siehe* Aufsteckmontage, *siehe* Edelschubsitz
push-fit system, push-fit technique	Push-Fit-Technik, *f.*
push-fitted pipe joint	gesteckte Rohrverbindung, *f.*
push fitting	Aufsteckmontage, *f.*
push in	eindrücken
push-in fastener	Einsteckbefestiger, *m.*
push on, push through	durchstecken
push-on filter element	Filterelement zum Aufstecken, *n.*
pushbutton control of outputs	Tasterbetätigung der Ausgänge, *f.*
put forward claims	Garantie: Geltendmachung, *f.*
putting into operation, putting into service (in the EU this means the first use of products by an end user), startup (e.g. plant startup and shutdown procedures)	Inbetriebnahme, *f.*
PVC (polyvinyl chloride)	PVC, *f.*
PVC pipe	PVC-Rohr, *n.*
Pyrex (glass)	Pyrex, *f.*

qualified electrician	el.: Fachpersonal, *n.*
qualified personnel, technical personnel, technical staff	Fachpersonal, *n.*
qualified persons, specialists	Fachleute, *pl., siehe* Fachpersonal
quality	Beschaffenheit, *f.*; Qualität, *f.*
quality assurance (e.g. EN 29001/DIN IOS 9001 Quality Assurance Systems)	Qualitätsnachweis, *m.*
quality assurance, quality control	Qualitätssicherung, *f.*
quality assurance measures, quality assurance procedures	Qualitätssicherungsmaßnahmen, *f. pl.*
quality assured product	Qualitätsprodukt, *n.*
quality awareness	Qualitätsbewusstsein, *n.*
quality class (e.g. according to DIN ISO)	Qualitätsklasse, *f.*
quality complaint, complaint about the quality	Qualitätsreklamation, *f.*
quality control, quality inspection	Qualitätskontrolle, Qualitätslenkung, *f.*
quality deterioration	Qualitätseinbuße, *f.*
quality guideline	Qualitätsrichtlinie, *f.*
quality improvement	Qualitätsverbesserung, *f.*
quality inspection and testing	Qualitätskontrolle und Prüfung, *f.*
quality inspection, quality test	Qualitätsprüfung, *f.*
quality leap	Qualitätsschub, *m.*
quality loss, loss of quality	Qualitätsverlust, *m.*
quality management	Qualitätsmanagement, *n.*
quality management officer	Qualitätsmanagementbeauftragter, *m.*
quality mark	Gütezeichen, *n.*
quality monitoring (e.g. air quality monitoring)	Qualitätsüberwachung, *f.*
quality of the parts	Teilequalität, *f.*
quality policy	Qualitätspolitik, *f.*
quality requirements	Qualitätsanforderungen, *f. pl.*
quality standards	Qualitätsregeln, *f. pl.*
quality tested	qualitätsgeprüft
quantity (Abkürzung: Qty.), number	Anzahl, *f.*
quantity-related discharge	Ableitung nach Anfallmenge
quantization	Quantisierung, *f.*
quartz wool filter	Quarzwattefilter, *m.*
quartz-wool filled	quarzwattegestopft
quartz-wool plug	Quarzwattepfropf, *m.*

quench condenser	Quenchkondensator, *m.*
quench cooler (to achieve rapid cooling of hot gas, e.g. from a furnace)	Quenchkühler, *m.*
quickly replaceable	schnell wechselbar
quiet operation	geräuscharme Funktion, *f.*
quiet(ly) running	laufleise
quotation	Angebot: Preise, *m. pl.*

R

rack	Gestell, *n.*
radial bearing	Radiallager, *n.*
radial bearing shell	Radiallagerschale, *f.*
radial compressor	Radialverdichter, *m.*
radial flow scrubber	Radialstromwäscher, *m.*
radial sealing	radial abdichtend (z. B. für Filter-gehäuse)
radial sleeve bearing	Radialgleitlager, *n.*
radial turbo compressor	Radialturboverdichter, *m.*
radiation	Strahlung, *f.*
radio remote controlled (e.g. control of vehicle trajectory by commands transmitted over a radio link)	funkferngesteuert
radio signal	Funksignal, *n.*
radio waveguide	Radiowellenleiter, *m.*
radius of the runout circle	Optik: Radius des Zentrierschlags, *m.*
rail vehicle	Schienenfahrzeug, *n.*
rail vehicle engineering	Schienenfahrzeugbau, *m.*
rail vehicle manufacturer	Schienenfahrzeugbauer, *m.*
rail vehicle sector	Schienenfahrzeugbereich, *m.*
rail vehicle unit	Bahneinheit, *f.*
railway application, rail vehicle application	Bahnanwendung, *f.*
railway company, railway operator	Bahngesellschaft, *f.*
railway sector	Bahnsektor, *m.*
railway tank waggon	Eisenbahn-Kesselwagen, *m.*
railway technology	Schienenverkehrstechnik, *f.*
raintight	tagwasserdicht
raise, step up, increase	Produktion hochfahren
raised level	erhöhter Füllstand, *m.*
raised liquid level	Flüssigkeit: erhöhter Füllstand, *m.*
raised seams	Schweißen: erhabene Nähte, *pl.*
RAL colour (RAL is a DIN committee defining colour standards.)	RAL-Farbe, *f.*, RAL-Ton, *m.*
random criteria, random factors	Zufälligkeitskriterien, *n. pl.*
random packed bed, random bed	Filter: regellose Schüttung, *f.*
random sample	Zufallsstichprobe, *f.*
random variable	Zufallsvariable, *f.*
range (e.g. 5–10 μm range), sector, field, area	Bereich, *m.*

range of dryers	Trocknerreihe (allgemein), *f.*
range of sizes, spectrum of sizes	Baugrößenabstufung
range of values	Wertebereich, *m.*
Rapaport-Weinstock generator	Aerosolgenerator nach Rapaport und Weinstock
rapid filter	Schnellfilter, *m.*
rapping (e.g. for electrostatic precipitator)	Klopfung, *f.*, *siehe* Plattenklopfung
Raschig rings (hollow tubes with diameters more or less equal to length, used for packing within columns)	chem. Technik: Raschig-Ringe, Raschidringe, *m. pl.*
raster technology (e.g. raster graphics in ink-jet printing)	Rastertechnologie, *f.*
rate gyro (A special kind of gyroscope that measures the rotation rate around a fixed axis.)	Wendekreisel, *m.*
rate of compressed air loss	Druckluftverlust-Volumenstrom, *m.*
rate of corrosion	Korrosionsgeschwindigkeit, *f.*
rate of feed	Vorschubgeschwindigkeit, *f.*
rate of wear	Verschleißzeit, *f.*
rated for use in area	ausgelegt für den Bereich (z. B. II 2G Eex ib IIB T4)
rated output, rated power	Bemessungsleistung (z. B. Elektromotor), *f.*
rated/installed compressor capacity (e.g. rated capacity of 14 kW cooling and 15 kW heating)	installierte /angeschlossene Verdichterleistung, Verdichtungsleistung, *f.*
rating	el.: Auslegung, *f.*
rating (kW)	elektrische Leistung, *f.*
rating plate	el. Auslegung: Typenschild, *n.*
raw air	Rohluft, *f.*
raw air side	Rohluftseite, *f.*
raw gasoline	Rohbenzin, *f.*
raw material, stock, input material	Rohstoff, *m.*; Ausgangsmaterial, *n.*
raw water tank	Rohwasserbehälter, *m.*
RC element, RC circuit (RC = resistance capacitance)	RC-Glied, *n.*
RC meter	RC-Messgerät, *n.*
reach, range	Reichweite, *f.*
reaching the max. permissible level	Erreichen des Füllstandes, *n.*
reactant	Reaktant, *m.*
reaction chamber	Reaktionskammer, *f.*, *siehe* Reaktionsbehälter
reaction chamber, reaction tank	Reaktionsbehälter, *m.*
reaction heat	Reaktionswärme, *f.*
reaction lacquer	Reaktionslack (z. B. von Zwei-Komponenten-Lack), *m.*
reaction rate	Reaktionsgeschwindigkeit, *f.*
reaction stage	Reaktionsstufe, *f.*
reaction tank capacity	Fassungsvermögen des Reaktionsbehälters, *f.*
reaction time	Reaktionszeit, *f.*
reactivation method, reactivation technique	Filter: Abreinigungsverfahren, *n.*
reactive	reaktionsfreudig, reaktionsfreundlich
reactivity	Reaktivität, *f.*
read manual carefully, observe the operating instructions	Bedienungsanleitung beachten
readily flammable	leicht entzündlich

readiness for operation, readiness for service, availability, working order	Betriebsbereitschaft, *f.*
readiness for shipment	Bereitstellung zum Versand
reading, readout, display	Messinstrument: Anzeige, *f.*
readings, indicated measured values	angezeigte Messwerte, *m. pl.*
reading accuracy	Ablesegenauigkeit, *f.*; Messinstrument: Anzeigegenauigkeit, *f.*
reading error	Messinstrument: Anzeigefehler, *m.*
re-adjust, reset	verstellen
readjustment	neue Justierung
readout	Datenauslesung (z. B. von internem Speicher an zentrales System), *f.*
ready for connection	anschlussbereit
ready for connection with Schuko plug	anschlussfertig mit Schukostecker
ready for filling, ready-to-fill	befüllbereit, befüllfertig
ready for immediate use	sofort einsatzbereit
ready for operation, on stream, available	betriebsbereit, betriebsfertig
ready for refilling	nachfüllbereit
ready for use	einsatzbereit
ready terminated (e.g. 1m long ready terminated self regulating heating cable)	fertig konfektioniert (Kabelenden)
ready to plug in	steckerfertig
real gas factor (e.g. calculation of the real gas factor and the average molecular mass)	Realgasfaktor, *m.*
real-time measurement	Echtzeitmessung, *f.*
real-time measuring system	Echtzeit-Messsystem, *n.*
realizable, feasible, attainable	real erreichbar
rear, at the rear, from the rear, rear panel	rückseitig, Rückseite, *f.*; Rückwand, *f.*
rear terminal strip	el.: rückwärtige Klemmleiste, *f.*
re-calibration	Neukalibrierung, *f.*
received noise	empfangene Geräusche, *n. pl.*
receiver	Kompressor: Druckbehälter, *m.*; Empfänger (Gerät), *m.*
receiver, air receiver	Speicherkessel (für Druckluft), *m.*
receiver, air receiver, compressed-air receiver	Druckluftbehälter (nach Kompressor), *m.*; Kessel, Druckluftkessel, *m.*
receiver drainage	Kesselentwässerung, *f.*
receiving inspection, on-receipt inspection	Eingangsprüfung (gelieferter Teile), *f.*
receiving jack	Aufnahme Steckverbindung, *f.*
receiving space, receiving area	Auffangbereich, *m.*
receiving tank	Auffangbecken, *n.*, *siehe* Auffangbehälter, Auffangtank
recharge the battery	Batterie aufladen
rechargeable battery	aufladbarer Akku, *m.*
recipient	Empfänger (Person), *m.*
reciprocating diaphragm pump	Kolbenmembranpumpe, *f.*
reciprocating piston compressor, piston compressor	Hubkolbenverdichter, *m.*
recirculate	Kreislauf, *m.*, im K. wieder zuführen
recirculated	im Kreislauf geführt
recirculating pump	Rücklaufpumpe, *f.*
recirculation, feedback, return	Rückführung, *f.*

R

recoat	neu lackieren
recognized technical rules, (universally) approved rules of engineering practice	anerkannte fachtechnische Regeln, *f. pl.*
recommended	empfohlen
recommended accessories	empfohlenes Zubehör, *n.*
recommended fuse protection	empfohlene Absicherung, *f.*
recommended installation	empfohlene Installation, *f.*
recommended material	empfohlener Werkstoff, *m.*
recommended price	Richtpreis, *m.*
record (e.g. instruments for measuring and recording temperature)	aufzeichnen
recording interval	Logger: Aufzeichnungsintervall, *n.*
recording of measured values	Messwertregistrierung, *f.*
recover	zurückgewinnen (z. B. wiederverwertbares Öl)
recover cooling energy	Kälteleistung zurückgewinnen
recovery of production materials (e.g. from scrap)	Rückgewinnung von Produktionsstoffen, *f.*
recovery of useful material	Wertstoff- Rückgewinnung, *m.*
recovery time	Erholzeit, *f.*
rectangular	rechteckförmig
rectifier	el.: Gleichrichter, *m.*
recuperative heat exchanger	rekuperativer Wärmetauscher, *m.*
recurring test (at defined intervals)	wiederkehrende Prüfung, *f.*
recyclable	recyclebar
recycled material (e.g. packaging made from recycled material)	Recyclingmaterial, *n.*
redesign	Umgestaltung, *f.*
reduce (e.g. reduce pressure to normal)	abbauen
reduce (e.g. reduce the pipe cross-section)	Rohr: reduzieren
reduce, discourage (e.g. growth of microorganisms)	eindämmen
reduce pressure, release p., let off p.	Druck abbauen
reduce surface tension (e.g. low-surface-tension condensate)	Oberflächenspannung reduzieren
reduce the moisture content	Feuchtigkeitsgehalt reduzieren
reduce the moisture content of compressed air	Druckluft: Wasserdampf entfernen, *m.*
reduce the residual moisture	Austragen der Restfeuchte, *n.*
reduced operator attendance	Entlastung des Bedienpersonals, *f.*
reduced permeability	verminderte Durchlässigkeit, *f.*
reduced pipe section	Rohrleitungsreduzierung, *f.*
reduced price, special price	Minderpreis, *m.*
reducer	Rohr: Reduzierstück, *n.*
reducing nipple	Reduziernippel, *m.*
reducing station (e.g. pressure reducing station)	Rohrleitung: Reduzierstation, *f.*
reducing the cross-section area	querschnittsverengend
reduction	Abschwächung, *f.*
reduction in/of cross section, reduction in cross-section area, cross-sectional reduction, narrowing of cross-section, cross-sectional constriction	Querschnittsverjüngung, *f.*, Querschnittsverengung, *f.*

redundancy (Electronics: provision of extra equipment, such as valves, to maintain operation after component failure)	Redundanz, *f.*
reed contact	el.: Reedkontakt, *m.*
reel, off the reel	flexibles Rohr: Rollenware, *f.*: Kabel: Rollenware, *f.*
ref. number	Kennziffer, *f.*
reference cloudiness	Wasseranalyse: Referenztrübung, *f.*
reference conditions (e.g. reference conditions in accordance with DIN …)	Referenzbedingungen, *f. pl.*
reference gas	Gas: Vergleichsmaßstab, *m.*
reference level	Referenzstufe, *f.*
reference list	Vergleichsliste, *f.*
reference parameter	Bezugsparameter, *m.*
reference point, point of reference	Bezugspunkt, *m.*; Fixpunkt, Festpunkt, *m.*
reference potential	Bezugspotenzial, *n.*
reference quantity, reference value	Bezugsgröße, *f.*
reference resistance	Vergleichswiderstand, *m.*
reference temperature	Referenztemperatur, *f.*
reference test kit (for checking water cloudiness)	Referenztrübungsset, *n.*
reference values	Anhaltswerte, *m. pl.*
reference variable	Führungsgröße, *f.*
refill	neubefüllen; wiederbefüllen
refill, top up	nachfüllen
refit	wieder aufstecken
reflection silencer	Reflexionsschalldämpfer, *m.*
refrigerant	Kältemittel, *n.*
refrigerant/air heat exchanger	Luft/Kältemittel-Wärmetauscher, *m.*
refrigerant circuit	Kältemittelkreislauf, *m.*, *siehe* Kältekreis
refrigerant compressor	Kältemittelverdichter, *m.*
refrigerant condenser	Kältemittelkondensator, *m.*; Kältemittelverflüssiger, *m.*
refrigerant dryer (e.g. integrated refrigerant dryer and filtration system)	Kältemitteltrockner, *m.*
refrigerant hot gas	Kältemittelheißgas, *n.*
refrigerant level	Kältemittelstand, *m.*
refrigerant vapour	Kältemitteldampf, *m.*
refrigerated compressed air dryer (compressed air refrigeration dryer)	Kältedrucklufttrockner, Kälte-Drucklufttrockner, *m.*
refrigerating machine	Kältemaschine, *f.*
Refrigerating Systems and Heat Pumps, EN 378 1 to 4	Kälteanlagen u. Wärmepumpen, *f. pl.*, harmonisierte Normen, EN 378 1–4
refrigerating unit	Kälteaggregat, *n.*
refrigeration application	kältetechnische Anwendung, *f.*
refrigeration circuit, cooling circuit	Kältekreis, Kältekreislauf, *m.*
refrigeration compressor	Kältekompressor, *m.*
refrigeration dryer (e.g. to dry the ring main air), refrigerated dryer	Kältetrockner, *m.*
refrigeration dryer performance	Kältetrocknerleistung, *f.*

R

refrigeration dryer plant	Kältelufttrocknungsanlage, *f.*
refrigeration-dried	kältegetrocknet
refrigeration drying	Kältetrocknung, *f.*
refrigeration engineering, cryo-engineering	Kältetechnik (z. B. mit Flüssigstickstoff), *f.*
refrigeration performance	Gerät: Kälteleistung, *f.*
refurbishment of the compressed air distribution system	Sanierung der Druckluftverteilung
refuse incineration	Müllverbrennung, *f.*
regeneration	Aktivkohle: Reaktivierung, *f.*; Regeneration, Regenerierung, *f.*
regeneration air, purge air	Adsorptionstrockner: Spülluft, *f.*
regeneration cycle	Regenerationszyklus, *m.*
regeneration period, regeneration time	Regenerierungszeit, *f.*
regeneration process	Regenerationsvorgang, *m.*
regenerative (e.g. regenerative desiccant dryers)	regenerativ
regeneratively acting, with regenerative capacity	regenerativ arbeitend
regional train	Regionalbahn, *f.*
register, record	registrieren (z. B. mit Schreiber)
register of effluents and indirect discharges	Abwasser- und Indirekteinleiter-Kataster, *n.*
registered trademark	Warenzeichen, eingetragenes, *n.*
registration	Anmeldung (z. B. bei der Behörde), *f.*
regressive curve	Abklingkurve, *f.*
regulations, stipulations	Bestimmungen, *f. pl.*
regulations concerning hazardous materials	Gefahrstoffverordnung (allgemein), *f.*
reheat	wiederwärmen
reheating	Rückerwärmung, *f.*
reinfiltrate (also: re-infiltrate)	reinfiltrieren, wieder infiltrieren
reinfiltration	Reinfiltration, *f.*
reinforce	verstärken
reinforcing fabric, support fabric	Stützgewebe, *n.*
re-install, fit back, put back	wiedereinsetzen
reject	Produktprüfung: beanstanden
reject, discard	aussortieren
reject rate, spoilage rate	Ausschussrate (besonders für Nahrungsmittel)
related to	bezogen auf
relative air humidity	relative Luftfeuchte, *f.*
relative atmospheric humidity	relative atmosphärische Feuchte, *f.*; relative atmosphärische Luftfeuchtigkeit, *f.*; Atmosphäre: relative Luftfeuchte, *f.*
relative density (Ratio of the weight or mass of a given volume of a substance to that of another substance; also referred to as as "weight/volume"), specific gravity (less common)	spezifisches Gewicht, *n.*
relative gas humidity	Gasfeuchte, relative, *f.*
relative humidity (percentage humidity), RH	relative Feuchte, r.F., (RF), *f.*

relative humidity, relative air humidity (actual mass of vapour in the air compared to the mass of vapour in saturated air at the same temperature, measured in %) — relative Luftfeuchtigkeit, *f.*

relative humidity of the compressed air — relative Druckluftfeuchte, *f.*

relative velocity — Relativgeschwindigkeit, *f.*

relative wind — Fahrtwind (Luftstrom bei Bewegung), *m.*

relay — Relais, *n.*

relay (e.g. alarm signal: "The system will detect the fault, and relay an alarm signal to the central monitoring station."), transmit — Signal übertragen

relay, route — Signal weiterleiten

relay board — Relaisplatine, *f.*

relay control, relaying — Relaissteuerung, *f.*

relay output — Relaisausgang, *m.*

relayed — durchgeschaltet, weitergeschaltet

release — abbauen, *siehe* abblasen; Freigabe, *f.*; Gas, Luft: Freisetzung, *f.*; Bremsen lösen

release (e.g. gas) — Abgabe, *f.*

release (e.g. release of dust) — Freisetzung, *f.*

release, be released — frei werden

release, free — freigeben, entsperren

release (resetting), unlock, unlatch — entriegeln

release air, expel air, vent — entlüften (z. B. Leitung, Abflussrohr, Anlage)

release of dust — Staubfreisetzung, *f.*

release to atmosphere — Druck zur Atmosphäre abbauen, *f.* (z. B. Magnetventil)

release/escape of compressed air — Vorgang: Druckluft-Austritt, *m.*

released — frei werdend (z. B. Öldämpfe)

released particles — freigesetzte Teilchen, *pl.*

relevant, appropriate — einschlägig

relevant to safety — sicherheitsrelevant

reliable (functioning), operationally reliable, reliable in operation, functionally safe — funktionssicher

reliable measurement — sichere Messung, *f.*

reliable quality, unvarying quality — konstante Qualität, *f.*

relief air — Entlastungsluft, *f.*

relief chamber — Entlastungskammer, *f.*

relief valve — Entlastungsventil, *n.*

relieve, reduce, remove pressure, ease pressure — Druck: entlasten; entspannen

relieved (from pressure) — entspannt (Druck); druckentlastet

remaining condensate, residual condensate — Restkondensat, *n.*

remaining liquid, residual liquid — Restflüssigkeit, *f.*

remaining time — Restzeit, *f.*

remedial action — Gegenmaßnahmen zur Störungsbehebung, *f. pl.*

remedy of defects, rectification — Beseitigung von Sachmängeln, *f.*; Mängelbehebung, *f.* Nachbesserung, *f.*

remedy, clearance, repair — Fehlerbeseitigung, *f.*

R

remote control	Fernbedienung, f.; Fernsteuerung, f.
remote control (e.g. condensate discharge by remote control)	ferngesteuert
remote controllability	Fernsteuerbarkeit, f.
remote display, remote indication	Fernanzeige, f.
remote maintenance (e.g. remote maintenance services, remote maintenance of equipment)	ferngesteuerte Instandhaltung, f.
remote monitoring, telemonitoring	Fernüberwachung, f.
remote signalling	Fernsignalisierung, f.
removable (e.g. easily removable)	herausnehmbar
removal	Entnahme, f. (z. B. Filterelement)
removal, discharge	Austrag (Ausbringung), m.
removal of oil from compressed air	Druckluftentölung, f.
remove	herausnehmen
remove, delete	ausblenden
remove, dismount, dismantle	ausbauen, entfernen
remove by turning	herausdrehen
renewables, renewable energies	erneuerbare Energien, f. pl.
renewal, refurbishment (e.g. refurbishment of an existing compressed air system)	Sanierung, f.
renovation	Sanierung, f.
repair, overhaul	Instandsetzen, n.
repair work	Instandsetzungsarbeiten, f. pl.; Reparaturarbeiten, f. pl.
repeat measurements	wiederkehrende Messungen, f. pl.
repeat mode	Repetiermodus, m.
repeatability, reproducibility	Wiederholbarkeit, Reproduzierbarkeit, f.
repeatability, verifiability	Nachvollziehbarkeit, f.
repellent materials	abweisende Materialien, n. pl.
replace PCB	Platine austauschen
replace, renew (e.g. renew a pipe)	austauschen; auswechseln; ersetzen
replaceable	austauschbar
replaceable cartridges	Wechselpatronen, f. pl.
replacement, component replacement	Teileaustausch, m.
replacement assembly	Austauschbaugruppe, f.
replacement filter, spare filter	Austauschfilter, m.; Ersatzfilter, m.; Ersatzfilterset, n.
replacement filter element	Ersatzfilterelement, n.
replacement filter set	Austauschfilter-Set, n.
replacement housing	Wechselgehäuse, n.
replacement interval	Austauschintervall, n.
replacement model, successor	Nachfolgemodell, n.
replacement of wearing parts	Verschleißteile, n. pl.
replacement part, spare part	Austauschteil, n.; Ersatzteil, n.
representation, presentation, explanation, description, account, interpretation	Darstellung, f.
representative, field engineer	Kundenbetreuer, m.
re-pressurization phase	Adsorptionstrockner: Druckaufbauphase, f.
reproducible	reproduzierbar

request form	Anforderungsblatt (z. B. für Bestellung), *n.*
required by the process	verfahrenstechnisch erforderlich
requirements, required conditions, specifications	Anforderungen, *f. pl.*
requirements catalogue (e.g. "When selecting a suitable product, a requirements catalogue should first be prepared.")	Anforderungskatalog, *m.*
requirements for construction	Gerät: Bauanforderungen, *f. pl.*
requirements for the material, material specifications	Anforderungen an den Werkstoff, *f. pl.*
requirements imposed by the water authorities, water authority requirements	wasserrechtliche Anforderungen, *f. pl.*
requires a permit/approval, must not be operated without a permit, is subject to official approval	genehmigungspflichtig
requires only a minimum of maintenance	weitestgehend wartungsfrei
requiring explosion protection, explosion protection requirements	el.: Schutzanforderungen, *f. pl.*
requiring official acceptance (test/inspection)	abnahmepflichtig
requiring very little installation space, space-saving, compact	platzsparend
research, investigation, enquiry	Recherche, *f.*
research institution	Forschungseinrichtung, *f.*
reservation of ownership	Eigentumsvorbehalt, *m.*
reserve capacity, spare capacity	Leistungsreserve, *f.*
reserve collector	Ölauffangbehälter: Reservebehälter, *m.*
reserve pumpe	Ersatzpumpe, *f.*
reservoir	Speicher, *m.*, *siehe* Speicherkessel
reset (e.g. alarm)	zurückstellen; zurücksetzen
reset button	Resettaster, *m.*; Rückstelltaster, *m.*
reset spring	Rückstellfeder, *f.*
resetting, retooling	Werkzeugmaschine, *f.*
residual air	Restluft, *f.*
residual cloudiness, residual turbidity	Resttrübe, *f.*
residual concentration, residual content	Restkonzentration, *f.*; Restgehalt, *m.*
residual condensate	Kondensatreste, *pl.*
residual current device (RCD), also: residual-current circuit breaker (RCCB), RC circuit breaker	FI-Schutzschalter, Fehlerstrom-Schutzschalter, *m.* (FI = Fehlerstrom, I = Strom) *Wikipedia:* „Ein **Fehlerstromschutz-schalter**, **FI-Schutzschalter** oder **FI-Schalter**, neue Bezeichnung **RCD** (*Residual Current Device*), ist eine Schutzeinrichtung in Stromnetzen. In Europa werden Fehlerstromschutz-schalter normalerweise zusätzlich zu den Überstromschutzeinrichtungen im Sicherungskasten installiert."
residual danger	Restgefahr, *f.*
residual dust	Reststaub, *m.*
residual gas	Restgas, *n.*
residual metal	Restmetall, *n.*
residual moisture, residual humidity	Restfeuchte, *f.*

R

residual oil aerosol content	Restgehalt Ölaerosol, *m.*; Rest-Ölaerosolanteil, *m.*
residual oil concentration	letzte Ölanteile, *pl.*
residual oil content (e.g. residual oil content of the treated water; residual oil content in the filter cake; residual oil content of < 0.02 ppm), oil residue	Restanteil Öl, *m.*; Restölgehalt, *m.*, *siehe* Öleintrag
residual oil monitoring system	Restölgehalt-Messsystem (z. B. OLGA), *n.*
residual oil vapour	Öldampf-Restgehalt, *m.*
residual oil vapour content	Restöldampfgehalt, *m.*
residual particle content	Partikelrestgehalt, *m.*
residual particles	Restpartikel, *n. pl.*
residual pressure	Restdruck, *m.*
residual pressure valve	Restdruckventil, *n.*
residual relative humidity	relative Restfeuchte, *f.*
residual time indication	Restzeitmeldung, *f.*
residual value	Restwert, *m.*
residual wall thickness	Restwanddicke, *f.*
residual water	Restwasser, *n.*
residues, residue materials	Reststoffe, *m. pl.*, Rückstände, *m. pl.*
residue analysis	Rückstandsanalyse, *f.*
resilience	Federung, *f.*
resin	Harz, *n.*
resin backwash tank	Harzrückspülbehälter, *m.*
resin solution	Harzlösung, *f.*
resin vapours	Harzdämpfe, *m. pl.*
resin-encapsulated	gießharzisoliert
resinous	verharzt
resist, push against, hold in position	gegenhalten
resistance	el.: Widerstand, *m.*
resistance, stability, robustness, endurance	Widerstandsfähigkeit, *f.*
resistance against compressor oil	Beständigkeit gegen Kompressoröl, *f.*
resistance against leaching	Auslaugbeständigkeit, *f.*
resistance to tensile stress, tensile strength	Zugfestigkeit, *f.*
resistance to UV radiation	Beständigkeit gegenüber UV-Strahlung, *f.*
resistance to UV rays	Beständigkeit gegen UV-Strahlen, *f.*
resistance weld	Heizwendel-Schweißverbindung, *f.*
resistance weld couplings	Heizwendelschweißmuffen, *f. pl.*
resistance weld fittings	Heizwendelschweißformteile, *n. pl.*
resistance welding	Heizwendel-Schweißtechnik, *f.*
resistance wire	el.: Widerstandsdraht, *m.*
resistant	widerstandsfähig
resistant to frost	frostbeständig, *siehe* frostfrei
resistant to light, non-fading	lichtbeständig
resistant to oil, oil-resistant	ölresistent
resistant to oxidation	oxidationsbeständig
resistive coupling	el.: Widerstandskopplung, *f.*
resistive sensor	resistiver Sensor, *m.*
resistor	Widerstand (Element), *m.*
resolution	Display: Auflösung, *f.*

resonance	Resonanz, *f.*
resonant frequency (a resonance at some particular frequency)	Resonanzfrequenz, *f.*
resource conserving (e.g. resource conserving technology at an affordable price), resource friendly	ressourcenschonend
respirator	Atemgerät, *n., siehe* Atemluftgeräte
respiratory equipment, breathing air equipment	Atemluftgeräte, *n. pl.*
respiratory filter, respiratory filter apparatus	Atemschutz-Filtergerät, *n.*
respiratory mask independent of the ambient air	umgebungsluftunabhängiges Atemschutzgerät, *n.*
respiratory mask, mask for respiratory protection	Atemmaske, *f.*; Atemschutzmaske, *f.*
respiratory protection	Atemschutz, *m.*
respiratory tract	Atemwege, *m. pl.*
response temperature	Ansprechtemperatur, *f.*
response time	Ansprechzeit, *f.*
responsible local authority	zuständige lokale Behörde, *f.*
responsible water authority	zuständige Wasserbehörde, *f.*
rest	Ruhe (z. B. Flüssigkeit), *f.*
rest period	Ruhephase, *f.*
restart lockout	Wiedereinschaltsperre, *f.*
resting, settling period	Beruhigungszeit, *f.*
restore (e.g. restore efficiency and reduce electricity costs; restore to working order)	wiederherstellen
restricted spatial conditions, (very) little space available	beengte Raumverhältnisse, *n. pl.*
restrictions on use	Einsatzbeschränkungen, *f. pl.*
restrictor	Drossel/Ventil: Blende, *f.*
retain, catch, trap	Filter: aussondern
retaining lien, right of retention	Zurückbehaltungsrecht, *n.*
retention capacity	Rückhaltefähigkeit: Aufnahmefähigkeit, Aufnahmekapazität, *f.*
retighten, tighten up	nachziehen
retrofit	nachrüsten
retrofittable	nachrüstbar
retrofitting expenditure	Nachrüstaufwand, *m.*
return line filter	Rücklauffilter, *m.*
return on investment	Investitionsrentabilität, *f.*
return shipment, return transport	Rücksendung, *f.*
return stroke of the piston, piston backstroke	Kolbenrückgang, *m.*
return transport	Rücktransport, *m.*
reusable	wiederverwendbar
reutilization, recycling	Wiederverwertung, *f.*
rev/min (oder r.p.m (revolutions per minute))	U/min (Umdrehungen/Minute)
reversal process	Umkehrprozess, *m.*
reverse	Ventil umschalten
reverse direction of flow	Strömungsrichtung umkehren, *f.*
reverse flow check valve	Ventil: Rückflussverhinderer, *m.*
reverse order (e.g. reassemble in reverse order)	umgekehrte Reihenfolge, *f.*
reverse osmosis filter	Umkehrosmosefilter, *m.*
reverse osmosis module (hyperfiltration)	Umkehrosmosemodul, *n.*
reverse rinsing	Formpressen: Strömungsrichtung umkehren, *f.*

R

reverse rinsing, reverse rinsing procedure/method	Umkehrspülung, *f.* (z. B. Blasformen)
reversibility	Umkehrbarkeit, *f.*
revise	Entwurf, Konzept überarbeiten
revised service schedule	überarbeiteter Serviceplan, *m.*
rework, refinish (e.g. refinish and respray car bodywork), remachine, correct	nacharbeiten
rework, retouch, (to) perfect, work over	Gegenstand überarbeiten
Reynolds number	Reynoldszahl, *f.*
rib	Steg (z. B. im Filterkopf), *m.*
ribbed	gerippt
ribbon cable	Flachbandkabel, *n.*
RID (EU agreement on the transport of dangerous goods by rail)	RID
right-aligned	rechtsbündig
right-angled	rechtwinklig
right of exploitation, exploitation right	Verwertungsrecht, *n.*
right of recourse	Rückgriffsrecht, *n.*
right of use	Nutzungsberechtigung, *f.*
rights under the guarantee, guarantee claims	Garantieansprüche, *f. pl.*
rigid, inflexible	steif
rigid installation	starre Montage, *f.*
rigid PVC (unplasticized)	PVC-hart
rigidity, inflexibility	Steifigkeit, *f.*
ring area	Ringfläche, *f.*
ring inlet	Ringleitung: Ringeingang, *m.*
ring line, ring main, ring system, ring feeder, closed pipeline system	Ringleitung, Ringrohrleitung, *f.*
ring system along the wall	Ringrohrleitung: ringförmig an der Wand entlang
rinse, wash out	ausspülen
rinsing agent, rinsing liquid	Spülmittel zur Spülung (nicht Membrantrockner!), *n., siehe* Reinigungsmittel
rinsing air (e.g. reverse rinsing method; deep-cooled rinsing air)	Kunststoffproduktion: Spülluft, *f.*
rinsing interval	Spülintervall, *n.*
rinsing pressure	Spüldruck (z. B. Blasformverfahren), *m.*
rinsing screen	Sieb-Brause, *f.*
rinsing zone (e.g. surface treatment: rinse in demineralized water)	Spülzone, *f.*
rise	Flüssigkeit: ansteigen
rise in the pressure dewpoint	Drucktaupunktanstieg, *m.*
riser duct	Steigkanal, *m.*
riser pipe, riser, ascending pipe	Steigleitung, *f.*, Steigrohr, *n.*
rising condensate pipe	Kondensatsteigleitung, *f.*
rising fill level	ansteigender Füllstand, *m.*
rising slope, ascending slope	Steigung nach oben, *f.*
rising velocity, upward velocity	Aufstiegsgeschwindigkeit, *f.*
risk of backpressure	Luftführung: Staugefahr, *f.*
risk of burns (to a person)	Verbrennungsgefahr, *f.*

risk of bursting	Berstgefahr, *f.*
risk of electric shock	Gefahr durch Stromschlag, *f.*; Stromschlaggefahr, *f.*
risk of fire, fire risk	Brandgefahr, *f.*
risk of ignition, danger of ignition	Zündgefahr, *f.*
risk of injury	Verletzungsgefahr, *f.*
rivet	nieten
riveted	genietet
riveted connection, riveted joint	Nietanschluss, *m.*
road vehicle	Straßenfahrzeug, *n.*
Robert Smith for X company	Briefende: im Auftrag von
robot manipulation	Formtechnik: Robotereinlegeverfahren, *n.*
rock-layer electrofilter (RLE, e.g. for rough filtering at the water inlet)	GSE-Filter, *m.* (Gesteinsschicht-Elektrofilter)
rod-shaped measuring probe	stabförmige Messsonde, *f.*
roll polished	walzpoliert
rolled steel	Walzstahl, *m.*
roller	Rolle, *f.*
roller lever	Rollenhebel, *m.*
room height	Raumhöhe, *f.*
room temperature, ambient temperature	Raumtemperatur, *f.*
room-air extraction	Raumabsaugung, *f.*, Raumluftabsaugung, *f.*
Roots vacuum pump	Wälzkolbenvakuumpumpe, *f.*
rotary actuator (a component that helps to convert pneumatic energy in mechanical energy)	Drehantrieb, *m.*
rotary actuator (e.g. pneumatic rotary actuator)	Schwenkantrieb, *m.*
rotary adsorption dryer (including a corrugated paper drum impregnated with silica gel)	Trommeladsorptionstrockner, *m.*
rotary compressor	Rotationsverdichter, *m.*
rotary filter (e.g. rotary vacuum filter)	Drehfilter, *m.*; Rotationsfilter, *m.*
rotary holder	Drehvorrichtung (optische Messung), *f.*
rotary motion	Drehbewegung (z. B. einer Spindel), *f.*
rotary piston blower (volumetrically operating oil-free compressor with compression taking place in downstream piping)	Drehkolbengebläse, *n.*
rotary piston compressor	Drehkolbenverdichter, *m.*
rotary table	Drehtisch (Werkzeugmaschinen), *m.*; Rotationstisch (z. B. im optischen Gerätebau), *m.*
rotary vane compressor	Drehschieberverdichter, *m.*
rotary vane pump	Drehschieberpumpe, *f.*
rotating system	rotierendes System (z. B. zur Kalibrierung), *n.*
rotation	Drehbewegung, *f.*
rotation rate	Gyroskop: Drehgeschwindigkeit, *f.*
rotational accuracy	Rundlaufgenauigkeit, *f.*
rotational flow	Rotationsströmung, *f.*
rotational moulding machine	Rotationssinter-Anlage, *f.*

R

rotational moulding, rotomoulding	Plastik: Rotationssintern, *n.*, Rotationsformen, *f. pl.*
rotational rheometer	Rotationsrheometer, *n.*
rotational speed	Drehgeschwindigkeit, *f.*
rotationally moulded (e.g. rotationally moulded plastic products)	rotationsgesintert
rotationally symmetric	rotationssymmetrisch
rotor	Rotor, *m.*
rot-proof	fäulnisfest
rough-hone	vorhonen
round hose	Rundschlauch, *m.*
round off	abrunden
round plate	Ronde, *f.*
roundness measuring instrument	Rundheitsmessgerät, *n.*
route	Wegstrecke, *f.*
routing	Trasse, *f.*; Trassenführung, *f.*
routing technology	Wegetechnik, *f.*
RP pipes (RP: reinforced plastic, polymer or polyester)	RP-Rohre, *pl.*
rpm (revolutions per minute)	Upm (Undrehungen/Minute) , *f. pl.*
rubber	Kautschuk, *m.*
rubber-insulated cable (e.g. silicone rubber insulated cable)	Gummileitung, *f.*
ruin (verb)	völlig zerstören
rules and procedures	Verfahrensregeln, *f. pl.*
rules and requirements (e.g. business rules and requirements)	Vorschriften, *f. pl.*
run, operate	Anlage: fahren
run a shift (e.g. 3-shift operation)	Schicht fahren, *f.*
run in, perform a run-in	Einfahren, *n.*
run off, flow out, drain off, discharge	abfließen
run out of true	unrund laufen
runner bearing	Läuferlager, *n.*
running compressor, compressor in operation	laufender Kompressor, *m.*
running performance	Verdichter: Laufleistung, *f.*
running period (e.g. 5-year running period)	Einsatzdauer, *f.*
running smoothness	Laufruhe, *f.*
running time (RT), operating time, ON-time	Einschaltdauer (Kompressor), *f.*; ED (Einschaltdauer)
running time, operating time, run time (e.g. compressor run time)	Laufzeit, *f.*
running time measurement	Verdichter: Einschaltzeitmessung, *f.*
running up	Hochlaufen, *f.*
running-in period, start-up time	Einlaufzeit, *f.*
runout (e.g. axial and radial runout)	Luftlager: Umlauf, *m.*
rust	Rost, *m.*
rust, becoming rusty	verrosten
rust deposit	Rostablagerung, *f.*
rust formation	Rostbildung, *f.*
rust-inhibiting, rust-preventing, rust-protective (e.g. rust-protective coating) anti-rust (e.g. anti-rust treatment)	rostschützend
rustproof, rustless, stainless	rostfrei, nichtrostend

safe to operate, reliable, dependable, robust	betriebssicher
safe, reliable, dependable, secure	sicher
safety, protection and control systems	Sicherheits,- Schutz- und Regel-einrichtungen, *f. pl.*
safety against oil breakthrough	Öldurchbruchsicherheit, *f.*
safety allowance, (extra) safety margin	Sicherheitszuschlag, *m.*
safety and control systems	Sicherheits- und Kontroll-vorrichtungen, *f. pl.*
safety and environmental requirements	sicherheitstechnische und umwelt-relevante Anforderungen, *f. pl.*
safety barrier	Sicherheitsbarriere (z. B. in explosi-onsgefährdeten Bereichen), *f.*; gegen Zugang: Sicherheitsstufe, *f.*
safety basin, safety trough	Sicherheitswanne, *f.*
safety bolt	Sicherheitsbolzen, *m.*
safety boots, hard-toed boots	Sicherheitsschuhe, *pl.*
safety clearance	Sicherheitsabstand, *m.*
safety code, safety regulations	Sicherheitsbestimmungen, *f. pl.*
safety concept, safety system	Sicherheitskonzept, *n.*
safety data sheet	Sicherheitsdatenblatt, *n.*
safety defect	Sicherheitsmangel, *m.*
safety device, safety feature, safety system	Sicherheitseinrichtung, *f.*; Sicherheits-vorrichtung, *f.*
safety electrode	Sicherheitselektrode, *f.*
safety factor, safety coefficient	Sicherheitsfaktor, *m.*; Sicherheitsbei-wert, *m.*
safety fittings (valves, sensors, gauges, etc.)	Sicherheitsarmaturen, *f. pl.*
safety goggles, protective goggles	Schutzbrille, *f.*
safety hazard	Sicherheitsrisiko, *n.*
safety installations, safety provisions, safety equipment	Sicherheitseinrichtungen, *f. pl.*
safety labelling (translation of DIN 4844), marking of safety warnings	Kennzeichnung von Hinweisen, *f.*
safety lockout	Sicherheitssperre, *f.*
safety margin	Sicherheitsmarge, *f.*, Sicherheits-spanne, *f.*
safety measures	Sicherheitsmaßnahmen, *f. pl.*

Safety of Electrical Devices for Household and Similar Use	Sicherheit elektrischer Geräte für den Hausgebrauch und ähnl. Zwecke, *f.* – DIN VDE 0700 T1
Safety of Machinery	Sicherheit von Maschinen (EN 292)
Safety of Machinery – Indication, marking and actuation	Sicherheit von Maschinen, *f.* – Anzeigen, Kennzeichnen und Bedienen (EN 61310-1 bis -2)
safety officer	Sicherheitsbeauftragter, *m.*
safety pictogram	Sicherheitspiktogramm, *n.*
safety pressure limiter	Sicherheitsdruckbegrenzer, *m.*
safety pressure switch	Sicherheitsdruckschalter, *m.*
safety-relevant, pertaining to safety (e.g. safety measures, safety requirements)	sicherheitstechnisch
safety relief valve	Sicherheitsdruckentlastungsventil, *n.*
safety requirements	Sicherheitsanforderungen, *f. pl.*
safety rule, safety information, safety note, safety warning, safety instructions	Sicherheitsvorschrift, *f.*; Sicherheitshinweis, *m.*
safety rules, safety regulations, safety rules and regulations, safety requirements (e.g. health and safety requirements, electrical safety requirements)	Sicherheitsvorschriften, *f. pl.*
safety separator	Sicherheitsabscheider, *m.*
safety setting	Sicherheitseinstellung, *f.*
safety standard	Sicherheitsstandard, *m.*
safety supply of purge air	Sicherheitsbedarf an Spülluft, *m.*
safety system (combination of various safety devices)	Sicherheitskette, *f.*
safety tank	Sicherheitstank, *m.*
safety temperature cut-out	el.: Sicherheitstemperaturbegrenzer, *m.*
safety temperature monitor	el.: Sicherheitstemperaturwächter, *m.*
safety test, test for safety	sicherheitstechnische Prüfung, *f.*
safety thermostat	el.: Sicherheitsthermostat, *m.*
safety valve, pressure-relief valve	Sicherheitsventil, *n.*
sag, sagging parts	Rohrleitung: durchhängen
sales, sales office	Vertrieb, *m.*
sales and service network	Verkaufs- und Servicenetz, *n.*
sales branch	Verkaufsniederlassung, *f.*
sales leads	Akquisitionsdaten, *n. pl.*
sales organization	Vertriebsorganisation, *f.*
sales pro, sales professional	Handelsprofi, *m.*
sales quantity	Verkauf: Abnahmemenge, *f.*
sales subsidiary (plural: subsidiaries)	Vertriebsgesellschaft, *f.*
salt spray test (a corrosion test)	Salzsprühtest, *m.*, Salzzerstäubungstest, *m.*
salt spray test resistance)	Beständigkeit im Salzsprühtest, *f.*
sample, take a sample	beproben; Probe entnehmen; Probe, *f.*; Stichprobe, *f.*
sample bottle	Probenahmeflasche, *f.*
sample gas pipe	Probegasleitung, *f.*
sample jar, sampling jar	Probeglas, Probenahmeglas, *n.*
sample list	Labor: Probenverzeichnis, *n.*
sample needle	Probennadel, *f.*
sample taking, sampling	Probeentnahme, *f.*

sampling	Beprobung, *f.*; Testhahn abzapfen (z. B. Wasserqualität)
sampling cock	Beprobungshahn, *m.*; Probehahn, Probeentnahmehahn, *m.*; Testhahn, *m.*
sampling equipment	Beprobungseinrichtungen, *f. pl.*
sampling gas	Probegas, *n.*
sampling place, sampling location, sampling point	Probeentnahmeort, *m.*
sampling probe (e.g. isokinetic sampling probe)	Probenahmesonde, *f.*
sampling valve	Probeentnahmeventil, *n.*
sand filter system	Sandfilteranlage, *f.*
sandblasted	gestrahlt (z. B. Gehäuse)
sand-cast aluminium	Aluminium-Sandguss, *m.*
sand spreader	Fahrzeug, Schienenfahrzeug: Sandstreuer, *m.*
sand tank	Sandbehälter (z. B. der Loko-motive), *m.*
sanding equipment, sander	Eisenbahn: Besandungsanlage, *f.*
sandwich construction	Sandwich-Bauweise, *f.*
SAP application	SAP-Anwendung, *f.*
satisfactory	zufriedenstellend
saturable	sättigungsfähig
saturate	sättigen
saturated	gesättigt
saturated, moisture-saturated	feuchtegesättigt
saturated compressed air	gesättigte Druckluft
saturated steam	Sattdampf, *m.*
saturated steam temperature	Sattdampftemperatur, *f.*
saturation	Sättigung, *f.*
saturation concentration	Sättigungsbeladung, *f.*
saturation curve	Sättigungskurve, *f.*
saturation limit, saturation point	Sättigungsgrenze, *f.*
saturation point	Sättigungspunkt, *m.*
saturation pressure	Sättigungsdruck, *m.*
saturation vapour pressure, saturated vapour pressure	Sättigungsdruck des Wasser-dampfs, *m.*, Sättigungsdampfdruck, *m.*
saving percentage (e.g. purge-air saving percentage)	Einsparung, prozentuale, *f.*
saving potential (e.g. energy saving potential), potential saving(s)	Einsparpotenzial, *n.*
sawing machine	Sägemaschine, *f.*
saw-tooth profile	Sägezahnprofil, *n.*
scaffolding	Einrüstung, *f.*
scale	Verkalkung (z. B. in Rohren oder Kesseln): Ablagerung, *f.*; Zunder (z. B. von Schweißnähten), *m.*
scale (e.g. scale on measuring devices for direct reading)	Messgerät: Skala, *f.*
scale formation, furring up	Kesselsteinbildung (z. B. Rohre), *f.*
scale graduation	Skaleneinteilung, *f.*
scale interval	Skalenabschnitt, *m.*
scale value, scale reading	Skalenwert, *m.*
scaled measurement, scaled measured value	skalierter Messwert, *m.*
scales	Waage (allgemein), *f.*

S

scan, scanning	abtasten
scanning electron microscope (SEM)	Rasterelektronenmikroskop (REM), *n.*
scatter, scattering	Streuung (z. B. durch Laser), *f.*
scatter band	Streubreite, *f.*
scfm (standard cubic feet per minute)	scfm
schematic diagram	Schema, *n.*
schematic representation/view/layout, (a) schematic	prinzipielle Darstellung, *f.*; schematische Darstellung, *f.*
schematic sketch	Prinzipskizze, *f.*
Schuko plug (grounding-type plug, earthing-pin plug)	Schuko-Stecker, Schukostecker, *m.*
scoop, shovel	Abfüllschaufel, *f.*; Schaufel (z. B. zum Nachfüllen von Spaltmittel), *f.*
scope of application, range of application	Einsatzmöglichkeiten, *f. pl.*
scope of delivery, delivery scope	Lieferumfang, *m.*
scope of order and delivery	Bestell- und Lieferumfang, *m.*
screen, screening	Sieben, *n.*
screen, sieve	Sieb, *n.*
screen disc (e.g. filter screen disc)	Siebscheibe, *f.*
screen display	Bildschirmanzeige, *f.*
screen filter (e.g. for filtering out suspended solids)	Siebfilter, *m.*
screen fines	Siebfeines, *n.*
screen pipe	Siebrohr, *n.*
screened measuring instrument	abgeschirmtes Messgerät, *n.*
screened/shielded cable (e.g. "Only use shielded cables with a high screening performance.")	abgeschirmtes Kabel, *n.*
screening and elutriation	Sieben und Schlämmen, *n.*
screenings	Siebgut, *n.*
screw	Schraube, *f.*
screw back	wieder anschrauben
screw cap	Schraubkappe, *f.*; Verschlusskappe, *f.*, *siehe* Verschluss
screw cap, screwed cap/plug	Schraubverschluss, *m.*
screw-cap jar	Schraubglas, *n.*
screw compressor	Schraubenkompressor, Schraubenverdichter, *m.*
screw connection element	Verschraubungskörper, *m.*
screw conveyor	Schneckenförderer, *m.*
screw down firmly, screw down tightly	fest anziehen, *siehe* festschrauben
screw-down cover	Schraubdeckel, *m.*
screwdriver	Schraubendreher, Schrauber, Schraubenzieher, *m.*
screw in	einschrauben
screw on	anschrauben
screw plug	Verschlussschraube, *f.*
screw terminal, screw-type terminal	el.: Schraubklemme, *f.*
screw thread	Schraubengewinde, *n.*
screw top, screw cap	Schraubverschluss, *m.*
screwed cable gland (e.g. PG 11)	Stutzen: Kabelverschraubung, *f.*
screwed connection	Schraubverbindung, *f.*
screwed filter (e.g. inline screwed filter)	Gewindefilter, *m.*
screwed housing connection	Gehäuse-Schraubverbindung, *f.*

screwed lid	verschraubter Deckel, *m.*
screwed pin	Rohr: Einschraubzapfen, *m.*
screwed pipe joint, screwed (pipe) connection	Rohrverschraubung, *f.*
screw-in connector	Einschraubtülle, *f.*
screw-in depth, engagement length	Einschraubtiefe, *f.*
screw-in filter candle	Einschraubfilterkerze, *f.*
screw-in filter element	Filterelement zum Einschrauben, *n.*
screw-in heating system	Einschraubheizung, *f.*
screw-in module	Einschraubmodul, *n.*
screw-in thread, internal thread	Einschraubgewinde, *n.*
screw-in throttle	Einschraubdrosseldüse, *f.*
screw-on parts	Anschraubteile, *n. pl.*
screw-on power supply unit	angeschraubtes Netzteil, *n.*
scroll through	Display: durchblättern
scrubber (air pollution control)	Wäscher, *m.*
scrubber plant, scrubber system	Wäscheranlage, *f.*
seal, gasket	Dichtung, *f.*
seal, seal off, make tight	abdichten
seal off	eindichten
seal wear	Dichtungsverschleiß, *m.*
sealed	abgedichtet
sealed against dust, sealed against dust penetration	staubdicht
sealed floor	versiegelte Bodenfläche, *f.*
sealing	verkittend
sealing compound, sealant	Vergussmasse (allgemein), *f.*; Dichtmasse, *f.*
sealing compounds	Vergussmaterial zur Versiegelung, *n.*
sealing diaphragm	Dichtungsmembrane, *f.*
sealing efficiency, safe closing	Verschlusssicherheit, *f.*
sealing elements	Dichtungselemente, *n. pl.*
sealing friction	Dichtungsreibung, *f.*
sealing layer, sealing coat	Dichtschicht, *f.*
sealing material	Abdichtungsstoff, *m.*; Dichtungswerkstoff, *m.*
sealing material, sealant	Dichtmittel, *n.*; Dichtungsmaterial, *n.*, Dichtwerkstoff, *m.*
sealing ring, gasket	Dichtring (z. B. für Kompressoren, Pumpen), *m.*
sealing strip	Dichtstreifen, *m.*, Dichtungsband, *n.*
sealing surface, sealing face	Dichtfläche (z. B. am Flansch), *f.*
sealing washer	Dichtscheibe, Dichtungsscheibe, *f.*
seamless connection (e.g. "Special welding techniques enable seamless connections.")	nahtlose Verbindung, *f.*
seamless pipe	nahtloses Rohr, *n.*
seamless, without seams	nahtlos, *siehe* geschweißte Naht
seasonal, season-related	jahreszeitlich
seasonal operation	Saisonbetrieb, *m.*
seasonal variation	jahreszeitliche Schwankung, *f.*
seat dimensions	Membranventil: Sitzabmessungen, *f. pl.*
seat valve (e.g. 2/2-way seat valve, two-port seat valve)	Sitzventil, *n.*

S

seating thrust	Auflagekraft eines Ventils, *f.*
seawater-resistant	seewasserbeständig
seawater-resistant alloy	seewasserbeständige Legierung, *f.*
secondary benefit	positiver Nebeneffekt, *m.*
secondary current (e.g. dust measurement)	Sekundärstrom, *m.*
secondary dust control system	Sekundärentstaubung, *f.*
secondary filter	Sekundärfilter, *m.*
secondary melting plant (e.g. for scrap melting)	Sekundärschmelzanlage, *f.*, Schmelz-hütte, *f.*
secondary reaction tank	Nachreaktionsbehälter, *m.*
secondary refrigeration circuit	sekundärer Kältekreis, Kälte-kreislauf, *m.*
seconds, secs	Sekunden, *f. pl.*
section (through), sectional view, cutaway	Schnittbild, *n.*
sectional aluminium pipe	Aluprofilrohr, *n.*
sectional model	Schnittmodell, *n.*
sectional view	Schnittdarstellung, *f.*
sector of industry, line of business, specific industry, branch of industry, trade sector	Branche, *f.*
secured against accidental opening	gegen zufälliges Öffnen gesichert
securely positioned	sicher positioniert
sediment	Sediment, *n.*; Sinkstoff, *m.*
sediment load	Sedimentfracht, *f.*
sediment matter, settleable matter	absetzbare Stoffe, *m. pl.*
sediment removal	Sedimentabführung, *f.*
sedimentation basin	Sedimentationsbecken, *n.*
sedimentation residues	Sedimentationsrückstände, *m. pl.*
seepage water	Sickerwasser, *n.*
segment colour (display: e.g. six-segment colour)	Segmentfarbe, *f.*
segment test	Segmenttest, *m.*
seize (up), jamming	Ventilblock: Festfressen, *n.*
selectable, adjustable, variable	einstellbar
selectable installation position, variable installation position	beliebige Einbaulage, *f.*
selectable parameters	wählbare Parameter, *m. pl.*
selection	Auswahl, *f.*
selection criteria	Auswahlkriterien, *n. pl.*
selective adsorption on activated carbon (on the surface of activated carbon)	selektive Adsorption an Aktivkohle, *f.*
selective catalytic reduction (SCR)	selektive katalytische Reduktion, *f.*
selective fuse protection	el.: selektiv absichern
selective voltage	el.: wahlfreie Spannung, *f.*
self-aligning	selbstausrichtend (z. B. Lager)
self-assessment	Selbsteinschätzung, *f.*
self-built, build one's own…	Eigenbau, *m.*
self-centring (e.g. self-centring chuck), US: self-centering	zentrierend, selbst zentrierend
self-cleaning (e.g. self-cleaning filter)	selbstreinigend
self-cleaning capacity	Selbstreinigungsvermögen, *n.*
self-contained (e.g. self-contained assembly/component)	geschlossen, in sich geschlossen
self-cooling	Eigenluftkühlung, *f.*
self-developed, designed and built by …	selbstentwickelt

self-ignition capacity	Selbstentzündlichkeit, *f.*
self-ignition, spontaneous ignition	Selbstzündung, *f.*
self-locking	Schraubenmutter: selbstsichernd
self-monitoring	Eigenüberwachung, *f.*; Selbst-kontrolle, *f.*; Selbstüberwachung, *f.*
self-monitoring function	Eigenüberwachungsfunktion, *f.*
self-monitoring system	Selbstüberwachungsprogramm, *n.*
self-priming	Pumpe: selbstansaugend
self-regulating resistor	selbstregelnder Widerstand, *m.*
self-regulating, self-adjusting	selbstregulierend
self-sealing cover	selbstdichtender Verschluss (z. B. Brettschneiderverschluss), *m.*
self-serve wash facility (e.g. 5 bay self-serve wash facility)	SB-Waschcenter, *n.*
self-tapping	Schraube: selbstschneidend
self-tapping screw (e.g. a range of self-tapping screws for fixing applications into plywood, soft plastics, composite boards, sheet metals, and hard woods)	Schneidschraube, *f.*
sell exclusively and worldwide	weltweit und exklusiv vertreiben
selling off	Abverkauf, *m.*
semiconductor industry	Halbleiterindustrie, *f.*
semi-dry chemisorption (e.g. of acid gases)	quasitrockene Chemisorption, *f.*
semi-finished products, semi-finishes	Halbzeug, *n.*
semi-hermetic	halbhermetisch
semi-solid	Material: halbfest
sensing probe, measuring probe	Messsonde, *f.*
sensitive	empfindlich; sensibel ("sensible" bedeutet „vernünftig"!)
sensitive point, critical point	neuralgischer Punkt, *m.*
sensitive to light, light-sensitive	lichtempfindlich
sensitive to vibration, affected by vibration	erschütterungsempfindlich
sensitive to, (easily) affected by	empfindlich
sensitivity	Sensibilität, *f.*
sensitivity to dirt (e.g. "The devices demonstrated a high sensitivity to dirt.")	Schmutzempfindlichkeit, *f.*, *siehe* Schmutztoleranz
sensor (e.g. liquid level sensor; moisture detecting sensor; low-level sensor)	Fühler, *m.*; Messfühler, Messsensor, *m.*
sensor arrangement	Sensoranordnung, *f.*
sensor cell	Sensorzelle, *f.*
sensor contact (arrangement)	Sensorkontaktierung, *f.*
sensor distance	Sensorabstand, *m.*
sensor efficiency	Sensoreffizienz, *f.*
sensor face	Sensorstirnfläche, *f.*
sensor input	Sensoreingang, *m.*
sensor loop	Regelkreis: Sensorkreis, *m.*
sensor PCB	Sensorplatine, *f.*
sensor probe	Sensorsonde, *f.*
sensor protection	Sensorschutz, *m.*
sensor responsivity	Sensorempfindlichkeit, *f.*
sensor switching point	Sensorschaltpunkt, *m.*
sensor system (fitted with probes)	Sondensystem, *n.*
sensor system for heating (installations)	Heizungssensorik, *f.*

S

sensor system, sensor technology	Sensorsystem, *n.*, Sensorik, *f.*, Sensortechnik, *f.*
sensor tube	Fühlerrohr, *n.*; Sensorrohr, *n.*
sensor tube plate	Fühlerrohrplatte, *f.*
sensor unit	Sensoreinheit, *f.*
separability, separation efficiency	Trennbarkeit, *f.*; Trennfähigkeit, *f.*
separable	trennbar
separate	trennen
separate (e.g. "Condensate separates from the vapour in the refrigeration dryer."), separate out, remove, filter out	abscheiden
separate, separately provided	beigestellt
separate, separation	Separieren, *n.*
separate, split off	abspalten (z. B. Ölpartikel)
separate off, separate out	abtrennen (z. B. gewisse Bestandteile)
separate out, settle	Flüssigkeit: ausfallen
separated pollutant quantity	abgetrennte Schadstoffmenge, *f.*
separating element/unit	Abscheideelement, *n.*
separation	Abtrennung, *f.*; Papier: Auffächern, *n.*; Trennung (Öl/Wasser oder Schmutzpartikel), *f.*
separation area, separation space	Abscheideraum, *m.*
separation boundary	Trenngrenze, *f.*
separation container	Abscheidebehälter, *m.*
separation container	Sammelbecken, *n.*, Sammelbehälter, *m.* zur Öl-/Wassertrennung
separation effect	Trenneffekt, *m.*
separation efficiency	Abscheiderate, *f.*; Abscheideeffizienz, *f.*, *siehe* Abscheideleistung; Trennleistung, Trennwirkung, *f.*
separation efficiency (e.g. separation efficiency of 90 %), retention rate (e.g. retention rate at 0.01 micron to …x micron); filtration efficiency (e.g. filtration efficiency down to approx. 1 micron)	Abscheidegrad (z. B. des Filters), *m.*
separation efficiency test	Abscheidegradtest
separation efficiency, separation performance, retention capacity (e.g. dust retention capacity)	Abscheideleistung, Abscheidleistung, *f.*, *siehe* Abscheidegrad
separation filter	Separationsfilter, *m.*
separation method	Trennverfahren, *n.*
separation of pure oil	Reinölabscheidung, *f.*
separation of substances	Stofftrennung, *f.*
separation process	Trennverfahren (Ablauf), *n.*
separation result (e.g. poor separation result), separation quality	Trennergebnis, *n.*, *siehe* Trennleistung
separation system, separation facility (e.g. compressor with highly efficient air/oil separation facility)	Trennsystem, *n.*
separation tank, separation container	Trennbecken, *n.*, Trennbehälter, *m.*
separation technique	Trenntechnik, *f.*
separation, removal, precipitation, sedimentation, deposition	Abscheidung, *f.*, *siehe* Aerosolabscheidung, Kondensatabscheidung, Staubabscheidung, Ölabscheidung, Ausfällung

separator, separating device	Abscheider, *m.;* Trenngerät, *n.*
separator tank	Öl-Wasser-Trennung: Absetz-becken, *n.*
sequence	Wechselfolge, *f.*
sequence control	Ablaufsteuerung, *f.*
sequence diagram, function diagram	Ablaufdiagrammm, *n.*
sequence of functions, operational sequence	Funktionsablauf, *m.*
sequence operation	Sequenzbetrieb (z. B. Kompressor), *m.*
sequential	nacheinander, *siehe* schrittweise
sequential control	Taktsteuerung, *f.*
serial assembly (e.g. serial assembly line)	Serienmontage, *f.*
serial No., serial number, series No. (of production series)	Serien-Nr., Seriennummer, *f.*
serial number	laufende Nummer, lfd. Nr., *f.*
series	Baureihe, *f.;* Serie, *f.*
series of measurements	Messreihe, *f.*
series of tests	Versuchsreihe, *f.*
series production (e.g. go into series production)	Serienfertigung, *f.*
serious personal injury	Personenschaden, gravierender, *m.*
serve (to), is designed (to)	dienen
serviceability	Gebrauchstauglichkeit, *f.*
service accessibility	Servicezugänglichkeit, *f.*
service agency authorized by the manufacturer, authorized service agency	autorisierter Kundendienst, *m.*
service air	Brauchluft, *f.*
service air, usable air	Nutzluft, *f.*
service air flow	Nutzluftstrom, *m.*
service air flow rate, volumetric flow of service air	Nutzvolumenstrom, Nutzluftvolumen-strom, *m.*
service-air network, service network	Werksnetz (Druckluft), *n.*
service air outlet	Nutzluftausgang, *m.*
service air requirement	Nutzluftbedarf, *m.*
service air volume, effective volume	Nutzvolumen, *n.*
service air withdrawn	abgenommene Nutzluft, *f.*
service centre, service department	Serviceabteilung, *f.*
service flange	Filter: Serviceflansch, *m.*
service life, service period, useful life, period of useful life	Einsatzzeit, *f.* (insgesamt); Nutzungs-dauer, *f.*
service manager	Serviceleiter, *m.*
service network	Servicenetz, *n.*
service organization	Service-Organisation, Serviceorganisa-tion, *f.*
service personnel	Betreuungspersonal, *n.*
service provider	Serviceunternehmen, *n.*
service provider, service company	Dienstleister, *m.,* Dienstleistungs-unternehmen, *n.*
service provision	Serviceleistung, *f.*
service schedule	Serviceplan, *m.*
service software	Service Software, *f.*
service technician, service engineer (e.g. field service engineer)	Servicetechniker, *m.*
service unit components	Bestandteile der Service-Unit, *f. pl.*

S

service visit	Serviceeinsatz, *m.*
service water	Betriebswasser, *n.*
servo assisted (servo assisted solenoid valve)	Magnetventil: vorgesteuert
servo pneumatics	Servopneumatik, *f.*
servo-controlled (e.g. valve)	servogesteuert
set	durch Bediener: vorgeben
set (e.g. "Set switch to x position.")	stellen
set, adjust (verb)	einstellen
set, unit	Aggregat (innerhalb der Anlage), *n.*
set collar	Stellring, *m.*
set cycle time	eingestellte Zykluszeit, *f.*
set limit, set limit value	eingestellter Grenzwert, *m.*
set of carbon brushes	Kohlebürstenset, *n.*
set of containers	Behälterbaugruppe, *f.*
set of seals, set of gaskets	Dichtungssatz, *m*, Dichtungsset, *n.* (z. B. für Motorzylinder)
set of spare parts, spare parts set	E-Set (Ersatzteil-Set), *n.*
set of transparencies (e.g transparencies for overhead projector)	Foliensatz, *m.*
set of wearing parts of exhaust coils	Spulen-Verschleißteilsatz (z. B. für Trocknerausgang), *m.*
set of wearing parts, replacement set	Verschleißteilsatz, *m.*
setpoint (value)	Sollwert (eingestellt), *m.*
setpoint changeover	Sollwertumschaltung, *f.*
setpoint temperature	eingestellte u. durch Controller geregelte Solltemperatur, *f.*
setting, adjustment	Einstellung, *f.*
setting, set value, setting value	Einstellwert, *m.*
setting options	Einstellmöglichkeiten, *f. pl.*
setting period	Aushärtezeit (z. B. von Klebstoff), *f.*
setting range	Einstellbereich, *m.*
setting tasks	Einstellarbeiten, *pl.*
setting-up process	Einrichtprozess, *m.*
settle, (to) sediment, deposit	am Boden: absetzen; ablagern
settling installations	Absetzeinrichtungen, *f. pl.*
settling tank	Beruhigungsbehälter, *m.*
settling tank, settling basin	Absetzbecken, *n.*, Absetzbehälter, *m.*
settling time	Absetzzeit (z. B. Verunreinigungen), *f.*
settling velocity (e.g. of dust)	Sinkgeschwindigkeit, *f.*
seven segment display, 7 segment display	Siebensegmentanzeige, *f.*
severe operating conditions	schwere Betriebsbedingungen, *f. pl.*
sewage	in der Kanalisation: Abwässer, *n. pl.*, *siehe* Abwasserkanal
Sewage Engineering Association	ATV (Abwassertechnische Vereinigung)
sewage sludge	Klärschlamm, *m.*
sewage treatment plant, sewage works, sewage treatment works	Kläranlage, *f.*
sewer	Abwasserkanal, *m.*
sewer network	Kanalnetz, Abwassernetz, *n.*
sewer system (industrial water and sewage network),	Brauch- und Abwassernetz, *n.*; Kanali-

sewage network, sewerage system	sation, *f.*
shaft bearing	Wellenlager, *n.*
shaft coupling	Wellenkupplung, *f.*
shaft diameter	Schaftdurchmesser, *m.*
shaft horsepower	Kompressor: Kupplungsleistung, *f.*
shaft seal	Wellendichtung, *f.*
shatter resistance	Splitterfestigkeit, *f.*
shear force, lateral force	Querkraft, *f.*
shear strength	Scherfestigkeit, *f.*
shear stress	Scherspannung, *f.*; Schubspannung, *f.* (Synonym Scherspannung = durch eine tangential angreifende Kraft erzeugte Spannung)
sheath diameter, US: jacket diameter	Kabel: Manteldurchmesser, *m.*
sheet blow moulding	Blasformen, *n.* z. B. von Folienhalbzeug
sheet steel, sheet metal	Stahlblech, *n.*; Bleche, *n. pl.*
sheet-steel housing	Stahlblechgehäuse, *n.*
shell	Schale, *f.*
shield, shielding, screen	Kabel: Abschirmung, *f.*
shim	Unterlegblech (z. B. zur Nivellierung), *n.*, *siehe* Unterlegscheibe
shines permanently	LED: leuchtet permanent
shock protection	Berührungsschutz gegen el. Schlag, *m.*
shock, sudden jolt, sudden impact	Stoß, *m.*
shockproof, impact-resistant	stoßfest
shocks and vibrations	Vibrationen und Erschütterungen, *f. pl.*
shop floor consumables	Verbrauchsmaterialien: Produktion, *f.*
Shore hardness	Shore-Härte, *f.*
short circuit, short circuiting	el.: Kurzschluss, *m.*
short-chain (e.g. short-chain compounds), with short chain(s)	chem. Verbindung: kurzkettig
short-circuit to frame	el.: Massenschluss, *m.*
short-circuiting current (occurring, e.g., due to droplet transfer during welding)	Kurzschlussströmung, *f.*
short-lived climate forcers	kurzlebige Klimatreiber, *m. pl.*
short-time (e.g. short-time test), at short notice (e.g. delivery at short notice)	kurzfristig, kurzzeitig
short-time current peak	kurzzeitige Stromspitze, *f.*
short-time fluctuations	kurzfristige Schwankungen, *f. pl.*
short-time mode	Kurzlaufmodus (Kurzzeitbetrieb), *m.*
short-time overloading	kurzzeitige Überlastung, *f.*
short-time test	Kurztest, *m.*
shrink fit	Schrumpf, *m.*
shrinkage, contraction	Kunststoffherstellung (z. B. Blasformen): Schrumpf, *m.*, Schrumpfung (z. B. von Plastikrohren), *f.*
shrink-on tube	Schrumpfschlauch, *m.*
shunting coupling	Rangierkupplung, *f.*
shunting equipment	Rangierausrüstung, *f.*

S

shunting locomotive, shunting engine, US: switching locomotive	Rangierlok, *f.*
shunting robot	Rangierrobot, *m.*
shunting systems, shunting facilities	Rangieranlagen, *f. pl.*
shut down	herunterfahren, abfahren
shutdown (e.g. short-time shutdown; shutdown for maintenance or repair)	Anlage: Abfahren, *n.*; Außerbetriebnahme, *f.*
shut down, out of service, not operating	außer Betrieb
shutdown, stoppage, non-required time	Betriebspause (Zeitraum in dem der Betreiber das Gerät/die Maschine nicht benötigt), *f.*
shut down, stop operation	außer Betrieb setzen
shut down a plant	Anlage außer Betrieb setzen; Anlage stilllegen/stillsetzen
shutdown of the plant	Ausschalten der Anlage, *n.*
shutdown procedure	Vorgang: außer Betrieb setzen
shut-down procedure	Vorgang: Herunterfahren, *n.*
shut off (e.g. valve), isolate	sperren, absperren (z. B. Rohr)
shutoff damper, shut-off damper (simple device to stop air passage)	Absperrklappe, *f.*
shutoff device, shut-off device	Absperrorgan (z. B. für Rohre), *n.*, Absperrvorrichtung, *f.*; Abschlussorgan, *n.*, Absperrarmatur, *f.*,
shutoff element	Absperrelement, *n.*
shutoff unit	Absperreinheit, *f.*
shutoff valve, isolation valve, stop valve	Sperrventil, *f.*; Absperrventil, *n.*
shuttle valve	Shuttle-Ventil, *n.*: Wechselventil, *n.*
shuttle valve technology	Shuttle-Ventiltechnik, *f.*
SI Units (SI = Système International d'Unités)	SI-Einheiten, *pl.*
side arm (e.g. optical side arm), branch	Seitenarm, *m.*
side cutter (e.g. side cutter pliers used for cutting wire)	Seitenschneider, *m.*
side effect	Nebeneffekt, *m.*; Nebenwirkung, *f.*
side opening	seitliche Öffnung, *f.*
side panel	Seitenblech, *n.*
side view, side elevation	Bodenansicht, *f.*
side-by-side arrangement	reihenweise Aufstellung, *f.* (kein Serienbetrieb!)
sieve effect	Siebeffekt, *m.*
sieve fraction	Siebkornklasse, *f.*
sieve insert	Siebeinsatz, *m.*
sieve key	Siebschlüssel, *m.*
sieve-covered	Sieb, mit Sieb abgedeckt, *n.*
signal (e.g. transmit a signal), indication, message	el.: Meldung, *f.*
signal (verb), transmit a signal	el.: melden, Signal melden
signal assignment	Signalzuordnung, *f.*
signal circuit(s)	Signalbeschaltung, *f.*
signal conditioning (e.g. process control signal conditioning)	Signalaufbereitung, Signalkonditionierung, *f.*
signal connection, signal terminal	Signalanschluss, *m.*
signal evaluation	Signalauswertung, *f.*
signal input	Signaleingang, *m.*

signal lamp, pilot lamp, pilot light	Kontrolllampe, Kontrollleuchte, *f.*
signal LED, pilot LED	Kontroll-LED, *f.*
signal light	Signallampe, *f.*
signal misinterpretation	Signal: Fehlinterpretation, *f.*
signal multiplication relay	mV Relais (Meldevervielfachungs-relais), *n.*
signal output	Meldeausgang, *m.*; Signalausgang, *m.*
signal processing	Signalbearbeitung, *f.*, Signalver-arbeitung, *f.*
signal relay	Signalweitergabe, *f.*
signal route	Signalpfad, *m.*
signal sequence	Signalfolge, *f.*
signal words	ANSI: Signalworte, *pl.*
signalling contact	Meldekontakt, *m.*
signalling device	Signalgerät, *n.*
signalling relay	el.: Melderelais, *n.*
signs of disintegration	Zerfallserscheinungen (z. B. Ozon), *f. pl.*
silencer	Schalldämpfer (z. B. am Trockner), *m.*
silencer cap	Schalldämpfer-Endkappe, *f.*
silencer element	Schalldämpfer-Element, *n.*
silencer insert	Schalldämpfereinsatz, *m.*
silencer material	Dämpfungsmaterial, *n.*
silencer shuttle	Schalldämpfer-Shuttle, *m.*
silica gel	Kieselgel, *n.* Kieselsäuregel, *n.*; Silikagel, *n.*
silica gel cartridge	Silikalgel-Patrone, *f.*
silicic acid	Kieselsäure, *f.*
silicon (without "e", e.g. Silicon Valley)	Silizium, *n.*
silicon temperature sensor	Silizium-Temperatursensor, *m.*
silicone grease	Silikonfett, *n.*
silicone layer	Silikonlage, Silikonschicht, *f.*
silicone putty	Silikonkitt, *m.*
silicone resin	Silikonharz, *n.*
silicone rubber	Silikonkautschuk, *m.*
silicone-free, free of silicone (e.g. free of silicone, glue or odour-releasing material), …does not contain any silicone	silikonfrei
similar to DIN	DIN-ähnlich
Simple Pressure Vessels Directive 87/404/EEC	einfache, unbefeuerte Druckbehäl-ter, *pl.* (Richtlinie: unbefeuert (unfired) wird nicht in der Überschrift erwähnt, aber im Text.)
simpler, simplified	einfacher
simulate by computation	rechnerisch simulieren
single-board technology	Einplatinen-Technik, *f.*
single device/unit	Einzelgerät, *n.*
single end connection	Rohrsystem: Einzelknotenpunkt, *m.*
single filter	Einfachfilter, *m.*
single ions	Einzelionen, *n. pl.*
single-layer filter	einlagiger Filter, *m.*

S

single-level filter	Flächenfilter, *m.*
single loop control (system)	einschleifiger Regelkreis, *m.*
single module, individual module	Einzelmodul, *n.*
single-position level control	Einpunkt-Niveauregelung, *f.*
single-position measurement	Einpunktmessung, *f.*
single respirator	Einzelbeatmung (Gerät), *f.*
single respiratory air supply	Einzelbeatmung (Versorgung), *f.*
single-shift operation	einschichtiger Betrieb, *m.*
single source supplier	Komplettanbieter (alles aus einer Hand), *m.*
single-stage	einstufig
single-stage activated carbon water filter	einstufiger Wasseraktivkohlefilter, *m.*
single-stage filtration	einstufige Filtration, *f.*
single-stage piston compressor	einstufiger Kolbenverdichter, Kolben-kompressor, *m.*
single-stage purification	einstufiges Reinigungsverfahren (z. B. von Abwasser), *n.*
single-tank design	Einkesselvariante, Einkesselversion, *f.*
sinking pump	Abteufpumpe, *f.*
sinter filter (e.g. sinter filter made of stainless steel)	Sinterfilter, Sintermetallfilter, *m.*
sintered bronze	Sinterbronze, *f.*
sintered filter candle	gesinterte Filterkerze, *f.*
siphon (water seal, trap)	Rohrleitung: Geruchsverschluss, *m.*; Geruchsabschluss: Siffon, Siphon, *m.*
site of natural gas deposit	Erdgasfundstelle, *f.*
siting	Aufstellort wählen, Wahl des Aufstel-lungsortes, *f.*; Aufstellung, *f., siehe* aufstellen
situated in between	zwischengelagert (z. B. Membrane)
six-layer …	sechslagig
size	Baugröße, *f.*
size, quantity (e.g. measurable quantity), factor, variable, magnitude	Größe, *f.*
size/extent of pollution	räumliche Schadstoffausbreitung, *f.*
size overview	Baugrößenübersicht, *f.*
sketch	Schema, *n.*, Skizze, *f.*
skilled worker	Facharbeiter, *m.*
slag residue	Schlackenrest (z. B. nach Löten), *m.*
sleeve	Hülse (autom. Schweißen), *f.*
slide (e.g. slide valve)	Schieber, *m.*
slide fit	Edelgleitsitz, *m.*
slide switch	el.: Schiebeschalter, *m.*
slideway	Werkzeugmaschine: Führungsbahn, *f.*
sliding sleeve	Verschiebemuffe, *f.*
sliding spool valve	Längsschieberventil, *n.*
sliding support	Gleitbefestigung, *f.*
sliding vane compressor	Vielzellen-Rotationsverdichter, *m.*, Lamellenverdichter, *m.*
slight vacuum (e.g. "The ink cartridge needs a slight vacuum inside to prevent leaking.")	leichter Unterdruck, *m.*
slightly emulsified, with slight emulsification	schwach emulgiert

slightly greasy	leicht fettig
slightly open	leicht geöffnet
slightly stable	schwach stabil
slightly water-endangering	schwach wassergefährdend
slip	Asynchronmotor: Schlupf, *m.*
slip resistant	gleitfest
slip speed	Schlupfdrehzahl, *f.*
slope, gradient, head	Gefälle, *n.* (Druckhöhe)
slot bridging filter	Schlitzbrückenfilter, *m.*
slot filter	Schlitzfilter, *m.*
slotted cap (e.g. slotted cap mounted over sensor)	geschlitzte Kappe, *f.*
slotted floor	Biofilter: Spaltenboden, *m.*
slow down	abbremsen
slow filter	Langsamfilter, *m.*
slow to react, sluggish (response), inert	träge
sludge	Schlamm, *m.*; Eis-Wasser-Gemisch (weicher Schlamm oder Schnee), *n.*
sludge and sediment	Schlämme und Sedimente, *pl.*
sludge dewatering	Schlammentwässerung, *f.*
sludge digestion	Schlammfaulung, *f.*
sludge pump	Schlammpumpe, *f.*; Absaugpumpe für Schmutzwasser, *f.*
sludge trap	Schlammfang, *m.*
sludge treatment	Schlammbehandlung, *f.*
sluggish, stiff, tight	schwergängig
small capacity compressor	Kleinkompressor, Kleinverdichter, *m.*
small hole drill	Kleinstbohrer, *m.*
small-scale local ...	kleinsträumig (z. B. Luftverwirbelung)
small transformer	Kleintransformator, *m.*
SMD resistor	el.: SMD-Widerstand, *m.*
smear defects	Druckindustrie: Abschmiererscheinungen, *f. pl.*
smears	Schlieren, *f. pl.*
smeary contamination, smeary stain/spot	schmierige Verunreinigung, *f.*
smelling sensation	Geruchseindruck, *m.*
smelting plant (to extract metal from ore)	Schmelzanlage, *f.*
SMEs (small & medium-sized enterprises)	Mittelstand, *m.*
smoke alarm relay	Rauchalarmweiterleitung, *f.*
smoke detector	Rauchmelder, *m.*
smooth flow (into)	schonender Einlauf, *m.*
smooth operation, trouble-free operation	einwandfreier Betrieb, *m.*
smooth running	ruhiger Rundlauf, *m.*
smooth, without jerking	ruckfrei
smoothness	Verriegelung: Gängigkeit, *f.*
smouldering temperature	Glimmtemperatur (z. B. von Staub), *f.*
smudge (e.g. ink)	verwischen
snap connection	Schnellverbindung, *f.*
snap coupling	Schnellkupplung, *f.*
snap into place, click into place, lock home, lock in position, lock into place, engage, snap on	einrasten
snug fit, correct fit	gute Passform (z. B. Filter), *f.*

S

snug fitting	sauberer Sitz (z. B. O-Ring), *m.*
snugly fitted, snugly in place	Filter: dichte Passung, *f.*
soak (in water)	wässern
soaking, taking up water	Wässerung (Filter), *f.*
soapy water	Seifenwasser, *n.*
socket adapter, adapter plug	Zwischenstecker, *m.*
socket pipe	Muffenrohr, *n.*
socket, connector socket, receptacle, socket outlet,	Aufnahmebuchse (Steckdose), *f.*; el.:
female socket	Steckdose, *f.*, Steckerbuchse, *f.*
sodium carbonate	Natriumkarbonat, *n.*
sodium hydroxide solution, caustic lye of soda	Natronlauge, *f.*
sodium sulphate	Natriumsulfat, *n.*
softening	Wasser: Enthärtung, *f.*
software: calculation program	Berechnungsprogramm, *n.*
soil, become dirty, smear	verschmutzen
solder	löten
solder residues	Lötschlacke, *f.*
soldered joint	gelötete Verbindung, *f.*
soldering side	Lötseite, *f.*
solenoid diaphragm (e.g. solenoid diaphragm metering pump)	Magnetmembrane, *f.*
solenoid diaphragm valve	Magnetmembranventil, *n.*
solenoid switch, electromagnetic switch	Magnetschalter, *m.*
solenoid valve	Magnetventil, *n.*
solenoid valve block	Regeln: Magnetventilblock, *m.*
solenoid valve coil	Magnetventil, *n.*
solenoid, solenoid coil	Magnetspule, *f.* (erzeugt magnetisches Feld)
solid and liquid waste	feste und flüssige Abfälle, *m. pl.*
solid carbons	feste Kohlenstoffe, *m. pl.* (z. B. Kohle, Koks, Diamanten)
solid contaminants	feste Verunreinigung, *f.*
solid ice	Massiveis, *n.*
solid layer	feste Schicht, *f.*
solid matter pollutants, solid contaminants, solid particle contamination (e.g. solid particle contamination in hydraulic and lubrication oils)	Feststoffverunreinigungen, *f. pl.*
solid particle	Feststoffpartikel, *n.*
solid substances, solids	feste Stoffe, *siehe* Festkörper
solid waste analysis	Abfallanalytik, *f.*
solids (e.g. cyclone unit for liquid/solids separation), solid matter, solids content, solid particles, solid substances	Feststoffe, *m. pl.*, Festkörper, *m.*
solids-containing	feststoffhaltig
solids content, solids percentage	Feststoffanteil, Feststoffgehalt, *m.*
solids filter	Feststofffilter, *m.*
solids filtration, particle filtration	Feststofffiltration, *f.*
solids separator (e.g. gas-solids separator)	Feststoffabscheider, *m.*
Solkane (trade name for widely used refrigerant)	Solkane* (Kältemittel)
solubility	Löslichkeit, *f.*
solubility in water	Löslichkeit in Wasser, *f.*
soluble	löslich

solution	Lösung, *f.*
solution-oriented (e.g. solution-oriented approach)	lösungsorientiert
solvent	Lösemittel, *n.*; Lösungsmittel, *n.*
solvent-based	auf Lösungsmittlebasis
solvent-based paint	Farbe auf Lösemittelbasis, *f.*
solvent containing	lösemittelhaltig
solvent content	Lösemittelanteil, *m.*
solvent disposal	Lösemittelentsorgung, *f.*
solvent loading	Lösemittelbeladung, *f.*
solvent residues	Lösemittelrückstände, *m. pl.*
solvent resistance	Materialbeständigkeit gegen Lösungsmittel, *f.*
solvent soluble	lösungsmittellöslich
solvent vapour	Lösemitteldämpfe, *m. pl.*
soot	Ruß, *m.*
soot filter (e.g. diesel soot filter)	Rußfilter, *m.*, Rußpartikelfilter
sophisticated measuring techniques	modernste Messverfahren, *n. pl.*
sorbent, sorption agent	Sorptionsmittel, *n.*
sorbents	Sorbenzien, *pl.*
sorption (either by absorption or adsorption)	Sorption, *f.*
sorption isotherm	Sorptionsisotherme, *f.*
sorption method, sorption process	Sorptionsverfahren, *n.*
sorption properties	Sorptionseigenschaften, *f. pl.*
sound absorbing, sound insulating	schalldämmend
sound emission (e.g. low-frequency sound emission), noise emission	Schallemission, *f.*
sound level	Schallpegel, *m.*
sound pressure level	Schalldruckpegel, *m.*
sound propagation	Schallausbreitung, *f.*
sounding horn	Zug: Signalhorn, *n.*
sound-insulated (e.g. sound-insulated headphones of a leak detector), sound-proofed (e.g. sound-proofed rooms)	schallgedämmt
sour gas	Sauergas, *n.*
source of contamination/pollution, contamination source	Schadstoffquelle, *f.*
source of danger	Gefahrenquelle, *f.*
source of emission	Emissionsquelle, *f.*
source resistance	Quellenwiderstand, *m.*
South-East Asian coastal regions	Südost Asiatische Küstenregionen, *pl.*
space requirements, constructional dimensions	Baumaß, *n.*
space saving, compact	gute Raumausnutzung, *f.*
spadable (e.g. filter cake; sludge), compact	stichfest
spanner	Schraubenschlüssel, *m.*
spanner area	Schlüsselfläche, *f.*
spanner size	Schlüsselweite (SW), *f.*
spare capacity	Reserve (z. B. Rohrnetz), *f.*
spare parts kit	Ersatzteil-Kit, *n.*
spare parts list, list of spare parts	Ersatzteilliste, *f.*
spare parts set, set of spare parts	Ersatzteil-Set, *n.*
spare volume	Reservevolumen, *n.*
spatial	räumlich
spatial conditions	räumliche Gegebenheiten, *f. pl.*

S

spatula	Labor: Spatel, *m.*
SPC (stored-program controller, e.g. SPC-specific functionalities), programmable control system	SPS (speicherprogrammierte Steuerung, speicherprogrammiertes Steuerungssystem)
special activated carbon	Spezialaktivkohle, *f.*
special application	Sonderanwendung, *f.*
special compressor	Sonderverdichter, *m.*
special condensate drain	Spezialkondensatableiter, *m.*
special design, special construction, special model	Sonderanfertigung, Sonderaus-führung, *f.*; besondere Bauform, *f.*
special development, specially developed for this type of application	Spezialentwicklung, *f.*
special device, special installation	Sondergerät, *n.*
special grease	Spezialfettung, *f.*
special insulation	Spezialisolierung, *f.*
special length	Sonderlänge, *f.*
special operating voltages	betriebliche Sonderspannungen, *f. pl.*
special permit	Ausnahmegenehmigung, *f.*
special requests, special requirements	Sonderwünsche, *m. pl.*
special requirements, special stipulations	Sondervorschriften, *f. pl.*
special size, individual size	Sondergröße, *f.*
special tool(s)	Spezialwerkzeug(e), *n./pl.*
special version/variant/model/design	Sonderversion, Sondervariante, *f.*
special voltage	Sonderspannung, *f.*
specialist	Fachmann, *m.*
specialist auditor	Fachauditor, *m.*
specialist dealer	Fachhändler, *m.*
specialist department, technical department	Fachabteilung, *f.*
specialist disposal company (e.g. arrange for collection by a specialist disposal company)	Entsorgungsfirma, Entsorgungsfach-firma, *f.*
specialist firm, specialist company	Fachbetrieb, *m.*, Fachfirma, *f.*
specialist firm, company authorized by the manufacturer	Fachfirma vom Hersteller autorisiert (legitimiert, anerkannt), *f.*
specialist know-how	Spezialisten-Kompetenz, *f.*
specialist knowledge	Fachkenntnisse, *f. pl.*
specialized trade	Fachhandel, *m.*
specially developed, specially designed	speziell entwickelt
specific application, type of application	Anwendungsfall, *m.*
specific filter load	spezifische Filterbelastung, *f.*
specific odour	Eigengeruch, *m.*
specific output	spezifische Leistung (z. B. des Drucklufttrockners), *f.*
specific/particular application	Einsatzfall, *m.*
specific power	el.: spezifische Leistung, *f.*
specific thermal capacity	Wärmekapazität, spezifische, *f.*
specifications(s)	Spezifikation, *f.*; Auflagen, Vorgaben, *f. pl.*
specifications, list of specifications	Lastenheft, *n.*
specify, define, determine	bestimmen
specify, state	angeben
specimen, sample	Muster, *n.*

speed	Drehzahl (z. B. des Elektromotors, *f.*
speed control range	Drehzahlregelbereich, *m.*
speed control system	Bahn: Geschwindigkeitsregelsystem, *n.*
speed measurement, rotational speed measurement	Drehzahlmessung, *f.*
speed of rotation, rotational speed (e.g. in rpm)	Drehzahl, *f.*; Umlaufgeschwindigkeit, *f.*
speed of sound, sound velocity	Schallgeschwindigkeit, *f.*
speed regulation (e.g. motor speed regulation)	Drehzahlregelung, *f.*
spent, old, fouled	Filter: gebraucht, verbraucht
spent activated carbon (European Waste Code)	gebrauchte Aktivkohle, *f.*
spent filter, old filter, fouled filter, used filter	verbrauchter Filter, *m.*
sphere radius	Lager: Kugelradius, *m.*
spherical form	Kugelform, kugelige Form, *f.*
spherical seat	Lager: Kugelfläche, *f.*
spill basin	Überlauf: Auffangwanne, *f.*
spillage, spilling	Flüssigkeit, Schüttgut: Freisetzung, *f.*
spin insert	Dralleinsatz (z. B. für Wasser-trenner), *f.*
spindle bearing(s) (e.g. spindle bearing failure due to insufficient cooling)	Spindellager, *n.*
spindle gap	Spindelspalte, *f.*
spindle housing	Spindelgehäuse, *n.*
spindle lifetime (e.g. spindle lifetime warranty; spindle lifetime lubrication)	Spindelstandzeit, *f.*
spindle seal	Werkzeugmaschine: Spindel-dichtung, *f.*
spiral cable	Spiralkabel, *n.*
spiral hose	Spiralschlauch, *m.*
spirit level	Wasserwaage, *f.*
splash on	aufspritzen
splash-proof (e.g. splash-proof design)	spritzwasserdicht, spritzwasser-geschützt
splash water	Spritzwasser, *n.*
splinter formation	Splitterbildung, *f.*
split, break down, demulsify	stabile Emulsion trennen; Emulsion: spalten
split flow	Splitstrom, *m.*
split up	Emulsion: aufspalten
splitting	Emulsion: Aufspaltung, *f.*, Trennung, *f.*
splitting (of threads)	Textil: Aufspleißen, *n.*
splitting agent (e.g. bentonite splitting agent; broad-spectrum splitting agent)	Emulsion: Trennmittel, *n.*, Spalt-mittel, *n.*, Spalter, *m.*
splitting agent (e.g. environmentally compatible bentonite)	Emulsion: Reaktionstrennmittel, *n.*
splitting agent consumption	Spaltmittelverbrauch, *m.*
splitting agent container	Reaktionstrennmittelbehälter, *m.*; Spaltmittelbehälter, *m.*
splitting agent metering device	Spaltmitteldosierer, *m.*
splitting agent requirements	Spaltmittelbedarf, *m.*
splitting agent residue	Trennmittel-Rückstand, *m.*
splitting agent supply	Spaltmittelvorrat, *m.*
splitting agent unit	Spaltmitteleinheit (zur Dosierung), *f.*

splitting efficiency	Spaltfähigkeit, Spaltleistung, *f.*; Emulsion: Trennleistung, Trennwirkung, *f.*
splitting plant	Spaltanlage, *f.*
splitting powder	Emulsion: Spaltpulver, *n.*
splitting powder, emulsion splitting powder	Emulsion: pulverförmiges Trennmittel, *n.*
splitting process	Emulsion: Spaltprozess, *m.*; Trennprozess, *m.*
spontaneous ignition	spontane Entflammung, *f.*
spray absorber	Sprühabsorber, *m.*
spray effect	Wasser: Streueffekt, *m.*
spray gun	Sprühpistole, *f.*; Strahlpistole, *f.* Spritzpistole, *f.*
spray nozzle	Spritzdüse (z. B. für Lackierung, PUR-Produktion), *f.*; Sprühdüse, *f.*
spray on	aufsprühen
spray painting	Spritzlackierung (Technik), *f.*
spray scrubber	Sprühwäscher, *m.*
sprayed jet	Sprühstrahl, *m.*
spraying lance	Sprühlanze, *f.*
spraying result	Lackierergebnis, *n.*
spraying technology	Zerstäubungtechnik, *f.*
spraying, vaporization	Zerstäubung, *f.*
spread	Ausbreitung, *f.*
spread of pollution, spatial extent of pollution	Schadstoffausbreitung, *f.*; Schadensausdehnung, *f.*
spreading of the contamination	Verunreinigung: Ausbreitung des Schadens, *f.*
spreading pulse	Sand (Straßenbahn): Streuimpuls, *m.*
spreadsheet	Kalkulationstabelle, *f.*
spreadsheet program	Kalkulationsprogramm, *n.*
spring	Feder (z. B. eines Ventils), *f.*
spring bearing	Federlager, *n.*
spring clip	Federbügel, *m.*
spring force, spring tension	Federkraft, *m.*
spring guide disc	Federführungssteller, *m.*
spring pressure	Federdruck, *m.*
spring washer	Federring, *m.*
sprinkler head	Sprinklerdüse, *f.*
sprinkler system	Sprinkleranlage, *f.*
spun as in a cocoon	eingesponnen (Öltröpfchen)
square-headed bolt	Verkantschraube, *f.*
square law torque	quadratisches Drehmoment, *n.*
square mm	qmm
stabilisation time	Stabilisationszeit, *f.*
stability	Standfestigkeit, *f.*
stability, endurance, resistance (e.g. resistance against chemical attack)	Beständigkeit, *f.*
stability over time (e.g. measurement stability over time of a sensor)	Stabilität über die Zeit, *f.*
stability time	Standzeit (Lagerschmierung), *f.*

stabilize temperature	temperieren
stabilizing agent, stabilizer	chem. Verbindung: Stabilisator, *m.*
stabilizing tank	Stabilisierungsbehälter, *m.*
stable emulsion	stabile Emulsion, *f.*
stable mixture	Emulsion: dauerhafte Mischung, *f.*
stacked construction	Filter: Stapelbauweise, *f.*
stage	Filter: Stufe, *f.*
stage of production	Fertigungsstufe, *f.*
staged filtration (e.g. "Staged filtration allows a stagewise increase in the filtration efficiency.")	Stufenfilterung, *f.*
stainless steel (rostfrei), high-grade steel	Edelstahl, *m.*
stainless steel braiding	Edelstahlschutzgeflecht um z. B. Kabel oder Schlauch
stainless steel head	Edelstahlkopf, *m.*
stainless steel heat exchanger	Edelstahl-Wärmetauscher, *m.*
stainless steel housing	Edelstahlgehäuse, *n.*
stainless steel mesh	Edelstahlgeflecht, *n.*
stainless steel pipe	Edelstahlrohr, *n.*
stainless steel plate heat exchanger, plate heat exchanger made of stainless steel	Edelstahl-Platten-Wärmetauscher, *m.* (z. B. ein Wärmetauscher mit 30 Platten)
stainless steel plates	Wärmetauscher: Edelstahlplatten, *f. pl.*
stainless steel ring	Edelstahlring, *m.*
stainless steel sieve, stainless steel screen	Edelstahlsieb, *n.*
stainless steel version, stainless steel design	Edelstahlausführung, *f.*
stainless steel welded construction	Edelstahl-Schweißkonstruktion, *f.* (z. B. Container)
stale air	abgestandene Luft, *f.*
stand site/area	Messe: Standfläche, *f.*
stand-alone solution, stand-alone unit	Stand-alone Lösung, *f.*
standard (e.g. international standards)	Norm, *f.*
standard (e.g. offered as standard)	serienmäßig
standard accessories	Standardzubehör, *n.*
standard alarm	Normal-Alarm, *m.*
standard atmosphere	Normalatmosphäre, *f.*
standard base	eingestellte Lauge, *f.*
standard cubic feet per minute (SCFM)	Norm-Kubikfuß pro Minute
standard cylinder	Normzylinder, *m.*
standard density	Normdichte, *f.*
standard design	serienmäßige Ausführung, *f.*
standard device	Grundgerät, *n.*; Seriengerät, *n.*
standard fabric (e.g. of a filter)	Standardgewebe, *n.*
standard filter (e.g. standard filter for general applications), regular filter	einfacher Filter, *m.*; Standardfilter, *m.*
standard flow rate, standard volumetric flow	Normvolumenstrom, *m.*
standard funnel	handelsüblicher Trichter, *m.*
standard litre, US: standard liter	Normliter, *m.*
standard ltrs./min	NL/min (Normliter/min)
standard model, standard design	Basismodell, *n.*; Standardausführung, *f.*
standard operating conditions, normal operating conditions	Standardbetriebsbedingungen, *f. pl.*

S

standard part, stock part	Serienteil, *n.*
standard pressure	Normdruck, *m.*
standard pressure and temperature (SPT)	SPT
standard product	Serienfabrikat, Serienprodukt, *n.*, Serienproduktion, *f.*
standard product range, standard (product) programme, standard (product) portfolio	Standardprogramm, *n.*
standard rack	Standardgestell, *n.*
standard range, standard product range	Standardbereich, *m.*; Standard-sortiment, *n.*
standard requirements for construction	grundsätzliche Bauanforderun-gen, *f. pl.*
standard setting	Standardeinstellung, *f.*
standard sheet	Einheitsblatt (z. B. des VDMA), *n.*
standard state	Normzustand, *m.*
standard temperature	Normtemperatur, *f.*
standard version	Basisversion, *f.*; Standardversion, *f.*
standard volume (Measured at standard reference conditions defined as 20°C at 1 bar absolute pressure for compressor performance testing.)	Normvolumen, *n.*
standard, standard feature, standard equipment	Standard, *m.*
standardize	Lösung einstellen
standards reference	normative Verweisung, *f.*
standby heater	Notheizung, *f.*
standby mode	Standby-Modus, *m.*
standby operation (e.g. run on standby)	Standby-Betrieb, *m.*
stand-by operation, stand-by state, on stand-by	Bereitschaft, Gerät befindet sich in Bereitschaft
standby spindle	Standby-Spindel, *f.*
standstill (e.g. frequency response test with the machine at standstill), standstill phase/period, stoppage , shutdown	Stillstand, *m.*
star-delta starter	Verdichterelektromotor: Stern/Dreieck-Anlauf, *m.*
star grip	Sterngriff, *m.*
star grip screw	Sterngriffschraube, *f.*
star-pleated filter element	Sternsieb-Filterelement, *n.*
start, start-up (e.g. compressor start-up)	Anfahren, *n.*
start and stop motions	Lager: Anfahren und Abbremsen, *n.*
start sensor	Start-Sensor, *m.*
start up	anspringen (z. B. Verdichter)
start up, start, start running, start working	Verdichter: Anlauf, *m.*, Anlaufen, *n.*
start-up current, starting current	Stromstärke beim Anfahren, *f.*
start-up error	Kompressor: Anfahrfehler, *m.*
start-up phase, run-in phase, running-in phase/period	Einfahrphase, *f.*; Einlaufphase, *f.*
start-up procedure, first putting into operation	Erstbetrieb, *m.*, *siehe* Erstinbetriebnahme
start-up protection	Anfahrschutz, *m.*
start-up relief	Ventil: Anlaufentlastung, *f.*
start-up valve	Anfahrklappe, *f.*
start-ups and shutdowns (e.g. start-up and shutdown cycles)	An- und Abfahrten, *f. pl.*

starting current	Anlaufstrom, *m*.; Einschaltstrom (Motor, Trafo), *m*.
starting torque	Anlaufmoment, *n*.
state, condition, mode	Zustand, *m*.
state of the art (e.g. state-of-the-art technology)	Stand der Technik, *m*.
state-of-the-art display technologies	modernste Display-Technologien, *f. pl*.
state variable (e.g. state variable of compressed-air humidity)	Zustandsgröße, *f*. (z. B. Zustandsgröße der Feuchte in der Druckluft, *f*.)
stated capacity, declared capacity	angegebene Leistung, *f*.
statement of conformity	Konformitätsaussage, *f*.
static	statisch
static discharge	statische Entladung, *f*.
static electricity	statische Elektrizität, *f*.
static friction, stiction (Stiction is a form of friction characterizing resistance at the start of movement. It is a frequently found valve problem in the process industry.)	Haftreibung, *f*.
static internal pressure	statischer Innendruck, *m*.
static oil-water separator	statischer Öl-Wasser-Trenner, *m*.
static pressure	statischer Druck, *m*.
static sampling	statische Probenahme, *f*.
station, system	Anlage: Kompressor, *m*.
station setup, station configuration	Stationsaufbau, *m*., Stationsaufbauten, *pl*.
stationary (e.g. stationary measuring system)	ortsfest; stationär
stationary application	stationärer Einsatz, *m*.
stationary compressor	stationärer Verdichter, *m*.
stationary device	stationäres Gerät, *n*.
stationary plant	stationäre Anlage, *f*.
stationary pressure dewpoint meter	stationäres Drucktaupunkt-Messgerät, *n*.
stationary unit	stationäre Einheit, *f*.
stator	Stator, *m*.
status report	Zustandsbericht, *m*.
statutory, legally stipulated	gesetzlich vorgeschrieben
statutory limit	gesetzlich zulässiger Grenzwert, *m*.
statutory limit values	gesetzlich vorgeschriebene Grenzwerte, *m. pl*.
statutory requirements, legal regulations, legal provisions (e.g. legal provisions governing hazardous waste)	gesetzliche Bestimmungen, *pl*.
statutory value-added tax (VAT)	gesetzliche MwSt, *f*.
statutory warranty	gesetzliche Gewährleistung, *f*.
steady, unvarying, constant, consistent	gleichbleibend
steady state	stationärer Zustand, *m*.
steady state flow	stationäre Strömung, *f*.
steam	Wasserdampf (durch Wärmezufuhr erzeugt), *m*.
steam activation	Aktivkohle: Dampfaktivierung, *f*.
steam boiler	Speicherkessel (Dampferzeugung), *m*.
steam condensate	Dampfkondensat, *f*.
steam distillation	Wasserdampfdestillation, *f*.
steam filter	Dampffilter, *m*.

S

steam generator	Dampferzeuger, *m.*
steam injection	Wasserdampfinjektion, *f.*
steam jet cleaner	Dampfstrahler, *m.*
steam sterilization	Dampfsterilisation, *f.*
steam supply	Dampfversorgung, *f.*
steam velocity	Dampfgeschwindigkeit, *f.*
steam wetness, steam wetness fraction	Dampfnässe, *f.*
steam-permeable (e.g. steam-permeable membrane)	dampfdurchlässig
steel baseframe (e.g. heavy duty fabricated steel baseframe)	Stahlgrundrahmen, *m.*
steel cylinder, steel bottle	Luft/Gas: Stahlflasche, *f.*
steel drum	Stahlfass, *n.*
steel pallet	Stahlpalette, *f.*
steel pipe	Stahlrohr, *n.*
steel pipes, steel piping	Stahlleitung, *f.*
steel rope	Stahlseil, *n.*
steel tank	Stahlwanne, *f.*
stench, disagreeable odour, offensive odour	Gestank, *m.*
step by step, stepwise	schrittweise, *siehe* nacheinander
step-by-step procedure	Arbeitsschritte, *m. pl.*
steplessly adjustable temperature control	stufenlose Temperatureinstellung, *f.*
steplessly adjusted, steplessly variable (e.g. steplessly variable speed)	stufenlos eingestellt
stepped	stufenförmig
stepped piston	Stufenkolben, *m.*
stepwise, step by step	stufenweise
stereo plug	Stereostecker, *m.*
sterile	bakterienfrei, steril; keimfrei
sterile conditions	Sterilität (z. B. für Nahrungsmittel), *f.*
sterile filter	Sterilfilter, *m.*
sterile filtration (e.g. for laboratory applications)	Sterilfiltration, *f.*
sterile function	Sterilfunktion, *f.*
sterile medical filter	medizinischer Sterilfilter, *m.*
sterilization	Entkeimung, *f.*
stick, stick together	durch Verschmutzung verkleben (z. B. Puder oder Granulat), *siehe* verklumpen
stick on, adhere to	aufkleben; anbacken
stick out	herausgucken (z. B. Niveaumelder)
stick-slip free movement, smooth movement	ruckfreies Gleiten (Lager)
sticker	Klebeschild, *n.*
sticker, label	Aufkleber, *m.*
sticky	verklebt
stiff suspension	harte Federung, *f.*
stilling/resting pool, stilling basin	Ruhebecken, *n.*
stipulate, determine, specify	festlegen
stipulated pressure dewpoint, required pressure dew point	Drucktaupunktforderung, *f.*
stirrer blade	Rührwerkflügel, *m.*
stirrer motor	Rührwerksmotor, *m.*
stirrer shaft	Rührwerkswelle, *f.*
stirring device, stirrer	Rührwerk, *n.*

stock(s)	Lagerbestand, *m.*
stock, build up of stocks	bevorraten
stock of parts	Einzelteilvorräte, *pl.*
stoichiometry (dealing with relative quantities of reactants/substances in chemical reactions)	Stöchiometrie, *f.*
stoneware pipe (e.g. salt-glazed stoneware pipes)	Steinzeugrohr, *n.*
stop, terminate, deactivate	beenden (z. B. elektronisches System)
stopper	Stöpsel, *m.*
storable, stable in storage	lagerfähig
storage battery	Akku, *m.*
storage container	Vorlagebehälter, *m.*; Vorrats-behälter, *m.*
storage container for splitting agent	Spaltmittelvorratsbehälter, *m.*
storage life, shelf life, expiry date	Lagerfähigkeit, Haltbarkeit, *f.*
storage requirements	Lagervorschriften, *f. pl.*
storage stability	Lagerstabilität, *f.*
storage tank	Lagerbehälter, *m.*
storage tank, reservoir	Vorratskessel, Vorratstank, *m.*
storage tank farm, oil storage facilities	Erdöllager (Lagerung), *n.*
storage temperature	Lagertemperatur, *f.*
storage vessel	allgemein: Speicherkessel, *m.*
storage, storing	Lagerung, *f.*
store	abspeichern (z. B. Datei)
store, put into storage	einlagern
stove enamel	Einbrennlack, *m.*
stoving temperature	Einbrenntemperatur, *f.*
straight lengths (of pipe)	Stangenware (Rohre), *f.*
straight screw-in connector	Gerade-Einschraubtülle, *f.*
strain	deformierende Dehnung, *f.*; deformie-rende Spannung, *f.*
strain, place a strain	übermäßig belasten (z. B. auf Rohre)
strain controlled measurement	Rheometer: deformationsgesteuerte Messung, *f.*
strain gauge	Dehnungsmessstreifen, *m.*
strain relief device	Kabel: Zugentlastungselement, *n.*
strain relieved	zugentlastet
strap wrench	Gurtrohrzange, *f.*
strategic collection of measuring data	gezielte Messdatenerhebung, *f.*
streamlined, flow-optimized	stromlinienförmig; strömungs-freundlich
strength, stressability, stress-bearing capacity	Belastbarkeit, *f.*
strength analysis, strength verification	Festigkeitsnachweis, *m.*
strength characteristic	Festigkeitskennwert, *m.*
strength requirement(s)	Festigkeitsbedingung (z. B. für Druck-behälterverschluss), *f.*; Festigkeits-erfordernisse, *n. pl.*
strength test	Festigkeitsprüfung, *f.*
strengthen, fortify	festigen
strengthen, reinforce	verstärken
stress (plural: stresses, stress levels)	mechanisch: Spannung, *f.*

S

stress amplitudes	Spannungsschwingbreiten (z. B. bei Druckbehältertest), *f. pl.*
stress determination	mechanisch: Spannungsermittlung, *f.*
strict specifications	strenge Auflagen, Vorgaben, *f. pl.*
strip (e.g. strip the end), bare (e.g. bare the wire), cut back	Kabelisolierung: absetzen
strip of paper	Papierstreifen, *m.*
strippability	Strippbarkeit, *f.*
stripper fan	Strippgebläse, *n.*
stripping efficiency, stripping capacity	Strippleistung, *f.*
stripping gas	Strippgas, *n.*
stripping length	Kabelisolierung: Absetzlänge, *f.*
stripping plant (e.g. methane stripping plant; air stripping plant)	Strippanlage, *f.*
stroke, travel	Kolben: Hub, *m.,* Hublänge, *f.*
strong impact	heftiger Stoss, *m.*
strong impact	starke Erschütterung, *f.*
strong, powerful, effective	schlagkräftig
strongly alkaline, highly alkaline	stark alkalisch
strongly hygroscopic (e.g. desiccant), extremely hygroscopic	stark hygroskopisch
strongly recommended	nachdrücklich empfohlen
structural composition	Strukturaufbau, *m.*
structure, arrangement, configuration, design	Aufbau, *m.*
structure-borne noise probe, probe for structure-borne noise	Körperschallsonde, *f.*
stubborn dirt	hartnäckige Verschmutzung, *f.*
stud bolt	Stiftschraube, *f.*
stuffing box	Nadelventil: Stopfbuchse, *f.*
sturdy, robust, rugged, strongly built, well-made	solide, robust
sturdy tie-rod	stabiler Zuganker, *m.*
subassembly	kleine Baugruppe, *f.*
subcontracted supplier	Unterlieferant, *m.*
subject to abrupt changes/surges	schwallweise
subject to CE marking	kennzeichnungspflichtig
subject to change without prior notice	Änderung vorbehalten
subject to confirmation, not binding	Angebot: freibleibend
subject to delivery or service and its calculation being correct	vorbehaltlich der Richtigkeit der Lieferung oder Leistung und deren Berechnung
subject to sudden impact (load)	stoßweise belastet
subject to technical changes without prior notice; errors excepted	technische Änderungen und Irrtümer vorbehalten
subjected to turbulence	verwirbelt
submersible motor pump	Tauchmotorpumpe, *f., siehe* Tauchpumpe
submersible pump, immersion pump	Tauchpumpe, *f.*
submit an offer	Angebot abgeben
subscription price	Zeitschrift: Bezugspreis, *m.*
subset	Teilmenge, *f.*
substance exchange	Stoffaustausch, *m.*
substances passing through the filter	Filter: durchgeleitete Stoffe, *pl.*

substrate	Nährsubstanz, *f.*; Substrat, *n.*
subtropical climate	subtropisches Klima, *f.*
subzero temperature	Minustemperatur, *f.*
successively arranged, arranged in tandem	hintereinanderliegend
suck back (e.g. "It must be ensured that condensate is not sucked back into the piping.")	zurücksaugen
suck off, remove by suction, suction withdrawal (e.g. remove by skimming or suction withdrawal), extract (e.g. extract fumes)	absaugen
suction fan	Sauglüfter, *m.*
suction filter	Saugfilter, *m.*
suction filtration	Saugfilterung, *f.*
suction hose	Absaugschlauch, *m.*
suction intake	Ansaugung, *f.*
suction intake valve (controlling the flow of air)	Ansaugventil, *n.*
suction line	Saugleitung, *f.*
suction line connection	Sauganschluss, *m.*
suction pipe	Saugrohr, *n.*
suction port	Saugstutzen, *m.* (z. B. eines Kompressors oder einer Pumpe)
suction port temperature	Saugstutzentemperatur, *f.*
suction pressure (e.g. "The suction pressure at the compressor is 41 psig."), intake pressure	Saugdruck, *m.*
suction process	Membranpumpe: Ansaugvorgang, *m.*
suction pump	Absaugpumpe, *f.*; Saugpumpe, *f.*
suction tube	Ansauglanze, *f.*
sudden buildup of pressure	schlagartiger Druckaufbau, *m.*
sudden powerful increase, surge, surge-wise, abrupt change	anschwellend, stark
sudden, abrupt	schlagartig
suddenly escaping	schlagartig entweichend
suitability test	Eignungsfeststellung, *f.*, Eignungstest, *m.*
suitable	geeignet
suitable for (landfill) disposal, suitable for waste disposal	deponiefähig
suitable for application in the temperature range from … to …	Temperatureinsatzbereich, *m.*
suitable for discharge	Flüssigkeit: ableitfähig
suitable for liquids containing oil	Behälter: öltauglich
suitable for pressurized systems	druckgeeignet
suitable for universal application	universell einsetzbar
suitable for, can be used for, with potential application	einsetzbar
suitable insulation	fachgerechte Isolierung, *f.*
suitably designed	richtig ausgelegt
suitably qualified person	Fachkraft, *f.*; sachkundige Person, *f.*, *siehe* Sachkundiger
suitably trained technical personnel	entsprechend geschultes Fachpersonal, *n.*
sulphur dioxide	Schwefeldioxid, *n.*
sulphuric acid	Schwefelsäure, *f.*
sulphurous acid	schwefelige Säure, *f.*

S

summarized operating instructions	Kurzbetriebsanleitung, *f.*
summarized report	Bericht in Kurzform
super dry (e.g. super-dry air)	tieftrocken
super fine filter (a microfilter, e.g. 0.5 micron pleated super fine filter)	Feinstfilter, *m.*; Superfinefilter, *m.*, *siehe* Filtrierstufen
super fine filtration	Feinstfiltration, *f.*
superheated steam (with temperature above boiling point of water)	Heißdampf, *m.*
superior	höherwertig
superior, more efficient	leistungsfähiger
superpure gas	Reinstgas, *n.*
supersaturation	Übersättigung, *f.*, *siehe* übersättigt
supervision	Aufsicht, *f.*
supervision, surveillance	Überwachung durch Person, *f.*
supervisory authority	Aufsichtsamt, *n.*
supplementary device	Ergänzungsgerät, *n.*
supplementary instructions	Zusatz-Anleitung, *f.*
supplementary set	Ergänzungs-Set, *f.*
supplied from a central source	zentral zur Verfügung (gestellt)
supplied fully wired	im Werk fertig verdrahtet
supplied with electricity	elektrisch gespeist
supplied with the unit	beigeliefert; mitgeliefert
supplied with the unit, included in delivery	im Lieferumfang enthalten
supplier	Anbieter, *m.*; Lieferant, *m.*; Vertreiber, *m.*
supplier (e.g. component supplier; components produced in-house or purchased from an outside supplier)	Zulieferer, *m.*
supplier to the automotive industry, automotive parts supplier	Autozulieferer, *m.*
supply and waste air lines	Zu- und Abluftleitungen, *f. pl.*
supply cable	el.: Zuleitung, *f.*
supply circuit	el.: Versorgungsstromkreis, *m.*
supply line	el.: Zuleitung, *f.*
supply network	el.: Versorgungsnetz, *n.*
supply unit	Versorgungseinheit, *f.*
supply voltage	Anschlussspannung, *f.*
supply voltage, power supply voltage	el.: Versorgungsspannung, *f.*
supply voltage in plant	betriebliche Versorgungsspannung, *f.*
supply, feed-in	Einspeisung, *f.*
support	Stütze, *f.*
support (for), customer support (account management), support service, customer support service, customer service, after sales service	Betreuung, *f.*
support, prop, underprop, stay	abfangen, z. B. Leitung abfangen
support air	Tragluft, *f.*
support cage	Stützkorb, *m.*
support cylinder	Stützzylinder (z. B. für Filter), *m.*
support pipe, support tube	Stützrohr, *n.*
support shell	Rohr: Tragschale, *f.*
support(ing) collar	Stützkragen, *m.*
support(ing) structure	Stützkonstruktion, *f.*

suppressor circuit	el.: Schutzbeschaltung gegen Überspannung, *f.*
surface, surface area	Oberfläche, *f.*
surface-active	anaerober Filter: grenzflächenaktiv
surface-active capacitor (e.g. surface-active conductive layer)	oberflächenaktiver Kondensator, *m.*
surface coating (e.g. surface coating to improve wear and fatigue resistance), surface layer	Oberflächenbeschichtung, *f.*
surface coating, surface coat, surface layer	Oberflächenschicht, *f.*
surface compacted	Metallverarbeitung: oberflächenverdichtet
surface deposits	Deckschichtbildung (z. B. auf Flüssigkeit), *f.*
surface evaporation	Oberflächenverdunstung, *f.*
surface filter (e.g. "A surface filter has a very thin cross-section.")	Oberflächenfilter, *m.*
surface filter element	Oberflächen-Filterelement, *n.*
surface filtration	Oberflächenfiltration, *f.*
surface finish	Oberflächengüte (z. B. bei maschineller Bearbeitung), *f.*
surface finish, surface refinement	Oberflächenvergütung, Oberflächenveredelung, *f.*
surface flaw, surface defect	Oberflächenfehler, *m.*
surface homogeneity	Oberflächenhomogenität, *f.*
surface imperfection	Lackieren: Oberflächenfehler, *m.*
surface increase, increasing the surface	Oberflächenvergrößerung, *f.*
surface of the liquid	Flüssigkeitsoberfläche, *f.*
surface oil remover, surface oil skimmer	Öberflächenöl-Abscheider, *m.*
surface protection	Oberflächenschutz, *m.*
surface quality, surface finish	Oberflächenqualität, *f.*; Oberflächenbeschaffenheit, *f.*
surface roughness	Oberflächenrauheit, Oberflächenrauigkeit, *f.*
surface scattering	Streuung an der Oberfläche, *f.*
surface technology	Oberflächentechnik, *f.*
surface temperature	Oberflächentemperatur, *f.*
surface tension	Oberflächenspannung, *f.*
surface texture	Oberflächenstruktur, *f.*
surface-treated	oberflächenbehandelt
surface treatment	Oberflächenbearbeitung, *f.*, Oberflächenbehandlung, *f.*
surface water (Plural: surface waters)	Oberflächenwasser, Oberflächengewässer, *n.*
surfactant, surface-active agent	Tensid (grenzflächenaktiver Stoff), *n.*
surge oil	Kompressor: Schwall-Öl, *n.*
surplus energy	überflüssige Energie, *f.*
surroundings, environment (e.g. process environment)	Umfeld, *n.*
susceptibility to faults	Störanfälligkeit, *f.*
susceptibility to leaks	Leckageanfälligkeit, *f.*
susceptible (to), prone (to), affected (by)	anfällig

S

susceptible to faults, susceptible to malfunction, likely trouble spot, vulnerable	störanfällig, störungsanfällig
susceptible to interference	el.: störanfällig, störungsanfällig
susceptible to leaks	leckageanfällig
suspend	aufhängen
suspended arrangement	hängende Anordnung, *f.*
suspended dust, suspended particulates, suspended particulate matter	Schwebstaub, *m.*
suspended liquid particles	flüssige Schwebeteilchen, *n. pl.*
suspended load	hängende Last, *f.*
suspended matter/solids	Schwebstoff(e), *m./pl.*
suspended particles	Schwebeteilchen, *n. pl./sg.*
suspension	Aufschlämmung, *f.*; Fahrzeug-federung, *f.*
suspension comfort	Federungskomfort (Fahrzeug), *m.*
sustainable, lasting	Umwelt: nachhaltig
swan neck (e.g. swan-neck bend, swan-neck connection)	Rohr: Schwanenhals, *m.*
swan-neck pipe	Schwanenhalsrohr, *n.*
swell (up)	aufquellen
swelling	Quellung (z. B. des Werkstoffs), *f.*
swelling process	Quellvorgang, *m.*
swelling properties	Quellungseigenschaften, *f. pl.*
swing check valve	Rückschlagklappe, *f.*
swirling dust	aufgewirbelter Staub, *m.*
switch back, return	zurückschalten
switch box, switchbox	Schaltkasten, *m.*
switch cabinet cooling	Schaltschrankkühlung, *f.*
switch cabinet, control cabinet	Schaltschrank, *m.*
switch off, turn off	abschalten
switch on automatically (e.g. "The heating will be switched on automatically.")	sich einschalten
switch on, turn on, start, activate	einschalten
switch panel (e.g. switch panels with circuit breakers), panel	Schaltfeld, *n.*
switch position	Schalterstellung, *f.*; Schaltstellung, *f.*
switch type, type of switch	Schaltertyp, *m.*
switch, activate, move switch to … position	el.: schalten (z. B. Kontakt)
switchboard	Schalttafel, *f.*
switched relay	geschaltetes Relais, *n.*
switching amplifier	Schaltverstärker, *m.*
switching and control equipment	Schalt- und Steueranlagen, *f. pl.*
switching capacity (e.g. alternate current switching capacity at 125 or 250 V)	Schaltvermögen, *n.*; Schaltleistung, *f.*
switching contact	Schaltkontakt, *m.*
switching cycle	Ventil: Schaltspiel, *n.*
switching cycle (e.g. power switching cycle)	Schaltglied, *n.*
switching delay	Schaltverzögerung, *f.*
switching distance (sensor with a fixed switching distance)	Näherungsschalter/Sensor: Schalt-abstand, *m.*

switching frequency (e.g. permissible switching frequency of the electric motor), switching rate	Schaltfrequenz, *f.*
switching function	Schaltfunktion, *f.*
switching impulse	Schaltimpuls, *m.*
switching instant	Schaltzeitpunkt, *m.*
switching of relay	Schalten des Relais, *n.*
switch-off point	Ausschaltpunkt, Ausschaltzeit-punkt, *m.*
switching operation	Schaltprozess, *m.*; Schaltvorgang, *m.*
switching output	Schaltausgang, *m.*
switchover cable	Überschaltkabel, *n.*
switchover cycle	el.: z. B. Adsorptionstrockner: Umschaltzyklus, *m.*
switchover time	el.: Umschaltzeitpunkt, *m.*
switching performance	Schaltverhalten, *f.*
switching point	Schaltpunkt (z. B. des Temperatur-fühlers), *m.*
switching sequence (e.g. 5-position switching sequence)	Schaltfolge, *f.*
switching signal	Schaltsignal, *n.*
switching system	Schaltung, *f.*
switching temperature	Schalttemperatur, *f.*
switching time saving	Schaltzeitgewinn, *m.*
switching unit (e.g. a switching unit providing up to 4 controlled output circuits)	Schaltnetzteil, *n.*
swivelling, movable	schwenkbar
symbol, ID symbol, identification symbol	Kurzzeichen, *n.*
symmetrically arranged	symmetrisch angeordnet
synchronous control	Gleichlaufsteuerung, *f.*
synthetic air	synthetische Luft, *f.*
synthetic fibre elements	Chemiefaserelemente (z. B. von Filtern), *n. pl.*
synthetic fibres	synthetische Fasern, *f. pl.*
synthetic oil	Synthetiköl, Synthetik-Öl, *n.*
system combination	Gerätekombination, *f.*
system design	Systemauslegung, *f.*
system environment	Systemumgebung, *f.*
system evaluation	Systemauswertung, *f.*
system failure	Systemausfall, *m.*
system manufacturer, system supplier	Systemhersteller, Systemlieferant, *m.*
system monitoring	Systemüberwachung, *f.*
system pressure	Systemdruck, *m.*
system selection	Systemauswahl, *f.*
system solution	Systemlösung, *f.*
system status	Systemzustand, *m.*
system supplier	Systemanbieter, *m.*
system variant	Systemvariante, *f.*
systematic, strategic, targeted	gezielt
systematic channelling	gezielte Strömungsführung, *f.*
systematic product development	konsequente Produktweiter-entwicklung, *f.*

S

tabletting	Pharmaproduktion: Tablettieren, *n.*
tabular evaluation	tabellarische Auswertung, *f.*
tabular overview	tabellarische Übersicht, *f.*
tailored to requirements, customized	Maß, nach Maß, *n.*
take up, absorb, attract (moisture)	anreichern (z. B. mit Feuchtigkeit/ Wasser)
take up, retain	aufnehmen
taking delivery	Lieferung, *f.*
tampering, unauthorized activation, unauthorized interference	unbefugtes Betätigen, *n.*
tandem filter replacement (two-stage process)	Filter: Tandemwechsel, *m.*
tandem oil collector	Tandemölauffangbehälter, *m.*
tandem version	Tandem-Version, *f.*
tank capacity, container capacity, vessel volume	Behältervolumen (z. B. eines Druck- behälters), *n.*
tank compressor (e.g. heavy duty tank compressor)	Kesselkompressor, *m.*
tank console	Tankkonsole, *f.*
tank inlet, intake point of the tank	Tankzulauf, *m.*
tank mounting	Tankbefestigung, *f.*
tank pump	Tankpumpe, *f.*
tank pump control	Ansteuerung Tankpumpe, *f.*
tank truck, tank lorry	Straßentankwagen, *m.*, *siehe* Tank- lastzug
tank venting (system)	Behälterentlüftung, *f.*
tank volume	Behälter-Füllvolumen, *n.*
tanker (also for ship!), road tanker, tank truck	Tanklastzug, *m.* (tanker auch für Schiffe)
tap	Wasserhahn: Hahn, *m.*
tap water	Leitungswasser, *n.*
taper, tapering	Verjüngung, *f.*
tapered	verjüngt
tapered thread	Kegelgewinde, *n.*
tapering inflow areas	degressive Anströmflächen (eines Filters), *f. pl.*
tapped hole, threaded hole	Gewindeloch, *n.*, Gewindebohrung, *f.*
tapping sleeve	Rohr: Anbohrschelle, *f.*
tar residues	Teerrückstände, *m. pl.*

target, target value	Zielwert, *m.*
task, task involved, application, application requirements	generell: Aufgabenstellung, *f.*
tasks, duties, responsibilities	Aufgaben, *f. pl.*
T-branch, T-piece, Tee	T-Rohr, *n.*; T-Verzweigung, *f.*, *siehe* T-Stück
TE (toxicity equivalent)	TE
tear off	abreißen
tear-resistant	reißfest
technical adviser	Fachberater, *m.*
technical characteristics, technical features	technische Merkmale, *n. pl.*
technical competence (ebenso: technical competency), technical know-how	Fachkompetenz, *f.*
technical data	technische Daten, *pl.*
technical facilities	technische Anlagen, *f. pl.*
technical feasibility	Machbarkeit, technische, *f.*
technical instruction on waste	TA Abfall (Technische Anleitung Abfall)
technical instructions on air quality control	TA Luft (Technische Anleitung zur Reinhaltung der Luft)
technical process, operational process	verfahrenstechnischer Prozess, *m.*
technical realization, techn. implementation	technische Abwicklung, *f.*
technical regulations	technische Vorschriften, *f. pl.*
technical report/article	Fachbericht, *m.*
technical rules (in a particular field)	fachtechnische Regeln, *f. pl.*
technical safety measures	technische Sicherheitsmaß-nahmen, *m. pl.*
technical service	technischer Dienst, *m.*
technical specifications (e.g. standards and technical specifications)	technische Vorgaben, *f. pl.*technische Vorschriften (Anforderungen), *f. pl.*
technical standard	technische Norm, *f.*
technical support, after sales service	Unterstützung (z. B. durch Her-steller), *f.*
technical term	Fachbegriff, *m.*
technically advanced, state-of-the-art, modern, sophisticated	Produkt: fortschrittlich
technically enhanced	technisch verbessert
technically matured, technically fully developed and perfected	technisch ausgereift
technically not feasible	technisch nicht realisierbar
technically oil free (e.g. "Instrument air must be free of dirt particles and technically oil free.")	technisch ölfrei
technological know-how	technologische Kompetenz, *f.*
technology, technique, method	Technik, *f.*
technology leader (e.g. global technology leader; speciality supplier and technology leader)	Technologieführer, *m.*
technology partner	Technologiepartner, *m.*
teflon tape (or: Teflon tape)	Teflonband, *n.*
telecommunications cable	Fernmeldekabel, *n.*
telecommunications technology/technique	Fernmeldetechnik, *f.*
telescopic rod	Teleskopstange, *f.*
temp. control, temp. controller	Betriebstemperaturregler, *m.*

temperate climate/zone	gemäßigtes Klima, *n.*
temperature at the housing	Gehäusetemperatur, *f.*
temperature check	Temperaturkontrolle, *f.*
temperature class	Temperaturklasse, *f.*
temperature compensated	temperaturkompensiert
temperature control (e.g. by means of a thermostat)	Temperatursteuerung, *f.*; Temperatur-regelung, *f.*, *siehe* Temperaturein-stellung
temperature control phase	Temperaturregelphase, *f.*
temperature control range	Temperaturregelbereich, *m.*
temperature control unit	Temperatursteuereinheit, *f.*
temperature controller (e.g. solid state temperature controller)	Gerät: Temperaturregler, Thermo-stat, *m.*
temperature curve, temperature development	Temperaturverlauf, *m.*
temperature dependence, as a function of temperature	Temperaturabhängigkeit, *f.*
temperature difference	Temperaturdifferenz, *f.*; Temperatur-unterschied, *m.*
temperature display, temperature indication	Temperaturanzeige, *f.*
temperature distribution	Temperaturverteilung, *f.*
temperature drop	Temperaturabfall, *m.*
temperature drop of expanded air	Entspannungskälte, *f.*
temperature effect	Temperatureinwirkung, *f.*
temperature gradient (e.g. "The temperature gradient in a metal rod is the rate of change of temperature along the rod.")	Temperaturgefälle, *n.*, Temperatur-gradient, *m.*
temperature independent (e.g. temperature-independent operation)	temperaturunabhängig
temperature indicator	Temperaturanzeiger, *m.*
temperature indicator at outlet, outlet temperature indicator	Temperaturanzeige am Austritt, *f.*
temperature level	Temperaturniveau, *n.*
temperature limit	Temperaturgrenze, *f.*
temperature loop	Temperaturkreis, *m.*
temperature measurement/determination (e.g. surface temperature measurement)	Temperaturerfassung, *f.*, Temperatur-messung, *f.*
temperature meter (e.g. relative humidity and temperature meter), thermometer	Temperaturmesser, *m.*
temperature monitor	Temperaturwächter, *m.*
temperature monitoring	Temperaturüberwachung, *f.*
temperature of the medium	Mediumtemperatur, *f.*
temperature point (e.g. temperature point at which a material changes from solid to liquid)	Temperaturpunkt, *m.*
temperature profile	Temperaturprofil, *n.*
temperature range	Temperaturbereich, *m.*
temperature range limit (upper and lower)	Temperaturbereichsgrenze, *f.*, *siehe* Temperatureinsatzgrenze
temperature-regulated pipe	temperaturreguliertes Rohr, *n.*
temperature regulation	Temperaturregelung durch z. B. Was-serkühlung, *f.*
temperature resistance (high/low temperature resistance), thermal stability	thermische Beständigkeit, *f.*; Tempera-turbeständigkeit, *f.*

T

temperature resistant (e.g. temperature resistant cables)	temperaturbeständig; thermisch beständig, thermisch resistent
temperature rise	Kälteverlust, *m.*
temperature scale	Temperaturskala, *f.*
temperature sensitive (e.g. pressure and temperature sensitive paints)	temperaturempfindlich
temperature sensor	Temperaturfühler, *m.*; Temperatur-messfühler, *m.*; Temperatursensor, *m.*
temperature setting, temperature control	Temperatureinstellung, *f.*
temperature switching point	Temperatur-Schaltpunkt, *m.*
temperature variation, temperature change, change of temperature, temperature fluctuation (e.g. natural day/night temperature fluctuation)	Temperaturschwankung, *f.*
tempering unit (e.g. for destillation)	Temperiereinheit, *f.*
temporary measurement	temporäre Messung, *f.*
temporary production stoppage	Produktionsunterbrechung, *f.*
tend to clog, tend to stick	zum Verkleben neigen
tend to, can be affected by, are inclined to, are prone to, have propensity to	neigen (z. B. bei chemischer Reaktion)
tendency towards an equilibrium	Streben nach Ausgleich, *n.*
tender documents	Ausschreibungsunterlagen, *f. pl.*
tender, bid (submitted by bidder)	Ausschreibung, *f.*
tensile force	Zugkraft, *f.*
tensile load	Zugbelastung, *f.*
tensile stress	Zugbeanspruchung, Zugspannung, *f.*
tension	Feder: Vorspannung, *f.*
tension (e.g. tension of a stretched wire)	mechanisch: Anspannung, *f.*
tension member	Zugelement, *n.*
term, designation	Begriff, *m.*
terminal	el.: Klemme, *f.*; Anschlussklemme, *f.*
terminal assignment	Klemmenbelegung, *f.*; Klemmen: Anschlussbelegung, *f.*
terminal block	el.: Klemmenblock, Klemmblock, *m.*
terminal box, connection box	Anschlusskasten, *m.*
terminal box, terminal housing	el.: Klemmenkasten, *m.*
terminal connection	Klemmenanschluss, *m.*
terminal connector	el.: Klemmenstecker, *m.*
terminal diagram, wiring diagram	el.: Anschlussplan, *m.*, Anschluss-schema, *n.*, Anschlussskizze, *f.*
terminal power	el.: Klemmenleistung, *f.*
terminal rail	el.: Klemmschiene, *f.*
terminal strip	el.: Steckerleiste (Klemmen), *f.*; An-schlussklemmleiste, *f.*; el.: Klemmleiste, Klemmenleiste, *f.*
terminal strip assignment	el.: Klemmenleistenbelegung, *f.*
terminated	el.: konfektioniert (Kabel, Heizband)
terminating set (e.g. four-wire terminating set)	Kabel: Endabschlussgarnitur, *f.*
terms and conditions of trade and delivery	Geschäfts- und Lieferbedin-gungen, *f. pl.*
terms of delivery	Lieferbedingungen, *pl.*
terms of quotation, terms and conditions of quotation	Preisstellung, *f.*

terms of reference	Bericht: Aufgabenstellung, *f.*
test, testing	Prüfung, *f.*; Test, *m.*
test and training facility	Test- und Ausbildungswerkstatt, *f.*
test bench	Prüftisch, Prüfplatz, *m.*
test button	Testknopf, Testtaster, *m.*
test certificate	Prüfbescheid, *m.*, Prüfbescheinigung, *f.*; Prüfzertifikat, *n.*
test chamber	Testkammer, *f.*
test connection	Testanschluss, *m.*
test device, plural: test equipment	Testgerät, *n.*
test documentation	Prüfungsunterlagen, *f. pl.*
test engineer, inspector	Prüfer, *m.*
test facility	Testanlage, *f.*; Anlage in der Erprobung: *siehe* Pilotanlage
test facility, test bench	Teststand (z. B. für Motor), *m.*
test facility, test set-up	Versuchseinrichtung, *f.*
test item	Prüfgegenstand, *m.*
test jar	Testglas (z. B. für Flüssigkeit), *n.*
test log, test report	Testprotokoll, *n.*; Prüfprotokoll, *n.*
test mode, test operation (e.g. dry-run test operation)	Testbetrieb, *m.*
test object, sample, prototype	Probekörper, *m.*
test of incoming goods	WE-Test, *m.*
test pressure	Prüfdruck (z. B. für Druckbehältertest), *m.*; Druckbehälter: Prüfüberdruck, *m.*
test procedure	Testablauf, *m.*
test purpose	Testzweck, *m.*
test result(s)	Versuchsergebnis, *n.*; Prüfergebnisse, *n. pl.*
test run	Probelauf, *m.*; Testlauf, *m.*
test run period	Testlaufzeit, *n.*
test seal	Prüfplombe, *f.*
test series	Testreihe, *f.*
test set	Probeset, *n.*
test setup	Messplatzaufbau, *m.*
test stage	Versuchsstadium, *n.*
test standard	Prüfstandard, *m.*
test switch	Testschalter, m.
test tube	Prüfröhrchen, *n.*
tested for efficiency, performance tested	eignungsgeprüft
testing agency (e.g. motor vehicle testing agency)	Prüfstelle, *f.*
testing facility, testing station	Prüfanlage, *f.*
tetrafluoroethane	Tetrafluorethan, *n.*
textile fabric	Textilgewebe, *n.*
textile machine	Textilmaschine, *f.*
textile machinery/machines	Textilmaschinen, *f. pl.*
thaw out	auftauen (z. B. Ventile, Rohre)
The Federal Environment Agency	Deutschland: Umweltbundesamt, *n.*
thermal aftercombustion plant	thermische Nachverbrennungsanlage, *f.*
thermal capacity, heat capacity	Wärmekapazität, *f.*

thermal conductivity	Temperaturleitfähigkeit, *f.*; Wärmeleitfähigkeit, *f.*, Wärmeleitvermögen, *n.*
thermal converter	thermischer Konverter, *m.*
thermal cut-out	Temperaturbegrenzer, *m.*
thermal cut-out function	Temperaturbegrenzung, *f.*
thermal decomposition	thermische Zersetzung, *f.*
thermal efficiency	thermischer Wirkungsgrad, *m.*
thermal energy	Wärmeenergie, *f.*
thermal expansion coefficient	Wärmeausdehnungskoeffizient, *m.*, Wärmedehnzahl, *f.*
thermal insulation	thermische Isolierung, *f.*; mit Isoliermaterial: Thermoisolation, *f.*
thermal insulation, heat insulation	Wärmedämmung, Wärmeisolation, Wärmeisolierung, *f.*
thermal insulation area	Wärmedämmbereich, *m.*
thermal load, thermal stress	thermische Beanspruchung, Wärmebelastung, *f.*
thermal mass	thermische Masse, *f.*
thermal mass flow meter (e.g. in-line mass flow meter)	thermisches Massenstrommessgerät, *n.*
thermal process	thermischer Prozess, *m.*
thermal stress	thermische Beanspruchung, *f.*
thermal treatment	thermische Behandlung, *f.*
thermal waste-gas cleaning facility	thermische Abgasreinigungsanlage, *f.*
thermally induced	thermisch bedingt
thermocouple	Temperaturfühler: Thermoelement, *n.*
thermodynamic equilibrium	Gleichgewicht, thermodynamisches, *n.*
thermodynamics (First law of thermodynamics: The amount of work done by or on a system equals the amount of energy transferred to the system or from it.)	Thermodynamik, *f.*
thermoforming	Plastik: Thermoformen, *n.*
thermoplastics	Thermoplaste, *m. pl.*
thermostability	Formstabilität unter Wärme, *f.*; Maßbeständigkeit unter Hitzeeinwirkung, *f.*; thermische Beständigkeit (hinsichtlich Verformung/Zersetzung), *f.*
thermostability, has a high, suitable for high thermal loads, designed for high thermal loads	thermisch hoch belastbar, thermisch hoch beständig
thermostable	thermisch beständig (hinsichtlich Verformung/Zersetzung)
thermostat	Temperaturregler, Thermostat, *m.*
thermostat heating, thermostatically controlled heating	Thermostat-Heizung, *f.*, thermostatische Heizung, *f.*
thermostatic switch	Thermoschalter, *m.*
thickened	eingedickt
thickened matter, thickened substances	Eindickungen, *f. pl.*
thickening	Eindicken, *n.*
thick-walled	dickwandig; große Wanddicke, *f.*
thinner, thinning agent	chemisch: Verdünnungsmittel, *n.*
thinness of layer	geringe Schichtdicke, *f.*
thin-walled	Rohr: dünnwandig
third octave band filter	Audiofrequenzen: Terzbandfilter, *m.*

thread	Gewinde, *n.*
thread cutter	Gewindeschneider, *m.*
thread cutting, threading operation	Gewindeschneiden, *n.*
thread insert	Einpressgewinde, *n.*
thread parameters	Gewindeausführung, *f.*
thread type	Gewindetyp
threaded bush	Mechanik: Gewindebuchse (z. B. für Ventile), *f.*
threaded connection	Einschraubverbindung, *f.*
threaded connection, thread connection	Gewindestutzen, *m.*
threaded connection, threaded end	Gewindeanschluss, *m.*
threaded coupling (e.g. threaded pipe coupling; screwed coupling")	Schraubmuffe, *f.*
threaded elbow connector	Winkel-Einschraubtülle, *f.*
threaded fitting(s)	Verschraubung, *f.*
– screw fitting (e.g. "If available, use a screw fitting or other fixed coupling when filling the tank.")	
– threaded joint (e.g. watertight threaded joint), threaded connection (e.g. stainless steel 1½" threaded connection)	
threaded gland	Kabelverschraubung, *f.*, Gewindestutzen, *m.*
threaded inlet	Gewindeeingang, *m.*
threaded lock nut	Messringverschraubung, *f.*
threaded outlet	Gewindeausgang, *m.*
threaded rod	Gewindestange (z. B. für Zuganker), *f.*
threaded/screwed connection, threaded/screwed joint	Gewindeverbindung, *f.*
three-chamber valve	Dreikammerventil, *n.*
three-core	Kabel: dreiadrig
three-digit figure	Display: dreistellige Zahl, *f.*
three-dimensional, 3-dimensional, 3D	dreidimensional, 3-dimensional
three-phase current	el.: Drehstrom, *m.*
three-phase system, three-phase mains	el.: Drehstromnetz, *n.*
three-stage, 3-stage	dreistufig
three-way valve	Drei-Wege-Ventil, *n.*
three-zone filter	Dreizonenfilter, *m.*
threshold value, threshold level	Schwellenwert, Schwellwert, *m.*
throttle	Drossel (z. B. Ventil), *f.*
throttle down, reduce throttle	drosseln
throttle valve, reducing valve	Drosselventil, *n.*
throughput (capacity)	Membrantrockner: Förderleistung, *f.*, Fördermenge, *f.*
throughput capacity	Durchflussfähigkeit, *f.*; Durchlaufleistung, *f.*
throughput capacity, loading	Verdichter: Auslastung, *f.*
throughput capacity during operation	Leistungsauslastung während des Betriebs, *f.*, *siehe* Durchfluss
throughput time	Produktion: Durchlaufzeit, *f.*
throughput volume	Durchflussvolumen, *n.*
throughput, flow rate, flow (through), throughput capacity	Durchfluss, *m.*, Durchflussleistung, *f.*, Durchsatzleistung, *f.*

T

through-ventilation	Durchlüftung, *f.*
thrust bearing	Axiallager, *n.*
tie-rod	Filter: Zuganker (z. B. im Filter), *m.*
tie-rod connection	Zugankerverbindung, *f.*
tie-rod unit	Zugankereinheit, *f.*
tight production tolerances	enge Fertigungstoleranzen, *f. pl.*
tighten, screw down, screw down tightly/firmly, drive home, secure, draw up (the nuts)	Schraube anziehen; festschrauben
tightening of shipping braces	Transportsicherung festsetzen, *f.*
tightening torque	Andrehmoment (z. B. für Schraube), *n.*; Schraubenanzugskraft, *f.*
tilted position	gekippte Lage, *f.*
time and labour costs	Zeit- und Personalkosten, *pl.*
time-consuming	zeitaufwändig
time control	Zeitsteuerung, *f.*
time controlled (e.g. time controlled metering of liquid products)	zeitabhängig gesteuert
time-controlled solenoid valve for the discharge of condensate	Kondensatablassmagnetventil, zeitgesteuertes, *n.*
time-controlled, timed	zeitgetaktet
time delay, time lag	Verzögerungszeit, *f.*
time delayed (e.g. time-delayed feedback control system)	zeitverzögert
time meter	Zeitzähler, *m.*
time of measurement, measurement time	Messzeitpunkt, *m.*
time saving	Zeitersparnis, *f.*
time setting, timing	Zeiteinstellung, *f.*
time switch	Zeitschaltuhr, *f.*
time unit	Zeiteinheit, *f.*
timed control, time cycle control	zeitabhängige Steuerung, *f.*
timed function	Zeitfunktion, *f.*
timed solenoid valve	zeitgesteuertes Magnetventil, *n.*
timed, at timed intervals (e.g. "Splitting agent is added at timed intervals.")	zeitabhängig arbeitend, zeitgetaktet
time-lag fuse, slow-blowing fuse, delay-action fuse	el.: träge Sicherung, *f.*
time-limited	zeitlich begrenzt
time-temperature curve	Temperatur-Zeit-Kurve, *f.*
time-weighting (e.g. time-weighting characteristics)	Zeitauswertung, Zeitbewertung, *f.*
tip	vordere Spitze, *f.*
tip of the probe, probe tip	Sondenspitze, *f.*
titanium	Titan, *n.*
TOC value (total organic carbon value)	TOC-Wert, *m.*
to date, so far, previous, up to now (but not any longer)	bisher, bisherig
tof (time of flight)	tof (z. B. von Ionen)
tolerance	Toleranz, *f.*
tolerance limit	Toleranzgrenze, *f.*
tolerance range (e.g. thermal tolerance range), tolerance zone	Toleranzbereich, *m.*
tongued wheel	Zungenscheibe, *f.*
tonne (1000 kg or 2204.6 pounds)	Tonne, *f.*
– "Long ton" (GB) is 2240 lb.	*Anmerkung:* Der Begriff "metric tonne" ist nicht im technischen Gebrauch.
– "Short ton" (US) is 2000 lb.	

tool	Werkzeug, *n.*
tool cooling	Werkzeugkühlung (z. B. durch Wasserkreislauf), *f.*
tool life	Standzeit (Werkzeuge), *f.*
tool lifetime	Werkzeugstandzeit, *f.*
tool monitoring	Werkzeugüberwachung, Werkzeugkontrolle (z. B. bei maschineller Bearbeitung), *f.*
tool tip	Werkzeugspitze, *f.*
tool wear, wear and tear on equipment, wear on tools, wear out the equipment	Werkzeugverschleiß, *m.*
tools and materials	zur Installation: Arbeitsmittel, *pl.*
toothed belt	Zahnriemen, *m.*
toothed belt tightness	Zahnriemenspannung, *f.*
top cover	Schutzhaube, *f.*
top edge, upper edge	Oberkante, *f.*
top of cover	Haubenoberteil, *n.*
top quality product	Produkt von höchster Qualität, *n.*
top up, replenish	auffüllen
top view, plan view	Draufsicht, *f.*
torque	Drehmoment, *n.*
torque wrench	Drehmomentschlüssel, *m.*
torsion	Berechnung: Verdrehung, *f.*
total amount	Gesamtmenge, *f.*
total annual capacity	Gesamtjahreskapazität, *f.*
total area, total field	Gesamtbereich, *m.*
total/complete plant, total/complete system	Gesamtanlage, *f.*
total consumption	Gesamtverbrauch, *m.*
total cross-section	Gesamtquerschnitt, *m.*
total dust	Gesamtstaub, *m.*
total dust concentration in the waste air	Gesamtstaub in der Abluft, *m.*
total dust load	Gesamtstaubbelastung, *f.*
total dust quantity	Gesamtstaubmenge, *f.*
total efficiency	Gesamtwirkungsgrad, *m.*
total failure, standstill, breakdown	Totalausfall, *m.*
total filtration path	Gesamtfilterstrecke, *f.*
total ion current (TIC)	Gesamtionenstrom, *m.*
total mass	Gesamtmasse, *f.*
total membrane area	Membrantrockner: Gesamt-Membranfläche, *f.*
total oil content	Gesamtölgehalt, *m.*
total operating costs	Gesamtbetriebskosten, *pl.*
total organic substances	Summe organischer Stoffe, *f.*
total oxidation	Totaloxidation, *f.*
total residual oil content	gesamter Restölgehalt, *m.*
total throughput	Gesamtdurchflussmenge (z. B. von Druckluft), *f.*
total water quantity	Gesamtwassermenge, *f.*
touch protection, protection against accidental contact (e.g. guard rail preventing accidental contact)	Berührungsschutz, z. B. gegen Hitze, *m.*
touch up, remedy coating defects	Lack ausbessern

toughness, ductility	Zähigkeit (Metall), *f.*
tower	Hochdruck-Adsorptionstrockner: Behälter, *m.*
town gas, city gas	Stadtgas, *n.*
toxic effects	Vergiftung (Auswirkungen), *f.*
toxic substance, toxicant	Giftstoff, *m.*
toxic, poisonous	giftig
toxicity	Giftigkeit, *f.*
toxicologically safe, toxicological safety	toxikologisch unbedenklich
T-piece, tee, T-piece connector, tee piece, T-branch	Rohr: T-Stück, *n.*
trace (to), trace back (to)	rückverfolgen, nachverfolgen
trace contamination	Spuren von Verunreinigung, *pl.*
trace gas (e.g. trace atmospheric gas)	Spurengas, *n.*
trace heating, trace heaters	Flachbandheizung, *f.*
trace heating, trace heating system	Begleitheizung, *f.*, *siehe* Rohrbegleitheizung
trace heating system	Begleitheizung, *f.*
traceability	Nachverfolgbarkeit, *f.*; Rückverfolgbarkeit, *f.*
trace-heating system	Rohrbegleitheizung, *f.*
tracer gas release	Tracergasfreisetzung, *f.*
traction vehicle	Bahn: Triebfahrzeug, *n.*
tractive force	Fahrzeug, z. B. Eisenbahn: Zugkraft, *f.*
trade fair	Messe, *f.*
– specialist trade fair	– Fachmesse, *f.*
trade fair hall	Messehalle, *f.*
trade fair organizers, trade fair company	Messegesellschaft, *f.*
trade fair stand	Messestand, *m.*
trade information	Industrie u. Gewerbe: Brancheninformation, *f.*
trade journal, technical journal	Fachzeitschrift, *f.*
trade name	Handelsname, *m.*
trade press, trade publications, technical journals, technical press	Fachpresse, *f.*
trademark law	allgemein: Markenrecht, *n.*
trademark right	Markenrecht, *n.*
trained personnel	geschultes Personal, *n.*
trained technical personnel, qualified technical personnel	geschultes Fachpersonal, *n.*
tram, tramway, US: streetcar	Straßenbahn, *f.*
tram/streetcar: overhead current collector	Strombügel, *m.*
tramp oil skimmer	zum Abschöpfen: Öl-Wasser-Trenner *n.*
transfer channel	Ablaufrinne, Auslaufrinne (z. B. zum Filtersack), *f.*
transfer element	mechanisch: Übertragungsglied, *n.*
transfer line (production)	Transferstraße, *f.*
transfer machine	Transfermaschine, *f.*
transfer of germs	Keimübertragung, *f.*
transfer, hand over	abgeben
transform	umwandeln
transformation	el.: Transformation (Umspannung), *f.*

transformation, conversion	Umwandlung, *f.*
transformer	el.: Transformator, *m.*
transformer box	Trafokasten, *m.*
transformer station	el.: Umspannstation, *f.*
transfusion filter	Medizin: Transfusionsfilter, *m.*
transient (a transient (short surge of voltage or current))	el.: Transient, *m.*
transient voltage	el.: transiente Spannung (Ausgleichsspannung), *f.*
transition (e.g. transition to other materials; transition piece for a pipe), changeover (e.g. changeover to a different system)	Übergang, *m.*
transition bed	Übergangsschicht, *f.*
transition piece	Rohr: Übergangsstück, *n.*
translation table	optischer Gerätebau: Translationstisch, *m.*
transmembrane	transmembran
transmission	Übertragung, *f.* (Daten, Radiowellen, Elektrizität usw.); Weitergabe von Messwerten, *f.*
transmission efficiency	Getriebewirkungsgrad, *m.*
transmission line	Übertragungsleitung, *f.*
transmission ratio	Getriebe: Übersetzungsverhältnis, *n.*
transmit, transfer (e.g. heat transfer)	übertragen
transmitted-light detector	Durchlichtmelder, *m.*
transmitting capsule (e.g. leak detector with ultrasound transmitting capsule)	Sendekapsel, *f.*
transparency	Durchsichtigkeit, *f.*
transparent	durchsichtig
transparent cover(ing)	Klarsichtdeckel, *m.*; Transparentabdeckung, *f.*
transparent plug	Transparentstopfen, *m.*
transport carriage	Transportschlitten, *m.*
transport damage, damage in transit	Transportschaden, *m.*
transport medium	Transportmedium, *n.*
transport of material	Stofftransport, *m.*
transport operator	Verkehrsunternehmen: Betreibergesellschaft, *f.*
transport pallet	Transportpalette, *f.*
transport temperature	Transporttemperatur, *f.*
transportable rack	Traggestell (z. B. Atemluftsystem), *n.*
transported goods	Transportgüter, *pl.*
transverse separator	Querabscheider, *m.*
trap, filter	einfangen
travel expenses to and from (the site, the factory, the plant, etc.)	An- und Abfahrt-Kosten, *pl.*
tray column scrubber	Bodenkolonnenwäscher, *m.*
tray scrubber	Bodenkolonnenwäscher (mit Zwischenböden im Inneren der Kolonne), *m.*
TRB (Technical Rules for Pressure Vessels)	TRB (Technische Regeln für Druckbehälter)

treat carefully, protect, provide extra protection, preserve, conserve	schonen
treat, process, reprocess (recycling)	aufbereiten; aufarbeiten
treatment	Aufbereitung (z. B. von Wasser, Kondensat), *f.*
treatment, processing	Behandlung, *f.*
treatment chain	Aufbereitungskette, *f.*
treatment of emulsions, emulsion treatment	Emulsionsaufbereitung, *f.*
treatment/purification of wastewater (e.g. ozone wastewater purification)	Abwasserreinigung, *f.*
treatment stage, stage of treatment	Aufbereitungsstufe, *f.*
treatment system	Aufbereitungssystem, *n.*
treatment techniques, treatment technology	Aufbereitungstechnik, *f.*
treatment unit/installation/facility	Aufbereitungsgerät, *n.*
trench	Rohrverlegung: Graben, *m.*
trend curve (e.g. mathematical trend curve)	Trendkurve, *f.*
triboelectric method, triboelectric measurement (dust concentration measurement involving friction)	triboelektrisches Verfahren, *n.*
trichloroethylene	Trichloräthylen, *n.*
trickle degasser	Rieselentgaser, *m.*
trickle drainage, trickle drainage system	Rieseldrainage, *f.*
trickle trap	Trippeltrapp (Spitzname für Kondensattopf der einfachsten Art), *n.*
trickling filter	Tropffilter, *m.*
trickling filter plant	Tropfkörperanlage, *f.*
trigger, activate	auslösen
triple LED (display)	dreifach LED Anzeige, *f.*
trolley	Transportkarren, *m.*
trouble shooting list	Störplan, *m.*
trouble signal	Trouble-Meldung, *f.*
trouble spot, source of trouble, cause (of problem), source of error (measurement)	Problembereich, *m.*; Fehlerquelle, *f.*
trouble-free (e.g. trouble-free operation/performance)	störungsfrei
trouble-free operation	fehlerfreier Betrieb, *m.*
troubleshooting (trouble-shooting), fault clearing, fault clearance	Störungsbeseitigung, *f.*, *siehe* Störung beheben; Fehlerbehebung, Fehlerbeseitigung, *f.*
troubleshooting service, troubleshooting tasks	Stördienst, *m.*
truck cleaning facility (e.g. tank truck cleaning facility)	LKW-Reinigungsanlage, *f.*, innen
true to scale	maßstabsgerecht
true to size	maßgerecht, *siehe* maßgenau
truly vertical, plumb (e.g. drop a plumb line)	Lot, im Lot, *n.*
TT-piece, fourway branch	TT-Stück, *n.*
tube bundle	Rohrbündel, *n.*
tube membrane module	Rohrmembranmodul, *n.*
tube membrane, tubular membrane	Rohrmembran, *f.*
tube version, tube model	Rohrversion (z. B. Membrantrocknertyp), *f.*
tubular	rohrförmig
tubular film extrusion	Plastik: Schlauchfolien-Extrusion, *f.*
tubular frame	Rohrrahmen, *m.*

tubular heat exchanger	Rohrbündel-Wärmetauscher, (Röhrenwärmetauscher) *m.*
tungsten	Wolfram, *n.*
tuning, setting (of a device)	Geräteabstimmung, *f.*
turbidimeter (turbidity meter), (allows simple and precise measurement of the turbidity of water samples)	Trübungsmessgerät, *n.*, Trübungsmesser, *m.*; Trübungswächter, *m.*
turbidity measurement, auch: cloudiness measurement ("Cloudiness" is also a meteorological term.)	Trübungsmessung, *f.*
turbidity, cloudiness	Trübe, *f.*
turbo compressor (e.g. "Inside a turbo compressor is a rotating element referred to as impeller.")	Turbokompressor, Turboverdichter, *m.*
turbocharger (a centrifugal compressor type used, e.g., in automotive engineering to increase engine performance)	Turbolader, *m.*
turbulence, vortexing, creating vortices	Turbulenz, *f.*; Verwirbelung, *f.*
turbulence-free	turbulenzfrei
turbulent bed reactor (e.g. anaerobic inverse turbulent bed reactor)	Wirbelbettreaktor, *m.*
turbulent bed scrubber	Wirbelbettwäscher, *m.*
turbulent flow	turbulente Strömung, *f.*
turn off the water	Wasserzufuhr stoppen, *f.*
turn, spin, rotate, revolve	drehen
turnaround time	Auftrag: Durchlaufzeit, *f.*
turned and milled components	Dreh- und Frästeile, *n. pl.*
turned component	Drehmaschine: Drehteil, *n.*
turning centre	Werkzeugmaschinen: Drehzentrum, *n.*
turn-off diode	Abschaltdiode, *f.*
turn-on point	Einschaltpunkt, *m.*
TÜV (German Technical Inspectorate)	TÜV (Technischer Überwachungsverein), *m.*
TÜV approval	TÜV-Zulassung, *f.*
TÜV approved	TÜV-zugelassen
TÜV certified	TÜV-geprüft mit Zertifikat
TÜV field test	TÜV-Praxistest, *m.*
TÜV test (test by the German Technical Inspectorate), TÜV test certification	TÜV-Test, *m.*
TÜV test certificate	TÜV-Test-Bescheinigung, *f.*
TÜV tested	TÜV-geprüft
twin-chamber adsorption dryer, twin-tower adsorption dryer	Zweikammer-Adsorptionstrockner, *m.*
twin-type plant	Zwillingsanlage, *f.*
twist	verdrehen (z. B. Schlauch, Rohr)
two-can system	Zwei-Komponenten-System (Lackierung), *n.*
two-component measuring system	Zwei-Komponenten-Messeinrichtung, *f.*
two-component paint, 2K paint	Zweikomponentenlack, *m.*
two-component resin	Zweikomponenten-Harz, *n.*
two-component system (e.g. solvent free, two-component adhesive based on special resins and fillers)	Zwei-Komponenten-System, *n.*
two-fluid nozzle (e.g. for air and water)	Zweistoffdüse, *f.*

T

two in line (series operation)	Reihe, zwei in Reihe, *f.*, *siehe* Reihen-schaltung
two in one	zwei in einem
two-pack system (e.g. coating & glue or primer & finish)	aus zwei Produkten bestehend
two-part conical bearing	zweiteiliges konisches Lager, *n.*
two-pole	el.: zweipolig
two-position control	Zweipunkt-Regelung, *f.*
two-position controller	Zweipunkt-Regler, *m.*
two-position level control	Zweipunkt-Niveauregelung, *f.*
two-position measurement	Zweipunktmessung, *f.*
two-sensor technology	Zwei-Sensor-Technik, *f.*
two-shift operation	Zweischichtbetrieb, *m.*
two-stage	zweistufig
two-stage compressor	zweistufiger Verdichter, *m.*
two-stage filtration	zweistufige Filtration, *f.*
two-stage piston compressor	zweistufiger Kolbenverdichter, Kolbenkompressor, *m.*
two-stage pump	zweistufige Pumpe, *f.*
two-start thread, double threaded	doppelgängiges Gewinde, *n.*
two-way circuit	el.: Wechselschaltung, *f.*
two-way cock (stopcock)	Zweiwegehahn, *m.*
two-way key	Doppelbartschlüssel, *m.*
two-way valve	Zweiwegeventil, Zwei-Wege-Ventil, *n.*
type, model, type of construction	Bautyp, *m.*; Typ, *m.*; Bauart, *f.*
type approval	Bauartzulassung, *f.*
type approval procedure	Bauart-Genehmigungsverfahren, *n.*
type category	Typenklasse, *f.*
type-dependent	typenabhängig
type designation	Typenbezeichnung, *f.*
type of compressor	Kompressorbauart, *f.*
type of device, model	Gerätetyp, *m.*
type of explosion protection	Zündschutzart, *f.*
type of series	Baureihe, *f.*
type of waste	Abfallart, *f.*
type plate	Typenschild, *n.*
type plate specifications	Typenschildangaben, *pl.*
type-related	typenbezogen
type specimen	Musterexemplar, *n.*
type spectrum	Typenspektrum, *n.*
type test	Bauartprüfung, *f.*
type-tested	bauartgeprüft

U max (voltage, U is the formula sign for voltage)	U max
U packing (ring)	Manschettendichtung, f.
U-bolt	Bügelschraube, f.
ultimate buyer, end user, ultimate user, ultimate customer	Endabnehmer, Endkunde, m.
ultimate material strength (The stress at which the material actually fails or breaks.)	Materialbruchfestigkeit, f.
ultra-clean room	Reinstraum, m.
ultrafilter	ultrafiltrieren
ultrafiltrate	Ultrafiltrat, n.
ultrafiltration	Ultrafiltration, f.
ultrafiltration unit, ultrafiltration system (e.g. hollow fibre ultrafiltration system; crossflow ceramic ultrafiltration system), ultrafiltration plant (e.g. ultrafiltration plant with a capacity of 6000 m³/h for the treatment of drinking water), ultrafiltration facility	Ultrafiltrationsanlage, f.
ultrafine droplets	feinste Tröpfchen (z. B. bei Tintenstrahldruckern), n. pl.
ultrafine oil droplets	feinste Öltröpfchen, n. pl.
ultra-precision air bearings	Ultrapräzisionsluftlager, n.
ultra-precision machining	Werkzeugmaschine: Ultrapräzisionsbearbeitung, f.
ultra-pure air, high-purity air	Reinstluft, f.
ultrasonic bath	Reinigung: Ultraschallbad, n.
ultrasonic cleaning	Ultraschallreinigung, f.
ultrasonic testing (e.g. of material)	Ultraschallprüfung, f.
ultrasound	Ultraschall, m.
ultrasound sensor	Ultraschallsensor, m.
ultrasound-supported	ultraschallgestützt
ultra-thin (e.g. ultra-thin membrane layer)	ultradünn
ultraviolet rays, ultraviolet radiation	ultraviolette Strahlen/Lichtanteile, m. pl.
unable to function, fail to function, ineffective	funktionsunfähig
unaffected by dirt, immune to dirt	unempfindlich gegenüber Verschmutzung; schmutzunempfindlich
unattended operation, operation without manpower	mannloser Betrieb, m.

unauthorized	nicht autorisiert
unauthorized interference	unerlaubter Eingriff
unauthorized manipulation	unzulässige Manipulation, *f.*
unauthorized modifications	eigenmächtige Umbauten, *m. pl.*
unblock, remove obstruction	freibekommen (z. B. in Abflussleitung)
unburned hydrocarbons (UHCs)	unverbrannte Kohlenwasser-stoffe, *m. pl.*
unconverted	Signal: unverfälscht
undefined state	undefinierter Zustand, *m.*
undercut	Rohr: Einstich, *m.* (Auslaufrille)
under EXCEL	in EXCEL
under frost conditions, conditions of frost, (when) exposed to frost	unter Frostbedingungen
undergo initial separation	Emulsion: vorreinigen
undergoing constant further development (e.g. "This product family is undergoing constant further development.")	permanent weiterentwickelt
underground laying, underground installation	Erdverlegung, *f.*
under internal pressure	innendruckbeansprucht
underload (e.g. underload and no load on squirrel cage motors)	el.: Teillast, *f.*
underload, low load, insufficient load	Unterlast, *f.*
underload range	Unterlastbereich, *m., siehe* Unter-belastung
under pressure, pressurized, under pressure conditions	unter Überdruck stehen, *m.*; unter Druck, *m.*
undersaturated, subsaturated	untersättigt
undershooting of the limit value, value falls below the limit	Unterschreiten des Grenzwertes, *n., siehe* Bereichsunterschreitung
undershooting of the range, underrange	Bereichsunterschreitung, *f.*
undershooting, under range (e.g. over-range or under-range condition), below display range	Messung: Unterschreitung, *f., siehe* Taupunktunterschreitung
under standard atmospheric conditions	unter Normalatmosphäre
undersurface	Lackierung: Untergrund, *m.*
under vacuum conditions (e.g. "The device operates under vacuum conditions.")	im Unterdruckbereich
undervoltage	el.: Unterspannung (zu niedrige), *f.*
under x mode	im x-Modus
undissolved	chem.: ungelöst
undo by complete destruction	Rohrverbindung: zerstörend lösen
undo, loosen	Schrauben lösen
unfiltered	filterlos
unidentifiable cause	nicht erkennbare Ursache, *f.*
unified control system	einheitliches Steuerungssystem, *n.*
uniform loading	einheitliche Beladung, einheitl. Belastung, *f.*
uniform, balanced	gleichförmig, *siehe* gleichmäßig
unimpeded, smooth	Luft-/Wasserströmung: ungestört, *siehe* ungehindert
uninsulated (e.g. uninsulated electrical wiring)	nichtisoliert

uninterrupted power supply	unterbrechungsfreie Stromversorgung, *f.*
union joint (e.g. union joint independent of bracket support)	Rohr: Überwurfverschraubung, *f.*
union nut	Überwurfmutter, *f.*
union socket	Überwurfmuffe, *f., siehe* Rohrstutzen
unit	Einheit, *f.*
unit, constructional unit	Baueinheit, *f.*
unit, quantity (qty)	Stück, *n.*
unit cost	Stückkosten, *pl.*
unit of measurement	Maßeinheit, *f.*
unit pack	Verpackungseinheit (z. B. von je 25 kg), *f.*
unit price	Stückpreis, *m.*
unit weight (weight per unit volume of a material), specific weight	Rohdichte, *f.*
unload	Last: entlasten
unloading equipment	Entladungseinrichtung (z. B. für Eisenbahnwagon), *f.*
unloading station	Entladestation, *f.*
unpack	auspacken
unplasticized, without plasticizer	weichmacherfrei
unplug, pull out the plug	Stecker ziehen
unplug, pull out, pull, take off, detach	abziehen
unpressurized (e.g. unpressurized hydraulic system), without the use of pressure, pressureless, without applying pressure	drucklos
unpressurized network (e.g. unpressurized telecommuncation network)	druckloses Netz, *n.*
unregulated	ungeregelt
unreliable	unzuverlässig
unrestricted liability	uneingeschränkte Haftung, *f.*
unsaturated steam	ungesättigter Dampf, *m.*
unscheduled maintenance work	ungeplanter Wartungseinsatz, *m.*
unscrew (and remove)	ausschrauben; herausschrauben; Schraube herausdrehen; Schraube lösen
unscrew, disconnect	abschrauben
untie	Band lösen
untreated	Luft/Wasser: ungereinigt
untreated water, raw water	Rohwasser, *n.*
unused connection	freier Anschluss, *m.*
unused inlet point	Einlass, *m.*
unwired contact	unverdrahteter Kontakt, *m.*
unwired, not connected	nicht beschaltet
update	Aktualisierung, *f.*
up to max. …	steigend
upflow volume	Aufsteigvolumen, *n.*
upgrade	Produktaktualisierung, *f.*
upon enquiry, on enquiry (e.g. price on enquiry)	Anfrage, *f.*, auf Anfrage
upper end cap of (filter) element	Filter: Element-Endkappe, obere, *f.*

U

upper probe	obere Sonde, *f.*
upper range limit	MBE (Messbereichsendwert)
upper range value	Messung: Endwert, *m.*
upper value of measuring range	Messbereichsendwert, *m.*
upside down	kopfüber
upstream	vor (Fließvorgang), *siehe* vor und nach
upstream, installed upstream	vorgelagert (Fließprozess)
upstream and downstream (e.g. upstream and downstream of the unit)	Durchfluss: vor und nach
upstream and downstream pipework	zu- und abführende Rohrleitungen, *f. pl.*
upstream and downstream section	Vor- und Nachlaufstrecke, *f.*
upstream isolation valve	Druckluftstrom: Eingangsabsperreinrichtung (Ventil), *f.*
upstream pump	vorgeschaltete Pumpe, *f.*
upstream transformer	vorgeschalteter Trafo, *m.*
uptake of water, water absorption	Wasserabsorption, *f.*
up-to-date, current, updated, topical	aktuell
upward slope, rising slope	Leitung nach oben, *f.*
urea	Harnstoff, *m.*
urgently recommended	dringend empfohlen
US test(ing), ultrasonic test	US-Prüfung, *f.*
usability	Nutzbarkeit, *f.*; Verwendbarkeit, *f.*
usable	verwendbar
usable energy	Nutzenergie, *f.*
use-by date, best before end …, expiry date, shelf life	Verfalldatum (Nahrungsmittel), *n.*; Haltbarkeitsdatum, *n.*
use for applications other than stipulated	Abweichungen vom Anwendungsbereich, *pl.*
used for purposes other than the intended application	nicht bestimmungsgemäßer Gebrauch, *m.*
useful material (e.g. "The new technology enables the conversion of problematic waste into useful material.")	Wertstoff, *m.*
user	Benutzer (z. B. Software), *m.*; Betreiber (z. B. eines Messgeräts), *m.*
user, operator, customer, end user	Anwender, *m.*
user-friendly, convenient and easy, operator-friendly	benutzerfreundlich; anwenderfreundlich
user of compressed air	Nutzer von Druckluft, *m.*
user point	Verbrauchsstelle (Druckluft), *f., siehe* Verbraucher
user-programmable, programmable	frei programmierbar
usual in the trade	branchenüblich
usual, customary, normal, conventional	üblich
utility company (electricity, gas)	Energieversorgungsunternehmen, *n.*
utility connection, utility line	Versorgungsleitung, *f.*, Versorgungsanschluss, *m.* (generell für Strom, Gas, Wasser, Kanalisation:)
utility lines (including gas and water pipes, cable ducts, pipes, sewers, etc.)	Ver- und Entsorgungsleitungen, *f. pl.*

utilizable (e.g. in a utilizable form)	verwertbar
utilization concept (e.g. for filter cake)	Verwertungskonzept, *n.*
utilization, exploitation	Ausnutzung, *f.*
utilization, use	Verwertung, *f.*
utilize the capacity, fully utilize the capacity	auslasten
U-tube manometer (differential pressure measurement)	U-Rohr-Manometer, *n.*
UV absorption, ultraviolet absorption	UV-Absorption, *f.*
UV light	UV-Licht, *n.*
UV oxidation	UV-Oxidation, *f.*
UV radiation	UV-Strahlung (Ultraviolet-Strahlung), *f.*
UV resistance	UV-Beständigkeit, *f.*
UV sterilization	UV-Entkeimung, *f.*

U

V

Vac area	Vac-Bereich, *m.*
vacuum booster	Vakuumbooster (Unterdruckverstär-ker), *m.*
vacuum cleaning plant (e.g. centralized vacuum cleaning plant)	Staubsaugeanlage, *f.*
vacuum condensate drain, vacuum drain	Vakuumableiter, *m.*
vacuum creation	Unterdruckherstellung, *f.*
vacuum device	Vorrichtung zum Absaugen von z. B. Trockenmittel, *f.*
vacuum distillate (not destillate!)	Vakuumdestillat, *n.*
vacuum evaporation	Vakuumverdampfung, *f.*
vacuum filter	Vakuumfilter, *m.*
vacuum gauge	Unterdruckmanometer, *n.*; Vakuummesser, *m.*
vacuum hand pump (e.g. vacuum hand pump with pressure gauge and connecting hose)	Unterdruck-Handpumpe, *f.*
vacuum hose pump	Unterdruck-Schlauchpumpe, *f.*
vacuum installations	Unterdruckhaltegeräte, *pl.*
vacuum melting	Vakuumschmelzen, *n.*
vacuum plant, vacuum installation	Vakuumanlage, *f.*
vacuum pump (e.g. "Vacuum pumps operate at an intake pressure below atmospheric and discharge to atmospheric pressure or above".)	Vakuumpumpe, *f.*
vacuum stripper, vacuum stripping unit	Vakuumstripper, *m.*
vacuum system (low-pressure system)	Unterdrucksystem, *n.*
vacuum test	Vakuumprüfung, *f.*
vacuum valve control	Vakuum-Ventil-Steuerung, *f.*
vacuum-and-blow moulding (processes/forming/technology)	Saugblasen, *n.*
vacuum-and-blow moulding machine	Saugblasmaschine, *f.*
vacuum-insulated	vakuumisoliert
vacuum-tight	vakuumdicht
vacuum-type, vacuum-type design	Vakuumausführung, *f.*
valid as from, as from	gültig ab
valid regulations	geltende Vorschriften, *f. pl.*
validate	validieren
validation	Validierung, *f.*

validity (period)	Garantie: Geltungsdauer, *f.*
value-added chain	Wertschöpfungskette, *f.*
valve	Ventil, *n.*
valve actuation (e.g. variable valve actuation system)	Ventilbetätigung, *f.*
valve actuator	Ventilantrieb, *m.*
valve block	Blockventil, *n.*; Steuerblock (Ventile), *m.*; Ventilblock, *m.*
valve box	Ventilgehäuse, *n.*
valve cap	Ventildeckel, *m.*
valve coil	Ventilspule, *f.*
valve connector	Ventilstecker, *m.*
valve control	Ventilansteuerung, *f.*; Ventilsteuerung, *f.*
valve core	Ventilkern, *m.*
valve diaphragm	Ventilmembrane, *f.*
valve lift	Ventilhub, *m.*
valve mounting	Ventilbefestigung, *f.*
valve mounting parts	Ventilanbauteile, *n. pl.*
valve opening period, valve opening time	Ventilöffnungszeit, *f.*
valve operation (e.g. automatic valve operation; three-way valve operation)	Ventilbetrieb, *m.*
valve packing	Ventilpackung, *f.*
valve passage	Ventildurchgang, *m.*
valve plunger	Ventilstößel, *m.*
valve position	Ventilstellung, *f.*
valve seat	Ventilsitz, *m.*
valve-seat diameter	Ventilsitzdurchmesser, *m.*
valve solenoid (A solenoid is a current-carrying coil.)	Magnetventilspule, *f.*
valve technology	Ventiltechnik, *f.*
valve unit	Ventileinheit, *f.*
vane anemometer	Flügelradanemometer, *n.*
vane compressor	Flügelradverdichter, *m.*
vane motor	Lamellenmotor, *m.*
vane pump	Flügelpumpe, *f.*
vaporous	dampfförmig
vapour air	Brüdenluft, *f.*
vapour compressor (for the compression of water vapour, US: vapor compressor)	Brüdengebläse, *n.*
vapour pipe	Brüdenleitung, *f.*
vapour pressure	Dampfdruck, *m.*
vapour-pressure gradient, vapour-pressure difference	Dampfdruckgefälle, *n.*
vapour pressure thermometer	Dampfdruckthermometer, *n.*
vapour pressure value	Dampfdruckwert, *m.*
variable-area flowmeter (e.g. "A rotameter is the most widely used variable-area flowmeter.")	Schwebekörperdurchflussmessgerät, *n.*
variable-speed motor	el.: Regelmotor, regelbarer Motor, *m.*
variation option	Variationsmöglichkeit, *f.*
variation, deviation, non-conformance (with)	Abweichung, *f.*
vario technology	Vario-Technik, *f.*
varistor, VDR (voltage-dependent resistor)	Varistor, *m.*
varnish	Lack auf Ölbasis, *m.*

varying (operating) conditions	schwankende Einsatz-bedingungen, *f. pl.*
varying loads	unterschiedliche Belastung, *f.*
varying-voltage input	el.: Weitbereichseingang, *m.*
VCL oils	VCL-Öle, *pl.*
VDA alternating test	VDA-Wechseltest (VD = Verband der Automobilindustrie), *m.*
Vdc area	Vdc-Bereich, *m.*
VDC oder Vdc (volt direct current)	VDC (Volt Gleichspannung)
VDE guideline	VDE-Richtlinie, *f.*
VDE mark of conformity	VDE-Prüfzeichen, *n.*
VDI guideline	VDI-Richtlinie, *f.*
VDL oil	VDL-Öl, *n.*
VDMA (Association of German machine and plant manufacturers (German Engineering Federation))	VDMA (Verband deutscher Maschinen- und Anlagenbauer e.V.)
vegetable fat	pflanzliches Fett, *n.*
vehicle components	Automobilbauteile, *n. pl.*
vehicle instrumentation	Fahrzeuginstrumentierung, *f.*
Velcro fastener	Klettverschluss, *m.*
velocity by volume	Raumgeschwindigkeit, *f.*
velocity of penetration, penetration velocity	Durchdringungsgeschwindigkeit, *f.*
vent hole	Ventil: Entlüftungsbohrung, *f.*
vent opening	Luftloch, *n.*
vent screw	Entlüftungsschraube, *f.*
vent valve	Entlüftungsventil, *n.*
ventilated room	belüfteter Raum, *m.*
ventilation	Lüftung, *f.*
ventilation conditions	Lüftungsverhältnisse, *pl.*
ventilation duct	Lüftungskanal, *m.*
ventilation filter	Belüftungsfilter, *m.*
ventilation pipework	Lüftungsrohre, *pl.*
ventilation shaft	Lüftungsschacht, *m.*
ventilation system	Lüftungseinrichtung, *f.*
ventilation, air intake, airing	Belüftung, *f.*
venting	Luftaustausch durch Entlüftungslei-tung, *m.*; Entlüftung, *f., siehe* entlüften
venting line	Entlüftungsleitung, *f.*; Luftausgleichs-leitung, *f.*; Pendelleitung, Luftpendel-leitung, *f.*
venting line to the housing	Gehäuseentlüftungsleitung, *f.*
venting pipe	Entlüftungsrohr, *n.*
venting system	Entlüftungssystem (Luftablass), *n.*
venturi nozzle	Venturi-Düse, *f.*
venturi scrubber	Venturiwäscher, *m.*
venturi tube	Venturirohr, *n.*
verifying analysis	Nachanalyse, *f.*
version, model variant (alternative design)	Variante, *f.*
vertex (highest point)	Kurve, Dreieck: Eckpunkt, *m.*
vertical drilling machine	Senkrechtbohrmaschine, *f.*
vertically installed	vertikal eingebaut
vertically positioned, in a vertical position	senkrecht stehend

V

very finely dispersed	feinst dispergiert
very low temperature (e.g. at very low temperatures constantly down to below x °C)	Tiefsttemperatur, *f.*
very successful product, winner	Erfolgsprodukt, *n.*
vessel shell (pressure vessel shell)	Druckbehälter: Behältermantel, *m.*
vessel to be drained	zu entwässerndes Gefäß, *n.*
vessel wall	Druckbehälter: Behälterwandung, *f.*
vessel, basin, container, tank	Gefäß, *n.*
VF (filter: very fine)	VF
vibrate, oscillate, rock	mechanisch: schwingen
vibration	Schwingung, *f.*; Vibration, *f.*
vibration damper	Schwingungsdämpfer, *m.*; Vibrations- dämpfer, *m.*
vibration damping	schwingungsdämpfend
vibration damping plates	Schwingungsdämpfungsplatten, *f. pl.*
vibration-free (e.g. vibration-free support system)	schwingungsfrei
vibration-free floor area	vibrationsfreie Stellfläche, *f.*
vibration-isolated	schwingungsisoliert
vibrationless	vibrationslos
vibration protection	Erschütterungsschutz, *m.*; Vibrations- schutz, *m.*
vibration resistance	Widerstandsfähigkeit gegen Erschütte- rungen, *f.*
Vicat softening temperature	Vicat-Erweichungstemperatur, *f.*
vigorous reaction	Chemie: heftige Reaktion, *f.*
violation of duty	Pflichtverletzung, *f.*
virtually maintenance-free	kaum Wartungsaufwand, *m., siehe* wartungsfreundlich
viscoelastic	visko-elastisch
viscoelastic properties	viskoelastische Eigenschaften, *f. pl.*
viscosity	Viskosität, *f.*; Zähigkeit (Flüssigkeit), *f.*
viscosity class	Viskositätsklasse, *f.*
viscosity measuring instrument	Viskositätsmessgerät, *n.*
viscous, thick, semiliquid	zähflüssig; dickflüssig
visible damage	augenscheinliche Beschädigung, *f.*
visibly installed	sichtbar installiert
visit report	Besuchsbericht, *m.*
visiting schedule	Besuchsplan, *m.*
visual alarm (e.g. audible and visual alarm signals), visual warning (e.g. visual warning device)	optischer Warnmelder, *m.*; optische Warnung, *f.*
visual checking	optische Überwachung, *f.*
visual comparison	optischer Vergleich, *m.*
visual display system	Visualisierungssystem, *n.*
visual evaluation (e.g. spreadsheet with visual evaluation)	visuelle Auswertung, *f.*
visual feedback, visual signal	optische Rückmeldung, *f.*
visual inspection, visual check	Inaugenscheinnahme, *f.*; optische Prüfung, *f.*; Sichtkontrolle, *f.,* Sicht- prüfung, Sicht-Funktionskontrolle, *f.*
visual welding indicator	optische Schweißanzeige, *f.*; Sicht- anzeige Verschweißung, *f.*
visually detectable	optisch erkennbar

visually indicated	optisch angezeigt
VOC emissions	VOC-Emissionen, *f. pl.*, *siehe* leichtflüchtige organische Verbindungen
vocational training, professional qualification	Berufsausbildung, *f.*; Ausbildung, *f.*
void	Filterpore, *f.*
void fraction	Filter: Lückengrad, *m.*
void ratio (porosity)	Porenziffer, *f.*
volatile	flüchtig (z. B. Gas)
volatile memory, volatile storage	flüchtiger Speicher, *m.*
volatile organic compounds (VOCs)	leichtflüchtige organische Verbindungen, *f. pl.*
volatile substances, volatiles	flüchtige Stoffe, *m. pl.*
volatility	Flüchtigkeit (z. B. eines Gases), *f.*
volatilization	Verflüchtigung, *f.*
volatilize (change from solid or liquid to vapour)	verflüchtigen, *siehe* verdunsten
volt alternating current, VAC, Vac (The UK typically uses a 240 volt alternating current with a frequency of 50 Hz.)	el.: Volt Wechselspannung, Vac, VAC, *f.*
voltage	el.: Spannung, *f.*
voltage applied	anliegende Spannung, *f.*
voltage discharge	el.: Spannungsentladung, *f.*
voltage flashover	el.: Spannungsüberschlag, *m.*
voltage frequency	el.: Spannungsfrequenz, *f.*
voltage output	el.: Spannungsabgabe, *f.*
voltage peak	el.: Spannungsspitze, *f.*
voltage regulator	el.: Spannungsregler, *m.*
voltage relay	el.: Spannungsrelais, *n.*
voltage transformation (e.g. from ac to dc using a transformer), voltage conversion (to step down or step up voltage, e.g. from 110 V to 240 V)	el.: Spannungswandlung, *f.*
voltage transformer	Spannungswandler, *m.*
voltage trend measurement	el.: Spannungstrendmessung, *f.*
voltage variant	el.: Spannungsvariante, *f.*
voltage variation (e.g. sudden supply voltage variation)	el.: Spannungsänderung, *f.*
voltage variation range	Spannungsänderungsbereich, *m.*
voltage warning (e.g. audible/visible voltage warning; voltage warning label)	el.: Warnung vor elektrischer Spannung, *f.*
voltmeter	el.: Spannungsmesser, *m.*
volume capacity	Volumenkapazität, *f.*
volume change	Volumenänderung, *f.*
volume control	Volumensteuerung, *f.*
volume flow rate (e.g. as a cubic measurement in cbm)	Volumenstrom, *m.*
volume increase	Volumenvergrößerung, *f.*
volume reduction	Volumenverkleinerung (z. B. durch Luftverdichtung), *f.*
volume unit (e.g. water content per volume unit in m³)	Volumeneinheit, *f.*
volume weight, dimensional weight	Rohwichte, *f.*
volumetric capacity	Volumenleistung (z. B. des Trockners), *f.*
volumetric change	Volumenänderung, *f.*
volumetric efficiency	volumetrischer Wirkungsgrad, *m.*
volumetric expansion coefficient	Raumausdehnungskoeffizient, *m.*

V

volumetric flow	Volumenstrom, *m.*
volumetric flow capacity	Kompressor: Hubvolumenstrom, *m.*
volumetric flow of cold air, cold air flow rate	Kaltluftvolumenstrom, *m.*
volumetric flow range	Volumenstromspanne, *f.*
volumetric flow rate, volumetric air flow	Volumenstrom, *m.*
volumetric flowmeter (measured in m³ or ccm)	Volumenstrommesser, *m.* Volumenstrommessgerät, *n.*
volumetric percentage, volumetric proportion	Volumenanteil, *m.*
volumetric water flow, water flow rate	Wasservolumenstrom, *m.*
voluntary regulations (e.g. voluntary code of conduct)	freiwillige Bestimmungen, *f. pl.*
Von Mises theory (to estimate the yield of ductile materials), maximum distortion energy criterion, octahedral shear stress theory, Maxwell-Huber-Hencky-von Mises theory, Von Mises criterion	GE-Hypothese (Gestaltungsänderungs-Energie-Hypothese), *f.*
vortex dryer	Wirbeltrockner, *m.*
vortex nozzle	Vortexdüse, *f.*
vortex tube	Wirbelrohr (z. B. Kältetechnik), *n.*
v-weld	Schweißen: V-Naht, *f.*

w/h/d (width, height, depth)	b/h/t (Breite, Höhe, Tiefe)
waiting time	Wartezeit, *f.*
wall area	Filter: Wandung, *f.*
wall bracket, wall mounting bracket	Wandhalterung (Winkel), *f.*; Wand-halter, *m.*
wall manifold	Wandverteiler, *m.*
wall mounted or floor standing	wandbefestigt oder auf dem Boden stehend
wall mounting	Wandmontage, *f.*
wall mounting kit	Wandmontageset, *n.*
wall mounting unit, wall unit	Wandgerät, *n.*
wall or floor mounting	Wand- oder Bodenbefestigung, *f.*
wall penetration (e.g. electrical conduit wall penetration)	Wanddurchbruch, *m.*
wall plug	Wanddübel, *m.*
wall thickness, thickness of a wall	Wanddicke, *f.*; Wandstärke, *f.*
wall-mounted housing	Wandgehäuse, *n.*
warehouse, stores	Lager (Waren), *n.*
warehousing, stock keeping (e.g. stock keeping and inventory)	Lagerhaltung, *f.*, *siehe* Lager (Waren)
warm-air part, warm-air percentage, warm-air volume	Warmluftanteil, *m.*
warm-up time	Einlaufzeit zum Anwärmen, *f.*
warm water supply	Warmwasserversorgung, *f.*
warning	Warnhinweis, *m.*
warning beacon	Rundumleuchte, *f.*
warning lamp, warning light (e.g. oil pressure warning light)	Warnleuchte, *f.*
warning system (e.g. early warning system)	Warnsystem, *n.*
warranty entitlement	Anspruch auf Gewährleistung, *m.*
warranty, guarantee	Gewährleistung, *f.* (Zusicherung, dass die Ware einem vorgegebenen Standard entspricht), *siehe* Garantie
wash away	auswaschen (entfernen)
washable	waschbar (z. B. Filter)
washer	Unterlegscheibe, Unterlagsscheibe, *f.*
washing agent	Reinigung von Werkstücken (maschinelle Bearbeitung): Waschmittel, *n.*
washing and cleaning effluent	Wasch- und Reinigungsabwasser, *n.*

washing water	Waschwasser, *n.*
washing water recycling	Waschwasserrecycling, *n.*
wastage, rejects, scrap	Ausschuss, *m.*
waste, loss	Verschwendung, *f.*
waste air, exhaust air (e.g. compressor exhaust air)	Abluft, *f.*
waste air channel	Abluftpfad, *m.*
waste air cleaning measures	Abluftreinigungsmaßnahmen, *f. pl.*
waste air cleaning technique	Abluftreinigungtechnik, *f.*
waste air constituents	Abluftinhaltsstoffe, *m. pl.*
waste air duct, exhaust air duct	Abluftkanal, *m.*
waste-air filter mat	Abluftfiltermatte, *f.*
waste-air filtering system, exhaust-air filtering system/facility	Abluftfilteranlage, *f.*
waste air flow	Abluftstrom, *m.*
waste air measurement	Abluftmessung, *f.*
waste air pipe	Abluftleitung, *f.*, *siehe* Abluftkanal
waste air purification method	Abluftreinigungsverfahren, *n.*
waste air purification plant (facility, system, unit)	Abluftreinigungsanlage, *f.*
waste air tract	Abluftstrang, *m.*
waste air valve, exhaust air valve	Abluftventil, *n.*
waste disposal key (e.g. waste disposal key number)	Abfallschlüssel, *m.*
waste gas	Abgas, *n.*
waste gas constituents	Abgasbestandteile, *m. (pl.)*
waste gas density	Abgasdichte, *f.*
waste gas duct, waste gas flue	Abgaskanal, *m.*
waste gas filter (e.g. process waste gas filter)	Abgasfilter, *m.*
waste gas flow	Abgasstrom, *m.*
waste gas humidity	Abgasfeuchte, *f.*
waste gas purification	Abgasreinigung, *f.*
waste gas purification plant	Abgasreinigungsanlage, *f.*
waste gas quantity	Abgasmenge, *f.*
waste gas treatment	Abgasbehandlung, *f.*
waste gas volume flow	Abgasvolumenstrom, *m.*
waste heat	Abwärme, *f.*
waste heat recovery	Abwärmerückgewinnung, *f.*
waste heat storage (e.g. waste heat storage using heat exchangers)	Abwärmespeicherung, *f.*
waste heat utilization	Abwärmeverwertung, *f.*, Abwärmenutzung, *f.*
waste of energy, wasting of energy	Energieverschwendung, *f.*
waste oil, spent oil	Altöl, *n.*
waste oil disposal	Altölentsorgung, *f.*
waste oil ordinance	Altölverordnung, *f.*
waste oil processing	Altölaufbereitung, *f.*
waste product, by-product	Abfallprodukt, *n.*
waste products	Restprodukte, *n. pl.*
waste type catalogue	Abfallartenkatalog, *m.*
wastewater, effluent	Abwasser (z. B. von einer Fabrik), *n.*; Schmutzwasser (in die Kanalisation eingeleitet), *n.*
wastewater analysis	Abwasseruntersuchung, *f.*

wastewater composition	Abwasserzusammensetzung, *f.*
wastewater connection	Abwasseranschluss, *m.*
wastewater discharge permit, local authority permit for the discharge of effluent (into the sewer system)	Einleitungsgenehmigung (von der zuständigen Behörde), *f.*
wastewater drain, wastewater connection	Ablauf in die Kanalisation, *m.*
wastewater engineering	Abwassertechnik, *f.*
wastewater feed, wastewater inflow	Vorgang: Abwasserzuführung, *f.*
wastewater filtration	Abwasserfiltration, *f.*
wastewater/floc mixture	Abwasser-Flockengemisch, *n.*
wastewater-free (e.g. wastewater-free manufacturing), without producing wastewater	abwasserfrei
wastewater inlet	Abwasserzuführung, *f.*
wastewater loading	Abwasserbelastung, *f.*
wastewater ordinance	Abwasserverordnung, *f.*
wastewater pipe	Abwasser: Abflussrohr, *n.*
wastewater receiving tank	Sammelbehälter für Abwasser, *m.*
wastewater sample	Abwasserprobe, *f.*
wastewater tank	Abwasserbehälter, *m.*
wastewater treatment	Abwasseraufbereitung, *f.*
wastewater treatment facility, wastewater treatment installation, wastewater treatment plant	Abwasserbehandlungsanlage, *f.*
water absorbency, water carrying capacity (e.g. water-carrying capacity of the air flowing through a filter bed)	Wasseraufnahmevermögen (z. B. eines Stoffes), *n.*
water adsorption	Wasseraufnahme, *f.*; Wasseranlagerung (z. B. Trockenmittel des Adsorptionstrockners), *f.*
water/air heat exchanger	Wasser-Luft-Wärmetauscher, *m.*
water analysis	Wasseruntersuchung, *f.*
water authority	Wasserbehörde, *f.*; Wasserrechtsbehörde, *f.*
water authority	Wasserwirtschaftsamt, *n.*
water authority permit	wasserrechtliche Genehmigung (Schriftstück), *f.*
water-based	auf Wasserbasis
water-based paint	Farbe auf Wasserbasis, *f.*
water bath	Wasserbad, *n.*
water being discharged, outflowing water, discharge water	abfließendes Wasser, *n.*
water blister	Spritzlackierung: Wasserblase, *f.*
water bodies, bodies of water, waters	Gewässer, *n. pl.*
water circuit, water circulation, water cycle (Process by which water travels from the Earth's surface to the atmosphere and then back to the ground again.)	Wasserkreislauf, *m.*
water circulation cooling	Wasserumlaufkühlung, *f.*
water column	Wassersäule, *f.*
water condensation	Wasserablagerung als Kondensat, *f.*
water connection	Wasseranschluss, *m.*
water conservation area	Wasserschutzgebiet, *n.*
water constituents	Wasserinhaltsstoffe, *m. pl.*
water consumption	Wasserverbrauch, *m.*
water content	Wasseranteil, *m.*; Wassergehalt, *m.*
water content of the air	Wassergehalt der Luft, *m.*

W

water content per volume unit	Wassergehalt pro Volumeneinheit (WGV), *m.*
water cooled	wassergekühlt
water cooling	Wasserkühlung, *f.*
water demand, water requirement	Wasserbedarf, *m.*
water deposition	Wasserablagerung, *f.*
water discharge	Wasserablauf (Vorgang), *m.*
water discharge (point), water outlet	Wasserauslauf, *m.*
water discharge connection	Wasserablaufanschluss, *m.*
water discharge hose	Wasserablaufschlauch, *m.*
water discharge line, water discharge pipe	Wasserablaufleitung, *f.*
water discharge point	Wasserablauf (Ablaufstelle), *m.*
water discharge valve, water outlet valve	Wasserablaufventil, *n.*
water droplet bombardment ("drop attack")	Tropfenbeschuss, *m.*
water-endangering substances, substances presenting a hazard to water	wassergefährdende Stoffe, *m. pl.*
water feed, water inlet	Wasserzulauf, *m.*
water filter	Wasserfilter, *m.*
water filter cartridge	Wasserfilterkartusche, *f.*
water-floc mixture	Wasser-Flocken-Gemisch, *n.*
water formation	Wasserbildung, *f.*
water hammer	Wasser: Druckstoß, *m.*; Wasserschlag (z. B. im Druckluftnetz), *m.*
water hazard class (WHC)	Wassergefährdungsklasse (WGK), *f.*
water intake	Wässerung (allgemein), *f.*
water legislation	Wasserrecht, *n.*
water level	Wasserniveau, *n.*; Wasserspiegel, *m.*
water meter	Wasseruhr, *f.*
water outlet	Wasserablauf (Ablaufstelle), *m.*
water pathway, water route	Wasserpfad, *m.*
water pocket	im Druckluftrohr: Wassersack, *m.*
waterproof, water-tight	wasserdicht
water purification plant, water purification unit	Wasserreinigungsanlage, *f.*
water purification, water cleanup	Wasserreinigung, *f.*
water purifier (e.g. tap water purifier; ozone water purifier), water treatment plant	Wasseraufbereitungsanlage, *f.*
water purity (e.g. degree of purity)	Wasserreinheit, *f.*
water quality	Wassergüte, *f.*; Wasserqualität, *f.*
water-polluting (e.g. water-polluting lubricants, affecting/impairing water quality)	gewässerbelastend
water recovery, water recycling	Wasserrückgewinnung, *f.*
water regulator	Wasserregler (z. B. für Kühlwasser), *m.*
water repellency	Wasserabweisungsvermögen (z. B. von Öl), *n.*
water-repellent, hydrophobic	wasserabweisend, hydrophob
water-resistant	wasserfest (z. B. Adsorptionsmittel)
water-resistant beads (e.g. desiccant beads)	wasserfeste Perlen, *f. pl.*
water-retaining capacity	Wasserhaltevermögen, *n.*
Water Resources Act (WRA)	Wasserhaushaltsgesetz (WHG), *n.*

water resources legislation (e.g. according to the relevant water resources legislation)	wasserrechtliche Bestimmungen, *f. pl.*; allgemein: Wasserhaushaltsgesetz (WHG), *n.*
water retention	Wasserspeicherung (z. B. des Bodens, der Luft), *f.*
water separation	Wasserabscheidung, *f.*
water separation capability	Wasserabscheidevermögen, *n.*
water separator	Wasserabscheider, *m.*
water softening	Wasserenthärtung, *f.*
water softening system	Wasserenthärtungssystem, *n.*
water solubility	Wasserlöslichkeit, *f.*
water-soluble	wasserlöslich
water/solvent separator	Abscheider für Wasser und Lösemittel
water spray	Wasserregen, *m.*
water spray jet	Wassersprühstrahl, *m.*
water surcharge	Wasserauflast, *f.*
water tank	Wasserbehälter, *m.*
water throughput	Wasserdurchsatz, *m.*
water throughput rate	Wasserdurchsatzrate, *f.*
water treatment	Wasseraufbereitung, *f.*
water valve	Wasserventil, *n.*
water vapour	Wasserdampf, *m.*
water vapour carrying capacity (The air's water vapour carrying capacity increases with increasing temperature.)	Luft: Wasserdampfaufnahme- vermögen, *n.*
water vapour concentration	Wasserdampfkonzentration, *f.*
water vapour concentration gradient	Wasserdampf-Konzentrations- gefälle, *n.*
water vapour content	Wasserdampfanteil, *m.*; Wasserdampf- gehalt, *m.*
water vapour pressure	Wasserdampfdruck, *m.*
water vapour quantity	Wasserdampfmenge, *f.*
water vapour saturated	wasserdampfgesättigt
water/water heat exchanger	Wasser-Wasser-Wärmetauscher, *m.*
waterworks	Wasserwerk, *n.*
wattage	Leistung in Watt, *f.*
waveguide	Wellenleiter, *m.*
wavelength	Wellenlänge, *f.*
wavy line	wellige Linie, *f.*
weak point	Schwachstelle, *f.*
weak-point analysis	Schwachstellenanalyse, *f.*
weakly alkaline	schwach alkalisch
weakness	Schwäche, *f.*
wear, wear and tear	Verschleiß, *m.*
wear allowance	Abnutzungszuschlag, *m.*
wear eye protection, use eye protection	Augenschutz benutzen
wear light respiratory protection (half face, no respirator)	leichten Atemschutz tragen, *m.*
wear noise protection headset	Schallschutz tragen, *m.*
wear on the compressor	Kompressorverschleiß, *m.*
wear on the membrane	Trockner: Membranverschleiß, *m.*
wear protective gloves, use protective gloves	Schutzhandschuhe benutzen
wear resistance	Verschleißbeständigkeit, *f.*

W

wear resistant	verschleißfest, *siehe* verschleißfrei
wear test	Verschleißprüfung, *f.*
wearing part (e.g. long life wearing parts)	Verschleißteil, *n.*
wearing parts available	lieferbare Verschleißteile, *n. pl.*
weather-protected room/space	wettergeschützter Raum, *m.*
web printing plant	Rollendruckerei, *f.*
web printing press	Rollendruckmaschine, *f.*
weekend break, standstill period over the weekend	Stillstand am Wochenende, *m.*
weight and dimension data	Gewichts- und Maßangaben, *f. pl.*
weight by volume (% w/v), (also referred to as percent mass by volume (% m/v))	Volumengewicht, *n.*
weight empty	Leergewicht, *n.*
weld	schweißen (gilt auch für Plastik)
weld coupling	Schweißmuffe, *f.*
welded	geschweißt
welded construction	Schweißkonstruktion, *f.*
welded joint	Schweißverbindung, *f.*
welded seam, weld, welded joint	geschweißte Naht, *f.*; Schweißnaht, *f.*
welded-on	angeschweißt
welding electrode	Schweißelektrode, *f.*
welding indication, welding indicator	Schweißanzeige, *f.*
welding interruption	Schweißunterbrechung, *f.*
welding nipple	Schweißnippel, *m.*
welding operation, welding process	Schweißung, *f.*
welding parameters	Schweißparameter, *m. pl.*
welding process	Schweißablauf, *m.*
welding residue	Schweißrückstand, *m.*
welding slag	Schweißschlacke, *f.*
welding technique	Verschweißtechnik, *f.*
welding tool	Schweißgerät, *n.*
well-designed, carefully designed, sophisticated, with attention to detail	durchdacht (z. B. konstruiert)
well established on the market	Marktpräsenz, hohe, *f.*
well vented (e.g. a well vented engine room)	gut entlüftet
well ventilated	gut belüftet
well visible, easily visible	gut sichtbar
wet, moisten	benetzen
wet absorber (e.g. wet absorber followed by a dust filter)	Nassabsorber, *m.*
wet electrostatic precipitator, WESP (for saturated air streams)	Nasselektrofilter, *m.*
wet on wet (e.g. wet-on-wet paint spraying)	nass auf nass (z. B. Nass-auf-Nass-Lackierung)
wet paint system (e.g. three-layer wet paint system), wet paint technique	Nassspritztechnik, *f.*
wet scrubber	Nasswäscher, *m.*
wet scrubbing	Nasswäsche, *f.*
wet steam	Nassdampf, *m.*
wettable	netzbar
wetted	durchfeuchtet
wetting	Benetzung, *f.*
wetting (e.g. with water vapour)	Betauung, *f.*

wetting agent	Benetzungsmittel, *n.*; Netzmittel, *n.*
wheel	Rad (z. B. zur Einstellung), *n.*
wheel-flange lubrication	Spurenkranzschmierung (z. B. Straßenbahn), *f.*
where appropriate, if necessary/required, possibly, if nec.	gegebenenfalls, ggf.
wide-band power supply unit	el.: Breitbandnetzteil, *n.*
wide meshed, wide-mesh ...	grobmaschig
widen	verbreitern
winch	Winde, *f.*
wind chill factor	Windkühlfaktor, *m.*
winding (e.g. wound filter cartridges made from polypropylene; filter element wound in layers)	Wicklung, *f.*
winding machine	Wickelmaschine (Membrantrockner), *f.*
winding shield	el.: Wicklungsschutz, *m.*
window (glass, saphire)	Scheibe am Messgerät, *f.*
wire, strand, core (e.g. new harmonised cable core colours for power cables)	Kabel: Ader, *f.*
wire, wire (up), wire up (to)	verdrahten, verkabeln
wire brush	Stahlbürste, *f.*
wire enamel	Drahtlack, *m.*
wire end ferrule	el.: Aderendhülse, *f.*
wire jumper	el.: Drahtbrücke, *f.*
wire mesh filter	Drahtgewebefilter, *m.*
wire screen	Gittereinsatz, *m.*
wired	el.: verdrahtet
wired, connected	el.: beschaltet
wired-up for temperature-dependent operation	temperaturabhängig beschaltet
wiring	el.: Verdrahtung, *f.*; Verschaltung, *f.*
wiring, cabling	el.: Beschaltung, *f.* (*siehe* Stromkreis)
wiring, wiring up	elektrische Installation (Verdrahtung), *f.*
wiring diagram	Verdrahtungsschema, *f.*
with a high oil content	stark ölhaltig
with a partial-flow outlet	teilstromausblasend
with aerostatic bearings	aerostatisch gelagert
with aftercooler	Lok: außenluftgekühlt
with air bearing	luftgelagert
with coloured background (US colored)	farblich unterlegt
withdraw from product list	aus dem Programm nehmen
withdraw, extract, remove	entziehen
withdrawal	Entnahme, *f.* (z. B. Druckluft)
withdrawal of service air, service air withdrawal, service air withdrawn	Nutzluftentnahme, *f.*
withdrawal point	Druckluftbehälter: Entnahmestelle, *f.*
withdrawal rate	Abnahmeleistung (z. B. von Druckluft), *f.*
withdrawal tank	Entnahmebecken, *n.*
with equal/same pressure	druckgleich
with hardly any waste residues	abfallfrei, nahezu abfallfrei
with high process safety/reliability	prozesssicher

W

within 48 hours at the latest	nach 48 Stunden, spätestens
with long-term availability	langfristig verfügbar
with long-time stability, durable	langzeitstabil (haltbar)
with low flammability	schwer entflammbar
with low water solubility, not readily soluble in water	wenig wasserlöslich
with many bends, meandering (e.g. "Meandering pipe arrangements should be avoided.")	Rohre: kurvenreich
with minimal friction	fast reibungsfrei
with minimum space (requirements)	Raum, auf engstem Raum, *m.*
with mm precision, to the nearest mm	auf den mm genau
without burrs	gratfrei
without CFCs	FCKW-frei
without FCs (fluorocarbons)	FKW frei
without mechanical stress	mechanisch spannungsfrei
without operator attendance	bedienerfrei
without pimples	Oberfläche: pickelfrei
without requiring operator attendance/control	ohne Bedienungsaufwand, *m.*
with the greatest accuracy, with the greatest precision	punktgenau
wooden crate	Versand: Holzkiste, *f.*
workforce, personnel	Personalbestand, *m.*
workforce decontamination system	Personal: Dekontaminationsanlage, *f.*
work in conformity with correct safety procedures	sicherheitsgerechtes Arbeiten, *n.*
working area	Arbeitsraum, *m.*
working capacity (e.g. "The working capacity of the filter is about 150 ml.")	Filter: Aufnahmefähigkeit, Aufnahme-kapazität, *f.*
working current	Arbeitsstrom, *m.*
working days	Arbeitstage, *m. pl.*
working group	Arbeitsgruppe, *f.*
working hours	Arbeitsstunden (Personal), *f. pl.*
working level	Tank: Arbeitsniveau, *n.*
working line	Arbeitsleitung, *f.*
working load	Nutzlast, *f.*
working method, method of operation, mode of operation	Arbeitweise, *f.*
working point	Betriebspunkt, *m.*
working pressure	Arbeitsdruck, *m.*
working speed	Arbeitsdrehzahl (z. B. Werkzeug-maschine), *f.*
working thermostat	Arbeitsthermostat, *m.*
working to (more or less) full capacity, with high capacity utilization	hoch ausgelastet
working to full capacity	voll ausgelastet
working valve	Arbeitsventil, *n.*
work intensive, manpower intensive	arbeitsintensiv
work load	Arbeitsbelastung, *f.*
workmanship, quality of the work	Arbeitsqualität, *f.*
workpiece (e.g. machining of complex-shaped workpieces)	Werkstück, *n.*
workpiece machining	maschinell: Werkstückbearbeitung, *f.*
workpiece motion	Werkstückbewegung, *f.*

workplace dust concentrations	Staubkonzentrationen am Arbeitsplatz, *f. pl.*
workplace-related	arbeitsplatzbezogen
work results	Arbeitsergebnisse, *n. pl.*
work sequence, sequence of operations	Arbeitsablauf, *m.*
worksheet	Arbeitsblatt, *n.*
workshop	Werkstätte, *f.*
works manager, plant manager	Betriebsleiter, *m.*
works test	Prüfung im Herstellerwerk, *f.*
works test certificate	Werks-Prüfzeugnis, *n.*
works tested	herstellerseitig geprüft
worn part	Verschleißteil, *n.* (wenn verschlissen)
worst-case (e.g. worst-case scenario)	am schlechtesten, schlimmstens
worst-case assumption	Betrachtung, worst-case Betrachtung, *f.*
wound filter	Wickelfilter, *m.*
wound module	Wickelmodul: (Membrantrockner), *f.*
woven glass fibres	gewebte Glasfasern, *f. pl.*
wrapping	Ummantelung zur Isolierung, *f.*
wrench (with adjustable jaws)	verstellbarer Schraubenschlüssel, *m.*
wrong installation	Falschinstallation, *f.*
WWW-based (e.g. WWW-based learning environment)	www-basiert

W

X axis	x-Achse, *f.*
Y axis	y-Achse, *f.*
Y-branch, wye branch	Hosenrohr, *n.*
year of manufacture	Baujahr, *n.*
yield point	Streckgrenze, *f.*
yield strength (e.g. Rp 1.0 for metal), yield point	Dehngrenze, *f.*
yield stress	Streckspannung, *f.*
yield, output	Ergiebigkeit, *f.*; Ausbeute, *f.*
Y-joint	Kabel: Y-Muffe, *f.*
zero air generator	Nulllufterzeugung, *f.*; Gasanalyse: Nullluftgenerator, *m.*
zero defect rate	Produkt: Null-Fehler-Rate, *f.*
zero point, zero	Nullpunkt, *m.*
zig-zag riveting, chain riveting	Versatznietung, *f.*
zinc chloride	Zinkchlorid, *n.*
zinc coated	zinküberzogen
zinc dust coating	zinkstaubgrundiert
zinc phosphating	Zink-Phosphatierung, *f.*
zinc-phosphate coating	Zink-Phosphatschicht, *f.*
zonal map (of the world)	Klimaregionen: Zonenkarte, *f.*
zone boundary	Zonengrenze, *f.*